山楂
综合开发
利用研究

Study on
the Comprehensive
Development
and Utilization of
Hawthorn

卢龙斗　刘仲敏　宋小锋　杜晓娜

等编著

化学工业出版社

·北京·

内容简介

《山楂综合开发利用研究》共八章内容，主要包括山楂的历史文化、种质资源、栽培技术、贮藏保鲜、食品加工、药用加工、主要成分检测方法以及产品标准汇编等方面。全书有关山楂的知识全面、层次清晰且实用性强，是山楂综合开发利用方面研究成果的汇集，可作为从事山楂历史文化研究、品种选育、贮藏、加工、新产品开发、质检和植物天然产物开发利用研究的技术人员以及从事山楂种植的农民朋友们的重要工具书和参考书籍，同时，也可作为农林、医学、药学以及师范院校相关专业的教学参考书。

图书在版编目（CIP）数据

山楂综合开发利用研究 / 卢龙斗等编著．—北京：
化学工业出版社，2023.3

ISBN 978-7-122-42576-8

Ⅰ．①山… Ⅱ．①卢… Ⅲ．①山楂-综合利用 Ⅳ.
①S661.59

中国版本图书馆 CIP 数据核字（2022）第 223529 号

责任编辑：褚红喜 李翠翠　　　　　　文字编辑：张春娥
责任校对：张茜越　　　　　　　　　　装帧设计：刘丽华

出版发行：化学工业出版社（北京市东城区青年湖南街 13 号　邮政编码 100011）
印　装：三河市航远印刷有限公司

787mm×1092mm　1/16　印张 27½　字数 700 千字　2023 年 7 月北京第 1 版第 1 次印刷

购书咨询：010-64518888　　　　　　　售后服务：010-64518899
网　　址：http://www.cip.com.cn

凡购买本书，如有缺损质量问题，本社销售中心负责调换。

定　价：198.00 元　　　　　　　　　　　　　　版权所有　违者必究

前言

山楂是蔷薇科（Rosaceae）山楂属（Crataegus）的一种植物。迄今，世界上发现和记录的山楂属植物有200余种，主要分布在北半球的北美洲、欧洲和亚洲中部。9000多年前，我国就有用山楂造酒的记载。2500多年前，我国劳动人民已经开始有意识地种植栽培山楂，并把山楂作为重要的食用和药用植物，在《尔雅》《齐民要术》《本草纲目》等多部古籍中均有山楂食用和治病的记载。从汉代到目前，有众多文人墨客用诗句来描写和讴歌山楂；近代关于山楂的诗句和用山楂来命名的传媒公司数目难以统计；用山楂来命名的电影、电视剧和歌曲等更是层出不穷。可以说，山楂不单单是一种食物、药物，它已经潜移默化地在我们的生活中和我们的意识思维中产生影响，它已经成为一切美好事物特别是人类纯洁爱情的象征。

我国的山楂产地主要分布于辽宁、河北、河南、山东、山西、江苏、湖北、陕西、云南等地，其中河北、山东、山西、河南、辽宁五省是山楂的主要产区。目前，国内的山楂种植面积约有700多万亩，年产山楂2000多万吨。近年来，随着科学技术的进步，种植、贮藏、加工等方面的技术水平与装备水平得到了全面提升，并由此带动了山楂食品加工和药材加工产业的稳步发展。同时，科学研究还发现，山楂中含有多种生物活性物质，如黄酮类、萜类、甾醇、维生素C、有机酸、多糖等。而且，这些生物活性物质的含量普遍较高，具有重要的开发利用价值。因此，山楂产业与大健康产业关联紧密，具有广阔的发展和应用前景。

为了适应和满足国内从事山楂种植、贮运、加工、检测、科研等的不同行业的需要，河南省山楂综合利用工程研究中心组织有关专家、学者，在参考大量科技文献和研究进展的基础上，结合自身的科研工作积累，编写了此书。本书具有如下特点：一是内容丰富、全面系统，涵盖了山楂的历史文化、种质资源分布、种植、贮藏保鲜、食品加工、药材加工、中成药生产、主要成分检测、产品标准汇总等多个领域；二是编写内容与参阅的文献资料比较新，一定程度上代表了相关领域产业与技术发展的趋势；三是实用性强，能够指导山楂种植企业和山楂加工企业的生产实践。

本书由新乡医学院三全学院的卢龙斗教授、刘仲敏研究员、宋小锋高级工程师和杜晓娜副教授牵头组织编写，其他参与该书编写工作的有新乡医学院三全学院的关海燕、张婷、李娜、袁会峰、王魏、原增艳等。

　　本书的编著和出版得到了新乡医学院三全学院的鼎力支持，河南省山楂综合利用工程研究中心为本书的编写做了大量的组织协调工作，在此表示衷心感谢！

　　由于编者水平有限，书中难免存在疏漏之处，敬请广大读者批评指正。

编者

2023.3.15

目录

第二章

我国的山楂资源

第三章
山楂栽培技术

第四章
山楂贮藏保鲜技术

第五章
山楂类食品加工技术

第六章
山楂药用加工技术

第七章
山楂主要成分和药用成分检测方法

第八章
山楂现行相关标准汇编

第一章
山楂的历史文化

第一节　山楂之乡

　　山楂是蔷薇科（Rosaceae）山楂属（*Crataegus*）的一种植物，该属植物有一千多个种，广泛分布于北半球的亚、欧、美各洲。我国山楂属植物有 18 个种，包括夏花山楂（*C. aestivalis*）、刺山楂（*C. aronia*）、梨山楂（*C. calpodendron*）、黄果山楂（*C. chrysocarpa*）、黄山楂（*C. flava*）、肉山楂（*C. succulent*）、小果山楂（*C. spathulata*）等。山楂（hawthorn）原产我国，黄河中下游和渤海湾地区是我国最早的山楂栽培中心。2500 多年前，我国劳动人民已经开始栽培种植山楂，并把山楂作为饮食和药用的重要植物，在《尔雅》《广志》《西京杂记》《齐民要术》《本草纲目》《农政全书》《植物名实图考》等 160 多部古籍中，已不同程度地从山楂的树性、适栽地域、种类及品种、栽培管理、医药应用、日常食用和产品加工等方面做了记载与阐述。我国劳动人民日常所说的可药用和食用的山楂属于中国山楂（*C. pinnatifida*），经过长期栽培，中国山楂目前约有 140 多个品种，例如河北的兴隆山楂、山东青州的敞口山楂、河南的山里红山楂、辽宁的辽阳山楂、山西的绛县山楂等。在我国，山楂产地主要分布于黑龙江、吉林、辽宁、内蒙古、河北、河南、山东、山西、陕西、江苏等地，其中河南、山西、山东、辽宁、河北五个省是山楂的主要产地，被称为五大山楂之乡，种植面积达几十万亩，每年产值达几十亿元，山楂成为这些地方的重要经济支柱产业。不同山楂之乡的气候、环境差异，造成了山楂的品质、特征不同。出于对山楂的热爱和不同的精神向往，不同地方的人民也给山楂赋予了不同的历史传说和故事。

一、河南辉县山楂历史

　　河南省太行山区辉县一带，自古野生山楂资源丰富，种植山楂历史悠久，但当地出产山楂的品质欠佳。进行品种改良，形成目前的优良品种"豫北红"，则始于清朝康熙年间。据辉县志记载：胡纯，辉县人，明末监生，山东潍坊做官，采当地山楂"树码"带回家乡，用接穗方法改良家乡山楂品种，在沙窑乡后庄码沟村嫁接成活一株，由于接穗成功成活的这株山楂品质优良，附近村民都来此采取树码进行接穗，加之当地特殊的自然条件驯化，形成了优良品种，后扩散繁殖以至蔓延辉县大部分山区和林县南部。当地群众称接穗为码，码沟村也自此得名。

辉县地域中包含海拔400米以上的太行山深山区，受太行山脉走向、海拔高度及季风作用影响，四季分明，气候适宜。其主产的"豫北红"山楂品种，色泽鲜红、果实浑圆、果面光泽、酸甜适中，宜食宜药，是辉县太行山区群众发家致富的支柱产业，当时流行一句俗话"家里种棵山楂树，就能娶个好媳妇"。20世纪80年代，河南省组织专家对辉县山楂进行了考察和鉴定，证明辉县山楂具有果实浑圆、果色鲜红、果面光泽、果点突出等典型特征，适宜鲜食、医用和加工，其中的有机酸、钙、山楂黄酮类含量均高于同类产品。用辉县山楂加工的辉县山楂糕早已名扬海内外，其口感好、健胃消食，深受消费者的欢迎。20世纪80年代，辉县山楂加工企业共计60多家，产品种类达20多个，年产山楂制品20000多吨，销往全国20多个省市区以及东南亚地区。后来，由于其山楂产品没有及时更新换代，加之市场无序竞争，导致山楂产业的没落。

近年来，为了重振山楂产业，辉县市深入开展调研摸底工作，明确发展方向，出台扶持政策，积极推广先进的山楂种植管理和深加工技术，着力做大做强辉县山楂品牌，带动山区乡镇贫困群众增收，使老产业孕育新的生机。随着农业标准化的推广、绿色无公害技术的应用和山楂深加工技术的发展，辉县山楂得到了质的提升，辉县在2006年被科技部评为"道地山楂生产基地"、2007年被河南省农业厅和河南日报社联合评选为"河南省十大中药材种植基地"之一、2008年通过中国绿色食品发展中心万亩绿色山楂生产基地认定。2010年5月，辉县山楂取得"中华人民共和国农产品地理标志登记证书"，成为中国地理标志农产品。目前，辉县拥有象山之孕、山里红、涌泉、楂之恋、洪爽、四季堂等山楂食品有限公司以及山楂加工产业公司几十家，年销售收入达十多亿元，2020年，新乡市林业局牵头，由新乡医学院三全学院、河南师范大学、新乡医学院、河南科技学院以及辉县的几十家山楂加工企业联合成立了"新乡市山楂协会"，统一协调山楂的种植、加工、产品研发和销售，辉县市以群众参与、市场发展为导向，将山楂作为山区群众产业增收的重要途径，拉长产业链条，投资1000多万元在南寨、洪州、高庄、占城等乡镇建设冷库、冷藏室和烘干房，实现瓜果错时销售，使以红果山楂为主的太行山前百里林果带经济成为群众脱贫致富的主要收入来源。

二、山西绛县山楂历史

山西绛县素有中国山楂第一县的美誉。据县志记载，在明末清初，紫家峪村一农民从山东引进山楂接穗，与本地野生山楂嫁接，其果实优于野山楂，以后，绛县开始家植山楂树。绛县地处北纬35°的地理带，属黄土高原区，土层深厚，光照充足，雨量适中，无霜期长，海拔高，昼夜温差大，非常适合山楂的种植。在这种特殊环境下培育成的山楂个大均匀、果面鲜艳、口感甜酸、营养丰富。经权威机构检测，绛县山楂果实中含有人体所不可缺少的碳水化合物、脂肪、蛋白质、游离酸、果胶、钙、铁、磷及各种维生素。其中维生素 C 的含量较高，每 100 g 可食部分可达 89 mg，仅次于猕猴桃和枣，是苹果维生素 C 含量的 17 倍。目前，绛县山楂种植区域遍布全县十多个乡镇，总面积 10 万亩，品种有粉口、大金星、大绵球、大五棱、歪把红、敞口等 10 余个，年产优质山楂 10 万吨，产值数亿元，种植面积与产量均占到全国的 25% 以上。绛县山楂的果实、叶片、果胶都是良好的药用原料，具有消食积、散淤血、驱绦虫、防暑降温、提神醒脑、增进食欲等功能，可入肝、脾、胃三经，受到广大消费者的青睐。

绛县注重顶层设计，坚持以市场为导向，以农业增效和农民增收、提高经济效益和社会效益为目标，立足本地资源优势，依靠科技创新，"十三五"期间已经在山楂的"区域化种植、标准化生产、商品化处理、品牌化销售、产业化经营"等方面形成了新的格局。以"公司+农户+基地"或"公司+合作社+农户+基地"的新型经营模式逐步发展，涉及农业合作社 100 多个，涉及农户已达 2 万余户，从源头上确保了绛县山楂的质量安全。目前，绛县从事山楂食品加工的企业有维之王食品有限公司、金甲食品有限公司、鑫之鑫食品有限公司、福客多食品有限公司、康园泰食品有限公司等大型综合企业，还有 100 余家小型山楂加工企业，主要产品有山楂蜜饯、山楂果脯、山楂糖葫芦、山楂汁、山楂果酱、山楂糖、山楂饼、果丹皮、山楂糕、山楂酒等 150 多种，其中维之王山楂蜜饯名扬海内外，产品远销美国、新加坡、马来西亚等 13 个国家和地区，1998 年通过了美国食品药物管理局（FDA）质量检测，2001 年被中国国际农业博览会认定为名牌产品，2003 年维之王和金甲食品有限公司的九个产品获国家绿色食品发展中心认证，成为消费者信赖的绿色食品。2017 年，绛县山楂获国家地理标志认证，2018 年绛县山楂首次出口日本。

三、山东青州山楂历史

山楂，起初不称"山楂"，两千多年前成书的《尔雅》中记载的"杋"（读音"qiú"），被认为是中国早期文献记载的山楂的古名。明代李时珍根据晋代学者郭璞的注释引述："《尔雅》云：'杋树如梅，其子大如指头，赤色似柰，可食。'此即山楂也"。山楂别名甚多，在不同的时期、不同的古籍中有不同的名称，例如赤爪实、赤爪子、棠棣子、棠球子、山查、鼠楂、羊棣、赤枣子、鼻涕团、柿楂子、山里果子、茅楂、猴楂、映山红果、海红、酸梅子、山梨、酸查、山梨果、山果子、南山楂、北山楂、药山楂、大山楂、小山楂、大果山楂、小果山楂、山楂、小叶山楂、棠棣、绿梨等几十种名称。在国外，不同的历史时期，对山楂也有不同的称呼，例如刺苹果树、五月树、白话荆棘、五月花、五月梅、五月荆棘、快荆棘、布条树等。在我国，作为药食两用的山楂多指蔷薇科山楂属里的一种植物——山里红（*Crataegus pinnatifida* Bge. var. *major*），在不同的地区栽培形成了有区别的品种，例如山东的红瓤山楂、大金星山楂，辽宁的软核山楂，河北的兴隆山楂等品种。

敞口山楂是青州山楂中品质最好的品种之一,据明嘉靖四十四年(1565年)的"青州府志"中记载,敞口山楂栽培历史已有500余年。其树势强壮,树姿开张,树冠紧凑,为自然半圆头形。山楂果实扁圆形,果皮呈胭脂红色,果点黄白色、密集,果皮较粗糙,无光泽,因萼筒大而深、萼片开张而成"敞口"。青州敞口山楂明显的特征是果大,每千克90~100个,最大果重可达36 g;维生素含量高,色、香、味、形俱佳,营养丰富、味美香甜、耐贮运,钙和铁的含量居各种水果之首。目前,青州敞口山楂常年种植面积5万多亩,产量达十多万吨。青州市加工能力在5000 t以上的果品厂有3家,小型果品加工企业有400余家,果品加工专业合作社有16家。近200家果品加工厂的产品,在国际市场份额占到了30%、国内市场占到70%,成为闻名遐迩的"山楂之乡",并以此带动形成了全国最大的山楂鲜果交易集散地。

四、辽宁辽阳山楂历史

辽宁辽阳的灯塔市是著名的山楂之乡。辽阳山楂的种植历史与当地的名人王尔烈有关。王尔烈字君武,号瑶峰,祖籍河南,元末其先祖定居辽阳城南三十里风水沟(今兰家乡风水沟村)。他喜爱读书和研习书法,以诗文书法、聪明辩才见称于世,是乾隆、嘉庆年间有名的"关东才子"。人们为了纪念王尔烈,在王尔烈故居辽阳老城西门里翰林府胡同修建了王尔烈纪念馆。纪念王尔烈不仅仅是因为他官居高位、清正廉洁、家风纯正,还在于他为家乡山楂产业的发展做出了历史性的贡献。传说王尔烈的学生恳请他为山僻小乡的山楂写诗,以使山楂凭借"关东才子"赋诗而闻名,使其身价升高,不至于他学生家乡的山楂树断种。王尔烈是有心人,临回京的时候,他特意给皇帝带去五个红山楂。一天,皇上御宴群臣,酒过三巡、菜过五味,一见皇上懒得伸筷,王尔烈趁这工夫,乐颠颠地献上五个大红山楂,"请圣上尝鲜"。人说饥时吃糠香,生在福中糖不甜,要使什么东西有印象准得找好节骨眼。皇上口里腻得慌,吃了五个大红山楂,乐得胡子直颤抖,胃口大开,龙颜大悦,诗兴大发,顺嘴吟出诗一首:"酸味胜过隔年醋,清肠消腻果中王。"王尔烈看时机已到,接过话茬,笑呵呵地吟出四句:"山楂好吃能称王,只因树少难品尝。皇上别忘传圣旨,盛产山楂在辽阳。"皇上一听哈哈大笑,打哈哈取乐地说:"爱卿的果子有味,话里更有趣啊!你是用五个山楂换朕的圣旨,对吧?"王尔烈急忙回话说:"山楂的果形美如灯笼,皇上定会视为珍珠、玛瑙一样喜爱!"皇上听了美滋滋地说:"朕爱吃的东西比金子还贵重,爱卿放心吧!"宴散人归,王尔烈与皇帝谈论山楂的事就过去了,只是说者无意,听者有心,细心的大臣们怕日后皇上兴起又要山楂吃,便把山楂列为宫廷水果之一。山楂受到皇上的喜爱,也就显得珍贵了。宫廷里收山楂,商贩抢购山楂,山楂果变成了宝。栽植山楂有盈利,人们的兴趣就来了。几年光景,辽阳东部山区的坡坡岭岭、沟沟岔岔都栽上了山楂树,成为历史上有名的盛产山楂之乡。

五、河北兴隆山楂历史

兴隆位于河北省东北部、承德市南部，地处燕山山脉、古长城脚下，植被茂密，有着悠久的历史和深厚的文化底蕴，是曾经的"宫廷风水禁地"，同时也是我国著名的山楂之乡。河北最有名的山楂品种当属兴隆山楂，又称作红果、山里红、铁山楂。这些山楂的名称与当地的气候环境密切相关。

兴隆山楂不同于别的山楂，它的味道酸甜鲜美，含铁高，有丰富的多种人体所需的氨基酸；它生津止渴，健脾开胃，消食化瘀，可以生吃，也可以深加工做成果丹皮系列、果茶、果酒，还可入药，具有很高的药用价值，可以降"三高"、促消化、生津保健，深受消费者欢迎。兴隆山楂以其树势强健、品质优良、果实色泽鲜艳、耐贮藏、营养和医疗保健价值高、适于加工而驰名全国，已获国家地理标志证明商标。20 世纪 80 年代，兴隆县就提出了"三年大育，五年大栽，实现大地一片红"的口号，大力发展山楂产业。到 1990 年，全县山楂种植面积达到 12 万亩，种植株数达到 840 万株，总产量占河北省的 64%、承德市的 80%。由于管理粗放、产品单一，深加工没跟上，20 世纪 90 年代中期，兴隆山楂的价钱一落千丈，从最贵时的 1 kg 4 元跌到最低时的 1 kg 几分钱。大片山楂树被砍倒，到 1998 年年底，全县山楂种植面积缩减为 8 万亩，仅有 600 万株。

为了扭转局面，当地政府坚持生态优先，挖掘山楂产业优势，着力破解产业发展瓶颈。他们抓住国家实施重点生态工程建设项目的机遇，通过实施退耕还林、风沙源治理、农业综合开发等大项目，扩大山楂种植面积，同时强化激励措施，调动群众造林栽果的积极性。目前，河北兴隆传统山楂栽培系统位于燕山山脉东部，覆盖整个兴隆县，总面积 3123 平方公里，种植山楂 21.2 万亩。重点区域位于六道河镇、兴隆镇、北营房镇和雾灵山乡 4 个乡镇，其中由根蘖萌生的百年以上山楂大树有 1000 余棵，枝繁叶茂，株产山楂上千斤。兴隆山楂栽培系统形成了一套特有的技术和知识体系，包括根蘖归圃育苗、"因树修剪，随枝造型"的修剪方式、传统追肥、石坝墙修筑、山楂窖藏、山楂加工等，对其他地方山楂的选育、栽培起到了示范作用。兴隆县以河北省林业科学研究院、河北农业大学、昌黎果树研究所等单位为依托，组建林果技术研发推广中心，配备多名高级专业技术人才，积极推广"落头开心，矮化扶壮"的山楂标准化管理技术，兴隆现有栽培品种 30 余种，包括金星、铁山楂、山里红、敞口等多个品质优良的品种，种植面积 30 余万亩，年产山楂 50 余万吨。山楂制品生产企业 137 家，其中生产蜜饯类果丹皮的企业有 118 家，河北怡达食品集团有限公司年加工果品达 10 万吨，是北方地区最大的山楂加工龙头企业之一，产品覆盖全国，出口亚、欧、美、非等洲的部分国家。有关数据显示，承德市山楂产量约占河北省的 77%、全国的 23%。

第二节　山楂的食用

9000 年前，我国就有了山楂造酒的记载，2500 多年前，我国劳动人民就已经开始有目的地栽培山楂。在不同历史时期出版的多部古籍中，对山楂的饮用和食用都有描述，从最早的山楂酒到目前的山楂汁，从山楂糕到冰糖葫芦，从山楂糖到山楂粉乃至从食用山楂果到食用山楂叶、山楂花等。目前为止，我国劳动人民针对山楂已经研发出 150 多种饮用和食用的山楂产品，大大丰富和改善了我国人民的饮食结构。不同的山楂产品的形成都具有一些美好的传说和历史典故。

一、山楂酒的来历

世上酒的起源，人们认为是山果落地自然发酵而成。我国古老的传说中，流传着一种说法，认为世上酒的起源是来自猿猴造酒。山果落地自然发酵，猿猴喝得酩酊大醉，后来竟然学会造酒，这在中国历史典籍中都有记载。有关山楂的记载，最早见于明代的《蓬栊夜话》："黄山多猿猱，春夏采杂花果于石洼中，酝酿成酒，香气溢发，闻数百步"。可见，当人类的祖先还居住在洞穴之中时，就知道采集野果，自然发酵，酝酿出酒。因此，从人类社会发展史的角度看，中国果酒是人类最早发明的酒。清代文人李调元在他的著述中有："琼州多猿……尝于石岩深处得猿酒"。也即猿猴在水果成熟的季节，贮藏大量水果于"石洼中"，堆积的水果自然发酵，便成为人类所谓的"酒"，是合乎逻辑与情理的。从汉唐至明清的有关文献记载来看，中国山楂酒不仅品类繁多，而且绵延千载而不绝，足见山楂酒很早就在中国人的饮食生活中占有重要地位。

20 世纪 60 年代河南省贾湖遗址的发现，更把我国先民用山楂造酒的历史推到了 9000 年前。认为大约在 9000 年前，我们的先民在黄河流域一带安了家，在今天称作贾湖的地方，人们饲养动物、种植稻谷和小米、烧制陶器、演奏乐器、制作弓箭、狩猎捕鱼，慢慢形成了一个活跃发达的小社区。在贾湖生息繁衍了 1300 年后，这个贾湖小社区被洪水淹没。直到 2000 年前，贾湖才又一次有人居住，在这里繁衍至今。

1962 年，河南省舞阳县博物馆前馆长朱枳劳动时在舞阳县城北 22 千米处发现了贾湖遗址。1983～1987 年，河南省文物研究所对贾湖遗址先后进行了六次挖掘，2001 年 5 月，中国科学技术大学与河南省文物考古研究所合作，又对贾湖遗址进行了第七次挖掘。贾湖遗址出土的文物众多，但唯有出土的陶罐引起了科学家们的兴趣，这些陶罐是世界上最早的陶器制品。美国费城宾夕法尼亚大学分子考古学家麦克戈温（Patrick McGovern）是考古学与人类学博物馆分子考古学实验室的科学顾问，他的工作是分析古代人们的食物成分，研究古代人们的生活。1999

年，麦克戈温来到郑州的文物考古研究所，与我国考古工作者一起检验贾湖遗址出土的陶罐，发现这些陶罐底部有一层红色的污渍，通过对这层红色污渍的分析，发现这些陶罐是用来装酒的容器，直接证明了在9000年前，我国已经有了造酒的发明，比国外发现的最早的酒要早1000多年。更深入的研究还发现这些酒是由野葡萄、野山楂（*C. cuneata*）和中国山楂（*C. pinnatifida*）、野花蜂蜜、稻谷混合发酵而成。野山楂在西方称作楔形山楂，中国山楂就是我们日常说的山楂、红果。在对河南贾湖遗址的考古发掘中，发现了我国是目前世界上最早造酒的证据。研究证实，沉积物中含有酒类挥发后的酒石酸，其成分中就有山楂。根据 ^{14}C 同位素年代测定，其年代在公元前 7000～公元前 5800 年间。实物证明，在新石器时代早期，贾湖先民已开始酿造饮料。此前在伊朗发现的大约公元前 5400 年前的酒，曾被认为是世界上最早的"酒"。贾湖酒的发现，改写了这一记录，它比国外发现的最早的酒还要早1000多年。

2000 年，麦克戈温在一次晚宴上认识了特拉华州角鲨头酿酒公司的老板山姆·卡拉乔尼（Sam Calagione），卡拉乔尼也从美国的媒体上看到了中国贾湖9000年前的酿酒报道，两人在一起讨论后，觉得巨大的商业潜力就在眼前，于是马上决定按照对贾湖酒的成分分析结果，研究复制9000年前的贾湖酒。一年多的时间，麦克戈温和卡拉乔尼多次到纽约唐人街收购山楂、蜂蜜，并从中国进口原材料，开始他们的山楂酿酒实验研究，2001 年，终于研制成功了中国贾湖古酒，并取名"贾湖城堡"（贾湖城）。2007 年 8 月角鲨头酿酒公司终于向市场成功推出了高品位的"贾湖城"啤酒，在纽约华尔道夫酒店举办的新闻发布会上，萨姆·克菈金宣称"我让人们品尝的是九千年的东方文化"。贾湖城酒的上市，马上吸引了众多顾客，人们爱不释手，细细品尝，回味无穷。

我国各地都有关于山楂酒的历史故事，山东青州西南山区漫山遍野都是山楂，成熟后的山楂落在地上经过天然发酵，流出的汁液汇集出来，古人发现汁液的味道醇正甘美，于是收集起来，这便是天然的山楂美酒。随着社会的发展和人类的进步，人们开始主动、有意识地将山楂果收集起来，利用大缸，人工大批量制作山楂酒。19 世纪，山楂酒的酿制技艺在山东青州西南山区普遍流传，家家都可以制作，但当时的技术较差，当地人大部分是把山楂等山果收集起来堆放在一起后就不再具体处理，不懂得搅拌、温度控制、糖分控制、发酵时间控制及分离酒液和酒渣等技术。1846 年出生的刘士祥对山楂造酒工艺进行了研究，大大改进了山楂酒的酿造技艺，提高了山楂酒的产量和质量，因此，刘士祥被尊为山楂酒酿制技艺的第一代传承人。1882年出生的刘连水为刘士祥之子，是山楂酒酿制技艺的第二代传承人。从此以后，山楂酒的酿制技艺在刘氏家族中代代相传。目前，山楂酒酿制技艺的传承已历经五代。为了更好地回报社会，第四代、第五代传承人刘大圣、刘甲伟二人将这一山楂酒酿制技艺奉献给社会，不再是家族式的代代相传。他们成立山东皇尊庄园山楂酒有限公司，将山楂酒酿制技艺结合现代酿酒工艺加以改进，带领研发团队酿制出了真正现代意义上的山楂酒。

二、山楂糕的来历

山楂糕是以山楂果汁、白糖和琼脂等为主要原料制成的一道美味甜品，是我国北方民间的传统小吃。现在，不管是北方还是南方乃至全国各地，都有吃山楂糕的习惯和爱好。关于山楂糕的形成也有历史故事和传说。

江苏省宿迁是历史上西楚霸王项羽的故乡，在楚汉相争时期，刘邦派探兵到宿迁附近探听楚国的情况，此后这里就叫"探楚庄"了，也就是现在的宿城区支口街道探楚社区。西楚霸王项羽兵败垓下后，那些忠于楚霸王的卫士不知项羽的下落，有人来到项羽的老家打探消息，当得知汉军已进城，项羽的旧部便在城西北一个村庄住了下来，因途中饥饿，便采集了一些山楂充饥，到达探楚庄时还剩下一些山楂，吃罢山楂后便丢下果核，不料第二年竟长出山楂的幼苗，后来还结了山楂果。从那时起，探楚人便有了种植山楂的习惯。人们把山楂果去核搓成果泥做成糕，用来纪念西楚霸王，以寄托思念之情，故山楂糕也称"霸王糕"。宿城区靠近黄河故道，到处都是沙土地，这种土质长出来的山楂果比山上长的山楂果味道好、营养价值高，做出来的山楂糕更是别有风味，用探楚庄附近的山楂独创生产的水晶山楂糕，因其色泽微黄透明如水晶而得名。20世纪20年代前后，每年销往国外的水晶山楂糕约有3万千克，1927年在巴拿马国际博览会食品展评中，水晶山楂糕获得了金奖。从此，宿迁水晶山楂糕名声大振。

山楂历来为我国北方山区特产，用山楂制作山楂糕采用的是北方先民们的传统工艺。清朝时，民间艺人钱文章总结前人经验，将其加工定型，进贡朝廷，使得清朝慈禧太后食过后大加赞赏，特赐名"金糕"，从而进入宫廷。后来我国著名的政治家、社会活动家宋庆龄女士曾品尝到山楂糕，食后曾写信给以高度评价，使得这种传统食品在全国各地名噪一时。

最早出名的当属河南省辉县山楂糕，辉县山楂药用价值高，用之做山楂糕保健功效明显，口感好，深受广大顾客的喜欢。但因为山楂糕含糖过高，对一些特殊人群不太适宜，目前河南省辉县山楂糕制品企业虽然较多，但都规模不大。

三、冰糖葫芦的来历

冰糖葫芦是由山楂果与红糖煎熬而成的一种美食，在我国北方各地都有生产，尤其是老北京冰糖葫芦特别有名。晶莹的糖膜里映出红宝石样的鲜果，葫芦状的图案造型，还带着甜、带着香，真可以说是可想、可看、可闻、可玩、可吃、可药。"都说冰糖葫芦儿酸，酸里面它裹着甜，都说冰糖葫芦儿甜，可甜里面它透着酸……"这首家喻户晓的《冰糖葫芦》歌曲的歌词里透着不易捕捉的哲理和祝福，从某种程度上说，冰糖葫芦代表了某种朴素、安详而又不乏历史感的百姓生活。

"冰糖葫芦"的由来与一个历史传说有关。宋朝的第十二位皇帝宋光宗，名赵惇（公元

1147—1200 年），是宋孝宗赵昚的第三个儿子。公元 1171 年，孝宗立他为皇太子，任临安府尹。公元 1187 年 10 月受孝宗内禅而继位，第二年改年号为"绍熙"。宋光宗最宠爱的人是黄贵妃。黄贵妃在宋光宗当太子时就曾陪伴与他。一次，黄贵妃生病了，什么都不想吃，而且病情一天比一天重。御医们开了很多药方子都不管用，黄贵妃一天比一天消瘦，可怜至极。宋光宗见爱妃病至如此，心疼异常，整日愁眉不展。一位太监见皇上发愁，也想法帮皇上开解，出主意说："天下无奇不有，一定隐藏着各种能人奇人，眼看黄贵妃的病越来越重了，皇上您何不发道圣旨，看看民间有没有神医能够将黄贵妃的病治好。"于是，宋光宗张榜招医，一位江湖郎中揭榜进宫，为黄贵妃诊脉后说："贵妃的病并不严重，皇上宽心，请用民间偏方，即用冰糖与红果（即山楂果）煎熬，每顿饭前吃五至十枚，不出半月，此病一定能够痊愈。"开始皇帝和众人还将信将疑，好在这种吃法还合黄贵妃口味，贵妃按此办法服后，果然如期病愈了。皇帝自然大喜，展开了愁眉。山楂本身就有消食健脾、行气疏滞之功能，而蘸了糖以后的山楂，这种作用发挥得就会更大。这大概就是冰糖葫芦产生的原因。后来这种山楂果的食用做法传到民间，为了销售方便，老百姓用竹签把一个个蘸以冰糖的山楂果串起来卖，就成了风靡民间的小吃冰糖葫芦。

晚清文人富察敦崇撰写的记录北京风物掌故的《燕京岁时记》一书记载："冰糖葫芦，乃用竹签，贯以山里红、海棠果、葡萄、麻山药、核桃仁、豆沙等，蘸以冰糖，甜脆而凉……"。由此可知，民国时期的北京冰糖葫芦之盛行于街市，茶楼、戏院、大街小巷到处可见。有意思的是，这一老北京的传统小吃，至今一直盛行不衰。民国时期的文学才子梁实秋，出生于老北京的胡同之中，他将对冰糖葫芦的喜爱记录在他的散文集中："正宗的冰糖葫芦，薄薄的一层糖，透明雪亮，材料诸如海棠、山药、杏干、葡萄、桔子、荸荠，但以山里红为正宗……"。北京的庙会是中国老百姓"福文化"的集中体现。什么是福？一方面是物质层面的富贵丰足，一方面是精神层面的心灵安宁。老百姓过日子恰好就是这两者结合的适度，即为和谐之福。所以，在每年正月初八"顺星日"的庙会上，人人都举着一串火红的山楂冰糖葫芦，寓意把幸福和团聚串在一起。

四、糖堆儿、丁糖葫芦的来历

清朝道光年间，天津卫老城西北角有一条街名为"大伙巷"，巷里有个"钞关"，"钞关"是北大关的候补道台丁大人的私邸。丁家有一宅两院，十几间青砖大瓦房，可谓堂宇深邃，前有影壁，北有回廊，中间则有垂花门。大公子丁伯钰出生在这个宅院，他人很聪明，但颇有些叛逆性格，非常厌烦诗书功课，尤对经营仕途大不以为然，这无疑令道台大人大失所望。长大的丁伯钰我行我素，耿介清高，根本不思进身之策，待父亲作古、官路阻断，愈发摒弃杂念、淡泊不争，只跟家中一位厨师还有些共同语言。丁大公子继承了家业，也算由他顶门立户、执掌家政。幸好在西马路、北马路上有早先开设的几家店铺，论收入也算够全家上下开销。在闲暇无聊期间，他跟家里的一个厨师学会了"熬糖拔丝"的手艺。

由于自幼生活很优裕，丁伯钰很讲究吃喝。暮秋一过，山楂上市，丁大公子每晚必定要吃一支冰糖葫芦（天津人把冰糖葫芦称作"糖堆儿"）才能入眠。自从有了"熬糖拔丝"手艺和经验，丁伯钰吃糖堆儿时变得格外挑剔，例如，觉得"这个糖熬得太嫩了，你看，还没吃它就开化了，再说弄一手黏黏糊糊也不好受哇"，埋怨"这个糖熬老了，粘牙、刺嘴不说，牙口儿稍软的你也咬不动呀"。丁伯钰的挑剔弄得家人无所适从，丁伯钰却常常一笑置之。对糖堆儿进行各种挑剔之后，丁伯钰对糖堆儿的蘸糖工艺过程进行了关注和研究。有时就起个大早，跑到街上找"赶阳"老手探讨山楂的优劣，得出一个结论：蘸糖堆儿所需的，最好要选"北山红果"，因为水土之异会让同类鲜货的品质大不一样。"北山苹果"甜中带酸，果肉沙沙愣愣像煮好的"芽乌豆"，口感略微松软，有细小颗粒似的粉状物质，天津人则称之为"面呼"；"北山红果"正像"北山苹果"一样有了"面呼"的特质。"北山红果"酸中带甜，果儿大皮儿红。丁伯钰从最初购买三五斤"北山红果"做蘸糖实验，到后来一次购买二三十斤的"北山红果"，先蘸了糖做成糖堆儿供自己享用，再往后就把多蘸出来的糖堆儿送给亲朋好友、街坊邻居品尝。就这样，一向散淡闲适惯了，甚或有些养尊处优的丁大公子，居然学会了这么一手蘸糖堆儿的绝活。丁伯钰蘸出来的糖堆儿，红果优质、蘸上的那层糖皮板儿脆细甜、不沾手不粘牙、老的少的都嚼得动，使得大糖堆儿味道特别酸甜适口、甘美异常。有人问他："你怎么就蘸得这么好呢？"丁伯钰从来都是笑而不答。其实，熬白砂糖需要有一定的看火候儿、耍大勺的技艺，要熬得恰到好处、不嫩不老、凝结之后糖堆儿不粘，在很大程度上要凭自己的感悟、靠知觉，就在热锅香油把白砂糖煨到细碎气泡频发、液化了的糖汁泛起灿然炫目的金黄色的一刹那，端勺离火，再以极快速度将提前穿好的红果墩儿一支支蘸好，轻巧但用上一点甩劲儿地把它们再置于涂了薄薄一层冷油的光滑平整的石板上。从熬糖到把糖堆儿蘸好这一全过程，恰似名角儿大腕儿唱"大轴"戏又演到了"戏核儿"的那么一个节骨眼上，功底、见识、修养、技能以及从参悟到化境都交汇到这一部分，所以才显得精彩纷呈，出神入化。丁伯钰蘸糖堆儿的高明之处，正在于他借鉴了精到的厨艺，觅得"拔丝"要领，又加之在并无功利目的驱动的松弛状态下，把每支大糖堆儿都琢磨成一件"艺术品"，逐渐人们把丁伯钰制作的糖堆儿称作丁糖葫芦、丁大糖堆儿。

到八国联军侵略中国、炮轰了天津城，进城后烧杀抢掠，紧傍着西北城角的大伙巷也未能幸免，丁伯钰那本来相当考究、设施齐全的家，也几乎被战火焚毁殆尽。在生活极端拮据、眼看着没米下锅、一家老小要饿肚子之际，丁伯钰不得不彻底放下了大少爷的架子，操起平日自家精研屡试的解闷儿勾当，开始了他制作"大糖堆儿"、卖"大糖堆儿"的生涯。初期，他就在大伙巷自家破大院里制作和销售，买糖堆儿的都是登门求购，不然就是预先定做来取货。后来家里人嫌烦，不愿意看到整天人来人往踢破门槛儿，于是，丁伯钰才改变了售货方式，雇了个年轻力壮的伙计，每天限额定量，蘸够一定数额的大糖堆儿，便让伙计担着挑子出家门，而他本人则拿上一根长毛掸子，跟随在后大声吆喝，或与熟人搭讪闲聊。丁伯钰之所以能研制出"丁大糖堆儿"，也在于他这种异于一般小贩的托盘售卖的架势。

"丁大糖堆儿"货真价实、有口皆碑，人们一般都是翘首以待，想吃大糖堆儿的，往往宁愿多花一倍多的价钱，专等"丁大少"与其挑担子的伙计定点到来。但丁伯钰给他的产品定了诸多规矩，可谓买卖不大、规矩不少。首先，丁伯钰规定每天只上街一次，而且伙计所挑的糖堆儿每天的数量固定不变；其次，从大伙巷出来向南，拐进针市街，过肉市口，再向北到竹竿巷，最后才绕到估衣街、锅店街一路，这个路线是常年不做更改的；再次，一路上每人只能购买 10 支；最后，丁大少的糖堆儿一毛钱一支，这个价格当年比其他商贩高出许多，但他从不还价，爱买不买。至于为什么每人最多只能买 10 支，是因为丁伯钰知道自己亲朋好友多为阔绰子弟，有时为了周济自己，经常一人买下全部糖堆儿。丁伯钰深知，帮得了自己一时，帮不了自己一世。所以为了避免这种情况，定下来此条规矩。此外，丁大少的糖堆儿禁止顾客私自下手，随意挑选。因为糖堆儿是直接入口食品，严把食品卫生关是非常重要的。

天津的糖堆儿是红果夹豆馅，这也是丁伯钰的首创。而北京的糖葫芦最常见的是夹青丝红丝或夹各色的干果，因为北京那边没有天下闻名的"耳朵眼儿"炸糕。丁伯钰从小在北大关跑来跑去，隔三差五买仁俩炸糕吃，因而，他深知豆馅的美好滋味，有一天他忽然灵机一动把炸糕夹进红果后蘸成糖堆儿，创立了"丁大糖堆儿"。1920 年，梅兰芳艺术研究专家许姬传先生在天津居住时，曾目睹了丁大少糖堆儿畅销场景，也品尝过、领略过这种地道的特色小吃，他晚年仍对这段往事念念不忘，在回忆时灵机一动，给其取名为"丁糖葫芦"，以区别于北京人习称的"冰糖葫芦"。

我国评剧泰斗新凤霞原籍天津，自幼非常喜爱丁大糖堆儿，其父亲就是以卖糖堆儿为生计的。新凤霞 12 岁那年拜师学戏，由于家境贫穷，摆不起拜师宴，她父亲就做了几十串用料最精、水平最高的糖堆儿送给师傅，带带喜气，也烘托了气氛，宾主皆大欢喜。一些天津的朋友到北京看望她，也都是给她带去丁大糖堆儿。

五、果丹皮的来历

清朝初期，距避暑山庄百余里外有一宝地，名为闷葫芦场（即现在的鹰手营子矿区），此地青山绿水，古树参天，自然环境极佳。这里有一个很大的李氏家族，其第一代祖先名叫李国桢，祖籍山东，曾经在明朝崇祯年间做过官，当过云贵提督、明三大营总督，爵位襄城伯。李自成攻破北京后，李国桢及大部分家眷被李自成手下大将刘宗敏所杀，其孙子李凤瑶及部分家眷逃过了大顺军的追杀，留下了李氏一脉。公元 1644 年，清军入关，李自成和他所率领的大顺军在清军的铁骑之下土崩瓦解，清王朝在建立政权初期，颁布了一些对前朝官吏的优抚政策，其中有一条是：凡明朝旧吏，拥护本朝法制，均可享受同等俸禄，三品官之上其后代可袭其爵位。凡三品以上官吏及其后代，许可在距避暑山庄百里之外自选土地屯田开荒。于是李凤瑶选定在闷葫芦场定居，开荒种地，并开办了当地著名的"怡心斋"，每年以优质谷米、猎鹰、山珍、野物等贡奉朝廷。在向朝廷进贡的物品中，特别值得一提的是当时承德地区有一种果品，系李凤瑶及其族人以当地特有的优质山楂为原料、以蜂蜜为辅料加工而成，形薄如纸，色泽明艳，口感极佳，清代称其为"雪花片""山楂糕片"，又称"果子丹"。果子丹是用山楂和白糖等原料制成的薄薄的山楂卷，是北京等地著名的汉族小吃，其酸甜可口，助消化，调饮食。果丹皮原名果子丹，名称的演变与清代著名学者、宫廷作家高士奇的一首诗有关，与一次军事斗争的胜利有关。高士奇出生于浙江余姚樟树乡，自幼聪颖、学识渊博、能诗文、擅书法、精考证、善鉴赏，清代康熙时期曾任詹事府詹事、吏部侍郎等职。十七世纪时，蒙古四部之一的准噶尔部首领噶尔丹在带兵吞并蒙古其他三部之后，数次进犯内蒙古一些地区，康熙皇帝曾三次亲临前方，指挥数位将领率军分三路征讨噶尔丹部。1697 年，高士奇参加了康熙皇帝的第三次远征，由于噶尔丹率领的蒙古骑兵骑术精湛，熟悉地形，因此常常出现清军情报被劫或泄密等现象，使清军多次陷于被动之中。为确保军情顺利传递，不致泄密，时任抚远大将军的费扬古骁勇善战、足智多谋，当他食用了当地进贡的"果子丹"后，即命令将八旗军队来往密信就写在用山楂汁做成的果子丹上，再卷成果品形状随身携带，贝勒们看完密令马上放入嘴里吃掉，从不泄密。由此，康熙皇帝取得了第三次远征的胜利。对此，跟随康熙征战噶尔丹的诗人、书法家高士奇，在行军宁夏督师途中，赋《果子丹》诗一首："绀红透骨油拳薄，滑腻轻碓粉蜡匀。草罢军书还灭迹，咀来枯思顿生津。"高士奇在这首诗的自注中写道："山楂煮浆为之，状如纸薄，匀净，可卷舒，绀红，故名果子单，味甘酸，止渴。"据说，康熙看了《果子丹》诗句后，认为很贴切，称赞"怡色怡味，达心达情"。自此果子丹被列为宫廷一品茶点，由内膳房专制总理。高士奇诗中写到的"油拳"与"粉蜡"，分别是唐代和宋代著名的优质薄纸名称，用以形容用于书写情报、密令的果子丹薄而半透明，这些果子丹吃进嘴里后，既使干渴的口腔立刻生津滋润，又能把作战情报、密令灭迹保密。而那时候用于书写的墨汁，所用之墨，主要是用燃烧松树的烟灰制成，此种墨同时也是一种中药，《本草纲目》记载它有"止血、生肌肤、合金疮"之功效。所谓"合金疮"，是说促进受金属刀枪创伤的伤口愈合。因此，用果子丹书写军事情报，在那个时期，确有一举数得之妙。后来人们制作的果子丹越来越薄，高士奇诗中的果子单就演变成了今天的果丹皮。

在此之后的几百年中，李氏家族一直向朝廷进贡当地特产的鲜山楂以及果丹皮、金糕等果品，直至宣统皇帝继位后，他对果丹皮等山楂食品仍是情有独钟，经常食用。李氏家族所掌握的独特山楂食品工艺，也一直传承和保存了下来，并且果丹皮等山楂食品一直被视为皇家御品，也成为我国北方人民的特色小吃。

第三节　山楂的药用

山楂的药用价值在春秋战国时就有了记载，从汉代到唐朝、从唐朝到宋朝以及一直到元朝、明朝、清朝和民国初期，从皇帝到贵妃，从官吏到平民，都有不少山楂药用的民间传说。在不同的朝代，先人们研究、总结编写的许多药用医学书籍都有山楂药用的描述。正是由于山楂具有多方面的药物效果，对人体各方面都有调理、治疗作用，人们称它为长寿果、长寿树。可以说，在人类繁衍生息的历史长河中，山楂也起到了重要的作用。

一、杨贵妃与山楂

唐朝开元七年（公元 719 年），杨玉环出生于容州（今广西玉林容县）一个宦门世家，曾祖父杨汪是隋朝的上柱国、吏部尚书，唐初被李世民所杀；父杨玄琰，是蜀州司户，叔父杨玄珪曾任河南府土曹。10 岁左右，其父亲去世，她寄养在洛阳的三叔杨玄珪家。杨玉环天生丽质，加上优越的教育环境，使她具备较好的文化修养，性格婉顺，精通音律，擅歌舞，并善弹琵琶，被誉为唐代宫廷音乐家、歌舞家，与西施、王昭君、貂蝉并称为中国古代四大美女。杨玉环天生丽质、聪明、能歌善舞，唐玄宗对其百般宠爱。唐天宝年间，杨贵妃患了腹胀病，出现脘腹胀满、不思饮食、大便泄泻等症状。见贵妃整日愁眉叹息，唐玄宗焦急万分，急忙诏令御医为皇贵妃诊治，但用遍了名贵药物，病情不减反而加重，万般无奈之下，只得张皇榜招名医。一天，有位道士路过皇宫，当即揭榜为皇妃治病。入宫诊视，道士察皇贵妃脉象沉迟而滑，舌上布满厚腻苔，于是挥毫处方："棠棣子十枚，红糖半两，熬汁饮服，日三次。"随后竟扬长而去。唐玄宗对此将信将疑，没有责罚道士的傲态，而急命御医照方遣药。用药不到半月，皇贵妃的病就痊愈如初了。这是山楂治疗消化不良、消食化积的较早期的记载。道士所开方子中的棠棣子，至宋代《本草图经》被确认是山楂的别名。据说杨贵妃为使肌肤细嫩光滑，以讨皇上欢心，当年经常食用一道叫作"阿胶羹"的药膳。因阿胶为血肉有情之品，药性滋补，久食则腻胃，会导致腹胀满、纳差之类病状，所以经道士诊治后，她明白了自己的病根，并在此后服食阿胶羹的同时，常佐食些山楂，果然旧病不发，体安神爽。中医认为，山楂其性味甘温而酸，有消食化积、行气散瘀之功，善治伤食积滞引起的脘腹胀满、嗳气吞酸、腹痛便溏等症，对泻痢腹痛、瘀阻胸腹痛、疝气及妇女痛经等也有显著疗效。现代还广泛用于冠心病、高血压、高脂血症、菌痢及减肥美容等。因本品酸甜可口，能当水果生吃，更能制作药膳美味来治病养生。

二、宋光宗与山楂

宋朝绍熙年间，宋光宗赵惇的爱妃黄贵妃病了，面黄肌瘦，不思饮食。御医用了许多贵重药品，皆不见什么效果。皇帝见爱妃日见憔悴，也整日愁眉不展，最后无奈只好张榜求医。一位江湖郎中揭榜进宫，为黄贵妃诊脉后说："只要用冰糖与红果（即山楂）煎熬，每顿饭前吃五至十枚，不出半月病准见好。"开始大家对此半信半疑，但贵妃按此办法服用后，果然如期病愈了。光宗皇帝自然大喜，展开了愁眉。后来这种做法传到民间，老百姓又把它串起来卖，就成了今天我们吃的"冰糖葫芦"。同时，这也是山楂药用价值的早期记载。

三、李时珍与山楂

在《本草纲目》中，李时珍对山楂的各种名称进行了鉴别和诠释，例如《本草纲目》中写道："赤爪、棠梂、山楂，一物也。古方罕用，故《唐本草》虽有赤爪，后人不知即此也。自丹溪朱氏始著山楂之功，而后遂为要药。其类有二种，皆生山中：一种小者，山人呼为棠梂子、茅楂、猴楂，可入药用。树高数尺，叶有五尖，桠间有刺。三月开五出小白花，实有赤、黄二色，肥者如小林檎，小者如指头，九月乃熟。其核状如牵牛子，黑色，甚坚；一种大者，山人呼为羊杬子。树高丈余，花叶皆同，但实稍大而黄绿，皮涩肉虚为异尔。初甚酸涩，经霜乃可食，功应相同而采药者不收。"

李时珍非常看重山楂对食物积滞于肠道之消化功效，在《本草纲目》山楂条下曾写道："凡脾弱，食物不克化，胸腹酸刺胀闷者，于每食后嚼二三枚，绝佳。但不可多用，恐反克伐也"。李时珍还特别记述一山楂实例："珍邻家一小儿，因食积黄肿，腹胀如鼓，偶往羊杬树下，取食之（其果实）至饱，归而大吐痰水，其病遂愈。羊杬乃山楂同类"。《本草纲目》中李时珍的这段话是根据他自己的亲身体会所写的。传说在李时珍家的隔壁住着一户人家，因是晚年得子，故对孩子十分溺爱，经常让他食鱼吃肉和一些消化不良的食物，饭后又零食不断，想吃什么就给什么，终于导致孩子饮食过度，伤及脾胃而致食积中焦，脾胃纳化失常，胃肠壅滞，脘腹胀满如鼓，疼痛，遍身黄肿，不思饮食。面对孩子的病情，这对老夫妇心如刀割，请李时珍给予诊治，但用过几次药都不见明显效果，作为当时名医的李时珍也感到束手无策。一日，小孩随母走亲戚返回时，在一座山边的树丛中休息，小孩发现一片野果林，见果实红黄色而圆，颇为好看，一尝甜而带酸，极合口味，便大吃至饱，回到家里即大吐痰水，并吐出大量秽物，其食积不化之症自此而愈。李时珍颇感奇怪，问明情况，马上和这个孩子一起找到那片野果林，一看原来这种野果就是山楂。自此，李时珍发现了山楂消食化瘀的功效，在以后给类似病人开的药方中总少不了山楂。李时珍在书中指出：山楂果实可以止水痢，沐头洗身，治疮痒。果核可以化食磨积，治难产。山楂根可治反胃。山楂叶可以治漆疮。

四、山楂药用的民间传说

传说很早以前，山里有一户人家，种着一些山坡地。这家有两个孩子，老大是前妻留下的，老二是后娘生的。为了将来能让自己亲生的儿子独吞家产，后娘把老大看作眼中钉、肉中刺，老大不管做什么、做得如何，都不合她意，天天盘算着暗害老大，但又不敢明目张胆，于是，想出一个设法让老大生病的损主意。一天，丈夫要出门做生意，嘱咐儿子们要听娘的话。丈夫刚出门，后娘就对老大说："家里这么多活儿，你作为老大得分几样去干。"老大听后想想也是，便说："遵从母亲安排，让我干什么就干什么。"后娘安排老大每天到山上看庄稼、看山林，并交代每天自己给老大送饭。从此，老大就每天风里来雨里去地到山上看庄稼，而后娘每天故意给他做些半生不熟的饭带着。老大人又小，整天在野地里吃这种饭哪里消化得动，日久天长就闹开了胃病，肚子时而疼、时而胀，眼瞧着一天天变瘦了。老大跟后娘说："妈，这些日子我一吃这夹生饭肚子就疼得厉害。"后娘张口就骂："才干了这么点活儿就挑饭！哼，就是这个，爱吃不吃。"老大不敢还口，只好坐在山上哭，山上长着许多野山楂。老大实在咽不下夹生饭，就吃了几个野山楂，觉着这东西倒是充饥又解渴。于是，老大就天天吃起山楂来。谁想吃来吃去，肚子不胀了，胃也不疼了，吃什么也都能消化了。后娘很奇怪："这小子怎么不但不死反倒胖起来了，莫非有什么神灵保护他？"从此，她就把邪心收了，不敢再害老大了。又过了些日子，丈夫回来了，老大把前后经过向他一学说，做生意的人脑子反应快，他断定山楂一定有药用价值，于是就用山楂制成药物，卖给病人吃。后来，果然发现山楂有健脾和胃、消食化瘀的作用，而他们一家也因卖山楂药物而富甲一方。自此，后娘改变了对老大的看法，对老大的态度也好了，对老大的关爱也多了，把老大看成是自家的"招财神"，对老大也像对自己亲生的孩子一样了。

五、山楂的药用记载

《尔雅》是我国最早的一部解释词义和名物的工具书，大概成书于春秋战国与两汉之间，是我国古籍中记载山楂最早的书籍，但当时作者把山楂称作"杭"，还没有意识到山楂的药用价值。后来一些本草类古籍也有用其他名字的，但有了对山楂药用价值的描写。

葛洪，江苏人，公元3～4世纪著有《肘后备急方》，是古代中医方剂著作，也是中国第一部临床急救手册。该书涉及山楂时写道："浓煮楂茎叶洗之，亦可捣取汁以涂之。"用以治疗"漆疮"。文中的楂茎指的就是山楂的茎，"漆疮"指的是一种感受漆气而引发的皮肤病。陶弘景，公元456年出生于丹阳秣陵（江苏南京），南朝齐、梁时期著名的道学家、炼丹家和医药学家。其一生著书甚多，还整理了《神农本草经》，编写了《本草经集注》，在《本草经集注》中记载："用它（山楂）煎汁洗漆疮，多愈。"

唐代苏敬等于公元659年编写的《唐本草》是世界上最早的药典，比欧洲1546年纽伦堡政府刊行的《纽伦堡药典》还要早887年。《唐本草》中关于山楂的记载："煮汁服，止泻。用它煎汁洗头、洗身，可治疮痒"。陈藏器，唐代中药学家，公元687年出生在浙江宁波一个医学世家，自幼聪慧过人，八岁便随父辈涉外采药，辨识百草，对许多相似草药过目不忘。十岁时开始帮助父亲熬制中药，学习如何将各种植物入药。十三岁时，母亲病重，其父配制各种药方治疗无效而亡，由此，他痛苦万分，立志演习本草，解万民病疾。十五岁时便成为当地的名医。公元713~741年间曾任京兆府三元县尉，勤政爱民，为官期间仍然不忘本草研究，以为《神农本草经》存在问题太多，于公元739年撰写了多达十卷的《本草拾遗》一书，提出茶为万病之药的理论，被唐玄宗赐为茶疗鼻祖。《本草拾遗》一书中把山楂也列入万茶之列，与其他几种植物相配为茶。书中写道："赤爪草，即鼠楂梂也。生高原，梂似小楂而赤，人食之"。

宋代著名诗人苏东坡著的《物类相感志》记载："煮老鸡硬肉，入山楂数颗即易烂，则其消肉积之功，盖可推矣……"。

元代吴瑞，浙江海宁人，生于医学世家，1329年编著的《日用本草》指出："山楂可以消食积，补脾，治小肠疝气，发小儿疮疹。化食积，行结气，健胃宽膈，消血痞气块。"元代朱震亨，是元代著名的医学家，与当时的刘完素、张从正、李东垣三位名医称为金元四大家。朱震亨1347年编写的《本草衍义补遗》著作中指出，山楂可"健脾，行结气，治妇人产后儿枕痛，恶露不尽。可煎汁入砂糖，服之立效"。又指出，"山楂，大能克化饮食。若胃中无食积，脾虚不能运化，不思食者，多服之，则反克伐脾胃生发之气也"。

明朝开国皇帝朱元璋的第五子朱橚青年时期就对医药感兴趣，虽然一生坎坷，但始终不改对方剂学和救荒植物的研究，于1406年编著的《救荒本草》著作中就有不少关于山楂治病药用价值的记载。明代滇南名士兰茂于1436年著的《滇南本草》中指出山楂可"消肉积滞，下气；治吞酸，积块"。明代《本草经疏》指出，"山楂，《本经》云味酸气冷，然观其能消食积，行瘀血，则气非冷矣。有积滞则成下痢，产后恶露不尽，蓄于太阴部分则为儿枕痛。山楂能入脾胃消积滞，散宿血，故治水痢及产妇腹中块痛也。大抵其功长于化饮食，健脾胃，行结气，消瘀血，故小儿、产妇宜多食之"。明代御医陈嘉谟1565年编写的《本草蒙筌》是明代早期的一部很有特色的中药学入门书，著作中指出山楂可以："行结气，疗颓疝"。明朝末年李中梓编著的《本草通玄》中指出："山楂，味中和，消油垢之积，故幼科用之最宜。若伤寒为重症，仲景于宿滞不化者，但用大、小承气，一百一十三方中并不用山楂，以其性缓不可为肩弘任大之品。核有功力，不可去也"。明代文人、官吏、农学家王象晋为官时经常到农村了解作物栽培技术情况，1607~1627年间王象晋回到家乡经营农业，积累了丰富的作物栽培经验，在此期间编著的《群芳谱》是一部农业重要著作，书中指出（山楂制用）："取熟者蒸烂，去皮核，及内白筋白肉捣烂，加入白糖。以不酸为度，微加白矾末，则色更鲜妍，入笼蒸至凝定，收之作果，甚美，兼能消食。又蒸烂熟，去皮核，用蜜浸之，频加蜜，以不酸为度，食之亦佳。闻有以此果切作四瓣，加姜盐拌蒸食，又一法也。入药者切四瓣，去核晒乾，收用"。

清代陈其瑞编著的《本草撮要》中指出（山楂）："味酸甘微温，入足太阴厥阴经，功专消食起痘，得茴香治偏坠疝气，得紫草治痘疹干黑，得沙糖去恶露，治少腹痛。脾虚恶食者忌服。凡用人参不宜者，服山楂即解。化肉积甚速，冻疮涂之即愈，治疝催生用核良"。清代黄宫绣编著的《本草求真》中指出："山楂，所谓健脾者，因其脾有食积，用此酸咸之味，以为消磨，俾食行而痰消，气破而泄化，谓之为健，止属消导之健矣。至于儿枕作痛，力能以止；痘疮不起，力能以发；犹见通瘀运化之速。有大小二种，小者入药，去皮核，捣作饼子，日干用。出北地，大者良"。清代杰出医学家叶天士编著的《本草再新》中指出："山楂可治脾虚湿热，消食磨积，利大小便"。清末民国初期，河北名医张锡纯编著的《医学衷中参西录》中指出："山楂，若以甘药佐之，化瘀血而不伤新血，开郁气而不伤正气，其性尤和平也"。到民国时代记载有山楂成分的中药配方达几百个之多。

在 20 世纪，科学家对山楂进行了现代科学研究，20 世纪 50 年代前，发现山楂含有维生素、碳水化合物、脂肪、蛋白质、无机成分以及鞣质、三萜类等多种营养素。20 世纪 50 年代后，随着黄酮类化合物研究工作的迅速开展，发现山楂中所含黄酮类成分对心血管系统有明显的药理作用。在黄酮类药物成分中，还有一种具有抗癌作用的壮荆素化合物，对防治癌症很有裨益。它还含有槲皮黄苷、金丝桃苷，有扩张血管、促进气管排痰平喘之功。到目前为止，发现山楂的果、叶子、花瓣等均可以作为药用，也发现山楂具有开胃助消化、活血化瘀、美容养颜、抗衰老、强心降脂降压、治疗腹泻、抗癌等七大功效。

进入 21 世纪以来，随着植物在抗病毒领域研究的深入，山楂的抗病毒研究及应用前景也颇受关注，已有研究表明山楂可能对肝炎病毒及轮状病毒具有一定抗性。虽然目前这些研究尚未达到能够揭示其抗病毒机理的程度，在医学病毒领域远未达到应用的程度，我们也不能否定其潜在的应用价值和市场前景。至少在水产养殖领域，山楂及其他中草药添加剂在拮抗水产病毒方面的应用还是有一定成效的。

第四节　山楂的诗词文化

除了药用、食用价值之外，山楂在人类情感方面也有许多寓意和寄托，例如稳重、顶峰屹立的山楂树代表的是人生的从容、淡泊和朴实；红红的山楂果代表的是人生的红红火火、酸酸甜甜、美美满满，回味无穷；山楂花代表的是纯洁的爱情和人与人之间真挚的感情。历史上中华文化发展的巅峰是唐朝的诗和宋朝的词，俗称唐诗宋词。以唐宋八大家（唐代的韩愈、柳宗元；宋代的欧阳修、苏洵、苏轼、苏辙、王安石、曾巩）为代表的诸多文人墨客创作出了大量的诗和词，其中，用各种体裁的诗词来歌颂描写山楂的非常多。而其中最广为流传的当属僧人知一写的诗《吟山楂》："枝屈狰狞伴日斜，迎风昂首朴无华。从容岁月带微笑，淡泊人生酸果花"。在这首诗中，作者以平凡的山楂折射出的生活态度和人的一生何其相似。唐代诗圣杜甫也曾借山间红果（山楂）来表达自己的感情，利用山楂和当地风景来对社会、民情、国家、个人等多方面进行描述，比较完整地描绘了当时国家的情形，发人深省，同时也寄托了作者的忧国忧民的情怀。到元代、明代、清代乃至到今天，歌颂描写山楂的诗歌更是层出不穷，形成了灿烂的山楂诗词文化。用诗词形式赞美和歌颂山楂的大家如唐代的柳宗元、杜甫、李贺、卢纶等，宋代的苏轼、陆游等。现代关于山楂的诗歌又出现一个高潮。无论是古代的文豪还是现代的诗人，都对山楂树情有独钟，无处不有山楂树的旋律，浸尽生命的柔情，蓄满爱的祈愿，续写山楂树的美丽。今天，我们选取这些对山楂描写的诗词，有助于陶冶情操，提高文化修养，使我们懂得该如何去生活、去恋爱、去看待你周围的人和你所处的社会。

一、唐代山楂的诗词文化

《同刘二十八院长述旧言怀感时书事奉寄澧州…赠二君子》
（唐）柳宗元

树怪花因槲，虫怜目待虾。　　偃儿供苦笋，伧父馈酸楂。
骤歌喉易嗄，饶醉鼻成齇。　　劝策扶危杖，邀持当酒茶。
曳捶牵羸马，垂蓑牧艾猳。　　道流征短褐，禅客会袈裟。
已看能类鳖，犹讶雉为鹑。　　香饭春菰米，珍蔬折五茄。
谁采中原菽，徒巾下泽车。　　方期饮甘露，更欲吸流霞。

《解闷十二首》
（唐）杜甫

草阁柴扉星散居，浪翻江黑雨飞初。　　复忆襄阳孟浩然，清诗句句尽堪传。
山禽引子哺红果，溪友得钱留白鱼。　　即今耆旧无新语，漫钓槎头缩颈鳊。
商胡离别下扬州，忆上西陵故驿楼。　　陶冶性灵在底物，新诗改罢自长吟。
为问淮南米贵贱，老夫乘兴欲东流。　　孰知二谢将能事，颇学阴何苦用心。
一辞故国十经秋，每见秋瓜忆故丘。　　不见高人王右丞，蓝田丘壑漫寒藤。
今日南湖采薇蕨，何人为觅郑瓜州。　　最传秀句寰区满，未绝风流相国能。
沈范早知何水部，曹刘不待薛郎中。　　先帝贵妃今寂寞，荔枝还复入长安。
独当省署开文苑，兼泛沧浪学钓翁。　　炎方每续朱樱献，玉座应悲白露团。
李陵苏武是吾师，孟子论文更不疑。　　忆过泸戎摘荔枝，青峰隐映石逶迤。
一饭未曾留俗客，数篇今见古人诗。　　京中旧见无颜色，红颗酸甜只自知。

翠瓜碧李沈玉甃，赤梨葡萄寒露成。
可怜先不异枝蔓，此物娟娟长远生。

侧生野岸及江蒲，不熟丹宫满玉壶。
云礜布衣骀背死，劳生重马翠眉须。

《追和柳恽》
（唐）李贺

汀洲白蘋草，柳恽乘马归。

江头楂树香，岸上蝴蝶飞。

酒杯箬叶露，玉轸蜀桐虚。

朱楼通水陌，沙暖一双鱼。

《秋夜宴集陈翊郎中圃亭美校书郎张正元归乡》
（唐）卢纶

泉清兰菊稠，红果落城沟。

保庆台榭古，感时琴瑟秋。

硕儒欢颇至，名士礼能周。

为谢邑中少，无惊池上鸥。

《题江潮庄壁》
（唐）万楚

田家喜秋熟，岁晏林叶稀。

禾黍积场圃，楂梨垂户扉。

野闲犬时吠，日暮牛自归。

时复落花酒，茅斋堪解衣。

《和吴处士题村叟壁》
（唐）李咸用（摘录部分）

秋果楂梨涩，晨羞笋蕨鲜。
衣裳留冷阁，席草种闲田。
椎髻担铺饷，庞眉识稔年。
吓鹰乌戴笠，驱犊筱充鞭。

不重官于社，常尊食作天。
谷深青霭蔽，峰迥白云缠。
每忆关魂梦，长夸表爱怜。
览君书壁句，诱我率成篇。

《宫中乐五首》
（唐）张仲素

网户交如绮，纱窗薄似烟。

乐吹天上曲，人是月中仙。

翠匣开寒镜，珠钗挂步摇。

妆成只畏晓，更漏促春宵。

红果瑶池实，金盘露井冰。

甘泉将避暑，台殿晓光凝。

月采浮鸾殿，砧声隔凤楼。

笙歌临水槛，红烛乍迎秋。

奇树留寒翠，神池结夕波。

黄山一夜雪，渭水泻声多。

《郭中山居》

（唐）方干

莫见一瓢离树上，犹须四壁在林间。

沈吟不寐先闻角，屈曲登高自有山。

溅石迸泉听未足，亚窗红果卧堪攀。

公卿若便遗名姓，却与禽鱼作往还。

《山中言事·欹枕亦吟行亦醉》

（唐）方干

欹枕亦吟行亦醉，卧吟行醉更何营。

贫来犹有故琴在，老去不过新发生。

山鸟踏枝红果落，家童引钓白鱼惊。

潜夫自有孤云侣，可要王侯知姓名。

《闲居有作》

（唐）吴融

依依芳树拂檐平，绕竹清流浸骨清。

爱弄绿苔鱼自跃，惯偷红果鸟无声。

踏青堤上烟多绿，拾翠江边月更明。

只此超然长往是，几人能遂铸金成。

《李郎中林亭》

（唐代）曹松

只向砌边流野水，樽前上下看鱼儿。

笋蹊已长过人竹，藤径从添拂面丝。

若许白猿垂近户，即无红果压低枝。

大才必拟逍遥去，更遣何人佐盛时。

《秋晚卧疾寄司空拾遗曙卢少府纶》

（唐）耿湋

寒几坐空堂，疏髯似积霜。

老医迷旧疾，朽药误新方。

晚果红低树，秋苔绿遍墙。

惭非蒋生径，不敢望求羊。

《西园》

（唐）刘得仁

夏围秋凉入，树低逢愤敧。

水声翻败堰，山翠湿疏篱。

绿滑莎藏径，红连果压枝。

幽人更何事，旦夕与僧期。

《早秋望华清宫树因以成咏（一作卢纶诗）》

（唐）常衮

可怜云木丛，满禁碧濛濛。　　燕拂宜秋霁，蝉鸣觉昼空。

色润灵泉近，阴清辇路通。　　翠屏更隐见，珠缀共玲珑。

玉坛标八桂，金井识双桐。　　雷雨生成早，樵苏禁令雄。

交映凝寒露，相和起夜风。　　野藤高助绿，仙果迥呈红。

数枝盘石上，几叶落云中。　　惆怅缭坦暮，兹山闻暗虫。

《泛五云溪》

（唐）许浑

此溪何处路，遥问白髯翁。　　急濑鸣车轴，微波漾钓筒。

佛庙千岩里，人家一岛中。　　石苔萦棹绿，山果拂舟红。

鱼倾荷叶露，蝉噪柳林风。　　更就千村宿，溪桥与刹通。

二、宋代山楂的诗词文化

《浣溪沙》

（宋）苏轼

几共查梨到雪霜，一经题品便生光，木奴何处避雌黄。

北客有来初未识，南金无价喜新尝，含滋嚼句齿牙香。

《治圃》

（宋）陆游

小圃漫经营，栽培抵力耕。

土松宜雨点，根稚怯鉏声。

红果方当熟，清阴亦渐成。

每来常竟日，聊得畅幽情。

《出游》

（宋）陆游

行路迢迢入谷斜，系驴来憩野人家。

山童负担卖红果，村女缘篱采碧花。

篝火就炊朝甑饭，汲泉自煮午瓯茶。

闲游本自无程数，邂逅何妨一笑哗。

《客中作》

（宋）陆游

江天雨霁秋光老，野气川云净如扫。

投空飞鸟杂落叶，极目斜阳衬衰草。

平沙争渡人鹄立，长亭下马障泥湿。

累累红果络青篾，未霜先摘犹酸涩。

客中虽云贪路程，买薪籴米常留行。

茆檐独坐待僮仆，不闻人声闻碓声。

《东林寺》

（宋）张至龙

满院香风乍熟楂，猴孙抱子坐枯槎。

头陀不惯迎宾客，自折芙蓉供释迦。

《和徐思叔谢向大夫惠柑四首》（其二）

（宋）彭龟年

满满风霜味正肥，厥包万里逐雕题。

封君莫美传柑宠，清爽何如楂与梨。

《过山受奖》

（宋）王谌

此地知谁隐，当门列翠屏。

栽花多是药，题壁半书经。

栗鼠咀红果，山禽堕翠翎。

峰头宜眺望，只欠小茅亭。

《晚投韩采岩》
（宋）戴表元

冬日寒难暝，岩溪浅易冰。

猿飞红果嶂，人度白云层。

望层多依竹，逢樵半采藤。

艰难吾甚厌，何处学孙登。

《江行五绝》
（宋）郑獬

西江庙前飞来鸟，紫金作翅尾毕逋。

翻空趁船接红果，衔去却哺林中雏。

《入陂子迳》
（宋）杨万里

下一岭，上一岭，

上如登天下如井，人言个是陂子迳。

猿藤迳里无居民，陂子迳里无行人。

冷风萧萧日杲杲，露湿半青半黄草。

前日猿藤犹有猿，今此一鸟亦不喧。

树无红果草无蕊，纵有猿鸟将何餐。

两山如壁岸如削，一迳缘空劣容脚。

溪声千仞撼林岳，崖石欲崩人欲落。

来日长峰迳更长，陂子迳荒未是荒。

蒋家三迳未入手，岭南三迳先断肠。

《谢陈金惠红绿柿》
（宋）刘宰

红绿分佳果，丹青让好辞。

遥怜霜落叶，岸帻坐题诗。

《谢张子仪尚书寄天雄附子北果十包》

（南）杨万里

今古交情市道同，转头立地马牛风。

如何听履星晨客，犹念孤舟蓑笠翁。

馈药双奁芬玉雪，解包百果粲青红。

看渠即上三能去，大小毗陵说两公。

《急雨》

（宋）方回

极热方亭午，浓阴忽半空。

众蝉暗急雨，独鹆擞高风。

过湿蔬争绿，矜晴果骤红。

树凉宜就饮，残滴入樽中。

三、明、清山楂的诗词文化

《岭南道中》

（明）汪广洋

过尽梅关路，滩行喜顺流。

港江元到海，横石不容裒。

岭树垂红果，汀沙聚白鸥。

从来交广地，还是古扬州。

《武夷山一线天》

（明）徐渭

双峡凌虚一线通，高巅树果拂云红。

青天万里知何限，也伴藤萝锁峡中。

《都门杂咏》

（清）杨静亭

南楂不与北楂同，妙制金糕数汇丰。

色比胭脂甜如蜜，解醒消食有兼功。

露水白时山里红，冰糖晶块市中融。

儿童喜食欢猴鼠，也解携归敬老翁。

《梨口村》
（清）丁耀亢

瑶草琪花遍地生，青禽红果不知名。

层层列岫天如束，人在翠微深处行。

四、近代山楂的诗词文化

从民国时期至今，我国人民对山楂的挚爱热度不减，人们以各种各样的形式讴歌山楂，把很多美好的向往寄托于山楂这种植物。人们根据自己的需要、思想和追求，用诗、用词、用诗歌、用文章等多种形式描写山楂，有的侧重于讴歌山楂花，把年轻人之间美好的爱情寄语于山楂花；有的侧重于讴歌山楂果，把治病健身、嗜好寄语于山楂果；有的侧重于讴歌山楂树整体，也有的侧重于讴歌山楂叶。讴歌山楂花、山楂果和山楂树的诗歌举例如下：

【七律】山楂花

风染田园绽玉华，金枝碧叶罩云纱。　　几度芳菲开苑圃，数番情意落天涯。

香魂时醉心中月，秀骨常邀梦里花。　　千姿百态玲珑美，占尽三春入万家。

【七律】山楂花

春留翠色寄衷情，遍送新花伴晓风。　　何须粉黛乔妆艳，自有天然笑意盈。

玉靥无尘云雪净，芳心有梦月华清。　　香缕轻飘山野醉，群芳竞放俏无声。

【七律】山楂果

寒秋最爱山里红，树树挂满红灯笼。　　生津止渴可入药，消食化积肠道通。

酸甜适口开脾胃，活血散瘀心脑清。　　江湖郎中施妙手，冰糖葫芦显神功。

【七律】山楂果

火火红红又一秋，繁星疑落树梢头。　　细品人生佳味道，盛歌今岁大丰收。

珠珠饱满消千病，粒粒酸甜解万愁。　　劝君日啖三百颗，胜过神仙和爵侯。

【七律】山楂果

红果山楂山里红，中华本草药仙称。　　化滞消食无替代，醒脾健胃有神功。

除淤活脉血脂降，防暑提神心脑通。　　饱含矿物维生素，未见谁人可抗争。

山楂树色映山红，多少悲欢记忆中。　　同心欲结魂归远，病榻惟求话与通。
稚嫩胸怀非浅薄，艰辛水乳未交融。　　证得人间有真爱，情花开谢韵无穷。

【七律】山楂树

一树山楂结静秋，三春旧迹足风流。　　往事已随花事尽，天年不为少年留。
壮怀欲学董存瑞，心意偏如罗密欧。　　谁知永远有多远？人世纷纷说未休。

【七律】山楂树

翠叶相拥万果红，一棵老树感由衷。　　待染寒霜才见骨，若尝美味更知情。
春来夏去秋收获，霞送云飞雨转停。　　成熟路上多酸楚，细品人生如此同。

【七律】山楂树

玉叶金枝岂冠名？扎根僻壤守清平。　　沐雨凌霜身火火，切干捣沫味融融。
开花不媚三千句，兑药何贪四百功。　　酸甜煮尽农忙苦，串起村村日子红！

【七律】山楂树

从未怕山川蛮荒，就喜欢旷野泥香。　　不屑于骚客来访，享受呀牧童摘尝。
无所谓寒暑风霜，滋润着雨露阳光。　　要问为何历沧桑？只因那醉人红妆！

第五节　山楂的现代文化

　　山楂的食用价值、药用价值、宗教含义以及爱情寓意，使国内外人们，尤其是青年人对山楂这种植物情有独钟，不仅以山楂命名的电影、电视剧和戏曲，也有以山楂为主题的歌曲，成为许多影视剧的插曲、片头片尾曲；日常生活中，文艺人还创作了许多脍炙人口的关于山楂的歌曲，供人们欣赏和咏唱；全国各地不仅设有山楂文化节、山楂博物馆，也有不少的传媒公司以山楂来命名，形成了寓意深远、丰富多彩的山楂现代文化。

一、山楂的电影电视文化

1.《山楂树下》

1990 年，爱尔兰著名作家玛丽塔·康伦-麦肯纳编写出版了《山楂树下》(Under the Hawthorn Tree)。1998 年，由爱尔兰著名导演 Siobhan Lyons 和 Bronagh Murphy 执导，由 Liane Murphy、

Chris Bollard 和 Doireann Lawlor 主演，把这部名著搬上银幕，创作了《山楂树下》这部电影。《山楂树下》讲述的是关于生存、冒险和勇气的故事，是以 19 世纪中叶的爱尔兰大饥荒为背景，赞美了人们战胜困难、向往新生活的勇气。小说和电影中充满了令人倍感温暖的亲情、友情和不怕困难、勇于奋斗的精神，能够激励当代青少年珍惜已有的生活，追求自己的梦想。《山楂树下》的出版以及改编成的电影的播映，很快就得到世界包括我国青年人的普遍喜欢，也使人们更加了解、喜爱、钟情于山楂这种神奇的植物。

2.《山楂树之恋》

2008 年，美籍华人艾米根据好友的经历编写出版了《山楂树之恋》，这是一部描写年轻人爱情故事的小说。2010 年，该小说被拍摄成电影《山楂树之恋》。《山楂树之恋》小说的出版和电影的放映，在我国产生了极大的反响，使人们尤其是使年轻人对爱情的理解、对事业的追求、对山楂树的寄托等更加深化和具体。《山楂树之恋》被称为史上最干净、最纯洁的爱情，导引青年人把纯洁的爱情与山楂树联系在一起，使山楂树的名声大振，直接或间接地促进了我国山楂产业的发展。

3.《远方的山楂树》

《远方的山楂树》是 2020 年 1 月首播的一部电视剧。该剧讲述的是 20 世纪 70 年代，以主人公彭天翼为代表的十二个知识青年在农村广阔天地中饱经历练，逐渐成熟，最终成就一番事业的故事。这是一部让 50 后那部分老年人以及当代的年轻人喜欢的好剧目，看似朴实无华的电视剧，却蕴含着足以发人深省的大智慧，相信每位观众都能够从这部剧中找到属于自己的影子，相信曾经做过知青的老人一定能在追剧的过程中回想起自己的青春时光。由于该电视剧以山楂树命名，同时剧中故事情节也是从歌曲《山楂树》展开，该电视剧的宣传彩页以山楂树作为背景，剧中的主题曲也是以山楂树为中心，因此，该电视剧的播放，更加充实了我国厚厚的山楂文化，促进了山楂行业的发展。

4.《红果，红了》

红果是山楂的别称，《红果，红了》是以剧本《风流小娜》作基础重新加工和再创作而成的一部现代豫剧。其故事情节是寡居的酒店主人刘春华和退伍军人路云鹏决定开辟现代化的股份制果茶厂，走集体致富道路的故事。《红果，红了》继承和发展了戏曲艺术的优长，将现代艺术语汇与传统戏曲手段融为一体，在当代审美情趣与古典戏曲美学精神的有机融合上，进行了有益的探索，塑造出了一批栩栩如生的人物形象，具有浓郁的乡土气息和地域特色。演出的极大成功，使该剧目先后荣获文华新剧目奖第一名，导演、音乐、舞美、灯光、演员等 21 项文华单项奖，同时荣获中宣部"五个一工程"奖，并参加在上海举办的"五个一工程"颁奖展演。该剧名称关键词"红果"，就是我们常说的山楂果，剧情中农民的朴实和对爱情的态度以及剧中主题曲《红果颂》等都使人与山楂树联系在一起。

5.《山里红》

《山里红》是根据石钟山原著小说《角儿》改编而成的一部电视剧。山里红是山楂的别称，该剧之所以用山里红命名，是由于该剧演绎的是一个女孩与几个男孩传奇般的爱情故事。剧中的女主角春芍凭借自己对京剧的艺术天赋、凭借着她对京剧的热爱，梦想着有一天自己能够成为戏班子里有名的"角儿"，在为实现自己梦想努力奋斗的过程中发生了很多悲欢离合的感人故事。

6.《相约山楂树》

《相约山楂树》是 2011 年拍摄的一部片长 30 分钟的微电影。影片讲述的是男女主角在看过电影《山楂树之恋》后，通过网络相约从不同的城市来到宜昌，寻找山楂树、寻找真爱的故事。《相约山楂树》的推出，集热门影视题材与网络传播于一体，开创了国内城市形象利用网络微电影推广的先河，同时也使山楂树这种特殊的植物，再次成为青年人心中的偶像树，是爱情的渊源和寄托。

7.《冰糖葫芦》

《冰糖葫芦》是 2001 年播出的一部电视连续剧。该剧讲述的是北京城里一个普通的二〇三居民小院，残留着一些老王府的痕迹，新建筑也不少，8 号楼是院中央一座塔式高楼，楼内除了住着整天忙碌的年轻人、中年人，传达室门口还常常围着一些得闲的老年人。这些老人谈古论今，说道时事，是非曲直，不依不饶。在偶然却也平常的一起起事件里，这里的人们以独特的方式自觉不自觉地卷入了既改变着自己命运也影响着别人生活的旋涡。

二、山楂的歌曲文化

在中国以及在世界其他地方，山楂树、山楂花都有纯洁爱情、守护唯一的寓意，有宗教信仰的精神寄托，也有辟邪、阻止恶魔和邪恶的传说。因此，人们以山楂树或山楂花作主题，编写出了许多脍炙人口、令人难以忘却的歌曲，有的歌曲出现在电影、电视剧、戏曲中，作为插曲，有的作为一般的歌曲被青年人和儿童们咏唱。以下列举十首经典歌曲以展现当代山楂的歌曲文化。

1.《山楂树》

《山楂树》原名为《乌拉尔的山楂树》，诞生于 1953 年，是一首苏联歌曲，由米哈伊尔·米哈伊罗维奇·比里宾柯作词、叶甫根尼·巴普罗维奇·罗德金作曲，20 世纪初期传到我国以后，深得青年人的喜欢，加之我国青年人原有的山楂情怀，使得此歌曲很快流行起来，影响了几代人的爱情和感情。这首爱情歌曲，描写工厂青年生产生活和爱情，曲调悠扬潺潺，词语意境深绵。这首歌尤为惟妙惟肖，韵律起起伏伏间，流转着浓郁的乌拉尔风情——纯真、优美、浪漫。特别是当时的年轻人，更是为这首歌曲所倾倒和痴迷，隔着一个国界，情是相通的，爱是相通的。他们唱着它，火热的青春里，有着闪亮的幸福和甜蜜。纯洁，质朴，如一株株开满白花的山楂树。《山楂树》被我国青年人咏唱，也被一些文人不断地改编，目前比较接近原始版本的歌词大概是：

歌声轻轻荡漾在黄昏水面上

暮色中的工厂已发出闪光

列车飞快地奔驰

车窗的灯火辉煌

山楂树下两青年在把我盼望

哦　那茂密山楂树呀白花满树开放

我们的山楂树呀为何要悲伤

当那嘹亮的汽笛声刚刚停息

我就沿着小路向树下走去

轻风吹拂不停

在茂密的山楂树下

吹乱了青年钳工和铁匠的头发

哦　那茂密的山楂树白花开满枝头

哦　你可爱的山楂树为何要发愁

白天在车间见面我们多亲密

可是晚上相会却沉默不语

夏天晚上的星星尽瞧着他们俩

却不明白告诉我他俩谁可爱

哦　最勇敢最可爱呀到底是哪一个

亲爱的山楂树呀请你告诉我

秋天大雁的歌声已消失在远方

大地已经盖上了一片白霜

但是在这条崎岖的山间小路上

我们三人到如今还徘徊在树旁

哦　最勇敢最可爱呀到底是哪一个

亲爱的山楂树呀请你告诉我

他们谁更适合于我的心愿

我却没法分辨我终日不安

他们勇敢更可爱呀全都一个样

亲爱的山楂树呀要请你帮个忙

哦　最勇敢最可爱呀到底是哪一个

亲爱的山楂树呀请你告诉我

2. 《山楂花》

《山楂花》是电影《山楂树之恋》宣传曲，由文雅作词，仓雁彬作曲，陈楚生演唱。2011 年，该歌曲获得中歌榜年度金曲奖和第 18 届东方风云榜十大金曲奖。这首歌呈现出一种返璞归真的简单质朴状态，"单纯、优美、阳光、忧郁"是贯穿影片音乐的主题。《山楂花》的歌词如下：

走过了这一片青草坡　　　　　　也有你为我而活

有棵树在那儿等着　　　　　　　只要我还能被你记得

它守着你和我的村落　　　　　　我就是不朽的

站立成一个传说　　　　　　　　山楂树开满了花

山楂树开满了花　　　　　　　　像你在对我说话

落在你羞涩脸颊　　　　　　　　山楂树开满了花

山楂树开满了花　　　　　　　　指引你带我回家

我等你一句回答　　　　　　　　可是我先走了　纵然太不舍

可是我先走了　　　　　　　　　别哭我亲爱的　你要好好的

纵然太不舍　　　　　　　　　　在时间的尽头　你定会看见我

别哭我亲爱的　　　　　　　　　唱着歌在等你微笑着

你要好好的　　　　　　　　　　可是我先走了　纵然太不舍

在时间的尽头　　　　　　　　　别哭我亲爱的　你要好好的

你定会看见我　　　　　　　　　在时间的尽头　你定会看见我

唱着歌在等你微笑着　　　　　　唱着歌在等你微笑着

就算我最后碎成粉末

3. 《山楂花》

该歌曲由中央民族歌舞团青年歌唱家孙滢迎作词、作曲，并亲自演唱。《山楂花》歌词的美好的寓意，为今天的青年人所喜爱。部分摘录如下：

经过那条熟悉的河　　　　　　　泪水哭黄树叶

河水还那么清澈　　　　　　　　染遍了这红花

隔岸相拥的人啊　　　　　　　　我在这里守望

你哪去啦　　　　　　　　　　　等你回家

你化作山楂花　　　　　　　　　我看见你手捧山楂花

随着风落下　　　　　　　　　　我听见你唱的那首歌

我在这里守望　　　　　　　　　依偎在我身边的人啊

等你回家　　　　　　　　　　　睁开眼你还在那等我吗

4.《那片山楂花》

《那片山楂花》由方珲作词、编曲，山楂妹演唱，2015年11月5日发行。山楂妹的真实名字是张月乔，为山东省滕州市官桥镇一个农民歌手，因其在《让梦想飞》的节目中，带了一篮子山楂当场分给了现场评委和观众，让评委和观众品尝，感恩并推销自己家乡的特产，而被观众称为"山楂妹"，并一夜走红。山楂妹2013年参加星光大道，以其富有表现力的声音和个人奋斗经历，摘得星光大道周冠军、月冠军，最终夺得2013星光大道年度总决赛亚军，而为全国观众所喜爱。而她演唱的《那片山楂花》也是她美好爱情的真实写照。其歌词摘录如下：

那片山楂花 盛开在太阳下　　　　　　这是对咱故土的牵挂
像白色的精灵散光华
五个瓣的它 心中有粉红霞　　　　　　故乡的山楂花 经历风吹雨打
静静地看着远方炊烟下　　　　　　　却从不轻易枝头落下
故乡的山楂花 经历风吹雨打　　　　　耗尽了芳华 才离开它的家
却从不轻易枝头落下　　　　　　　　看着果实满枝桠
耗尽了芳华 才离开它的家　　　　　　梦见山上那片山楂花
看着果实满枝桠　　　　　　　　　　我魂牵梦绕离不开它
梦见山上那片山楂花　　　　　　　　一颗心永远都陪着它
我魂牵梦绕离不开它　　　　　　　　不论身在海角和天涯
一颗心永远都陪着它　　　　　　　　梦见山上那片山楂花
不论身在海角和天涯　　　　　　　　有多少欢笑和汗水呀
梦见山上那片山楂花　　　　　　　　生生世世不会忘记它
有多少欢笑和汗水呀　　　　　　　　这是对咱故土的牵挂
生生世世不会忘记它　　　　　　　　这是对咱故土的牵挂

5.《爱，真的这么残酷吗》

这是由三峡农民作家施俊平创作的电影《山楂树之恋》的片尾曲之一，其歌词摘录如下：

一片片的树叶 随着风而飘下　　　　想起了 故乡 泪在流
秋天的来到 是我不舍的牵挂　　　　不要笑我这么傻 心痛得没有法
心中的寂寞 向谁能够表达　　　　　风中的温柔 留下过去的情话
现在的拥有 还是不停地想他　　　　越想越孤独 越念越害怕
今天受过的伤 早已星落密麻　　　　爱 真的需要 需要 这么付出吗
幸福的生活 总还渴望什么　　　　　爱 真的这么甜蜜 真的这么残酷吗
山楂花 花香 乡满愁

6. 《越爱越孤独》

电影《山楂树之恋》的片尾曲之一，原创施俊平。其歌词摘录如下：

　　　　许下的誓言　算不算数　枯萎的玫瑰　花落破碎

　　　　盛满的酒杯　盛满心醉　曾经的幸福　今天忆追

　　　　我的心里还有什么好滋味　漫漫长路早已把我溃退

　　　　日月记录留住最好的珍贵　年复一年我已不觉得疲惫

　　　　越爱越迷糊　越爱越无助　无助的我学会了自我爱护

　　　　不怕思念的疾苦　不怕山楂树的倾诉

　　　　倾诉的路　再长　也要把你记住

　　　　越爱越清楚　越爱越孤独

　　　　孤独的我就这样做了主

　　　　放下昨夜的痛哭　不会在乎昨天的输

　　　　前方的路　再累　也要勇敢的赌

　　　　勇敢的赌

　　　　……

7. 《山楂果儿圆》

电影《山楂树之恋》的主题歌曲，原创施俊平。其歌词摘录如下：

　　　　太多太多的语言　赶不上环境的改变

　　　　人生风景的重现　命运却无情考验

　　　　泪水模糊的双眼　明天天气一样新鲜

　　　　浮沉际遇在眼前　把握今天的时间

　　　　啊！山楂树之恋　欢乐的宜昌　美丽的家乡　山楂果儿圆

　　　　酸酸甜甜　见证历史的变迁　陪伴你一直到永远

　　　　爱永藏在我心间　鲜花开的正鲜艳

　　　　啊！山楂树之恋　欢乐的宜昌　美丽的家乡　山楂果儿圆

　　　　苦苦涩涩　历经坎坷的磨练　岁月抹不去的无限

　　　　被爱的那个春天　还有很多的思念　思念

　　　　无数无助的冒险　挑战最高的意念

　　　　所有的魅力激情　快乐复制给明天

　　　　生命精彩的表演　有梦才可以看见

　　　　你我不变的誓言　在乎你的每一点

　　　　啊！山楂树之恋　欢乐的宜昌　美丽的家乡　山楂果儿圆

酸酸甜甜　见证历史的变迁　陪伴你一直到永远

爱永藏在我心间　鲜花开的正鲜艳

啊！山楂树之恋　欢乐的宜昌　美丽的家乡　山楂果儿圆

苦苦涩涩　历经坎坷的磨练　岁月抹不去的无限

被爱的那个春天　还有很多的思念　思念

8.《梦里常想见》

电影《山楂树之恋》的插曲，原创施俊平。其歌词摘录如下：

风风雨雨三十年　　　　　　　　难忘的地方　可爱的家乡

思思念念多少天　　　　　　　　努力有方向　自信有希望

今天一切虽然都改变　　　　　　山楂花儿香　不会再忧伤

我还依稀可见你的脸　　　　　　梦里常想见　你没有走远

回忆过去的可怜　　　　　　　　朦胧的双眼　疲惫的思念

放飞希望的明天　　　　　　　　思念我的爱人到今天

握住现在的拥有　　　　　　　　梦里常想见　你没有走远

还有很多的想念　　　　　　　　朦胧的双眼　疲惫的思念

长路漫漫长　生活勇敢扛　　　　思念我的爱人到永远

9.《冰糖葫芦》

《冰糖葫芦》是 20 世纪 90 年代冯晓泉等为话剧《冰糖葫芦》创作的主题歌。《冰糖葫芦》不仅在青年人中间传唱不止，更使无数中老年朋友就此接受了流行歌曲，曾风靡大江南北使流行歌曲的欣赏层面出现了飞跃性的拓展。《冰糖葫芦》歌词真切地描绘了北京人对冰糖葫芦的喜爱，以及从中体会到的人生感悟。其歌词摘录如下：

都说冰糖葫芦儿酸　酸里面它裹着甜　　　山里红它就滴溜溜的圆　圆圆葫芦冰糖儿连

都说冰糖葫芦儿甜　可甜里面它透着酸　　　吃了它治病又解馋　你就年轻二十年

糖葫芦好看它竹签儿穿　象征幸福和团圆　　　都说冰糖葫芦儿酸　酸里面它裹着甜

把幸福和团圆连成串　没有愁来没有烦　　　都说冰糖葫芦儿甜　可甜里面它透着酸

站得高你就看得远　面对苍山来呼唤　　　糖葫芦好看它竹签儿穿　象征幸福和团圆

气也顺那个心也宽　你就年轻二十年　　　把幸福和团圆连成串　没有愁来没有烦

糖葫芦好看它竹签儿穿　象征幸福和团圆　　　都说冰糖葫芦儿酸　酸里面它裹着甜

把幸福和团圆连成串　没有愁来没有烦　　　都说冰糖葫芦儿甜　可甜里面它透着酸

都说冰糖葫芦儿酸　酸里面它裹着甜　　　糖葫芦好看它竹签儿穿　象征幸福和团圆

都说冰糖葫芦儿甜　可甜里面它透着酸　　　把幸福和团圆连成串　没有愁来没有烦

10.《冰糖葫芦——儿歌》

老北京的孩子们以及天津的孩子们对冰糖葫芦情有独钟，吃冰糖葫芦时，都会小心翼翼地把糯米纸先吃掉，然后再咬下一整颗山楂，在口中先硬后软，既有糖的脆，也有鲜山楂的清香，然后便是心满意足的幸福感觉了。《冰糖葫芦——儿歌》是为小朋友们专门创作的一首儿歌。其歌词摘录如下：

冰糖葫芦甜又甜　　　　　　　　　　咬一口蹦一蹦
红红山楂圆又圆　　　　　　　　　　不再给妈妈把气填
一排排呀一串串　　　　　　　　　　冰糖葫芦酸又甜
尝一尝呀笑眯眼　　　　　　　　　　喜欢喜欢真喜欢
不用说话先点头　　　　　　　　　　你一串我一串
你说喜欢不喜欢　　　　　　　　　　不给他呀要翻脸
喜欢真喜欢喜欢喜欢真喜欢　　　　　咬一口蹦一蹦
你一串我一串　　　　　　　　　　　不再给妈妈把气填
不给他呀要翻脸　　　　　　　　　　冰糖葫芦甜又甜
咬一口蹦一蹦　　　　　　　　　　　红红山楂圆又圆
不再给妈妈把气填　　　　　　　　　一排排呀一串串
冰糖葫芦甜又甜　　　　　　　　　　尝一尝呀笑眯眼
红红山楂圆又圆　　　　　　　　　　不用说话先点头
一排排呀一串串　　　　　　　　　　你说喜欢不喜欢
尝一尝呀笑眯眼　　　　　　　　　　喜欢真喜欢喜欢喜欢真喜欢
不用说话先点头　　　　　　　　　　你一串我一串
你说喜欢不喜欢　　　　　　　　　　甜丝的牙有点酸
喜欢真喜欢喜欢喜欢真喜欢　　　　　你一串我一串
你一串我一串　　　　　　　　　　　人人的脸上笑开颜
不给他呀要翻脸

三、山楂的企业文化

由于山楂的药用价值、饮食功效以及代表人们生活、爱情的寓意，使全世界尤其是我国人民对山楂这种植物情有独钟，在众多古籍中都有大篇幅的记载和描述。各行各业的许多商人正是巧妙地借助山楂树这个名称来命名自己的公司和单位，以吸引广大顾客，期盼公司得到良好发展。

1. 以山楂树冠名的实业公司

随着我国改革开放的深入发展，各类公司如雨后春笋般创立。从大城市到边远山区，都有以山楂树命名的实业公司和单位，特别是在 2010 年以后，以山楂树命名的实业公司和单位更多，仅河南省以山楂树命名的公司就有 100 多家，全国以山楂树命名的实业公司有几千家之多。例如 2015 年 11 月 18 日成立的北京山楂树科技有限公司、2015 年 3 月 23 日成立的重庆山楂树科技有限公司、2016 年 12 月 14 日成立的成都山楂树科技有限公司、2018 年 12 月 29 日成立的太原山楂树酒店管理有限公司、2014 年 9 月 18 日成立的江苏山楂树商贸有限公司、2012 年成立的山西山楂树科技公司、2019 年 6 月 5 日成立的河南山楂树食品有限公司、2020 年 11 月 5 日成立的河南山楂树广告有限公司、2017 年 1 月 16 日成立的山楂树食品（上海）有限公司，还有河南山楂树实业有限公司、河南山楂树水处理设备有限公司、河南山楂树国际教育科技有限公司、河南山楂树网络科技有限公司等。

2．以山楂树冠名的传媒公司

各个地方也都成立了大小规模不同的传媒公司，并且纷纷以山楂树来命名公司。例如 2019 年 6 月 12 日成立的山西山楂文化传媒有限公司、2020 年 5 月 14 日成立的武汉山楂文化传媒有限公司、2019 年 8 月 8 日成立的徐州山楂文化传媒有限公司、2019 年 1 月 3 日成立的温州山楂文化传媒有限公司，还有海南山楂文化传媒有限公司、四川山楂文化传媒有限公司、新疆山楂文化传媒有限公司、浙江山楂文化传媒有限公司、上海山楂文化传媒有限公司、安徽山楂文化传媒有限公司、郑州山楂文化传媒有限公司、长春山楂文化传媒有限公司、重庆山楂文化传媒有限公司等上千家。

3．以山楂树冠名的酒店

随着社会和经济的快速发展，人们的交流和流动越来越多，应运而生的是许许多多的快捷小酒店，这些小酒店有许多以山楂树来冠名，而游客一看见山楂树三个字就会觉得亲近和温馨，自然会选择入住。不管是在一线城市，还是在偏僻的小县城，都有不少以山楂命名的酒店，例如在城市的山楂树快捷酒店（南京总统府店）、成都山楂树酒店、郑州山楂树情侣主题酒店、湖北山楂树之恋酒店、西安山楂树精品酒店、重庆山楂树酒店、青岛山楂树酒店、洛阳山楂树巢艺酒店、安阳山楂树情侣酒店、佛山山楂树精品酒店、西宁山楂树酒店等。在比较偏远的小县城也开设有以山楂树命名的酒店，例如鲁山山楂树青雅酒店、宜阳山楂树清雅酒店、方城山楂树清雅酒店等。

4．以山楂命名的博物馆

中国山楂博物馆是以山楂为主题的博物馆，位于河北省承德市鹰手营子矿区，是目前我国唯一一座以山楂文化为背景，比较全面系统反映山楂发展历史的专题博物馆，它于 2015 年 1 月 1 日正式落成开馆，建筑面积 2600 平方米，分上、中、下三层。各类展厅 21 间，基本陈列由源、韵、品、丰、路、航六个部分组成。

中国山楂博物馆的建立，不仅为承德地区的山楂文化做了最佳的诠释和正名，更是鼓励着更多的人重视山楂文化，推动建立起独具承德地方特色的文化标志。一颗小小的山楂，从历史中孕育，不仅形成了自身的文化特质，更是带动了一方产业的发展。伴随着怡达山楂对山楂文化的不断推广，越来越多的承德人加入到创造山楂文化的队伍中来，种植山楂、寻找山楂商机，启迪着人们用劳动改变生活的智慧。相信未来，山楂博物馆的内容将会变得更加丰富，而承德的山楂标志、怡达的山楂文化，将被传播得更远。

四、山楂的节日文化

1. 河北承德国际山楂文化节

2016 年 5 月 16 日，"首届中国（承德）国际山楂文化节"在河北省承德市营子区开幕。此次国际山楂文化节由河北省承德市人民政府、京东集团主办，由承德市鹰手营子矿区人民政府、承德市商务局、河北怡达食品集团有限公司等单位共同承办。此次山楂文化节活动历时 5 个月，主题活动包括山楂摄影大赛、山楂征文大赛、山楂形象大使选拔大赛等，旨在通过国内外宣传渠道在全国乃至全世界范围持续推广、塑造山楂国际品牌形象，并且与京东联合加入精准扶贫项目，在展示山楂的同时，做好公益事业。

此次活动不仅是打造全国"互联网+"精准扶贫样板的一次创新实践，同时也将牢固树立承德"山楂之乡"的地理标志性品牌，拓宽销售渠道，提升楂农收益，促进承德山楂产业发展，带领农民脱贫致富，实现精准扶贫目标。

近年来，承德坚持把山楂产业作为农民脱贫致富的增收产业来抓，陆续建成了"中国山楂博物馆""中国山楂研发检验中心""中国山楂文化产业园"等一大批体现地域特色、展示山楂文化的产业实体，逐步形成了集种植、储运、加工、销售于一体的山楂产业集群。

2. 河南辉县山楂文化节

2017 年 10 月 1 日，为期 8 天的"中国南太行首届山楂文化节"在风景秀丽的南太行景区隆重开幕，该文化节由辉县市南寨镇三官庙村主办，河南涌泉食品有限公司协办，河南尼采电子商务有限公司承办。省内外 60 多家山楂深加工企业、特色美食及民俗文化企业和河南省高校共计 300 多名代表出席了开幕式。开幕式之后，主办方邀请来宾参观了河南省涌泉食品有限公司的生产线，近距离地探访山楂的加工流程。除此之外，媒体以及摄影界的朋友还参观拍摄了南太行最具特色的山楂林——漫山遍野鲜红似火的山楂。首届山楂文化节的举办，推动了辉县特色农业和生态旅游的发展，使辉县市山楂资源借助旅游+、互联网+等手段成为河南乃至全国的名牌产业源，提高了辉县山楂产品的知名度，促进了辉县经济的快速发展。

2018 年 10 月 8 日，"中国南太行第二届山楂文化节"在新乡辉县南太行涌泉食品厂生产厂区隆重开幕，辉县市人大常委会主任、辉县市农牧局局长、辉县市食品药品监督管理局局长及50 多家山楂加工企业代表、河南省驻新高校代表共 200 多人出席了开幕式。同时，来自河南省内的近二十家主流媒体共同参与见证了此次盛会的召开。

本次山楂文化节重点推荐以山楂鲜榨的汁、浆为主原料开发的新型饮品，其中六类品项（零蔗糖木糖醇型山楂果肉果汁饮料、洛神花玫瑰山楂清露饮、解酒型山楂果肉果汁饮料、儿童果蔬乳酸菌成长饮料、休闲类冲调食品、保健功能食品原料）几乎涵盖了各层次的消费人群。开幕式上，主办方还表示山楂干红酒、山楂醋及其他健康功能性山楂制品、植物功能饮料也已经进入研发阶段，不久将会上市。

2019 年 10 月 12 日，"南太行第三届山楂文化节"在南太行万仙山隆重开幕，新乡市人民政府、新乡市林业局、辉县市人民政府、新乡南太行旅游有限公司、河南涌泉食品有限公司以及辉县市各职能部门的领导、驻新高校代表以及多家媒体代表出席开幕式。此次山楂文化节，河南涌泉食品有限公司与新乡南太行旅游公司正式签署战略合作协议，标志着两家企业将强强联手，共同打造南太行山楂品牌名片。开幕式当日夜间举办的"摇滚之夜"，更是给山楂文化节注入了摇滚音乐新元素，让来自天南海北的游客、摄影爱好者、各大媒体朋友一起感受到了具有里程碑意义的南太行山楂盛事。

3. 山东费县山楂节

2018 年 10 月 18 日，山东"费县第一届山楂节"开幕式在费县东蒙镇山楂广场隆重举行。该山楂节是以"质量安全、品牌建设、乡村振兴"为主题，以"费县山楂"区域公共品牌为引领，以市场为导向，总结交流费县山楂果品质量、品牌建设经验，提升"费县山楂"品牌价值和品牌影响，营造更加浓厚的重视、培育费县农产品区域公共品牌的氛围，搭建费县农产品产销对接平台和产业交流中心，促进"费县山楂"提质增效。来自费县各个乡镇的 17 家合作社及家庭农场的 110 个参赛主体参加了山楂产品、山楂技艺擂台赛，凸显了"费县山楂佳天下，天下山楂费县佳"的品牌价值。

2019 年 10 月 20 日，山东又举办了"费县第二届山楂节"。第二届山楂节以"乡村振兴、生活富裕"为主题，旨在推介东蒙镇优势资源，特别是良好的旅游资源和优质的果品资源，深植产业绿色发展理念，推动乡村振兴、人才交流，总结交流山楂果品质量、品牌建设经验，促进山楂新品种培育和推广，助推费县山楂产业升级，拓宽费县山楂销售渠道，带动当地群众致富增收，叫响费县山楂品牌，进一步提高费县山楂、魅力东蒙的知名度和美誉度，助推乡村振兴。

4. 山东"中国莱西山楂节"

青岛莱西市也是山楂的故乡，种植山楂已有 200 多年的历史。1990 年，莱西市人民政府决定每年的 10 月 12～16 日在莱西市举办"中国莱西山楂节"，主题是"以果为媒、以节结缘、促进联合、搞活经济、振兴莱西"。首届"中国莱西山楂节"于 1990 年 10 月 12～16 日在莱西举办，国家、省、市有关部门和单位的负责人，经贸界、科技界以及来自日本、美国、苏联、英国等 10 多个国家的来宾 800 余人参加了盛会，参观了山楂园、山楂制品及果品一条街和地产工业品一条街。

第二届"中国莱西山楂节"于 1991 年 10 月 12～16 日举办。国家、省、市有关部门和单位的负责人，经贸界、科技界以及来自日本、美国等 10 多个国家的来宾 2600 余人参加了盛会。

第三届"中国莱西山楂节"于 1992 年 10 月 12～16 日在莱西市举办，国家、省和青岛市有关部门和单位的负责人，友好县市的领导，部分莱西籍的老同志，在莱西工作过的领导，工商界、科技界、新闻界、文艺界、体育界以及来自美国、日本、韩国、泰国、新加坡、俄罗斯、罗马尼亚、澳大利亚、加拿大、玻利维亚等 12 个国家的来宾参加了盛会。

由于各方面的原因，山东"中国莱西山楂节"没有继续办下去。

5．河北清河山楂花节

河北省清河县文化底蕴深厚，是武松故里、张氏祖源地、羊绒之都，产业特色鲜明，历史遗迹众多。马屯是清河县山楂种植基地，现已发展到 2 万多亩，年产山楂 7.5 万余吨，年销售收入近 1.5 亿元。2015 年 4 月 26 日，在悠扬的音乐声中，在盛开的山楂花下，"首届乡村旅游暨山楂花节"在河北省清河县马屯万亩山楂园拉开帷幕。省、市及县领导出席了开幕式。参加开幕式的还有各级媒体记者、摄影协会会员和来自河北省各地的游客。本次活动由河北人民广播电台私家车广播、河北摄影协会、清河旅游局主办，清河县葛仙镇庄人民政府、河北大川传媒和清河马屯红果合作社承办。开幕式上，还举办了一台以山楂花为主题的文艺演出和羊绒时装秀。此次山楂花节自 4 月 26 日至 5 月 15 日，历时 20 天，期间，还举办了文艺演出、集体婚礼、山楂树认养、山楂制品展销、摄影比赛等多项精彩纷呈的活动，并组织上演了富有地方特色的系列文化节目。5 月 1 日还举办了主题为"山楂树之恋"的集体婚礼暨婚纱摄影活动，游客们还可以在山楂林区认养一棵山楂树，呵护其成长，待山楂成熟季来这里采摘，体验自己的劳动成果。在美丽的花海中、迷人的花香下，游客们还可以来一场"舌尖的旅行"，在山楂酒及制品等特色产品展销中，可以免费品尝纯山楂酒、山楂糕、山楂果脯等绿色食品，也可以自己动手做一串原汁原味的冰糖葫芦，边赏山楂花，边品尝山楂果，享受着这次文化旅游带来的快乐。

从 2015 年到 2020 年，每年的 4 月 26 日，都举办大型的山楂花节，连续举办的六届山楂花节，使清河县的山楂驰名中外，极大地促进了该地山楂产业的发展。通过当地政府的积极引导、大力扶持，通过建种植基地、造种植示范点和推广新技术，实现了山楂种植的"基地化""标准化""品牌化"发展；成立了山楂合作社，形成"合作社+基地+农户"的发展模式。山楂花节的连续举办还促进了当地其他行业的发展，形成了最具有代表性的 10 类清河符号，例如十大城市名片、十大明星企业、十大羊绒品牌、十大旅游商品、十大美食名吃、十大旅游景点、十大历史典故、十大历史名人、十大历史大事、十大历史遗存等。

6. 广东山楂花乡村生态旅游节

2018 年 1 月 18 日，广东省广宁县木格镇成功举办第一届山楂花乡村生态旅游节，成千上万株怒放的山楂花令人陶醉，吸引了上万名游客前来欣赏。本届旅游节以"花海迎春·醉美山乡"为主题，安排了醒狮表演、舞蹈、旅游节宣传与微电影等丰富节目，设置了大肉山楂系列产品、木格米酒、百香果、广绿玉、番薯干等土特产展卖区，推广本地特色的农副产品。

2019 年、2020 年的第二届、第三届山楂花乡村生态旅游节规模更大，到景点参观旅游的客人达 20 多万人。第三届山楂花乡村生态旅游节，广宁县木格镇进一步理清了思路，制定了挖掘有利资源、搞活特色旅游、唱响"乡村生态旅游"品牌、擦亮木格山楂品牌名片、提升木格整体发展水平、调整产业发展架构、提高农村收益、实现资源利用的有效转化、为实现广宁县争当湾区新秀的发展规划，使该县山楂产业的发展步入快车道、规范车道。

7. 衡水邓庄镇首届山楂花节暨民俗文化艺术节

衡水的山楂种植区主要集中于邓庄镇东南部，涉及东军卫、西军卫、张泡庄三个核心区，种植面积一万多亩。2016 年 4 月 29 日，衡水邓庄镇首届山楂花节暨民俗文化艺术节在东军卫村开幕。此次活动，以"美丽邓庄、幸福花开"为主题，游客不仅看到了浩瀚的白色花海，也闻到了沁人心脾的山楂花香；各家山楂合作社也带来了自家的特色产品，保证让所有的游客乘兴而来，满意而归。2016 年以后，每年的山楂花节暨民俗文化艺术节更是人山人海，内容丰富多彩，一个以山楂花为媒，以山楂节为平台，融汇当地产业、文化、生态、历史等资源，促进当地经济发展和文化交流，充分展示美丽乡村旅游文化建设的新格局已经形成。

8. 山西闻喜县郭家庄镇山楂节

2016 年 9 月 28 日，山西闻喜县郭家庄镇政府主办的首届山楂节在运城市闻喜县郭家庄镇七里坡村开幕。此次活动以"山楂树之恋"春赏花、秋品果为主题展开，目的是提高七里坡山楂知名度，打响七里坡山楂品牌，把山楂产业做强做大，成为群众致富的主导产业。山楂节活动在锣鼓表演中拉开帷幕，随后进行了旗袍走秀、中国山楂趣味象棋等文艺节目演出。活动期间，还举行了诚信客商颁奖及山楂果王评比大赛。评比大赛由山楂果业协会组织各村果农参赛，果王评选实行人物分离、果品编号、封闭打分等原则，以保证评选的公正、透明，评选主要从单果净重、果形、着色、糖分等方面进行测量，获奖作品和果农则予颁发荣誉证，并给予物质奖励。

9. 抚宁区山楂文化节

从 2014 年到 2020 年，山东抚宁连续举办了七届山楂文化节。2020 年 10 月 17 日，山东抚宁区第七届山楂文化节在茶棚乡开幕。当天上午 9 点，在《祖国你好》的大型舞蹈活动中拉开了序幕，紧接着《化蝶》《歌唱祖国》等 21 个节目陆续上演。精彩的节目引得游客纷纷驻足欣赏，也让这个金秋十月更加喜庆热闹。看完演出后，很多游客开始体验采摘。游客一边拍照，一边欣赏山楂硕果累累的丰收景象。

第六节 国外的山楂文化

山楂在欧洲、北美洲也有分布，山楂树在英语中也叫刺苹果树（thornapple）、五月树（May-trees）或白花紫荆（whitethorn）。山楂属（*Crataegus*）的拉丁语是从希腊语中表示坚硬或强壮的词 kratys 演变来的，因为山楂茎的木质坚硬细密。山楂果实的名字 haw 来自英语中表示树篱的词。

一、饮食之树

山楂是远古以来的食物、药品和精神食粮。美国西部的苏族人与乌鸦族人一样，用山楂树的叶子、果和花来做食物，有些部落还相信，这种植物拥有一些更加神秘、难以用语言来形容的属性，例如，阿拉帕霍人和其他一些草原部落的人相信，构成宇宙的重要元素是"雷"和拥有"雷之力量"的东西，比如雷鸟。而山楂果则被称为"巴尼比亚"，意思就是雷果，雷果是上帝给予人们的力量馈赠。妇女在山楂树上摘去任何东西之前，先要感谢那冥冥之中的伟大力量如此厚爱她们，赐给她们如此丰盛的食品。人们还会许诺给山楂树做一双莫卡辛鞋，如此来答谢山楂树，因为树的根就是它的脚。

美国西部的许多民族如黑脚族、苏族、乌鸦族等，在日常生活中把山楂叶作为蔬菜的一种，用幼嫩的山楂叶制作色拉，供人们日常生活；山楂果可以用来食用充饥，有人把山楂果浸泡在开水中，作为茶饮，帮助消化，还可以作为泻药、补心的营养品。山楂花也可以作为茶叶。

山楂树的各个部分都出现在美洲每一个土著文化的食谱中。加拿大的西海岸到西北太平洋沿岸的各个部落，比如科尔维尔人和库特耐人，都会用山楂来搭配鲑鱼子和熊肉。当地人们还把山楂籽晒干，磨碎成面，再做成又薄又硬的饼子，再晒干后食用，边喝汤边吃山楂饼。古代，在美国西海岸还有人把山楂的尖刺制成鱼钩用来钓鱼，充实人们的饮食。山楂刺由于过于尖硬和过于锋利，美洲的古代人们也用山楂刺作为缝衣针和缝制各种物品的针使用。

在国外，也有人将山楂叶制作成烟草，供人们吸用和消遣。山楂种子可以作为咖啡。

二、医药之树

法国炼金术大师兼法王亨利四世的御医约瑟夫·杜·甚尼（Joseph Du Chesne）在 1603 年曾写道："山楂果浆对治疗心脏病有效果"。瑞士著名医生帕拉塞尔苏斯（Paracelsus）相信古老的表征学说，认为医生可以通过植物的外部形态特征来推断植物的药物价值。例如开黄花的植物，可以治疗黄疸，山楂果鲜红的颜色说明与治疗血液病和心脏疾病有关。山楂的尖刺熬成的汁可以用来涂抹患处，治疗创伤。法国人还把山楂作为一种安慰剂，用来治疗轻度到中度的焦虑性情感障碍。

19 世纪晚期，爱尔兰克莱尔郡恩尼斯一位名叫格林的没有行医执照的医生，用一种秘方治好了许多心脏病患者，使他声名远扬，由于考虑到巨大的经济效益，格林医生拒绝公布这个治疗秘方。直到 1894 年格林医生去世后，秘方的唯一继承人——格林医生的女儿才公布了秘方，秘方中一种重要的植物就是山楂。1896 年，一位叫作詹宁斯（J. C. Jennings）的美国外科医生，一直用格林医生的秘方治疗心脏病患者，在他治愈的 100 多人中，有一位女子濒临死亡，家属认为已经死去，但詹宁斯发现还有一丝呼吸，马上施以秘方药，三个月后，彻底治愈了这个女子。詹宁斯还遇到一个濒临死亡的 73 岁的高龄患者，给其注射了 15 滴山楂酊制剂后，也得到了彻底治愈。詹宁斯行医的经验总结中写道：山楂在治疗心脏病方面比其他任何药物都要优越，因为，其他疗法顶多只能缓解表面症状，山楂却标本兼治。

20 世纪早期，美国人逐渐对山楂失去了兴趣，但仍然有不少公司在研发山楂产品，进入到 21 世纪，美国生产出售山楂胶囊、药丸和酊剂的公司很多，在美国市场上销售的草药类膳食补充剂达 40 多种，其中山楂补充剂排名为 20 位。美国的奇迹实验室（Wonder Laboratories）也出售浓缩山楂粉，一种是山楂果粉，一种是山楂叶和花的提取物，它们可以促进心脏健康。

在美洲的乌鸦族人看来，山楂最主要的用途还是入药，人们相信，山楂中含有一种成分，能够疏通循环系统，化解血块，缓解胸闷，调节心率，滋补心肌，促进血液流通。在乌鸦族的药典中，山楂的地位极其崇高。

西方人对山楂药用价值的记载最早出现在希腊医生迪奥斯科里斯（Dioscorides）编著的五卷本的《De Materia Medica》（药物学）中，这本书成书于公元前 1 世纪尼禄皇帝统治下的罗马。该书记载了 600 多种药用植物，其中就包括山楂。迪奥斯科里斯写道：山楂果无论是饮用还是直接吃，都能够抑制胃酸过多以及妇女血漏。如果把山楂根切成小块，然后涂于伤口，就能够取出嵌在伤口中不好清理的碎片和小刺。公元 15 世纪时，这本记载有山楂的药物学著作被多家出版社用多种语言出版，直到 19 世纪以及目前这本药物学著作都一直是欧洲与美国药典的主要组成部分。

欧洲的医生一般会给心脏病患者开高度浓缩的山楂提取物。1898 年，约瑟夫·克莱门茨报告了一个案例，一个男患者长期遭受心脏病的磨难，感觉心脏仿佛被一根铁条紧紧勒着，整个人被一种灾难和灭亡即将到来的感觉笼罩着。医生每天给他注射 4 次山楂酊剂，每次注射 6～10 滴。几个月下来，所有症状都消失了。

著名的草本医生芬利·爱林伍德（F. Ellinngwood）在他的著作《美国药物》中写道："山楂补品驱散了健康道路上的不祥阴霾，增强了人的力量，调节了心脏的活动，产生了一种整体上健康的感觉"。还有一些内科医生认为，山楂在治疗甲状腺肿、哮喘和肾病方面同样有效。

2004 年，法国的一项单独临床试验显示，山楂胶囊在治疗轻度到中度焦虑性情感障碍方面胜过安慰剂。

国外不仅用山楂来治疗人类本身的许多疾病，也用来治疗猫、狗等一些宠物以及一些大型牲畜的疾病。在美国，山楂还被作为猫、狗和马匹的膳食补充剂。用山楂治疗马的疾病的市场越来越大，可以治疗马的马蹄疾病、关节炎等。美国西海岸的各个部落还用山楂尖刺来挑破皮肤上的脓肿或被其他物品扎到时的破患处，他们认为用山楂刺来挑破脓肿不但不会感染，还会促使伤口破患处尽快愈合。

三、防卫之树

山楂树与堡垒一样，为居民提供安全的避难所。山楂坚硬的刺可帮助农民来保护田野和辛勤耕作的作物不受游荡的野兽侵犯，以保证来年的大丰收。有的山楂刺有两英寸[1 英寸（in）= 0.0254 m]长，而且还演化出了倒钩刺，更使一些入侵的动物望而生畏。

在美国广泛分布的树丛以及在欧洲得以保护留存的绿篱，为各种不同的鸟类、昆虫和走兽提供了赖以生存的栖息地。春天时繁花满枝，盛夏时苍翠欲滴的浓荫，深秋时枝头色彩绚丽的累累果实，都使得山楂树在世界各地的花园和庭院里得以种植。

2400 年前，一支叫作高卢人的凯尔特部落从位于多瑙河上游的故土迁移到诺曼底，建成用木头墙围绕的精巧城市，砍伐森林用来种植庄稼、饲养牛羊猪等家畜。为了避免外面动物糟蹋粮食和庄稼，防备从大西洋不断吹来的风吹走肥沃的表层泥土，他们种植了山楂树篱，成为多个世纪以来主宰和界定这片平坦区域的独一无二的特征。在爱尔兰，圈地运动发生在公元 1750 年，最初种植山楂树篱是为了获取薪柴，它成为燃料的唯一源泉，因此，树篱被称为"农民的森林"。在一块块圈地周围建起树篱，长出树木、灌木、藤蔓形成一堵密不透风的厚墙，人们的目光不能穿透它、身体也不能跨越它。树篱中有许多种植物，但其中具主要作用的则是那些具有长长尖刺的山楂树。地上面密不透风的树篱如同城墙阻挡了来人、动物和野兽，底下的交缠盘错的树根起到了钢筋的作用，使树篱就像混凝土绿堤一样坚不可摧。

1840 年，东印度公司在河流与商路沿线建了许多海关大楼，以便对食盐进行征税，1869 年，海关线已长达 2500 英里[1 英里（mile）=1609.344 m]，并且雇用了 14000 多名警察进行巡逻，但效果不大。后来东印度公司种植了 1500 英里长的山楂树篱，才对食盐走私有了根本性的遏制，从而节省了大量的人力和物力。

1944 年，德军曾在诺曼底利用遍地的山楂树篱抵抗美军，使美军遭受重大损失，无论是坦克或者是步兵，遇见树篱都是致命的。坦克闯入山楂树篱就等于进入了死地，被山楂树篱缠绕得开不动，后来一个士兵把很大的钢刀片装在坦克前面，才克服了窘境、改善了局面。1996 年，在诺曼底又种上了约 50 英里的树篱。

目前，在欧洲用山楂树和其他植物铺设树篱已经成为一门技术和专业。山楂树能从空气中固定碳，起到净化空气的作用。树篱的存在能使同一块地价值提升 5%～10%。以前人们铺设树篱用的橡树、白桦树以及桉树、山毛榉等，它们释放的挥发性有机物（VOC）比其吸收的还多，而山楂则不会释放这些化学物质，还会代谢掉其他植物或者人类活动所产生的 VOC。

今天，英格兰将近一半的山楂树篱得到了保护，1997 年，通过了树篱墙管理条例，禁止移除树篱。2010 年，英格兰大约 13000 英里的树篱得到了精心保护和编结。

四、英雄之树

山楂之所以在国外被称为英雄之树，是因为在冷兵器时代，英雄需要坚韧锋利的武器，而山楂正是锻造这种武器的必不可少的物质。山楂树木质坚硬结实，铁器时代锻造征服罗马的长矛与利剑时所用的薪柴就是山楂木。

古代的凯尔特人是一群崇拜树木好战的人，他们在冶金、工艺和军事方面都取得了很高的成就。他们都用宝剑战斗。在青铜器时代，兵士的武器是由 90%的铜和 10%的锡混合锻造而成，所产生的合金比这两种金属的哪一种都更坚硬，也富有韧性。后来锡的开采量越来越少，凯尔特人不得不转向了铁。凯尔特人发现随意锻造的青铜比纯铁坚硬，但要在冶炼铁的过程中加入木炭，然后把炽热的金属浸入水中，接着再次加热、锻打，就能改变其晶体结构，使之比青铜还要坚硬。在凯尔特人早期的锻造炉内发现用的木炭是用橡树、山毛榉树、山楂树和苹果树混合而成，但山楂树比例最大。在西班牙发现的一座 8 世纪的冶炼炉中，木炭的山楂比例最高。在爱尔兰发现的冶炼炉中，木炭的山楂比例也是最高的。现代研究发现，山楂树的密度较高，木材结构致密，山楂木的火焰温度比橡树木、山毛榉木等都高，与松柏木相比，山楂木含的油脂较少，因此，它不会很快烧尽，不会迸发出大堆火星。

北美原住民会用山楂木制作武器和工具，因为山楂木纹理细致、紧密、不易腐坏，而且异常坚硬。北美洲最硬的树木之一是桑橙木，相对密度是 0.85，比用来制作球棒的糖槭木（0.63）还要硬；最轻的木头是轻木，相对密度是 0.18，而山楂木比北美洲 600 多种植物都硬得多。

塞内卡族、莫霍克族与易洛魁族的林地部落看重的则是山楂木的弹性，在被弯折之后，山楂木能迅速恢复原状。山楂木紧密而又交叠的纤维造就了这种性质，用山楂木制成的弓，需要具有强劲的臂力才能拉开。这种弓可以使箭头射得更加准确。砍下山楂枝条，用烟熏，然后再用蜂蜜和油脂在上面涂抹，以减缓干燥过程中木材恢复原状时出现的开裂与折断。之后把枝条剥去树皮，通过炭火以及手工塑性的方式把枝条煣成弓形。再打磨抛光，使木弓光滑如缎。古代印第安人用山楂树内侧的树皮可以制成弓弦，起到与动物的筋或者植物的麻一样的作用。

参考文献

[1] 赵焕谆，丰宝田. 中国果树志：山楂卷[M]. 北京：中国林业出版社，1996.

[2] 比尔·沃恩著. 山楂树传奇[M]. 侯畅，译. 北京：商务出版社，2018.

[3] 李时珍. 本草纲目：第四卷[M]. 上海：光明日报出版社，2015.

[4] 吕永兴. 山楂花的药用价值[J]. 特产研究，1987（4）.
[5] 汪同林. 山东山楂主要良种介绍[J]. 山西果树，1986（2）.
[6] 霍虎勇. 山楂的春天[M]. 北京：中国戏剧出版社，2011.
[7] 爨翁. 山楂的故事[J]. 食品与健康，2005（5）.
[8] 王太贵. 山楂[J]. 中国诗歌，2014（12）.
[9] 艾米. 山楂树之恋[M]. 南京：江苏人民出版社，2007.
[10] 王春雷. 山楂应用古今谈[J]. 河南中医，2002（5）.
[11] 李红珠. 从容岁月带微笑，淡泊人生酸果花——药食两用话山楂食品与健康[J]. 2017（1）.
[12] 高明乾，卢龙斗. 植物古汉名图考[M]. 郑州：大象出版社，2006.
[13] 高明乾，卢龙斗. 植物古汉名图考续编[M]. 北京：科学出版社，2013.
[14] 徐皓. 胡同里的冰糖葫芦[J]. 炎黄地理，2020（8）.

第二章

我国的山楂资源

第一节 山楂种质资源

山楂种质资源是指在生产和育种上有利用价值的山楂植物总称，包括山楂属植物的种、变种、变型、栽培品种、品系、单株等。山楂属植物属于蔷薇科，包括落叶乔木和落叶灌木。为优化山楂的栽培生产、提供优良品种及适宜的砧木以及为新品种的培育提供基因资源，需要对山楂种质资源进行收集、保存、鉴定、评价，做到共享利用。

一、山楂属植物的属名确立和植物学特征

1. 山楂属植物属名的确立

山楂属的学名为 *Crataegus* L.，有人认为发源于希腊语 Krataigos，意为"多刺的开花灌木"。还有认为其是由希腊语中的 Kratos（坚固、硬）+agein（具有）组合而成，意为"木质坚硬的植物"。1753 年，瑞典植物学家林奈（Linnaeus）所著的《植物种志》中首次使用山楂属植物的属名，本属的模式种为原产于欧洲的锐刺山楂（*Crataegus oxyacantha* L.）。锐刺山楂为灌木或小乔木，高约 5 m，有长 0.7～2.5 cm 的硬刺；叶片呈广卵形或倒卵形，3～5 深裂，裂片边缘有锯齿，长约 5 cm；萼片和花梗无毛或有刚毛；花白色，5 个花瓣，直径约 1.5 cm，伞房花序，每花序有 5～15 个花朵，雄蕊 20 枚，花药红色，花柱 2～3 个；果实球形或卵形，直径 1.2 cm，红色偶有黄色，种子 2～3 枚；花期 5 月，果期 9～10 月。锐刺山楂在我国南京中山植物园曾有引种栽植。

1772 年，意大利的植物学家 Scopoli 将山楂与欧楂合为一属，定名为欧楂属（*Mespilus* Scop.）。欧楂为落叶乔木，枝通常无刺；单叶互生，长椭圆形，边缘有锯齿或全缘，叶柄短，托叶脱落；花形大，常单生于短枝顶端，花萼 5 裂，裂片条状披针形，花瓣 5 个，宽卵形或近圆形，覆瓦状排列，雄蕊多数，花丝离生，花药红色，子房下位，心皮 5 个，中轴胎座，子房 5 室，每室有能育胚珠 2 个，花柱 5 个，离生，无毛；梨果状果形，先端萼片宿存，熟时微裂，内含坚硬的骨质核 5 枚。在植物学形态特征上欧楂与山楂是有区别的，欧楂花序为

单花，花大，5个心皮，子房下位并形成5室，每室2粒种子，可与山楂相区分。后来，各国的植物分类学家都主张将山楂属植物与欧楂属植物分开独立成属，采用林奈于1753年命名的山楂属（*Crataegus* L.）。

2. 山楂属植物的植物学特征

落叶灌木或小乔木。通常有枝刺，稀无刺；冬芽卵形或近圆形。单叶互生，有锯齿，深裂或浅裂，稀不裂，有叶柄与托叶。花两性，伞房花序或伞形花序，极少单生；萼筒钟状，萼片5个，全缘或具腺齿；花瓣5个，白色，极少数粉红色；雄蕊5~25枚，花药黄色、白色、粉红色或紫红色；心皮1~5个，大部分与花托合生，仅在先端和腹面分离，子房下位至半下位，每室具2个胚珠，其中1个常不发育；花柱1~5个，分离。果实圆球形或卵圆形，红色，稀黄色，果肉粉质或肉质；心皮成熟时为骨质，成小核状，内有1粒种子，种子直立，扁，子叶平凸。

二、山楂属植物种的数量和分布

山楂属是蔷薇科中一个古老而又庞大的家族。山楂属植物主要分布在北半球温带和亚热带，大约在20°~60°N之间。在美洲北部植物群落中分布最广，在欧亚大陆和地中海沿岸也有分布。山楂属植物种的数量在很多研究中有不同的报道。关于种的划分，C. Beadle（1900）和C. S. Sargent（1921）提出，山楂微小的形态特征变异是划分新种的依据；而被多数植物分类学家所接受的是植物学家E. IPalmer（1931）以及Britton、Brown（1952）认为山楂微小的形态特征变异应作为划分类型和变种的依据。2008年，Eugenia Yuk Ying Lo的博士论文中提出山楂属植物有140~200种。《树百科》中提到山楂属树种主要分布在北美洲东部和中部地区，有200个优良种，其中约100~150种位于北美洲，20种在欧洲，20~30种在亚洲中部和俄罗斯，还有5~10种分布在喜马拉雅山、中国和日本。《植物系统学》（第3版，2012，中文版）中，对蔷薇科的分类提出：在梨族内"种间杂交和无融合生殖在较大的属中发生，如山楂属（265种）……导致种的辨认困难"。目前，中国的植物分类学者大都采用山楂属植物约有1000种的观点，但在一些医药类的文献中也有人采用280种或200种的观点。

随着对山楂属植物分类研究的不断深入，人们发现山楂属植物普遍存在多倍体、无融合生殖和基因渗入现象，这就使山楂属的分类更加困难。而目前所谓的1000种中有不少是杂交种，或是某一个种的变种，也有一些是同物异名。从当前国外的研究报道来看，趋向于整合并减少山楂属种的数量。因此，如何确定山楂属植物种的划分依据和种的数量，将是今后需要研究解决的问题。

三、中国原产山楂属植物的分类

哈佛大学 C. S. Sargent 教授所著的《中美木本植物之比较》(胡先骕译, 1920) 中写道: "山楂一属, 两洲之差别尤大, 东亚大陆全部只有 12 种山楂, 北美之山楂较任何属植物为多, 不下 1000 种。"那么, 中国原产的山楂属植物有多少种类? 如何进行分类? 从先秦时代记载山楂的《尔雅》开始, 直至 20 世纪 70 年代中国科学院植物研究所编写完成的《中国植物志》(俞德浚等在"第三十六卷"中记述了原产于中国的山楂属植物种类) 为止, 经过了 2200 多年漫长的历史时期, 人们在传统的古典植物学的基础上, 通过不断探索、学习与积累, 终于开创了中国的现代植物科学领域, 而对中国原产的山楂属植物也有了明晰的分类。

1. 历史古籍中对山楂分类的记述

《尔雅》中记述的"朹, 檕梅"即是山楂属植物。晋代的郭璞在《尔雅注》中说: "朹树状似梅, 子如指头, 赤色, 似小奈, 可食。"历史记载, 郭璞是山西人, 因战乱到河南, 经常来往于长江中下游一带, 对许多地方的植物都有所了解。从他的注释中可以看出, 朹 (山楂) 树体形状类似梅树, 应属小乔木类, 果实如指头, 不是很小。从中可推测《尔雅》中记述的不是灌木类的果实较小 (直径为 1~1.5 cm) 的野山楂 (*Crataegus cuneata* Sieab. Et Zucc.), 有可能是树高为 3~5 m、果实直径为 2~2.5 cm 的湖北山楂 (*Crataegus hupehensis* Sarg.)。《西京杂记》中记载了 3 种查: 蛮查、羌查、猴查。蛮查即是榠楂, 为榠樝或是木瓜而不属于山楂属植物, 对此古时和现今仍有不同的见解。羌查只在此书中提到, 而在其他古籍中再未见提及, 不知是何种植物。1984 年, 刘振亚从甘肃为古羌地推论, 羌查有可能是甘肃山楂, 有待考证。现在湖北山楂和野山楂的异名都称猴楂, 《西京杂记》中的"猴查"有可能是其中的一种, 因没有对猴楂的形状描述, 而不好确定到底是哪一种。唐代的《新修本草》中这样描述赤爪草 (赤爪木): "小树生高五六尺, 叶似香荼 (香薷), 子似虎掌爪, 大如小林檎, 赤色。出山南申州、安州、随州"。从对赤爪草 (赤爪木) 的植物学特征描述来分析, "小树生高五六尺", 说明树体矮小属灌木类; "叶似香荼 (香薷)", 香荼的叶片呈卵圆形、有毛、叶缘有锯齿。出产地为申州、安州、随州, 唐代的申州即是现在河南的信阳地区、安州为现在湖北的安陆地区、随州为现在湖北的随州市。根据上述对植物特征的描述和对产地的说明, 赤爪草 (赤爪木) 可能是现在所说的野山楂。

明代朱橚所著的《救荒本草》中记述: "山里果儿, 一名山里红, 又名映山红果。生新郑县山野中。枝茎似初生桑条, 上多小刺。叶似菊花叶, 稍团; 又似花桑叶, 亦团。开白花, 结红果, 大如樱桃, 味甜。救饥采树熟果食之"。该书并绘有山里果儿树的形状图。从对山里果儿的树体枝条、叶片、果实, 产地及所绘图分析, 山里果儿可能是现在所说的湖北山楂, 特别是原图所绘的叶片不是野山楂, 而似湖北山楂的叶片。

在明代李时珍编纂的《本草纲目》中对山楂的分类有了更明确的论述："其类有二种，皆生山中。一种小者，山人呼为棠梂子、茅楂、猴楂，可入药。树高数尺，叶有五尖，丫间有刺。三月开五出小白花。实有赤、黄二色，肥者如小林檎，小者如指头，九月乃熟，小儿采而卖之。闽人取熟者去皮核，捣和糖、蜜，作为楂糕，以充果物。其核状如牵牛子，黑色甚坚。一种大者，山人呼为羊杌子。树高丈余，花叶皆同，但实稍大而色黄绿，皮涩虚为异尔。初甚酸涩，经霜仍可食。功应相同，而采药者不收。"李时珍对山楂植物学特征的描述与之前历代古籍相比更详细，且明确提出其有2种。其中"小者"即棠梂子、茅楂、猴楂，应该是野山楂。李时珍记述闽人取熟者作为楂糕，而福建产野山楂，这也是一个佐证。李时珍所说的"大者"即羊杌子，从其描述的果实性状看，应该是湖北山楂，湖北山楂有果实为黄绿色的类型，果肉粉质即"肉虚"。关于云南山楂记载最早的是明代兰茂编纂的云南地方性中草药专著《滇南本草》（早于《本草纲目》100余年），其中记载："山楂，味甜酸，性寒……"明代李元阳编纂的《云南通志》中记载："滇产山楂列有大理府、永昌府、澄江府、景东府、丽江军民府等属。"上述记载的山楂和滇产山楂即是现在所说的云南山楂。清代顾景星编撰的《野菜赞》一文中记述："山楂三种：小而青曰茅楂，甚功破癖起惯；大而全红曰棠杌；大而黄白曰猴楂。"从其描述分析，茅楂即是野山楂，棠杌是山楂大果变种，而猴楂是湖北山楂。

2. 近现代山楂属植物分类概况

1918年孔庆莱等编辑的《植物学辞典》问世，该辞典编入的植物名称多为我国原产且已经考定了学名。关于山楂属该书记载：山楂属的特征与梨属、车轮梅属相类似。其差异是山楂子属的心皮之内壁熟则为骨质。还记述了山里果即山楂子也，其学名为 *Mespilus cuneata* S.et Z.。同时描述了山楂子的植物学特征："落叶灌木，高至五六尺。其茎处有针状之枝。叶为楔形，有锯齿。春月随新叶开花，花白色。雄蕊有二十枚，数花集生，其形状略与林檎之花相类。果实形圆而微扁，赤色或黄色，径六七分，味淡薄，淡甘微酸，其构造类于林檎之果实。"该辞典标注的山楂属学名为欧楂属的学名。山楂子的种加词标注为 *cuneata* 可能是沿用日本的用法。在日本，野山楂称为山楂子（さんざし）。1919年威尔逊（Ernest Wilson）撰写的《中国西部果品志》由胡先骕译出，发表于当年的《科学》杂志第10期。文中记载："中国各省俱种有山楂，又名山里红，湖北所种者为 *Crataegus hupehensis*，新乡县有此果果园，果鲜红，大约1英寸，味殊下劣。"此文虽由外国人撰写，但记述了我国湖北省产的湖北山楂，同时还注明了拉丁学名。1920年朱羲方编著的《实用植物图说》一书关于山楂子的记述，基本引自《植物学大辞典》，其学名为 *Mespilus cuneata* Sieb.et Zucc.。1920年到1935年这一时期有关植物学分类方面的文献资料中，涉及山楂属植物的拉丁学名用法很不统一。一些学者采用 *Mespilus*，例如1921年钱天鹤编著的《园艺植物英汉拉丁名对照表》、1930年华汝成撰写的《云台山之植物》、1933年杜亚泉编著的《高等植物分类学》、1935年袁善征编著的《植物分类学》等。而另一些学者采用 Crataegus，例如 1921 年胡先骕撰写的《浙江植物名录》，1923 年胡先骕、邹秉文、钱崇澍编写的《高等植物学》，1927 年林刚撰写的《南京木本植物名录》，1927 年彭世芳撰写的《北京野生植物名录》。1935 年，科学名词审查会（是由 1915 年医药教育团体所组织的医学名词审查会与后来加入的教育部及各学术团体于 1918 年组合扩展而成立的，目的是为了统一各学科的学术名词和有利于科学推广）为解决当时动、植物名词术语缺少沟通、参差不一的问题，由鲁德馨执笔汇编了《动植物学名词汇编（矿物名附）》一书。该书中对山楂属拉丁学名定名为 Crataegus，猴楂的学名为 Crataegus cuneata S. et Z.，山楂、山里红的学名为 Crataegus pinnatifida Bge.。1935 年之后出版的相关文献著作中关于山楂属的拉丁学名基本都遵循了上述定名。周汉藩于 1930 年开始着手采集河北的植物，并对树木进行了深入研究，于 1934 年编著了《河北习见树木图说》，该书记载的河北产山楂属植物有 2 种 1 变种，其中 2 种即瓦特山楂（Crataegus wattiana Hemsl.）和山楂（Crataegus pinnatifida Bunge.），1 变种为山里红（Crataegus pinnatifida var. major N. E. Br.），是按林奈的分类系统标注的学名。该书列出了 2 种 1 变种的检索表并较详细地描述了其植物学特征及产地、分布地域。1937 年，陈嵘编著了《中国树木分类学》，该书记述了原产我国的山楂属植物 5 种、1 变种，即山楂（Crataegus pinnatifida Bge.）、棠梂（山楂变种）（Crataegus pinnatifida var. major N. E. Br.）、猴楂子（Crataegus hupehensis Sarg.）、野山楂（Crataegus cuneata Sieb. et Zucc.）、辽宁山楂（Crataegus sanguinea Pall.）、瓦特山楂。对上述种及变种的植物学特征、产地、分布地域及其利用都做了较详细的描述并列出了种的检索表，该书是民国期间记述我国原产山楂属植物种类最多的著作之一。1944 年，刘慎谔在《云南植物地理》一文中记述，云南产山楂有 2 种：1 种为楔叶山楂（Crataegus cuneata），1 种为山里果（Crataegus scabrifolia）。这是山里果的拉丁学名首次出现在国内的文献中，此处的山里果即现在所说的云南山楂。

综观民国时期与山楂属植物的分类相关的文献资料，发现有两个方面的进展：一是通过在全国各地不断地考察、采集标本，鉴定出原产我国的山楂属植物有 7 种、1 变种，并规范了中文的种名，即（羽裂）山楂（红果）、山楂变种（山里红）、云南山楂（山里果）、湖北山楂（牧狐梨）、野山楂（山里果、山楂子、楔叶山楂）、辽宁山楂、甘肃山楂、瓦特山楂（山东山楂）。二是原来山楂属植物的属名有的用 Scopoli 的欧楂属学名 Mespilus，有人用林奈的山楂属学名 Crataegus，很不一致，通过规范而统一采用 Crataegus L.。民国时期虽然鉴定出并发表的山楂属植物种数在增加，但进展缓慢。外国一些学者在清末和民国初年到中国考察植物并采集了山楂属的标本，有些保存在我国的一些研究所内。同时，国内的植物学者于 20 世纪 20～30 年代也在全国各地采集了大量的山楂属植物标本。但由于当时社会动荡、信息不畅，无法进行集中深入的研究，使得很多标本没有得到鉴定，有的到 20 世纪 60 年代编写《中国植物志》时才被鉴定，因此一些种当时也没有被报道发表。1951 年，胡先骕为了讲授植物分类学编著了《种子植物分类学讲义》，该讲义记述：山楂属乔木或灌木约有 800 种，产于北温带，北美洲产 600 种，亚洲产 90 种，中国产 12 种。心皮完全为花托所包或上部裸露，各有 2 个胚珠；内果皮骨质，仅有 1 粒种子。该书第一次提出中国原产山楂属植物有 12 种，但没有列出种名。1954 年，崔友文所编著的《华北经济植物志要》中记述：山楂属约含 800 余种，国产 12 种，华北产 5 或 6 种，有 1 栽培变种。书中描述了分布于华北的湖北山楂、野山楂、黑果山楂、红果山楂、瓦特山楂、甘肃山楂和山里红的植物学特征、产地与经济利用。1955 年，胡先骕编著的《经济植物手册》一书中记述：山楂属在北美洲有 1000 种，在东半球有 90 种，我国有 14 种。书中描述了山楂、山里红、湖北山楂、猴楂、红果山楂、瓦特山楂、甘肃山楂的植物学特征、产地和用途。该书提出我国山楂属植物有 14 种，比 1951 年编写的《种子植物分类学讲义》提出的 12 种增加了 2 种，但仍没有列出全部种名。1955 年，刘慎谔等编著了《东北木本植物图志》，该图志提出了山楂种有 3 变种，即无毛山楂、长毛山楂、大果山楂。同时还第一次列出了 2 个种，即光叶山楂（拟）和毛山楂（拟）。该图志对于山楂的无毛变种和长毛变种的命名，因拉丁学名误译和标本等方面的问题而存在错误，在 1996 年出版的《中国果树志·山楂卷》中修订为：无毛山楂（*Crataegus pinnatifida* Bge. var. *psilosa* Schneid.）、热河山楂（*Crataegus pinnatifida* Bge.var. *geholensis* Schneid.）。张新时（1959）撰写的《东天山森林的地理》一文中记述：东天山区的灌木种类，在阔叶果树林带中有 *Crataegus altaica* 和 *Crataegus songarica*。前者被称为阿尔泰山楂，后者被称为准噶尔山楂。1962 年，孙云蔚等编著的《西北的果树》一书中列出了产自我国西北地区的山楂属植物，共有 8 种：（羽裂）山楂（陕西关中、甘肃兰州）、野山楂（陕西）、红果山楂（新疆）、瓦特山楂（陕西、甘肃）、甘肃山楂（甘肃、陕西）、湖北山楂（陕西）、阿尔泰山楂（新疆）、准噶尔山楂（新疆）。1972 年，中国科学院植物研究所编写的《中国高等植物图鉴》绘制了（羽裂）山楂、湖北山楂、野山楂、华中山楂（*Crataegus wilsonii* Sarg.）、毛山楂、阿尔泰山楂的植物形态图，并记述了植物学特征。1974 年出版的植物学巨著《中国植物志》中的第三十六卷由俞德浚等编写。该卷构建了中国原产的山楂属植物的分类系统，记述了山楂属的植物学特征和分类系统总览，将我国的山楂属植物分成 6 个组，编写了山楂属分种检索表，详细描述了我国山楂属 17 个种的植物学特征、产地、生长环境、用途和与其近缘种的区别等，包括：（羽裂）山楂、云南山楂、湖北山楂、陕西山楂（*Crataegus shensiensis* Pojark.）、野山楂、华中山楂、滇西山楂（*Crataegus oresbia* W. W. Smith）、毛山楂、橘红山楂（*Crataegus aurantia* Pojark.）、辽宁山楂、光叶山楂、中甸山楂（*Crataegus chungtienensis* W. W. Smith）、甘肃山楂、阿尔泰山楂、裂叶山楂（*Crataegus remotilobata* H. Raik.）、绿肉山楂（*Crataegus chlorosarca* Maxin.）和准噶尔山楂。此分类系统的建立为其后山楂属植物分类的研究提供了依据。1996 年出版的由中国农业科学院特产研究所主持编写的《中国果树志·山楂卷》一书总结了中国山楂种质资源与栽培利用研究的阶段性成果。该书在山楂属植物分类方面基本遵循《中国植物志》第三十六卷所建立的系统，该卷记述了我国产山楂属植物 18 个种和 6 个变种，增加了 2 个新种：伏山楂（*Crataegus brettschneideri* Schneid.）和山东山楂（*Crataegus shandongensis* F. Z. Li et W. D. Peng）。在楔叶山楂种下增加了匍匐楔叶山楂和长梗楔叶山楂 2 个新变种，在毛山楂下增加了宁安山楂 1 个新变种。另外，该卷没有记入绿肉山楂。1997 年，辛孝贵、张育明编著的《中国山楂种质资源与利用》收录了中国原产山楂属植物 22 个种，引入栽培 1 种。与《中国果树志·山楂卷》相对照，该书新记入北栗山楂（*Crataegus beipiaogensis* Tung et X. J. Tian）、福建山楂（*Crataegus tang-chungchangii* Metcalf）、黄果山楂（瓦特山楂）、绿肉山楂和引入的虾夷（蝦蛦）山楂（*Crataegus jozana* Schneid.）。2003 年出版的由傅立国等编著的《中国高等植物》第六卷中记述我国的山楂属植物有 18 个种，详细描述了其中 13 个种，即（羽裂）山楂、云南山楂、湖北山楂、野山楂、华中山楂、毛山楂、橘红山楂、辽宁山楂、光叶山楂、甘肃山楂、阿尔泰山楂、裂叶山楂、准噶尔山楂的植物学特征，绘有植物学形态和县级地理分布图。2009 年，方精云等编著的《中国木本植物分布图集英文版》编制了我国已知的全部 11405 种木本植物，其中包括山楂属植物 18 个种的详尽分布图。图集还提供了物种的生活型以及物种分布区的 13 个气候和初级生产力指标，为生态学、生物地理和保护生物学的基础研究和实践提供了重要的基础资料。

第二节 山楂资源分布状况

1950 年，我国开始着手对各地的山楂资源进行调查。尤其得益于中国农业科学院特产研究所于 1979～1986 年间牵头组织的对全国 16 个省、自治区、直辖市山楂种质资源的考察和研究，取得了丰硕的成果，使我国山楂种质资源的分布状况与品种资源的数量清晰明了。

中国产山楂属植物分布在北纬 22°至北纬 52°之间，地跨寒、温、热三个气候带。除海南、香港、澳门、台湾之外的 30 个省、自治区、直辖市，均有山楂种质资源的分布。从自然地理分布的广度看，可分为广域分布种、中域分布种和狭域分布种 3 个类型。广域分布种有羽裂山楂、野山楂、湖北山楂，中域分布种有云南山楂、华中山楂、橘红山楂、毛山楂、辽宁山楂、光叶山楂、甘肃山楂，狭域分布种有伏山楂、陕西山楂、山东山楂、滇西山楂、中甸山楂、裂叶山楂、准噶尔山楂。

根据我国山楂属植物的自然地理分布情况和各地的引种结果分析，广域分布种的山楂特点是抗寒、适应性强。在我国南起秦岭淮河流域北至黑龙江，东从海滨西到陕西，它都能正常生长发育，但抗旱和抗盐碱能力稍差。广泛分布于我国中部、东部和南部的野山楂，树体为灌木，种仁率高，种子层积一冬即可发芽出苗，作栽培山楂砧木嫁接亲和力强，矮化效果明显，结果早，但抗寒力弱，是黄河流域以南地区的优良砧木资源。湖北山楂广泛分布于我国中部和东部，适应性较强，适于在北京以南的中部和东部作砧木用，其中红果类型在陕西和北京等地已选出优良品系，是有希望的育种材料。

中域分布种，除云南山楂已栽培外，其他种类仍处于野生状态，可在其自然分布区内作砧木用。

狭域分布种，每种都有其生存所需的特定环境，难以跨地域广泛栽培。

山楂按照口味通常可分为酸甜两种。一般酸味山楂为最主要栽培品种。我国河北北部及辽西地区，是山楂集中产地之一。山东、河南以及黄河中下游地区，是目前山楂栽培面积最大、品种最多的地区，果实品质优良，且具有丰产、稳产的特点。在云南地区，山楂多分布在海拔1.8 km 上下的高山上，其年平均气温在14℃左右。由于各山楂产地年平均温度差异较大，山楂物候期也有较大差别，尤其是花期早晚差别较大，泰沂山区和燕山山区花期一般相差 20 天左右，但果实采收期基本一致。现按自然地理分区，简述各区山楂属植物种类的地理分布情况。

一、东北地区

东北地区包括黑龙江、吉林和辽宁与内蒙古的一部分。东西两面为高地，中央为平原；气候寒冷潮湿，年均温度为 0～4℃，冬季绝对低温可达-50℃，1 月份平均温度常低于-20℃。

7 月份平均温度不高于 22℃。全年降水量 350～450 mm，在海拔 1 km 或较高地带全年降水量可达 600～1000 mm。土壤主要是生草灰化土和黑钙土。天然植被主要可分为针叶林区、针阔叶混交林区、落叶阔叶林区和森林草原区（从森林到草原的过渡地带）等类型。

东北地区自然分布的山楂属植物有 6 种和 4 个变种，广泛分布于针阔叶混交林区、阔叶林区和森林草原区。沙丘亦有零星分布，因沙丘地带气候干燥，土质瘠薄，植株较矮小，叶片小。

东北地区分布有羽裂山楂、毛山楂、辽宁山楂、光叶山楂、伏山楂和绿肉山楂几个品种，其中羽裂山楂有无毛山楂、热河山楂和大果山楂 3 个变种，大果山楂变种是通过长期自然选择和人工选择而产生的，为东北地区南部和中部主要栽培果树之一，有许多栽培品种应用于生产。

毛山楂：在东北地区主要分布于针阔混交林区和阔叶林区的疏林内、林缘及河岸等处。在黑龙江东部林区分布有毛山楂的变种宁安山楂。

辽宁山楂：在辽宁、吉林、内蒙古及黑龙江镜泊湖一带的阔叶林区的疏林及沟旁等处均有自然分布，常垂直分布于海拔 0.9～2.1 km 处。

光叶山楂：主要分布于黑龙江及内蒙古的大兴安岭林区。额尔古纳旗的黑山头一带有集中成片的光叶山楂林。光叶山楂多垂直分布在海拔 0.5～1 km 处。

伏山楂：原产于长白山及其余脉，多垂直分布于海拔 0.3～0.5 km 的阔叶林区。常与山楂混生在疏林下、林缘及河沟旁；伏山楂极抗寒，果实也较其他野生的山楂大，早熟。当地居民常常在开垦农田时将它们保留下来，移植到宅旁栽培。在吉林南部和辽宁北部也可见到一些成片的伏山楂园。目前已从伏山楂中选出一些优良品种或品系。1976年，位于北纬48°以北的内蒙古阿荣旗从辽宁开原引入的伏山楂，在当地年均温度1.6℃、最低温度-40℃条件下，树体正常生长、发育、结实和落叶。

绿肉山楂：主要分布在乌苏里边区河谷地带。

1. 辽宁

辽宁省在沈阳农业大学建立的国家山楂种质资源圃的基础上，经多年发展，储存了非常丰富的山楂资源。现保存山楂种质资源280份，大果山楂品种209份，伏山楂品种9份，野生山楂资源50份，其他山楂属野生种12份。大果型山楂以辽阳、海城、开原等地为主产区，磨盘、溪红、西丰红、紫玉和辽红等山楂品种的种植主要集中在本溪、西丰、北宁、法库、凤城、岫岩等地，产量也较丰盛。

2. 内蒙古

1982年，内蒙古赤峰市喀喇沁旗开始大面积发展山楂产业，现已有山楂种植面积206.6 hm^2。主要品系有山楂、辽宁山楂、光叶山楂和毛山楂，中西部阴山系以辽宁山楂占绝对优势。主要分布的品种类型有辽锦、朱砂红、双红、面楂、伏里红、大金星等。

二、华北地区

华北地区包括河北、山东、山西、陕西、河南等地。全区地形东西两面为高地，中央是广阔的冲积平原。气候特点是夏热多雨，冬寒晴燥，春多风沙，秋短光足。全年平均气温10～16℃，1月份平均温度-13～0℃，7月份平均温度22～24℃；全年降雨量500～700 mm，其中70%集中在夏季。平原和高原的土壤多为原生或次生的褐色土，呈弱碱性，富含钙质；海滨和干旱地区常有盐碱土；山地和丘陵地区为棕色森林土，中性至微酸性。

在华北大平原上，因为人口密集和长期开发的结果，大部分区域已经没有森林。仅在村庄附近有杨、榆、槐、楸、泡桐、香椿等落叶阔叶树种。在较低山地上有稀疏分布的油松林、侧柏林和几种耐旱的栎树；在高山地区有或密或疏的云杉、冷杉和落叶松的针叶树林。本区西北部为黄土高原，因雨量少，森林破坏后恢复很慢，仅局部地区有次生混交林，或抗干旱的草类和灌丛。

华北地区是我国落叶果树的主要原产地和重要的果树栽培区，也是我国山楂的主要栽培区，人工栽培的大果山楂园，几乎到处可见。华北地区是大果山楂的起源地，经长期人工选择和培育，已经有了很多优良的农家品种。1976年以来，我国科技工作者对本区的大量山楂品种资源进行了发掘整理，鉴定评价，取得可喜成绩，发现许多优异种质，有待今后进一步开发和利用。

华北地区是我国山楂属植物种类最多的地区之一。现已知种类有 11 种和 4 个变种。其中山楂和大果山楂分布较为普遍。热河山楂主要分布于辽宁西南部和河北西北部；无毛山楂主要分布在河北西北部、辽宁西部，陕西北部亦有分布。毛山楂在河北、山西、甘肃、陕西、河南、辽宁等地都有少量分布，多生在海拔 1～1.5 km 山地阴坡或沟沿地带。甘肃山楂主要产于山西的吕梁山与北部地区；河北的太行山、蔚县小五台山、赤城海坨山、涿鹿、涞源、易县、阜平、平山；以及河南的伏牛山海拔 1～2 km 的杂木林中、山坡阴处及山沟旁。

陕西山楂原产陕西省，主要分布于黄龙山、陇山等地，秦岭亦有少量分布。野山楂在本区主要分布于秦岭东端，河南的卢氏、陕西的商县和丹凤等地，生于海拔 0.5～1 km 的山坡或山谷杂木林中。本种的新变种匍匐野山楂分布在陕西商南、商县、丹凤等地海拔 700 m 植被稀疏的低山上，与野山楂混生。橘红山楂产于陕西黄龙山、陇山，河北太行山，山西吕梁山等地，生长在海拔 1～1.8 km 山坡杂木林中。湖北山楂在本区主要产于秦岭南北坡，秦岭东端见于河南的卢氏，北坡陕西的蓝田、眉县、太白，南坡商南、商县、山阳、丹凤、洛南等县；生于海拔 0.8～1.8 km 的山坡或山谷杂木林中。山西省南部亦分布有湖北山楂。

华中山楂分布于陕西巴山、陇山和河南省的南部海拔 0.8～2.5 km 的山坡、山谷、林内或灌丛中。山东山楂产于山东泰山，生长在海拔 0.5～0.7 km 的山坡。黄果山楂产于陕西秦岭山区和河北、山西、甘肃等地。

1. 山东

山东是我国山楂的主要产区之一，其中平邑、临朐入选全国山楂基地县（共 8 个）。山东省选育出的优良品种较多，在 104 个山楂种质资源中，评选出 13 个大果厚肉品种、4 个高糖低酸鲜食品种、3 个黄果品种、3 个高维生素 C 品种、3 个矮化品种。山东省在福山、莱西、蒙阴、临沂、日照、青州、黄县、栖霞、历城、平邑、海阳等地的主要品种有：红瓤绵、白瓤绵、敞口、金星绵、大红袍、大货、楂红子、大绵楂、铁球、楂子红、大绵楂、大绵球（洋红子）、艳阳红、棠球、平邑山楂、菏泽大山楂、甜红、黄石榴、星石榴、沂水山楂、西霞朱砂、西霞橙肉等。2019 年，山东省山楂面积 1.86 万 hm²，产量 30 万 t，主要分布在费县、平邑、青州、临朐、沂水、新泰等县（市），其中费县面积 0.7 万 hm²，产量 12.4 万 t，居全省第一位。费县在发展山楂产业的过程中，高度重视品牌农业建设，积极调整农业内部结构，适地适树、合理布局，划定适宜山楂生产的区域，实行"因地制宜、区域化种植"。

2. 山西

山西地域南北狭长，分布的山楂种类较多、范围较广。在全国 8 个山楂基地县有绛县、泽州县 2 个入选。

山西省栽种的山楂品种有山楂、湖北山楂、华中山楂、毛山楂、橘红山楂、甘肃山楂、辽宁山楂、陕西山楂、裂叶山楂 9 种及无毛山楂、山里红 2 个变种，仅山里红挂果山楂就有 245 万余株，年产量可达 10 万吨左右。栽种地有阳高、浑源、隰县、灵丘、繁峙、代县、五台、天镇、五寨、广灵、静乐、盂县、阳曲、临县、娄烦、古交、寿阳、平定、昔阳、和顺、方山、中阳、文水、交城、交口、榆社、左权、介休、灵石、永和、大宁、蒲县、霍县、沁源、平顺、武乡、安泽、古县、吉县、乡宁、临汾、黎城、浮山、高平、陵川、晋城、阳城、绛县、垣曲、平陆、永济、夏县、沁水、沁县、定襄、太谷、祁县、壶关、屯留、襄汾、稷山、闻喜、翼城、潞城等 64 个市县。比较优良的地方品种有泽州红山楂、绛山红山楂、安泽大山楂、吉县山楂、临汾山楂、晋城粉红山楂、绛县红果等，主要分布在泽州、绛县、祁县、垣曲县、古县、陵川县等。

1984 年，山西绛县在 2 年内建成了 6667 hm² 的山楂基地，但由于山楂加工跟不上，果实没有销路，到 1997 年被果农砍伐后只剩下 2000 hm²。总结经验教训后，该县进行了产业调整，建成了以山楂加工为主业的山西维之王食品有限公司。该公司立足于当地的山楂原料基地，与果农结成"公司+基地+农户"的利益链接共同体，坚持多年实行以保护价收购农民产品的政策，保护和带动了当地果农发展山楂生产的积极性。当地银行以"项目+流资"的形式予以贷款资金扶持，促进该公司做大做强。维之王公司山楂加工行业的发展，带动了绛县 5000 余户农民靠生产山楂致富。公司年收购山楂 4 万 t，年均帮助农民增收 800 余万元。全县山楂种植面积由 2000 hm² 又恢复到 6667 hm²。种植户增加到 9000 多家。全县修建了 30 个山楂贮藏冷库，农产品加工龙头企业发展到 10 余家。目前，绛县已经成为全国优质山楂生产基地县。

3. 河北

河北省栽培总面积 30034 hm²，产量 298783 t，其中燕山地区栽培总面积 26560 hm²、产量 258880 t，分别占河北省的 88.4% 和 86.6%。其主要产地分布依次为：承德市栽培面积 24981 hm²、产量 227618 t，其中兴隆县栽培面积 11039 hm²、产量 173600 t，隆化县栽培面积 4933 hm²、产量 13200 t，滦平县栽培面积 2008 hm²、产量 3900 t，宽城满族自治县栽培面积 2533 hm²、产量 27605 t，丰宁满族自治县栽培面积 1284 hm²、产量 210 t。张家口市栽培面积 2046 hm²、产量 30989 t，其中万全区栽培面积 38 hm²、产量 400 t，涿鹿县栽培面积 684 hm²、产量 942 t。唐山市栽培面积 1271 hm²、产量 22549 t，其中遵化市栽培面积 944 hm²、产量 19542 t，迁安市栽培面积 157 hm²、产量 1390 t，玉田县栽培面积 37 hm²、产量 344 t，古冶区栽培面积 14 hm²、产量 429 t，开平区栽培面积 9 hm²、产量 17 t，丰润区栽培面积 51 hm²、产量 537 t，滦县栽培面积 35 hm²、产量 83 t，滦南县栽培面积 16 hm²、产量 62 t。秦皇岛市栽培面积 903 hm²、产量 9741 t，其中青龙满族自治县栽培面积 667 hm²、产量 5500 t，抚宁区栽培面积 151 hm²、产量 1435 t，卢龙县栽培面积 39 hm²、产量 436 t。

河北省承德市兴隆县年加工山楂能力达 20 万 t。"十月进兴隆，山楂满山红"，兴隆山楂品味俱佳，色泽赤红而个大，肉质肥厚而柔韧，味酸甜而清口。兴隆县是"九山半水半分田"的石质山区，四季分明、光照充足、昼夜温差大，其气候与土壤条件不适合种植粮食作物，却成就了山楂。2016 年兴隆山楂成为国家地理标志保护产品，2019 年兴隆山楂被认定为中国特色农产品优势区、河北省特色农产品优势区优选特色品种。为了发掘整理山楂品种资源，促进兴隆山楂良种化，1980 年兴隆开展山楂品种优选工作，初步定出了铁山楂、大金星、小金星、粉红肉、大星铁楂、面楂和自根系山楂等 7 个品种。1984 年，在承德召开的山楂鉴评会上共有 50 个品种参评，其中兴隆有 28 个品种，居前 6 名的品种中兴隆山楂占 5 个。1986 年，国家果品选优鉴定会在兴隆召开，包括全国山楂协作组秘书在内的 11 位专家及知名人士参加鉴评会，认定"燕瓢红""金星""赛霞红""面楂" 4 个品种适合在兴隆地区发展，此后兴隆又三次举办山楂品种比较试验鉴定会。1993 年，兴隆县林业局编写的《果树品种图谱》出版，其中收录兴隆选育的山楂品种 16 个、引进的山楂品种 43 个。

兴隆特色山楂品种雾灵红、雾灵紫肉分别于 2013 年、2015 年通过河北省林木品种审定委员会审定。野生山楂品种雾灵野果，2018 年被国家林业和草原局授予植物新品种权。2019 年开展的第三次农作物种质资源普查，征集到兴隆野生山楂品种资源 5 个，其中特异性资源有 4 个。目前，兴隆县形成了以铁山楂优质晚熟品种为主，雾灵红、大旺等中晚熟品种和秋金星、雾灵紫肉、药楂等特色品种为补充的山楂生产格局，全县山楂优种种植面积达 17 万亩，优种覆盖率达 83%。其中，兴隆铁山楂品种营养价值高，药用功能突出，树体高大、根系发达，耐旱、耐瘠薄，对山区保持水土、涵养水源、调节气候等均有重要意义。

4．河南

河南省南太行山区是我国山楂原产地和主产地之一，资源丰富，栽培历史悠久。目前，随着农村商品化生产程度的提高和生产结构的调整，山楂生产已被列为当地群众脱贫致富的重要项目。

太行山区山楂资源主要分为三大类型：

一是原生类型，主要种有野山楂（别名小叶山楂）、湖北山楂和山楂，分布较多的是山楂种。由于该地区人类的开发活动较早，成片的野生山楂树已保存不多，以散生零星分布为主，多分布在林县、沁阳、辉县、济源、卫辉等县市山区。上述类型果小，皮厚，核大，食用价值小，但可以药用。又因其适应性强，种子含仁率高，可用其种子播种培育山楂砧木苗。

二是栽培类型，该区应用的栽培类型属于山楂种中的大果山楂变种。在自然生长情况下，盛果期树可达 4～8 m 高。嫁接苗定植后 3～5 年开始结果，10 年左右进入盛果期，经济结果年限可达 100 年左右，最高单株产量达 0.5 t 以上，适应性强，果个大，一般单果重为 9～12 g，果实可生食、加工、入药，有较高的经济价值；主要分布在林县和辉县市。该区有栽培类型山楂树约 1000 万株，其中结果树约 200 万株，年产鲜果近 1 万 t。近几年又发展了较多数量的幼树。栽培品种主要是在太行山区选育的农家良种豫北红。近几年又从山东、北京等地引来少量的敞口、大金星等。

三是实生类型，主要分布在辉县市和林县的老产区。树体高大，生命力强，果个多数比栽培类型小。经研究，确认该类型是栽培类型山楂的自然杂交实生后代，是由栽培类型山楂的种子自然萌发而形成的个体。其果实颜色分红、黄、绿等，以红色为多。其种子可用于播种培育砧木苗，果实有一定的食用、加工和药用价值。在辉县市被称为"孔杞"，在林县被称为"公鸡旦"。

辉县山楂主产区分布于辉县西北部山区。由于受太行山脉走向和海拔高度影响，季风作用较为明显，四季分明，气候适宜山楂的生长。辉县山楂栽种主导品种为"豫北红"和"红孔杞"，具有色泽鲜红、果实浑圆、果面光泽和酸甜适口的特点。据《辉县市志》记载，清代以前辉县西北山区多野生山楂树。目前，辉县已成为我国五大山楂产地之一，产量居河南之首。至今在辉县市后庄乡小井村还存活着一棵树龄370多年的山楂树，每年产果达0.25 t，被当地人称为"山楂爷"。在辉县万仙山风景区的郭亮森林公园内，更是保存着树龄近600年仍生机盎然的野生古山楂树群。辉县山楂除含有一般山楂的营养成分外，其总糖、维生素C及可溶性固形物含量较高，据农业农村部果品及苗木质量监督检验测试中心（郑州）检测，总糖含量达到10.58%，维生素C含量为75.1 mg/100 g，可溶性固形物含量为20.3%。辉县山楂个大、色红、风味佳。在2002～2003年对全国不同品种山楂的总黄酮含量测试中，辉县山楂含量居首位，达7.62%。2009年，辉县山楂制品山楂汁饮料、山楂醋饮料、山楂茶饮料等产品获得绿色食品认证。2010年，"辉县山楂"获得农业部农产品地理标志登记保护。

三、华中与华东地区

华中与华东地区包括长江中、下游各省，有四川、贵州、江西、安徽、江苏、浙江、福建、湖北、湖南等省。本地区东西两侧有高地，中部沿江和环湖有平原，还有交错的丘陵和山地。春夏间多雨，夏季炎热，冬季温和，气温自北向南和自东向西递增。全年平均温度15～22℃，1月平均温度在0℃以上，绝对最低温度-15～5℃，7月份平均温度20～28℃以上。全年降水量1000～1500 mm。长江以北地区的土壤主要为褐色土，长江以南为黄褐土、红壤和黄壤。天然植被主要分为落叶阔叶和常绿阔叶混交林区、常绿阔叶林区两种类型。

华中与华东地区产山楂属植物有7种1变种，主要分布在落叶阔叶和常绿阔叶混交林区。

野山楂广泛分布于本区各省。在湖北省除江汉平原部分县市以外，其他各县均有分布。长江以北较长江以南分布多，主要分布于襄樊、郧阳、黄冈、宜昌、荆州和孝感等地。生长在海拔0.5～0.8 km的山坡上。按果实颜色分为黄果和红果2个类型。

湖北山楂在湖北省主要产于兴山、房县等地，多生长在海拔0.4～0.8 km的阴坡、半阴坡或溪边灌丛中。按果皮颜色分为土黄果、黄果和红果 3 个类型。本种在湖南、江苏、江西、四川和浙江亦有分布。

华中山楂、湖北山楂、野山楂 3 个种原产湖北省，生产上应用的有 5 种类型：湖北山楂红果、野山楂红果、湖北山楂土黄果、湖北山楂黄果、野山楂黄果。这些资源主要集中于较有代表性的地区，如随州市、郧阳区、神农架区、通山县等。

四、华南地区

华南地区包括广东、广西两地的南部以及台湾、海南及南海诸岛。全区除有一些冲积平原外，大多为丘陵和山地。气候潮湿炎热，夏季很长，冬季温和，但空气湿度仍较高。年平均气温 21～25℃，1 月份平均温度在 12℃以上，绝对低温一般在 0℃以上，极少地区冬季寒流侵袭时可降到 0℃以下；7 月份平均温度一般不超过 30℃，年温差较小。年降雨量一般在 1500 mm以上，部分地区可达 2000～2500 mm，冬季多云雾，仅山地有霜雪。土壤主要为红壤、砖红壤和灰化红壤等。该区植被类型属于热带或亚热带季候风常绿林或热带雨林。该区产山楂属植物种类很少，仅在广东、广西山地或丘陵的高海拔处分布有野山楂。在广西的百色地区分布有云南山楂。云南山楂在当地作为果树栽培。

五、西南地区

西南地区包括云南全省及四川省的西南部。该区地形错综复杂，山脊与河谷南北平行而密接，形成了横断山脉，仅在南部有较宽的平原。由于距离东南海岸较远，加之地形突起，主要是受西南方向印度洋季风的影响，年内有旱季和湿季交替的特征。冬、春两季 11 月到翌年 4 月为旱季，晴朗干燥，极少有雨雾；夏、秋两季 5 月到 10 月为湿季，阵雨时行。全年降水量 900～1500 mm，绝大部分降在湿季。山高谷深，相对高度可达 2.7 km，气候复杂，垂直分布差异显著。一般而论，年平均温度 14～16℃，各月平均温度多在 6℃以上，除极少数地区外，月平均气温都不超过 22℃。土壤主要为红壤和红色石灰岩土，高山地区有草甸土。植被类型的垂直分布甚为显著，南北地区差异很大。北部海拔较高，寒凉湿润，适于耐寒针叶树林的发展。中部主要为松栎林。南部一般海拔较低，雨量较多，森林茂密以常绿阔叶树为主，有热带雨林景象。

云南山楂主要分布在西南地区的中部和北部，生长在海拔 1.4～3 km 的向阳山地、溪边杂木林内、云南松林缘或灌丛中；有黄白果和胭脂果 2 个类型，为云贵高原低山地区重要果树之一，并培育出一些优良品种。滇西山楂产于云南省西北部高山地区，生长在海拔 2.5～3 km 的阳坡灌丛中。中甸山楂产于云南省西北部高山地区，生长在海拔 2～3.5 km 的山溪边杂木林或灌木丛中。

云南省为我国山楂资源分布最为丰富的地区之一。根据《中国果树志·山楂卷》介绍，把山楂分为云南山楂和山楂 2 个属。云南山楂主要来自云南省，少量分布在贵州的西南部、广西西部及四川西南部。云南山楂有绿果山楂、白果山楂、红果山楂、黄果山楂、土黄山楂 5 个类型，45 个品种。表现优良的品种有大白山楂、大山楂、鸡油山楂、大翅山楂、四方山楂等。加强云南山楂的种质资源保护和优良地方品种的利用，对促进我国山楂种质资源的发展具有重要意义。

六、蒙新地区

蒙新地区包括新疆和内蒙古的大部分及甘肃北部、宁夏中北部地区。气候特点是干旱少雨，气温变化剧烈，冬季寒冷。位于天山北坡和阿尔泰山南坡海拔 0.9～2.1 km 的山区，年平均温度 1.3～6.5℃。全年降水量 400～615 mm，冬季积雪 0.5～1.5 m，年日照时数 2400～2800 h。土壤主要是山地黄钙土和灰褐森林土。伊犁谷地的东、南、北面是高山，使北冰洋的寒流和南部塔克拉玛干沙漠的旱风难以侵入。伊犁谷地西面是海拔不到 0.5 km 的缺口，有利于里海湿气和巴尔喀什湖暖流进入，因而使伊犁谷地成为一个比较温和湿润的生态环境。新疆产的几种山楂属植物在这里均有分布，而且有以山楂为主的阔叶混交林。

蒙新地区中段的内蒙古中部地区，年平均温度 2～5℃，绝对最低温度-41℃。0℃以下气温的日数长达 7.5～8 个月。春季气温变化剧烈，夏季短而凉，秋季气温下降急剧。全年降水量 256～436 mm。全年日照时数 2900～3000 h。内蒙古东北部山地，年平均气温 2℃左右，绝对最低温度达-40℃以下。年降水量较多，常达 750 mm 以上。平原植被多为荒漠草原和干草原，绿洲中有中生或半旱生植物；高山地区有针叶林，下部有草甸和干草原。

蒙新地区山楂属植物有 8 种。山楂、毛山楂、光叶山楂主要分布在该区的东北部山地。中部的阴山南麓海拔 1～2 km 处，其阴坡和半阴坡多分布有辽宁山楂，亦分布有光叶山楂和毛山楂。甘肃山楂在甘肃省和新疆的天山北坡、阿尔泰山南坡、伊犁谷地都有较大量分布。

阿尔泰山楂在天山北坡的东部分布较多，阿尔泰山南坡、伊犁谷地等处也有分布。常生长在海拔 0.45～1.9 km 的山坡、林下及河滩等处。在绝对最低气温-40℃以下山地生长的阿尔泰山楂没有冻害；在 pH 8.2 的盐碱化河滩处也能正常生长，未见明显黄化现象，具有很高的抗寒、抗盐碱能力。本种种仁率高达 50%～70%，沙藏 3 个月即可出苗，是优良的砧木资源。

裂叶山楂产于新疆，生长在山坡、沟边、路旁等处。准噶尔山楂仅分布在天山西部的伊犁谷地，生于灌木丛、河谷、峡谷等地。

七、青藏地区

青藏地区包括西藏、青海和四川西部。本地区内山脊海拔超过 6 km，山脊间平地或宽或窄，多数为谷地或盆地，有时也扩展成为高原，海拔在 4 km 左右。气候特点为寒凉而干燥，区内的水源大部分来自高山积雪，形成不少湖泊。高原上许多地方最高月平均温度不到 10℃。年降水量不到 100 mm，生长季节短，但日光极强。由于地区广阔，从北到南、从东到西有极大差异，从高山寒漠景色逐渐演变为沿江谷地的寒温带景色。主要土壤有高山寒漠土、高山草甸土和高山荒漠草原土。高山草甸上主要生长着宿根草本，高山荒漠草原上主要的植被是一些灌木丛。在许多内陆河流和盐碱湖泊两岸还有若干盐生植物。西藏高原沿江谷地有少数如桃、杏、李、梨、苹果、木瓜等落叶栽培果树。

西藏到目前还没有发现山楂属植物，仅在青海的中北部地区有甘肃山楂等的分布。

通过对我国七个自然分区的山楂属植物资源概述，可以说明我国的山楂属果树资源是比较丰富的。

第三节　山楂的主要栽培品种

一、山楂栽培品种的起源与形成

我国的山楂属植物共 20 个种，用于栽培并进行果实生产的有羽裂山楂、云南山楂、湖北山楂和伏山楂 4 个种。其余种有的可采集野生果实入药或加工成食品，有的可用于栽培品种的砧木，有的可用作园林绿化树种。

（一）山楂栽培品种的起源

1. 羽裂山楂

羽裂山楂用于栽培生产的是大果变种，也称大果山楂。据文献记载，羽裂山楂起源于我国中原地带的黄河流域，700 多年前，北方地区已经开始大量栽培大果变种。元代曾在河北中南部和山西北部征收山楂税。1552 年山东的《临朐县志》记载了当地的山楂栽培。1621 年，山东桓台人王象晋在其《群芳谱》中记载山楂：“果实有赤、黄两色，其核甚坚，出滁州、青州者佳。”其中的滁州即现在的安徽省滁州市，青州即现在的山东青州市。河南林县、辉县，江苏宿迁，山西晋城，辽宁抚顺等地的地方志记载，山楂栽培品种最早出现于 400 年前，稍晚的于 200～300 年前从山东各地引入，经过几百年的栽培选择成为各地的优良品种。

2. 云南山楂

1397～1476 年，明代兰茂编纂的《滇南本草》最早记载云南山楂，随后明代李元阳在《云南通志》中记载“大理府、永昌府、澄江府、景东府、丽江军民府等”均为云南山楂的产地。玉溪地区有 1 株清代乾隆年间栽种的大白果山楂古树，距今已有 270 多年。云南山楂分布于云南、贵州、广西、四川。云南山楂主要在地边、路旁等地分散栽培，也常与农作物间作栽培，在1990年时形成一定的栽培规模，大约有140余万株，产量达到8000 t。经云南省林业科学院等单位调查整理，云南省分布的云南山楂品种、品系有50余份，推荐16个地方良种供各地发展山楂生产选用。

3. 湖北山楂

湖北省称湖北山楂为"猴楂"，公元5世纪成书的《西京杂记》中记载有"猴楂"。湖北郧阳区有1株树龄超过300年的湖北山楂。湖北山楂分布于15个省、自治区、直辖市，但栽培不广泛，多栽植于房前屋后、溪边路旁，也有小面积成果园栽培的，栽培量不多，品种极少。湖北安化县称之为"安化山楂"，陕西黄龙县称之为"大红山楂"。20世纪80年代，北京农林科学院林业果树研究所从湖北山楂实生苗中选出几个优良株系繁殖推广用于生产。

（二）山楂栽培品种的形成

1. 山楂栽培品种概况

我国的羽裂山楂、云南山楂、湖北山楂和伏山楂的栽培品种资源十分丰富，据不完全统计有500余份，它们都是在长期的自然选择和人工选育下形成的。1934年，吴耕民在《青岛园艺调查报告》中依据果实大小将山楂品种描述为"大山楂、小山楂"。1952年，《果树学各论》记载"山楂品种不多，华北栽培者，仅有2种。一种为大圆山楂，圆形果，重11 g，深红色外皮，密生灰白斑点，果肉淡黄色，10月上旬成熟，可贮至翌年三四月；另一种为长形山楂，俗称'绵山楂'，又称'灯笼红'，果长圆形，较小，重约5 g，外皮鲜红色或肉黄色，质松绵，9月下旬成熟，不耐贮藏"。1956年，菏泽农业试验站报道了当地栽培的山楂品种有敞口、大货等农家品种。1977～1978年烟台果树研究所对山东山楂重点产区及胶东半岛一带进行品种资源调查，发现并认定了红瓤绵、大绵球等8个重点栽培品种。1958～1959年辽宁省农业科学院园艺研究所等调查了辽宁省栽培的山楂品种，特别是千山一带和鞍山辖区的品种，发现并认定了鞍山大金星（秋金星）、软核山楂等8个品种。20世纪80年代，各地均开始开展山楂资源的调查整理，通过鉴定、审定或品种备案，发掘出一大批优良的栽培品种、品系和类型，命名后公开发表。1996年，《中国果树志·山楂卷》出版，其中收藏了有代表性的品种资源共142份。后续，各地不断地有新选出的优良品种、品系报道。

2. 山楂栽培品种的形成

目前栽种的山楂品种绝大多数是各地通过对当地山楂资源的调查整理，发现有一定株数的栽培群体，进而择优选择并命名；少数是从当地栽植的山楂中选出优良株系，再经过多年的繁殖推广而形成的栽培品种。播种所选的栽培品种，从其实生苗中挑选优良品系，通过繁殖推广，进而成为栽培品种。北京市农林科学院林业果树研究所的红林实生、内蒙古通辽市红星果园的通辽红品种，都是通过此种途径培育产生。通过栽培品种的芽变选育出优良品种，如北京市农林科学院林业果树研究所从敞口山楂的芽变选出京短1号品种。1984年，山东青州林业局与山东原子能研究所合作，利用钴60γ射线照射敞口山楂休眠枝芽，通过诱变育成新品种辐早甜。2000年，山东聊城师范学院利用钴60γ射线照射毛红子品种休眠枝芽，辐射诱变育成新品种辐毛红。聊城大学将大红子与亮红子品种杂交选育出了山楂新品种五星红。

二、山楂栽培品种的分类

根据俞德浚的《中国果树分类学》对栽培果树品种系统和品种群的分类意见，《中国果树志·山楂卷》将栽培的大果山楂和云南山楂分为大果山楂品种群和云南山楂品种群。而湖北山楂和伏山楂因栽培量不大，品种资源较少，不再进行分类。

（一）大果山楂系统品种群

大果山楂品种系统中的品种资源丰富，分布范围广，栽培面积大。按果皮色泽可再划分为红果皮品种群、橙红果皮品种群和黄果皮品种群。

1．红果皮品种群

红果皮品种群中的品种、品系的果皮为大红至紫红色。目前生产中的品种绝大多数是该品种群中的优良品种。

2．橙红果皮品种群

橙红果皮品种群中的品种、品系的果皮为橙黄色至橙红色。如山东的大绵球、河北的雾灵红等。

3．黄果皮品种群

黄果皮品种群的品种、品系果皮为黄绿色至土黄色，生产中栽培的较少。例如山东的大黄绵楂、山西的黄甜等。

（二）云南山楂系统品种群

云南山楂在20世纪70～90年代主要栽培于云南的中西部、广西的百色地区及贵州的安顺以南地区。进入21世纪后，因经济效益较低并受到北方山楂的冲击，已基本没有了生产性栽培。现存的云南山楂品种也是按果皮色泽划分为土黄果品种群、胭脂果品种群和绿果品种群。

1．土黄果品种群

土黄果品种群的品种，果皮底色为黄色，果实成熟后有程度不同的红晕。

2. 胭脂果品种群

胭脂果品种群的品种，果皮底色为黄白至黄绿，果实成熟后有浓重的胭脂红晕。

3. 绿果品种群

绿果品种群的品种，果皮为绿色。

三、主要品种简介

（一）集安紫肉

1978 年，吉林农业大学等单位从吉林集安县黄柏乡蒿子沟村栽培的山楂中选出该品种，1980 年，经吉林省农作物品种审定委员会认定为优良品种。其果实近圆形，纵径 2.68 cm，横径 2.80 cm。平均单果重 8.1 g，最大单果重 14.5 g。果皮鲜紫红色，有光泽，外观艳丽，果点大，多而突出于果面，黄褐色。果梗长 1.21 cm，近基部较肥大，梗洼平或浅；萼筒圆锥形，极小，萼片宿存。果肉浅紫色，甜酸适口，肉质致密，耐贮藏。果实含可溶性糖 7.4%、可滴定酸 2.85%，果酸含量 0.53%，维生素 C 含量为 118 mg/100 g。自然授粉坐果率为 27%，果枝连续结果能力中等。定植树 3～4 年开始结果。原产地 5 月末始花，10 月上旬果实成熟。该品种较耐寒，果实品质上乘，适于鲜食和加工。

树姿开张，树冠呈自然开心形或回头形。2～3 年生枝浅灰色，皮孔圆形或椭圆形，密度大，白色。新梢棕褐色，皮孔密，灰白色。叶片阔卵圆形，叶尖渐尖，叶缘锯齿粗锐，叶片 5～7 裂，中度或中深裂。抗寒能力强，对土壤要求不严，适应性强。可在辽宁、河北、北京等地的栽培区栽培。

（二）叶赫山楂

1987 年，吉林省农作物品种审定委员会对吉林梨树县叶赫乡栽培的山楂地方品种进行审定，并命名为叶赫山楂。其果实近圆形，平均单果重 6.3 g。果皮深红色，果点小，果面较粗糙、无光泽。果肉粉白或粉红色，味酸、稍甜，肉质细而致密，较耐贮藏。果实含可溶性糖 7.68%、可滴定酸 1.88%，维生素 C 含量为 72.9 mg/100 g。幼树一般 3～4 年开始结果，10 年生左右进入盛果期。原产地 4 月中下旬萌芽，6 月上旬开花，10 月上旬果实成熟。该品种较抗寒，丰产性中等，果实品质中上，适于鲜食和加工利用。

（三）大旺

1976 年，中国农业科学院特产研究所等单位从吉林磐石县（现磐石市）栽培的山楂中选出的地方品种，1980 年经省级鉴定，命名为大旺。其果实卵圆形，平均单果重 6.3 g。果皮深红色，平滑光洁，果面有绒毛。果肉粉白至粉红色，肉质细，较松软，甜酸，较耐贮藏。果实含可溶性糖9.4%、可滴定酸3.13%，维生素C含量为66.69 mg/100 g。自交亲和力极低，为1.6%，自然授粉坐果率为17.1%，以中、长果枝结果为主，占总枝量的70%，果枝连续结果能力高。定植树4～5年开始结果。原产地4月下旬萌芽，5月末始花，9月下旬至10月初果实成熟。该品种为三倍体品种（2n=3x=51），抗寒能力强，黑龙江省中南部地区引入栽培并成为主栽品种。

（四）双红

1980年，吉林省九台、双阳等地栽培的地方品种，经省级鉴定，命名为双红。其果实扁圆形，平均单果重5.0 g。果皮为鲜红色，光洁艳丽。果肉为粉红或粉白色，肉质细而致密，甜酸适口。果实维生素C含量为68.19 mg/100 g。自交亲和力很强，自交亲和率达到41.8%。定植树2～3年开始结果。原产地4月上旬萌芽，5月下旬始花，9月中下旬果实成熟。该品种抗寒，中熟，易早期丰产。作为大旺的授粉树曾引入黑龙江栽培。

（五）辽红

1978年，辽宁省农业科学院果树研究所等单位从辽阳市灯塔县（现灯塔市）柳河乡栽培的山楂中选出，1982年经辽宁省农作物品种审定委员会审定并命名为辽红。其果实长圆形，平均单果重7.9 g。果皮深红色，果面光洁。果肉为鲜红至浅紫红色，肉质细而致密，甜酸适口。果实耐贮藏。果实含可溶性糖10.31%、可滴定酸3.56%，维生素C含量为82.1 mg/100 g。自然授粉坐果率为32.4%，果枝连续坐果能力强。定植树3～4年开始结果。原产地4月中旬萌芽，5月末始花，10月上旬果实成熟。该品种较抗寒，果实中大，品质上，适于加工、鲜食和入药。在河北、北京等地有引种栽培。

（六）西丰红

1979年，辽宁省农业科学院园艺研究所等单位选自西丰县成平乡栽培的山楂。辽宁省农作物品种审定委员会于1982年审定并命名。其果实方圆形，平均单果重10 g，最大果重14 g。果皮深红色，果肩部近方状。果肉为浅紫红色，甜酸，肉质硬，极耐贮藏。果实含可溶性糖7.47%～9.40%、可滴定酸3.20%，维生素C含量为72.14 mg/100 g。自交亲和力低，自交亲和率为1.7%，自然授粉坐果率为14.7%，果枝连续结果能力强。定植树4年开始结果。原产地4月中旬萌芽，5月下旬始花，10月上旬果实成熟。该品种树势强健，果实较大，品质上，适于加工。在河北、北京等地引种栽培。

（七）磨盘山楂

1978年，辽宁省抚顺市供销社选自清原县南口前乡栽培的山楂，辽宁省农作物品种审定委员会于 1984 年审定并命名。其果实扁圆形，平均单果重 11.2 g。果皮为深红色，果点中大。果肉为绿白色，甜酸，肉质致密，耐贮藏。果实含可溶性糖 8.96%、可滴定酸 3.01%，维生素 C 含量为 61.82 mg/100 g。自然授粉坐果率为 43.2%，果枝连续结果能力强。定植树 3～4 年开始结果。原产地 4 月中旬萌芽，5 月末始花，10 月中旬果实成熟。该品种为三倍体品种（$2n=3x=51$），丰产、稳产、果实大、品质中上，适于加工和入药。

（八）溪红

1986 年，沈阳农业大学等单位选自本溪市栽培的山楂，辽宁省农作物品种审定委员会于 1994 年审定并命名为溪红。其果实近圆形，平均单果重 9.0 g。果皮为大红色，果面光洁。果肉为粉红色，甜酸，肉质硬，耐贮藏，贮藏期在 160 天以上。果实含可溶性糖 10.50%、可滴定酸 2.70%，维生素 C 含量为 52.98 mg/100 g。自然授粉坐果率为 17.5%，果枝连续结果能力较强。定植树 3 年开始结果。原产地 4 月中旬萌芽，5 月下旬始花，10 月上旬果实成熟。该品种较抗寒，适应性广，丰产稳产。果实可食率可达 86.1%，鲜食与加工品质良好。

（九）秋金星

1960 年，辽宁省农业科学院园艺研究所选自鞍山市郊区唐家房摩云山村栽培的山楂，辽宁省农作物品种审定委员会于 1982 年审定并命名为鞍山大金星。因该品种为中熟品种，又称秋金星。其果实近圆形，平均单果重 5.5 g。果皮深红色，果点中大，分布均匀。果肉浅红或浅紫红，甜酸适口，香气浓。肉质细而致密。果实含可溶性糖 11.26%、可滴定酸 3.39%，维生素 C 含量为 60.63 mg/100 g。自交亲和率为 24.5%，自然授粉坐果率可达 44.6%。果枝连续结果能力较强。定植树 3～4 年开始结果。原产地 4 月上旬萌芽，5 月下旬始花，9 月中旬果实成熟。该品种抗寒，中熟，果实品质上，适于鲜食和加工利用。

（十）燕瓢红

冀东北（燕山北麓）、京津唐地区主栽品种，分布范围较广。其是在 1981 年经省级鉴定并命名的河北省北部栽培的地方品种，当地称为粉红肉、红口。其果实倒卵圆形，平均单果重 8.8 g。果皮为深红色，果点中大，多而凸出，有光泽。萼片半开张。果肉为粉红色，甜酸，肉质细硬，耐贮藏，在一般条件下可贮存至次年 5 月。可食率 85.1%，果实含可溶性糖 8.23%、可滴定酸 3.34%，维生素 C 含量为 61.69 mg/100 g。

其树势健壮，树姿开张或半开张。一年生枝红褐色，多年生枝灰色。叶片阔卵圆形，中脉密生短茸毛。萌芽率 54.8%，成枝率 57.6%。自然授粉坐果率为 27.7%，花序坐果数较多，为 9.5 个。果枝连续结果能力较强。定植树 3～4 年开始结果。原产地 4 月上旬萌芽，5 月下旬始花，10月上旬果实成熟。该品种适应性强，较耐瘠薄，较抗寒，较丰产，果实品质中上，适于加工和鲜食。

（十一）滦红

1980 年，河北省滦平县林业局等单位选自滦平县滦平镇栽培的山楂，1985 年经省级鉴定并命名。其果实近圆形，平均单果重 10 g。果皮为鲜紫红色，果面光洁。果肉为红至浅紫红色，甜酸，肉质细硬，耐贮藏。果实含可溶性糖 9.75%、可滴定酸 3.64%，维生素 C 含量为 104.9 mg/100 g。自然授粉坐果率为 26%，花序坐果数较少，为 5.0 个，果枝连续结果能力强。定植树 3～4 年开始结果。原产地 4 月中旬萌芽，5 月末始花，10 月上旬果实成熟。该品种较抗寒，耐旱，丰产性中等。果实品质上乘，加工果汁、果糕及罐头等色、香、味俱佳。

（十二）昌黎紫肉

河北省农林科学院昌黎果树研究所选自昌黎当地栽培的山楂。其果实中大，近圆形，平均单果重 7.9 g，大小整齐。果皮为紫红色，有光泽，果点中多而显著。果肉为紫红色，肉质硬，味酸稍甜，可食率很高，可达 85.6%，耐贮藏。定植树 3～4 年开始结果，10 年进入盛果期。花序坐果数较少，为 4.0 个。在原产地 3 月下旬萌芽，5 月中旬始花，10 月上旬果实成熟。营养生长期可达 230 天，果实发育期为 140 天。该品系果实中大而整齐，适宜鲜食和加工利用。

（十三）兴隆紫肉

1990 年，河北省兴隆县林业局选自当地栽培的山楂。其果实扁圆形，平均单果重 6.7 g。果皮为紫红色，果点小而密。果肉为血红色，味酸稍甜，肉质细硬，耐贮藏，贮藏期可达 210 天。果实含可溶性糖 9.04%、可滴定酸 3.15%，维生素 C 含量为 91.52 mg/100 g。自然授粉坐果率为 37.8%，花序坐果数较多，为 7.2 个，果枝连续结果能力中等。定植树 5 年开始结果。在原产地 4 月中旬萌芽，5 月中旬始花，10 月中旬果实成熟。

其树势强健，树姿较直立。一年生枝铅灰色，多年生枝灰白色。叶片卵圆形，有光泽。萌芽率 57.3%，成枝率较弱。自然授粉花朵坐果率 37.8%，果枝连续结果能力强。适应性较强，耐瘠薄，含红色素极高，是珍贵的加工原料和宝贵的育种资源。

（十四）雾灵红

1988 年河北省兴隆县林业局选自当地六道河镇栽培的山楂，1990 年经省级鉴定并命名。其果实大，扁圆形或半球形，平均单果重 11.7 g。果皮为深橙红色，果点较小，果面光洁，具蜡质。萼片开张。果肉为橙红色，甜酸适口，肉质细、致密，可食率 82.6%。较耐贮藏，贮藏期为 150 天左右。果实含可溶性糖 10.18%、可滴定酸 3.72%，维生素 C 含量为 90.64 mg/100 g，果胶含量为 2.56 g/100 g。果枝连续结果能力强。原产地 3 月下旬萌芽，5 月上旬始花，9 月末果实成熟。该品种为三倍体品种（$2n=3x=51$），果实品质上等，高糖、低酸、低果胶和红色素含量高，适宜鲜食和加工糖水罐头、糖葫芦等。

其树势中庸，树姿较开张。结果母枝平均抽生果枝 2 条，最多 6 条。按照正常水平栽培管理，栽后第 4 年见果，第 5 年形成经济产量，第 8 年进入盛果期，比对照品种燕瓤红提前 1 年结果，具有较好的早果性。抗逆性较强，较耐瘠薄，适应性较广。适栽区为燕山北麓（冀东北）、京津唐地区。

（十五）寒露红

1978 年，北京林果所等单位选自北京房山乐乡栽培的山楂，并于 1984 年鉴定命名。其果实倒卵圆形，平均单果重 7.7 g，最大果重 10.6 g。果皮为深红色，果点密、较大而突出，果面较粗糙。果肉为绿白色，甜酸，肉质硬，较耐贮藏。果实含可溶性糖 9.38%、可滴定酸 3.63%，维生素 C 含量为 91.0 mg/100 g。自交亲和力极低，为 3.8%。自然授粉坐果率为 21.2%，花序坐果数少，为 4.6 个。果枝连续结果能力强。定植树 3～4 年开始结果。原产地 3 月末萌芽，5 月初始花，10 月中旬果实成熟。该品种适应性强，丰产，果实品质中上，适于加工和入药。

（十六）金星

北京地区主栽品种。1978 年，北京林果所等单位选自北京怀柔县（现怀柔区）茶坞乡栽培的山楂，1984 年经鉴定并命名。其果实近圆形，平均单果重 9.8 g。果皮为鲜红色，果点小，鲜黄色，果面光洁。果肉为粉白至粉红，甜酸适口，稍有果香，肉质细而致密，较耐贮藏。果实含可溶性糖 10.05%、可滴定酸 3.65%，维生素 C 含量为 79.17 mg/100 g。自交亲和力低，自然亲和率为 9.9%，自然授粉坐果率为 32.5%。果枝连续结果能力强。定植树 3～4 年开始结果。原产地 3 月末萌芽，5 月初始花，10 月上旬果实成熟。该品种适应性强，丰产、稳产，抗花腐病和白粉病。果实品质上等，适于鲜食、加工和入药。

（十七）京短 1 号

1986 年为北京林果所从敞口山楂选育而成的芽变品种，1989 年通过鉴定并命名。其果实较大，扁圆形，平均单果重 10.1 g。果皮为深红色，果点大，黄褐色。果肉为绿白色，甜酸，肉质细硬，耐贮藏。果实含可溶性糖 8.59%、可滴定酸 3.27%，维生素 C 含量为 49.11 mg/100 g。

营养枝短而粗，与敞口山楂相比，节间长度比值为 1∶2.9。自交亲和力较低，为 14.5%，自然授粉坐果率为 49.5%。花序坐果数为 10.5 个。果枝连续结果能力较强。定植树 2～3 年开始结果。北京地区 4 月初萌芽，5 月上旬始花，10 月下旬果实成熟。该品种树体紧凑，营养枝粗而短。结果早，丰产，耐盐碱，抗白粉病。

（十八）大金星

山东临沂、潍坊和泰安等地的主栽地方品种，又称为临沂大金星。其果实阔、倒卵圆形，平均单果重 16 g，最大果重 19 g，大小整齐。果皮为深红或紫红色，果点大而密，黄褐色。果肉为绿白色，散生红色斑点，味酸稍甜，肉质细硬。果实含可溶性糖 11.35%、可滴定酸 3.57%，维生素 C 含量为 68 mg/100 g。

其树势强壮，树姿开张，树冠扁圆形。萌芽率和发枝力均高，中、长枝成花力强。自交亲和力低，自交亲和率为 5.5%，自然授粉坐果率为 52.9%，结果枝最多达 29 个，连续坐果能力为 3.7 年。早期丰产性强，定植树第 3 年即可开花结果，9 年生树株产 50.6 kg，最高达 102.5 kg。果实极耐贮藏，常温下可贮藏 150 天以上，在冷风库中可贮至第 2 年的果实收获期。3 月下旬萌芽，5 月初始花，10 月中旬果实成熟。该品种果实大，丰产、稳产，果实品质中上等，适于入药和加工利用。

（十九）敞口

山东鲁中山地主栽的地方品种，青州、临朐栽培较多，莱芜市的黑红也属于敞口品种群。其果实扁圆形，平均单果重 10.1 g，最大果重 17 g。果皮为深红色，果点较大而密，黄褐色。萼片开张反卷，萼筒大，漏斗形，故有"敞口"之名。果肉为绿白色，散生有红色斑点，肉质较细硬，味酸稍甜。果实含可溶性糖 9.76%、可滴定酸 3.26%，维生素 C 含量为 56.66 mg/100 g。自交亲和力很低，自交亲和率 6.5%，自然授粉花朵坐果率 57.4%，每个花序平均坐果 7 个。果枝连续结果能力强。定植树 3～4 年开始结果。原产地 4 月上旬萌芽，5 月上旬始花，10 月上旬果实成熟。该品种适应性强，丰产、稳产，果实品质中上等，适于加工和入药，特别适合于加工山楂干片。

其树势强健，树姿开张。一年生枝红褐色，多年生枝灰褐色。叶片广卵形。萌芽率 44.4%，成枝率 51.7%，早实，丰产。定植嫁接苗第 2 年结果，四年生树最高株产量可达 45.8 kg。该品种适应性强，全国各栽培区均有引进，表现良好。

（二十）大绵球

大绵球又叫沂蒙大绵球，山东临沂、费县、平邑等地栽培的地方品种。其果实扁圆形，平均单果重 10.5 g，最大果重 21.39 g。果皮为橙红色，果点较大，稍突出果面。果肉为橙黄或浅黄色，甜酸适口，肉质较松软，贮藏期约 90 天。果实含可溶性糖 8.16%、可滴定酸 3.06%，维生素 C 含量为 59.39 mg/100 g。自交亲和力很低，自交亲和率为 4.3%，自然授粉坐果率为 58.2%，花序坐果数为 10 个，最高 27 个。

其树势强旺，树姿半开张，树冠扁圆形。萌芽率、发枝率均较高；以粗壮中长果枝顶芽及以下 2～3 芽结果为主。果枝连续结果能力强。定植树 3 年结果，具明显的早果丰产性能。果实较耐贮藏，常温下用塑料袋小包装可贮藏 60 天以上。原产地 3 月下旬萌芽，4 月下旬始花，9 月中下旬果实成熟。该品种适应性强，抗白粉病和花腐病。丰产、稳产、中熟，果实品质上等，适于鲜食和加工利用，加工果脯、果茶质量俱佳。

（二十一）歪把红

山东平邑、费县、临沂、蒙阴等地栽培的地方品种。其果实倒卵圆形，肩部较瘦，顶部较肥大，果梗基部一侧着生较肥大的红色肉瘤，使果梗歪生。果实大，平均单果重 11.2 g。果皮为深红色，蜡质较厚，有光泽。果肉为乳白色，肉质细密较绵，味酸爽口。果实含可溶性糖 9.5%、可滴定酸 3.02%。

其树势强健，树姿开张，树冠扁圆形。萌芽率较高，发枝力中等。枝条短粗，节间平均长度 2.3 cm。自然授粉坐果率可达 65%。枝条成花率、自然坐果率高，花序坐果 9.3 个，最高达 32 个。适应性、抗逆性强。丰产、稳产。果枝连续结果能力强，定植树 4 年开始结果。原产地 3 月下旬萌芽，5 月上旬始花，10 月中旬果实成熟。该品种树冠较紧凑，易早期丰产。果实可鲜食、加工、干制和入药。

（二十二）五棱红

1983 年山东省平邑县农业局选自天宝乡的实生单株，经十余年繁殖推广，于 1995 年被评为临沂市特优果品，又称为大五棱。其果实特大，呈倒卵圆形，平均单果重 16.6 g，最大单果重 23.7 g，果实顶端萼筒部呈明显的五棱状。果皮为大红色，平滑光洁。果肉为粉红色，质地细密，味酸适口，富有香气。果实含可溶性糖 8.9%、可滴定酸 2.35%，维生素 C 含量为 51.04 mg/100 g。

其树势健壮，树姿开张，成龄树冠呈圆形。萌芽率 53.2%，发枝率 47.91%。果枝连续结果能力强，为 4～5 年，花序平均坐果 4.36 个，自然授粉花朵坐果率为 20.4%，配置长把红等品种为授粉树，坐果率可提高到 30% 以上。原产地 3 月下旬萌芽，5 月初始花，10 月上旬果实成熟。该品种适应性强，抗旱耐瘠薄，抗花腐病。定植树 4 年结果。果实耐贮藏，常温下可贮至翌年 4 月底，甜酸适口。采收月余后有香气，口感更好，适于鲜食和加工。

（二十三）宿迁铁球

江苏宿迁市栽培的地方品种，又名麻球。其果实近圆形或倒卵圆形，具 5 棱。平均单果重 8.6 g，最大单果重 11.5 g。果皮为紫红色，有光泽。果肉为橙红或粉红色，肉质细，酸味浓，稍有甜味。果实含可溶性糖 11.8%、可滴定酸 1.53%，维生素 C 含量为 53.12 mg/100 g。以中果枝结果为主，果枝连续结果能力强，一般为 3～5 年，最长可达 12 年。自然授粉结实率为 24%，花序坐果数为 10 个。定植树 3～4 年开始结果。原产地 3 月下旬萌芽，5 月上旬始花，果实 10 月中旬成熟，采前落果轻，较丰产。该品种适应性强，耐旱，抗风，食心虫为害轻。果实耐贮藏，贮藏后果实酸甜适口，适于各种加工。

（二十四）泽州红

1978 年，山西省晋城市农牧局选自晋城郊区陈沟乡栽培的山楂，于 1985 年经省级鉴定并命名。其果实近圆形，平均单果重 8.7 g，最大果重 13.5 g。果皮阳面为朱红色，阴面为大红色，果面光洁。果肉为粉白色，近核及近果皮部分为粉红色，酸甜清香，肉质细而致密，较耐贮藏。果实含可溶性糖 10.15%、可滴定酸 4.13%，维生素 C 含量为 91.36 mg/100 g。花序坐果数为 6.5 个，果枝连续结果能力较强。定植树 3～4 年开始结果。原产地 3 月下旬萌芽，5 月中旬始花，10 月上旬果实成熟。该品种适应性强，耐旱，结果早，丰产、稳产。果实品质上等，适于鲜食和加工利用。

（二十五）艳果红

1979 年山西省绛县果品公司等单位选自陈沟乡东峪村栽培的山楂。其果实长圆形，平均单果重 8.7 g。果皮为浅紫红色，果点中大，灰褐色，果面光洁。果肉为粉红色，甜酸适口，肉质细而致密，较耐贮藏，贮藏期为 120 天左右。果实含可溶性糖 8.36%、可滴定酸 3.38%，维生素 C 含量为 62.65 mg/100 g。自交亲和力较强，自交亲和率为 28.4%，花序坐果数 9.2 个。定植树 3 年开始结果。原产地 3 月中旬萌芽，5 月上旬始花，10 月上旬果实成熟。该品种适应性强，耐旱，山地、丘陵地区均可栽培。果实品质上等，适于鲜食和加工利用。

（二十六）绛山红

1985 年山西省绛县林业科学研究所选自绛山南部丘陵栽培的优良山楂单株，经繁殖推广成为新品种并命名。其果实扁圆形，平均单果重 16.28 g，最大果重 23 g。果皮为深红色，有光泽，果点中小、白色。果肉为粉白色，肉质较密，味酸稍甜，果实耐贮藏，一般通风窖可贮至翌年 3 月。果实含可溶性糖 11.07%、可滴定酸 3.7%，维生素 C 含量为 72.14 mg/100 g。

其树势强健，果枝连续结果能力较强，花序坐果能力强，采前不落果。原产地 4 月上旬萌芽，5月上旬始花，10月中下旬果实成熟。该品种适应性强，抗寒、抗旱，山地、丘陵、平地及沙荒地都可栽植，丰产、稳产，果实品质上，可用于鲜食和加工。

（二十七）豫北红

河南省主栽品种。1978 年，河南技术师范学院等单位选自辉县栽培的山楂，1980 年经鉴定并命名。其果实近圆形，果肩为半球状，平均单果重 10 g。果皮为大红色，果点较小、灰白色，果面光洁。果肉为粉白色，酸甜适口，肉质细、稍松软，可食率 80%。较耐贮藏，贮藏期为 120 天以上。果实含可溶性糖 13.79%、可滴定酸 2.26%，维生素 C 含量为 74.34 mg/100 g。萌芽率较低，为 38.7%。果枝连续结果能力较强。定植树 2～3 年开始结果。原产地 3 月下旬萌芽，5 月上中旬始花，10 月初果实成熟。该品种结果早，适应性强，丰产、稳产。果实品质中上等，适于鲜食与加工利用。适栽地区为豫北、豫西、豫西南等地。

（二十八）大鹏球

该品种果实形状呈扁圆形，单果重 10.5～12 g，果肩棱状明显。萼部棱状隆起，果皮橙红色，果点较大，灰褐色。果面光滑有果粉，肉橙黄或浅黄色。可食率 85.1%。具有丰产、稳产的特点。成熟期：河南地区在 9 月中旬。为山东南部主栽品种，适栽区山东、京津唐地区。

（二十九）红瓢绵

果实大，扁圆形，平均单果重 11.5 g，最大单果重 17.6 g。果皮深红色，果点较大，黄褐色，每百克果实含可溶性糖 10.17 g，果肉粉红色，质细软绵，酸甜适口，可食率 83.3%；果实较耐贮藏，常温下用塑料袋小包装可贮藏 80 天以上。3 月下旬萌芽，5 月上旬始花，10 月中旬果实成熟，为丰产的农家优良栽培品种。其树势强旺，树姿半开张，树冠扁圆形。中长枝成花能力强，花序坐果 7.3 个，最高 19 个。定植树 3～4 年结果。适应性强，较丰产。

（三十）甜红

树势中庸，树姿半开张，树冠呈自然开心形；萌芽率较高，成枝力中等，果枝连续结果能力强。定植树 4 年开始结果。抗旱、适应性强。4 月上旬萌芽，5 月上旬始花，9 月下旬果实成熟。果实中大，近圆形，平均单果重 10.2 g；果皮橙红色，果面平滑、光洁、美观，果肉橙黄色，质细而致密，每百克含可溶性糖 10.7 g，甜酸适口，有清香；可食率达 91.2%，耐贮藏，常温下可贮藏 90 天，是鲜食的优良品种。

（三十一）面红

树姿开张，树势中强，树冠呈自然半圆形。萌芽率、发枝率均高，结果母枝可连续结果3～5年，5年生密植园。抗寒、抗旱、抗山楂白粉病。4月上旬萌芽，5月初开花，10月上旬果实成熟。果实较大，近圆形，整齐；平均单果重12.2 g；果皮鲜红色，果面有少量果粉；果肉米黄色，每百克含可溶性糖10.97 g，致密稍面，可食率88.6%；较耐贮藏，塑料袋小包装常温下可贮藏至翌年3月份。该品种甜酸爽口，香味浓郁，是珍贵的鲜食优良品种。

（三十二）鸡油云楂

果实较大，形状扁圆，单果平均重10.1 g，最大果重14.0 g。果皮为黄色，果点小，果面光洁。果肉为浅黄色，似鸡油，故名鸡油云楂。味甜微酸，有清香，肉质松软。果实含可溶性糖6.41%、可滴定酸1.67%，维生素C含量为57.53 mg/100 g。树势强，萌芽率约32%，成枝力弱，一般发长枝1～2个。在云南中部，3月中旬始花，8月下旬果实成熟。该品种丰产，果实品质上等，加工的果汁为杏黄色，是理想的加工优良品种。适栽地区为云南通海、呈贡等地。

（三十三）大帽云楂

果实圆形，平均单果重为15.4 g，最大果重为19.0 g。果皮为浅黄绿色，稍有红晕，果点小、黄褐色，果肩部呈半球状的帽顶。果肉为黄白色，味甜微酸，肉质松软。果实含可溶性糖约5.51%，维生素C含量为35.11 mg/100 g。在云南中部3月下旬始花，9月上中旬果实成熟。该品种果实大，品质上乘，适于鲜食和加工利用。适栽地区为云南通海、玉溪、蒙自等地。

（三十四）大湾云楂

果实近圆形，平均单果重为12.1 g，最大果重为19.0 g。果皮底色为土黄色，阳面红晕显著。果肉为黄白色，味甜微酸，有清香，肉质松软。果实含可溶性糖6.8%、可滴定酸2.13%，维生素C含量为21.55 mg/100 g。花序坐果数为5.6个。原产地3月下旬或4月上旬始花，8月中下旬果实成熟。该品种果实大，品质上乘，适于鲜食和加工。适栽地集中在云南玉溪市。

（三十五）大红云楂

果实扁圆形，平均单果重为8.9 g，最大果重为12.4 g。果实底色为浅黄，胭脂红色、红晕均匀浓重。果肉为黄白色，近果皮处为浅红色，甜酸适口，肉质细而致密，较耐贮藏，贮藏期为120天左右。果实的可溶性糖含量为9.0%，维生素C含量为97.56 mg/100 g。花序坐果数中等，为 6.2 个。在云南中部，3 月下旬始花，9 月中旬果实成熟。其维生素 C 的含量高，适于入药、鲜食和加工利用。适栽地为云南蒙自、弥渡、呈贡、晋宁等地。

（三十六）伏里红

1960 年，辽宁省农业科学院园艺研究所选自辽宁开原等地栽培的伏山楂，1982 年经辽宁省农作物品种审定委员会审定并命名。其果实近圆形，平均单果重为 2.8 g，最大果重为 4.0 g。果皮为鲜红色，果点小，果面光洁。果肉为粉白色，微酸稍甜，肉细松软，不耐贮藏。果实含可溶性糖 9.04%、可滴定酸 2.70%，维生素 C 含量为 74.30 mg/100 g。自交亲和力极低，自交亲和率仅为 2.4%，花序坐果数为 10 个。果枝连续结果能力较强。定植树 3 年开始结果。原产地 4 月中旬萌芽，5 月下旬始花，8 月中旬果实成熟。三倍体品种（$2n=3x=51$），抗寒，早熟，品质中上，适于鲜食。

（三十七）吉伏 1 号

1981 年，吉林农业大学选自集安市财源乡栽培的伏山楂。四倍体品种（$2n=4x=68$），果实近圆形，平均单果重为 3.6 g。果皮为鲜紫红色，果点小，果面光洁。果肉为粉红色，微酸稍甜，肉质细软，不耐贮藏。果实含可溶性糖 5.8%、可滴定酸 1.16%，维生素 C 含量为 88 mg/100 g。萌芽率为 51.48%，成枝力中等。花粉粉红色，花粉败育。成龄树株产 25 kg，最高株产 50 kg。原产地 4 月上旬萌芽，5 月下旬始花，8 月中旬果实成熟。抗寒，早熟，品质上乘，适于鲜食和加工利用。

（三十八）左伏 1 号

1980 年中国农业科学院特产研究所选自吉林市左家镇农家宅院栽培的伏山楂。四倍体品种（$2n=4x=68$），果实棱状扁圆形，单果平均重为 3.8 g。果皮为鲜红色，果点小，果面光洁。果肉为粉红或鲜红色，酸甜适口，肉细较致密。果实含可溶性糖 7.53%、可滴定酸 1.51%，维生素 C 含量为 23 mg/100 g。自交不结果。花粉败育，花期喷赤霉素，花朵坐果率可达 36.1%。果枝连续结果能力中等。定植树 3～4 年开始结果。原产地 4 月中旬萌芽，5 月中旬始花，9 月上旬果实成熟。抗旱，抗寒，果实成熟较早，品质上，较耐贮藏，适于鲜食和加工利用。

（三十九）鄂红

鄂红又称大红山楂，为陕西省黄龙县砖庙梁乡栽培的地方品种。其果实近圆形，平均单果重 3.8 g，果皮为褐红色，果点较小。果肉为橙黄色，甜酸有清香，肉质细而致密，贮藏期约为

20 天。果实含可溶性糖 3.56%、可滴定酸 1.98%，维生素 C 含量为 24.17 mg/100 g。在陕西黄龙县，9 月上中旬果树成熟。该品种适于鲜食和加工利用。

（四十）佳甜

1989 年，北京林果所选自湖北山楂实生苗。四倍体品种（$2n=4x=68$），果实扁圆形，平均单果重 4.6 g，最大果重 7.4 g。果皮为鲜红色，果点小而少，果面光洁。果肉橙黄色，酸甜适口，肉质细较松软，贮藏期约为 80 天。果实含可溶性糖 9.54%、可滴定酸 1.43%，维生素 C 含量为 40.74 mg/100 g。自交亲和力中等，自交亲和率为 23.11%，自然授粉坐果率为 31.5%。果枝连续结果能力强。定植树 3～4 年开始结果，成龄树平均株产 80 kg 左右。在北京地区 3 月下旬萌芽，4 月下旬始花，9 月下旬果实成熟。抗盐碱，抗花腐病。其适应性强，丰产、稳产，是优良的绿化树种。果实品质上乘，适于鲜食和加工利用。

（四十一）伏早红

选自山东省平邑县小神堂村的一株优良山楂实生单株，1991 年鉴定并命名，又名草红子。其果实中大，近圆形，果实纵径 2.1 cm、横径 2.4 cm，平均单果重 11.8 g，最大单果重 22.6 g；果皮樱桃红色，果点小而密，黄褐色，均匀分布于果面，果梗部呈凹陷肉瘤状，可食率 93.7%。果肉粉红色，质地细密，甜酸适口，富有香气，品质优良，适于鲜食和加工。

其树势中等偏强，树姿半开张。一年生枝灰褐色，2～3 年生枝铅灰色。皮孔中大，椭圆形，灰黄色。叶片大而厚，卵圆形。幼树生长旺盛，进入结果期后树势中庸。萌芽率 55.9%，发枝率 37.7%，成枝力 3～6 条。花序平均坐果 5.2 个，最多 17 个。结果枝平均长 15.5 cm，果枝连续结果能力为 4～6 年。早期丰产性强，一般栽后第 3 年即可结果。其性状稳定，抗逆性强，较耐瘠薄。

（四十二）面红子

王光全等（2001）从沂蒙山区的山楂资源中选出。其果实近圆形，较整齐。平均单果重 12.2 g，最大单果重 18.9 g，纵径 2.1 cm，横径 2.4 cm。果皮鲜红色，果面布有少量果粉，果点中大、黄白色，果梗部肉瘤状。果肉厚，朱黄色，致密稍面，果实甜酸可口，香味浓，含可溶性糖 10.9%，营养丰富。果实 9 月下旬成熟。

其树势中强，树姿开张，树冠呈自然半圆形。叶片呈长卵圆形，长 10.5 cm，宽 8.5 cm，5～7 裂，叶片先端急尖。叶基宽楔形，叶缘锯齿粗锐。萌芽率和成枝率均较高，母枝可连续结果 3～5 年，早实，丰产性强，三年生幼树即可结果。抗逆性较强。较耐瘠薄，适应性较广。

（四十三）毛红子

王光全等（2001）从沂蒙山区的山楂资源中选出。果实扁圆形，平均单果重 7.9 g，纵径 1.5 cm，横径 1.8 cm，果肉厚，粉白色。果皮血红色、有光泽，果点小而密，黄白色，果梗部有肉瘤状突起，密布茸毛；果肉贮藏月余后转变为粉红色，肉质细，鲜食甜酸可口，香味浓郁，口味极佳。其果实营养丰富，维生素 C 含量 129.4 mg/100 g，是一般品种的两倍以上，果实 9 月下旬成熟。

其树姿开张，树冠扁圆形。多年生枝灰褐色，一年生枝红褐色。叶片卵圆形，叶长 8.1 cm，叶宽 8.5 cm，5～7 裂。基裂深，叶基近圆形，先端急尖，叶边缘锯齿粗锐。叶面光滑，叶背面有较浓密的白色茸毛。叶柄长 3.0～3.5 cm、粗 0.13 cm，密布长茸毛。树体矮小，具有明显短枝矮化性状。萌芽率 66.7%，成枝率 60.0%，花序平均坐果 7.2 个，最多 23 个。果枝连续结果能力为 4～5 年。幼树第 3 年开始结果。抗逆性较强，较耐瘠薄，适应性较广。

（四十四）马红

辽宁省农作物品种审定委员会 1991 年审定并命名。其果实长圆形，平均单果重 6.5 g。果皮鲜红色，有光泽。果肉粉红或红色，肉质细密，甜酸，有香味。鲜果可食部分含可溶性糖 9.7%，维生素 C 98.1 mg/100 g。成熟期为 9 月中旬，较耐贮藏。

其树势健壮，树姿开张。叶片呈三角状卵形，有光泽，叶背无茸毛。一年生枝黄褐色，多年生枝灰白色。萌芽率 50%，成枝率 58%。自然授粉花序坐果率 98%，每个结果枝平均坐果 7.6 个。连续结果能力强，丰产，稳产。嫁接苗定植后 3 年始结果。适应性强，抗寒，在平均气温 3.5℃、最低气温-39.5℃、无霜期 130 天的气候条件下，无冻害，果实能正常成熟。

（四十五）大滑皮

大滑皮又叫滑皮红子，系山东省邹城市地方品种。其果实椭圆形，平均单果重 9 g。果皮鲜红色，具蜡光，有苞片；果点中大，中多，黄白色；果梗短，梗洼平展，梗直无瘤；萼片开张平展，萼筒中大，漏斗形。果肉红色，质松软，甜酸可口，含总糖 11%、总酸 2.2%，可食率 85%，出干率 31%。果实 9 月中下旬成熟，不耐贮藏，适宜加工。

其树姿开张，一年生枝紫褐色。叶片卵圆形，叶尖渐尖，叶基楔形，5～7 裂，浅裂，叶缘具重锯齿。每个花序平均着生 27 朵花。树势强壮，萌芽率强，成枝率低，果枝平均坐果 9 个，丰产、稳产。较耐瘠薄，适应性较广。

（四十六）小货

小货又名行货，山东地方品种。其果实卵圆形，果肩部稍瘦、顶部稍肥大。平均单果重约 8.2 g，深红色，有光泽；果点淡黄色，稍大，中密，均匀。果梗具茸毛，平均长 1.4 cm，梗洼不明显或偶有小肉瘤，或残留苞片。萼片开张，直立，萼筒窄漏斗状。果肉绿白至黄白色，质地硬，酸味浓厚，含总糖 12.1%、总酸 3.25%、果胶 3.98%，可食率 85.5%，出干率 30%。果实 9 月下旬成熟，耐贮藏，贮后风味有所增进。

其树姿开张，扁圆形或自然半圆形。骨干枝灰褐色，枝条较粗软；一年生枝黄褐色。叶片卵圆形或卵形，较厚，浓绿色，有光泽，先端渐尖，基部近圆形或宽楔形，7~9 裂，裂刻深，基部近全缘，先端具大小不一的钝、锐交错锯齿，叶背残存淡黄色茸毛。花序大型，有花 30 朵以上。树势健壮，萌芽力和成枝力均较强。始果期较早，2~3 年即可结果。以长、中果枝结果为主，结果枝平均坐果 4~9 个，自然坐果率较高。丰产，稳产，经济寿命长。较耐瘠薄，适应性较广。

（四十七）子母红子

子母红子又名红子，山东省平邑县地方品种。其果实扁圆形或近圆形，果肩部和顶部稍瘦，平均单果重 6.2 g。果皮深红色，稍有光泽。果点黄色，小而密生。果梗平均长 1.1 cm，梗洼广浅，梗基有半木质化小瘤。萼筒广浅，近皿状。果肉乳白色，质地致密，汁液少，味酸。含总糖 9.7%、总酸 3.25%、果胶 3.7%，可食率 87.1%，出干率 35%。果实 8 月下旬开始着色，9 月下旬至 10 月上旬成熟，耐贮性较差。

树姿较开张，树冠圆头形。骨干枝褐色，枝条较硬，斜向延伸。一年生枝棕黄色。叶片卵形或近椭圆形，较厚，有光泽，绿色，先端渐尖或突尖，基部近圆形或宽楔形，7~9 裂，裂刻浅，叶缘具疏密不等的小钝或粗锐锯齿。花序中大型，有花 25 朵以上。树势健壮，经济寿命长，萌芽力和成枝力均较强。以短果枝结果为主，结果枝平均坐果 2~9 个，自然坐果率较低，结果枝的连续结果能力较强。较耐瘠薄，适应性较广。

（四十八）辐早甜

山东省青州市林业局和山东原子能研究所于 1984 年利用钴 60γ 射线照射敞口山楂育成。其果实正扁圆形，果顶五棱明显，成熟时鲜红色。果肉嫩黄，质细而松软，鲜果可食部分含总糖 14%左右。平均单果重 12 g，不经后熟即可鲜食，酸甜适口。果实成熟期为 9 月下旬，耐贮性较差。

其树势健壮，树姿开张。一年生枝紫褐色，多年生枝灰褐色。叶片广卵形。以粗壮短枝结果为主，连续结果能力强。较耐瘠薄，适应性较广。

（四十九）大白果

云南省江川区农家品种。其果实扁圆形，平均单果重 12 g。果皮黄色，有光泽。果肉黄白色，可食率 88%。肉厚，质地松软，味酸甜少苦。可食部分含可溶性糖 6.9%，维生素 C 41.3 mg/100 g。果实 9 月下旬至 10 月上旬成熟。适于生食和加工。

其树势强健，树姿半开张，树冠回头形。一年生枝紫褐色，多年生枝灰褐色。叶片卵形披针状，不分裂。萌芽率 34%，成枝率 20%。每个花序平均坐果 7 个，果枝连续结果系数为 0.53。较耐瘠薄，适应性较广。

（五十）马刚红

沈阳市沈北新区（原新城子区）马刚乡发现的山楂优良单株，1991 年通过辽宁省农作物品种审定委员会审定命名。其果实长圆形，纵径 2.45 cm，横径 2.33 cm。平均单果重 6.5 g，最大单果重 8.5 g。果皮鲜红色，有光泽，果点中小、显著、灰白色。果肉粉红或红色，肉质致密，甜酸，稍有香味，可食率 85%。每果有种核 5 个，肾形，黄褐色，种仁率 36%。果实含可溶性糖 9.68%，可滴定酸 2.03%，维生素 C 98.1 mg/100 g。果实 9 月 20 日左右成熟，耐贮藏，一般通风窖内可贮至翌年 3 月。

其树势健壮，树姿开张。一年生枝黄褐色，皮孔圆锥形或椭圆形，多年生枝灰白色，枝条上无针刺。叶片呈三角状卵形，叶基宽楔形，叶尖渐尖，叶缘锯齿为细锐状，深裂或中裂刻，叶背无茸毛，叶面有光泽。芽饱满，尖端圆形。抗寒，适应性广，丰产、稳产。

（五十一）沂蒙红

王光全等（2000）在沂蒙山区发现的实生单株，2009 年鉴定命名。其果实大，扁圆形，纵径 2.3 cm，横径 3.1 cm。平均单果重 19.4 g，最大单果重 27.3 g。果实顶端萼筒大，萼片卵状披针形，半开张反卷。果皮深红色，颜色鲜艳，果面光滑、富光泽。果肉乳白色，质地致密，酸甜浓郁，可溶性糖含量 8.85%，可滴定酸含量 2.15%，维生素 C 含量 66.47 mg/100 g。果实 10 月上中旬成熟，耐贮藏。

幼龄期树生长旺盛，易抽生强旺枝条。进入结果期后树势中庸，萌芽率 45.9%，发枝率 44.6%，成枝力 3~6 条，树姿较开张。一年生枝棕褐色，2~3 年生枝铅灰色。叶基近圆形，叶片大而厚，广卵圆形，长叶尖渐尖，叶缘锯齿稀锐，叶面平展光滑。早果丰产性好，定植后 3 年结果。

抗干旱，抗山楂花腐病和白粉病，耐瘠薄，适应性强。在山东、江苏北部、河北、河南、山西、辽宁等适宜山楂栽培的平原及丘陵地区种植。

（五十二）甜红子

沂蒙山区的山楂资源中选出。其果实中大，整齐，扁圆形，平均单果重 10.2 g，最大单果重 15.6 g。果皮橙红色，果面光滑，有光泽。果肉厚，质细，果点黄褐色，纵径 1.88 cm，横径 2.19 cm，可食率 91.2%。味甜酸可口，具香味，口味极佳。果实中有机营养和矿质营养丰富，特别是糖酸比值大，较对照大金星高出 1 倍以上。果实 10 月上旬成熟。适合鲜食。

其树姿半开张，树势中庸。一年生枝紫褐色，多年生枝灰褐色。叶片卵圆形，叶缘具稀疏粗锯齿，5～7 裂，裂度中浅。叶面光滑有光泽，叶背主侧脉上布有短茸毛。潜伏芽寿命长，可达 40 年以上。萌芽率 50.3%，成枝率 51.7%。栽植后第 3 年或高接换头第 2 年即能开花结果。每个花序平均坐果 7.6 个，最多 29 个，结果枝连续结果能力为 4.3 年。抗干旱，耐瘠薄，适应性强。

（五十三）大黄红子

山东省平邑县小神堂村发现的实生单株。其果实中大，整齐，近圆形，纵径 1.97 cm，横径 2.41 cm，平均单果重 10.2 g。果皮金黄色，光亮美观。果点小而多，棕褐色。果梗部呈肉瘤状。果肉黄白色，质地细密，香甜微酸，口感良好，适于鲜食。含可溶性糖 10.2%，可滴定酸 2.03%。果实 10 月上中旬成熟，较耐贮藏。树势强壮，树姿开张。二年生枝棕褐色，一年生枝棕红色。叶片卵圆形，5～7 裂，叶基楔形，叶尖渐尖，边缘锯齿粗锐，叶面光滑，叶背有较多短茸毛。萌芽率 57.4%，发枝率 40.9%，成枝力 4～5 条。适应性强，抗干旱，耐瘠薄。

（五十四）小黄红子

山东省平邑县王家沟村发现的实生单株。其果实小，阔卵圆形，纵径 0.86 cm，横径 1.41 cm，单果重 3.75 g。果皮黄色，果面有少许残留茸毛。果点小，中多，棕褐色。果肉黄白色，质硬，微酸稍苦。根据中国科学院植物研究所对果实的测定分析，果实含可溶性糖 4.34%、可滴定酸 1.56%、蛋白质 0.23%、维生素 C 63.08 mg/100 g，特别是药用价值较高的总黄酮含量高达 1.01%，是一般栽培山楂品种的 3 倍以上。果实 10 月中旬成熟，耐贮藏。

其树势较弱，树姿开张。一年生枝棕褐色，2～3 年生枝灰褐色。叶片广卵圆形，长 8.0 cm，宽 7.5 cm，7～9 裂，叶基宽楔形，叶尖急尖，叶缘锯齿粗锐，叶背面布有较多短茸毛。萌芽率 33.5%，发枝率 28.2%。平均坐果 6.4 个。结果枝可连续结果 3～5 年。定植树第 3 年开花结果，早果性较强。适应性强，抗干旱，耐瘠薄。

（五十五）大红子

在山东省平邑县上炭沟村发现的优良实生单株。其果实特大，倒卵圆形，纵径 2.27 cm，横径 2.81 cm，平均单果重 18.8 g，最大单果重 26.6 g。果皮大红色，果点小而密、黄褐色、分布均匀，果梗部膨大突起，呈肉瘤状。可食率 93.7%。果肉粉红色，自然贮藏月余后转为橙红色，质地细密，甜酸适口，富有香气。果实 10 月上旬成熟。

其树势中等偏强，树姿开张。一年生枝棕灰色，2～3 年生枝棕褐色。皮孔中大，椭圆形，灰黄色。叶片大而厚，广卵圆形。幼树期生长旺盛，进入结果期后树势中庸。萌芽率 52%，发枝率 47.7%，成枝力 3～6 条。每个花序平均坐果 4.5 个，最多 18 个。结果枝平均长 16.5 cm，果枝连续结果能力为 4～5 年。早期丰产性强，一般栽后第 3 年即可结果。

其适应性强，抗干旱，较抗山楂花腐病和早期落叶病，山楂红蜘蛛危害也较轻。耐瘠薄。

（五十六）大扁红

大扁红又名扁红子、扁金星，1984 年在山东省平邑县西王村发现的实生单株，1991 年鉴定并命名。

其果实特大，扁圆形，平均单果重 19.3 g，最大单果重 26.6 g。果点小而密集，黄褐色，均匀分布于果面。果梗部膨大突起，呈肉瘤状。可食率 93.9%。果肉白绿色，质地细密硬实，酸味浓郁微甜。果实 10 月中下旬成熟，适于加工、制干和鲜食。树势较强，树姿开张。一年生枝棕褐色，2～3 年生枝铅灰色。皮孔中大，椭圆形，灰黄色。叶片大而厚，广卵圆形。幼龄期生长旺盛，幼树易抽生强旺枝条。进入结果期后树势中庸。萌芽率 45.9%，发枝率 44.6%，成枝力 3～6 条。每个花序平均坐果 7.5 个，最多 28 个。结果枝平均长 16.8 cm，果枝连续结果能力为 4～5 年。早期丰产性强，一般栽后第 3 年即可结果。其适应性强，抗干旱，耐瘠薄，丰产。较抗山楂花腐病，山楂蚜虫危害亦较轻。

（五十七）辐泉红

由山楂品种秤星红辐射诱变选育的新品种，2010 年通过山东省审定。

其果实扁圆形，纵径 2.01 cm，横径 2.52 cm。果个中大，平均单果重 11.3 g，最大单果重 18.5 g。果皮紫红色，有光泽，果点大且突出，中多，黄褐色。果梗部肉瘤状，上有少量茸毛。果肉厚，紫红色，肉质细，鲜食酸甜可口，香味浓郁，口味极佳，可食率 93.5%，可溶性糖含量 11.85%，总酸含量 2.11%，维生素 C 含量 99.76 mg/kg，品质优良。果实 10 月中旬成熟，极耐贮藏。果实采收后在室温条件下可贮藏 4 个月以上，贮藏后果肉变为红色。

其树姿开张，树势中庸，多年生枝灰褐色，一年生枝红褐色。叶片卵圆形，绿色，长 9.2 cm，宽 9.0 cm，先端渐尖，叶基宽楔形，叶缘锯齿粗锐。抗干旱，耐瘠薄，较抗山楂树腐烂病和山楂早期落叶病以及桃小食心虫。适应性强，栽植范围广。

（五十八）大货

山东省泰安、历城等地农家栽培良种。果实方圆或扁圆形，果皮鲜红或紫红色，果肉白色至粉红色，平均单果重 11 g。肉质细，较松软，甜酸适口，可食率 90.9%。鲜果可食部分含总糖 10.1%，维生素 C 68.5 mg/100 g。果实 10 月中旬成熟，较耐贮藏。

其树势强健，进入盛果期后树冠开张；一年生枝红褐色，多年生枝银灰色，叶片近卵形。萌芽率 52.8%，成枝率 54.6%，自然授粉花朵坐果率 27.6%，平均每个花序坐果 6.2 个，早产、丰产。在山东省费县的密植园中，嫁接苗第 2 年见果。果枝连续结果能力强。

适应性强，耐旱，较丰产，已引入京津冀栽培区、中原栽培区，表现良好。

（五十九）白瓢绵球

山东福山、莱西等县（区）的农家栽培品种。果实圆形，果皮深红或大红色。果肉白色或绿白色，肉质细，较绵软，甜酸适口，可食率 82.3%。鲜果可食部分含可溶性糖 10.1%，含维生素 C 63 mg/100 g。成熟期为 10 月中旬，耐贮藏。

其树势强健，树冠半开张。一年生枝红褐色，多年生枝浅灰至绿褐色。叶片浓绿，具蜡质光泽。萌芽率 54.1%，成枝率 54.9%，自然授粉花朵坐果率 46.8%，平均每个花序坐果 7 个。结果早，丰产性好。栽植嫁接苗一般 2 年见果。果枝连续结果能力强。适应性强，耐瘠薄。负载过重时，有隔年结果现象。

（六十）短枝金星

在山东省临沂市兰山区发现的优良单株。果实扁圆形，平均单果重 11.7 g，果面暗红色。果肉微黄白色，酸甜适中，可食率 88.5%，含总糖 10.5%。果实 10 月上旬成熟，耐贮藏。可供鲜食和加工。

其树体矮小，树姿开张，枝条粗壮，节间短，叶色浓绿。以粗壮的中果枝结果为主。花朵平均坐果率 81.8%，每个花序平均坐果 6.5 个，多者达 15 个。丰产、稳产，适应性较强，适合密植栽培。

（六十一）大五棱

大五棱别名五棱红，1996 年鉴定并已在原国家工商总局注册。果实呈卵圆形，果皮全面鲜红色。果肉粉白至粉红色，肉质细密，甜酸可口，有香味，平均单果重 24.3 g，最大单果重 35

g，是迄今为止我国发现的果实最大的品种之一。可食率 94.7%，鲜果可食部分含可溶性糖 8.9%，维生素 C 51 mg/100 g。果实 10 月中上旬成熟，耐贮藏。

其树势中庸偏强，树姿开张。萌芽率 53.2%，成枝率 48%，果枝连续结果能力为 2.2 年。早产、丰产，定植嫁接苗一般第 3 年结果。耐旱，耐瘠薄，较抗花腐病。中原栽培区、冀京津栽培区和辽宁省引入该品种进行栽培，表现良好。

（六十二）醴香玉

山东省平邑县天宝镇果树站 1992 年在流峪乡泉子峪发现的优良单株。其果实近圆形，平均单果重 18.7 g。果皮橘红色，果点黄白色，小而稀。果肉黄色，质硬细密，果味甜，微酸，有清香。含总糖 11.6%，总酸 2.05%。果实 10 月上旬成熟，耐贮藏。适于鲜食和加工。

其树姿开展，树势中庸。萌芽率较高，成枝力中等，结果母枝粗壮。每个花序平均坐果 8.6 个。一年生枝红褐色，多年生枝浅灰至绿褐色。叶片浓绿，具蜡质光泽。丰产，稳产，耐干旱，适应性强，较抗炭疽病和轮纹病。

（六十三）星楂（金星绵）

山东栖霞地方品种。其果实为圆球形或长圆形，一般圆形果稍大，单果重 7 g 左右，深红色，有光泽。果点黄色，小而密生。圆形果的梗洼较深窄，长形果的梗洼较广浅。萼片三角形，红色，开张直立，萼筒较大陆深，近钟状。果肉乳白色，质地致密稍硬，酸味较强，汁液少。含总糖 11.8%、总酸 3.66%、果胶 3.56%，可食率 89%，出干率 73%。自然坐果率较高，丰产、稳产。果实 10 月上旬成熟。

其树姿较开张，树势中庸。骨干枝灰褐色，一年生枝棕褐色。叶片三角状卵形或近椭圆形，绿色，稍有光泽，先端渐尖，基部宽楔形，5～7 裂，裂刻深。萌芽力和成枝力均较强。以短果枝结果为主，结果枝平均坐果 5.1 个。耐干旱，适应性强。

（六十四）黄红子

山东平邑地方品种。其果实卵圆形，平均单果重 3.8 g。果皮金黄色，果面布有少量白色短茸毛，纵径 0.86 cm，横径 1.41 cm。果点小而密，棕褐色。果肉橙黄色，肉质硬，味微酸稍苦，可食率 80.5%。果实 10 月上旬成熟，贮藏期 180 天。果肉含黄酮 1.013%，总黄酮含量是一般栽培品种的 3 倍，其他营养元素也很丰富，是珍稀药用山楂。

其树姿开张，树势偏弱，树冠呈自然开心形。一年生枝棕褐色，多年生枝灰褐色。叶片卵圆形，裂度中深，叶基深，叶基宽楔形，叶片末端急尖，叶缘具粗锐锯齿，叶面光滑，叶背布有白色短茸毛。萼片三角卵形，开张反卷。适应性强，耐瘠薄。

（六十五）京金星

北京市农林科学院林果研究所等 1978 年从怀柔区荣坞乡发现的优良单株，1984 年通过鉴定并命名，是冀京津栽培区主栽品种之一。

其果实近圆形，果皮大红色，有光泽，果肉粉白至粉红色，质地细稍绵。平均单果重 9.8 g，可食率 85.8%。鲜果可食部分含可溶性糖 10%，维生素 C 79 mg/100 g。定植嫁接苗一般 2 年见果，成龄盛果期树平均株产 60 kg。果实 10 月上中旬成熟，耐贮藏。适于鲜食和加工。

其树势中庸，树姿半开张。萌芽率 54%，成枝率 58.5%，以中果枝结果为主。自然授粉花朵坐果率 25%，每个花序平均坐果 5.5 个，果枝连续结果能力强。丰产，稳产，适应性强。

（六十六）燕瓢青

河北西北部地方品种。其果实长圆形或倒卵圆形，果皮韧厚，具蜡光，阳面暗红色，阴面紫红色。果实较大，每千克 120～130 个，纵径 2.53 cm，横径 2.65 cm。果点密而中大，金黄色，显著突起。果肩端正，梗洼广浅，稀生长毛。果顶平，显五棱，具皱裙。果肉厚，青绿色，可食率 85.38%，含水量 74.5%，出干率 37.9%。果实含总糖 11.99%、总酸 3.89%、果胶 2.29%、单宁 6.25%、维生素 C 74.95 mg/100g。果实 10 月中旬成熟，耐贮藏，在一般贮藏条件下，能贮至翌年 8 月。适于加工各种制品、鲜食及入药。

其树姿半开张，树冠呈自然半圆形。一年生枝红褐色，细长较密，有光泽，节间较短，皮孔中大而密，灰白或黄白色，稍突起。2～3 年生枝红褐或灰褐色，密敷白粉，皮孔大而密。叶片大，阔卵形，6～9 裂，周缘具粗、细锐重锯齿，基部全缘。叶面无毛，其中脉和侧脉密生茸毛，叶柄细长。较耐瘠薄，适应性较强。

（六十七）朝新红

辽宁建昌县地方品种。其果实卵圆形，纵径 2.37 cm，横径 2.31 cm，可食率 83.1%。果皮紫红色，果面光滑，果点小而密，灰黄色。梗洼凸，有瘤，萼片闭合，紫褐色，萼筒小而深，直径 5.3 mm。果肉大红或深红色，口味甜酸，平均单果重 6.8 g，果实大小整齐，果形指数 0.77。果实含总糖 8.6%、总酸 4.5%、维生素 C 76.59 mg/100 g；果汁部分含总糖 1.74%、总酸 1.05%、维生素 C 16.59%、单宁 0.0874%。果实 10 月上旬成熟，耐贮藏。

其树势强旺，树姿开张。萌芽率 49.7%，成枝率 54.2%，新梢长 41.5 cm、粗 0.72 cm，果枝长 10.5 cm、粗 0.46 cm，果枝连续结果指数 1.58，母枝负荷量 26.8 g，每个花序平均坐果 4.4 个，坐果率 68.5%，花朵坐果率 11.9%。连续 3 年产量调查结果表明，基本无大小年现象，产量随树龄逐年上升。嫁接苗栽后 3 年有少量结果。较抗寒、耐阴。

（六十八）滦红

滦平县地方品种。其果实近圆形，有五棱，果个大，大小整齐，平均单果重 10.5 g，纵径 2.81 cm，横径 3.01 cm。果皮鲜紫红色，有光泽。果点灰白色，大而稀，近萼洼处渐密，外形艳丽美观。萼片残存，反卷，绿褐色，基部呈红色，半开张，萼筒小，圆锥形。果梗绿褐色，短或中，梗洼浅广。果肉厚，可食率 85.3%，深红色，近果皮和果核处呈紫色，肉质致密，酸甜适口，含可溶性糖 9.75%、总酸 3.64%，糖酸比 2.7∶1，可食部分含维生素 C 104.9 mg/100 g，果胶 7.5%。种子浅土黄色，多数 5 枚，种仁中大。果实 10 月上旬成熟，耐贮藏，宜加工。

其树姿开张，树势中等，树冠呈自然半圆形。一年生枝红褐色或紫褐色，有光泽，皮孔灰白色，稠密，圆形。二年生枝棕黄色，叶片广卵圆形，长 9.5 cm，宽 9.7 cm，6～7 裂，不对称，裂度中等，叶基宽楔形，裂片先端渐尖，锯齿粗锐，多单锯齿，叶柄长 4 cm 左右，叶柄和叶背的主侧脉红褐色，叶背主侧脉上被短茸毛。花托钟状，有茸毛。较抗寒，耐瘠薄，适应性较强，较抗病。

（六十九）寒半

辽宁桓仁县地方品种。其果实近圆形，色泽鲜红艳丽。平均单果重 8.4 g，种仁率 6.6%。果肉粉红色，质地细腻，酸甜适口，可食率 82.7%。果实 10 月上旬成熟，耐贮性略次于其他大山楂。适于鲜食，加工品的色、味优于其他品种。

其树势强旺。新梢红褐色，茸毛稀。二年生枝灰褐色、无茸毛，皮孔椭圆形，灰色。叶片大，阔卵形，6～9 裂，周缘具粗、细锐重锯齿，基部全缘。叶面无毛，中脉和侧脉密生茸毛，叶柄细长。抗寒性极强，适合东北地区栽培。

（七十）西丰红

辽宁省农业科学院园艺研究所 1979 年从西丰县发现的优良单株，1981 年命名并通过审定。其果实近扁圆形。果皮紫红色，有光泽。果肉浅紫红色，肉质较硬，味甜酸适口，平均单果重 10 g。鲜果可食部分含总糖 7.5%、维生素 C 72.1 mg/100 g。果实 10 月上旬成熟，极耐贮藏。

其树势健壮，树姿半开张，呈圆头形。一年生枝紫褐色，2～3 年生枝灰白色。叶片广卵圆形，有光泽。萌芽率 66%，成枝率 63%。自然授粉花朵坐果率 15%，白花结实率仅 1.7%，每个花序平均坐果 4 个。早实，嫁接苗定植 3 年结果，果枝连续结果能力强。抗寒能力强，在 1 月平均气温-22.7℃、绝对低温-41.1℃的北纬 42°44′的地区，一般不发生冻害。对土壤要求不严，适应性强。

（七十一）中田大山楂

2008 年定名。其果实长椭球形，有光泽，蜡质厚。一般定植第 2 年开始挂果。3～4 年生树以中、短果枝结果为主，成年树结果能力非常强，丰产、稳产，无大小年结果和采前落果现象发生。自花结实率高，不用配置授粉树。果实 10 月下旬至 11 月上旬成熟。可鲜食或加工。

其树体高大，植株长势较旺，萌芽力、成枝力均较强，易形成树冠，结果早。定植后一年生树高可达 2 m，冠幅达 1.5 m，二年生树高 3.5～4 m，冠幅达 3～4 m，3～4 年基本达到所要求的冠幅 4.5～5 m 和树高 5～5.5 m。枝条密生，长枝多，自然生长时树冠易郁闭。一年生枝较强壮，长度 50～100 cm，初结果树上的一年生枝长度在 100 cm 以上。树皮光滑，皮孔较多，细小，青灰色。新叶淡黄绿色，边缘锯齿明显。成熟叶片较大，平均叶长 13 cm、宽 6 cm。嫩叶两面被茸毛，成熟叶正面蜡质明显光亮，叶背面被茸毛。早产，高产，优质，抗寒、抗旱、抗污染能力强，对盐碱性土壤的适应性较强。

（七十二）长把红

铜石镇发现的优良单株，1991 年鉴定并命名。其果实近圆形，果梗部膨大呈肉瘤状，果梗较一般山楂长 1/3。果实纵径 2.17 cm、横径 2.41 cm，平均单果重 12.8 g。果皮深红色，光滑且有光泽。果点黄褐色，中大，均匀分布于果面。可食率 88.7%。果实肉质细腻，硬度较大，甜酸适口。10 月中下旬果实成熟。适于鲜食和加工。

其树势中庸，树姿半开张。一年生枝棕褐色，2～3 年生枝棕黄色，皮孔中大，椭圆形，黄褐色。叶片卵圆形，长 11.2 cm，宽 9.2 cm，5～7 裂，裂度中深，叶基宽楔形，叶尖渐尖，叶缘锯齿稀锐。叶面平展光滑，叶色深绿，有光泽，叶背布有较密的短茸毛。叶柄长 5.5～6.4 cm、粗 0.14 cm，布有少量白色茸毛。结果枝平均长 16.5 cm，果枝连续结果能力为 4～5 年。早期丰产性强，一般栽后第 3 年即可结果。抗逆性强，适应性广，在河北、北京、河南、辽宁、山西、江苏等地栽培，表现良好。

（七十三）紫肉红子

山东省平邑县地方品种，1990 年命名。其果实扁圆形，整齐，纵径 1.50 cm，横径 2.12 cm，平均单果重 9.2 g，最大单果重 13.6 g。果皮紫红色，有光泽。果点黄褐色，中多，大而突出，故又叫秤星子。果肉厚，紫红色，肉质细硬，味酸微甜，可食率 91.1%。果实营养丰富，含可溶性糖 7.49%、可滴定酸 2.03%、蛋白质 0.71%、总黄酮 0.62%、钾 0.23%、维生素 C 79.76 mg/100 g。果实 10 月中旬成熟，耐贮藏。

其树势中庸，树姿开张。一年生枝红褐色，2~3年生枝灰褐色。皮孔中大，椭圆形，黄白色。叶片卵圆形，长9.2 cm，宽9.1 cm，5~7裂，裂度中深。叶基宽楔形，叶尖渐尖，叶缘锯齿稀钝。叶面平展，叶色深绿，有光泽。叶柄长3.5~4.1 cm，粗0.12~0.13 cm。总花梗布有较稀的茸毛。其适应性广，早实，丰产，抗逆性强。

（七十四）清香红

1991年命名。其果实倒卵圆形，果梗凹陷处布有白色茸毛。果实纵径2.16 cm、横径2.37 cm，平均单果重10.7 g。果皮朱红色，光滑，具光泽。果点黄褐色，中小，均匀分布于果面。可食率89.7%。果实甜酸适口，并具清香味。萼筒中小，圆锥形。萼片三角卵形，闭合或半开张。含可溶性糖10.37%，维生素C含量89.27 mg/100 g，可滴定酸含量1.65%，糖酸比为6.3∶1，明显高于大金星等一般栽培品种。果实10月上旬成熟，适宜鲜食。

其树势中庸，树姿开张。一年生枝棕褐色，2~3年生枝棕灰色。皮孔中大，椭圆形，黄褐色。叶片广圆形，长10.7 cm，宽9.5 cm，5~7裂，裂度较深，叶基近圆形，叶尖急尖，叶缘锯齿粗锐。叶面平展光滑，叶色深绿，有光泽，叶背布有较密的白色短茸毛。叶柄长3~4 cm、粗0.13 cm，布有少量白色茸毛。其性状稳定，抗逆性强，丰产。

（七十五）绛山红

1985年在山西省绛县南部丘陵地发现的优良单株。其果实扁圆形，纵径3.7 cm，横径4 cm，平均单果重16.3 g，最大单果重23 g。果皮深红色，有光泽。果点中小，显著，白色。果梗短，梗洼中深，果顶宽平，具五棱，萼片宿存。果肉粉白色，肉质较密，味酸稍甜，可食率90%。果实含糖11.07%、总酸3.7%，维生素C含量为72.14 mg/100g。果实10月中下旬成熟，耐贮存，在一般通风窖中可存至翌年3月。

一年生枝红褐色，多年生枝灰白色。叶片呈三角卵形，叶基宽楔形，叶尖渐尖，叶缘锯齿为细锐状，深裂刻，叶背无茸毛，叶面深绿有光泽。丰产，稳产，抗旱，抗寒，适应性强。

（七十六）算盘珠红子

山东省平邑县发现的短枝矮化实生单株，1991年审定并命名。

其果实扁圆形，果个中等，整齐，平均单果重6.8 g，果实纵径1.34 cm、横径1.84 cm。果皮鲜红色，光亮，果点大而突出，黄褐色。果肉白绿色，质细硬。果实10月上中旬成熟，耐贮藏。

其幼树生长旺盛，进入结果期后树势中庸，树冠紧凑，树姿开张。萌芽率52.8%，发枝率45.5%，其中短枝91.3%；每个花序平均坐果5.82个，最高27个。结果枝平均长11.5 cm，可连续结果 4~5 年。早期丰产性强，一般栽后 3 年即可结果。抗旱，耐瘠薄，适应性强，较抗白粉病和花腐病，叶部病害也较少。

（七十七）搞红子

山东省平邑县发现的短枝矮化实生单株，1991 年审定并命名。其果实长圆形，果个中大，整齐，纵径 2.26 cm，横径 1.98 cm，平均单果重 11.5 g。果皮梅红色，光滑，具鲜艳光泽；果点小而多，黄褐色。果肉黄白色，肉质细密，酸甜适口。果实 10 月上中旬成熟，耐贮藏。

幼树生长旺盛，进入结果期后树势中庸，树冠紧凑，树姿开张。萌芽率 49.8%，发枝率 43.3%，短枝率 84.7%~89.2%。结果枝平均长 13.6 cm，结果母枝的顶芽及以下 3~4 个侧芽可抽生结果枝。每个花序平均坐果 5.37 个，最多 23 个。早期丰产性强，一般栽后 3 年即可结果。抗旱，耐瘠薄，适应性强，具有较强的耐涝性。

（七十八）沂植红

1983 年在山东省平邑县发现的优良单株，1991 年审定并命名。其果实特大，整齐，平均单果重 15.8 g，果皮深红色，果面较光洁。果点大而突出，黄褐色。果肉白绿色，质韧硬。果实 10 月中旬成熟。

其树冠开张，树势中强。萌芽率 42.89%，发枝率 44.62%，成枝力中等（3~4 条）。定植第 3 年开花结果，自然授粉坐果率 23.7%，每个花序平均坐果 5.3 个。结果枝可连续结果 4~6 年。早实丰产，抗旱，耐瘠薄，适应性强。

（七十九）大歪把红

在山东省平邑县青杨庄村西山果园发现的优良单株，1991 年审定并命名。其果实特大，整齐，平均单果重 17.3 g。果皮深红色，果面光洁。果肉细，乳白色，贮藏 1 个月后呈粉红色，质地绵软。可食率 92.7%，味酸甜。果实 10 月下旬成熟，耐贮藏。

树姿开张，生长势强，枝条粗壮。萌芽率 52.72%，发枝率 76.3%，成枝力 4~5 条。结果枝平均长 13.2 cm，顶芽及其 2~3 个侧芽都能成花结果。结果母枝连续结果能力强，平均为 5.2 年。自然条件下花朵坐果率 25.1%，每个花序平均坐果 6.2 个。定植第 3 年开始结果。适应性强，抗旱，耐瘠，早果，丰产，无论在平原还是山地丘陵，只要加强管理，都可获得丰产。

（八十）超金星

在山东省平邑县天宝山果树站发现的优良单株，果形、色泽、成熟期皆酷似大金星，但果个、风味、丰产性、耐贮性等综合性状优于大金星，故名"超金星"。

其果实近圆形，平均单果重 18 g。果皮深红色，果点小而稀，果面鲜艳光洁。果肉浅黄白色，无青筋，肉质细密，较硬，肉厚，甜味较浓，可食率 92.5%，品质佳；含总糖 11.3%，总酸 2.12%。果实 10 月上中旬成熟，甚耐贮藏，常温下贮期可达 170 天，品质如初。树势中庸，萌芽率和发枝力中等，叶片大而亮。坐果率较高，果穗较大，每个花序平均坐果 8～9 个。抗白粉病、炭疽病，适应性较强。

参考文献

[1] 聂垚，刘强. 河北、山东等地山楂、蒲黄、金银花产销调查报告[J]. 现代园艺，2012（1）：16-17.

[2] 姜英林，董文轩. 山楂种质资源的表型多样性研究[J]. 北方果树，2009（1）：8-10.

[3] 张宏平，张晋元，刘群龙. 我国山楂种质资源及选育品种研究进展[J]. 中国种业，2012（1）：15-17.

[4] 赵焕谆，丰宝田. 中国果树志：山楂卷[M]. 北京：中国林业出版社，1996.

[5] 李作轩，张育明. 山楂种质资源的鉴定评价研究[J]. 中国种业，2000（3）：43-44.

[6] 高书燕，董文轩，梁敏. 辽宁省山楂资源微核心种质的构建方法和评价[J]. 中国果树，2011（5）：14-19.

[7] 黄汝昌. 云南山楂的种质资源[J]. 云南林业科技，1994，68（3）：57-62.

[8] 王光全，黄勇，孟庆杰. 山东山楂种质资源及其评价利用研究[J]. 种子，2009，28（9）：56-58.

[9] 李作轩，张育明，周传生. 山楂资源圃的建立与山楂种质资源研究概况[J]. 北方果树，2000（6）：4-6.

[10] 潘中田. 南山楂鲜食新品种：中田大山楂的选育[J]. 果树学报，2011，28（1）：186-187.

[11] 孟庆杰，王光全，黄勇，等. 山楂大果新品种天宝红的选育[J]. 中国果树，2010（5）：3-5.

[12] 孟庆杰，黄勇，王光全，等. 山楂新品种"沂蒙红"[J]. 园艺学报，2010，37（7）：1189-1190.

[13] 王光全，孟庆杰，张永忠. 鲜食山楂新品种选育研究报告. 河北林果研究，2001，16（1）：36-38.

[14] 董文轩. 中国果树科学与实践——山楂[M]. 西安：陕西科学技术出版社，2015.

[15] 辛孝贵，张育明. 中国山楂种质资源与利用[M]. 北京：中国农业出版社，1997.

第三章

山楂栽培技术

第一节　山楂的栽培环境条件与繁育方法

我国山楂栽培区域广，北界为黑龙江，南界为广东、广西，东至黄海、东海沿岸，西到新疆，除海南、西藏、台湾、香港和澳门等外，均有山楂分布。该分布区域跨越了亚热带、温带两个气候带和暖温带大陆性荒漠气候、暖温带大陆性气候、暖温带季风气候、亚热带季风气候、亚热带季风湿润气候等类型。据地方志记录，最早栽培利用山楂的省份是山东，再由山东传播到其他地区。

一、山楂生长对环境条件的要求

山楂树的生长发育及生命周期需要在一定的生态环境下进行，在山楂的栽培管理过程中，可以通过人为因素，满足山楂生长需要的环境条件，如气候条件、土壤条件、地势条件等。

（一）光照

光照时间的长短、光线的强弱直接决定着山楂树的产量高低和质量的优劣。山楂属于既耐阴又喜光的树种，山楂的喜光特性与山楂的枝条生长特性关系密切。由于山楂分枝力强，成年树树冠表面枝条密挤，使冠内光照不足，造成枝叶、花果都集中到树冠的表面上，有效结果层的厚度变小。

生产中应注意山楂枝叶密度，可通过整形修剪及时调节，使树冠各部位保持良好的光照条件。

1. 光照时间

一棵山楂树每天利用光能达到 7 h 以上结果最多；5～7 h 的结果良好；3～5 h 的基本不能坐果；每天直射光小于 3 h 则不能坐果或坐果极少。

2. 光照强度

在山楂幼树密植园观察，当地面光照强度低于全日照的 10%时，山楂园的枝叶密度已达到高限，应通过疏枝、间伐，改善果园光照条件；山楂枝叶分布层的光照强度不应低于全日照的20%。除利用光照强度作为监测指标外，坐果率、枝条粗度、叶片厚度、色泽等也可作为山楂园枝叶密度的监测指数。枝条粗度一般应在0.3～0.4 cm或以上，每个花序坐果数应在4～5个或以上；果枝纤细，直径在0.3 cm以下，每个花序坐1～2个果或不坐果，即表示山楂枝叶过密、光照不足，应改善光照。随着光照的加强，叶片增厚、叶绿素含量增多，光合作用加强，并直接影响光合产物的合成、消耗和积累。但是光照过强可能对山楂树枝干造成日灼伤害，尤其是种植在阳坡瘠薄山地的山楂树，干旱、高温、强光加上山楂枝叶密度低，自身遮阴效果差，可致枝干及果实日灼。

在山楂生产中，若栽植密度不够，则光能利用不充分，会影响山楂单位面积产量，另外还会存在大树枝干密挤、光照不良、产量低、品质差等问题。前者可通过密植得到较好的解决，而后者则需认真改进整形、修剪技术，调整适宜的枝叶密度。

（二）温度

温度是山楂生存和生长发育的关键条件，它影响着山楂品种的地理分布和生长发育。温度的高低和积温量的多少，对山楂的生长发育有着直接影响。

1. 温度对山楂树生长发育的影响

山楂是需温较低、较耐寒的果树，一般年平均气温要求在6～15℃，年平均温度大于10℃、年积温为2800～3100℃或以上、绝对最低温为-34℃以上的地区生长良好；有些耐寒品种可以在年平均气温2.5℃、年积温为2300℃以上、绝对低温为-41.2℃的地区生长发育。不同地区温度不同，栽植的品种不同，受温度影响的程度也不同。我国山楂主要产区的年平均气温为4.7～15.6℃，以11～14℃的地区为最佳。由于各山楂产地的年平均气温有差异，花期早晚差别较大，但果实采收期基本一致。

山楂各个器官生长发育受温度影响较大，根系生长起始温度为6～6.5℃。冬季地温降至6℃以下，根系停止生长；日平均气温5.0～5.5℃时芽开始萌动，气温8～8.5℃时开始展叶。山楂开花期气温高低与花期长短密切相关，气温高则花期短，气温低则花期长。

不同品种山楂果实成熟期的气温与果实耐藏性有关。早熟品种果实成熟时气温较高，多不耐藏；晚熟品种采收时气温下降，耐藏性较强。山楂贮藏温度为-5～5℃，一般以0℃左右为宜，温度降至-4～2℃不发生冻害。山楂贮藏前期、后期由于果堆温度偏高而导致热伤害。在山东及河北中南部气候条件下，山楂树一般不发生冻害。但在树体过量负荷、储存营养少及干旱年份，枝条多有枯死现象。

2. 积温对山楂生长发育的影响

各地山楂的品种不同对积温的要求也不同，年积温要求最低为2000℃、最高为7000℃。

年生育期为 180～220 天，萌芽抽枝所需日平均气温为 13℃，果实发育需日平均气温在 20～28℃、最适温度为 25～27℃。野生类型山楂对温度的适应范围更大。

（三）水分

山楂的耐旱能力比较强，一般情况下，山楂树根系分布比较浅，水平根分布广，土层深厚的时候，根系扎得很深，有利于水分吸收。山楂叶片具有裂痕，叶背有茸毛，有利于减少水分蒸发，增强山楂的抗旱能力。但干旱会严重影响果实的生长发育，使果个变小、落果严重、产量降低。山楂生长前期如遇到干旱，会出现大批落花落果，干旱严重时甚至会引起树体死亡。山楂在水分充足的地带生长良好，但是枝叶容易旺长，在短期积水的情况下，不会造成很大的影响。适宜山楂生长结果的土壤相对含水量为 60%～80%，一般要求年降雨量在 500～700 mm。

山楂园可耐短期积水，但地下水位过高或长期积水可致山楂树发生涝害而死亡。受害严重的果树叶片变黄，早期落叶，翌年春季不发芽，根系全部坏死、变褐；受害较轻的果树，翌年春季能发芽、抽枝、开花，但叶片发黄、小而薄，边缘局部坏死呈褐色，下层根系坏死。因而低洼易涝、土壤黏重的山楂园，应注意排水防涝。对于新建的山楂园除了考虑年降水量以外，还要考虑水源条件，以满足幼树的正常生长发育，使之早结果、早丰产，提高山楂园的经济效益。

（四）土壤与地势

山楂树对土壤要求不是很严格，以土层深厚、排水良好的中性或微酸性沙壤土为宜，其 pH 值在 7 左右时比较合适，最高不要超过 7.5，在盐碱地则易发生黄叶病等。黏壤土、通气状况不良时，根系分布较浅，树势发育不良；在山岭薄地，山楂树根系不发达，树体矮小、枝条纤细、结果少；涝洼地易积水，山楂树根系浅，易发生涝害、病害。对辽宁省朝阳地区的调查发现，土壤 pH 值为 8.03～8.13 时，山楂苗出土不久就会黄化，长到 15 cm 高时开始逐渐死亡，存活下来的几年内不能达到芽接粗度。

栽培山楂大多分布在海拔 500～1200 m 的地区，最适合的海拔高度是 700 m 左右。虽然山楂在山地、丘陵、平原都能够生长，但是地势会影响山楂的生长、产量与品质。低洼的地势，土壤含水量过高，容易引起旺长，结果差、病虫害严重。一般来说，山坡地山楂果实品质优良，果肉质地细密、风味浓郁，果面洁净，耐贮存；河滩地果实质地松、果肉粗、色泽暗，不耐贮藏。而在同一山区，背阴坡的山楂优于阳坡，其主要原因：一是背阴坡土壤墒情较好，由于各主产区阳坡光照充足、温度高、水分蒸发量大、植被覆盖率较低，所以水土流失严重，造成缺水少土的不良条件；二是背阴坡土层较厚，土壤营养状况较好；三是背阴坡生长季气温较低，枝干日灼病较轻。实际选择园址时，半阴坡、阴坡及阳坡均可选用，栽植山楂的坡度一般不超过 30°，以 25°以内为宜。在坡度不大以及水分、日照充足的地区，阳坡和半阴坡的差别并不大。在北方山区，山楂园海拔高度一般在 500 m 以下，500 m 以上虽温度适宜，但坡陡、土层薄，不便管理。山楂具有一定的耐瘠薄的能力，但在土层深厚和土质肥沃的土地上生长和结果会更好。

环境是山楂生长发育的根本所在，在合适的环境条件下，山楂会生长得更好，产量和质量能够得到保障。

二、山楂的繁育

（一）种子繁殖

山楂在用种子进行繁殖时，必须先选好种子，要选择颗粒饱满、没有病虫害、没有外界伤害、品质优良的种子。将种子用湿沙混合均匀，放入深为 70～80 cm 的深沟中，再覆盖一层 30～40 cm 厚度的沙子进行沙藏处理。等到来年秋季将种子翻出进行播种，或者是在第三年的春季再进行播种。一般是采用条播的方式进行播种，每条之间的距离为 20 cm，将种子均匀撒下，覆土掩种，然后覆盖一层薄沙，浇一遍水。等幼苗生长到 30 cm 左右的时候，在春季、夏季或者是秋季进行移栽定植。

（二）扦插繁殖

山楂的扦插繁殖和其他果树的扦插繁殖相比，存在一定的差别，它不是采用枝条扦插，而是采用根蘖进行扦插。在扦插之前将山楂树的根蘖挖出，选择粗为 0.5～1 cm 左右的根作为扦插根。然后将扦插根切成 13 cm 左右的小段，用生根剂将湿沙混合，再将根段放入湿沙中 1 周左右，最后将处理好的根段扦插入育苗地，一般 15 天左右即可出苗。在春季进行扦插繁殖成活率高。

（三）嫁接繁殖

山楂繁殖也可以采用嫁接的方式，嫁接时间在春、夏、秋季。在嫁接之前，首先采用种子繁殖的方式培育出山楂的实生苗作砧木，然后选择品质优良的山楂枝条作接穗。山楂嫁接的方法有芽接、枝接、靠接等，其中芽接法最常用。嫁接之前首先要对嫁接工具进行消毒，以免感染细菌，其次是在接好之后用塑料薄膜或者是嫁接夹固定好，等到嫁接处生长出新的枝叶后再拆除。

三、主要山楂品种的繁育及栽培

我国主要栽培的山楂品种有大果山楂、云南山楂、湖北山楂等。

（一）大果山楂

据史料记载，大果山楂起源于我国中原的黄河流域，距今有700多年的栽培历史，经过几百年的选育选出多个优良品种，成为多地栽培的主要品种。

1. 分布地区

大果山楂主要分布在黑龙江、吉林、辽宁、内蒙古、河北、河南、山东、山西、陕西、江苏等地，多生长于山坡、林边或灌木丛中，是培育砧木苗的主要种子来源。目前多数产区所栽培的优良品种均是从大果山楂变种中选育出来的。

2. 繁育方法

大量繁殖山楂苗木多用嫁接法，砧木用野山楂或栽培品种都可以。栽培种的核内种仁常有退化现象，严重的只有25%～30%具有种仁，育苗时应加大播种量。由于种仁外的核壳骨化，通气和吸水困难，用常规方法采种层积，播种后发芽率极低，有时需在播后 2～3 年才出苗。因此需在种胚形成而核壳未硬化时提前采种层积。正常采收的种子，经破壳后用 0.01%浓度的赤霉素处理然后沙藏，也可大大提高次春种子的萌发率。

3. 栽培技术

（1）整形修剪　放任生长的山楂树，全树大枝往往过多，而冠内小枝密集，影响产量和品质。根据山楂枝条的生长特性，可采用疏散分层形、多主枝自然圆头形或自然开心形的树形进行整形。疏散分层形的树体结构与苹果树相同，可参照进行。但山楂树干性较弱，容易发生偏干、偏冠现象，整形中可利用剪口芽的剪留方向或更换中心干的延伸枝加以控制调整。当中心干严重倾斜不易培养时，也可顺应其长势除去中心干，改成自然开心形树形。全树保留 3～4 个主枝，基角45°～50°，再在各主枝上适当培养副主枝，占有空间。采用多主枝自然圆头形整形时，可根据枝条的自然长势，使主枝间保持 30 cm 左右的间隔适当疏散排列。

（2）施肥

① 花前肥　弱树以氮肥为主，配合磷、钾肥；壮旺树以磷、钾肥为主，不施氮肥或少施氮肥。

② 盛花期肥　用 0.2%硼砂+0.2%磷酸二氢钾+0.3%尿素喷一次，可提高坐果率。在第一次和第二次生理落果前 7～10 天喷施，可以减少落果。在 6 月中下旬喷 1～2 次 0.2%磷酸二氢钾+0.3%尿素液。

③ 稳果肥　叶色浓绿时不需施稳果肥，叶色淡黄要补施肥，以复合肥为主，不偏施氮肥，以防落果。

④ 壮果肥　在 5 月中下旬施入，仍以复合肥为主，施肥量根据果量及树冠大小来定，果量大、树冠大要多施，否则少施，一般株施复合肥 1～2 kg、尿素 0.5～1 kg，对少量旺长树不

施氮肥，只施磷、钾肥。

⑤ 采果肥　在采果前 7～15 天施入，巧喷叶面肥和生长调节剂。

（二）云南山楂

云南山楂又名山林果、酸冷果。早在明代的《滇南本草》就有记载，距今 540 余年。

1. 分布

云南山楂生长在海拔 1500～3000 m 的松林边、灌木丛或溪岸杂木林中。主要适宜生长的气候带是暖温带与亚热带。年平均温度为 11～17℃，最冷月平均温 2～8℃，最热月平均温 19～21℃，极端最低温-8～-5℃，低温持续时间一般在 10 天以内可以正常生长。比较耐干旱，抗逆性较强，在中国云南半年干旱半年雨的条件下，生长发育良好，年降雨量一般在 650～1300 mm。最热月气温过低的地区，不适宜栽培云南山楂，温度过低不能满足果实生长发育，往往会造成果实小、营养物质不足、风味不佳。但花期若没有 0℃左右的低温条件，花芽不能正常分化，生长发育同样不良，不能开花结果。

云南山楂适应生长的土壤主要是山地红壤、山地黄壤及山地紫色土壤等，以酸性红壤（pH 5～6.5）地区分布最多。在沙壤及深厚肥沃的土壤上，生长发育良好，长势旺盛、植株高大、寿命长、产量高；反之生长不良，出现早衰。

2. 繁殖方法

（1）播种

① 播种方法　将反复浸晒处理后的种子用条播法直接播入苗床内。每亩播种量以 40～50 kg 为宜。播前开沟深 3～5 cm，沟底要平，先在沟底放 1.5～2 cm 的河沙或细煤渣，再将种子播入，在上面再盖约为种子 2～3 倍的河沙或细煤渣，然后再盖草席或稻草，浇透水，这样在播种层给幼苗生长创造了既通透又保湿的良好生长条件，成苗率较高。当年秋末播种的山楂籽，第二年 6 月出圃，苗高 50～60 cm。

② 苗期管理　当山楂幼苗长出 2～5 片真叶时，晚上将覆盖物揭开，次日早晨太阳出来前盖上，逐渐适应，15 天后将覆盖物揭去。根据当地的气候特点，一般在雨季到来之前进行移栽较好，株距 10 cm，行距 20 cm，也可采取移密补稀的办法。待苗高 25～30 cm 时可进行摘心，促使幼苗加粗生长。苗移栽后，每 15 天喷一次 1/1000 的尿素和一次 1/1000 的硼酸于叶面上，连续各喷 4 次，交错喷施，可促进苗木生长。

（2）嫁接

① 砧木选择　所选砧木除具较强的亲和力和抗性外，还应具有丰产、适应性强、寿命长、容易繁殖、资源丰富等特点。为了扩大砧木资源，还试用中国云南的小灌木火棘（火把果）作砧木。在昆明地区、红河州、楚雄州等地进行过多点试验，均已挂果，证明火棘可作为山楂育

苗的砧木。

② 选择接穗及处理　选择优良品种中丰产、健壮的植株作为采集接穗的母树。在母树上采集树冠外面中部发育充实的 1～2 年生枝条作接穗。供春季嫁接的接穗，应在春节前将接穗采好贮藏于地窖中备用，秋季芽接用的接穗由于气温高，采下后应及时剪去叶片。随采随接，以减少水分蒸发。为了防止品种混杂，应分品种挂上标签。

③ 嫁接方法　根据云南的气候特点，多在立春前后 10 天内嫁接，成活率较高。方法以枝接中的劈接为主，芽接以倒削贴芽接为主，嫁接成活率可达 90%以上。

④ 嫁接后管理　枝接后应及时抹除砧木蘖芽。芽接在一周后进行检查，已成活的应将砧木上部的枝剪除，让接芽萌发，待展叶后在接芽上方 0.5 cm 处剪除砧木，随时除去砧木上的蘖芽，这样可加速抽梢生长。

3．栽培技术

(1) 选苗　苗木应选择根系完整、茎干光滑粗壮、发育良好、芽饱满、无病虫危害的一级苗。一般嫁接苗比实生苗可提前 3～5 年开花结果，还能保持母本的优良特性，故提倡用嫁接苗。若是已经栽种实生苗，可选用优良山楂接穗进行坐地砧嫁接改造，这样也可达到早实、优质、丰产的目的。

(2) 园地　新建云南山楂丰产园时，必须对园地进行全面翻挖整地，最好是用机耕或用牛犁，清除杂草、消灭害虫，为云南山楂的生长发育创造良好条件。坡地种植山楂需开设台地，以利保土、保水、保肥。

(3) 定植

① 栽植时间　云南山楂是落叶果树，在有灌溉条件的地区，立春前栽种最好，成活率高、生长快。在缺水无灌溉条件的山地，可在雨季栽种，但在雨季结束时需进行地膜覆盖，每树塘用 1 m^2 的塑料薄膜将种植塘盖严，并用土压实，以利保温、保湿。

② 栽植方法　定植塘规格为 80 cm×80 cm×80 cm 或 1 m×1 m×1 m 的圆筒形或方形。用 15～20 kg 农家肥作底肥，将表土和农家肥拌匀放入底层，底土放在上层并踩实。定植时苗木要扶正，定植深度以根颈高出地面 2 cm 为宜，不能过浅或过深。栽好后要及时浇足定根水，使根系和土壤紧密结合。

③ 栽植密度　应根据地势、土壤、气候、品种等条件来确定。一般地势平坦、土层深厚、土壤肥沃的地方，株行距稍大些，山地或丘陵、土层较浅、土壤瘠薄的地方，株行距要小些。总之以树冠长到最大的时候，每棵树都能充分得到阳光，既能充分利用土地，又便于田间管理为宜。矮化密植的株行距可采用 3 m×3 m 或 3 m×4 m 等规格。这样的种植密度，管理工作要跟上，经营强度较高、投资稍大，但可提前受益，提前达到盛果期，亩产量亦较高。若管理跟不上，则易衰老。在林粮间种的山楂园，株行距可采用 8 m×8 m 或 5 m×10 m 等规格。具体选用

哪种密度，要根据经营管理水平、间种方式、栽植品种而定。

（4）抚育

① 中耕除草 云南山楂树苗，每年需进行2～3次中耕除草，使部分害虫曝晒死亡或被鸟吃掉。同时还可以增强土壤的通透性，为云南山楂创造一个良好的生长环境。

② 增施有机肥 增施有机肥是促使云南山楂健壮生长和果实丰产的重要措施之一。每年应进行两次施肥，第一次施肥在5～6月结合挖土盘进行，此时正是云南山楂生长和结果的旺盛期，在土壤内增施有机肥，有助于树的生长和果实膨大，保证山楂连年丰产。第二次施肥可在11～12月进行，施肥数量视树的大小而定，在树冠投影下挖施肥沟，沟深20～30 cm，施入有机肥后再覆盖土，可满足云南山楂翌年生长和开花结果的需求。

③ 间种 在云南山楂园地间种矮秆作物、绿肥和药材，不但可以合理利用土地和光能，增加收益，在对间种作物经营管理的同时也可以抚育山楂树，间种以豆科作物为佳。此外，还可间种绿肥如紫穗槐、光叶紫花苕、苜蓿及小冠花等。

④ 整形修剪 合理的整形修剪，不但能使树体骨架牢固、健壮，而且可以调节生长和结果的关系，促使幼树早结果、多结果，到盛果期能获得高产稳产。此外，合理修剪还能改善树冠内部的通风透光条件，增强树势，减少病虫害的发生，在同等条件下，经过修剪的云南山楂，结果枝平均着生花芽2～3个，果枝健壮、花芽饱满，每个花序平均有果6～8个，最多达16个，而未经修剪的云南山楂，结果枝平均着生花芽只有1个，果枝细弱、花芽瘦小、结果小，每个花序平均有果仅2个。因此种植云南山楂从幼树开始就应该注意进行合理的整形修剪。

（三）湖北山楂

湖北山楂又名猴楂（湖北）、酸枣、大山枣（江西）。

1. 分布

湖北山楂主要分布于湖北、河南、江苏、浙江、四川、陕西等地。生长于海拔500～2600 m山坡杂木林内、林缘或灌木丛中。山楂的生长对环境要求不严，山坡、岗地都可栽种。选土层深厚肥沃的平地、丘陵和山地缓坡地段，以东南坡向最宜，次为北坡、东北坡。抗寒、抗风能力强，一般无冻害问题。要注意蓄水、排灌与防旱。

2. 繁殖方法

（1）种子育苗 湖北山楂种子常有隔年发芽的特性，故在成熟期采种，第一年按一般方法进行层积砂藏，第二年春季播种。

（2）扦插

① 插根育苗 秋冬时采收种根，取粗0.3～1.5 cm、截成8～10 cm的根段，50支一捆，

选取排水良好地段，放入深 10 cm 的土坑中，湿砂填充，每距 1 m 插一把草，上部封土厚约 10 cm 进行贮藏；若在春季，可随采随插，选择排水好的壤土或沙壤土，在春季扦插，每亩可插 3 万支根条。

② 去芽打顶　插根发芽后，幼苗高达 5 cm 左右时，每株留下一株根蘖，苗高 20 cm 时摘心，以促苗干增粗。

（3）根蘖栽培、嫁接　在湖北山楂树上选取强壮根蘖，栽培距离平地为 5～7 m、山地为 7 m。待砧木长到直径为 5～6 cm 时，用劈接或皮下接法嫁接。劈接以 4 月为宜，皮下接以 6 月为宜。

3．栽培技术

（1）定植　合理密植，株行距以 2 m×4 m、2.5 m×4 m、2.5 m×5 m 为宜，密植可采用 5 m×2.5 m 或 2 m×3 m，于 6～7 年和 9～10 年时进行两次间伐，留下永久树。

（2）挖坑移栽　挖大坑，每穴施有机肥适量，灌水渗透后移苗栽植。

（3）肥水管理　加强肥水管理，花前浇促花水，果成熟前灌定果水，全年 6 次灌水。一年进行 4 次土壤施肥，数次叶面喷肥，花前、花期和花后喷三次 0.3% 尿素可保丰收。

（4）整形修剪　湖北山楂幼树整形修剪采用低干矮冠、分层疏散、多留辅养的方法，在生长季进行拉枝、摘心、抹芽、短截处理。丰产树形为疏散分层形，以自然圆头形为宜，一般顺应主枝自然排列，以 2～3 层为宜，每层主枝 3～4 个即可，对主枝过密、层次太近应进行疏剪，清除层内枯枝，使树冠透光、结果多、品质好。

另外，山区要注意深耕，清除周围根蘖，在坡地应做好挖堰沟、修梯田或在树下挖鱼鳞坑等水土保持措施。

（四）辉县山楂

辉县山楂是河南省辉县市特产，全国农产品地理标志登记产品，其种植始于清朝康熙年间。辉县市是中国五大山楂产地之一。

1．分布

辉县山楂主产区分布于辉县西北部山区。由于受太行山脉走向和海拔高度影响，季风作用较为明显，四季分明，气候适宜山楂的生长。主要品种为"豫北红"和"红孔杞"，具有色泽鲜红、果实浑圆、果面光泽和酸甜适口的特点。

2．栽培技术

（1）园地选择与要求　选择海拔 500 m 以上的山地种植，远离厂矿、公路等有污染的地方。要选择背风向阳的缓坡地种植，以南坡为宜，土壤选择沙壤土或棕壤土，pH 6.5～7.5，土层厚应在 60 cm 以上。

（2）土肥水管理技术

① 深翻　改土施肥，每年秋季沿山楂树边缘向树外挖宽 60～80 cm 环状或条状沟，每株施有机肥 50 kg，改善根部生长条件，覆盖树盘，深耕除草。早春在山楂树盘或行间覆盖 15 cm 秸秆、杂草、绿肥等，生产季节及时中耕除草。

② 肥水管理　合理灌溉，每年追肥 3～4 次，时期为萌芽至开花前、谢花后、果实速长期（8 月下旬）及采收后结合施肥进行，未结果树每株每次追氮肥 0.2～0.5 kg、结果树每次每株追氮肥 0.5～1.5 kg，前两次追肥以氮肥为主，后两次追肥要氮磷钾配合使用，氮磷钾比例为 2∶1∶2。结合追肥要及时浇灌，尤其要注意土壤封冻前浇封冻水，同时在生产季节结合喷药及时进行叶面追肥，前期可追施 0.2%～0.3% 尿素，后期喷 0.5% 的磷酸二氢钾。

（3）整形修剪技术

① 选择适宜树形　根据种植密度和产地条件选择适宜树形，稀植式采用疏散分层形，树高 4～5 m，干高 60 cm，主枝分三层，一层 3 个，二层 1～2 个，三层 1 个。上下层主枝错落分布，第一、二层间距 100 cm，二、三层间距 60～80 cm。密植园采用小冠树形，干高 50 cm，基部 3～4 个主枝，树高 3～3.5 m，每主枝上生 2～3 个侧枝。中心干上着生枝组。

② 合理修剪，改善树体风、光条件　冬季修剪要疏、缩、截相结合，培养健壮枝组，疏去轮生骨干枝，回缩衰弱主侧枝，采用壮枝壮芽带头，复壮结果枝组，重截复壮弱枝。对幼果期树要根据整形要求，对中心干及主侧枝延长头适当短截，加快分枝速度。夏季修剪以拉枝为主，适时摘心、环剥，促进花芽形成，对角度小的骨干枝及有空间的健壮辅养枝于 5 月下旬至 7 月上旬拉枝开角，促进成花；对位置不当、生长过旺的发育枝及花序下部侧芽萌发的新梢要全部疏除，防止各级大枝中下部光秃。对树冠内膛枝于 5 月中旬枝长 30～40 cm 时重摘心，培育紧凑的结果枝组，对生长过旺、结果少的枝，于 5～6 月份进行环剥促花、花果管理，在花序分离前至花期根据树势适当疏除花序，营养枝与结果枝比例为 1∶1、中庸树为 1.5∶1、弱树为 2∶1，疏花序时要疏弱留壮。初花期喷 0.3% 硼酸，盛花期喷 0.002%～0.007% 赤霉素，提高坐果率。

第二节　山楂育苗技术

随着山楂药用价值的进一步挖掘，国内外市场对山楂的需求量越来越大，栽培面积也不断扩大。因此，优良苗木的需求量也越来越大。苗木质量的好坏不仅影响山楂栽植成活率，而且还与定植后的树势强弱、结果早晚、产量高低和寿命长短都有密切关系。

目前，生产中所用的山楂苗木是采用嫁接法培育出来的嫁接苗。嫁接苗由砧木和接穗两部分组成，用作嫁接的枝或芽叫作接穗或接芽，承接接穗或接芽而且下部生根的部分叫砧木。嫁接法育苗主要包括 3 个步骤：一是砧木苗的培育；二是接穗嫁接；三是嫁接苗的栽培管理。

一、砧木苗培育

（一）苗圃选择

育苗首先要建立苗圃，有了好的苗圃，才有可能培育出健壮的苗木。苗圃的选择应注意以下事项：

1. 地势和土质

苗圃要选择背风向阳、日照好、稍有坡度的开阔地。一般超过 25°的坡地不宜栽植山楂，如果在超过 25°的山坡栽植山楂，需要整理好梯田，客土栽植。坡向要注意选择北坡及东北坡。苗圃地的土层应深厚，一般土层厚度在 1 m 以上时，可以保证苗木生长良好。土壤 pH 值以中性或微酸性沙壤土为好。黏重土壤易板结，春季地温回升迟缓，不利于出苗，影响幼苗根系生长发育；土质瘠薄、肥力低、保水能力差的地块和重茬地也不宜作苗圃；盐碱地育苗容易发生盐碱危害，导致幼苗死亡，需进行改良，可掺沙、掺土、修台田，并大量使用有机肥料，否则苗木生长不良，产量较低。

2. 水肥条件

苗圃地要选择在有水利条件的地方。种子萌发、生根和发芽，都需要保持土壤湿润。幼苗生长期根系较浅，不耐干旱，要及时浇水，促使幼苗健壮生长。幼苗苗期生长较快，要及时施肥，保证幼苗健壮生长。

3. 其他注意事项

苗圃选择好以后，还要对苗圃地进行合理布局，如山楂苗的行向、道路的走向、排灌系统的设置等苗木实际生产中存在的问题。

（二）砧木选择

1. 优良砧木

一般情况下，优良砧木应该符合以下标准：砧木与接穗间亲和力好；砧木的根系好，可适应种植区域的环境；有利于促进接穗健壮生长，结果时间较早，结果数量多，寿命较长；易繁殖，有较高的种仁率，出苗好；对病虫害抵抗力较强。

2. 砧木类型

山楂栽培区域广泛，不同地区所选砧木有差异。辽宁、吉林地区选择的砧木主要为毛山楂、辽宁山楂、光叶山楂等。京津及河北北部地区应用的砧木主要是橘红山楂、辽宁山楂、甘肃山楂等。河南、山西等栽培区应用的砧木主要是野山楂、湖北山楂、华中山楂等。云贵高原产区主要用野生的云南山楂。

野山楂作栽培山楂的砧木时亲和性好，并且具有明显的矮化和早结果的优点，一般嫁接后第二年即开始结果。盛果初期，树高为 1.5～2.0 m，单株产量可达 50 kg 以上。缺点是该砧木抗盐碱能力差，幼苗易感白粉病，种子处理时间长。辽宁山楂抗寒，苗木生长势强，白粉病轻，种仁率高，层积 1 年即可出苗。阿尔泰山楂抗寒、耐旱、耐盐碱、抗白粉病，种仁率高，种子层积 1 年，第二年春天就能正常出苗，嫁接苗亲和力好。

（三）砧木苗栽培管理

1. 砧木苗培育方法

（1）种子育苗法 利用野生山楂种子培育砧木苗。山楂种子育苗法是生产上常用的方法，具有出苗量大、苗木根系发达、苗木质量高、对环境适应性强等优点。因山楂种子的种壳致密坚硬，直接播种后出苗困难，采取种子育苗时通常对种子进行层积处理。

① 野生山楂种子采集和处理

a. 种子采集：一般从生长健壮、无病虫害的成年树上采集种子。每年 8 月中旬至 9 月上旬是野生山楂的生理成熟期。适时采集，早处理，可提高山楂种子的出苗率。采集到的野生山楂，果肉分离后，用清水反复淘洗干净，取出种子。

b. 种子处理：由于山楂种子坚硬且厚、缝合线紧、气孔小、骨质致密、种壳难开裂，水分、空气渗透困难，严重阻碍了种子的萌发。因此，山楂种子必须经过层积处理才能发芽。常规层积处理为：秋季选枯燥、不易积水的干地，挖 50～100 cm 深、70～100 cm 宽、长度视种子多少而定的土坑，坑底铺 5～10 cm 厚的细沙。将种子与细沙以 1∶5 混匀，洒适量水，以手握成团、松手即散为宜。将其倒入坑内，距地上 10～15 cm 处，盖沙与地上相平，再覆土高出地上。若坑的长度超过 1 m，须每隔一定距离插草束或秫秸通气。冬天随时打扫积雪。次年 5～8 月扒去覆土，上下翻动 2～3 次，查看有无干燥腐烂现象，秋季取出耕种。亦可在第三年春季耕种，但要早播，以免种子腐烂。其他处理方法有机械损伤处理、化学试剂腐蚀种壳、变温处理等，均是对种子进行一定的处理后，再进行层积处理。

机械损伤处理法：用粉碎机粉碎或碾压法处理山楂种子种壳，经粉碎或碾压处理后，一部分种子的种壳被打碎露出种仁，一部分种子的种壳出现裂缝。然后将种仁及有裂缝的种子分别挑出，进行层积处理。一般层积处理 3 个月以上，当年即可出苗。

化学试剂腐蚀种壳法：将干净的山楂种子用 35%的硫酸溶液处理后，用清水冲洗 2～3 次，洗掉种子上的黑炭层后，可马上播种。播种后采用地膜覆盖地面，以保持土壤湿润。采用这种方法处理的种子，出苗率高，可当年成苗。

变温处理法：该方法有多种，目的是使种子易于萌发。以下列 2 种方法为例，一种是"三九"天用冷水浸泡种子 10 天左右，使其吸足水分，捞出，摊放于低温处，厚约 5 cm，让种子结冰，经 1~2 天冰冻，再将其放入 65℃ 的热水中不断搅拌，随后浸泡 1 天。这样重复处理 3~4 次，大多数种壳裂缝，再将其与 5 倍的湿沙混匀，储藏至翌年春天耕种。另一种是将刚去掉果肉的湿种子倒入 75℃ 的热水中（3 份开水兑入 1 份凉水），不断搅拌，水温降至 25℃ 左右时，即中止搅拌，再浸泡一夜，捞出用沙储藏。次年春播前 20 天，取出带沙的种子，于向阳避风处堆积，上盖草帘，温度控制在 17~18℃，每天翻动一次，并喷少量水，待多数种壳开裂，即可耕种。

② 播种育苗　山楂种子育苗的播种方法主要有条播、撒播、沟播和畦播等，其中条播是最常采用的方法之一。这种方法苗木生长发育好，便于当年嫁接。播种前对苗圃地进行深翻、耙细、做畦。浇足底水，待水渗下后，施入基肥，翻入土内耙平整细。播种时间因地域不同各异，华北及以南地区多采用春播。春季播种一般在土地解冻后 3~4 月份进行，以幼苗出土不受霜害为宜。播种量应根据计划育苗数、种子发芽率、每千克种粒数而定。轻壤土或沙壤土中，一般每亩可播 30~40 kg。条播时，一般可按 40 cm 和 30 cm 相间的宽窄行进行，播种深度 2.5~3.0 cm 为宜。播种过深或过浅均不好，过深种子出苗率低；过浅地表层土壤墒情差，出苗后小苗不耐旱，幼苗生长弱。

(2) 归圃育苗法　归圃育苗法是刨取大树下或野生山楂的根蘖苗，通过选择，将根系发育好的移植到苗圃培养砧木苗的方法。这种方法简单易行、投资少、苗木出圃快，一般 2 年就可以生产出优质壮苗。

① 根蘖苗培养和选择　山楂自然萌蘖能力很强，春季树体萌动后会萌发很多萌蘖苗，待多数根蘖苗木长到 30 cm 左右，选择高度一致、生长健壮、分布均匀的根蘖苗作为管理对象，抹除距地面 15 cm 以下的叶片，去除周围不需要的根蘖苗。注意根蘖苗营养的供给，促使大量不定根形成，到秋季就可以培育出新的植株，并且完全继承了母树的遗传特性。此外，还可以通过人为断掉水平根促发根蘖苗，在春季发芽前，于山楂树冠垂直投影的外沿挖沟（宽 30~40 cm，深 40~80 cm），切断一些粗度在 2 cm 以下的根，然后再填入湿土或适当加入少量有机肥料，浇水，促使被伤的根系愈合而产生根蘖苗。刨取萌蘖苗的最佳时间为秋季落叶后至土壤上冻前或早春土地解冻后至苗木展叶前。秋季刨取根蘖归圃比春季刨取根蘖归圃萌芽早、生长快、成活率高，一般砧木苗到夏季都可以用于接芽。刨取根蘖苗时要注意剔除根龄大、无须根的"疙瘩苗"，选择 1~2 年生的根蘖苗，直径为 0.3~1.0 cm，枝干光滑直立，有 2~3 条 10 cm 长以上的侧根，须根较多。

② 根蘖苗栽植　移栽时注意根系不要被风吹干，最好随刨随栽，不能及时栽植时，一定要做好根系防护。栽前对根蘖苗的根系适当修剪，使根系断端齐整，便于苗木生长一致，每亩

地可栽根蘖苗 10000 株左右。栽植时对根蘖苗进行分级管理，大小不同的苗木分开栽植，便于统一管理和嫁接。苗干直径在 0.5～1.0 cm，栽后进行"平茬"处理，促使萌发新枝，当年夏季利用老干芽接，第二年秋季成苗即可出圃。苗干直径在 0.5 cm 以下的栽后不平茬，在高度 30～40 cm 处定干，当年夏季利用老干芽接，也可在第二年秋季成苗出圃。苗干直径 1 cm 以上的，可在高度 30 cm 左右处剪截，当年及时抹除 20 cm 以下老干上的不定芽，培养砧木根系，第二年春季进行切接或劈接。

③ 根蘖苗管理　对根蘖苗要加强肥水管理，及时抹芽，为当年秋季或翌年春季嫁接准备好砧木苗。根蘖苗幼苗出土后，要注意施肥浇水、中耕除草、松土保墒。当幼苗长到 35 cm 左右时就要及时摘心，促其加粗生长，以利当年生长发育。5～6 月苗木生长旺期，结合浇水，施肥 1～2 次。

（3）根段育苗法　根段育苗法是利用山楂根段容易萌发不定芽和须根的特点进行育苗的方法。

① 根段的选择标准　根段粗度为 0.5～1.0 cm 为宜，过细的根，营养不足，发苗能力不强；过粗的根已经老化，发生不定芽的能力较差。将根段剪成 15～18 cm，须根要多，或者进行生根处理，用生根粉浸泡后，于湿沙中培育 6～7 天，扦插于苗圃，可提高苗木成活率和砧木质量。

② 根段的栽植要求　根段栽植在秋季或春季均可进行。株行距可以采用大垄双行或小垄单行，株距 10 cm 左右。根段倾斜埋于地表下，埋后踩实并浇足水。根段发芽后，要及时抹除多余的萌蘖，留下 1 个最好的或较好的小苗。为便于芽接，在苗高 30 cm 左右时进行摘心，促进苗木加粗生长。同时，在离地面 5～10 cm 范围内去除叶片，以便嫁接。

（4）绿枝扦插育苗法　绿枝扦插育苗法是采用绿枝扦插生根育苗的方法。春季可以采用这种方法。6 月中旬左右选取幼龄植株砧木上萌发的半木质化枝条，剪截成 12～15 cm 长，上端距最上一芽的上方 0.5 cm 处平剪，下端在最下一芽的下方 0.5 cm 处斜剪，剪口为马耳形。保留插穗上部的 3～4 片叶，每片叶需剪去一半。为了促使成活和生长，扦插前可用生根粉溶液浸泡插穗基部 3 h，然后将插穗插到厚度为 4～5 cm 的湿润、干净的河沙沙床上。插后搭建塑料薄膜拱棚，注意遮阴。一般在插后 30 天开始生根，45～100 天生根率可达到 90%，苗高达 60～80 cm。

（5）沙盘育苗　2 月下旬将沙藏的种子取出，筛去沙石。准备好长 60 cm、宽 40 cm、高 8 cm 的木制沙盘，盘底先铺 3 cm 厚的沙壤土，用 3% 硫酸亚铁液喷洒消毒，再用清水浇透。水渗后把种子均匀地撒在盘面上。种子的用量可视含仁率高低而定。一般每盘可出苗 1000 棵左右。播种后盖 2 cm 厚已消过毒的沙壤土，并喷清水，使土沉实，再用塑料布将沙盘盖住，四周压实，在塑料布边缘需留小孔通气。调控好沙盘内的温度和湿度，盘内温度应保持在 20～30℃、相对湿度保持在 85%～95%。盘内温度超过 30℃时，可将塑料布边缘开一小口，进行换气降温。夜间要加盖草苫或双层麻袋保温，也可移至室内。盘面干燥时，于早晨或傍晚喷水。经过半个月左右，幼苗基本出齐时，开始揭膜放风炼苗。炼苗的时间要由短渐长，一般经过 7～10 天，即可全部撤去塑料布。切忌不经炼苗骤然撤掉塑料布，这样会造成"闪苗"，致苗死亡。炼苗期间，要控制喷水次数，以促进幼苗健壮生长。3 月中下旬，当山楂苗长出 2 片真叶时，即可移栽至苗圃地里。采用此方法，7 月上旬砧苗高度一般可达到 50 cm 左右，有 60%以上直径达到 0.5 cm 左右，可以进行芽接。

2. 砧木苗期管理

（1）幼苗栽植管理　当大部分幼苗长出 2～3 片真叶时，按 8～10 cm 的株距进行补苗，多的进行间苗，此时移栽易于成活。将间出来的幼苗移栽到事先准备好的畦内，移栽时先浇透水，然后用棍插孔，将幼苗根插入孔内，用手挤压覆土，栽后浇水。当植株长出 10 片叶时，叶面喷施 1 次赤霉素，对加速砧木苗生长具有良好的效果。及时抹除砧木苗基部 20 cm 以下的萌芽，保持芽接部位光滑无分枝；对根蘖苗，要去弱留强，只保留上部 2 个健壮芽。当幼苗长到 30 cm 左右时摘心，并尽早摘去苗木基部 10 cm 以下分枝，促使其加粗生长，以利嫁接。

（2）生长期管理　经常中耕除草，松土不宜过深，以免伤根。保持土松、草净，以免杂草生长与幼苗争夺肥水，保证幼苗健壮生长。每个生长期及时浇水，在幼苗出土前及刚出土时，保持地面湿润；干旱时注意浇水，可用喷壶早晚喷水，不能大水漫灌，防止土壤板结，影响出苗及幼苗生长。夏季浇水，7 天左右浇 1 次，每次浇水后及时松土保墒。一般在 5 月下旬至 6 月上旬为幼苗第一次生长高峰，6 月下旬至 7 月上旬是幼苗的第二次生长高峰，为满足幼苗生长需要，加速苗木生长，每月需追肥 1 次，施肥后马上浇透水。嫁接前 5 天浇 1 次大水。苗木生长期一定要注意及时防治山楂立枯病、白粉病和缺铁症以及蚜虫、金龟子等病虫害。

① 山楂苗期立枯病防治　立枯病是山楂砧木幼苗生长前期的主要病害，主要使幼苗根茎部干枯。可在播种前每亩撒 1.5～2.5 kg 硫酸亚铁，或在播种时用硫酸亚铁 300 倍液浇灌根系，当长出 4 片真叶时再浇第二次，即可基本控制立枯病的发生。

② 山楂苗期白粉病防治　白粉病是山楂苗木生长期的主要病害，主要危害叶片和茎秆。若不及时防治，则会造成砧木苗生长细弱，不易离皮，严重时影响嫁接，甚至造成死苗。从 6 月开始，每隔 15～20 天用 0.3°Bé 的石硫合剂或用 70%甲基硫菌灵可湿性粉剂 800 倍液进行喷施，连续喷 3 次即可预防。发病期间可喷施 25%三唑酮乳剂 1500～2000 倍液进行防治。

③ 山楂苗期缺铁性黄叶病防治　缺铁性黄叶病是苗木生长过程中的主要病害。发病初期，叶片叶肉变黄，叶脉为绿色。后期叶片全部变为黄色或者白色，叶片小而薄，叶缘焦枯。发病严重时，叶片脱落，影响山楂树的生长和结果能力，造成山楂减产，甚至死亡。可在 5 月中旬喷施 1 次 0.2%硫酸亚铁+0.04%硫酸锌混合溶液，间隔 15～20 天再喷施 1 次，效果良好。

④ 山楂苗期害虫防治　主要有蚜虫、金龟子等，这些害虫主要危害幼叶。及时喷施 90% 敌百虫 1000 倍液进行防治。

二、接穗嫁接

（一）接穗选择

1. 接穗的标准

用于枝接的山楂接穗，应采自有典型良种特征，生长发育健壮的中、幼龄树上发育充实、芽饱满、无病虫害的发育枝。可选择树冠外围生长健壮充实的发育枝或中、长果枝作接穗，不宜选择短果枝、徒长枝和生长细弱的枝作接穗。芽接接穗选用组织充实、已基本木质化而且芽已经成熟的当年生新枝。1～2 年生延长枝的上部和下部各 1/3 处不宜作接穗，宜选用枝中部 1/3 处主芽饱满的部分作接穗，主芽较瘪或瘦弱的也不宜作接穗使用。接穗的长度以 10～15 cm 为宜，不宜过长或过短。

2. 接穗的采集

如需要大量的接穗，最好建立采穗圃。每年对采穗圃树上的枝条进行适当短截，并加强管理，促使多发健壮的营养枝，以便提供较多的接穗。采集时最好随接随采，采下后立即摘除叶片并剪去新梢幼嫩部分，保留 0.5 cm 左右的叶柄，减少水分散失，以免枝梢失水皱缩。春季枝接时，待芽膨大前采穗比较适宜，也可以结合冬季整形修剪进行。应选择健壮充实、芽饱满、无病虫害的 1 年生枝条作为接穗。

3. 接穗的运输

需要长途运输的接穗，采后需要蘸蜡，以有效保存接穗的水分不蒸发。方法如下：先用凉清水冲洗净接穗上的沙土，剪成嫁接时所需要的长度；将工业石蜡加热充分熔化，温度升至 100℃ 左右时，再将容器放入沸水锅中加热，此时蜡液的温度保持在 90～100℃。因蜡液的温度难以掌握，故不要将石蜡直接加热，当温度超过 100℃ 时会伤害芽，低于 90℃ 又会造成蜡膜太厚，容易"脱壳"。将剪好的接穗一端在蜡液中迅速蘸一下，不要超过 2 s，蘸蜡部分要超过接穗长度的一半以上，待蘸在接穗上的石蜡已冷固，然后再调过来蘸接穗的另一端，使整个接穗外表都蒙上一层薄薄的蜡膜，晾干后将接穗打包运输。运输过程中要注意湿度和温度的控制。接穗使用时，先浸水 12～24 h。

4. 接穗的贮藏

春季嫁接时，如当地有良种树，一般应在芽尚未膨大、嫁接前 20 天左右采下。然后放在 3～8℃ 的低温处，用湿沙埋藏。如当地无良种资源，或嫁接数量很大，需要引入接穗时，则应提前 20～30 天将接穗采回，放在低温处沙藏，或采回后立即进行蜡封，然后装入塑料袋，置于 3～

8℃的环境中贮藏。夏、秋季，剪下供芽接用的接穗后应立即剪去叶片，保留 1 cm 长的叶柄，放入存有清水的桶内，嫁接时随用随取，当天未用完的接穗，应放于阴凉处，并经常喷水保湿。也可将接穗吊于深井水面之上，一般可保存 3 天。为了保持接穗的水分，使接穗在得到砧木的水分、养分之前不被干死，提高嫁接成活率，可对春季枝接用的接穗进行封蜡，能减少水分蒸发 92%。如不立即使用，可以放入塑料袋中，贮藏于冷凉处备用。

少量接穗可以放入保鲜袋贮存在 0～5℃的冰箱或冷库中。大量接穗可进行湿沙贮藏，将接穗埋在湿沙中，沙的湿度要求以手握成团、掉地即散为宜。贮藏期间注意检查，防止接穗受热失水、变质，贮藏温度要低于 0℃，空气相对湿度为 75%～85%。一般贮藏期为 4～7 个月。

（二）嫁接方法

嫁接方法主要有枝接法、芽接法等。

1. 枝接法

用一段枝条作接穗嫁接到砧木上，使其成为一个新植株的方法叫枝接。主要用于换头、大树改接换优等。枝接成活率高，嫁接苗或高接换优树生长快。嫁接苗当年可出圃。大树高接换优第二年即可结果。枝接的接穗粗度以 2～3 cm 为宜。枝接方法有劈接法、插皮接法和根枝接法等。

（1）劈接　劈接是一种古老的嫁接方法，适用于较粗砧木，在清明节前后进行。先将砧木在适当部位剪断或锯断，从外向里把剪（锯）口削光滑，不要有毛茬。然后将劈刀放在断面中央，将砧木垂直劈开，劈口的长度稍大于接穗削面的长度。选择具有 2～3 个饱满芽的一年生枝条，把它的下端削成楔形，使两边削面的长度一致，为 4～5 cm，做到平整光滑、上厚下薄、外厚里薄。将接穗削厚的一侧对准砧木皮层，轻轻插入砧木劈口，外露 0.3 cm，使两者的形成层对准，然后用塑料条绑扎。

（2）插皮接　插皮接也叫皮下接，是山楂主要的枝接方法。当树液活动、开始离皮时进行。将砧木锯断或剪断，将接穗削成马耳形斜面，削面要求长、平、薄。斜面的长度根据接穗粗度而定，一般长 3～6 cm。大斜面背面的先端削成两个 0.5～1 cm 的小斜面，呈箭头形。在砧木要插接穗的一面皮层切一竖口，深达木质部，长度为接穗削面长度的一半。用刀刃轻轻将树皮微微拨开，离皮不好时，用撬子插入，将皮撬开。接穗对准切口，大斜面贴近木质部，小箭头贴着皮，慢慢插入，左手按住竖切口，防止插偏或插到外面，大斜面在砧木切口上微微露白为止。一般一个枝头插 2 个接穗，左右排开，较细的枝头插一个接穗。伤口较大的枝头可插 3～4 个接穗，这样有利于伤口愈合，最后用塑料条绑扎好。

（3）根接　接穗为枝，砧木种类选择本地山楂和野生山楂的根。在秋季落叶后或翌年春季发芽前，苗木出圃或园地深翻时，收集粗度为 0.5 cm 以上的断残根，截成长 15～20 cm 并带有须根的根段，于秋季落叶后或春季发芽前嫁接最为适宜。该接法对接穗、根段的粗度要求不严，嫁接方法类似于劈接。嫁接时，在枝和根较粗的一个上做劈口。接好后用塑料条绑紧。随嫁接将枝、根结合体定植于已整修好的苗圃地或园中。

2. 芽接法

芽接就是在优良母株的接穗上削取一个芽，嫁接到砧木上，使其发育成一个独立个体的过程。芽接可以节省接穗，成活率较枝接低。嫁接常用的芽接方法有"T"字形芽接和带木质部芽接。

(1) "T"字形芽接　一般在立秋前后，砧木和接穗均离皮时应用此法。在接穗上选择饱满芽作接芽。在芽上方 0.5 cm 处横切一刀，深达木质部。再从芽下方约 1 cm 处，按照从上到下、由浅入深的顺序，针对木质部进行削入处理，直到芽上方横切口时，向上一撬，用左手捏下不带木质的盾形芽片。在砧木基部离地面 5～10 cm 处选一光滑面，横切 1.5 cm 左右，再在横切口中心向下切割约 1 cm 长的垂直口，呈"T"字形。在砧木垂直切口处，用刀尖左右拨开，微微撬起两侧皮层，随即将盾形芽片的尖端插入，徐徐向下推入，直至芽片上端横切口与砧木的横切口紧密连接为止。最后，用长度为 15～20 cm 的塑料条绑紧。

(2) 带木质部芽接　接穗和砧木都不离皮和都已离皮时，均可采用此法。在芽的下方 1 cm 处，斜向下切削至枝条粗度的 1/3，成一短削面。再在芽的上方 0.5 cm 处，用右手拇指压住刀背，由浅至深地向下推达木质部 1/3 处。当芽接刀达到短削面刀口时，用拇指和食指取下带木质部的芽片。在砧木离地面 5～10 cm 平滑处，带木质部向下削一长、宽与接芽相同的切面。迅速将接芽插入砧木切口，使接芽与砧木上切口对齐。最后用塑料条绑紧。

（三）嫁接时间

枝接时间和芽接时间有所不同。

1. 枝接时间

理论上枝接一年四季均可进行。但生产上主要在春季嫁接，最适宜的时期，在山东南部大致是"清明"节前后，日平均气温达到 10℃ 时。一般在 3 月下旬至 5 月上旬，砧木树液开始流动、接穗发芽之前进行。夏季可进行绿枝嫁接。

2. 芽接时间

芽接可在春、夏、秋三季进行，生产中以夏、秋季芽接为主。芽接主要选择在生长季，植物生长活跃，砧木和接穗都容易离皮，而接芽又充实、饱满时，最适期为 7～8 月份。如果砧木和接穗都不离皮，或砧木离皮而接穗不离皮，则采用嵌芽接法和带木质部芽接。

（四）嫁接苗管理

加强管理是保证嫁接成活的重要环节，因此，山楂树嫁接后应及时加强管理，才能生产出优质的苗木。如果嫁接后接穗芽迟迟不萌发，或萌发后苗木生长缓慢，出圃时达不到合格苗木标准，则说明嫁接后的管理出现了问题。生产中应抓住以下几个关键环节。

1. 剪砧

翌年春天山楂树发芽前，在接活的接芽上方 0.5～1.0 cm 处，将砧木部分剪掉，以便集中养分供给接芽生长。剪砧时，应使剪口成平滑斜面，有接芽的一侧要稍高，以便有利于剪口的愈合和接芽的萌发生长。剪砧不可过早，以免剪口被风干和受冻；但也不能过晚，以免砧木上发生萌蘖，消耗养分。

2. 去除萌蘖

剪砧后砧木各部位容易萌发大量萌蘖。对于这些萌蘖，应及时除去，以免影响接芽生长。除萌要多次进行。一般在嫁接后 7 天左右，先检查嫁接苗成活情况，成活者叶柄一触即落，未成活的须重新嫁接。对于未接活者，可留 1～2 个萌蘖，让其生长健壮，待夏、秋季再补行芽接。劈接的第二年，接芽萌发前，在接芽上方 1～2 cm 处剪砧。高枝芽接的苗木，当接芽抽梢长度在 20～25 cm 时，要留 20 cm 摘心，以利于根系和枝条的生长。

3. 绑缚

嫁接后发出的嫩枝生长旺而快，接口的愈合尚不牢固，新梢极易被风吹折或遭受机械损伤。在新梢长到 25 cm 左右时，应将插枝绑缚固定。绑缚时应稍松，以免影响新梢生长发育。

4. 解除绑缚物

一般在嫁接捆绑处即将出现缢痕时解除绑缚物，多数在嫁接后 40～50 天后进行。用小刀竖直向下划破即可。如绑缚物解除过早，嫁接处愈合不好，嫁接苗容易折断；解除过晚，嫁接捆绑处会出现缢痕，也容易使苗木从缢痕处折断。

5. 土肥水管理

嫁接后解除绑缚物，不是特别干旱时不浇水。解除绑缚物后，出现干旱及时浇水。苗木进入迅速生长期后要追肥，追肥后及时浇水，每亩每次施尿素 7.5 kg，一般追肥 2～3 次。同时注意要及时中耕锄草，保持土壤疏松、无杂草，保证嫁接苗在营养充足的条件下生长发育。

6. 病虫害防治

嫁接后要及时预防金龟子、蚜虫等危害新梢嫩叶以及刺蛾、潜叶蛾等害虫取食叶片。注意预防和防治褐斑病、黑茎病、苗立枯病和白粉病等。

三、良种扦插

选用山楂良种树上的半木质化绿枝，采用特殊的催根、保湿和调温技术，也可以直接培育出良种苗。保持温室温度在 20～32℃、相对湿度在 90% 以上，温室上方和两侧以苇帘遮阴。扦插时间一般选择在 6 月中旬，以 3～4 年生嫁接树上半木质化或木质化新梢作插穗。将采集的插穗剪成8～12 cm长的小段，保留3～5节，上口在芽上0.5 cm处平切，下方切成马耳形，将末端的叶片摘除，保留其余的叶片，但需剪去1/3～1/2。将剪截好的插穗基部置于50 mg/L的吲哚丁酸水溶液中，浸泡3 h，然后扦插于珍珠岩基质中，插入深度为2 cm。扦插完毕后，要认真做好插床管理工作。每天以细孔喷壶补水数次，以淋湿叶片为度，使插穗叶片保持常绿。经过10天左右，插穗可全部愈合。30天后，愈伤组织上开始生根。集中生根期在扦插后45～95天，形成完整根系的时间可持续两个月，生根率高达93.3%。

山楂良种的扦插方法：取半木质化绿枝的中段，剪成15～20 cm长，下部成马耳形，上部留2～3个半叶。然后竖立于深5～10 cm、浓度为100～200 mg/L的ABT生根粉溶液中，浸泡4 h，再扦插于塑料大棚内。初插的15日内，每日10～11时和15～16时各喷水一次。半个月后，每3日于15～16时喷水一次。每日10～17时用草苫将大棚遮阴。生根率达到77.4%，苗木当年平均生长高度为51.5 cm。

四、苗木出圃

（一）优质苗木标准

一般优质苗木应具有良种、良砧、壮苗3个条件，要求根系发达、芽饱满、茎干粗壮。

山楂一级苗标准：苗高100 cm以上，无危险性病虫害；主根长15 cm以上；侧根长20 cm以上，基部粗0.5 cm以上，舒展、不卷曲，侧根数4个以上，分布均匀不偏长，芽饱满充实，8个芽以上；砧木与接穗嫁接部位愈合完全。

山楂二级苗标准：苗高80 cm以上，无危险性病虫害；主根长15 cm以上；侧根长15 cm以上，基部粗0.4 cm以上，舒展、不卷曲，侧根数4个以上，分布均匀不偏长；芽饱满充实，8个芽以上；砧木与接穗嫁接部位愈合完全。

（二）苗木出圃时间及起苗方法

1. 出圃时间

苗木出圃时间一般在休眠期，即从秋季落叶到第二年春季树液开始流动前均可进行。秋季起苗应在苗木地上停止生长后进行，出圃后可直接种植，这样有利于早成活、早发根。春季起苗宜早，要在苗木开始萌动前起苗。

2. 起苗方法

起苗时应用锋利的铁锹，根据土质和苗木生长情况，适当地深挖远掘，尽量多带须根，少伤地上部。具体如下：①起苗深度应根据树种的根系分布规律，宜深不宜浅，过浅易伤根。要远起远挖，一般从苗旁20 cm处深刨，苗木主、侧根长度至少保持20 cm，注意不要伤苗木皮层和芽根。②起苗前苗圃要浇水。因冬春干旱，圃地土壤容易板结，起苗比较困难，所以最好在起苗前 4～5 天给圃地浇水，使苗木在圃内吸足肥水，既能储备比较丰足的营养，又能保证苗木根系完整，增强苗木抵抗干旱的能力。③挖取苗木时要带土球。起苗时根部带上土球，可避免根部暴露在空气中，失去水分。注意苗木挖起后，对茎干上的残弱枝和劈裂、受伤的根进行轻度修剪，以利伤口愈合。

（三）苗木贮运

1. 苗木贮藏

苗木贮藏一般在低温条件下进行，温度 0～3℃，空气相对湿度 80%～90%，有通气设备。有条件的可以在冷库、冷藏室中贮藏。当苗木数量少时，可以进行沟藏或窖藏，选择背阴避风、排水良好、地势高而平坦的地方，挖沟贮藏。沟深 60 cm、宽 60 cm，长度根据苗木数量而定，南北沟向。沟底铺 10 cm 厚的湿沙，然后将苗木按 50 株或 100 株一捆，标记好埋入沟内，苗梢向南倾斜。贮藏过程中注意经常检查，根部过干时，应浇水保持湿润，过湿时应掺点干沙。秋季起出的苗木，在春季定植或外运要在土壤上冻前对苗木进行假植。

2. 苗木运输

山楂苗根系和枝条易失水风干，先将苗根蘸泥后再包装，包装材料多用吸足水的草苫、蒲包等。包装时苗根放于同一侧，用草苫将苗根包住，小苗可根对根摆放。包好后挂上标签，注明品种、数量等。短途运输时，每捆以 50 株或 100 株为宜，直接用湿草袋包装。运输时间长时，包装前苗木根都应填充湿草。运输过程中注意苗木的干湿度，过干易枯死，过湿易发霉，为防止霉烂，应注意通风。

第三节　幼树栽培技术

山楂幼树是指从苗木定植到进入盛果期前的发育时期。山楂幼树本身已经生长发育成熟，目前生产上栽植的山楂都属于嫁接繁殖的，具备结果树的特性，在生长发育条件得到保证的情况下，就能早开花结果，早获得经济效益。

通过大量调查发现，在平地、沙滩地及土层 60 cm 左右的山丘种植山楂幼树后，第四年每亩产量就可以达到 1000～1500 kg。在初果期达到这个目标就可以实现幼树的早期丰产，其技术要点主要包括优良品种的选择、健康苗木的选择、适宜园地的确定、栽植密度的确定、土肥水的管理、整形修剪及促花保果、提高坐果率的技术管理以及主要病虫害防治等。一般来说，幼树果园在 1～2 年采取各种措施促进大量旺盛枝条生长，第三年适当控制，第四年就可以开始大量结果。

一、优良品种的选择

目前，各地栽培的山楂品种较多，有的早结果、早丰产，有的则结果较晚，所以要有目标地选取适宜品种栽培，建园时期既要考虑早产的品种，又要考虑丰产的品种，同时也要考虑早、中、晚品种的搭配，所以品种选择很重要。据资料介绍，适宜太行山区种植的早产品种有敞口、豫北红和秋金星；适宜山东地区栽植的品种有金星、大绵球、小棠球和目前广为推广的抚红软籽山楂。近几年的科学研究和生产实践证明，这些品种都实现了早结果、早丰产，而且进行了大面积的推广，效果显著。

优良的山楂苗木是早结果、早丰产的另外一个重要因素。好的苗木可以保证幼树早期迅速生长，因此要尽量选择一级苗木或者二级苗木。

二、栽植管理

（一）栽植密度

初建园时，为使山楂早产、丰产，通常应该密植，不同的地势要求也不同。

1. 平地栽植

长期建园一般是每亩栽植 55 株，株行距 3 m×4 m，树体采用自然开心形或小冠疏层形。早期为了提高单位面积产量可在行距间加 1 株，株行距为 2 m×3 m，临时植株采用无形型，树形简易、修剪方便。每亩株数达到 111 株，栽后 3 年普遍坐果。5～7 年生株产量可达到 15～20 kg。永久植株株行距 3 m×4 m，株产可达 20～25 kg，每亩产量可达 1100～1375 kg。

2. 山地栽植

山地果园栽植密度因地势而定。栽植密度主要采用 3 m×4 m 或 3 m×5 m，行距最大不超过5 m，每亩栽植 55 株或 44 株，也可在株距间加 1 株，使每亩株数达到 110 株或 88 株，结果后陆续将临时株伐掉。

（二）苗木栽植

山楂苗木的栽植选择春季较好，在 4 月中下旬开始进行，因春季气温较低，不利于苗木生根发芽，所以可以适当晚栽。春季栽植的果园，要在上一年秋季整地。若加密栽植，则可以先开沟，沟宽 60～80 cm、深 60～80 cm。若挖坑栽植，则坑的直径为 80 cm、深 60～80 cm。挖坑或开沟不要打乱土层，表土、心土分开放置。回填时先将一部分表土与肥料拌匀（此处肥料为混合肥料，即复合肥：腐熟农家肥=3∶7），将另一部分表土填入坑内，边填边踩实，填至一半时，再把拌有肥料的表土填入坑内，然后将苗木立于定植穴中间，根系要舒展开，继续填入残留的表土。表土用尽后，再填入心土。提苗、踏实。栽植时，苗木根颈与地面平齐，用根蘖繁殖的苗木，可以适当栽深，接口露出地面即可，并做成直径为 100～120 cm 的树盘。定干高度为 0.8～1 m，用甲硫·萘乙酸涂抹剂（灭腐新）封闭剪口和苗干上的机械伤，可减少水分散失，促进伤口愈合。苗木栽好后立即浇透水，水渗下后封土，每株覆盖 1 m² 左右的黑地膜。

（三）抹芽、防虫、叶面施肥

萌芽后，抹除近地面 60 cm 以内的芽。若发现有金龟子类害虫啃芽时应立即用药，可选择菊酯类农药 1500～2000 倍液。展叶后每间隔 15 天，叶面喷施 0.3%尿素和 0.3%～0.5%磷酸二氢钾混合液，喷施 2～3 次。

（四）土肥水管理

定植当年连灌 2 次透水，以后每 10 天浇 1 次水，8 月份后每 15 天浇水 1 次，9 月中旬停止浇水，10 月底浇封冻水，以利苗木越冬。定植后的 2～3 年，每年早春都应在树下覆盖地膜，5 月中旬拆除地膜。在苗木每次生长发育的关键时期进行浇水，第一次为萌芽水，一般是在萌芽开花前；第二次是膨果水，一般在开花后 1～2 周；第三次为促花芽分化水，一般是在生理落果期后的果实膨大硬核期（往往是花芽分化期）；第四次是封冻水，一般在果实采收后。浇水的原则是在一次灌溉中使水分到达根系主要分布层，且忌浇"地皮水"，尤其是春季温度低时更应注意一次浇透，以免因多次浇水引起土壤板结、地温降低。

肥料的供给可以保证树体的健壮生长，在施用基肥的基础上，幼树施肥应以"勤施薄施、一梢两肥"为原则。施肥以氮肥为主，配合施用磷、钾肥，并结合深翻改土，增施有机肥。

1. 基肥

基肥在采果后施入，选择腐熟的农家肥如家畜粪、绿肥、堆肥等，每株树施入有机肥 20～30 kg。同时，混合少量尿素和磷、钾肥，每株施尿素 0.1～0.5 kg、三元复合肥 0.5～2 kg。采用沟施法时，在树冠投影下方略向外挖条状沟或环状沟，将表土与肥料拌匀施入沟内，覆土、浇水。第三年开花和第四年坐果期相应增加速效肥用量。基肥量不足时，果实变小、酸度增加、适口性降低。

2. 追肥

萌芽前或花后以尿素为主，7～8 月份以磷、钾肥为主。追肥多采用穴施法，要求在树冠下均匀分布，每株不少于 4 个穴。开花结果后增加施肥穴数量，每株不少于 8 个穴，施后浇水。每株施尿素 0.3 kg、三元复合肥 0.6 kg，结果后追肥量应随树龄和产量而增加。生长季还要结合叶面喷肥，喷肥 4～6 次，每次间隔 15 天，前期喷 0.3%～0.5%尿素，后期喷 0.3%～0.5%磷酸二氢钾溶液。

（五）整形修剪

苗木定植后，应在发芽前对新梢进行一次短截。在饱满芽处进行短截，以便促进长出旺盛枝条，增加枝叶量。修剪分为休眠期和生长季两个修剪时期，即冬剪和夏剪。不同时期的修剪方法不同。

1. 树形选择

新建山楂园多采用小冠疏层形，干高 50～60 cm，树高 3～3.5 m，冠径 2.5～3 m，树冠扁圆形。

2. 夏季修剪

夏季修剪可使山楂早期获得丰产，通常以夏剪为主、冬剪为辅。夏季修剪的主要目的在于抑制枝条营养生长，促进生殖生长，调节营养向花芽形成、果实生长等处输送，也有利于促发中、短枝，增加树体中、短枝的比例，为树体下一步的营养生长打下基础。夏季修剪的主要方法如下。

（1）摘心　幼树生长旺盛时期可视徒长枝、营养枝生长状况，及时对过旺、占有空间较大、内膛多余的长枝进行摘心。对于幼树干枝摘心的目的，是为了提高萌芽率和成枝力，以利于当年形成花芽，提高翌年的产量；另外，摘心也可以促进树形矮化，防止枝条徒长，使枝干粗壮、营养集中，促其早结果和早丰产。

（2）疏枝　幼树生长过旺时，多余的枝条可在生长季，即 5 月下旬开始及时疏除，促进树体生长，提高翌年的产量。

（3）抹芽　在生长季节要及时进行早期抹芽，一般在 5 月中旬以后进行，抹芽控梢以"去弱留壮"为原则，及时抹除内膛萌发的枝条，改善光照条件，利于树体生长。

（4）拉枝　山楂幼树部分枝条自然生长时直立、强旺，侧芽成花率低。可对当年旺长新梢或 1 年生旺枝，分别于生长停止前、春季萌发后拉平，加大枝条角度，可以提高枝条萌芽力、成花率。强旺枝是幼树早期结果的主要部位，在许多幼树丰产园，强旺枝拉平是促花结果、实现早期丰产的关键技术。

生长季注意对外围角度小的主枝或直立枝及时拉枝，有利于当年形成花芽，而且可用于整形，具体拉枝方法有：一是开张主枝角度；二是拉斜中心干；三是将枝条从密挤处拉向空闲处，纠正树冠偏斜，使枝条分布均匀。不断拉枝，培养结果枝组是获得早产的重要措施。枝组是从中心干，侧分枝，主、侧枝及辅养枝上长出的各个群枝组合，在群枝中包括不同枝龄的枝轴、营养枝和结果枝等，一般可以分为小型枝组、中型枝组和大型枝组。结果枝组培养的方法很多，现介绍以下三种。

第一种方法：第一年于 5 月中旬至 6 月上旬，对未停长的新梢初步拉枝至 70°左右，拉枝后若其背上萌生嫩梢，须及早抹除。8 月中旬至 9 月中旬，再拉枝至近水平状。休眠期冬剪时，对该枝长放。第二年萌芽期，在该枝两侧和侧下方选 2～3 个未萌动芽目伤，及早抹除背上萌生的嫩梢。5 月中旬左右，该枝若较粗壮，可在其基部进行环剥，若不粗壮则不必环剥。8 月中旬至 9 月中旬，对该枝上未停长的新梢拉枝至近水平状。休眠期冬剪时，将该枝主轴上较强的分枝和分枝上较强的枝条疏去，然后长放。第三年至第四年，参照第一年至第二年的修剪方法进行，通常该枝组第三年就结果，第四年结果增多。如果从栽树后第二年开始培养枝组，那么枝组的枝龄为 4 年生，树龄在 5 年生时就会获得丰产。

第二种方法：从 5 月中旬起，当斜生的新梢长到 10 cm 左右时，留基部 3～5 叶剪梢，萌生出的二次梢长到 10 cm 左右时，留基部 3～5 叶剪梢，依此对三次梢和四次梢剪梢，到 8 月上旬共剪梢 4 次；其上 10 cm 以下的中、短梢一律长放。第二年对该枝重复第一年的修剪。通常该枝组第二年即有少量结果，第三年结果增多。

第三种方法：第一年从 5 月份起，当背上直立新梢半木质化时进行扭梢。扭折处以下长出的旺梢保留 1 个，保留的这个旺梢采取第一种或第二种方法修剪培养；扭折处以上部分，要疏剪稍强的侧生枝梢，长放到结果后再缩剪，即可成为第一种或第二种方法培养的枝组。

3. 冬季修剪

在夏季修剪的基础上，冬季修剪主要是补充修剪。整形修剪技术要点原则是少疏枝、多拉枝，综合运用刻芽、拉枝、缓放等措施，迅速增加枝量。一般定植 1～2 年的幼树除选好基部 3 个主枝外，春季可以拉枝，一般第二年必须进行拉枝。多数山楂枝条硬，枝龄超过 2 年的拉枝难度增大，甚至拉不开。

另外，还要进行刻芽，对较弱的枝剪截到饱满芽处，在枝条两侧每隔 30 cm 处进行刻芽，弱枝缓放，竞争枝要拉到水平或下垂状，夏季适时摘心。第三年或第四年修剪时，选留第二层主枝，疏除重叠枝、并生枝、交叉枝，保留有空间的辅养枝。第四年基本完成整形。树形主要以疏层形树冠为主，全树有主枝 4～5 个。第一层 3 个主枝，层内距为 20～30 cm；第二层 2 个主枝，层内距为 30～40 cm，层间距 80～120 cm。第一层主枝上各有 2 个侧枝，第一侧枝距主干 40～50 cm，第二侧枝位于第一侧枝的对侧，间隔 50～60 cm。第二层主枝直接着生结果枝组，不配置侧枝。第五主枝以上部分不再留主枝，引光入膛，这样经 3～4 年即可完成整形任务。在每年秋季收果落叶，果树进入休眠后开始冬季修剪，冬季修剪要缓放、疏枝、回缩相结合，疏除密生枝、徒长枝、细弱枝和多余的梢头枝，缩剪衰弱、细长的结果枝。当连续结果后，枝组生长势会逐渐减弱，形成花芽数量减少，质量变差，要及时进行更新。根据枝条长势，一般在连续结果 3 年后更新复壮枝组，以促生大量饱满花芽。

冬季修剪常用的方法如下。

（1）短截　主要对 1 年生枝进行不同程度的剪截，短截后剪口下的芽具有顶端优势，会发出大量旺长枝条，远离剪口下的芽会受到抑制。山楂树进入结果期后，注意少短截，凡生长充实的新梢，其顶芽及其以下的 1～4 芽均可分化为花芽，所以在山楂修剪中应少用短截的方法，以保护花芽。

（2）疏枝　将一个枝条从基部除掉，可以改善树体通风透光条件，同时调整树形，对枝条伤口以下部位的生长具有促进作用，对伤口以上部位枝条的生长发育有一定的抑制作用。山楂树冠外围在进入 2～3 年生长期时，每年都会分生很多枝条，使树冠郁闭、通风透光不良，因此应及早疏除位置不当及过旺的发育枝，对花序下部侧芽萌发的枝一律除去，避免各级大枝的中下部裸秃，防止结果部位外移。

4. 具体修剪措施

定植后，第一年夏季，当主干上萌生的发育枝长至 50～60 cm 时，可进行拉枝以开张角度，特别是对剪口下所发出的第一个和第二个枝条，要及时拉成一定角度，以控制其向上生长，同时促进其下部芽体饱满。其他枝条（如直立枝等）也应及时拉枝，一般的枝条不用处理，而是接着进行冬季修剪，即对生长较旺的枝条剪留 30～40 cm，促发旺枝，其余中庸枝不用处理，实行缓放，为以后结果打下基础。

第二至第三年，对已发出的强旺枝，一部分在 5 月下旬到 6 月上旬剪留 40 cm，然后摘心，促进分枝；冬季修剪时留饱满芽，进行中短截。另一部分旺枝则在 6 月下旬到 8 月上旬将其拉成近水平状态，缓和枝条长势，促其分枝和成花；冬季修剪时对已拉平的枝条和其他生长势中庸的枝条均可缓放，逐渐使其增加分枝，利于开花结果。第四至第五年，树体枝条数量充足，开始开花结果，应该特别注意夏季修剪，主要措施介绍如下。

（1）拉枝　拉枝一般一年分两次进行，第一次是在春季萌芽后将冬剪缓放下来的 1 年生旺枝拉成水平状态，削弱顶端优势，同时促进枝条中后部的芽体萌发，有的可形成混合芽。这些中后部的芽体除少数在当年能萌发成枝外，大多数则是在第二年萌发成枝，第三年结果。第二次拉枝是在 6 月中下旬到 8 月上旬，将当年长到 1 m 左右的新梢拉成水平状，促进其分枝成花。

操作方法是：在山楂发芽以后，旺长新梢达 1 m 以上时，将新梢慢慢弯曲，使其前端触地，并用土压住，压土部位的前部留 4～5 片叶，压枝 1 个多月后，枝势基本稳定，再从土中扒出来。经拉枝的新梢，侧芽当年即可形成花芽。若枝条长度不够，则需打桩拉绳把枝条拉平。旺长 1 年生枝条于春季萌发后，对着生其上的中长枝条拉枝，当年即可形成花芽，翌年开花结果。

（2）短截　在 7 月下旬到 8 月底之间，对当年生的达到 80 cm 以上的新梢，于中部留长 30～40 cm 短截，剪口下的芽当年可以形成花芽，第二年即可开花结果，对骨干枝的竞争枝和背上直立枝效果最好。

（3）环剥　在枝干上用刀环状割断并取下一环皮层，从而影响果树生长结果的措施叫环剥。

环剥可暂时阻断有机养分向下输送，增加上部树体养分积累，可促进花芽形成和提高坐果率。试验表明，对 2 年生树进行环剥，则 3 年树龄时株产 8.8 kg；对照仅 3.3 kg，即环剥增产 170%。对 3 年生树进行环剥，则 4 年树龄时株产 21.8 kg，果枝占总枝量的 79%；对照株产 7.1 kg，果枝占总枝量的 27%，环剥增产 210%。环剥有促进成花和提高坐果率的作用。环剥的幼树应具有良好的长势和一定的生长量。有的幼树密植园的加密树一般在其树株干周达 10 cm 左右、单株枝量达 30～50 个、单枝生长量达 60 cm 以上时进行环剥，剥口应距地面高 20 cm，环剥口宽为干周的 1/15～1/10，一般为 2～3 cm，深度以不伤木质部为度。最后竖切一刀，取下环状皮层，用塑料薄膜包扎好，伤口以 20～30 天完全愈合为宜。华北地区适宜的环剥期为 7 月中旬。若果树枝量多、枝叶密闭，可提前到 5 月下旬至 6 月上旬进行。若树势很旺，主干环剥可连年进行。

（4）摘心　一般在 5 月下旬至 6 月上旬进行 1 次摘心，幼树旺长的新梢留 5～7 片叶，将生长点摘除，若再发新梢，则还可留 6 片叶进行第二次摘心，特别旺的枝则可以进行多次摘心。

冬剪的主要措施有：2～4 年生的幼树新抽生的枝条，除培养的主、侧枝外，其余枝条一般不动。主、侧枝长到 70 cm 以上时，在 50～60 cm 处短截，不足 30 cm 的不短截。5 年生以前的幼树，以长树为主、结果为辅，对延长枝上的花芽要剪掉，把产量控制在辅养枝和裙枝上，一般 4～5 年生树每亩保留枝量不能少于 4 万条，才能保证丰产，即每亩产量达到 1500～2000 kg。对 5～6 年生树，轻剪骨干枝，短截当年生延长枝，疏除密、细、病虫枝。

第四节　成年树栽培技术

成年山楂树是指盛果期、更新结果期和衰老期的山楂树，即从大量结果，逐渐达到产量高峰，然后产量逐渐下降，直到丧失经济结果能力的这段时期。山区分散栽植的山楂树大约 15 年后进入成年期，而集中建园的山楂树一般在 10 年后进入成年期。

一、成年树生长发育特点

（一）生长发育期的结果特点

1. 盛果期

大量结果期，时间为 15～20 年，盛果期产量相对稳定，树冠和根系都已经扩展到最大程度，骨干枝的离心生长变缓，枝叶生长量减少，营养枝减少而结果枝大量增加，产量达到最高峰。随着结果数量的增多，骨干枝生长状态也由向上倾斜转为水平生长。到后期，枝条中部、梢部的骨干枝开始下垂，逐渐由长、中果枝为主转为短果枝为主。此期如果管理不当，树冠外围就会出现上层郁闭，有些骨干枝的梢部出现焦梢枯死现象，结果部位随之外移。另外，在树冠内膛空虚部位可能发生少量生长旺盛的徒长枝，出现局部更新现象。该期应注意更新复壮小枝，增强树势，维持树冠的结构，延长盛果期年限，保持高产、稳产，防止出现大小年结果的现象。

2. 更新结果期

此期时间为80～150年，一般是从高产、稳产到出现大小年、产量和品质逐步下降的阶段，其主要特征表现为新梢生长量减少，抽生夏梢能力下降，出现大量的中、短果枝，主枝先端开始衰枯，骨干枝长势逐渐减弱并相继死亡，根系分布范围逐渐缩小，结果量逐渐减少，果实变小。该时期应注意更新结果枝组，加强土肥水管理。

3. 衰老期

产量明显降低或几乎没有经济效益，甚至树体生命活动进入衰退的时期，部分植株不能正常结果。

（二）果实产量与树龄、树形的关系

成年山楂树的树形和结构基本固定，而且稳定的年限还相当长。树形在很大程度上决定了产量，不同树形都会出现树体大小及骨干枝姿势的变化。树体的结构主要由骨干枝组成，在成年山楂树上骨干枝均已形成，而且相对稳定。盛果期树和更新结果期树产量较高，这两个时期的骨干枝会逐渐发生变化。在盛果期前期，主、侧枝斜生在中心干上，枝叶生长有力，果实产量逐年上升。至盛果中期，主、侧枝因果实负担量较大而压成近乎水平状，新梢年生长量逐渐减少，果枝数增多，产量也逐渐增高。到了盛果后期，主、侧枝的先端部分下垂，生长衰退，产量逐渐下降，在主、侧枝中部常会出现徒长枝，逐渐开始结果，代替了部分主、侧枝，产量又开始回升。部分下垂骨干枝头因过于衰弱而枯死。这种枯死的枝头将逐年增多，原中心干的前端也同样会发生弯曲、下垂、枯死现象。徒长枝取代中心枝，出现"接干"现象。更新结果期的主要特点是大的骨干枝大部分或全部被更新枝所代替，果实也大部分或全部由更新枝负担。随着树龄的增长，骨干枝经过多次更新而长势大衰。此时，枯死后的大枝不易发出较旺的徒长枝条，产量也会显著下降。

山楂结果部位在树冠的集中分布区域，可以用"生产带"表示。山楂的生产带分为三层：在树冠的最外层为营养结果带，其特点是有枝、叶，果实密布，是山楂结果部位的主要分布区；最内层是光秃带，它是树冠的光秃部分，为无效空间；中间的一层称为过渡带，其特点是有叶无果或很少有果，它是一个不稳定的区域，在外界条件好的时候，可以向结果方面转化；条件差的时候，则枝叶枯死，向光秃枝过渡。这三带的幅度受树龄、树势、树体结构、叶幕组成及整形修剪的影响而有所不同。成年大树营养结果带大多在 1 m 左右，在这个范围内，果实着生密度和每个果序坐果量以叶幕的外围为最大，随着向叶幕内部延伸，坐果量逐渐减少。

山楂成年树上的叶幕是成层排列的，而结果枝又是着生在叶幕的表面，因此它有表面结果和分层结果的特点，当叶幕厚度小于 30 cm 的时候，果实着生密度比较均匀，随着厚度的增加，结果部位外移，中心部位有可能产生"无果区"。

山楂在结果枝的顶端结果。从花序着生的节来看，除具顶生花序外，在其下第一叶腋处，另具小花较少的副花序。结果枝上的腋芽，一般当年不再萌发抽枝，故果实居于枝顶。果枝多着生在母枝的头几个节位，且以枝顶发出的第一个果枝最为粗壮，花序着果也多。由于果实着生的结果新梢不管在 1 年生枝、2 年生枝或多年生枝上，都居于枝条的顶端，所以有枝顶结果的特点。

山楂的果枝分布在树冠露光部分和遮阴部分是有显著不同的，所以山楂的营养结果带还可以划分为露光结果带和遮阴结果带两部分，结果果枝的数量一般以露光结果带为最多，随着遮阴结果带向内延伸而显著减少，因此山楂有向光结果的特点。另外，成年树从开始结果到具有连续结果能力，主要集中在前 3 年，最大范围集中在前 9 年。

二、土肥水管理

成年山楂树一般分布在集中建园区或于山上零星分布或住户零星栽植，分散栽植的山楂树主要以提高单株产量为重点，对集中建园的山楂树则要考虑单位面积产量的提高。决定产量高低的主要因素包括结果枝数、每枝结果个数和单果重，在所有的栽培管理措施中，要尽量提高坐果率和不断增加结果枝数量，主要措施包括土肥水管理、修剪、病虫害防治等。

（一）土壤管理

土壤是山楂生长和结果的基础。土壤管理主要是搞好扩、压、改 3 项措施，即扩大树盘，增加活土层，压肥和施肥，增加土壤肥力和改良土壤，蓄水保墒，保证山楂树有足够的水分、养分供应，促进结果期山楂树营养生长和生殖生长的平衡，达到稳产、高产的目的。

1. 土壤翻耕

园地土壤翻耕的方法，应根据园地土壤质地和土层深度确定。如坡度较大、水土流失严重、耕作层浅的果园，可补修梯地或挖鱼鳞台，用以降低坡水流速，从而减少表层熟土的冲刷流失。同时，深耕台面行间，重施农家肥、大压绿肥，合理间作，以加深土壤活动层和加速土壤熟化，逐步将地块变成适宜果树生长的园地。栽前没有挖沟和大穴的果园，秋季可结合施基肥进行行间或株间深翻，深度 80 cm 以上，2 年时间全园深翻 1 遍。翻耕可切断土壤毛细管，降低水分蒸发量，防止盐碱上升。

如果土壤深厚、土质较好，可以在每年春、秋两季，在株行之间用犁深耕 20～25 cm；并在春末夏初山楂枝梢生长期间，在株间再浅耕 2～3 次，深度 10 cm 左右为宜，可以消除杂草。

耕作不仅可切断土壤毛细管，减少水分蒸发，而且肥料容易分解，可以增加土壤的蓄水、透水、透气能力，促进枝梢和果实生长，有利于提高产量。

2．刨树盘

树盘内的土壤经常进行中耕除草，有利于根系向下生长，使树势旺盛。各季刨树盘有"春刨花、夏刨果、秋刨芽"的说法。

（1）春刨树盘　一般在土壤解冻后进行，这样能提高土壤温度，增强土壤微生物活动，加速养分释放，有利于开花坐果。

（2）夏刨树盘　一般在雨后进行，这样有助于保持土壤水分，提高土壤肥力。同时，夏季伤口愈合较快，易生新根，可促使根系向下深扎，提高根的吸收能力和抗旱能力，有利于树体发育、果实生长和花芽分化。

（3）秋刨树盘　可在果实采收后到落叶前进行，这样可以提高土壤温度，促进树根向下生长，提高根系的抗逆性，且有利于树体积累养分，使花芽饱满，还可以铲除宿根性杂草，减少养分消耗，把藏在地下准备过冬的害虫刨出来冻死，利于冬季水的贮存。

刨树盘的方法：根据树冠的大小，决定树盘刨多大。距树干近的地方刨深 5～7 cm，距离主干远的地方应逐渐加深到 20～25 cm，以不伤根为原则，刨后要打碎土块、耙平地面。

3．压绿肥

深翻压绿肥能改善土壤理化性状，有利于根系生长并分生大量新根，提高光合效率，促进地面上部树体的生长发育。压绿肥的时期一般在每年的 7～8 月份，此时期雨水多、杂草嫩绿、气温较高，绿肥容易腐烂分解，既可节省灌溉用水，又便于压绿肥作业，还有利于根系伤口愈合。压绿肥的主要方法是在树冠外围挖一圆形土沟，沟深、宽各 40 cm，一层绿肥一层土，踩实，最后填土要略高于地面。每年进行一次挖沟、施肥，每次都要在上次施肥沟的外侧挖沟，这样就能逐年扩大施肥范围，环状沟也逐渐加深到 50～60 cm。这样可以把绿肥施到根系最多的地方和向前生长的尖端，利于根系吸收，并可将根系引向四面八方，逐渐形成强大的根系群。绿肥的主要种类有扁茎黄芪、小冠花、百脉根、紫花苜蓿、沙打旺、红三叶草、柽麻、田菁、紫穗槐等。

（二）施肥

施肥可增加和补充土壤肥力，改善土壤结构，保证山楂树所需要的各种养分，促进枝干生长和果实高产、品质更加优良。过去，由于山楂树处于野生状态，大多数情况下都不施肥，因而树体较弱、生长不良、结果不多。实践证明，给山楂树施肥，能够增强树势、促使花芽分化、保花保果、提高坐果率、提高产量和质量，延长结果期，增强山楂树对不良环境的抵抗能力。

1. 山楂的施肥时期

(1) 基肥　最好在晚秋果实采摘后及时进行，这样可促进树体对养分的吸收积累，有利于花芽分化。基肥的施用最好以有机肥为主，配合一定量的速效肥料。基肥施用量占当年施肥总量的 70%以上。

① 有机肥　粪尿类包括人粪尿、家畜粪尿及禽粪等；堆沤肥类，包括堆肥、沤肥、厩肥及沼气肥等；绿肥类，包括各种绿色植物体；杂肥类，包括草木炭、腐殖酸类肥料。有机肥应提前 1 个月购买，堆到果园附近发酵。为防止粪肥中的蛴螬将来危害山楂树根，可在堆沤过程中，喷 48%毒死蜱乳油 300 倍液。如果鸡粪含碱量高，可喷洒加水稀释 5～10 倍的食醋。堆好后用泥封住或盖上塑料布，发酵 30～40 天。

② 化学肥料　包括复合肥、磷肥、尿素、微量元素肥料等，作基肥的氮肥一般占年施用量的一半左右，施肥量应根据果树的大小及山楂的产量确定。开 20～40 cm 的条沟施入，注意不要离树太近。先将化学肥料与有机肥或土壤进行适度混合后再施入沟内，以免烧根，每亩用有机肥 2000～3000 kg。

配方一：每亩施入氮、磷、钾各 15%的复合肥 50 kg。

配方二：每亩园地施入 16%的过磷酸钙 75 kg，配合施入 15 kg 尿素+10 kg 硫酸钾+含硫酸亚铁的微肥 25 kg。

(2) 追肥　在山楂不同生长时期，应及时补给其所需要的养分。追肥分前期追肥和后期追肥两种。前期追肥是从开花前到果实开始膨大期追肥，肥料应以氮肥为主，如硫酸铵、人粪尿等，目的是提高坐果率，促进新梢生长。后期追肥可在树冠下根系比较集中的地表施肥。具体方法是把氮肥如硫酸铵等撒在树盘内，然后翻入土中，适当浇水即可。追施磷、钾肥，可以在树盘内挖十几个深、宽各 30 cm 的坑，施入肥料。

① 花期追肥　以氮肥为主，一般为年施用量的 25%左右，相当于每株施用尿素 0.1～0.5 kg 或碳酸氢铵 0.3～1.3 kg。根据实际情况也可结合灌溉开小沟施入适量的磷、钾肥。

② 果实膨大前期追肥　主要为花芽的前期分化改善营养条件，一般根据土壤的肥力情况灵活掌握。土壤较肥沃，对于基肥、花期追肥较多的可不施或少施，土壤较贫瘠，基肥、花期追肥较少或未追肥的应适当追施。施用量一般为每株 0.1～0.4 kg 尿素或 0.3～1 kg 碳酸氢铵。

③ 果实膨大期追肥　以钾肥为主，配合施入一定量的氨、磷，主要目的是促进果实生长，提高果实的碳水化合物含量，从而提高产量和改善品质。每株果树钾肥的用量一般为硫酸钾 0.2～0.5 kg，配合施入 0.25～0.5 kg 碳酸氢铵和 0.5～1 kg 过磷酸钙。

2. 施肥方法

施肥方法有全园施肥、环状沟施、穴施、放射状沟施或条状沟施等。

（1）全园施肥　将肥料均匀地撒在园内土壤表面，再翻入土中。

（2）环状沟施　在山楂树冠外围挖一条宽 30～40 cm、深 15～45 cm 的环形沟，然后将表土与基肥混合施入。

（3）穴施　在树干 1 m 以外的树冠下，均匀挖 10～20 个深 40～50 cm、上口直径 25～30 cm、底部直径 5～10 cm 的锥形穴，穴内填充枯草落叶，用塑料布盖口，追肥浇水均在穴内。此法适宜于保水、保肥力差的沙地山楂园。

（4）放射状沟施　在距树干 1 m 远的地方，挖 6～8 条放射状沟，沟宽 30～60 cm、深 15～40 cm，长度至树冠投影外缘，将肥料倒入沟中后覆土。此法适用于长方形栽植的成年山楂园。

（5）条状沟施　在果树行间或株间，挖 1～2 条宽 50 cm、深 40～50 cm 的长条形沟，然后施肥、覆土。此法适用于长方形栽植的成年山楂园。

3. 成年树施肥技术要点

（1）开始结果到盛果期的树　每株树隔年施基肥 50～100 kg，开花后每株施硫酸铵 0.5～1 kg；土壤瘠薄、结果多的树，适当增加施肥量。

（2）盛果期初期到盛果期前期的树　每株树每年施基肥 100～150 kg，在花芽分化前应追施 2 次硫酸铵，每次 1 kg 左右；如果有条件，每株树应追施过磷酸钙 2.5～5 kg，或草木灰 5～10 kg。可以增强树势，提高产量和质量。

（3）盛果期的树　这个时期山楂结果最多、产量最高，营养消耗也最多，因此必须大量施肥，增加树木营养供应。在施基肥的同时，还应掺入过磷酸钙 10 kg。花芽分化前和果实膨大期，再追肥 2 次，每次每株追施硫酸铵 1～1.5 kg、过磷酸钙 5 kg。可以促使花芽分化，有利于第二年结果。

4. 施肥注意事项

施肥前处理地上落果杂草，落果捡拾干净运出果园，并深埋 1 m，以减少虫害，清除的杂草深埋作肥料。施肥后把树盘平整好，修好水沟，立即浇水，以使根系恢复和营养吸收。

第一，肥料要撒均匀或与土壤混匀。切忌过量集中施肥，以防烧根。

第二，施肥时铁锨要平行于树根的生长方向，切忌垂直下锨，以防把粗大的根铲断。

第三，切勿施入未腐熟的肥料，以防烧根和造成虫害。施肥中如发现蛴螬等害虫很多时，可用 48% 毒死蜱乳油 500 倍液灌药灭虫。

第四，施肥中若发现根系有病害时，要在施肥后及时施用杀菌剂，可选用硫酸铜 200 倍液或 50% 多菌灵可湿性粉剂、5% 菌毒清水剂 200 倍液等。在距树干 1 m 处开 20 cm 宽的沟，每株灌药水 25 kg。

（三）浇水

水是山楂生长、结果和提高产量、质量的一个非常重要的因素。水分充足可以促进新梢生长，有利于花芽分化和形成，提高叶片质量和坐果率，促使当年果实增大，并能影响第二年的产量。因此，一定要满足山楂一年中各个时期对水分的需要，维持其旺盛的生命活力。

1. 浇水时间

（1）发芽前　要在春季发芽前浇1次水。这时如果水分不足，就会造成发芽迟缓，影响新梢生长，所以这时要浇大水1次。

（2）开花前　在开花前浇水1次，可以提高坐果率。

（3）落花后到生理落果前　此时，结合追肥浇水可减少花后落果，有利于出现第一次果实生长高峰，加速果实膨大，从而提高坐果率。

（4）果实生长第一次高峰之前　此时浇水有利于加速果实膨大。

（5）冬季　冬季及时浇足封冻水，以利于树体安全越冬。

另外，对于低洼易涝、土壤黏重的山楂园，应挖沟排涝，及时排除积水。其措施是：树盘培土，防止积水；适时刨松土壤，增强土壤通气性，促进水分蒸发，减少土壤含水量，使山楂安全越冬，有利于翌年春季发芽、开花和坐果。

2. 浇水方法

无论是梯田、平地，还是坡地、鱼鳞坑栽植的山楂，一般多采用地面灌溉或坑内漫灌的方法浇水，还应积极推广各种节水灌溉方式，如喷灌、滴灌等。

（1）地面灌溉　一般采取沟灌，有利于全园土壤的浸湿均匀。目前也可以使用塑料管或合金粗管代替灌水沟，浇水时将管铺设在田间，浇完后将管子收起来，不必开沟引水，既节省劳力，又便于机械作业。

（2）节水灌溉

① 喷灌　又称人工降雨。可利用机械动力设备将水喷射到空中，形成细小水滴灌溉果园，可以节约用水20%，但是设备价格较高，增加了果园建设投资。

② 滴灌　可对全树的一部分根系进行定点灌溉，节约用水，比喷灌能省一半左右水，缺点是需要管材较多，投资较大，管道和滴头容易堵塞。

3. 浇水量

盛果初期的山楂树，结果多，但长势不如以前各个时期，在发芽前、新梢生长期和花芽分化前，要浇水 2~3 次，每次每株浇水要足。如果是土壤干旱、挂果又多的大树，那么浇水量可以再增大。山坡地上的山楂树，还应在树盘的下沿加高、加固土埂，以便拦截和积蓄更多的水分。

三、整形修剪

（一）修剪方法

1. 疏枝

疏去轮生骨干枝，一棵树有 10 余个密生大骨干轮生枝时，应将位置不当、无发展前途、抽梢弱的疏掉 2～3 个。对并生枝、交叉枝，应疏去位置不当、生长较差的枝；两枝上下重叠交叉可采用一抬一压的方式让出空间。对三股杈枝，"逢三去中间"或疏间位置不当的侧生枝。对枝头的延长枝，若两枝分生角度小而生长势又很强，发生竞争时，要将位置不当的枝条剪除。疏枝时壮树多去直立枝留平斜枝，弱树去弱枝留强枝。树冠外围小枝密挤、内膛空虚则密处少留、稀处多留。清理好干枯枝和病虫枝。

2. 回缩

对出现焦梢转弱或先端下垂的骨干枝，可在良好的分枝处进行缩剪。对树冠内膛多年生延长结果枝应及时回缩到壮枝处，老树回缩的程度要重些。骨干枝上的多年生背上枝、内生枝可回缩到分枝处，改造成果枝组。对多年生下垂枝，生长衰弱、结果差，应在其向上生长较强分枝处缩剪，抬高枝角度，增强长势。对有发展前途的多年生徒长枝要去直留平、去上留下，培养成结果枝组。

3. 短截

对主枝延长枝和内膛保留下来的徒长枝进行适当短截，以增加发育枝数量。外围新梢长度在 30～40 cm 时，可短截 1/3。内膛徒长枝短截后可促生分枝，将其培养成结果枝组。

（二）不同问题山楂树的修剪

1. 盛果期大树修剪

山楂树 10 年生以后进入盛果期。此期修剪主要是合理调整枝果比例，维持粗壮结果母枝和较强的树势，避免出现果枝多、枝质差、坐果少、单果轻、风光条件恶化和结果部位外移等现象。采取的方法是：首先，对结构合理的树体，应着重调整果枝数量，改善风光条件。调整果枝数量应做到疏弱、留壮、扶助中庸。对结果母枝粗度小于 0.3 cm 的应疏除，粗度大于 0.4 cm 的结果母枝应视其枝的强弱，采取疏除密枝保留稀枝的剪法，合理修剪。连续结果多年的结果母枝应实行重缩或疏间；对外围结果母枝可采取"三杈枝"去中间、"燕尾枝"去一留一的剪法。利用冬剪使结果枝占总数量的 30%～40%。其次，对树体结构混乱、主次不分的树，应选择适宜的骨干枝，再调整枝果比例关系。

2. 大小年树的修剪

修剪花芽多的大年树时，应疏除过密的短果枝，并在开花前期调整花序数，部分中、长果枝应除去先端花芽或花序，结果母枝的数量应维持在40%左右。对花芽少的小年树应尽量多留花芽。冬剪时只剪截大枝和骨干枝的延长枝，对可能是花芽的1年生枝在现蕾期复剪，对长势弱又无花芽的枝可重回缩更新复壮；对一般发育枝应多重剪，减少当年成花量。

3．放任初结果树的修剪

第一，选留角度、方位和层间适宜的大枝为永久性骨干枝，确定合理的树体结构。

第二，疏除较大的竞争、交叉、重叠和密挤的临时性辅养枝。疏除干径粗度5 cm以上的大枝时，每次不超过2个。若需处理的大枝较多，则可逐年清理。

第三，有空间发展时，对主枝延长枝于枝长1/3处短截，若株间已交接，可采用放缩修剪处理。还可以短截部分花枝，回缩连续结果枝，使结果母枝的粗度保持在0.5 cm以上，枝果比为（1.5～2）：1为宜。

4．放任生长山楂树的修剪

放任生长的成年山楂大树，甚至十几年或者几十年生树从未整形修剪，骨干枝从属不明，表现为骨干枝多轮生互相重叠、枝头转弱、枝条重叠、树冠郁闭，或"树上树"和后部光秃现象特别严重，树冠内秃外密、顶部容易焦梢、生长和结果失调、花开满树而无坐果现象。对这种树必须采取大枝稀留、小枝密留，骨干枝上的枝条宜安排两侧，枝不压枝、叶不压叶、引光入膛，使之立体结果。

（1）整形　本着"有形不死，无形不乱"的原则，调整树体结构，对有中心干的树，可整成"二层开心形"。第一层骨干枝3～4个，角度开张至70°；第二层2～3个，角度开张至50°，层间距1.2 m左右，冠高3～4 m；在骨干枝上直接培养大、中、小型结果枝组，使树冠结构层次分明，上层小、下层大，枝条上部稀、下部密、外部稀、内部密，通风透光，立体结果。对无中心干的树，可整成"自然开心形"，骨干枝3～4个，角度开张至70°，冠高2～3 m，骨干枝上直接培养结果枝组。在调整树体结构时，不能急于求成，切忌大伐大砍，掌握边结果、边调整的原则，逐步培养成合理的丰产树形。

（2）修剪　主要包括冬季修剪和夏季修剪。

① 冬季修剪

a．疏剪　对未曾修剪过的树，本着"大枝要稀留，小枝要适量"的要求，根据所采用的树形，选留出永久性的骨干枝，对有层树形，要注意疏清层间距，无层树形需疏清骨干枝间的空间。同时还要酌情疏除干枯枝和病虫枝；疏间骨干轮生枝；疏间重叠枝和并生枝，当两枝上下相互重叠或并生或交叉生长时，应把位置适当、方向好、生长健壮的枝留下，把不好的枝去掉。如果两个枝的生长差不多，应选留一枝，把另一枝压缩；如果两枝上下重叠、交叉、交错、相互碰头，则可采用一抬一压的方法调节角度，以使让出空间；疏间树冠外围三叉枝，一般应疏掉中间一枝，即"逢三去中间，留枝分两边"；疏掉竞争枝；疏间内膛密的徒长枝；疏间密生结果枝，修剪时对盛果期的成龄山楂树去弱留强、去下垂枝留两侧枝，如果树冠外围小枝密集、内膛空虚，应在密处多疏枝、在稀处多留枝，特别是要疏除外围的密挤枝、鸡爪枝、病虫枝、枯焦枝。

b．缩剪　对多年生的冗长枝，树冠交接的碰头枝、衰弱枝和下垂枝，要在有壮枝、壮芽处回缩，可以明显起到抑前促后、抑外促内、集中养分的作用，有助于增强内膛枝组生长势和防止结果部位外移。

具体操作：一是回缩焦梢枝，出现焦梢现象的骨干枝，应从有分枝的地方进行回缩修剪；二是缩剪内膛多年生的延长结果枝；三是回缩骨干枝上的背上枝、内生枝，采取重回缩的措施，将其改造成结果枝组；四是回缩多年生徒长枝，对那些有培养结果前途的多年生徒长枝，应去直留平、去强留弱、去上留下，进行适当回缩，培养成结果枝组；五是回缩下垂枝，选留有向上生长能力、生长势较强的抬头枝，从分枝处进行回缩修剪，以抬高角度。

c．培养　多年生的山楂树树冠焦梢、枝弱、内膛光秃，主要表现为骨干枝和大辅养枝先壮后秃，各类结果枝外围密挤，树冠内膛空虚，表层结果，产量低。注意对骨干枝和辅养枝上隐芽萌生的徒长枝进行保留和利用，采取先缩后放或先放后缩的方法，将其培养成结果枝组，充实内膛，增加结果部位。对主干和主干基部的徒长枝，应及早疏除，一般背下和斜生的徒长枝，生长势缓和，易成结果母枝，应保留；而背上的徒长枝易旺，形成"树上树"，应及早疏除。生长旺盛、长度在30 cm以上的徒长枝，采取先截后放的方法进行短截，培养成结果枝组。

② 夏季修剪

a．疏枝　生长前期，为避免枝无效生长，需及早疏除多年生枝上萌生的直立枝、剪口处萌发的徒长枝和过旺的竞争枝，在果实采收后进行带叶疏抹。先疏除树冠上部过密的大枝和层间密生的辅养枝，打开光路，对树冠下层见不到阳光的无效枝，也一并疏除。

b．拉枝　对骨干枝，角度拉开到60°～70°。从5月下旬拉开，3个月后即可固定。对辅养枝应拉平或牵引下垂，有利于改善树冠内膛的光照，有利于成花，又可使被拉弯下垂枝条的后部萌生新枝，克服后部"光退"，从而起到抑前促后的作用，待下垂部分结果后，及时回缩，防止结果部位外移。

c．环剥　一般在7月上中旬进行。在主干距地面20 cm光滑处，剥去1～2 cm宽的一圈树皮，环剥后包扎，1个月后解扎，解扎后及时对伤口处喷涂药剂以防病虫侵染。

（三）成年山楂树不同时期的修剪

1．盛果初期

对全树以疏枝为主，适当回缩，主要疏除过密枝、重叠枝、交叉枝、徒长枝、早期结果的拖地枝和冠内细弱寄生枝。回缩徒长枝，调节枝势，对外围枝则应注意抑强扶弱、留中庸，保持结果枝稳定的结果能力。

2. 盛果中期

在修剪中应注意处理好生长与结果的关系，巩固合理的树体结构，保持良好的风、光条件。对结果枝组应注意及时更新复壮，结果枝和发育枝保持 2：3 的比例较为合适，可使之具有较强的生产能力。注意控制大小年结果，在小年之后的冬剪，应注意疏除和回缩过弱的结果枝组，以减少下年的结果量，使大年不过大；在大年之后冬剪时，应注意保留结果母枝，以增加翌年的结果量，使小年不小。

3. 更新结果期

主要采取更新复壮的修剪技术，重点是结果枝组和大枝的更新复壮。大枝复壮最重要的是使内部的徒长枝代替一部分衰老的骨架枝重新组合叶幕。

(1) 枝组更新　若结果后的分枝上有中庸和较粗壮的无果短枝和叶丛枝，则可对分枝适当地缩剪到年痕处或中庸偏弱的枝芽处；若结果后的分枝已经较弱，应重缩剪到基部枝芽处，并在重缩剪分枝前方的主轴处目伤，促进其萌生枝梢复壮。整个枝组衰弱后，再进行复壮是比较困难的，通常要将枝组疏掉，利用附近的枝组结果。如果疏掉枝组后空间较大，可于萌芽期在疏枝剪口的前方进行较重的目伤，以促进隐芽萌生新梢，重新培养枝组。较好的更新办法是在整个枝组尚未转弱，所结的果实出现变小的迹象时，于萌芽期在枝轴近基部处进行较重的目伤，促进隐芽萌发新梢，对其按主轴延伸枝组的培养方法培养 2 年，再对原枝组重缩剪，以新枝组替代老枝组。每年更新枝组的数量应有所增加，每年更新全树枝组的 1/3～1/2，在 2～3 年内全部更新一遍。

(2) 大枝更新　当枝组更新也不能解决问题时就要进行大枝更新。

① 疏除过密、过弱的大枝　成年山楂树若大枝粗大、数目偏多、占据空间较多、长势较强，则影响营养分配和通风透光，会导致中、下部枝条死亡。更新修剪时最主要的是要疏除上部大枝，打开光路；对生长过于强壮，占据空间较多，中、下部光秃的大枝要疏除；对生长直立，角度偏小，密集、重叠的大枝也要适当疏除。疏除大枝较多时，可逐年疏除，先疏除对周围影响较大的大枝，其余的分年疏除，不可一次疏完。

② 回缩大枝　若大枝太长，则应进行回缩。大枝回缩应遵循"缩枝不缩冠"的原则，在保持树冠相对稳定前提下，适当回缩大枝。即在大枝 1/3 处，必要时可以在 1/2 处进行回缩，生长势弱的大枝及时回缩复壮，中、下部光秃的大枝可以暂不回缩，先促萌发枝，成枝后再适度回缩。大枝回缩应逐年、逐步进行，一次回缩不宜太多，也不宜过重回缩，应当根据周围的空间，回缩到适宜的位置。回缩锯口留下的枝组不能过于弱小，可选择长势较强的或小枝或枝组作剪口枝。生长势旺盛的大枝回缩到中庸枝组，或角度较低的枝组、生长势弱的大枝可回缩至背上斜生或长势较强的枝组。

③ 调整大枝角度　生长势强的大枝适当压低枝条角度，可选背下枝作头，并疏除过密的侧生枝；生长较弱、枝头下垂的大枝，要选择适宜的背上枝作头，多保留侧生枝；枝身弯曲、长势弱的大枝，用直线延伸的枝作头，缩减枝身的弯曲度；顶端生长势强，中、下部衰弱的大枝，压低梢部角度，并疏除旺长枝。

④ 恢复大枝生长势　减少结果数量是恢复大枝生长势的有效方法之一。生长弱的大枝要多疏除花芽，仅保留 1/3 左右的花量；疏除较大侧枝，也能恢复大枝枝条的长势。

（3）骨干枝更新　结果后期的骨干枝已严重衰老，会出现干枯现象，应及时更新。一般在盛果期后期，如果骨干枝延长枝的生长量少于 20 cm，那么说明树体已衰老，应及时进行更新。一般骨干枝延长枝的长度为 20～30 cm 时，可将其回缩到 3～4 年生的枝上；延长枝的长度为 10～20 cm 时，可在 5～6 年生的枝上回缩；延长枝长度仅有 5～10 cm，可回缩到 7～8 年生枝上。缩剪时要留强旺的枝条作剪口枝，剪口枝也可留骨干枝背上的徒长枝。此外，不是因树龄大而衰弱的树，可在光滑无分枝处缩剪。经验证明，只要大枝表面不太粗糙，虽在无分枝处剪截，也能从潜伏芽抽生强旺的徒长枝和发育枝，重新形成树冠。当树势严重衰弱时，应进行骨干枝的大更新。大更新的好处是抽枝量多、成枝力强，更新的当年配合夏季摘心可较快地恢复树冠，早结果。更新的第二年，可根据树势强弱，以缓放为主，适当短截新选留的骨干枝。冬季更新易造成抽枝力、萌芽率显著降低。因此，更新时间以早春萌芽前为好。

四、保花保果

山楂的自然落花落果严重，坐果率较低。据调查，其自然坐果率仅有 10%～20%。山楂落花落果一般有 2 次高峰，在花后 1～2 周落花落果较多，采收前有一次落果小高峰。

（一）落花落果原因

1. 营养不良

（1）土壤缺肥　由于施肥量不足或偏施某些肥料、缺乏微量元素肥料导致土壤营养失调，造成落花落果。

（2）病虫害发生严重　病虫害直接消耗了树体大量养分，从而导致花果养分不足，造成较多的落花落果。

（3）疏花疏果差　不疏或少疏花果，导致过多的花果消耗养分较多，树体内的营养满足不了花果生长发育需要时，花果便自然脱落。

（4）夏梢控制不力　夏季气温高、肥效快、易抽发夏梢。成龄山楂树在开花结果期既要长花果，又要长夏梢，营养生长和生殖生长同时进行。此时若控制不力，夏梢过多抽发消耗大量养分，就会造成落花落果。

2．环境条件不适宜

（1）干旱土壤缺水　由于春旱、夏旱的发生，土壤水分减少，当开花结果进入需水临界期时，如土壤缺水必然导致严重落花落果。

（2）花期雨水偏多　若在山楂开花期遇上较长时间的持续阴雨天气，则不利于授粉，花粉质量差，会使较多的花朵提前脱落。此外，雨水过多还会造成土壤过湿，影响根系对土壤养分的吸收，加重落花的发生。

（3）温度过高或过低　不正常的温度容易造成花果脱落。例如，早春低温和初夏高温也会造成大量落花落果，因为高温呼吸消耗大，妨碍开花和授粉受精；低温也影响开花和授粉。

（4）光照不足　光照不足影响物质合成与运输，所以阴雨天多或株行间遮阴度高，都容易引起落花落果。

3．管理不当

施肥浇水等管理不当也会导致落花落果。如果花期气温过高时进行喷药或叶面追肥，均易造成药害和肥害，使花朵脱水脱落；花期喷农药或肥料的浓度过大也易造成落花。

（二）保花保果的措施

1．加强土肥水管理

加强果园土肥水管理及病虫害防治，合理整形修剪，保证树体正常生长发育，才能使树体储藏足够的营养，使花器发育正常，提高坐果率。加强秋施基肥、花期追肥，开花前在树下开浅沟追施以氮肥为主的化肥，花前、花期各喷 1 次 0.3%尿素溶液，可以提高坐果率。据调查，花前浇水的花序坐果率比对照高 11.5%。

2．加强整形修剪

（1）花前复剪　开花前保持适当的叶芽和花芽比例，一般为 1:3，可以提高坐果率。

（2）环割　对成龄树的直立旺枝，在 5 月下旬到 6 月上旬进行环割，可以提高坐果率 47.7%。

3．喷施植物激素

花期喷施赤霉素可以提高坐果率，使果个增大、产量提高。据调查，山楂花期喷 40～50 mg/L 赤霉素溶液，坐果率可提高 30%～50%。

4．喷施矿质营养元素等

花期喷硼有促进花粉形成、发芽和花粉管伸长以及缩短受精过程和提高坐果率的作用。通过对粉口、豫北红两个品种在盛花期喷 0.2%硼砂溶液，发现二者坐果率比对照提高了 2.8 倍。硼肥也可与尿素混喷，花前、花期喷 0.1%硫酸锌溶液（最好与 0.1%硼酸混喷）也可显著提高坐果率。盛花期喷 0.2%～0.3%磷酸二氢钾溶液也能显著提高坐果率。

5．疏花疏果

在花量过大、坐果过多时要疏花疏果，其作用在于节约养分、减少无效花，这样既克服了大小年结果，也提高了坐果率。常说的"满树花、半树果；半树花，满树果"就是这个道理。具体措施如下。

（1）疏花　各级骨干枝的延长枝是结果母枝时，要中、短截或重、短截，剪掉花芽，促发营养枝，以利扩冠；对结果枝组要适当疏枝或回缩，除掉一些花芽；适量疏花，对花量较大的植株进行疏花。疏花一般为花序出现，即在开花前进行。在疏花时应掌握疏后留前、疏弱留强、疏内留外的原则，即疏除花枝后面弱小的内膛花序，疏花时一定要保护好叶片。

（2）疏果　疏果在幼果期进行，疏掉小果、畸形果和病虫果。但当第一次生理落果后（6月份），若仍有果实过量现象，可将坐果率高的花序中的果实疏去一部分，一般长果枝、壮果枝的花序保留10～12个果实，弱、短果枝则保留6个以下果实。

6．果实套袋

套袋可减轻果实受病虫危害及不良环境条件的影响，提高坐果率。

7．病虫害防治

及时防治山楂红蜘蛛、山楂梨小吉丁虫及白粉病等。对于栽后5年仍不开花结果的山楂嫁接苗，应考虑剪去枝条，重新接上从结果母树取下的老熟枝条。

五、间作套种栽培技术

山楂育苗期间不坐果，幼龄山楂树一般3～5年内也不坐果，所以没有收成和经济效益。为了解决种植者经济效益，可以考虑充分利用山楂园的土地。采取山楂间作套种技术，可以实行果林间作、果蔬间作、果药间作、果粮间作等种植模式，间作作物，以不影响山楂树生长的矮秆农作物为好。实践证明，间作作物最好是豆类，其次是花生、薯类、瓜类、蔬菜、谷子、黍子和各种苜蓿等绿肥作物，切忌间作高粱、玉米等高秆作物，以免与山楂树争水、争肥、争光，影响山楂通风、透光。实行这种间作模式，既可以弥补前3～5年园内大量土地闲置问题，提高土地经济效益，增加农民当年经济收入，又可收获果蔬，产生效益。

（一）山楂间作套种方式

1．水平间作

水平间作的植物种类，可以与山楂树的生长特点相近，如可以间种桃树、枣树等果树，主要采取行间间种的方式，一般为隔行间种，行距为4～5 m。

2．立体间作

立体间作是指间作作物种类的株型均要比山楂树矮小，利用山楂树下层空间进行生产，如间作树苗、瓜类、中草药和矮秆作物等。一般可种在山楂树的行间或树下。近年来，有些地方采用"三层楼式"立体间作模式，其中山楂树为第一层，行间中央栽种灌木类（如花椒等）为第二层，花椒等行两侧间作的豆类等作物为第三层。

（二）山楂间作套种类型

1. 山楂苗与大蒜间作

山楂育苗一般 2 年出圃，第一年幼苗小，与遮阴较轻的蔬菜实行间作套种，有利于提高第一年育苗期间的土地利用率，增加收入。2 年生的山楂苗叶面积增加，为不影响山楂幼苗生长，达到提早出圃的目的，一般不再间作套种其他作物。

（1）种植方式　做畦 1 m 宽，每畦内种 2 行山楂，行距 33～35 cm，株距 23～25 cm，每亩约种 7000 株。每畦种大蒜 2 行，行距 10 cm，株距 6～7 cm。

（2）栽培技术要点

① 整地施肥　选择地势平坦、土层深厚、土质疏松肥沃、有灌溉条件的圃地做畦，以南北方向为好，畦长视地形而定，以有利于浇灌为宜。整畦前结合深翻施足农家肥，圃地平整后用耙子搂平，浇 1 次透水，待地皮稍干即可播种。

② 大蒜、萝卜与山楂共生的管理　这期间田间管理应以大蒜为主，努力提高大蒜产量。山楂主要抓好播种、幼苗管理和嫁接"三关"。

2. 山楂幼龄果园生姜间作

在幼龄山楂行间套种生姜，主要是采取了带状间作，即首先留出树盘，给果树生长留有足够的营养面积，树盘的大小通常与树冠大小一致。以后随着树冠的增大、根系的发展，树盘逐步放大。间作的生姜量随树龄的不同而不同，一般情况下，1～3 年的树行间可以间作生姜 5～7 行；3～5 年的树行间可间作生姜 4～6 行。

（1）整地施肥　冬季在山楂树的行间深翻起垄，经过一个冬天的冻晒，使土壤进一步风化，第二年早春施肥整平地块，按 50 cm 的行距开沟，沟深 10～20 cm，株距 16～18 cm。为减轻杂草危害，保持土壤疏松，宜在种植沟上覆盖稻草、麦秸等。

（2）种姜处理　种植前催芽处理。选品种纯正、上一年成熟以及无病虫害、冻害和机械伤的姜块作种，先用 1∶1∶200 的波尔多液浸种 20 min，播前晒种 2～3 天，可提早发芽。之后用加温苗床或其他温暖处对种块催芽，保持床温在 22～28℃，每亩用种姜 230～250 kg。

（3）栽植　华北地区一般在 4 月下旬到 5 月上旬种植，催芽处理后的种姜按其自然的分枝走势分切为数小块，每小块必须带有 1～2 个壮芽，单重应在 30 g 以上，一般为 50～60 g，在室温下经 1～2 天切口自然愈合后即可种植。将种姜按株距 14～16 cm 逐一摆放于种植沟内，令姜芽与行向成斜角，以利于姜块生长方向一致，也便于培土，随即覆土厚 4～5 cm。

（4）管理　分次追肥，第一次追肥在生姜出苗后进行，第二次在采收时进行，第三次在初秋转凉时进行。山楂为深根性作物，主要利用土壤下层的养分，而生姜为浅根性作物，主要利用耕作层 30 cm 以内的土壤养分。生姜为耐阴性作物，与山楂间作时夏季不需要搭架遮阴，而且生姜的间作还在山楂果园里起到覆盖作用，可以减轻地温高以及干旱对山楂根系造成的不良影响。

（5）采收　霜降后，用手拔棵或者挖掘采收姜块。

3．山楂幼龄果园草莓间作

（1）种植方式　山楂多采用密植方法栽植，行距 2～4 m，株距 1～2 m；在春季或秋季，将山楂树行深翻整平，做成长 5 m、宽 1～1.5 m 的畦，结合深翻每亩施入腐熟有机肥，按株行距 15～20 cm，把草莓苗一棵一棵地移栽至畦内间作。

（2）栽培技术要点　山楂栽植后主要做好施肥、浇水、修剪等。间套的草莓应重点抓好以下几点。

① 选好秧苗　选具有 4～6 片正常叶片、植株矮壮、茎粗短、根状茎顶芽饱满、须根多等特征的生长健壮的草莓苗。

② 栽后管理　栽后立即浇水，3～5 天内每天用喷壶给草莓苗浇 1 次小水，植株栽植成活后中耕 1 次，中耕不可太深，以免损伤根系。前期可以用速效性氮肥如尿素、三元复合肥等追肥，也可用腐熟的有机肥，生长期间 20 天左右施 1 次肥，施后浇水。果实采收后越冬前浇 1 次透水，翌年春天 4 月份也注意浇水 1 次，这样既有利于草莓越冬也有利于促进山楂树生长。

4．山楂幼龄果园西瓜间作

株行距 3 m×4 m 的山楂果园，每行间套种 2 行西瓜，西瓜播种行离山楂植株 1 m，西瓜株距 25～30 cm。

（1）深翻土壤　西瓜根系发达，生长时间短、生长量大，对土壤养分消耗量大，应对土壤进行深翻，以创造疏松的土壤结构，促使根系下扎，形成强大根群，增加西瓜吸收能力。一般耕深应在 30 cm 以上。

（2）施足基肥　种植前将有机肥、磷钾肥、70%的氮肥在播种前一次性施入，种植密度不宜过大，一般每亩种植 700 株左右为宜。

5．山楂幼龄果园马铃薯间作

（1）栽植　一般种植在山区或者冷凉地区的山楂土质通透性好，有利于马铃薯薯块膨大生长。春季种植马铃薯的地块，应及时深翻，充分熟化土壤，改善土壤团粒结构，创造疏松的土壤结构，为薯块生长打好基础，深翻深度以 25～30 cm 为宜。一般按垄高 25 cm 左右、垄宽 100 cm 左右、垄沟 20 cm 左右的标准整地，栽植前施足基肥。每垄播种 2 行，行距 30～40 cm、株距 25～30 cm，每亩可以栽植 6000～7000 株。

（2）管理

① 除草　在马铃薯生长过程中，要对垄沟内的杂草及时铲除。

② 摘花　生长期应及时摘除所开花朵，减少养分消耗。

③ 追肥　马铃薯花期可在垄沟进行追肥，追肥应以速效性氮肥为主，每亩施尿素 15 kg 左右。

④ 浇水　及时浇水，促进开花结果。

（3）采收　春播马铃薯一般生长期 90 天左右，要及时采收。

6．山楂幼龄果园蚕豆间作

（1）播种　蚕豆应选择大粒、大荚、始荚位低、结荚习性好、产量稳定的品种种植。一般在清明前后播种，按行距 1 m、株距 35 cm 点播，播深 5～8 cm。

（2）管理　在幼苗期要及时铲除杂草，及时浇水追肥，蚜虫是蚕豆的主要虫害，可结合果园防病虫时喷施农药进行防治。

（3）采收　应在籽粒饱满、充分成熟、豆荚干缩时采收。

7．山楂幼龄果园花生间作

（1）播种　果园在春季土壤解冻后，将肥料均匀撒施、翻地。在清明前后，按 25 cm×20 cm 的株行距点播，播后覆盖土厚 5 cm 左右。

（2）苗期管理　及时铲除杂草，在始花前追 1 次钾肥，每亩施硫酸钾 15 kg。始花期至荚果期需水量大，要经常保持土壤湿润。

（3）防病虫　花生病虫害较轻，可结合果园喷药防治，不需专门防治。

第五节　山楂的病虫害防治

一、幼树病虫害防治

山楂幼树在生长发育过程中，常受多种病虫危害。有些地方的幼树，常有叶片被吃光或早期落叶的现象，严重影响山楂幼树的早结果、早丰产，成为山楂幼树生长中的一个突出问题。因此，实际生产中要以预防为主，综合防治，重点保护幼树叶片，保证叶片生长正常，从春天萌发直到 11 月份正常脱落。

（一）早春防治

早春防治（幼树萌芽前），在山楂红蜘蛛严重的地方，喷施 3～5°Bé 石硫合剂，效果比较好。

1. 金龟子类害虫的防治

金龟子主要危害果树嫩芽、嫩叶，在危害初期，用敌百虫喷雾；诱杀或人工捕捉，在有条件的地方可利用黑光灯进行诱杀。

2. 吸汁类害虫的防治

用内吸性杀虫剂涂茎，主要适用于 3 年以下的幼树，用 40%乐果乳油，按照药：缓释剂：水为 1：0.1：（5～7）的比例配好药液，在幼树分叉处的下方涂一药斑即可，也可用 40%乐果乳油 1000 倍液喷雾进行防治。

3. 毛虫类害虫的防治

主要是在树上喷药，可用 50%辛硫磷乳油稀释 1000 倍喷雾。另外，在其产卵期或幼虫初孵时，人工摘除有虫卵的枝叶。

（二）越冬防治

1. 清洁果园

在山楂落叶后，结合积肥及时清除树下的枯枝落叶及杂草，集中堆沤，能清除梨网蝽、旋纹潜叶蛾等大量越冬幼虫。

2. 刨树盘

上冻前刨树盘或者深翻园内土地，能将舟形毛虫、金龟子等害虫翻到土表，增加越冬死亡率。

3. 剪除虫枝

结合冬剪，及时剪除有虫枝条，可以防治顶梢卷叶蛾、蚱蝉等害虫。

4. 涂白

主要涂在幼树主干上，能够阻止大青叶蝉等害虫产卵，并可减少树体日夜温差、防止冻害。涂白剂的配制如下。

（1）硫酸铜石灰涂白剂　使用的药剂为 10 kg 硫酸铜、200 kg 生石灰水和 600～800 L 水。调制方法：先用少量开水将硫酸铜充分溶解，再加用水量的 2/3 加以稀释，然后将生石灰加剩余 1/3 水慢慢熟化成石灰乳。当以上两种液体充分溶解且温度相同时，将硫酸铜倒入石灰乳，并不断搅拌均匀。

（2）石灰硫黄涂白剂　使用的药剂为 100 kg 生石灰、1 kg 硫黄、2 kg 食盐、2 kg 动（植）

物油和 400 L 热水。调制方法为：先用 40～50℃的热水将硫黄粉和食盐分别溶化，并在硫黄粉液中加入少量洗衣粉，然后将生石灰慢慢放入 80～90℃的开水中，同时慢慢搅动，充分溶化，最后把石灰乳和硫黄乳充分混合，并加入油脂充分搅匀。

（3）石硫合剂生石灰涂白剂　使用的药剂为 0.5 kg 石硫合剂原液、0.5 kg 食盐、3 kg 生石灰、油脂适量和 10 L 水。调制方法为：先将生石灰加水熟化，然后加入油脂搅拌后加水制成石灰乳，最后倒入石硫合剂原液和盐水充分搅拌均匀。

（4）石灰黄泥涂白剂　使用的药剂为 100 kg 熟石灰和 120 kg 黄泥。调制方法为：将熟石灰和黄泥加水混合后搅拌成浆状即可使用，可适量加入杀虫剂，兼治树体上的越冬害虫。

使用涂白剂的注意事项：涂白剂要随配随用，不能久放；使用时要搅拌均匀，以利刷涂，涂白剂要均匀刷涂在树干上；刷涂前要清除树干上的害虫，特别是虫瘿；选用晴天将主干基部均匀涂白，涂白高度以距地面 1.5 m 为宜。

二、成龄树病虫害防治

（一）主要病害防治

1. 白粉病

山楂白粉病俗称花脸、弯脖子，发病轻的苗木生长衰弱、枝条纤细，当年不能嫁接，发病重者枯死。春旱严重的年份发病较重，可造成幼果大量脱落及果实畸形，并影响第二年的新梢抽生和花芽分化，严重影响产量。

（1）危害症状　山楂白粉病在山楂产区均有发生，尤其是多雨地区发生严重。主要危害新梢、幼果及叶片。嫩芽发病，开始时出现褐色或粉红色的病斑，嫩芽抽发新梢时，病斑迅速蔓延到幼叶上，叶片两面产生白色粉状斑，严重时白粉覆盖整个叶片，白粉层较厚，呈绒毯状。新梢被危害后，节间变短，叶片狭长卷曲，严重时扭曲纵卷，最终干枯，枝条上也布满白粉。以后根部和叶上病斑转为紫褐色，并产生黑色小点，为病菌闭囊壳，患病新梢生长衰弱，严重者导致幼苗枯死。幼果在开花后开始发病，病斑多发生在近果柄处，上面覆盖一层白粉，果实向一方弯曲，以后病斑逐渐扩大到果面。发病较早的果实大部分会从果柄处断落；中后期受害的果实，病斑硬化并产生龟裂，果实畸形且着色不良；接近果实成熟期发病，果面产生红褐色粗糙病斑，果形正常，病斑对果实生长影响不大。

（2）发生规律　该病害由真菌引起。白粉病病菌的闭囊壳在病叶、病果上越冬，3 月底至 4 月初遇雨、大雾或浇水的情况下，释放出孢子囊，首先侵染山楂幼苗的根蘖，形成第一次侵染，然后产生分生孢子，借气流传播，再次进行重复侵染。在新梢迅速生长和坐果后进入发病盛期，7 月后发病逐渐减缓，至 10 月停止。果园郁闭、生长衰弱的山楂树易发病，且发病较重，生长势强的山楂树发病晚且危害轻，实生苗易发病且严重。春季温暖干旱、夏季多雨凉爽的年份会加速病害的发生与流行。

（3）防治方法

① 农业防治　预防为主，加强栽培管理。控制好肥水，合理疏花、疏叶，改善通风透光；注意秋季清洁果园及苗圃，烧毁病叶、病果，刮出山楂树老翘皮并烧毁，减少侵染来源。

② 化学防治　山楂发芽展叶后，发病前可以喷施保护剂，以防止病害的侵染发病。4月中下旬（花蕾期）、5月下旬（坐果期）和6月上旬（幼果期）各喷施1次，可用下列药剂：70%代森锰锌可湿性粉剂600～800倍液+20%三唑酮乳油500～1000倍液，或75%百菌清可湿性粉剂800倍液+12.5%烯唑醇可湿性粉剂2000倍液。病害发生中期时，可以用下列药剂：15%三唑酮可湿性粉剂600～1000倍液，或40%氟硅唑乳油400～600倍液均匀喷施。

2. 轮纹病

在我国各山楂产区均有发生，尤其在华北、东北、华东果区发病较重。一般果园发病率为20%～30%，重者可达50%以上。

（1）危害症状　山楂轮纹病主要危害枝干和果实。病菌侵染枝干，多以皮孔为中心，初期出现水渍状的暗褐色小斑点，逐渐扩大形成圆形或近圆形褐色瘤状物。病部与健部之间有较深的裂口，后期病组织干枯并翘起，中央突起处周围出现散生的黑色小粒点。果实进入成熟期后陆续发病，发病初期在果面上以皮孔为中心出现圆形黑色至黑褐色小斑，逐渐扩大成轮纹斑。略微凹陷，有的短时间内周围有红晕，下面浅层果肉稍微变褐、湿腐。后期外表渗出黄褐色液体，腐烂速度快，腐烂时果形不变。整个果实完全腐烂后，表面长出粒状小黑点，散状排列。

（2）发生规律　病菌以菌丝体或分生孢子器在病组织内越冬，是最初侵染和连续侵染的主要菌源。病菌于春季开始活动，随风雨传播到枝条和果实上。在果实生长期，病菌均能侵入，其中从落花后的幼果期到8月上旬侵染最多。侵染枝条的病菌，一般从8月份开始以皮孔为中心形成新病斑，翌年病斑继续扩大。在果实接近成熟期或贮藏期发病，果园管理差、树势衰弱、重黏壤土和红黏土、偏酸性土壤上的植株易发病，被病虫害严重危害的枝干或果实发病重，多雨年份发病重。

（3）防治方法

① 农业防治　加强肥水管理，休眠期清除病残体，是防治轮纹病的有效措施。冬、夏剪除的病枯枝，及时运出果园烧毁。贮藏期及时剔除病果，防止传染健康果实。

② 化学防治　发病初期刮除病组织，如病皮、病瘤等，并涂抹50%多菌灵可湿性粉剂100倍液或70%甲基硫菌灵可湿性粉剂200倍液等。山楂树发芽前，全树可喷洒50%多菌灵可湿性粉剂100倍液或45%噻菌灵悬浮剂500倍液等。在病菌开始侵入发病前（5月上中旬至6月上旬），重点是喷施保护剂，可以施用下列药剂：75%百菌清可湿性粉剂600倍液或70%代森锰锌

可湿性粉剂 400～600 倍液，均匀喷施。

在病害发生前期，应及时进行防治，以控制病害危害，可以用下列药剂：50%异菌脲可湿性粉剂 600～800 倍液，或 75%百菌清可湿性粉剂 600 倍液+10%苯醚甲环唑水分散粒剂 2000～2500 倍液，或 70%代森锰锌可湿性粉剂 400～600 倍液+12.5%腈菌唑可湿性粉剂 2500 倍液等，在防治中应注意多种药剂的交替使用。7 月中旬以后喷布 40%氟硅唑乳油 7000～8000 倍液+90%乙膦铝 600 倍液，或多菌灵+乙膦铝 600 倍液与波尔多液交替使用，共喷药 3～4 次。

3．花腐病

山楂花腐病是山楂的重要病害之一，分布于辽宁、吉林、河北、河南等山楂产区，病害流行年份，病叶率可达 70%左右，病果率高达 90%以上，常造成山楂绝产。

（1）危害症状　山楂花腐病主要危害花、叶片、新梢和幼果。嫩叶初现褐色斑点或短线条状小斑，然后扩展成红褐色至棕褐色大斑，潮湿时斑上生灰白色霉状物，病叶即焦枯脱落。新梢上的病斑由褐色变为红褐色，环绕枝条一周后，导致新梢枯死。花期病菌从柱头侵入，使花腐烂。幼果上初现褐色小斑点，然后颜色变暗褐腐烂，表面有黏液，具酒糟味，病果易脱落。

（2）发生规律　以菌丝体在落地僵果上越冬，4 月下旬在潮湿的病僵果上开始产生大量子囊孢子，借风力传播，然后在病灶部产生分生孢子进行重复侵染。5 月上旬达到高峰，到下旬即停止发生。低温多雨时，叶腐、花腐大流行。高温、高湿则发病早而重。

（3）防治方法

① 农业防治　晚秋彻底清除树上的僵果、干腐的花柄等病组织，扫除树下落地的病果、病叶及腐花并耕翻树盘，将带菌表土翻下，以减少病原。

② 化学防治　地面撒药，4 月底前在树冠下的树盘地面上，每亩园地撒 3：7 的硫黄石灰粉 3～3.5 kg。

开花前发病初期，可喷施下列药剂：70%代森锰锌可湿性粉剂 600～800 倍液，或 75%百菌清可湿性粉剂 800～1000 倍液，或 70%甲基硫菌灵可湿性粉剂 800～1000 倍液+50%福美双可湿性粉剂 500 倍液，控制花腐病。

落花后可喷施下列药剂：25%三唑酮可湿性粉剂 1000～2000 倍液，或 25%多菌灵可湿性粉剂 500～1000 倍液，或 50%异菌脲可湿性粉剂 1000～1500 倍液，或 70%甲基硫菌灵可湿性粉剂 800～1000 倍液，能有效控制果腐。

4．枯梢病

在山东、山西、辽宁、河北等地均有发生，主要造成果枝花期枯萎，枯梢率达 15%～30%，是老龄山楂树产量降低的重要原因。

（1）危害症状　山楂枯梢病主要危害果树桩。染病初期，果树桩由上而下变黑干枯，与健部形成明显界限，后期病部表皮下出现黑色粒状突起物；然后突破表皮外露，使表皮纵向开裂。翌年春天病斑向下延伸，当环绕基部时，新梢枯死。其上叶片初期萎蔫，后干枯死亡。

（2）发生规律　以菌丝体或分生孢子器在2～3年生果桩上越冬，翌年6～7月份，遇雨释放分生孢子，侵染危害，病菌多从2年生果树桩入侵，形成病斑。老龄树、弱树、修剪不当及管理不善时发病重。

（3）防治方法

① 农业防治　合理修剪；采收后及时深翻土地，同时沟施基肥。早春发芽前15天左右，每株追施碳酸氢铵1～15 kg或尿素0.25 kg，施后浇水。

② 化学防治　发芽前喷3～5 °Bé石硫合剂或45%晶体石硫合剂30倍液，以铲除越冬病菌。5～6月份，进入雨季后喷施下列药剂：36%甲基硫菌灵悬浮剂600～700倍液，或50%多菌灵可湿性粉剂800～1000倍液，或50%苯菌灵可湿性粉剂1000～1500倍液，或60%噻菌灵水分散粒剂800～1500倍液，每隔15天喷施1次，连续防治2～3次。

5．腐烂病

腐烂病又称山楂烂皮病，是北方山楂重要的病害，在我国河北省兴隆等山楂栽培区发生较普遍，主要危害10年以上结果树的树干和主枝，也危害幼树、小枝和果实。

（1）危害症状　症状分溃疡型和枝枯型。溃疡型多发生于主干、主枝及丫杈等处。发病初期，病斑红褐色、水渍状，略隆起，形状不规则，后病部皮层逐渐腐烂，颜色加深，病皮易剥离。枝枯型多发生在弱树的枝上、果台、干桩和剪口等处。病斑形状不规则，扩展迅速，绕枝一周后，病部以上枝条逐渐枯死。

（2）发生规律　以菌丝体、分生孢子器、孢子角及子囊壳在病树皮内越冬。翌年春，孢子自剪口、冻伤等伤口侵入，当年形成病斑，经20～30天形成分生孢子器。病菌的寄生能力很弱，当树势健壮时，病菌潜伏时间较长；当树体或局部组织衰弱时，潜伏病菌便扩展危害。在管理粗放、结果过量、树势衰弱的园内发病重。腐烂病一年有2个发病高峰期，即3～4月份和8～9月份，其中春季比秋季严重。大小年幅度大的果园，发病严重、发病期长；有机肥缺乏或追施氮肥失调，果园低洼积水、土层瘠薄等导致树势衰弱，发病重。周期性的冻害容易引发病害流行。

（3）防治方法

① 农业防治　一是加强栽培管理，增施有机肥，合理修剪，增强树势，提高抗病能力。二是预防冻害，越冬前适时给树体涂白。三是消除菌源，早春于树液流动前清除园内死树，剪除病枯枝、僵果台等，并在园外集中烧毁。

② 化学防治　发芽前全树喷施5%菌毒清水剂300倍液治疗枝干处病斑。刮除病斑后用下列药剂：5%菌毒清水剂50倍液+50%多菌灵可湿性粉剂800倍液，或70%甲基硫菌灵可湿性粉

剂 800 倍液+2%嘧啶核苷类抗生素水剂 10~20 倍液涂刷病斑，可控制病斑扩展。

6．叶斑病

在山楂产区均有分布，一般年份山楂叶斑病发病率在 20%，严重年份高达 40%以上，到 9 月底内膛叶基本落光。该病分布于河北兴隆、辽宁、山东等山楂产区。

（1）危害症状　山楂叶斑病主要有斑点型和斑枯型，主要危害叶片。

① 斑点型　叶片初期病斑近圆形、褐色，边缘清晰整齐，直径 2~3 mm，有时可达 5 mm，后期病斑变为灰色，略呈不规则形状，其上散生小黑点，即分生孢子器，一个叶片上有病斑数个，最多可达几十个，病斑多时可互相连接，呈不规则形大斑，病叶变黄，早期脱落。

② 斑枯型　叶片病斑褐色至暗褐色，不规则形，直径 5~10 mm。发病严重时，病斑连接成大型斑块，易使叶片枯焦早落，发病后期在病斑表面散生较大的黑色小粒点，即分生孢子盘。

（2）发生规律　病菌以分生孢子器在病叶中越冬。翌年花期条件适宜时产生分生孢子，随风雨传播进行初侵染和再侵染。一般于 6 月上旬开始发病，8 月中下旬为发病盛期。老弱树发病较重，降雨早、雨量大、次数多的年份发病较重，特别是 7~8 月份的降雨对病害发生影响较大。地势低洼、土质黏重、排水不良等因素会加速病害发生。

（3）防治方法

① 农业防治　秋末、冬初清扫落叶，集中深埋或烧毁，减少越冬菌源。加强栽培管理，改善栽培条件，提高树体抗病能力。

② 化学防治　自 6 月上旬开始，每隔 15 天左右喷药 1 次，连续喷药 3~4 次。发病前喷施下列药剂：75%百菌清可湿性粉剂 800~1000 倍液，或 50%多菌灵可湿性粉剂 1000~1500 倍液，或 70%代森锰锌可湿性粉剂 800~1000 倍液。发病初期可喷施下列药剂：50%异菌脲可湿性粉剂 1000 倍液，或 50%苯菌灵可湿性粉剂 1000~1500 倍液，或 70%甲基硫菌灵可湿性粉剂 1000~2000 倍液。

7．日灼病

山楂日灼病果实发病率为 15%~28%，严重时高达 40%以上，有的果园甚至高达 60%~70%。

（1）危害症状　山楂日灼病为生理性病害，主要危害果实和嫩枝。枝干最初呈水渍状，继而呈现深浅不一的云状斑纹。在长期持续高温和日光照射后，皮层逐渐变成黄褐色、褐色以至紫色，使韧皮组织死亡褐变、干枯纵裂。若骤遇烈日高温，中午经 2~3 h 暴晒，幼果阳面组织坏死、褐变，严重的果柄变黄以致幼果脱落。在山楂果实的向阳面产生近圆形或不规则形的黄白色病斑，后期病斑部位的果肉略凹陷，栓化，组织坏死，病斑变黑褐色，失去使用价值。病部仅限于果肉表层，内部果肉不变色。受害严重的果实呈畸形。在贮藏期间，日灼病果易为腐生菌污染而腐烂。

（2）发生规律　山楂果实日灼病与幼果期骤然高温低湿有直接关系，特别是进入 6 月中旬，幼果遇到 33℃以上高温、空气湿度较低的天气时，就容易发生日灼病。花期喷赤霉素，发病率显著增加。枝干日灼病多发生于冠顶无枝叶遮阴的主侧枝背上。幼树枝干光滑，皮层薄嫩，易遭日灼伤害，特别是沙地山楂树更容易受害。

（3）防治方法

① 农业防治　合理修剪，防止过度修剪。建立良好的树体结构，使叶片分布合理，夏日可利用叶片遮盖果实，防止烈日暴晒。高温期及时供水，补充树上因蒸发加剧散失的水分，继而蒸发散热，使果实表面温度上升有所减缓，并可增加果园湿度，使幼果的灼伤相应减轻。山区果园可推广树盘覆草，减轻日灼病的发生。灌水后及时中耕，促使根蒂活动，保持树体水分供应均衡。

② 化学防治　在高温天气对果实、枝干喷 100 倍石灰液或滑石粉液，可增加幼果反光，降低温度，减轻日灼病的危害。

8．花叶病

山楂花叶病在我国各山楂产区均有发生，其中以陕西、河南、山东、甘肃、山西等地发生最严重。

（1）危害症状　山楂花叶病主要表现在叶片上，发病初期，叶片上出现大型褪绿斑块，初为鲜黄色，后为白色，幼叶沿叶脉变色，老叶上常出现大型坏死斑。

（2）发生规律　花叶病病毒主要靠嫁接传播，若砧木或接穗携带病毒，均可使果树形成新的病株。树体感染病毒后，全身带毒，终生危害。萌芽后不久即表现症状，4～5 月份发展迅速，其后减缓，7～8 月份基本停止发展，甚至出现潜隐现象，9 月初病树抽发秋梢后，症状又重新开始发展，10 月份急剧减缓，11 月份完全停止。

（3）防治方法　选用无病毒接穗和实生砧木，采集接穗时一定要严格挑选健康株。

① 农业防治　在育苗期加强苗圃检查，发现病苗及时拔除销毁。对病树应加强肥水管理，增施农家肥料，适当重剪。干旱时应灌水，雨季注意排水。

② 化学防治　春季发病初期，可用下列药剂预防：10%混合脂肪酸水乳剂 100 倍液，或 20%吗胍·乙酸铜可湿性粉剂 1000 倍液，隔 10～15 天喷 1 次，连续 3～4 次。

9．山楂锈病

凡是有桧柏、松树、山楂存在的地方，都有锈病的分布。该病主要危害部位为叶片、叶柄、新梢及幼果，其中以危害幼果对产量损失最大。

（1）危害症状　叶片受害后，先在叶面产生橘黄色小圆斑，病斑稍凹陷，表面产生初为鲜黄色后为黑色的小粒点。病斑背面隆起，发病后 1 个月叶背产生灰褐色毛状物，从其中散出褐色粉末。最后病叶变黑干枯，叶片早落。幼果感病时，病斑呈橙黄色，近圆形，可扩及整个果面，先生出橙黄色至黑色小粒点，后生出淡黄色细管状物。新梢、果梗、叶柄感病，症状与果实相似，并且病部发生龟裂，易被折断。

（2）发生规律　锈病病菌以多年生菌丝在转主寄主如桧柏、龙柏、欧洲刺柏等树木主干上部组织中越冬，才能完成其生活史。若山楂园周围方圆 5 km 范围内没有桧柏、龙柏等转主寄主，锈病则一般不发生。春季山楂萌芽展叶时，如有降雨，温度适宜，冬孢子萌发，就会有大量的担孢子飞散传播，发病必重。此时的风力和风向都可影响担孢子与山楂树的接触，与发病轻重有很大关系。如果春季山楂萌芽前，气温高，冬孢子成熟早，冬孢子成熟后，若雨水多，冬孢子萌发，而此时山楂尚未发芽，冬孢子萌发产生的担孢子没有侵染山楂树幼嫩组织的机会，发病就轻。因此，春季气温高低及雨水多少，是影响当年锈病发生轻重的重要因素。

（3）防治方法

① 农业防治　在山楂树发芽前对桧柏等转主寄主剪除病瘿。

② 化学防治　在冬孢子传播侵染的盛期进行。春季山楂萌芽后，发生降雨时，若发现桧柏树上产生冬孢子角，喷一次 20%粉锈宁乳油 1500～2000 倍液，隔 10～15 天再喷一次，可基本控制锈病的发生。若防治不及时，可在发病后叶片正面出现病斑（性孢子器）时，喷 20%粉锈宁乳油 1000 倍液，可控制危害，起到很好的治疗效果。

10. 山楂炭疽病

山楂炭疽病主要危害叶片、枝条和果实。

（1）危害症状　叶片染病时，病斑呈圆形或扁圆形小斑，中央微黄，边缘微红褐，后扩大边缘褐色，中央青色凹陷变薄，潮湿时微露小黑点。果实染病时，病斑开始为淡褐色圆形，逐渐扩大，果肉软腐下陷，病斑颜色深浅交错，略呈现同心轮纹，严重时致果实脱落。枝条染病时，初期在表皮形成深褐色不规则病斑，后期病部溃烂龟裂，木质部外露，病斑表面也产生黑色小粒点。严重时病部以上枝条枯死。

（2）发生规律　病菌在病果、果台和干枯的枝条上越冬。第二年产生分生孢子，借风雨传播，由皮孔或直接侵入危害果实。一般于 5 月下旬至 6 月上旬开始发病，7～8 月最为严重，9 月中下旬为发病末期。高温潮湿，以及果园郁闭严重、阴雨连绵的雨季，容易导致病害盛发和流行。刺槐是山楂炭疽病菌的中间寄主，周围有刺槐的山楂树发病严重而且发病较早。

（3）防治方法

① 农业防治　冬季加强清园工作，彻底剪除病枝，彻底清理果园中残留的病果、病叶，集中深埋或烧毁，尽量减少越冬菌源。病害始发期，及时摘除个别枝条上的病果，减少再侵染病原。

② 化学防治　春季山楂树发芽前可喷洒 3～5 °Bé 石硫合剂，有助于消灭越冬病原。发病初期及时喷洒以下药剂防治：70%甲基硫菌灵可湿性粉剂 700 倍液、50%多菌灵可湿性粉剂 600

倍液、75%百菌清可湿性粉剂 500 倍液等。每间隔 10～14 天喷施 1 次，连续喷洒 3～4 次。

11. 山楂干腐病

山楂干腐病为真菌性病害，病菌无性阶段为半知菌类，主要危害枝干。

（1）危害症状　病斑多发生在主干及骨干枝的一侧。发病初期病斑为紫红色，迅速向上下扩展蔓延，呈条带状。发病中期病部皮层腐烂，病健交界处开裂，其表面密生细小黑色的小粒点。发病后期病树生长衰弱、发芽晚、结果小、叶色枯黄无光泽。病重时可导致树枝枯死或整株死亡。

（2）发生规律　病菌在山楂枝干病斑组织内越冬，翌年春天产生孢子，随风雨传播，从伤口或皮孔侵入。病菌具有潜伏侵染特性，多半侵染极度衰弱的枝干或植株。4 月开始发病，5～6 月病斑扩展最快。土壤贫瘠、干旱缺水、管理粗放易发病；伤口过多、冻害、日灼伤严重的易于发病；在缺水缺肥土壤上栽植的山楂幼树于缓苗期更易发病，甚至可造成幼树死亡。

（3）防治方法

① 农业防治　栽植无病壮苗，加强肥水管理，防止冻害和日灼伤，缩短缓苗期；及时清除枯死树枝，刨除病死树，烧毁病残体；增施有机肥，适时灌溉，防止树体干旱失水。

② 化学防治　山楂树发芽前喷洒 3～5°Bé 石硫合剂+五氯酚钠 200～300 倍液。采取纵向划道割条的方法治疗病斑，涂抹腐必清 5 倍液或腐殖酸铜原液、5%菌毒清 50～100 倍液、0.8%噻霉酮 3～5 倍液。涂抹伤口消毒剂时要多次涂布，使药剂渗透到刀口内，最好用复方煤焦油保护伤口。

12. 山楂枯梢病

山楂枯梢病为真菌性病害，病菌无性阶段为半知菌类葡萄生壳梭孢菌、有性阶段为子囊门葡萄小隐孢壳菌，主要危害果枝。

（1）危害症状　2 年生果桩首先发病，果桩由上而下变黑，皮层变褐，整桩腐烂，继而顺桩向下扩展。当病斑延伸至果枝基部，当年生果枝迅速失水凋萎、干枯死亡。枯梢不易脱落，可在树上残存 1 年之久。病斑暗褐色，病健组织间有清晰界限，后期干缩下陷，密生灰褐色小粒点，在潮湿条件下，小粒点顶端溢出乳白色卷丝状物，为病菌的分生孢子角。

（2）发生规律　该病菌主要以菌丝体和分生孢子器在 2～3 年生的果桩上越冬，翌年 6～7 月遇雨产生分生孢子，此时可进行再次侵染。一般会从 2 年生的果桩入侵，形成病斑。老龄树、弱树、修剪不当及管理粗放的果园发病重。一般是在树冠内膛发病较多。此外，该种病害的发生与否与当年生果桩基部的直径密切相关，一般直径在 0.3 cm 以下发病重、0.3～0.4 cm 发病较轻、0.4 cm 以上基本不发病。

（3）防治方法

① 农业防治　加强栽培管理，合理修剪。采收后及时深翻、施肥、浇水。

② 化学防治　发芽前喷 45%晶体石硫合剂 30 倍液或 1：1：100 倍式波尔多液、3～5°Bé 石硫合剂、10%银果乳油 500～600 倍液等。5～6 月份，进入雨季后，喷洒 62%噻菌灵可湿性粉剂 800 倍液或 50%代森锰锌 600～800 倍液、36%甲基硫菌灵悬浮剂 600～700 倍液、50%多菌灵可湿性粉剂 800 倍液等，每 15 天喷施 1 次，连续防治 2～3 次。

13. 山楂丛枝病

山楂丛枝病为菌原体病害，主要危害山楂的花、芽、枝。

(1) 危害症状　病害发生后，山楂树早春发芽较晚，比正常植株晚 1 周左右。树冠小叶黄化簇生，无明显节间枝条，致病枝由上向下逐渐枯死或花器萎缩退化，花芽不能正常开花结果，花小，呈畸形，花器由白色变成粉红色或紫红色。病株根部萌生蘖条易带病，移栽后显症，1～2 年内枯死。

(2) 发生规律　可能与椿象、叶蝉、蚜虫等刺吸式口器昆虫在病树、健壮树上危害、交叉传染有关，其自然扩散存在初次侵染源。其分布特点为在发病严重的园地，几棵山楂树同时感病，呈点片状分布。管理粗放、树势较弱的果园发病较重。

(3) 防治方法

① 农业防治　培育无病苗木。接穗要从无病株上采取；嫁接时可采用药剂对接穗进行消毒处理；苗木培育期可喷洒盐酸土霉素溶液 500～1000 mL/kg，连喷 3 次才有效果；果园发现病树时，及时彻底刨除，包括病树的大根，消灭早期传染中心。

② 化学防治　4 月、8 月在病枝同侧树干钻 2～3 个孔，深达木质部，将薄荷水 50 g、龙骨粉 100 g、铜绿 50 g 研成细粉，混匀后注入孔内。每孔 3 g，再用木楔钉紧，用泥封闭，杀灭病原体，根治病害。

14. 山楂根腐病

山楂根腐病为真菌病害，主要造成山楂树体衰弱、根腐、黄叶、死树。

(1) 危害症状　病株局部或全株叶片褪绿、黄化，有些叶小而薄、簇生，高温大风天气萎蔫、卷缩，叶片失水。病株叶片易黄化脱落，主脉扩展有红褐色晕带，新梢短，果实小，大枝枯死，相对应一侧根腐烂。枝条皮层下陷变褐易剥离，木质部与烂根导管均变褐色。须根先变褐枯死，围绕须根基部产生红褐色圆形病斑，严重时病斑融合，腐烂深达木质部，致整个根系变黑死亡。

(2) 发生规律　病菌在土壤中和病残体上过冬。一般多在 3 月下旬至 4 月上旬发病，5 月进入发病盛期。其发生与气候条件和栽培管理措施关系密切。当降雨频繁、土壤积水含氧不足时，病菌侵入根部，山楂树根系生长衰弱，树体贮存营养消耗殆尽时，开始发病。单一化肥施用多，排水不良的黏质土地，含盐量过大、地下水位太高的果园易患此病；果园土壤黏重板结，长期干旱缺肥，水土流失严重，大小年结果现象严重及管理不当的果园发病较重。春秋两季为发病高峰，整个生长季节均可发生。复发率较高，潜伏期长、传播快，可以随苗木、灌水等方式传播蔓延。

(3) 防治方法

① 农业防治　加强栽培管理，增强树势，提高抗病力。避免山楂园周围种植杨、柳、刺槐等树种。防止果园土壤过干或过湿；增施有机肥或使用菌肥及饼肥，改良土壤结构；调节树体结果量，避免大小年现象出现；多种绿肥压青，采用配方施肥技术，提高果园肥力。

② 化学防治　在春季、秋季扒土晾根。刮治病部或截除病根。晾根期间避免树穴内灌入水或被雨淋。晾7～10天，刮除病斑后用波尔多液或5°Bé石硫合剂或45%的晶体石硫合剂30倍液灌根，也可在伤口处涂抹50%的多菌灵1000倍液或50%的立枯净可湿性粉剂300倍液。防治效果达到85%以上。

草木灰防治效果也很好。具体做法是：扒开根部的土壤，彻底清除腐根周围的泥土，刮去发病根皮。晾晒24 h后，每株覆盖新鲜草木灰2.5～5 kg，再覆盖泥土。治愈率可达90%。生长季发现病树后，立即刨出根系，并在伤口处涂菌毒清10倍液或3°Bé石硫合剂等。

发现落叶严重，即可刨开表土层，挖出根系，稍许晾根。然后用下列药剂灌根：25%络氨铜水剂500倍液；50%多菌灵可溶性粉剂600倍液+98%恶霉灵原药兑水3000～5000倍液灌根。混加适量的根旺、根宝等生根剂效果更好。灌根时，一定要注意药液量充足，灌根透彻。用药液将树盘周围灌透以后，再覆盖新鲜土壤。也可淋施，防治效果达到90%，注意避开雨季灌根。

15. 山楂根朽病

山楂根朽病为担子菌类病害，主要危害山楂根茎和主根。

(1) 危害症状　山楂苗木、大树的根部均可被侵染。地上部分表现为叶部发育受阻，叶形变小、枝叶稀疏或叶片变黄、早落，结果少而小、味差，有时枝梢枯死，严重时整株死亡。病斑呈不规则形，红褐色，皮层松软，皮层与木质部之间充满白色至淡黄色的扇状菌丝层，将皮层分离为多层薄片。发病初期仅皮层溃烂，后期木质部也腐朽。在病根皮层内、根表及附近土壤中可见深褐色至黑色的根状菌索。高温多雨季节，在树根茎部及露出土面的病根上常有丛生米黄色蘑菇状子实体。

(2) 发生规律　病原菌的菌丝体、菌索在病根部或残留在土壤中越冬，寄生性弱。菌索在土壤中蔓延，靠病根与健根接触转移传播。一般幼树很少发病，盛果期的树尤其是老树受害重。管理差、树势弱、果园阴湿积水、水肥条件差的发病重。

(3) 防治方法

① 农业防治　深翻扩穴，增施有机肥、绿肥，改善土壤理化性状。地下水位高的果园，要开沟排水；雨后注意排水，防止积水。果园内发现病株时，在周围挖1 m以上的深沟，防止病菌向邻近健康树传播蔓延。

② 化学防治　对将死亡或已经枯死的树尽早挖除，并彻底清除病残根，对病穴土壤浇灌40%甲醛 100 倍液或五氯酚钠 150 倍液，进行土壤消毒。大树染病，从基部清除整条病根，将整个根系拣出再用 70%五氯硝基苯粉剂与新土按 1∶150 的比例混合均匀配成药土，撒于根部。用药量以药土能将露出的健根和挖出的土壤剖面覆盖为宜，也可用 1%～2%硫酸铜液消毒。

在早春、夏末、秋季及树体休眠期，于树干基部挖 3～5 条放射状沟，浇灌 50%甲基硫菌灵可湿性粉剂 800 倍液、50% 苯菌灵可湿性粉剂 1500 倍液或 20%甲基立枯磷乳油 1000 倍液。

16．山楂苗立枯病

该病在各产区均有发生，除危害山楂苗外，还危害多种其他苗木。

（1）危害症状　该病由于病原菌不一，危害期不同，症状反应也不一致，主要表现为四种类型：烂芽型，种子萌发后出土前，芽受病菌侵染，在土中腐烂。这种类型常在低温、土壤潮湿及覆土较深的苗床内发生。猝倒型，幼苗出土后幼茎木质化前，在幼根根茎处发生水渍状病斑，随后腐烂，幼苗很快倒伏死亡。这种类型造成的死苗严重。立枯型，幼苗木质化后，根部发生腐烂。茎叶枯黄，干枯而死，但不倒伏。这种类型多发生在病苗的后期。顶腐型（茎叶腐烂型），从苗木顶端染病，以后蔓及全树，茎叶萎蔫腐烂。前两种类型发生较普遍，后两种发生相对较少。

（2）发生规律　立枯病主要是由镰刀菌等真菌引起的。该病菌在土壤中腐生能力强，土壤10 cm 左右深的表土层中病菌最多。病菌在土壤中随流水、肥料和覆盖物等传播。从种子萌发到停止生长之前都可发病。感病苗株，茎基变褐，组织腐烂缢缩，地上部褪色萎蔫，从缢伤处折倒。发病与幼苗木质化程度、温湿度有密切关系。幼苗出土期一般温度为 20～25℃时，为发病适温。此时，若土壤湿度大，则极易发病。老苗圃、低洼地及前作为瓜类、豆类、蔬菜和棉花的地块发病重。

（3）防治方法

① 农业防治　选择好苗圃地，以沙壤土作新圃地为好。避免和瓜类、豆类等作物重茬。做好土壤处理和种子处理。

② 化学防治　播种前每亩施 2.5～5.0 kg 硫酸亚铁和杀菌剂，或用 40%可湿性拌种灵或拌种霜拌种，每 50 kg 种子拌药 300～500 g。种子消毒亦可用 0.5%黑矾水浸种 5 h。先用清水把种子洗净，再用 45℃的水浸种 48 h，最后用 1 份种子、2 份湿沙催芽。种子露芽时即可播种。苗木出土后 20～30 天，长出 2～3 片真叶和 4～5 片真叶时，用 1%的硫酸亚铁水各浇灌一次。

17．山楂黑星病

（1）危害症状　为害叶片及果实，引起叶斑及果实疮痂。叶片发病初期，在叶背面叶脉间产生稀疏的霉状物，此为病菌的分生孢子梗及分生孢子，后逐渐扩展为大小不等的不规则暗褐色霉斑。叶片正面的病斑部分呈不规则褪绿斑，发病严重时霉斑互相连接成片，甚至布满叶片，导致叶片干枯早落。如幼叶早期受害易使叶片皱缩，甚至破裂，发病严重时，病斑互相愈合，成为不规则大型霉斑，可引起早期落叶。

（2）发生规律　山楂黑星病为叶部病害，病原有性阶段为子囊菌类、无性阶段为半知菌类，发病初期为6月上旬，发病盛期为7月中下旬，9月以后发病渐少，10月病害停止发生，大多数山楂品种均能感病。

（3）防治方法

① 农业防治　定时巡查果园，仔细检查每棵树的生长情况，发现有异常的果树要及时将叶果枝摘除，如有已经掉落的也要及时捡出果园。秋末冬初清扫枯枝落叶及病虫害侵染的落果，集中深埋或烧毁，以减少越冬菌源。

② 化学防治　经常清查山楂园，在叶片初见病斑时，立即全树喷洒50%多菌灵可湿性粉剂1000倍液，或70%甲基托布津可湿性粉剂1000倍液，每隔10～15天喷施1次，共喷4次左右。

18．山楂青霉病

（1）危害症状　病原为半知菌类常见青霉菌，主要危害生长后期及贮藏期的果实，引起果实腐烂，常在果面上产生浓绿的霉层，即病原菌的分生孢子梗和分生孢子，腐烂果实有一股霉味。

（2）发生规律　青霉菌分布很广，孢子借气流传播，也可通过接触等操作传染，病菌易从伤口侵入致病。包装箱、贮藏室的带菌情况与发病轻重关系密切，25℃青霉病发生扩展最快，降低温度有一定的抑制作用，病菌0℃也能缓慢生长，在长期贮藏中可陆续出现腐烂。

（3）防治方法

① 农业防治　科学采收和贮藏，采收、分级包装及贮运过程中，尽可能减少机械伤口，剔除带有病伤的果实，防止传染；合理控制贮藏室温湿度。

② 化学防治　贮藏场所和包装箱严格消毒，也可用药剂熏蒸，方法是用硫黄粉2～2.5 kg/ 100 m³掺入适量锯末，点燃后封闭熏蒸48 h；也可用12%福尔马林、4%漂白粉水溶液喷布熏蒸后密闭2～3天，然后通风启用。贮藏前用药剂处理果实：贮前用50%多菌灵可湿性粉剂500倍液或70%甲基硫菌灵可湿性粉剂600倍液、45%特克多悬浮剂3000～4000倍液喷雾果实，同时还可兼防贮藏期的其他真菌性病害，喷药后晾干入库贮藏。

19．山楂裂果病

（1）危害症状　山楂裂果病为生理性病害，是由自然因素影响所致。果皮开裂露出果肉，主要有横裂、纵裂和三角形裂等三种方式。果实开裂后，失去商品价值，并易引起霉菌侵染而发病。

（2）发生规律　裂果主要发生在果实近成熟期。由于水分供应不均匀，或后期天气干旱，突然降雨或灌水，果树吸水后果实迅速膨大，果肉膨大速度快于果皮膨大而造成裂果。不同品种发病轻重不同。土壤有机质含量低、黏土地、通气性差、土壤板结、干旱缺水，裂果发生重。

（3）防治方法

① 农业防治　改良土壤，增施有机肥，地面覆草、涵养土壤水分，合理适时浇水，避免果园大干大湿。果实成熟前期地面覆膜，控制土壤吸水量。果实成熟期遇雨后及时抢摘。

② 化学防治　对于历年裂果较重的园地，在未出现裂果前，喷洒浓度为 0.03%的氯化钙水溶液或 0.2%的硼砂水溶液，可减轻裂果病的发生。

20．山楂白纹羽病

（1）危害症状　病原有性态为子囊菌门褐座坚壳菌、无性态为半知菌类白纹羽束丝菌，危害根系。染病后叶形变小、叶缘焦枯，小枝、大枝或全部枯死。根部缠绕白色至灰白色丝网状物，即病菌的根状菌索，地面根茎处产生灰白色薄绒状物，即菌膜。此病是引起老弱树死亡的主要原因。

（2）发生规律　主要以残留在病根上的菌丝、根状菌索或菌核在土壤中越冬。条件适宜时菌核或根状菌索长出营养菌丝，从根部表皮皮孔侵入，病菌先侵染新根的柔软组织，后逐渐蔓延至大根，被害细根霉烂甚至消失。多在 7 月至 9 月发病。果园或苗圃低洼潮湿、排水不良发病重，湿度影响最大；栽植过密、定植太深、培土过厚、耕作时伤根、管理不善等易造成树势衰弱，土壤有机质缺乏、酸性强等可引发此病。

（3）防治方法

① 农业防治　彻底剔除病苗，选栽无病苗木，不在带病苗圃育苗；建园时选栽无病苗木，为防苗木带菌，可用 10%硫酸铜溶液或 2%石灰水、70%甲基硫菌灵可湿性粉剂 500 倍液浸 1 h，或用 47℃恒温水浸渍 40 min、45℃恒温水浸渍 1 h，以杀死苗木根部病菌，栽植时嫁接口露出地表，以防土壤中病菌从接口侵入。

挖沟隔离：在病株或病区外挖 1 m 以上的深沟进行封锁，防止病害向四周蔓延。

加强栽培管理，增强树势，提高抗病力：采用配方施肥技术，增施有机肥，合理配比施用氮、磷、钾。注意雨后及时排水，防止果园渍害；科学修剪，疏花疏果，合理负载，防止大小年现象。加强其他病虫害的防治。

② 化学防治　病树治疗：经常检查树体地上部的生长情况，如发现果树生长衰弱，叶形变小或叶色褪绿等症状时，及时扒开根部周围土壤进行检查，确定根部有病后，首先切除已霉烂的根部；之后用 401 抗菌剂 50 倍液、或 1%硫酸铜液、或 70%甲基硫菌灵可湿性粉剂 600 倍液、或 50%代森锌 500 倍液、或 50%退菌特 250～300 倍液、或硫酸铜 100 倍液、或 10%石灰乳涂抹伤口杀菌；再于根部土壤上浇灌药液或撒施药粉防治，可用 40%五氯酚钠可湿性粉剂

1 kg+细干土 40～50 kg 混匀后撒于根基部，或用上述药液以合理浓度浇灌病根周围土壤中，最后将刮除的病部和切除的霉根及从根茎周围扒出的土壤，运送到园外处理，并换上无病菌的新土覆盖根部。病株处理上半年在 4 月至 5 月间进行，下半年在 9 月份进行，或在果树休眠期进行，但要避免在 7 月至 8 月高温干燥的夏季扒土施药。病树处理后，应增施肥料，如尿素和腐熟的粪便等，以促使新根产生，加快树势恢复。

21. 山楂圆斑根腐病

(1) 危害症状　病原包括多种镰刀菌，均为半知菌类真菌，主要有腐皮镰刀菌、尖孢镰刀菌、弯角镰刀菌。发病时须根先变褐枯死，围绕须根基部产生红褐色圆形病斑，后扩展到肉质根。严重时病斑融合，深达木质部，致整段根变黑死亡，继而引起地上部树体枯死，是引起树体枯死的重要原因之一。

(2) 发生规律　三种镰刀菌均为土壤习居菌或半习居菌，可在土壤中长期生存。当山楂树根系生长衰弱时，病菌侵入根部发病。果园土壤黏重板结、盐碱过重、长期干旱缺肥，水土流失严重，大小年现象严重及管理不当的果园发病较重。

(3) 防治方法

① 农业防治　加强栽培管理，增强树势，提高抗病力，旱浇涝排防止果园渍害；冬春季适时深翻果园，生长季节及时中耕锄草和保墒，改良土壤结构，防止水土流失；科学修剪，调节树体结果量，控制大小年；增施有机肥，合理配比施用氮、磷、钾肥。

② 化学防治　药剂灌根：在早春或夏末病菌活动期，以树体为中心，挖深 70 cm、宽 30～45 cm 的辐射沟 3～5 条，长以树冠投影外缘为准，浇灌 50%甲基硫菌灵·硫黄悬浮剂 1000 倍液或 20%甲基立枯磷乳油 1200 倍液、40%甲醛 100 倍液、50%腐霉利可湿性粉剂 1000～1500 倍液、65%抗霉威可湿性粉剂 600～800 倍液等，施药后覆土。晾根刮除病斑：春、秋扒土晾至大根，并刮除病部或截除病根，晾根期间避免树穴内灌入水或雨淋。晾 7～10 天后，用 1∶1∶100 倍式波尔多液或 3～5°Bé 石硫合剂、45%晶体石硫合剂 30 倍液灌根，或在伤口处涂抹 50%多菌灵或 47%加瑞农可湿性粉剂 300～400 倍液、4%春雷霉素可湿性粉剂 200～300 倍液等。

22. 山楂缺铁症

山楂缺铁症为生理性病害，可造成山楂叶片组织坏死或落叶。

(1) 危害症状　山楂新梢速长期和展叶期生长发育所需铁元素增加，而土壤中供应不足时表现为"黄叶病"。首先是新梢叶片、叶肉部分变黄，而叶脉仍为绿色。逐渐全叶变黄，严重时叶片黄化，部分坏死，梢部枯死。病树枝条不充实，不易成花。病树果实鲜红，而正常树果实是暗红色。

(2) 发生规律　土壤过碱和含有大量碳酸钙以及土壤湿度过大，使可溶性铁变为不溶性状态，植株无法吸收，导致树体缺铁，造成叶片组织坏死或落叶。

（3）防治方法

① 农业防治　改良土壤，释放被固定的铁元素，是防治缺铁症的根本性措施。通过增施有机肥、种植绿肥等措施，增加土壤有机质含量，改变土壤的理化性质，释放被固定的铁。

② 化学防治　a. 将3%硫酸亚铁与饼肥或牛粪混合施用。具体操作：将0.5 kg硫酸亚铁溶于水中，与5 kg饼肥或50 kg牛粪混匀后施入根部，有效期大约半年。b. 把3%硫酸亚铁与有机肥按1：5的比例混合，每株施用2.5～5 kg，效果达2年以上。c. 发芽前枝干上喷洒0.3%～0.5%的硫酸亚铁溶液，或喷洒硫酸亚铁1份+硫酸铜1份+生石灰2.5份+水360份混合液。d. 发病初期叶面喷洒0.4%硫酸亚铁溶液，7～10天1次，连续喷2～3次。

（二）虫害防治

1. 绢粉蝶

在我国东北、华北、西北各地及四川等地均有分布，以北部果区受害较重。

（1）危害症状　以幼虫危害叶片、芽、花等，春季果树发芽时初孵幼虫常群集危害花芽和花蕾，将其蛀成孔洞或吃光，大幼虫可将叶片吃光只留叶柄。

（2）发生规律　一年发生1代，以低龄幼虫群集在树冠上，用丝缀叶成巢并在虫巢内越冬，春季发芽时开始活动，夜伏昼动，常群集危害芽、花器和嫩叶。较大幼虫离巢分散后开始危害果树。5～6月份老熟幼虫在枝干、树下杂草、砖石瓦块等处化蛹，蛹期14～23天。成虫白天活动，晴天活跃，常飞舞在树冠间，吸食花蜜，羽化后不久即交尾产卵。卵产于叶片上，常数十粒乃至百余粒成块，排列不整齐，初孵幼虫群集危害，发育很慢，虫巢在叶干枯后不落。全年以4～5月份危害最重。

（3）防治方法

① 农业防治　山楂粉蝶幼虫构筑的枯叶虫巢挂在树上不脱落易识别，可在落叶后摘除虫巢，消灭越冬幼虫，这是一种有效的防治措施；卵期摘卵块灭卵；利用幼虫假死习性，人为振摇树枝，将幼虫振落，集中消灭。

② 化学防治　越冬幼虫出蛰盛期，可用下列药剂：40%乐果乳油800～1000倍液，或25%喹硫磷乳油1500～2000倍液，或50%杀螟硫磷可湿性粉剂1000～1500倍液，或50%马拉硫磷乳油1000～2000倍液等喷雾防治。注意轮换用药，减轻耐药性。

2. 山楂食心虫

危害山楂的食心虫主要有桃小食心虫和梨小食心虫，主要分布在我国东北三省、河北、河南、山东、安徽、江苏、山西、陕西、甘肃、青海和新疆等山楂果区。

（1）危害症状　以幼虫蛀果危害。幼虫孵化后蛀入果实，蛀果孔常有流胶点，不久干涸呈白色蜡质粉末。幼虫在果内蚕食果肉，果实受害初果面出现一黑点，后蛀孔四周变黑腐烂，形成黑疤，疤上仅有一小孔，虫粪排在果内，幼果长成凹凸不平的畸形果，形成"豆沙馅"果。幼虫老熟后，在果面咬一直径为 2～3 mm 的圆形脱果孔，虫果容易脱落。新梢被害后，顶端出现流胶，髓部被蛀空，梢端枝叶枯死易折断。

（2）发生规律　以老熟幼虫在土中做茧越冬，绝大多数分布在树干周围 1 m 范围、5～10 cm 深的表土中。翌年 5 月下旬至 6 月上旬幼虫从越冬茧钻出，6 月中旬为出土盛期，雨后出土最多，在地面吐丝缀合细土粒做夏茧并化蛹。成虫昼伏夜出、不远飞，无趋光性，常停落在背阴处的果树枝叶及果园杂草上，羽化后 2～3 天产卵。卵多产于果实的萼洼、梗洼和果皮的粗糙部位，在叶片背面、果台、芽、果柄等处也会产卵。第一代孵化盛期在 6 月下旬至 7 月上旬。幼虫老熟后，咬一个圆孔，爬出孔口直接落地。在果面爬行不久即从果实胴部啃食果皮，然后蛀入果内，先在皮下蚕食果肉，果面出现凹陷的潜痕，造成畸形果。第二代孵化盛期在 8 月中旬左右，孵化的幼虫危害至 9 月份，脱果入土做茧越冬。

（3）防治方法

①　农业防治　于 5 月前在树干周围 1 m 范围内培以 30 cm 厚的土，并踩实。或树盘覆地膜，成虫羽化前，在树冠下地面覆盖地膜，以阻止成虫羽化后飞出。第一代幼虫脱果时，结合压绿肥进行树盘培土消灭一部分夏茧。果实受害后，及时摘除树上虫果并打扫干净落地虫果。幼虫活动盛期在 6 月中下旬，是地面防治的关键时期。一般 8 月上中旬是第二代卵孵化和幼虫危害果实的盛期。

②　化学防治　越冬幼虫出土前，可用下列药剂：50%辛硫磷乳油 100 倍液，喷洒地面。在成虫产卵高峰期，卵果率达 0.5%～1%时，可用下列药剂：75%硫双威可湿性粉剂 1000～2000 倍液，或 50%仲丁威可溶性粉剂 1000 倍液，或 25%甲萘威可湿性粉剂 40 倍液，或 25%灭幼脲悬浮剂 750～1500 倍液均匀喷雾。

在卵孵化盛期，可用下列药剂：25%高效氯氟氰菊酯水乳剂 4000～5000 倍液，或 10%氯氰菊酯乳油 1000～1500 倍液，或 2.5%溴氰菊酯乳油 1500～2000 倍液，或 20% 氰戊菊酯乳油 1000～1500 倍液，或 1.8%阿维菌素乳油 2000～4000 倍液等均匀喷雾。喷药重点是果实，每代喷 2 次，间隔 10～15 天。

3．山楂叶螨

山楂叶螨又名山楂红蜘蛛，分布于我国东北、西北、华北及江苏北部等地区。

（1）危害症状　以成虫、幼虫、若虫吸食芽、花蕾及叶片汁液。花蕾、花严重受害后变黑，芽不能萌发而死亡，花不能开放而干枯。叶片受害时，叶螨在叶背主脉两侧吐丝结网，在网下停息、产卵和危害，使叶片出现很多失绿斑点。随后斑点扩大连片，变成苍白色，严重时叶片焦黄脱落。

（2）发生规律　山楂叶螨每年发生 5～9 代，已受精的冬型雌成虫在主枝、主干的树皮裂缝内及老翘皮下越冬。在幼树上多集中到树干基部周围的土缝里越冬，也有部分在落叶、枯草或石块下越冬。翌年春天，当芽膨大时开始出蛰，先在内膛的芽上取食活动，4月中下旬为出蛰高峰期，出蛰成虫取食1周左右开始产卵。若虫孵化后，群集于叶背吸食叶片。5月上旬为第一代幼螨孵化盛期。6月中旬到7月中旬繁殖最快、危害最重，常引起大量落叶。9~10月份开始出现受精雌成螨越冬。

（3）防治方法

① 农业防治　一是保护和引放天敌。尽量减少杀虫剂的使用次数，或使用不杀伤天敌的药剂以保护天敌，特别是花后大量天敌相继上树，若不喷药杀伤，个别树严重、平均每叶达5头时应进行"挑治"，避免因普治而误伤大量天敌。二是树木休眠期刮除老皮，重点是刮除主枝分杈以上老皮，主干可不刮皮以保护主干上越冬的天敌。三是山楂叶螨主要在树干基部土缝里越冬，可在树干基部培土拍实，防止越冬螨出蛰上树。

② 化学防治　果树发芽前的防治：在叶螨虫密度大的果园，早春及时刮翘树皮，或用粗布、毛刷刷越冬成虫或卵。果树发芽前喷施杀螨剂，对螨卵、成虫都有较好的杀灭效果。花后展叶期第一代成螨产卵盛期，喷施下列药剂：5%噻螨酮乳油2000~2500倍液，或1.8%阿维菌素乳油2000~3000倍液，或20%三唑锡乳油2000~3000倍液等。在6月下旬至7月上中旬叶螨发生盛期，可用下列药剂：73%炔螨特乳油2000~3000倍液，或5%唑螨酯悬浮剂2000~3000倍液，或10%苯螨特乳油1000~2000倍液，或15%杀螨特可湿性粉剂1000~2000倍液，或25%乐杀螨可湿性粉剂1000~1500倍液等。

4. 花象甲

花象甲分布在吉林、辽宁、山西等地的山楂产区。

（1）危害症状　成虫取食嫩芽、枝叶、花蕾、花和幼果，并在花蕾上咬孔产卵；幼虫在花蕾内咬食花蕊和子房，使花不能开放。啃食幼果，致使果面凹凸不平，果实畸形。

（2）发生规律　一年发生1代。以成虫在树干老翘皮下或树下落叶、杂草中越冬。越冬成虫于4月中旬开始出蛰，4月中下旬为出蛰盛期。成虫先取食嫩芽，展叶后取食嫩叶，一般在叶背咬食叶肉，残留上表皮形成"小天窗"。成虫白天气温高时活动。成虫产卵时先在花蕾基部咬一小孔，深达花柱处，然后产卵于孔内，分泌黏液封住孔口；每个花蕾只产1粒卵。成虫产卵后继续危害花蕾，导致花蕾脱落。越冬成虫约在6月初陆续死亡。幼虫在5月上旬孵化，受害花蕾脱落时，幼虫已近老熟。5月底至6月上旬幼虫在落地花蕾内化蛹，6月上旬成虫开始羽化。当年出现的成虫主要危害幼果，一个果实可有数个被害孔。被害果生长缓慢，果面出现龟裂。6月中下旬开始越夏。

（3）防治方法

① 农业防治　及时清扫落地花蕾，集中深埋或烧掉，消灭幼虫和蛹。

② 化学防治　成虫产卵之前，即花序分离期，可用下列药剂防治：90%晶体敌百虫800～1000倍液或40%乐果乳油1000～1500倍液，或50%杀螟硫磷乳油1000～1500倍液等。

5．萤叶甲

萤叶甲主要分布在河南、山西、陕西的山楂产区。

（1）危害症状　成虫咬食叶片呈缺刻，并啃食花蕾。初孵幼虫爬行到幼果，即蛀入果内食空果肉。

（2）发生规律　一年发生1代，以成虫于树冠下的土层中越冬。4月中旬出土为害，5月上旬为产卵盛期。5月下旬落花期幼虫开始孵化，蛀果为害，6月下旬老熟成虫入土化蛹。

（3）防治方法

① 农业防治　越冬成虫出土前，清除田间枯枝落叶，减少越冬虫源。幼虫危害期及时清理落果，集中销毁可消灭其中没脱果的幼虫。

② 化学防治　药剂处理树冠下土壤，毒杀出土成虫。3月底越冬成虫出土前，将树冠下地表的枯枝落叶、杂草、石块等清理干净，土表整平耙细。成虫开始出土立即施药，一般当芽膨大有黄豆粒大时为施药适期。4月上旬成虫出土期施药防治，可用下列药剂：48%毒死蜱乳油1000～1500倍液，或5%氯氰菊酯乳油2000～3000倍液，或10%吡虫啉可湿性粉剂2000～3000倍液，或50%辛硫磷乳油1000～2000倍液，或25%喹硫磷乳油1000～1500倍液。

树上喷药毒杀成虫、幼虫及卵。依据虫情需要树上喷药时，可在开花前和落花后进行。

6．舟形毛虫

（1）危害症状　幼虫群集叶片正面，将叶片食成半透明纱网状；稍大幼虫食光叶片，残留叶脉。

（2）发生规律　每年发生1代，以蛹在树冠下的土中越冬。翌年7月上旬开始羽化，7月中下旬进入盛期。幼虫发生盛期在7月下旬至9月下旬，高峰期发生在8月中旬至10月中旬，幼虫老熟后沿树干向下爬入土中，化蛹越冬。成虫白天隐藏在树叶丛中或杂草堆中，傍晚至夜间活动，趋光性强。初孵幼虫多群聚叶背，不吃不动，早晚和夜间或阴天群集叶面，由叶缘向内啃食。低龄幼虫遇惊扰或振动时，成群吐丝下垂。3龄后逐渐分散取食或转移危害，白天多栖息在叶柄或枝条上，头尾翘起，状似小舟。

（3）防治方法

① 农业防治　越冬的蛹较为集中，春季结合果园耕作，刨树盘将蛹翻出，在7月中下旬至8月上旬，幼虫尚未分散之前巡回检查，及时剪除群居幼虫的枝和叶，幼虫扩散后，利用其受惊吐丝下垂的习性振动有虫树枝，收集、消灭落地幼虫。

② 化学防治　防治关键时期是在幼虫3龄以前，可用下列药剂：40%丙溴磷乳油800～1000

倍液，或 25%硫双威可湿性粉剂 1000 倍液，或 50%杀螟硫磷乳剂 1000 倍液，或 40 %乐果乳油 1500～2000 倍液，或 25%喹硫磷乳油 1000 倍液，或 20%甲氰菊酯乳油 1000 倍液，或 20%氰戊菊酯乳油 2000～2500 倍液，或 10%联苯菊酯乳油 2000～3000 倍液。

7. 桃白小卷蛾

(1) 危害症状 桃白小卷蛾又名白小食心虫，属鳞翅目蛀蛾科。北方产区发生普遍，如在辽宁、河北、山东等地的苹果和山楂产地，危害较重，是主要的蛀果害虫。

(2) 发生规律 一年发生 2 代。以老龄幼虫做茧越冬，在山楂树树干上很少，多在树下落叶和地面上结茧。越冬幼虫 5 月上旬开始化蛹，5 月中旬达盛期，蛹期 15～22 天。越冬化成虫在 5 月下旬至 6 月下旬发生，产卵于山楂叶背面，幼虫孵出后爬到果上蛀害。幼虫多从果萼洼处蛀入，还有的在果与果、果与叶相贴处蛀果，被害处堆有虫粪。幼虫在被害处化蛹，蛹期 10 天。第 1 代成虫自 7 月中旬至 8 月下旬发生，盛期为 7 月下旬至 8 月中旬。第 2 代卵多产于果面和叶背面。幼虫在果内危害一个半月，8 月下旬至 10 月中旬陆续脱果落地，在落叶内或土面上结茧滞育越冬。

(3) 防治方法

① 农业防治 秋季彻底清洁果园，刮除树干上虫源，扫除山楂树下落叶内虫源。及时摘除第 1 代被害果（在化蛹前）并集中销毁，以减轻下一代危害。

② 化学防治 在第 1 代卵集中孵化期喷布 1 次 25%可湿性螟蛉畏粉剂 400 倍液，或 50%杀螟松乳剂 1000～1500 倍液，或 1605 乳剂 1500 倍液，可达到良好效果。成虫发生盛期喷布 50%对硫磷乳油 1000 倍液、50%杀螟硫磷（杀螟松）乳油 1000 倍液、20%氰戊菊酯（杀灭菊酯）乳油 3000 倍液 1～2 次。

8. 苹果红蜘蛛

(1) 危害症状 苹果红蜘蛛又名榆爪叶螨，属蛛形纲蜱螨目叶螨科，北方产区受害较重。苹果红蜘蛛吸食叶片及初萌发芽的汁液。芽严重受害后不能继续萌发而死亡。受害叶片上最初出现很多的失绿小斑点，后扩大成片，以致全叶焦黄而脱落。

(2) 发生规律 辽宁一年发生 6～7 代，山东和河北一年可发生 7～9 代。以卵在短果枝、果台、轮痕和芽旁等处越冬。翌年花蕾膨大时，卵开始孵化，盛花期为孵化盛期。幼虫在叶丛、枝条茎部和叶面活动取食。5 月中旬出现第 1 代成虫，在叶背主脉两侧或近叶柄处或叶面主脉凹陷处产卵。第 2 代成虫在 6 月上旬大量出现。6 月中旬为第 3 代产卵盛期，期间平均气温为 19.8～20.2℃。2 代以后，各代交错重叠发生。1～2 代发生量较低，但数量逐渐上升。至麦收前后，第 3～5 代发生数量急剧增加，危害严重，往往成虫吐丝下垂，随风扩散。随后，由于降雨冲洗及天敌活动，5～6 代以后数量急剧下降，9～10 月间产卵越冬。苹果红蜘蛛既能两性生殖，也能单性生殖。未交配的雌虫产下的卵全部发育成雄虫，交配过的雌虫产下的卵，雌、雄都有。雌虫一生只交配一次，雄虫可以交配多次。越冬代和第 1 代的生殖能力显著高于其他世代。早春干旱有利于繁殖。

（3）防治方法

① 农业防治　在苹果红蜘蛛出蛰前（一般为 2 月下旬），将树干及主枝分杈处粗皮刮下烧毁，然后在树干距地面 20～50 cm 处涂药环，用毛刷涂 4 cm 宽的机柴油石硫合剂混合液（废机油 60%，柴油 30%，石硫合剂 6%，杀螨剂 4%）。4 月下旬，将被驱避在药环下活动的苹果红蜘蛛集中喷杀。秋季（8 月下旬）在树干上绑草把，诱集越冬卵，翌年解冻前解除草把烧毁。冬季刮除树干及主枝上的翘皮并集中烧毁。发芽前喷 3～5°Bé 石硫合剂，消灭山楂叶螨越冬卵。

② 化学防治　在花前、花后，适时喷 0.3～0.5°Bé 石硫合剂，或 5%尼索朗乳油 2000 倍液，或 10%浏阳霉素 1000 倍液。夏季喷 20%螨死净悬浮剂 2000～3000 倍液，或 50%马拉硫磷乳油 1000 倍液。保护和利用天敌，全年释放草蛉卵一次，每株 1000 粒，喷药一次，便能有效地控制苹果红蜘蛛的发生与危害。叶螨天敌三突花蛛每天最大捕食量达 95 头，可加以保护和利用。

9. 山楂星毛虫

（1）危害症状　山楂星毛虫又名山楂斑蛾，俗名包饺子虫，属鳞翅目斑蛾科。各山楂产区均有发生。主要危害山楂、苹果、沙果、海棠和山荆子等。以幼虫取食芽、花蕾和嫩叶。花谢后，幼虫吐丝将新叶缀连成饺子状，使受害树叶凋落。

（2）发生规律　一年发生 2 代，以 2 龄幼虫在树皮裂缝或树下土中做茧越冬。次年 4 月上旬，花芽膨大至开绽期，越冬幼虫出蛰，啃食幼芽、花朵及嫩叶。展叶后，移至叶片上危害，一头幼虫一般能危害 5～6 片叶，将叶片用丝包合成饺子形，在其中取食叶肉。5 月下旬至 6 月上旬幼虫老熟，于包叶内做茧化蛹，蛹期 10 天左右。6 月中下旬，成虫大量出现，成虫飞翔力弱，白天静栖在叶背或树干上，易被振落。傍晚活动，交尾产卵，卵多产在叶背，卵期 7～8天。6 月下旬为幼虫孵化盛期，幼虫取食 10 天以后，陆续潜藏越冬。

（3）防治方法

① 农业防治　在早春山楂树发芽前，刮除老树皮，集中烧毁。幼虫包叶时，人工摘除虫叶。成虫发生期，在清晨将其振落，予以捕杀。

② 化学防治　越冬幼虫出蛰期喷 90%的晶体敌百虫 1000 倍液，或 2.5%溴氰菊酯乳油 2000倍液，或 50%辛硫磷乳油 1000 倍液，或 20%杀灭菊酯乳油 3000 倍液。

10. 刺蛾类

（1）危害症状　刺蛾类属鳞翅目刺蛾科，各山楂产区都有发生。以幼虫危害山楂、苹果等果树及多种林木的叶子。刺蛾种类很多，危害山楂的主要有青刺蛾、黄刺蛾和扁刺蛾。

（2）发生规律　青刺蛾与扁刺蛾在山东和河北等地一年发生 1 代，在华中地区一年发生

2代，老熟幼虫在树干周围3～6 cm深的土缝中做茧越冬。成虫发生期多集中于7月中旬。7月中旬至8月是幼虫危害阶段，到9月上中旬入土做茧越冬。黄刺蛾在北方产区一年发生1代、在华中以南地区一年发生2代，以老熟幼虫在枝干上做茧越冬。在一年发生1代的地区，成虫6月中旬出现，于叶背产卵，数十粒连成一片，也有散产者。7月中旬至8月下旬是幼虫发生与危害的盛期。在一年发生2代的地区，越冬代成虫于5月下旬至6月上旬开始羽化，第1代幼虫于6月中旬孵化、7月大量危害至8月中旬，8月下旬第2代老幼虫越冬。各种刺蛾的小幼虫均有群集的习性。常数十条并列在一起，头朝外，由叶缘向里啃食叶肉，将叶片食害成网状。2～3龄后逐渐分散危害。5～6龄后食量增大，危害更严重，常将整片叶子吃光。

（3）防治方法

① 农业防治　剪杀幼虫，刺蛾3龄前小幼虫多群集危害，受害叶片上白膜状危害特征明显，可以用剪刀整叶摘除并消灭。单个老熟幼虫直接剪杀。大多数刺蛾类成虫有趋光性，在成虫羽化期，可设置黑光灯诱杀，效果明显。

② 化学防治　危害严重的年份，在卵孵化盛期和幼虫低龄期可采用无公害药剂喷杀，可选择25%灭幼脲悬浮剂1500～2000倍液、25%除虫脲悬浮剂2000～3000倍液、24%甲氧虫酰肼5000倍液、20%螨悬浮剂1500～2000倍液、1.2%苦·烟乳油800～1000倍液。保护刺蛾紫姬蜂、螳螂、蝎蝽等天敌。

11. 山楂木蠹蛾

（1）危害症状　山楂木蠹蛾属鳞翅目木蠹蛾科，在北方产区均有不同程度的发生。辽宁北部产区发生较重，严重时山楂受害率达80%～90%，是山楂的毁灭性虫害之一。被害枝干木质部被幼虫蛀成上下纵横交错的通道，树势逐渐衰弱，最后全株死亡。

（2）发生规律　一年半或两年发生1代，以2龄、4龄及5龄幼虫越冬。幼虫化蛹前，在虫道中吐丝结茧，茧极薄，可透视到蛹及幼虫。羽化时孔口处露出一半蛹皮。5月末开始羽化，也有7月上旬至8月上旬羽化的。成虫产卵于枝干皮缝处。幼虫从皮缝处蛀入。1～2龄幼虫在皮层和木质部外层危害，3龄以后逐渐深入木质部危害，蛀成不规则的相互连接的通道，并不断排出虫粪和大量木屑，其中的一部分以丝连缀，其余大量堆积在孔口下的地面上。老树和大树受害严重，受害后2～3年，枝干开始坏死，最后全树死亡。

（3）防治方法

① 农业防治　秋季或早春刮树皮，可消灭越冬小幼虫。树干涂白，防止成虫在其上产卵。

② 化学防治　毒杀幼虫，用磷化铝片（每片0.6 g）1/4或1/6塞入蛀孔内，或注入50%马拉硫磷乳油800倍液，然后用黄泥封闭蛀孔。防治成虫，在成虫发生盛期，喷50%马拉硫磷乳油1000倍液。

12. 天幕毛虫

(1) 危害症状　天幕毛虫属鳞翅目枯叶蛾科，各产区均有发生，以幼虫危害叶片，严重时可将叶片吃光。

(2) 发生规律　一年发生1代，以完成胚胎发育的幼虫在卵壳中越冬。次年山楂芽开绽时，幼虫从卵里爬出危害。初期在卵块附近群集危害，以后逐渐下移至枝杈处，晚间取食。5月中下旬，老熟幼虫开始在卷叶里、两叶之间或树下杂草中，吐丝结茧化蛹，蛹期10～12天。5月末至6月中旬，成虫羽化。成虫交尾后产卵于当年生枝上。胚胎发育成熟后，幼虫不爬出卵壳，而在其中休眠越冬。卵常被一种黑卵蜂寄生，寄生率可达60%以上。

(3) 防治方法

① 农业防治　结合疏枝，秋冬季节剪除有卵块的枝条。幼虫期可剪除丝茧，歼灭幼虫。成虫有趋光性，可在果园里放置黑光灯或高压汞灯防治。

② 化学防治　常用药剂有：52.25%农地乐乳油2000倍液、90%敌百虫晶体1000倍液、50%辛硫磷乳油1000倍液、25%爱卡士乳油、50%混灭威乳油、50%对硫磷乳油1500倍液、50%杀螟松乳油或50%马拉硫磷乳油10 00倍液、10%溴马乳油或20%菊马乳油2000倍液、2.5%敌杀死乳油3000倍液、10%天王星乳油4000倍液。

13. 山楂小吉丁虫

(1) 危害症状　山楂小吉丁虫属鞘翅目吉丁虫科，北方山楂产区均有发生。危害部位为山楂树的枝干。

(2) 发生规律　每年发生1代，以幼虫在枝干隧道内越冬。翌年山楂树萌动后，开始活动危害。4月中下旬，幼虫老熟化蛹。5月上中旬，始见成虫。5月中下旬见卵。6月上旬，幼虫陆续发生。幼虫孵化后，蛀入韧皮部与木质部间，沿树干向下蛀食，隧道多呈螺旋形弯曲，多在幼树主干上危害。幼虫近老熟时，便向木质部内钻蛀，当钻至6 mm左右深时，便向上沿树皮方向蛀成船形蛹室，并用虫粪、木屑封闭后端，在其中越冬。

(3) 防治方法

① 农业防治　在成虫发生期，清晨于树下铺一塑料布，振落并捕杀成虫，隔3～5天进行一次，把成虫消灭在产卵之前。

② 化学防治　对于能看到幼虫危害部位的幼树和结果小树，可用50%久效磷乳油20倍煤油或轻柴油溶液，涂抹被害部位表皮，只涂隧道下端虫体附近即可。为提高防治效果，可用刀在隧道下端纵划一两刀，深达木质部，以利药剂渗入，毒杀幼虫效果更好。喷布50%对硫磷乳油或50%久效磷乳油1500～2000倍液，对成虫和初蛀入的幼虫均有良好杀灭效果，对硫磷兼有杀卵作用，喷药时枝干上要喷布周到。5月下旬喷布第一次，隔15～20天再喷一次，可收到良好的防治效果，且可兼治害螨、卷叶蛾等多种害虫。

14．山楂椿象

（1）危害特点　山楂椿象属半翅目异蝽科，各山楂产区均有发生。危害山楂的新梢、叶柄和果柄。

（2）发生规律　一年发生1代，以2龄若虫在树干翘皮缝越冬。翌年山楂发芽时，若虫开始活动，在新梢上吸食汁液，6月下旬羽化。成虫和若虫白天群集于枝干阴面，夜间吸食叶柄、果柄处汁液，可造成落叶和落果。雌、雄成虫于8月上旬至9月上旬交尾，9月上旬起在树干翘皮中产卵，卵期10天左右。若虫取食一段时间后，蜕皮一次即越冬。

（3）防治方法

① 农业防治　刮树皮，消灭越冬若虫。在成虫产卵期，刷除卵块。夏季炎热时，于中午趁虫群集于枝干阴面时，将其杀灭。

② 化学防治　在越冬若虫开始活动时，喷布25%灭幼脲3号悬浮剂1000～2000倍液进行防治。

15．金龟子

（1）危害症状　金龟子属鞘翅目金龟子科，各山楂产区均有发生。危害山楂的花、叶和果实。

（2）发生规律　危害山楂花与叶的金龟子，主要有苹毛金龟子、白星金龟子和小青金龟子，危害果实的主要有白星金龟子。一年发生1代，成虫在土中越冬。危害期从3月起，不同类型的金龟子一直危害到9月，危害盛期为5～7月。成虫有假死和趋光性。

（3）防治方法

① 农业防治　人工振落并捕杀成虫或设灯光诱捕成虫。幼虫每年随地温升降而垂直移动，地温20℃左右时，幼虫多在地下深10 cm以上觅食，一般在夏季清晨和黄昏由地下深处爬到地表，咬食山楂树近地面的茎部、主根和侧根，在新鲜被害植株下深挖，可找到幼虫并进行集中处理。

② 化学防治　在成虫危害盛期，喷布2.5%溴氰菊酯1500～2500倍液，限用一次，距采收果实30天以上，残留量应小于0.1 mg/kg。

参考文献

[1] 李桂荣. 山楂优质栽培技术[M]. 北京：中国科学技术出版社，2017.

[2] 杨明霞. 山楂[M]. 北京：中国林业出版社，2020.

[3] 魏树伟，牛庆霖，隋曙光. 山楂栽培新品种新技术[M]. 济南：山东科学技术出版社，2018.

[4] 冯玉增，李永成. 山楂病虫害诊治原色图谱[M]. 北京：科学技术文献出版社，2010.

[5] 冯玉增，刘小平，黄治学. 山楂病虫草害诊治生态图谱[M]. 北京：中国林业出版社，2019.

[6] 冯玉增. 山楂病虫害及防治原色图册[M]. 北京：金盾出版社，2010.

[7] 董文轩. 中国果树科学与实践[M]. 西安：陕西科学技术出版社，2015.

[8] 曹尚银，王爱德，袁晖，等. 中国山楂地方品种图志[M]. 北京：中国林业出版社，2017.

[9] 黄汝昌. 云南山楂的丰产栽培技术[J]. 云南林业科技，1994（4）：25-28.

[10] 李福锦，黄汝昌. 云南山楂的育苗技术[J]. 云南林业科技，1991（4）：49-51.

[11] 魏兰英. 山楂种植及病虫害防治关键技术的探讨[J]. 农业开发与装备，2021（6）：187-188.

[12] 丰淑花. 山楂果树栽培管理措施[J]. 河北果树，2021（4）：46-47.

[13] 马菊. 论山楂幼树丰产栽培技术[J]. 广东蚕业，2021，55（5）：101-012.

[14] 孔云霞，范志强. 山楂栽培技术要点[J]. 乡村科技，2020，11（29）：96-97.

[15] 孔云霞，范志强. 山楂育苗及栽培技术[J]. 安徽农学通报，2020（14）：59-60.

[16] 刘志炜. 山楂丰产栽培技术要点[J]. 绿色科技，2019（11）：107-110.

[17] 田红莲，郭海军，梁玉俊，等. 山楂优质高产高效栽培技术[J]. 河北果树，2017（3）：23-24.

第四章

山楂贮藏保鲜技术

第一节　山楂的采收与分级

一、山楂采收期的确定

山楂种质资源在我国相当丰富，是食品，更是一种中药，具有很高的开发价值。但山楂的品质受到品种、产地、气候等因素的影响，不同种质山楂果实外观性状、有效成分含量明显不同。同一种质、不同采收期的山楂果实，无论外观性状还是有效成分含量都存在显著差异。种质、采收期是山楂药材质量存在差异的两大因素，直接影响药材的生产工艺及成药的临床功效。

山楂的采摘时间主要依据果实成熟度、果品用途、产量、耐藏性和市场供求等情况确定。山楂的生理成熟标准是：当果实、果皮全面变深红色，果点明显，果面出现果粉和蜡质光泽，果肉微具弹性，果实的涩味消失并具有一定风味和独特的果香味时，表明山楂果已到成熟期，进入最佳采收期，可进行采收。若采收过早，果实丰满度不足，成熟度较差，涩味浓，不仅严重影响产量，而且质量差。这是由于果表角质还未形成，在贮藏中容易失水，贮藏期果实易皱皮和缩水，果实品质下降，商品价值低，效益差。若采收过晚，过分成熟的果实肉质松软发绵，果实衰老快，极不耐贮藏和调运，此外还会因大量落果而造成减产损失。采收时应剔除伤、病、落果和不合格果实。贮藏用的山楂果实要求在初熟期采收。晚熟品种较耐藏，其始熟期一般在10月上中旬。科学采收是储藏保鲜与加工利用的保障。

随着我国经济建设的发展和人民生活水平的提高，消费者对山楂的需求量日益增多。因此，必须采取相应措施，加大发展山楂生产。由于山楂是季产年销的果种，还必须加强对山楂贮藏保鲜的研究。

不同采收期大金星山楂果色由深绿逐渐变为浅绿、黄绿至红，山楂果实（单果重）从 4 g 到 12 g，口感从涩到酸至酸甜，果肉从坚硬到软硬适中至细嫩。果肉占比随着果实成熟度加大而增加，出干率则在果实微红时较高，最佳采收期为 10 月中下旬。大金星山楂熊果酸含量在 7 月份含量最低，随着采收期的延后，整体呈上升趋势，9 月底时大金星熊果酸含量较高，利用山楂总酸时，9 月 30 日前后可作为大金星的最佳采收期。大金星芦丁成分含量在 7 月底前较低，

8～9月底期间含量几乎不变，10月份以后芦丁含量较高。大金星在整个采收期中金丝桃苷和异槲皮素含量呈逐渐升高的趋势，说明大金星最佳采收期为10月底前后，此时芦丁、异槲皮素等黄酮类成分含量也较高。山楂成熟时，果实颜色红亮者总黄酮含量较高，大金星在整个采收期中总黄酮含量呈"上升"趋势，在9月20日前后总黄酮上升幅度较大（约22.6%），11月10日含量最高，约为2.69%。从大金星整个采收期来看，山楂果实总酸含量整体均呈先上升后下降趋势，9月10日之前大金星总酸含量不符合药典要求，不适合采摘，而9月30日是个转折点，此时总酸含量为8.45%，随后降低。大金星多糖含量随着采收期不同而变化，总体呈"上升"的趋势，即从7月10日到11月10日随着果实的不断成熟，山楂含糖量不断累积。大金星整个采收期间，绿原酸含量整体呈上升趋势，8月中旬前后，含量最低，9月中旬到10月中旬前后含量平稳，10月底含量最高为0.04%，可作为绿原酸含量最佳采收期。儿茶素类成分受采收期影响较大，含量整体呈"上升"的趋势，儿茶素含量变化小、较平缓，10月底采摘浓度较高。因此，10月20～30日可作为大金星的最佳采收期。采收期对山楂果实化学成分影响较大，可能影响其成分的种类、含量高低。所以，结合具体实验测定结果，10月底前后可作为大金星的最佳采收期。大金星虽然商品性好，但不适宜长期贮藏，可作中短期贮藏品种，一般应在元旦前后出库。

崔洁等通过高效液相色谱法（HPLC）检测山楂中金丝桃苷、异槲皮苷、绿原酸和枸橼酸的含量，并结合层次分析法（AHP）评价不同采收期对不同产地药用山楂综合品质的影响。以消食化滞为导向，河北大金星的最佳采收期为11月2日，4种化学成分含量分别为173.54×10^{-3} mg/g、101.85×10^{-3} mg/g、329.61×10^{-3} mg/g和124.55 mg/g，综合评分为0.93；山西大金星的最佳采收期为10月12日，4种化学成分含量分别为5.72×10^{-3} mg/g、3.72×10^{-3} mg/g、131.45×10^{-3} mg/g和146.81 mg/g，综合评分为0.89；山东大金星的最佳采收期为11月2日，4种化学成分含量分别为56.31×10^{-3} mg/g、32.22×10^{-3} mg/g、156.11×10^{-3} mg/g和141.76 mg/g，综合评分为0.89。以强心降脂为导向，最佳采收期分别为：河北大金星11月2日，4种化学成分含量分别为173.54×10^{-3} mg/g、101.85×10^{-3} mg/g、329.61×10^{-3} mg/g和124.55 mg/g，综合评分为0.99；山西大金星10月26日，4种化学成分含量分别为40.58×10^{-3} mg/g、17.96×10^{-3} mg/g、108.27×10^{-3} mg/g和114.30 mg/g，综合评分为0.97；山东大金星11月9日，4种化学成分含量分别为108.13×10^{-3} mg/g、62.51×10^{-3} mg/g、159.41×10^{-3} mg/g和114.49 mg/g，综合评分为0.97。

小金星山楂，单果重约为9.0～12.4 g，个头比大金星山楂略小，但风味口感、果肉占比等所差无几，出干率略低于大金星，应该考虑对小金星山楂的开发利用。在耐储性实验中发现小金星属于晚熟品种，烂果数极少，好果率高，耐储性最好，适合饮片的切制、贮存。崔洁等通过高效液相色谱法（HPLC）检测山楂中金丝桃苷、异槲皮苷、绿原酸和枸橼酸的含量，并结合层次分析法（AHP）评价不同采收期对不同产地药用山楂综合品质的影响。以消食化滞为导向，山楂的最佳采收期为：河北小金星 11 月 2 日，4 种化学成分含量分别为 $122.29×10^{-3}$ mg/g、$70.88×10^{-3}$ mg/g、$224.93×10^{-3}$ mg/g 和 113.863 mg/g，综合评分为 0.95。以强心降脂为导向，最佳采收期为：河北小金星 10 月 19 日，4 种化学成分含量分别为 $211.75×10^{-3}$ mg/g、$108.36×10^{-3}$ mg/g、$159.68×10^{-3}$ mg/g 和 110.11 mg/g，综合评分为 0.99。

甜红子山楂个头较小，气味香甜，薄壁细胞中所含的色素块呈亮红色，其总糖含量较高。同一采收期甜红子山楂果实肉质红、近果皮一侧偏紫红，香甜可口，适合鲜食。甜红子早熟，烂果较多，最不耐贮藏。

大绵球或红绵球果实更大一些，果皮薄色亮红、肉质软绵香甜，酸甜适中，一般不做贮藏。不同采收期大绵球山楂单果重从 8 g 到 14 g、破损率从 6.17% 到 43.01%。通过对比 9 月份的 3 个采收期，得出 9 月 30 日采摘的山楂果单果重高于大金星，且出干率、果肉占比也是较高的，因此 9 月 30 日前后可作为大绵球山楂的最佳采收期。大绵球总黄酮含量随着采收时间的延后不断积累，总黄酮含量在 9 月 30 日采收期内最高（约 2.62%）。大绵球 9 月 10 日起可以采摘，其总酸含量符合药典要求，在 9 月 20 日采收期内，其总酸含量达到最高为 8.37%，随后降低。如果单就总酸含量这一药用要求来说，可选取 9 月 20 日左右作为采收期。大绵球在整个 9 月采收期内，可溶性糖含量较高，属早熟品种，若利用可溶性糖、多糖类营养成分，应选择山楂果实成熟、果色红亮时采摘，早熟种质采收期应提前。大绵球在整个采收期中，绿原酸、牡荆素鼠李糖苷、芦丁、金丝桃苷、异槲皮素、表儿茶素、儿茶素等七种成分随采收期的延后含量呈上升趋势。所以，9 月底可作为大绵球的最佳采收期。

大五棱山楂个头大、果肉占比高，平均单果重 9.64 g，根据山楂志对山楂果实的分类标准，属于中果型。其最显著的特点是萼洼周围有明显的状如红星苹果的五棱突起，与其商品名称相符。大五棱淀粉粒孔纹明显、螺纹导管较多；烂果较少，好果率高，耐贮藏。通过 9 月 30 日到 10 月 21 日不同的采收期可以看出，随着采收期的延后，山楂中的含酸量从 3.02% 不断降低至 1.96%，黄酮的含量则出现"先下降，后上升"的趋势：10 月 8 日黄酮含量最低（11.748 mg/100 g），10 月 21 日黄酮含量升至最高 52.714 mg/100 g。说明随着山楂果实的不断成熟，大五棱中的黄酮积累量变化幅度较大，药用效果较好。总酚的含量出现了"先上升，后下降"的趋势，在 9 月 30 日的采收期内，大五棱中的总酚含量最低为 38.711 mg/100 g，10 月 21 日的采收期与 9 月 30 日相比，大五棱中的总酚含量增加了 24.27%，说明随着山楂果实的不断成熟，大五棱中的总酚积累量变化幅度较大，说明大五棱的药用效果较好。维生素 C 的含量均出现了上升的趋势，10 月 21 日的采收期与 9 月 30 日相比大五棱中的维生素 C 含量增加了 299.98%，为 9.615 mg/100 g，说明随着山楂果实的不断成熟，大五棱中的维生素 C 积累量变化幅度较大。可溶性糖的含量也出现了上升的趋势，其中在 9 月 30 日的采收期内，大五棱中的可溶性糖含量最低为 1.791%，

10 月 21 日的采收期与 9 月 30 日相比，大五棱中的可溶性糖含量增至 2.125%。比较不同采收期的各营养物质含量，大五棱作为晚熟的中果型品种，在 10 月 21 日采收时含酸量最低、黄酮含量高、维生素 C 含量和可溶性糖的含量都较高，表明此时为山楂的适宜采收期。

二、采收方法

1．人工采摘法

常见的山楂采收方法有用棒（竹竿、棍棒）打、摇落和手工采摘。林区很多果农为省时省工，用竹竿敲打击落或摇树振落收果，采用该方法采收时，树下要铺布单、塑料薄膜或软席接收落果。摇楂和棒打不仅使山楂掉柄较多也极易因山楂果实碰撞造成皮肉机械损伤，增加烂果率，不利于长期贮藏。手工采摘损耗较小，但比较费工。用于贮藏的果实必须人工采摘。人工直接采摘最好戴手套，采收时要用手摘或用剪子剪断果柄，果上要留有果柄。采摘过程中要轻拿轻放，所用筐具内置软衬，以免刺伤果实，造成机械损伤。或者 2～4 人撑拉用床单在树下接收果实或在树下铺设草苫子或麻袋接收果实。采前灌水或多雨、单一施化肥或过多施肥，产量虽提高，但病虫害发生相应较重，果实采后易发病、溃烂。

2．激素催落法

针对加工用的果实，可用乙烯利催落山楂果实，采收时，也要预先在树下铺设软草或麻袋，从而减轻果实损伤。该方法与人工采摘或用竿击落相比可以大大提高工效，避免大量落叶或击伤果实。乙烯利喷布时间可在采收前 7～10 天，使用浓度以 500～800 mg/kg（或 4% 乙烯利 1000～1500 倍液）为宜。药剂喷布后任其自然脱落，6～8 天开始落果，用药后 14 天一般可落果 90% 以上，生产上可在喷药后 1 周左右，在树冠下铺好麻袋等承受物用手摇落。一般药剂浓度高，树势弱，催落效果大。在相同浓度下，喷药时期愈接近山楂成熟期，其落果率愈高。喷乙烯利后，果实的营养成分除总酸含量稍低外，其他的总糖、果胶含量均有一定程度的增加。果实耐贮性与对照相似。

果实采收前，树上喷洒 1～2 次杀菌剂（50% 多菌灵 600 倍液或 70% 甲基托布津 700 倍液），以防贮藏期间的病害发生。采收时手采的果与击落或用乙烯利催落的果实不能混放，因为击落果受伤多，耐贮性不如手采收的果。包装方法目前各地多采用就地取材，多以麻袋、果筐为主。

三、果实的分拣

贮藏用的山楂必须经过严格挑选，剔除有机械损伤的果（碰压伤：果实受碰撞或因外界压力对果实造成损伤，果皮未破，伤面凹陷。刺伤：果实采收或采后果皮被刺或划破，伤及果肉而造成的损伤）、虫果（昆虫为害的果实，主要指桃小食心虫、白小食心虫、梨小食心虫及桃蛀螟等为害的果实）、病果（由致病性微生物或外界环境造成的病块、病斑、畸形等果实，主要指轮纹病、炭疽病、褐腐病、锈病及日灼病果等）、特大果、特小果、过熟发绵的果和霉变的果实，得到新鲜成熟、肉质致密、酸甜适口、大小均匀的果实，并分等级进行贮藏。一般按照山楂果品外形的大小分类为大型果、中型果和小型果，如表 4-1 所示。此外，每种类型的山楂果实按果实均匀度指数、果皮色泽、果肉颜色和风味以及碰压刺伤果率等分级为优等品、一等品和合格品。

表 4-1　山楂规格及品种分类

规格	大型果	中型果	小型果
每千克果实个数	≤130	130～180	181～300
主要品种	大金星、大绵球、白瓤绵、敞口、大货、豫北红、滦红、雾灵红、泽州红、艳果红、金星、磨盘、集安紫肉、宿迁铁球、大白果、鸡油、大湾山楂等	辽红、西丰红、紫玉、寒露红、大旺、叶赫、通辽红、太平、早熟黄等	秋金星、秋里红、伏里红、灯笼红、秋红等

注：未列出的其他品种可比照表中所列品种果实大小分类。

　　加工用的山楂可借助皮带式选果机进行分拣，可选取果径范围在 0.5～5.0 cm，生产能力达 1～1.5 t/h。选果机调试方法：将山楂果品倒入提升机料斗内输送至硅胶带上面，由小到大按适当的孔径落入接料槽体，再由倒料口排出，从而完成大小多种规格均匀分开，分级孔径可调节。

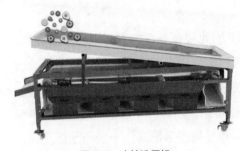

图 4-1　山楂选果机

　　山楂选果机（图 4-1）优势有：①可按照果品外形大小进行分类处理。②通过硅胶带的行走，果品在适当的孔径落入接料槽体中由导料口排出。③采用喇叭口式分级，使分级孔距标准化。④采用精致硅胶材质直接和果品接触，圆润光滑，不伤物料。⑤整体采用优质不锈钢原料，安全卫生。选果机应用范围较广，需要对水果进行分选的果蔬生产基地、销售公司、加工企业均可选用。

　　近期，还公开了一种山楂分拣选料装置研制方面的实用新型专利。该装置可实现对山楂的导向式排料，通过斜板的设置降低了山楂滑落的速度，接料网可防止山楂掉落的速度过快与接料框内壁之间发生碰撞从而造成其表皮受损的问题，毛刷套筒的设置可在山楂落料时对其表面进行一定程度的清刷，可清理表面的污垢，提高了该选料装置的实用性。

四、采后预冷

　　贮藏前要对选好的果实进行降温处理，使之降到适合贮藏的温度，从而保持其原有鲜度和品质。同时，对包装物和贮藏地要进行全面消毒，防止真菌侵染，减少果实腐烂。

　　散去田间热的处理方法：一是自然摊晾散热。将采收的果实集中堆放在树下、屋后或房边的阴凉通风处，堆放果实时应摊薄，使其分散均匀一些，堆放果实的厚度不要超过 30 cm，一般在 8～12 cm 为宜，果堆过厚则预冷效果差。或者将合格的山楂果实装入垫有蒲包的筐（或箱）内，每筐装 15～30 kg，加盖密封。在预冷时要防止日晒、雨淋，白天气温高时用苇席遮盖防晒，晚上温度低时打开盖席散热通风，散热 2～3 天后可以进行分选贮藏或包装外运。如白天任由太阳直晒山楂果实，会造成不可逆转的日灼伤，被害果初呈黄白色，后变褐色坏死斑块，贮藏过程中病部会腐烂，皮易剥离，果肉略带酒味。二是人工预冷。将采收后的山楂运往冷库开机预冷，以梅花形码垛，时间 24 h，温度 0℃，湿度 85%，预冷与果品分级可同时进行。

第二节　山楂的贮藏保鲜

一、贮藏山楂果实应注意的条件

山楂果实采收后，虽然与树木分离，但仍继续进行生命活动。山楂果实含有较多的水分和可溶性营养物质，容易腐烂，且季节性生产与常年消费存在矛盾，而妥善贮藏可解决这一矛盾。就地贮藏可以减轻采收季节集中外运的压力，同时能增加收入。山楂在贮藏过程中，若湿度太低，果实会因蒸腾过旺而大量失水。因此，山楂贮藏必须保持适宜的湿度。将果实贮藏于适宜的温度、湿度和气调指标条件下，是减少腐烂和延长贮藏寿命的有效方法。

山楂大体上可分为早熟、中熟和晚熟 3 种类型。在一般贮藏条件下，早熟品种肉质绵软，含糖量低，不耐贮藏；中熟品种果实质地变绵很快，果实耐贮藏能力差，只能进行短期贮藏；晚熟品种果实硬度大，营养物质含量高，耐贮藏的能力较强，适宜进行较长时间贮藏。为了保持果实的重量、外形、风味、硬度和营养价值，山楂贮藏过程中，需根据其生物学特性及对环境条件的要求，人为控制贮藏环境的温度、湿度、空气成分等条件，这是保质、保鲜、延长贮藏期的重要技术措施。因此，切实掌握低温、防热、保湿、透气四条原则，是保证山楂质量的重要技术环节。

（一）温度

山楂果实在贮藏期间，其呼吸作用的强弱将影响山楂果实的衰老进程，而呼吸作用的强弱又受温度的制约。山楂贮藏需要有适宜的温度，一般为 0℃，此时山楂的呼吸强度下降到较低的水平，并且贮藏温度要保持稳定，一般可以允许上下浮动 1℃。若高于这个温度会使果实衰老加快，当贮藏温度过低（低于果实的结冰温度）时，易发生果实冷害。因此，山楂果实在贮藏前、后期的贮藏温度均应得到严格控制。此外，库内各部分的温度要均匀一致。包装的山楂可以低到-2～4℃。

王明选用"大金星"山楂为试验材料，主要研究了不同温度和不同薄膜包装处理对山楂贮藏生理及品质变化的影响。根据测定结果进行分析而确定较好的贮藏温度和薄膜包装材料，旨在延长山楂的保鲜期，为生产实践中山楂的贮藏保鲜提供理论依据。主要研究结果记录如下。

分别在-2℃、-0.5℃、1℃下贮藏，对山楂品质指标的研究表明：与-2℃、1℃贮藏条件相比，-0.5℃下贮藏显著延缓了果实硬度的下降，降低了可滴定酸和维生素C的损失，降低失重率及腐烂率，减缓了还原糖含量下降的速度，抑制了山楂果肉的褐变。贮藏至 105 天时，1℃和-0.5℃下贮藏的山楂硬度分别为 2.67N 和 3.31N，均与-2℃下的 1.97N 差异极显著（$P < 0.01$）。-0.5℃下贮藏的山楂可滴定酸含量显著高于 1℃（$P < 0.05$）时，而与-2℃时的差异极显著（$P < 0.01$）；维生素 C 含量与 1℃、-2℃差异极显著（$P < 0.01$）；$a*$（红色/品红色和绿色之间的位置，负值指示绿色而正值指示品红色）值为-2.27、还原糖含量为 9.69%、失重率为 2.6%。-2℃下贮藏山楂的腐烂率达到 30%。

分别在-2℃、-0.5℃、1℃下贮藏，对山楂生理指标的研究表明：-0.5℃下贮藏能够降低果实的呼吸强度，延迟呼吸高峰的出现并降低其峰值，减缓过氧化物酶（POD）活性的下降，并延缓丙二醛（MDA）含量和多酚氧化酶（PPO）活性的上升。在整个贮藏过程中，-0.5℃贮藏山楂 POD 活性最大值与 1℃贮藏效果差异显著（$P < 0.05$），而与-2℃下贮藏达到差异极显著（$P < 0.01$）；-0.5℃下贮藏果实 MDA 含量上升较慢，且与 1℃下贮藏差异显著（$P < 0.05$），与-2℃下贮藏差异极显著（$P < 0.01$）。贮至第 105 天时，-0.5℃下贮藏山楂的 PPO 活性最低且与-2℃下贮藏差异显著（$P < 0.05$），与 1℃下贮藏差异极显著（$P < 0.01$）。

（二）湿度

贮藏中山楂仍在不断地进行水分蒸发，果实表面积大，水分蒸发量也相应大。为了保持果实的水分和新鲜程度，当贮藏温度为 2~4℃时，必须将贮藏环境的空气相对湿度严格控制在 85%~90%；当贮藏温度为-2~0℃时，需将环境的空气相对湿度控制在 90%~95%，这样可以有效地降低果实水分蒸发，避免果实的失重和萎蔫。相对湿度过低，果实的水分容易蒸发，到一定程度便发生萎蔫，出现皱缩现象，造成失重或品质降低，影响贮藏效果。

（三）空气成分

气体成分对贮藏期也有直接影响，在密闭的贮藏环境中，由于呼吸作用，二氧化碳升高而氧气含量下降。空气中二氧化碳和氧气的比例对山楂果实的呼吸强度有明显的影响，增加氧气的浓度会加强呼吸强度；相反，适当增高二氧化碳浓度，能抑制呼吸作用及微生物的繁殖和活动，延长贮藏期限。如果二氧化碳的含量超过 10%，而且维持的时间较长，则易出现二氧化碳危害，造成果实褐变。因此，气调贮藏时，一般要求氧气含量在 7%~15%、二氧化碳含量在 6%~8%。一般认为山楂贮藏前期可以忍受较高浓度的二氧化碳和较低浓度的氧气，而在后期则需较高浓度的氧气和较低浓度的二氧化碳，不然会造成果实变质和腐烂。果实机械损伤后呼吸作用增强，促使水分蒸发，同时降低了对微生物侵染的抵抗力，因此也要尽量减少机械损伤。

由此可见，山楂贮藏保鲜的要点是"低温、防热、保湿、通气"。此外，制订山楂保鲜贮藏实用技术方案时，应考虑降低果实的腐烂损失，同时兼顾水分损失和营养成分含量。

（四）保鲜剂

保鲜剂在山楂贮藏过程中对贮藏病害具有显著的抑制作用，使用合适的保鲜剂，可以大大降低山楂的腐烂损失。仲丁胺是一种新型防腐剂，具有杀菌作用。国内外曾多次报道利用仲丁胺处理苹果、梨、桃、柑橘、黄瓜、番茄、青椒等果蔬，在贮藏期间有良好的防腐效果。用仲丁胺作防腐剂，在采后浸渍豫北红山楂果实 1 min，所用仲丁胺浓度以 2500～5000 mg/L 为宜。山楂果实在常温下贮存六个月，好果率可以保持在 90%以上，同时果实的糖、酸、维生素和果胶含量降低很少。因此，在常温下用塑料小包装贮藏山楂时，加用 2500～5000 mg/L 仲丁胺液浸果 1 min，可以增进塑料小包装的贮藏效果。保果灵是一种仲丁胺制剂，其有效仲丁胺含量为 25%。以 50 倍保果灵液浸果 0.5～1 min 的防腐效果最好，在常温下贮藏 6 个月和 7 个月的好果率分别为 93.9%和 87%，其次为 100 倍液浸果 1 min，贮藏七个月好果率为 86.3%。山楂采后用氯化钙、甲基托布津处理均有防腐效果。其中 4%氯化钙加 1000 倍甲基托布津混合处理的好果率最高。氯化钙与甲基托布津处理的效果相比，贮藏前期以甲基托布津处理的好果率高，而贮藏中后期均以氯化钙处理的好果率高。在整个贮藏过程中，钙处理的总好果率高于甲基托布津处理的。这可能与钙的生理作用有关，许多研究表明，果实内的钙含量与呼吸作用呈负相关。钙另一重要的功能是能维持细胞合成蛋白质的能力，保持细胞膜的完整性，从而增强果实的抗病性和耐藏性。果实缺钙则会造成代谢失调，易患病害。张丹采用不同浓度（0.0%、0.5%、1.0%、1.5%、2.0%）的壳聚糖对山楂进行涂膜处理后，置于常温下贮藏，定期测定其理化指标，研究壳聚糖对山楂的保鲜效果。结果表明，壳聚糖涂膜处理可以降低山楂的失重率、维生素 C 的损失，延缓好果率和果肉硬度的下降，保持山楂的贮藏品质，其中，浓度为 1.5%的壳聚糖处理对山楂的保鲜效果较好且成本较低。

（五）薄膜厚度

塑料薄膜袋的厚度对山楂保鲜贮藏效果影响不显著，但是采用厚度较小的塑料薄膜袋更有利于获得较好的保鲜贮藏效果。王明对用不同薄膜包装处理[15 μm 聚乙烯（PE）薄膜、15 μm PE 微孔薄膜、40 μm 聚氯乙烯（PVC）薄膜]对山楂贮藏品质指标影响的研究表明：不同薄膜包装处理均能维持山楂鲜食品质，减缓果实硬度下降，降低还原性糖、可滴定酸和维生素 C 的消耗，降低失重率及腐烂率。贮藏至 105 天时，经薄膜包装处理贮藏的山楂各项品质指标均优于对照组。

三组薄膜包装处理之间进行对比，15 μm PE 微孔薄膜包装处理的山楂果实硬度、可滴定酸含量、维生素 C 含量、还原糖含量与另外两种薄膜包装处理组差异显著（$P < 0.05$），$a*$ 值与另外两组处理差异极显著（$P < 0.01$），失重率与 15 μm PE 薄膜包装处理的差异显著（$P < 0.05$）；15 μm PE 微孔薄膜、40 μm PVC 薄膜包装处理的山楂腐烂率都比较低，分别为 3.6%、3.7%。结果表明，整个贮藏期内，15 μm PE 微孔薄膜贮藏效果最好。不同薄膜包装处理（15 μm PE 薄膜、15 μm PE 微孔薄膜、40 μm PVC 薄膜）对山楂贮藏生理指标影响的研究表明：不同薄膜包装处理均能够降低山楂的呼吸强度，延迟呼吸高峰的出现并降低其峰值，提高 POD 的活性，并抑制 MDA 含量和 PPO 活性的增加。贮藏至 105 天时，经薄膜包装处理贮藏的山楂各项生理指标均优于对照组。三组薄膜包装处理之间进行对比，15 μm PE 微孔薄膜、40 μm PVC 薄膜包装处理的山楂 POD 活性值分别为 $1.09 \triangle OD_{470}/(min \cdot g)$、$1.15 \triangle OD_{470}/(min \cdot g)$，与 15 μm PE 薄膜包装处理的 $0.76 \triangle OD_{470}/(min \cdot g)$ 差异显著（$P < 0.05$）。15 μm PE 微孔薄膜包装贮藏的山楂 PPO 活性、MDA 含量最低，分别为 $0.0349 \triangle OD_{420}/(min \cdot g)$、0.717 μmol/g；呼吸强度为 $45.35 \ mg \ CO_2/(kg \cdot h)$，显著低于另外两个薄膜包装处理组（$P < 0.05$）。结果表明，在 105 天的贮藏期内，15 μm PE 微孔薄膜贮藏效果最好。

贮藏场所对山楂果实的失水损失和腐烂损失具有重要作用。包装容量的大小对山楂果实的失水损失影响显著，包装容量增大，可以使失水率明显降低。目前，我国山楂果实的贮藏保鲜主要采用土法贮藏法和简易贮藏法，而这些贮藏方法是以常温贮藏为主的。

二、简易贮藏法

（一）堆藏法

方法一：在背阴处挖直径 60～70 cm、深 100 cm 左右的圆坑，坑底铺 20 cm 厚湿润细沙。将选好的山楂果实轻轻放在沙上，果实堆高 50 cm 左右。果实上面盖 20 cm 厚细沙，以后随气温下降，逐渐增厚沙层。最后填土，使之略高于地面。此方法适于少量贮藏，可随时取用。

方法二：在背阴处挖直径 67 cm、深 1 m 的圆坑，坑底铺 16 cm 厚的干净河沙，将果实倒在沙上，铺厚约 34 cm 为 1 层，上盖 4 cm 厚的细沙，再放第 2 层果，厚度也为 34 cm 左右，上盖 8 cm 厚细沙，以后随着降温加厚细沙覆盖层，最后略高于地面。细沙要有一定的湿度，即手握成团但挤不出水为宜，此法可贮藏到翌年的 4～5 月份。

（二）袋藏法

随着包装容量的增大，山楂贮藏过程中的失水率明显下降。为了降低山楂贮藏过程中的失水量，宜采用大包装容量。

将山楂果实放入厚度 0.7~1 mm 的塑料薄膜袋内，每袋装 l0~15 kg。在袋内上面放几层草纸，以便吸收袋内过多的水分。然后扎紧袋口，置于室内高 30 cm 的阴凉棚架上，利于通风透气，每隔 30 天检查一次。用这种方法贮藏到第二年 3 月份仍可保持果实新鲜口味。

（三）缸藏法

当少量贮藏山楂时，利用农村家庭中常见的缸、瓮等容器贮藏，也可收到良好的效果。

方法一：先用清水将缸洗净，再用 0.5%~1% 的漂白粉洗涤消毒，晾干备用。在缸底铺一层消过毒的细沙，以便保持湿度，然后将精选的山楂果实依次倒入缸中，堆至缸面，其上覆盖些鲜白菜叶或萝卜叶，以保持湿度。将装满山楂果实的大缸放在房后阴凉处。阴雨天及时加盖缸帽。"大雪"至"冬至"结合倒缸，拣除烂果并将缸移至不生火的屋内，然后将选好的山楂依次倒入缸中，堆至缸面，绑草封口。一般贮藏到春节，好果率达 95% 以上。

方法二：先将缸用清水洗净，晾干备用。然后在缸底铺一层树叶，将挑选好的山楂轻轻装入缸内，放到离缸沿 10 cm 左右时，再用切碎的谷子秸秆覆盖，与缸口持平，以保持湿度。经过 2~3 周，待气温下降，水分蒸发到一定程度后，再用缸盖盖好，一般可以贮藏到春节前后，好果率达 95% 以上。

方法三：先把缸彻底刷洗干净（最好是新缸），放入阴凉的室内，在缸底反扣一瓦盆，在瓦盆底立上 4~5 根秫秸秆做通风换气用，之后将选好的山楂果装进缸内，放至离缸沿 15 cm 处为止，再在其上放一层谷草或树叶或菜叶。待天气转冷时（约在 11 月份）再用牛皮纸或糊泥封严缸口。

方法四：将大缸置于冷凉的室内，缸底放一瓦盆，中间立秫秸一束（4~6 根），以便换气。然后将选好的山楂装入缸中，放到距缸沿 15 cm 为止。其上放次等果 6~9 cm，然后用软草及软物铺平缸面。经 2~3 周待果温下降，水分蒸发。进入 11~12 月份天气转冷时，再用牛皮纸或塑料薄膜将缸口封严。只要屋内不是过于冷凉，则果实贮藏效果一般较好，可贮存到翌年 4 月份。

方法五：贮藏前，把所用的缸、瓮容器洗干净，用硫黄熏蒸 1~2 h，或用酒精或白酒擦涂容器的内壁。果实采收后先放在阴凉处预冷 3~5 天，然后放入容器中。在果实装入容器的过程中，容器中间插一通气把，高与果面平，装好后果实上面喷 50~60 g 白酒，然后用塑料薄膜封口。贮藏果实的容器适宜放在室内，每隔 30~40 天检查一次，及时剔除个别烂果。

（四）埋藏法

为了延长山楂贮存时间，满足市场需要，可采用埋藏法又叫坑藏法，也称沙贮法和沙埋藏法。一般在每年 10～11 月开始贮藏，一直可以供应到第二年 5～6 月份，方法简便，效果良好。

方法一：在山坡的背阴处挖深 100 cm、直径 30 cm 的圆坑，坑底铺细沙一层，厚约 15～20 cm，然后把选好的山楂堆放入内，厚约 50 cm，上面再盖 15～20 cm 的细沙，最后覆土填平或堆起。埋好后不用管理，可随时挖取。

方法二：选背阳地挖坑，坑深约 100 cm、直径 70 cm，坑底铺一层 15～20 cm 细沙，然后把选好的果堆进坑内，堆高 50～60 cm，上面盖 15～20 cm 细沙，最后覆土。每年 10 月中下旬开始埋藏。此法管理简单，随用随挖，可贮至翌年春季。

方法三：选择干燥、背阴、凉爽的地点，挖直径 80 cm、深 100 cm 的坑，坑底铺 20 cm 厚的湿润河沙（沙湿度以手握成团，手松即散，但不成流沙即可，下同），放入果实约 50 cm 厚度，要轻摆轻放，切忌踩烂碰伤，尽量避免果实受伤，然后再铺盖 10～20 cm 厚的细沙。11～12 月份随气温下降，逐渐增加盖沙厚度，最后盖土要高出地面 10～15 cm。同时，注意冬季打扫积雪，防止积水，保鲜期可从当年 10 月到翌年 4 月。

方法四：也可以在阴凉室内的地面上，先铺一层消过毒的稻草、麦秸等，然后再铺一层10 cm 厚湿沙，放一层山楂铺一层湿沙，依次进行，堆高不超过 100 cm，顶层湿沙厚 20～30 cm。贮藏期间要保持顶层沙子湿润。

方法五：择背风向阳的地方，挖 100 cm 宽、80～100 cm 深的坑，其长度依果实多少而定。在坑底铺 20 cm 厚的细沙，将选好的山楂果倒在沙上，厚度以 40 cm 为宜。上边再覆盖细沙30 cm 并高出地面。为使坑内空气流通，在装果的同时，于坑底的中间竖一个 10 cm 粗的草把，下端插到坑底，上端露出地面。贮藏后不需其他技术管理，可以随用随取。山楂果可从 11 月份贮至翌年 3～4 月份。

（五）沟藏法

沟藏法又分为半地下沟贮藏和地下沟贮藏，均要求选择地势高、干燥、阴凉的地方。

方法一：选择地势高燥阴凉的地方，开挖南北方向的槽形沟，沟深 30 cm，从地面再加高10 cm，上宽 100 cm，下宽 90 cm，长度视场地和贮量而定。贮藏沟如果湿度过大，需晾晒再使用；如果湿度太小，可向沟里洒水，以增加土壤湿度。沟底先铺一层消过毒的高粱秸或玉米秸（消毒用 0.5% 漂白粉水溶液浸泡，晾干），再在沟底及沟壁铺一层用漂白粉消过毒的稻草或树叶。经过严格挑选合格的果实放在沟里，堆成弧形，中间高出地面 15 cm 左右，两边比地面稍低。上面先撒一层树叶，然后再盖一层苇席。前期的主要任务是防热：在结冻前，白天覆盖苇席防日晒，夜间敞开散热，自然降温。后期的任务是防冻：在土地结薄冰时只盖一层苇席，当温度开始下降时，防寒物的厚度要继续增加。春天温度回升后，覆盖物留作隔热用。山楂最好一次性出沟。

方法二：在山东、河北等地多用此方法。首先，选择地势高、平坦干燥、不易积水、交通方便的地方挖贮藏沟。槽形沟方向以南北为宜，一般沟上宽100～120 cm，沟深50～60 cm，下宽为70～80 cm，沟长度视场地和贮量而定。沟底要平整，铺厚10～15 cm的细湿沙，摊平压实。将经过严格挑选合格的山楂果实放在沟里，每层厚为40～50 cm，堆面弧形，堆顶呈屋脊状，中间高出地面15 cm左右，两边比地面稍低。上面先撒一层树叶，然后再盖一层芦苇。前期的主要任务是防热：在结冻前，白天盖上苇席防日晒，夜间敞开散热，自然降温。后期主要是防冻：当土地结薄冰时，顶上只需覆盖一层苇席，以后随温度下降，逐渐增加防寒物的厚度，沟内温度应保持在0～2℃。沟的两侧要挖一小型排水沟。春天温度回升后，不要去掉覆盖物，留作隔热用。山楂果实最好一次性出沟。这种方法简便，成本低，适合果农自产、自贮、自销的模式。有的地区用沟沙藏山楂，其规格同前，只是放果方法不同，是放一层果、盖一层湿的细沙，直到顶部为止。沟的四壁和顶部均放置树叶，以此把果和土隔开，其他方法均同前。河北抚宁山区用此法贮藏山楂至翌年清明甚至到谷雨。

方法三：在山区和平地选择高燥、阴凉、排水良好的沙质土，挖东西向的沟，深50～60 cm，上宽下窄，长度根据贮量而定。将沟底铲平铺细湿沙10～15 cm，摊平并压实。采收后将选好的果实顺沟依次堆积，厚度40～50 cm，顶上呈屋脊形以后推平。前期白天遮盖草帘，傍晚揭帘放露，以散湿降温。小雪后顺帘西侧压土封帘，大雪后随时覆盖树叶、秸秆等保湿，封冻时再压上泥土，随气温下降逐渐加厚至30～40 cm。其方法简便、成本低，能贮藏至次年清明。

方法四：选择地势平坦、开阔通风、背阴干燥和管理方便的地方挖沟，沟深约40～50 cm，沟宽70～100 cm，长度以山楂多少而定。沟底及沟壁铺垫一些用0.5%漂白粉液消毒晒干的软草，以免硬土块伤果。之后将选好的山楂轻轻倒入地沟内，并堆成屋脊状，果堆高度以20～30 cm为宜。贮藏前期主要是防热和防干，白天用苇席把沟口盖严，夜间揭开通风散热。当气温降至-5℃以下时，要盖严敞口，使温度保持在0～3℃即可。当严冬到来时，要在沟内果堆上覆盖树叶或软草或塑料薄膜，沟外盖席，上面加10～15 cm的树叶或软草，最外层再加玉米秸以保温。第二年春季气温回升后，要逐渐撤除覆盖物。用这种方法一般可贮藏5～6个月。

方法五：选择地势平坦、树荫浓密的产地、果树园地以及阴凉处的房前屋后，在此挖深30～50 cm、宽100～150 cm的贮藏沟，长度以贮藏果实的多少和场地条件而定。地沟周围用挖出的土建一堵高20～30 cm的围墙，外侧开出排水沟，以利阴雨天气排水。地沟在采果前一周挖好，并加以平整、晾干。果实入贮前，挑选无碰压伤、无病虫、无残次的级内果，充分降低果实湿度后，沟底部铺一层5 cm厚的洁净湿河沙（以手握不滴水、手松开略散开为宜）。贮藏时山楂堆的厚度以 50 cm 为宜，并每隔 1.5～2 m 插一直径 10～15 cm 的通风把（以玉米、高粱等秸秆做成）。贮入地沟的果实，白天用苇席或其他覆盖物遮盖，防止日晒温度过高，夜晚打开覆盖物，以利散发果实呼吸而产生的热量。待"大雪"前后，气温降至 0～2℃时进行封沟。封沟前，先进行轻倒果，剔除病烂果。封沟时，在地沟顶部用木棒或水泥杆等做支撑物，上面覆盖 10～15 cm 厚的作物秸秆和树叶等，然后再压 5～10 cm 的土，以防严寒。

（六）棚窖贮藏法

将合格的山楂用 0.1%多菌灵浸泡 2 min，浸后晾干，然后装入长 100 cm、宽 75 cm、厚 0.06 mm 的聚乙烯塑料袋中，每袋 25 kg。前期温度高，袋不扎口，放入窖中，相互交叠并留一定空隙。白天封闭窖口，夜晚打开。随温度降低，扎袋口并增厚覆盖物，一般不通气，通风换气也应在内外温差较小的中午进行。尽量创造一个达到或接近 0℃的贮藏环境。如棚窖内较干燥，应在地面上洒水增湿。采用此法，可将山楂贮存到第二年 4 月份。

（七）半地窖贮藏

窖深 20～30 cm、宽 70 cm，将挖出的土沿窖壁筑高 10 cm，窖底铺 10 cm 厚河沙，山楂果散放入窖后白天覆盖秸秆或苇席，夜晚揭开，窖内温度保持在-2～0℃。

（八）窖藏法

这是我国北方地区使用最普遍的方法之一。土窖是用土、木和作物的秸秆等搭成的贮藏场所。北方农村中的菜窖、土窖洞、薯窖等均可利用，也可用砖、石、水泥等物砌成永久性地窖。

方法一：土窖多用半地下式。一般窖的地下部深 1.5～2 m，宽 2.5～3 m，长度随意。窖的四周用挖出的土堆起高 0.5～1 m 的土墙，上架木梁，以横杆支撑。为加强牢固性，窖内可设支柱。顶上铺秸秆，覆土防寒。根据窖的大小在四周设适量的气眼，顶部留天窗。设窖门，便于管理和搬运。山楂果实怕伤热，入窖时间不宜过早，一般在 11 月中旬天气变冷时入窖。刚入窖时窖内温度比较高，可将气眼、天窗全部打开，以利通风透气，降低窖温。平时白天气温高时打开气眼、天窗通风换气，夜间盖上。最冷时加盖草帘。在窖内不要使果筐直接接触地面，摆筐处要用砖、木棒或秫秸等排好通风，避免压伤果实。这种贮藏法一般可贮存到翌年 4 月份。春暖时可将果筐打开，使之散热，并经常检查，拣出烂果。

方法二：用砖、石、水泥等物砌成，窖长 4 m、深 2.5 m、宽 3 m，呈东西向。窖顶南北两侧各设 3 个 20 cm 见方的通气孔，高出窖面 30 cm；中间设 1 个 80 cm 见方的通气孔，高出窖面 30 cm。放入果筐即可贮藏。此法可贮藏保鲜 3～5 个月，好果率 90%以上。每千克增值 1.5 元以上，经济效益明显。

方法三：选地势较高、地下水位较低、空气流通好、土质坚实处挖窖，窖的规格大小根据贮藏山楂的量而定。入窖不宜过早，以免伤热。入窖时间一般是在天气转冷的 11 月中下旬最好。窖口要大，窖身长的可以多留窖口，上盖草帘，根据季节变化确定敞开窖口的时间，通风换气，调节温度。包装容器是筐或篓或箱均可，容器在窖内存放时不要挤得太紧，不能直接与土壤接触。码垛时垛底和层间应有衬垫物，可以在容器底部放砖或谷子的秸秆，以促进通风散热，放好之后封口。可以设置两道门或窖内设置转弯，以减少窖内外空气交换量和速度，防止温度波动过大，不利于贮藏。此法一般可贮至第二年 4 月份，如果能够精心管理，定时通气和检查，选出坏果，其贮藏期还可以适当延长。该方法对糖葫芦加工户最为合适，取的时候可以一筐一筐取，随取随用，互相干扰小，十分方便，一次投资，多次利用，经济又实用。

方法四：土窖塑料袋贮藏法。挖一个土窖，深一般为 3～5 m，在窖底横挖拐窖，拐窖的深浅、高低、宽窄根据土质而定。拐窖底部铺 15 cm 厚的河沙，把选好的山楂果装入塑料袋内，每袋 15 kg 左右，绑紧袋口，口朝下一袋靠一袋放在河沙上。一般可贮到翌年 4 月份。

方法五：此法很普遍。选择地势高燥、地下水位低、空气流通、土质坚实处挖窖，窖的规格大小不等。入窖时间在天气转冷的 11 月中下旬最好。包装容器是筐或篓或箱均可。码垛时垛底和层间均有衬垫物，不要直接与土壤接触，并注意留有一定的孔隙，以利通风。一般可贮至第 2 年 4 月份。如果精心管理，定时通气和检查，其贮藏期还可以延长。

据河北省昌黎果树所介绍，贮藏量少时，可用小窖，窖深 60～80 cm、宽 40～60 cm、长短依果实数量多少而定。窖底垫松柏叶，中间放山楂，上盖秫秸或山楂叶，然后上盖石板、秫秸等物，寒冷地区再覆盖一层土，覆土厚约 30～60 cm，以不透风为宜。这样可以贮藏到翌年清明节（4 月上旬）。此外，山楂产区的果农多在背阴、高燥处挖圆形小窖，深 80 cm，直径 60～70 cm，窖坑数量依贮果量而定。窖坑底铺放一层 10 cm 左右厚的细沙或松、柏叶，然后将选好的山楂轻轻倒入窖内，果堆高 40～50 cm，在果堆上面覆盖一层 10～15 cm 的细沙或树叶，窖口用草帘封盖，堆土封窖，并随气温的下降逐次覆土，使其顶部隆起，贮期不需开窖管理。用小窖法贮藏山楂，一般入窖不能过早，通常在 11 月下旬天气变凉时入窖。

以上在常温环境下贮存的山楂果实，腐果率在贮藏前期较高，中期最低，后期最高，约呈"V"形变化，这主要与贮藏环境的气温变化有关。贮藏前期，温度较高，病菌活动旺盛，故腐果率较高；贮藏中期，气温略低，不利于病菌侵染，使腐果率降低；贮藏后期，气温回升，加之果实耐藏性随贮期延长而减弱，故腐果率再度升高。说明贮藏温度对腐果率有着明显的影响。

高温处理不但能诱导果蔬产生耐热力，也能诱导果蔬对微生物病害产生抗性，从而能够抗拒果蔬表皮的病菌侵染和已侵染果蔬内的病菌感染，具有杀菌剂和杀虫剂的功效。贮前短时高温处理有利于山楂果实的贮藏保鲜：山楂采用 30～35℃/24～36 h 的贮前处理后常温贮藏 200 天，好果率高达 91.7%～94.6%，且 30℃/24 h 的短时高温处理有利于保持山楂果实的总糖、总酸和维生素 C 含量。

一般而言，山楂果实采用冷藏的效果明显好于常温贮藏，气调冷藏的效果好于普通冷藏，常温气调贮藏的效果好于普通常温贮藏。

三、通风库贮藏法

果品经销商多采用通风库贮藏法，此法贮存量大、便于管理。通风库分地上式、地下式、半地下式三种，主要由进风口、贮藏室、排气口三部分组成。该法是利用不断引入库外较为新鲜的冷凉空气，排出库内较热而又污浊的空气，以降低库内的温度，来满足果实贮藏需要。需要特别注意加强库的温度和湿度控制。尤其是入库前期要善于利用自然资源，以达到迅速降库温和果温的目的。温度控制原则为：前期降温，中期保温，后期控温。秋季贮藏初期利用自然冷源，加大通风量，迅速降低库内温度和果温，随着气温的下降，逐渐缩小进风口，减少通风量；冬季关闭进风口保温，只开排气口；翌年春加强夜间通风降湿控温，避免库内温度上升过快，以减少果实腐烂。湿度控制方法主要有：利用加湿器、进风口放湿麻袋片或地面洒水等增湿；用生石灰等吸湿物来除湿。在贮藏过程中还要定期抽样检查，及时剔除烂果、坏果。在翌年春要注意保温和防止湿度过高，以减少腐烂损耗。此法可贮藏保鲜 5 个月，好果率在 70% 以上。

四、机械冷藏法

机械冷库贮藏是贮藏山楂较先进的方法，适于商业上大量贮藏山楂。只要确保有优质的山楂果实和科学的管理技术，就有可能获得极好的贮藏效果。其中有些管理和通风库贮藏法基本相同，只是要特别注意保持库温的恒定，以防止山楂果实频繁"出汗"，不利于贮藏。另外要注意调节库房内的湿度。尤其是水泥地面的库房，往往处于较低的湿度，要及时提高湿度，以减少山楂的自然损耗。

方法一：预冷后的山楂，在果温降到 5℃ 以下时，移入机械冷库码垛贮藏。入库后，进一步降温至-1～0℃；贮存期将温度稳定在此低温范围内，减少温度波动，相对湿度维持在 90%～95%。此法可贮藏保鲜 6 个月，好果率在 85% 以上。

方法二：将预冷后的山楂装入塑料袋，每袋 10～15 kg，扎紧扎实袋口，放入冷库贮藏。库内温度控制在 0～2℃，湿度在 94%～96% 左右。用此法贮藏鲜果至第二年 3～4 月份依然鲜亮。

方法三：山楂采收后应尽快运至有制冷设备的冷库预冷，使果实迅速下降至贮藏适温。在入库前，库房要经过消毒。消毒方法按 100 m³ 用 1～1.5 kg 硫黄，拌锯末点燃，密闭门窗熏蒸两天，然后打开门窗通风。消毒后的冷库，在入贮前要提前开机制冷，使库温降至贮藏山楂的适宜温度。在贮藏冷库中预冷时，一次入库的数量不宜过多，每天入库量占库容量的 10% 左右为宜。最好把放进来的山楂分散成小堆堆放，以利迅速降温。贮藏期间冷库的管理主要是调节库内温湿度和排除不良气体。冷库一般比较干燥，要及时加湿或在风机前加喷雾器，以调节湿度。通风换气宜选择在气温较低的早晨进行。

五、气调保鲜

气调贮藏库是在气密条件很好的冷藏库基础上，附有调节及测定气体成分、温湿度的机械设备和仪器，管理方便，容易达到要求的条件，贮藏效果比普通冷藏大大提高。通过降低氧分压、提高二氧化碳浓度，可以抑制呼吸作用，延缓果实的衰老过程。近年来，在常温库内利用自然降温冷却的贮藏方式，采用硅橡胶窗帐（袋）的贮藏方法，收到了较好的保鲜效果。

碳分子筛气调贮藏山楂技术，通过合理调节贮藏环境的气体成分，能有效地延缓果实衰老进程，大幅度降低果实的失水率、腐烂率和果肉褐变率，贮藏 7 个月好果率高达 97.5%，并能保持良好的果实品质；在 20～25℃ 下贮后货架期维持 8 天。

（1）CA 贮藏（controlled atmosphere storage） 这里采用机械气调设备，调节贮藏环境中气体成分的浓度并保持稳定的一种气调贮藏方法。山楂适宜的贮藏环境条件是：-1～0℃ 的低温，相对湿度为 90%～95%（或 2～4℃，相对湿度 85%～90%）；氧气占 7%～15%，二氧化碳占 5%～10%。山楂在恒温库中码垛后，用 0.07 mm 厚塑料薄膜密封，调节温湿度与气体成分后贮藏。此法可贮藏保鲜 6 个月，好果率在 90% 以上。

（2）MA 贮藏（modified atmosphere storage） 也称为自发气调贮藏，是在相对密闭的环境中（如塑料薄膜密闭），依靠贮藏果品自身的呼吸作用和塑料薄膜具有一定程度的透气性，自发调节贮藏环境中的氧气和二氧化碳浓度的一种自动气调贮藏方法。吴明国把果实放入厚度为 0.7 mm 的塑料薄膜袋内，每袋装 10～15 kg，上面放两层草纸，吸收袋内过多水分。然后扎紧袋口，置于阴凉室内，每隔半个月检查一次。贮藏到来年 3 月份，仍可保持果实新鲜饱满和良好风味。MA 气调常用 0.10 mm 厚聚乙烯塑料薄膜进行自动气调贮藏，在 0℃ 恒温冷库中，此法可贮藏保鲜 9 个月，好果率在 92% 以上，贮存后果实品质保持良好。谢德圣等选用三种厚度的聚乙烯塑料薄膜进行 MA 贮藏，效果最佳者为 0.1 mm 厚度的薄膜，在人工制冷的恒温库中（0℃）贮藏期长达 270 天，保鲜率高达 90% 以上，贮后果实品质良好，营养成分及新鲜度均高，而且加工适用性不减，可供生产应用。

（3）塑料薄膜贮藏法 气调贮藏一般都采用聚乙烯、聚氯乙烯塑料薄膜袋或帐贮藏山楂，此法简便易行，在我国已取得较好的贮藏效果。通过控制气体成分，降低山楂果实的呼吸强度和水分蒸腾速度，延迟其衰老的进程，有利于较长期保持山楂的品质，延长果实的贮藏寿命。

如利用小包装贮藏山楂，其总损耗率可以控制在 5%左右，约是筐装贮藏损耗率的 1/3～1/2。除了减少损耗之外，使用此法还可使果品饱满、硬度高、新鲜度高。用塑料薄膜贮藏山楂有两种方法，即小包装法和大帐法。其中用于小包装的塑料薄膜适宜厚度为 0.04～0.07 mm；而用于大帐的塑料薄膜厚度为 0.1～0.2 mm。小包装贮藏山楂，每袋容量最多不超过 30 kg。

目前使用小包装法贮藏山楂较为普遍，其特点是方法简便，成本低，效果显著。但用此法贮藏山楂时，要随贮藏场所的温度变化情况而采取相应措施。如在通风库温度高于 10℃时，塑料袋口不要扎紧；当库温降到 8～9℃以下时，就可以把袋口扎紧。在冷库条件下，装袋后只需预冷 2～3 天就可扎紧袋口。

小包装法一：山楂冷藏时易失水，因此一定要有良好的包装。若采用塑料薄膜包装，则宜用 0.04～0.06 mm 厚的聚乙烯薄膜，制成长 10 cm、宽 75 cm 的袋子，每袋装 25 kg 左右。装袋前山楂要经充分预冷降温，袋口不要扎得太紧，气体含量二氧化碳 5%、氧气 10%～13%。在贮藏时还要注意消除乙烯，可在袋内放一些浸有饱和高锰酸钾溶液的蛭石或膨胀珍珠岩等。贮藏中要经常检查，可每周抽查 2～3 筐，腐烂果要及时挑出。

小包装法二：王成业等选用厚度为 0.06～0.08 mm 的聚乙烯薄膜袋，衬在果筐或箱中，装入山楂（20～25 kg），束紧袋口，每袋构成一个密封贮藏单位，靠山楂自身的呼吸作用和塑料薄膜的透性使袋内的氧气和二氧化碳自然调节在一定的范围内。贮藏过程中要定期检查袋内的气体成分，若出现氧气过低或二氧化碳过高，就要敞开袋口换气。

小包装法三：孟庆杰等选用 0.06 mm 无毒聚氯乙烯、聚乙烯塑料薄膜袋贮藏山楂果实，在清晨低温时装袋，大小以每袋装 20～35 kg 为宜。果实入袋后，置于阴凉处，袋不封口，上覆少许新鲜蔬菜叶片，以防袋中果实失水皱缩。当气温降至 3～5℃时，把袋移入无取暖设备的室内或地窖内贮藏。

小包装法四：连喜军等用厚 0.08 mm 聚乙烯薄膜做成的硅窗袋，或用 0.03～0.05 mm 厚聚乙烯薄膜制成普通袋，贮藏期保持果温在-2～0℃，袋内湿度 90%左右，通过果实自发气调保持袋内适宜气体成分，当袋内氧气低于 2%、二氧化碳高于 5%时，要开袋放气，如果袋内放入乙烯吸收剂（果重与乙烯吸收剂之比为 25：1。乙烯吸收剂主要由高锰酸钾载体，如蛭石、浮石、膨润土、过氧化钙、铝、硅酸盐或铁、锌等与高锰酸钾溶液按一定比例混合而成）作保鲜剂，可进一步延长贮藏期。此法果实失水少、硬度大，营养成分损失少，加工及食用品质好，贮期可达 6 个月以上。

小包装法五：王愈等使用厚度为 0.04 mm、大小为 45 cm×80 cm、硅窗面积为 20 cm^2 的塑料薄膜袋存放敞口山楂，放置于温度为 0℃、相对湿度为 85%～90%、O_2 为 15%～16%、CO_2 为 2%～3%的实验冷库中进行山楂的硅膜简易气调贮藏。结果发现：敞口山楂在采后贮藏过程中有明显的呼吸高峰出现，属于典型跃变果实。其多聚半乳糖醛酸酶（简称 PG）活性变化与呼吸强度的变化以及乙烯释放量之间存在一定的相关性，它们共同作用导致果实逐渐衰老。敞口山楂果实产生乙烯的能力弱，生成乙烯量很少，这可以说是山楂较耐贮藏的原因之一。果胶含量高，果胶酶活性低，这是山楂较耐贮藏的另一重要原因。

用大帐法贮山楂，效果也很好，只是操作比小包装更为复杂些，但适宜于较大规模贮藏。

大帐法一：在冷库或通风库等内，用塑料薄膜帐把山楂贮藏垛包封起来，成为简易的气调库，薄膜帐一般选用 0.1～0.2 mm 厚的聚氯乙烯薄膜黏合成帐子，容量为 2500～10000 kg。帐内的调气方式有自发气调和快速降氧两种。贮藏期间，尤其是扣帐初期，需经常取气分析帐内的氧和二氧化碳的浓度。入帐初期，帐内气体组分变化较大，每天要测气 2 次，以后每天 1 次，冬季气温稳定以后可每周测气 1 次。氧浓度低时要补入空气，二氧化碳浓度过高时要设法消除。目前多采用消石灰吸收二氧化碳的方法。消石灰的用量一般为每 100 kg 山楂用 0.5～1.0 kg 消石灰，从帐四周靠近地面处设置的袖形袋口装入帐中，当消石灰失效时再予以补充。

大帐法二：选用厚度为 0.1～0.2 mm 的聚乙烯膜，做成容量为 500～1000 kg 的大帐贮藏山楂，效果也比较好。其方法有大帐自然降氧法、碳分子筛气调机等人工降氧法、硅窗气调大帐法。可以采用堆码、箱装、筐装。常用的为碳分子筛气调贮藏法。

大帐法三：用厚约 0.02 mm 的高压聚氯乙烯薄膜黏合成 2.5 m×1.5 m×4 m 的塑料大帐。果实放入周转箱或筐中入塑料大帐中，进行碳分子筛气调贮藏。利用调整开关技术，把气体成分控制在氧气 3%～5%、二氧化碳小于 2%于 0～0.5℃下贮藏，利用此法贮藏 7 个月，其好果率达 95%以上。

(4) 硅橡胶窗气调贮藏法　这是用硅橡胶窗（硅橡胶是一种有机硅的高分子聚合物，硅橡胶窗是指用硅橡胶制成的薄膜，该薄膜对二氧化碳和氧气有良好的透气性，又能使它们保持一定的比例，并能透过多种有害气体如乙烯、醇、醛等。利用硅橡胶薄膜这种特性来制成薄膜气调贮藏袋/帐的透气窗，相当于房屋窗户的纱网，镶在塑料帐/袋上，拿开外围普通塑料就是"开窗"，覆盖上外围普通塑料就是"关窗"，调节袋内二氧化碳和氧气的比例，以达到果蔬贮藏保鲜的目的）作为气体交换窗，镶在塑料帐或塑料袋上，自动调节气体成分的一种自动气调贮藏方法。山楂自身呼吸代谢强，贮前先通过全封闭硅橡胶窗包装进行自发高二氧化碳处理，再开窗转入硅橡胶窗气调贮藏，可有效地控制果实衰老进程和延长贮藏期，保持山楂果硬度，减少损耗。此法可贮藏保鲜 8 个月，好果率在 90%以上。

(5) 前期自发高 CO_2 处理＋硅窗袋贮藏　由于山楂果实自身呼吸代谢活跃，并且对一定的高 CO_2 比较敏感，易发生 CO_2 伤害，因此采用简易气调技术大都用挽口法贮藏，以控制袋内 CO_2 不过高。上述方法虽能有效控制失水，保持鲜度，但由于气调效应欠佳和袋内高湿，山楂贮藏 3～4 个月后果实硬度下降快，易发生裂果，果实质量不能满足加工的要求。因此，对传统的山楂简易气调贮藏技术进行改进很有必要。山楂前期自发高 CO_2 处理配合硅窗袋贮藏技术对控制山楂果实衰老，保持硬度，减少裂果和损耗，延长贮藏寿命是一项行之有效的组合新技术。刘同鲁等在山楂入贮前进行自发高 CO_2 处理 7～14 天（袋内 CO_2 浓度最高限量以 25% 较为适宜），配合硅窗气调贮藏（硅窗袋开窗面积以 7～8 cm^2/kg 较为适宜）可有效控制果实衰老，贮藏 6 个月总损耗<2%，裂果率<9%，山楂果实硬度大，加工适用性不减，基本解决了山楂长期贮藏的问题。

（6）薄膜小袋包装 + 高效乙烯吸收剂法　用 0.03～0.05 mm 厚聚乙烯薄膜制成普通袋或用厚 0.08 mm 聚乙烯薄膜做成硅窗气调保鲜袋，每袋装 15～20 kg，箱装或筐装。预冷后每袋放入每包 10 g 的高效乙烯吸收剂两包。贮藏期保持果温在-2～0℃、袋内湿度 90% 左右，通过果实自发气调保持袋内适宜气体成分，当袋内氧气低于 2%、二氧化碳高于 5% 时，要开袋放气，袋内放入高效乙烯吸收剂，可进一步延长贮藏期。此法果实失水少、硬度大，营养成分损失少，加工及食用品质好，贮期可达 6 个月以上。如在通风库贮藏，薄膜袋可用挽口的形式（硅窗袋扎口），避免袋内二氧化碳积累过高（中后期扎口），也可采用袋上打孔（针孔 3～5 个）的方法直接扎口，直接入 0℃冷库的可直接扎口。采用硅窗气调保鲜袋贮藏的方式，方法简便，成本低，效果也很好。

王亮等选用两种不同薄膜包装及其结合乙烯吸收剂的处理方法，对"敞口"山楂果实进行低温贮藏实验，测定不同处理包装内乙烯含量的变化以及山楂果实生理和品质的相关指标，并测定了山楂果肉褐变相关的多酚氧化酶（polyphenol oxidase，PPO）活性和酚类物质含量。结果表明：在 0℃±0.5℃条件下，山楂果实表现出跃变型果实特征，30 μm 厚聚氯乙烯薄膜包装有利于保持山楂果肉硬度，减缓了可滴定酸（titratable acid，TA）和维生素 C 含量的下降，但加速了贮藏后期丙二醛（malondialdehyde，MDA）含量上升和果肉褐变；15 μm 厚高渗出 CO_2 保鲜袋对山楂果实果肉硬度、TA 和维生素 C 含量变化影响不明显，但可抑制贮藏后期果实的乙烯释放和 MDA 含量上升，降低了果实褐变率；乙烯吸收剂的使用有利于包装内乙烯含量的降低，有效减缓了果肉硬度、果实中 TA 和维生素 C 含量的下降，减缓了 MDA 含量的上升，维持了山楂果实较低而平稳的生理代谢水平，较好地抑制了 PPO 活性和酚类物质含量的波动，明显降低果实褐变程度，显著提高了山楂果实的贮藏品质。综合分析，15 μm 高渗出 CO_2 保鲜袋结合乙烯吸收剂的处理对山楂果实低温（0℃±0.5℃）贮藏效果最佳。

六、冰温贮藏法

20 世纪 70 年代初，冰温贮藏技术在日本诞生，是山根昭美博士在对日本梨进行气调贮藏研究过程中的意外发现，由此打破了人们以往"0℃是生和死的临界温度，生物在 0℃以下无法进行保存"的一贯认识。并在对试验总结后，提出了冰温贮藏技术，并把 0℃以下、冰点以上的温度区域定义为该食品的"冰温带"，简称冰温口。许多研究表明，果蔬采摘后仍是一个活的有机体，其呼吸代谢生理活动并未终止，而冰温保鲜可将果蔬的呼吸作用降低，即便在果实充分成熟的后期也能抑制其呼吸，保鲜效果明显优于冷藏和气调。冰温贮藏技术是继冷藏和气调贮藏后的第3代保鲜技术，该技术可长期有效地保持时蔬鲜果的固有风味和新鲜度，提高商品价值。

李超等研究表明，-1.0℃的冰温处理可降低山楂果实的乙烯生成速率和最大生成量，减缓果肉硬度以及可滴定酸（TA）和维生素C含量的下降，有效抑制果肉中丙二醛（MDA）的积累，减轻贮藏后期多酚氧化酶（PPO）活性的上升和酚类物质含量的减少，进而延缓山楂果实的生理衰老进程，维持山楂果实的良好贮藏品质。

为延长山楂果实的保鲜期，提高果实贮藏品质，将山楂果实装入衬有0.02 mm厚的聚乙烯微孔保鲜袋的塑料周转箱中，保鲜袋敞口预冷18 h将山楂果实温度降至0℃左右，将保鲜膜袋扎口，再通过5~10天时间，调节库温，将袋内果实温度缓慢降至最适宜山楂果实的冰温温度-1.0℃（品温），最佳贮藏期约为160~200天。

七、通风库和冷库贮藏

低温处理山楂果实可以有效保持果实形态和色泽，减缓果实硬度和可滴定酸、可溶性固形物及总黄酮含量的下降以及丙二醛含量的积累，减轻果实组织中细胞膜系统的损伤。适当的低温可抑制山楂果实的衰老，更好地保存维持山楂的品质及营养成分。

通风库贮藏法是果品经营部门贮藏山楂的主要方法，其特点是贮藏量大，便于管理。在进行山楂的大量贮藏时，一般都采用通风库和冷库贮藏。其技术要点是充分利用自然冷源或采用机械制冷的方式，创造适宜的贮藏条件。其中，通风贮藏库应在前期注意尽快降低温度；冷库贮藏则要保持稳定适宜的贮藏温度，减少温度波动。同时，要加强通风管理和提高贮藏环境的湿度，尤其是入库初期要善于利用自然冷源，迅速降低库温和果温。在贮藏过程中还要定期抽样检查，及时剔除坏果。在翌年春要注意保温和防止湿度过高，以减少果品腐烂。

方法一：将挑选合格的山楂装入75 cm×45 cm的聚乙烯塑料袋中，并放入一些用饱和高锰酸钾浸泡过的建筑用碎泡沫塑料，置于冷库中贮藏。库内温度保持在-2~0℃，袋内湿度保持在90%左右。当袋内氧气低于2%或二氧化碳高于5%时，开袋换气。此方法可贮藏半年。

方法二：将合格并用多菌灵处理的山楂装入100 cm×75 cm的聚乙烯塑料袋中，每袋25 kg，并放入一些用饱和高锰酸钾浸泡过的建筑用碎泡沫塑料，以吸收山楂本身产生的具有催熟作用的乙烯。果实预冷后扎袋口，置于冷库中贮藏。库内温度保持在-2~0℃，袋内湿度保持在90%左右。当袋内氧气低于2%或二氧化碳高于5%时，开袋换气。此法可贮藏半年。

八、真空冷冻干燥

真空冷冻干燥是将真空、加热与冷冻技术相结合的新型干燥脱水技术，是预处理、预冷冻、升华干燥、解析干燥等相结合的一种干燥技术。真空冷冻干燥技术可最大限度地保持产品原有的营养成分及性状，且便于长途运输和长期贮藏。真空冷冻干燥（冻干）技术利用物料中的水分在低于其共晶点的温度条件下冻结，在真空条件下缓慢升温，使物料中的水分直接升华，从而脱去物料内水分达到干燥的目的。冻干后的中药材，能够最大化地减少有效成分的氧化变质及热分解，产品不会出现皱缩、变形及褐变现象，具有很好的复水性，可显著提高药材的外观品相，提高产品的质量，增加附加值，目前在名贵中药材的饮片加工中快速发展，具有较为广阔的市场。

冻干工艺流程一：张采琼等取新鲜、大小适宜的山楂样品，洗净，除去杂质，称重后均匀平铺于物料盘上，预冻后，根据拟定条件参数设定冻干机程序进行真空冷冻干燥，干燥至物料温度与隔板温度一致。山楂的共晶点在-40～-35℃之间，基于预冻温度设定低于物料共晶点温度5～10℃时预冻效果最佳，同时为了确保山楂尽快冻透，因此预冻温度设置为-45℃。在单因素试验基础上，通过正交试验优化山楂冷冻干燥工艺：物料厚度75 mm，升华期升温速率3.0℃/h，预冻时间6 h，解析温度60℃为最佳工艺。为检验采用该方法加工的山楂饮片中有效成分及营养成分含量，建立冻干山楂饮片中以枸橼酸为检测指标的高效液相色谱法。高效液相色谱法的流动相为磷酸二氢铵-磷酸缓冲液（pH为3.0），检测波长为210 nm，柱温为25℃，流速为1.0 mL/min，进样量为10 μL。枸橼酸在25～2500 μg/mL范围内线性关系良好，平均回收率为96.72%，相对标准偏差（RSD）为1.19%。实验结果显示，优选的山楂真空冷冻干燥工艺稳定可行；建立的高效液相色谱法灵敏快捷，准确度高，可用于控制山楂冻干饮片的质量。

冻干技术是一种新兴的中药材加工方式，目前关于山楂冻干工艺的报道较少，张采琼等研究了山楂的冻干工艺，且稳定可行，可用于产品的放大生产，制备的冻干山楂其有效成分含量以及外观品相明显优于传统加工炮制品。同时采用高效液相色谱法（HPLC）研究了冻干山楂的含量测定，弥补了现有标准中仅使用酸碱滴定法来测定山楂有效成分的不足，完善了山楂质量评价的方法，且该质量评价方法精度更高、更准确。这种冻干技术为进一步研究山楂冻干工艺提供了基础数据，对于提高山楂的品质和质量标准有一定的参考意义。

冻干工艺流程二：魏丽红等挑选新鲜饱满，外观色泽正常，大小均匀一致，无病虫害及机械损伤的山楂果实。山楂可溶性固形物含量为16.4%，总酸含量为2.0%，有效酸度（pH）为3.25。水分含量为76.43%。经过挑选的山楂，用去核器去核。先用自来水冲洗，再用蒸馏水清洗干净，浸泡在0.2%的柠檬酸溶液中护色30 min，置于筛网上沥去水分，用定量滤纸及医用纱布充分吸干表面及核内水分。山楂最佳真空冷冻干燥条件：预冻结温度-40℃，保持2 h。冷阱温度-50℃，绝对压力3 Pa。最佳升华干燥温度为5℃，最佳升华干燥时间16 h，最佳解析干燥温度20℃，最佳解析干燥时间2 h。初步确定山楂最佳真空冷冻干燥条件后，进行了最佳真空冷冻干燥条件下冻干品的营养指标测定及组织状态观察。在最佳真空冷冻干燥条件下，山楂冻干品的营养指标比较原始鲜样，N、P、K 三种元素含量有所增加，Ca、Mg 含量比较稳定，总糖含量增加，维生素 C 及总酸含量略有下降。在此冻干条件下，得率、体积收缩率及复水率都较高，冻干品外观无收缩，表面无塌陷，色泽无变化，内部成蜂窝状的良好结构。

通过研究山楂最佳的升华干燥温度、最佳解析干燥温度和相应的最佳时间，该成果可以为山楂的真空冷冻干燥提供科学依据。山楂价格低廉，制成冻干品后，口感酥脆，营养丰富，保存期长，具有一定的市场前景。今后研究的重点为：最大限度地降低生产耗能，使山楂真空冷冻干燥更为经济，提高市场竞争力。

石晓晨等研究 4 种干燥方式对山楂总黄酮、总有机酸、维生素 C 和色泽的影响，考察山楂适宜的干燥加工方式。以金丝桃苷为标准品，采用比色法测定 4 种干燥方式山楂中总黄酮的含量；以酚酞为指示剂，采用酸碱滴定法，测定 4 种干燥方式山楂中总有机酸含量；用 2,6-二氯靛酚滴定法测定 4 种干燥方式处理山楂中维生素 C 的含量；用色差仪测定 4 种干燥方式山楂粉的颜色数据。结果显示，4 种干燥方式山楂中总有机酸、总黄酮、维生素 C 含量差异显著。冷冻干燥处理的样品总有机酸、维生素 C 含量最高，分别为 133.25 mg/g 和 0.3224 mg/g；自然干燥最低，分别为 94.55 mg/g 和 0.1631 mg/g。总黄酮以微波干燥样品含量最高，自然干燥样品含量最低，分别为 42.26 mg/g 和 32.25 mg/g。在色泽方面，真空冷冻干燥的山楂色泽最好。真空冷冻干燥在最大程度保留维生素 C 的基础上，一定程度地减少了总黄酮的损失，且表现出最理想的色泽。因此，真空冷冻干燥加工的山楂品质最优。但在实际生产中，干燥时间的长短与能源损耗的多少同样是产地加工方法优选的重要因素。真空冷冻干燥需要较高的能耗和设备投资，微波干燥热传递速率快，能效利用率高，但会造成物料局部温度过高，产品质量不稳定。自然干燥和烘箱干燥虽然能减少能源的损耗，但干燥周期较长，生产效率低。故在实际生产中，应综合考虑多重因素选择适宜不同需求的山楂干燥方式。

九、微波干燥

干燥加工能够抑制微生物的繁殖和酶的活性，且产品易于运输，因此干燥成为国内外研究较多的食品贮藏加工方法之一。微波干燥具有干燥时间短、传热效率高、清洁安全且杀菌消毒等特点，在农产品与食品加工业中得到广泛运用。

食品干燥中，微波干燥过程一般分为恒速期（CRP）和降速期（FRP），CRP 转为 FRP 的转折点定义为 Mc 点。Weibull 函数具有很好的兼容性和适用性，广泛应用于干燥过程的模拟分析。刘明宝等采用基于环境相对湿度可控的微波干燥系统，探究相对湿度对山楂微波干燥过程的影响。在物料干燥温度 60℃ 的条件下，研究恒定湿度（相对湿度 5%、30%、50%、70%）和阶段变湿 [CRP（恒速阶段）、FRP（降速阶段）分别保持相对湿度 5%、30%、50%] 共 10 种方案下山楂的干燥特性；利用 Weibull 函数进行干燥动力学分析并计算有效水分扩散系数

（Deff），基于复水性、色差、维生素 C 含量和感官品质，评估不同干燥条件下的干制品品质。结果表明：恒定湿度条件及阶段变湿条件下，干燥时间均随相对湿度的下降而缩短，其中，相对湿度 5%条件下干燥时间比相对湿度 70%条件下缩短了 51.62%；FRP 阶段降湿可显著缩短干燥时间。Weibull 函数可很好地拟合山楂干燥过程，Deff 随相对湿度的下降而增大，验证了降低相对湿度可增强干燥过程中水分扩散速率，其中 FRP 阶段降湿对水分有效扩散系数的提升更为明显。恒定相对湿度 30%和阶段变湿（恒速阶段相对湿度 50%、降速阶段相对湿度 30%）条件下干制品色差、维生素 C 含量和感官品质较好。

郭婷等通过实验发现冻融预处理对大果山楂热风干燥特性影响明显。冻融预处理可缩短组织结构致密类物料干燥加工时间：

① 冻融大果山楂热风干燥过程存在 3 个阶段：加速、恒速和降速干燥阶段，随着冻融次数增加，大果山楂热风干燥所需时间缩短。

② 不同干燥条件下的冻融大果山楂热风干燥过程符合 Logarithmic 方程。工业生产中可通过 Logarithmic 模型描述和预测冻融大果山楂热风干燥过程中水分含量随干燥时间的变化。

③ 冻融次数和干燥温度影响大果山楂热风干燥时间和有效扩散系数，大果山楂的有效扩散系数在 $1.08\times10^{-9}\sim2.54\times10^{-9}\,\mathrm{m^2/s}$ 范围内。

十、辐照保藏

高愿军等采用 $0.25\sim0.65$ kGy γ 射线辐照山楂果实，在常温下贮藏 230 天，好果率高达 $91.7\%\sim92.8\%$，显著高于对照。以 $0.05\sim0.75$ kGy γ 射线辐照不影响山楂果实贮藏期间总糖、总酸和维生素 C 含量变化。以选用 $0.25\sim0.35$ kGy 低剂量辐照处理为佳。

胡丽娜等以大果山楂为试材，研究了不同剂量短波紫外线（UV-C）辐照处理对采后山楂果实常温贮藏条件下总酚、总黄酮、总三萜酸、还原糖、可滴定酸含量和抗氧化活性的影响。结果表明，UV-C 辐照能引起山楂处理后 24 h 内总酚、总黄酮、三萜酸等生物活性物质含量和抗氧化活性的提高，并且提高了其在室温贮藏期间的抗氧化能力，而不对果实品质造成损害。UV-C处理对山楂果实中多酚、三萜酸等生物活性物质合成的激发效应具有较强的时效性，且与处理剂量密切相关，高剂量处理有助于多酚、三萜酸等生物活性成分的合成与积累以及抗氧化活性的提高。

参考文献

[1] 尹丽丽. 山楂的质量评价研究[D]. 济南：山东中医药大学，2019.

[2] 崔洁，刘心悦，杨相，等. 不同采收期对不同产地山楂综合品质的影响[J]. 西北药学杂志，2020，35（5）：633-638.

[3] 石磊. 山楂果的贮藏保鲜技术[J]. 山西果树，2012（3）：31-32.

[4] 周德峰，赵涛，李恒勤，等. 不同采收期对山楂品质的影响[J]. 防护林科技，2015（9）：54-56.

[5] 罗盛碧，黄土桂，黄鹏. 山楂果的采收与加工[J]. 广西林业，2006（01）：42.

[6] 张红艳. 山楂贮藏技术要点[J]. 安徽农学通报，2012，18（6）：147-148.

[7] 万少侠，雷超群. 山楂果实的采收处理及贮藏保鲜技术[J]. 中国果菜，2010（11）：57.

[8] 万少侠. 山楂果实的采收与贮藏[J]. 中国农村科技，2000（12）：40.

[9] 南飞华，万少侠，张再仓，等. 山楂果实的采收与贮藏技术[J]. 绿色科技，2010（8）：104.

[10] 栗俊育. 山楂的简单贮藏与加工[J]. 农业技术与装备，2014（21）：34-35.

[11] 孟庆杰，王光全，李强，等. 苹果、梨、山楂产地贮藏技术[J]. 农业科技通讯，2004（1）：35.

[12] 中华人民共和国商业行业标准 GH/T 1159—2017《山楂》[S].

[13] 沈慧. 影响山楂贮藏的几个重要因素[J]. 山西果树，2011（6）：46.

[14] 王明. 不同温度和薄膜包装处理对山楂贮藏生理及品质的影响[D]. 保定：河北农业大学，2015.

[15] 乔瑞. 山楂产地简易贮藏[J]. 农产品加工，2011（7）：17.

[16] 连喜军，时健. 山楂的贮藏技术[J]. 果农之友，2005（10）：42.

[17] 吴茂玉. 山楂贮藏保鲜与加工[J]. 科技致富向导，2001（10）：29-30.

[18] 高愿君，叶孟韬，孔瑾，等. 仲丁胺对山楂果实的防腐效果[J]. 山西果树，1987（2）.

[19] 高愿君，叶孟韬，孔瑾，等. 保果灵对山楂果实的防腐效果[J]. 食品科学，1989（8）.

[20] 高愿君，催伏香，杨玉玺，等. 氯化钙、甲基托布津对山楂果实的防腐效果[J]. 山西果树，1985（2）.

[21] 张丹. 壳聚糖涂膜处理对山楂的保鲜效果研究[J]. 食品安全导刊，2015（33）：150-151.

[22] 王喜林，朱继平. 山楂常温保鲜贮藏的实用技术[J]. 中国农业大学学报，1996（4）：55-59.

[23] 于丽萍. 山楂保鲜贮藏技术[J]. 农村科技与信息，2004（6）：32.

[24] 王成业，李梅，刘战业. 山楂贮藏保鲜技术[J]. 四川农业科技，2008（5）：59.

[25] 袁学军，戴玉淑，王海霞. 山楂保鲜贮藏法[J]. 中国农村科技，2000（10）：32.

[26] 吴茂玉. 山楂贮藏保鲜[J]. 食品及农副产品加工，2002（6）：8-9.

[27] 王军罗. 山楂贮藏技术[J]. 现代农村科技，2010（3）：54.

[28] 朱作鹏. 山楂的贮藏和简易加工[J]. 现代农村科技，2015（08）：75.

[29] 吴明国. 山楂果简易贮藏法[J]. 西北园艺，1996（03）：19.

[30] 姬松龄. 山楂栽培与贮藏保鲜技术[J]. 河北果树，2009（1）：51-52.

[31] 姜良广. 山楂简易贮藏法[J]. 新农村，2011（9）：36.

[32] 王中林. 山楂储藏与常用加工技术[J]. 科学种养，2017（03）：58-60.

[33] 高愿军，孔瑾. 山楂常温贮藏与冷藏的效果比较试验[J]. 食品科学，1990（12）：43-45.

[34] 高愿军，孔瑾. 贮前短时高温处理对山楂果实的防腐效应[J]. 食品科学，1995，16（3）：66-67.

[35] 张培正，伏健民，等. 山楂碳分子筛气调藏技术研究[J]. 天津农业科学，1995，1（1）：17-19.

[36] 谢德圣，崔淑娟. 山楂气调冷藏效应研究[J]. 特产研究，1989（3）：1-2.

[37] 徐春英. 山楂的贮藏[J]. 河北农业科技，2006（12）：30.

[38] 王愈，郝利平. 硅窗简易气调冷藏的山楂生理生化变化的研究[J]. 食品科技，2004（02）：88-89.

[39] 刘同鲁，郁网庆，等. 山楂改进简易气调贮藏技术[J]. 中国果菜，2001（3）：21.

[40] 王亮，赵迎丽，冯志宏，等. 薄膜包装结合乙烯吸收剂对山楂果实生理和果肉褐变的影响[J]. 食品科学，2014，（22）：325-329.

[41] 李超，王亮，赵猛，等. 不同冰温温度对山楂果实生理及品质的影响[J]. 中国农学通报，2017，33（15）：150-155.

[42] 刘榕晨，史小柯，任瑞，等. 不同贮藏温度对山楂果实品质的影响[J]. 山西农业科学，2019，47（10）：1842-1846.

[43] 王军罗. 山楂贮藏技术：下[J]. 乡村科技，2010（10）：24.

[44] 张采琼，刘靖，邓周，等. 山楂冷冻干燥工艺及质量标准研究[J]. 成都大学学报（自然科学版），2020，39（2）：154-158.

[45] 魏丽红，翟秋喜. 山楂真空冷冻干燥最佳条件的筛选[J]. 辽宁农业职业技术学院学报，2019，21（01）：1-3.

[46] 石晓晨，王蕾，王尧尧，等. 干燥方式对山楂总黄酮总有机酸含量的影响[J]. 山东科学，2018，31（05）：14-19.

[47] 刘明宝，李静，何方健，等. 山楂微波干燥过程中环境相对湿度的影响[J]. 江苏农业学报，2020，36（02）：487-493.

[48] 郭婷，吴燕，陈益能，等. 冻融预处理对山楂热风干燥特性的影响[J]. 食品与机械，2020，36（04）：68-71.

[49] 高愿军，孔谨. γ射线辐照对山楂果实贮藏的效应[J]. 果树科学，1997（1）：46-47.

[50] 胡丽娜，张春岭，刘慧，等. 短波紫外线处理对采后山楂果营养品质及其抗氧化活性的影响[J]. 食品工业科技，2016，37（01）：342-346.

第五章

山楂类食品加工技术

山楂风味独特、营养丰富，颇受消费者的青睐。山楂传统食品种类丰富，有山楂冰糖葫芦、山楂糕、山楂饮料、山楂罐头、山楂酒、山楂茶、山楂皮、山楂果球等一系列产品。随着食品加工装备水平和技术水平的不断提高，山楂制品加工已实现了由传统作坊式生产向现代化生产线的转变，产品质量和生产效率大幅提高。

随着消费者对食品营养价值、保健功能的需求不断提高，加上一部分消费者有喜食山楂果制品的习惯，市场对山楂系列食品的需求越来越大。近几年国内有关高校、科研院所、生产企业把新工艺、新技术广泛用于山楂深加工，开发出了发酵酸乳、山楂酒、山楂袋泡茶、山楂复合饮料等。以下主要从山楂休闲食品、山楂饮品、山楂馅料三个方面介绍山楂制品加工工艺。

第一节 山楂休闲食品加工技术

休闲食品是人们闲暇之时的零食，山楂休闲食品是一类典型的传统休闲食品。山楂糕、山楂条、山楂卷、山楂球、山楂片、山楂碎、果丹皮、冰糖葫芦、山楂罐头等山楂类休闲食品都是消费者喜爱的大众休闲食品。本节将分别从产品配方、生产设备、工艺流程、制作方法及质量标准等方面介绍常见的山楂休闲食品加工技术。

一、山楂糕

山楂糕是我国北方民间的传统开胃食品。清朝时，民间艺人钱文章总结前人经验，加工定型，进贡朝廷，使得清朝慈禧太后食过大加赞赏，特赐名"金"糕，后来宋庆龄食后曾写信给以高度评价，使得这种传统食品在全国各地名噪一时。云南、北京、山西、河南百泉、江苏徐州等地都有山楂糕特产。

山楂富含丰富的果胶。果胶也是一种水溶性的膳食纤维，具有增强胃肠蠕动的功能。果胶具有凝胶特性，可以制作山楂糕、果丹皮、山楂片等产品。下面介绍以鲜山楂为主要原料制作山楂糕的方法。

(1) 产品配方　山楂、白砂糖等。

(2) 生产设备　山楂分选机、山楂清洗机、山楂切片机、蒸煮锅等。

(3) 工艺流程　选果→清洗→切片→蒸煮→过筛→加糖→浓缩→鉴定→入盘→成品。

(4) 具体制作方法

① 选果　将原料中的病、虫果及烂果剔除，以保证产品质量。

② 清洗　用清水浸泡 10 min，轻轻翻动，洗净果实，使泥沙沉淀。

③ 切分、去把　采取立切法，并去掉果把。

④ 加入与果重等量的水蒸煮　在不锈钢锅中煮沸 30～40 min，边煮边搅动至果肉煮烂。

⑤ 过筛　先用粗孔筛去皮核，再以细孔筛进行压滤，将果肉滤下备用。

⑥ 加糖　按果肉浆液的 80%加入精制白砂糖（其用量也可酌情增减）。

⑦ 浓缩　在小火上浓缩，随时搅拌，防止焦煳，约 40～50 min。

⑧ 鉴定

a．挂板法　用搅拌木板取浓缩的浆液少许，横置，如呈片状落下，到达终点。

b．温度测定　当浓缩的浆液温度升高到 105～107℃，即为浓缩终点。

⑨ 入盘　把已达到浓缩终点的浆液倒入搪瓷盘内，冷却凝固即成山楂糕。

(5) 质量标准　切粒方正均匀，不粘手，有弹性，味酸甜。具有山楂糕特有的风味，含水16%～20%。

二、多维山楂糕

多维山楂糕不论从颜色、口味及质地均达到了原山楂糕的要求，所用原料来源广泛，成本低廉，既解决了各地生产山楂糕的原料不足问题，又为山楂制品增加了一个新品种。

胡萝卜山楂糕，选用营养丰富的胡萝卜，再搭配一定比例的山楂，生产出含有多种维生素、营养丰富的多维山楂糕。多维山楂糕在生产上选用山楂 70%加胡萝卜 30%的配比，果胶总含量在 1.5%以上，pH 值在 2.9～3.1，含糖量在 60%以上。其成糕性好、富有弹性，口味甜酸。

(1) 产品配方　山楂、胡萝卜、白砂糖、柠檬酸等。

(2) 生产设备　山楂分选机、山楂清洗机、山楂切片机、搅拌机、蒸煮锅等。

(3) 工艺流程　原料选择→清洗→切碎→加糖、加水煮料软化→打泥过筛→加柠檬酸、明矾搅拌→装箱冷却→成品。

(4) 具体制作方法

① 原料选择　挑选新鲜的山楂及胡萝卜，剔除腐烂及病虫害果实。

② 清洗　将挑选好的山楂及胡萝卜用清水冲洗，去除泥沙及其他杂质。

③ 切碎　将较大的胡萝卜原料切分，有利于水煮软化。

④ 加糖、加水煮料软化　加水量为果重的 67%，加糖量为果重的 50%，然后进行水煮软化，约半小时，锅内中心温度逐渐升到 105℃时终止软化。

⑤ 打泥过筛　将软化好的原料（温度保持在 60℃以上，温度低于 60℃打不出泥），立即投入筛孔直径为 1.45 mm 的打泥子机中进行打泥过筛，以除掉果籽和果皮等。

⑥ 加柠檬酸、明矾搅拌　将过筛的果泥放入搅拌机内，加柠檬酸调整果泥 pH 值到 2.9～3.1，以有利于成糕。明矾加入量为原料重的 1%，搅拌 3～5 min，搅拌均匀为止。

⑦ 装箱冷却成型　将搅拌均匀的果泥倒入用蜡纸垫好的纸箱内冷却，在 10℃以下的室温经 24 h 后即可成糕，经检验合格后即可出售。在制冷过程中不要搬动，以防影响凝冻成糕。

从成糕情况看，山楂只要不少于 50% 都能成糕，不同配比所生产的果糕的颜色是不同的，这是允许的。但是为了达到山楂的深红色，可加 0.02% 的食品级红色素（允许加入量不超过 0.05%），调至深红色。从质地看，只要配比中山楂超过一半以上均富有弹性。从口味看，都为甜酸。

在加工前对山楂及胡萝卜原料果胶含量进行分析，山楂果胶含量为 4.31%、胡萝卜为 1.2%（胡萝卜虽然有较高的果胶含量，但凝冻成糕能力极差，这是由果胶性质决定的）。山楂与胡萝卜搭配凝冻主要是借助于山楂的果胶，据小型试验及大量生产试验说明，山楂与胡萝卜搭配之后果胶的总含量在 1.5% 以上，pH 值控制在 2.9～3.1，含糖量在 60% 以上时，即可成糕。多维山楂糕与山楂糕的营养对比见表 5-1。

表 5-1　多维山楂糕与山楂糕的营养对比

果糕种类	水分/%	固形物/%	每 100 g 果糕		
			有机酸/g	维生素 C/mg	维生素 A/mg
山楂 70%＋胡萝卜 30%	38.80	54	1.19	11.60	3.00
山楂 100%	38.50	54	1.21	14.50	0.74

从表 5-1 可以看出，山楂 70% 加胡萝卜 30% 与山楂 100% 的果糕相比较，水分、固形物、有机酸相差不大，主要是维生素 C 和维生素 A 含量差异较大；100% 山楂糕维生素 C 相当于山楂 70% 加胡萝卜 30% 的 1.25 倍，而维生素 A 的含量，山楂 70% 加胡萝卜 30% 的为 100% 山楂的 4.10 倍。从生料营养成分可以看出，山楂除维生素 C 高于胡萝卜外，维生素 B_1、维生素 B_2、维生素 P 都低于胡萝卜。

三、山楂脯

果脯是以果蔬为原料，经过煮制、糖渍、干燥等工艺制成的略有透明感、表面无糖霜析出的果蔬制品。作为我国传统的休闲食品，果脯已有三千多年的历史。果脯蜜饯的加工为开发利用果蔬资源、提高果蔬附加值提供了一条途径。山楂脯就是用山楂果做的果脯，酸甜可口，深受人们的喜爱。

山楂果脯采用新鲜山楂，经过清洗、去皮、取核、糖水煮制、浸泡、烘干和包装等主要工序制成，其鲜亮透明、稍有黏性，含水量在20%以下。

(1) 产品配方　山楂、白砂糖、氯化钠、氯化钙等。

(2) 生产设备　山楂分选机、山楂清洗机、山楂去核机、高速组织捣碎机、蒸煮锅、鼓风干燥箱、真空包装机、蒸汽锅炉等。

(3) 工艺流程　山楂原料选择→清洗→去皮、去核、切块→漂洗→护色→硬化→糖煮→微波渗糖→干燥→冷却后包装。

(4) 具体制作方法

① 原料选择　选取新鲜、大小一致、色泽鲜艳的大果山楂，剔除有病虫害、疤痕和外形受损的残次果。用流动的自来水将山楂表面的污物洗净，并沥干水分。去蒂柄及果核：用捅核刀分两次除净蒂柄和果核。捅核时用刀的大端，切去花托至果肉外露，再将山楂翻身将果核捅出。捅核刀是一小铁管，两头大小不一，大端直径1.2 cm，小端直径1 cm。

② 去皮、去核、切块　使用山楂去核机、高速组织捣碎机等进行去皮、去核、切块操作。

③ 漂洗　使用亚硫酸氢钠溶液漂洗（漂洗液配方为每100 kg清水，加亚硫酸氢钠70 g），将漂洗液倒入去核的山楂，漂洗10 min，然后将山楂捞至竹箩内沥去水分，准备糖制。

④ 护色、硬化　将切块的大果山楂果肉立即放入2.0%的食盐溶液中，进行护色30 min。将护色处理后的山楂果肉用0.5%氯化钙溶液硬化60 min，硬化后用蒸馏水将大果山楂果肉冲洗干净。

⑤ 配糖液、糖煮　取精制白砂糖加水溶化，配成浓度为45%～50%的糖液，煮沸后边煮边滴入冷水，用勺子除去糖液表面形成的泡沫，再用绒布过滤。

将已滤净的100 kg糖液在不锈钢锅内煮沸，倒入50 kg山楂，用文火慢慢煮制，用勺子轻轻翻动，使山楂均匀沸腾。至出现裂痕时，再将25 kg砂糖分两次加入，用猛火约煮15～20 min。直至果实显透明状时，即可停火。

⑥ 微波渗糖　将煮熟的山楂连同糖液一同浸泡24 h，或者将糖煮后的大果山楂果肉浸泡在糖液中，再放入微波炉中进行微波渗糖，大果山楂果肉与糖液的质量比为1∶2，一定时间后取出。

⑦ 干燥

a. 烘干　用竹笊篱捞出山楂，沥去糖液，放到烘盘上，进烘房里进行烘干。烘房温度可设置为60～65℃，注意保温，经18 h左右，至山楂含水量为22%～24%时即可出房。也可晾晒至干。

b. 热风干燥　将浸糖后的果肉捞出，沥干后放入鼓风干燥箱中，干燥温度60℃。干燥期间每隔1 h翻动一次，使果脯干燥均匀，干燥时间6 h，使果脯含水率降至25%～35%。

⑧ 冷却后包装　冷却后去除杂质，进行分级后，用PE食品包装袋包装，然后装箱外运。

（5）质量标准　外形整齐一致，形态饱满，不皱缩，不结晶，水分含量在22%～24%之间，不粘手、味酸甜适口。

四、脱水山楂片

山楂片是一种以山楂为原料制成的规则型片状食品，含糖、酸、果胶等成分基本不变，有健脾开胃的效果。其厚薄均匀，质酥适度，食后有生津开胃、助消化、降血压血脂等功效。

（1）产品配方　山楂、白砂糖、食用红色素等。

（2）生产设备　山楂分选机、山楂清洗机、山楂去核机、打浆机、蒸煮锅、鼓风干燥箱、切片机等。

（3）工艺流程　原料清洗→蒸煮→打浆→摊片→烘烤→制片→成品。

（4）具体制作方法

① 清洗　先将经过挑选的山楂放入池内，削除腐烂、虫蛀部分。然后放水清洗，反复几次，一直到冲洗干净为止。

② 蒸煮　将洗净的果实放入蒸笼内，用大火蒸之，沸煮30～40 min，使其熟透、果肉充分软化。

③ 制浆　果实蒸熟后，加入适量的水，用打浆机充分打烂，把得到的果浆移入搅拌机内。果浆中加入白砂糖（每100 kg果浆加80 kg白砂糖），并加入适量食用红色素，搅拌均匀。

④ 刮片　将框形模子放在烘盘上，把稠果泥舀入涂过食用油的油布上，再用塑料板刮平，摊成4～5 mm厚的果酱薄层，力求厚薄均匀。

⑤ 烘烤　摊好果浆，即可将油布缓缓放至烘烤架上，推入烤房。烤房内温度控制在60～65℃，烘烤3 h左右，使果浆水分消失。

⑥ 起片　将干燥而没有发硬的山楂大片，趁热从烘盘上取下。

⑦ 切分成型、包装　山楂方片，为正方形，按要求切好后，用玻璃纸包裹起来即可；山楂圆片，片呈圆形，似铜钱，是用圆形筒在大片上压印取片再叠压包装而成的。

（5）质量标准　色泽红色或浅红，颜色鲜艳，质地柔软，酸甜爽口，具有山楂的风味。含糖量约为85%，还原糖含量约为9%，总酸约为1.5%。

五、雪花山楂糖片

雪花山楂糖片由山楂、蔗糖经科学方法制成。其酥松柔韧，酸甜可口，块形整齐，层次分明，色泽呈淡红色，具有开胃、助消化等功能。

（1）产品配方　山楂、白砂糖、食用红色素等。

（2）生产设备　山楂分选机、山楂清洗机、山楂去核机、打浆机、蒸煮锅、鼓风干燥箱等。

（3）工艺流程　原料清洗→蒸煮→打浆→摊片→烘烤→撒糖→成品。

（4）具体制作方法

① 清洗　先将经过挑选的山楂放入池内，削除腐烂、虫蛀部分。然后放水清洗，反复几次，一直到冲洗干净为止。

② 蒸煮　将洗净的果实放入蒸笼内，用大火蒸之，使其熟透。

③ 制浆　果实蒸熟后，加入适量的水，用打浆机充分打烂。把得到的果浆移入搅拌机内，按每 100 kg 果浆加入 80 kg 的比例加糖，并加入适量食用红色素，搅拌均匀。

④ 摊片　把搅拌好的果浆过模，摊在涂过食用油的油布上，可摊 0.3 cm 厚左右，各处薄厚要均匀。

⑤ 烘烤　摊好果浆，即可将油布缓缓放至烘烤架上，推入烤房。烤房内温度以 65℃为宜，烘烤 3 h 左右，使果浆水分消失。将干好的糖片拿出趁热用刀从边缘划开，然后扯下。

⑥ 制片　每揭下一张糖片，上面都要均匀地撒一层白砂糖。用刀将糖片切成大小一致的方形小块，即成精制美味的雪花山楂糖片。将此山楂糖片按每块 5～6 层用玻璃纸进行包装。

（5）质量标准　色泽红色或浅红，颜色鲜艳，质地柔软，酸甜爽口，具有山楂的风味。

六、山楂糖片

上述雪花山楂糖片在最后的制片工艺中进行浸糖，晾晒制作成品，即是一种新的产品，与雪花山楂片相比具有不同的口感。该产品含糖量较高，以适量进食为宜。

（1）产品配方　山楂、白砂糖、食用红色素、防腐剂等。

（2）生产设备　山楂分选机、山楂清洗机、山楂去核机、打浆机、蒸煮锅、鼓风干燥箱等。

（3）工艺流程　选料→削皮→挖籽心→切片→盐渍→漂洗→漂烫→糖制→晾晒→包装。

（4）具体制作方法

① 选料、削皮　选用新鲜成熟、无病虫害、无腐烂、无损伤的山楂果，手工或机械削皮。

② 挖籽心、切片　将山楂的籽心挖掉，切成几片。

③ 盐渍　取一缸，将果片入缸，按一层果一层盐进行盐渍，上面用重物压住。盐渍时间为 10 天。

④ 漂洗、漂烫　将盐渍果片移入清水池，浸泡 12～16 h，其间换水 2～3 次。另取一锅，加水煮沸，倒入果片，翻动，沸煮 10～15 min；捞出，沥干。

⑤ 糖制　取一缸，将果片入缸，用 40 kg 糖按一层果一层糖进行糖渍 24 h。将果片与糖液一起入锅，沸煮 20～25 min，加入蔗糖 20 kg。撒糖时应向沸腾处加入，以便蔗糖充分溶解。当糖液质量分数达到 60%时停止加热，将山楂片连同糖液移至浸缸中，将剩余蔗糖盖在山楂片上，浸渍 6～8 天。

⑥ 晾晒、包装　将山楂捞出，沥干糖液，移至竹匾上，暴晒。边晒边拌，使山楂片上黏附适量的糖液，晒制一段时间即为山楂糖片。其含水量为 16%～20%，用玻璃纸包装。

七、果丹皮

果丹皮为山楂制成的卷，原产于北京平谷、怀柔、密云以及天津蓟州区和河北兴隆等地，是河北、北京等地著名的休闲零食。其口味酸甜、开胃健脾、助消化，很有嚼劲，儿童尤为喜食。果丹皮还能促进胃液分泌、帮助消化，是临床上常用的一味消食药。

(1) 产品配方　山楂、白砂糖、糯米粉、食用红色素、防腐剂等。

(2) 生产设备　山楂去核机、山楂清洗机、双层蒸煮锅、打浆机、产品包装机等。

(3) 工艺流程　原料选择→清洗→加糖熬煮→过筛打浆→成型→烘干→整理→包装。

(4) 具体制作方法

① 原料选择　选含酸量和含果胶较多的新鲜山楂为原料，除去腐烂果。也可用一部分生产罐头和果脯的下脚料。

② 清洗　果实去杂后，用清水洗净。

③ 软化制浆　将处理好的果实放在双层锅中，加入约为果实重 80%或等量重的水，煮 20～30 min，待果实软化后，取出倒在筛孔径为 0.5～1.0 mm 的打浆机打浆，除去皮渣。如没有打浆机，可用木制打浆板或木杆将果实捣烂，倒入细筛中，除去皮渣，再将果浆倒入双层锅中，加入果浆重 10%～30%的白砂糖及少量柠檬酸（根据果实含酸量高低而定，通常为果浆重量的 0.3%～0.5%），再用文火加热浓缩，注意搅拌，防止焦煳，浓缩至稠糊状，可溶性固形物含量达 20%左右时出锅。

④ 过筛打浆　将经过糖煮后的原料经立式打浆机打浆，筛孔直径为 0.6 mm，用不锈钢板打孔而成。将山楂和糖浆一起均匀加入打浆机，以每分钟 300 转的速度进行打浆，得到果浆液。

⑤ 刮片成型　将浓缩的果浆倒在钢化玻璃板上，刮成厚 0.3～0.5 cm 的薄片。刮刀力求平展、光滑、均匀，以提高产品的质量。

⑥ 烘干　刮好后将钢化玻璃送入烘房，温度 60～65℃，注意通风排潮，使各处受热均匀，烘干 12～16 h，至果浆手触不黏，具有韧性皮状时取出。

⑦ 整理　在成品上撒一层砂糖，卷成小卷，也可再切成小段或小片。

⑧ 包装　用透明玻璃纸或食品袋包装。

（5）质量标准　总糖量达 60%～65%，水分含量为 18%～20%，酸甜适口。

八、山楂球

山楂球是特有的山楂食品，把山楂球与山楂片的生产衔接起来，利用生产山楂圆片的边角料生产山楂球，可以实现山楂食品生产原料的综合利用。

山楂球以山楂为主要原材料，可用鲜红果和山楂干片两种原料，鲜红果具有果胶含量高、味道好等特点。但大量贮藏鲜红果受到场地和冷藏库的限制，故生产中常用山楂干片按比例搭配。山楂干片是鲜红果的干制加工品，可长年供应。

山楂球含蔗糖 72%～75%，所以白砂糖是山楂球的主要原材料。山楂球外表裹一层用糯米加工成的糕粉作粘连剂，用量为 11%～12%，为保持红色，在糕粉层按国家标准中着色剂规定的使用量，用胭脂红食用色素上色。果胶与糖、酸结合形成凝胶的条件为含糖量 65%～70%、含果胶量 0.2%～1.5%；pH 值为 3.1～3.5 时，凝胶力最好。

（1）产品配方　山楂、白砂糖、糯米粉、食用红色素、防腐剂等。

（2）生产设备　绞碎机：是将片角配料绞成细腻的山楂泥；挤条机：将山楂泥通过挤条机压成厚 11 mm、长 600 mm 的圆条；搓球坯机：将山楂圆条通过三辊搓球机切断并搓成扁圆形山楂球坯；裹细砂糖机：用该设备完成两道工艺操作，第一道是在山楂球坯上均匀裹一层米糕粉，第二道是在糯米糕粉的球上再裹一层细砂糖层，烘干后即为成品；干燥设备：采用隧道式热风烘干或其他烘干设备。

（3）工艺流程

鲜红果→沸水煮制→粗孔打浆机脱核→细孔打浆机去皮→配浆混合

　　　　　　　　　　　　　　　↑　　　　　　　　↓
干山楂片→沸水煮制→粗孔打浆机脱核　　　拌白砂糖

　　　　　　　　　　　　　　　　　　　　↓
圆片成品←切片←压片"运砂"←复烘烤←翻片←烘烤←刮片

↓
片角配料→绞碎→挤条→搓球坯→烘球坯→裹糕粉层

　　　　　　　　　　　　　　　　　　　　　　↓
成品包装←冷却←烘球←裹细砂糖层（加食用色素）

从生产工艺流程来看，工序比较多，但是可结合山楂圆片生产山楂球。压片"运砂"的半成品片子，用切片机切圆片，就是山楂圆片成品。然后再用切片机切下来的片角余料生产山楂球。这样不仅缩短了工艺流程，而且做到了综合利用，实现了多品种产出及低消耗。

九、冰糖葫芦

冰糖葫芦的起源，最早记载是在宋朝。冰糖葫芦是将果实串食的一种技法，当我们说起冰糖葫芦时，往往单指山楂串成的冰糖葫芦。因为在我国北方，以山楂为原料的冰糖葫芦最为普遍，适合冬日饭后食用。糖葫芦色彩鲜艳，酸甜酥脆，尤其是小孩喜欢的休闲保健食品。

（1）产品配方　山楂、白砂糖等。

（2）制作方法

① 穿山楂串　将品种较好、个头较大的山楂果用清水洗干净，除去果皮和种子；每五个一小串或十个串成一大串备用，数量可根据实际确定。

② 熬制糖浆　糖浆中白糖和水的比例是 1∶2.5。熬制时，将水放入锅中烧开，然后放入白糖，用旺火烧 20 min。当糖浆翻花起沫时，用筷子搅拌觉得有拉力时，可将旺火降为中火，边熬边搅，约经 5～7 min，用筷子试挑，当糖浆出现拔丝、遇冷变酥脆时，再将中火改烧小火，继续保持糖浆翻花。这时是用来蘸糖葫芦的最佳火候，每 0.5 kg 白糖，可蘸糖葫芦 65～70 小串或 35～40 大串。

③ 蘸制糖葫芦　手持穿好的山楂果串的棍柄，将山楂果串垂直向下，投入翻花的糖浆内，转动一周，并迅速提出，放到涂有豆油的玻璃板或铁板上，经冷却后，即为糖葫芦成品，可上市出售。

十、山楂蜜饯

蜜饯也称果脯，古称蜜煎。中国民间的糖蜜制水果食品，流传于各地，历史悠久，它是以果蔬为原料，用糖或蜂蜜腌制后而加工制成的食品。除了作为小食品或零食直接食用外，蜜饯也可以用来放置于蛋糕、面包等点心上作为点缀。山楂蜜饯因其酸甜可口以及具有助消化等作用，深受广大人民群众喜爱。

（1）产品配方　山楂、白砂糖、山梨酸钾等。

（2）生产设备　山楂去核机、山楂清洗机、切片机、蒸煮锅等。

（3）工艺流程　选料→清洗→漂烫→去皮→挖籽心→糖制→冷却→包装。

（4）具体制作方法

① 选料、清洗　选用果形硕大、肉厚、新鲜、成熟度均匀的优质山楂，洗净。

② 漂烫　取一锅，放入清水，加热至 75～80℃倒入山楂，漂烫 4～5 min，捞出，沥干。

③ 去皮、挖籽心　将山楂趁热剥去果皮，挖掉籽心，去除果柄。可切片，也可全果糖制。

④ 糖制　取一锅，将白砂糖 60 kg 和水加热溶化成质量分数为 60% 的糖液。将此糖液倒入盛放果坯的浸缸中，浸渍 24 h。将果坯和糖液一起移入锅中，用文火加热，使糖液缓缓沸腾，

沸煮 20～30 min。这时山楂果肉变得透明，糖液也成为红色，其质量分数在 75% 以上。之后再加入 1% 的山梨酸钾，再轻沸数分钟，停止加热。

⑤ 冷却、包装　将果坯移至瓷盘中，自然冷却，其间摇动数次，避免粘连。将糖液取出过滤，滤液倒入果坯中，取玻璃瓶将果坯糖液一起定量加入，封紧瓶盖，即成山楂蜜饯。

(5) 质量标准　呈暗红色，色泽均匀一致，具有山楂糖煮后应有的风味和香味，酸甜适口，风味独特。

十一、丁香山楂

丁香具有消炎、健胃、祛风等功效，同时具有芳香气味。丁香茶是市面上常见的保健茶。丁香山楂是山楂蜜饯的常见形式，使山楂蜜饯具有清香，同时具有养胃、助消化的保健功能，受到人们的喜爱。

(1) 产品配方　山楂、白砂糖、甘草、丁香粉等。

(2) 生产设备　山楂去核机、山楂清洗机、蒸煮锅等。

(3) 工艺流程　选料→漂洗→浸泡→糖渍→烘制→拌香→包装。

(4) 具体制作方法

① 选料、漂洗　选用果片整洁、肉厚的优质山楂干坯，筛去柄屑杂质，投入清水池漂洗干净。

② 浸泡　取一缸，配制质量分数为 30% 的糖液 60 kg，加入果坯，浸渍 24 h，使山楂果肉发软时捞出。

③ 糖渍　取一锅，将甘草切碎加水 25 kg 加热熬煮至 20 kg，弃掉渣滓，将浸泡好的果坯连同糖液移入锅中，加热至沸腾，沸煮 20～30 min。当山楂果肉发软时捞出，腌制，取一缸，将果坯趁热糖渍，一层山楂一层糖，将蔗糖用完。最后，将锅中糖液全部倒入缸中，腌渍 5～6 天。

④ 烘制　将糖渍的山楂果坯捞出、摊于烘盘上，送入烘房，于 55～60℃ 温度下烘至含水量不超过 20% 为止。

⑤ 拌香、包装　将果坯移出烘房，置于工作台上，加入丁香粉，混匀，即成丁香山楂。定量分装，密封包装。

(5) 成品特点　色泽红艳，甜酸中带有异香，具有提神和增进食欲之功效。

十二、山楂罐头

水果罐头是常见的方便食品，具有开罐即食、营养丰富、便于携带、价格低廉等优点，深受广大人民群众喜爱。山楂罐头是常见的罐头类型，有很高的营养价值，味道鲜美，汤汁酸甜，可防止秋天肺燥、干咳。

(1) 产品配方　山楂、白砂糖、防腐剂等。

(2) 生产设备　山楂去核机、山楂清洗机、蒸煮锅等。

(3) 工艺流程　选果→洗涤→去核→漂洗→预煮→称重装罐→注糖液→排气→密封→杀菌→冷却→保温检验→成品。

(4) 具体制作方法

① 选果　果实应选八九成熟，呈红色或紫红色，果实横径在 2 cm 以上，不萎缩，无干疤、霉烂疤、虫眼和机械伤。按山楂大小分级，一级品直径在 2.5 cm 以上，二级品在 2～2.5 cm 之间。

② 洗涤　清水冲洗，除去杂质。

③ 去核　先用除核器的下刀切去果实蒂柄，然后从果蒂处下刀顶出果核，注意防止果实破裂，不得残留果核。

④ 漂洗　清水漂洗，除去微细果肉屑。预煮前山楂要清洗 3 次，然后放在 70℃的温水中预煮软化。经 1～2 min 后捞出，放入冷水中冷却。

⑤ 预煮　将果实投放沸水中煮软，但不要煮裂。捞出后迅速将果实放入流动水中冷却。

⑥ 称重装罐　空罐及罐盖先进行清洗、杀菌。果肉装入量应占罐头净重的 55%左右。

⑦ 注糖液　$糖液浓度 (\%) = \dfrac{罐头净重 (g) \times 开罐糖度 (18\%) - 果肉重 (g) \times 果肉含糖量 (\%)}{糖液重 (g)}$，按此浓度配制的糖液煮沸后进行过滤除杂，趁热注放罐内，液面保持在罐口下 4 mm 左右。

⑧ 排气　在 90～95℃下水浴加热 10～15 min。

⑨ 密封：排气后立即封盖。

⑩ 杀菌：沸水中杀菌 25 min。

⑪ 冷却　在冷水中冷却至 40℃左右。若是玻璃罐须进行分段冷却，以防止温差过大导致玻璃罐破裂。

⑫ 保温检验　在 25℃下放置 5～7 天，若无腐败变质现象即为成品。贴标签，装箱出库。

(5) 质量标准　具有本品种糖水山楂罐头应有的甜酸味，无异味。去核整果，果形大小一致，无皱缩，允许有自然斑点，果肉软硬适度。山楂果呈红色或深红色，色泽较一致，糖水较透明，允许少量不引起混浊的果肉碎屑存在。

十三、山楂果冻

果冻是用增稠剂（海藻酸钠、琼脂、食用明胶、卡拉胶等）加入各种人工合成香精、着色剂、甜味剂、酸味剂配制而成，是一种西方甜食，呈半固体状。果冻外观晶莹剔透，口感爽滑可口，深受消费者特别是广大青少年的喜爱。山楂果冻是我国根据山楂特点开发的新类型，山楂富含维生素和果胶等天然营养成分，既有果冻的口感，颜色鲜艳，酸甜可口，又符合消费者对食品天然、营养、健康的需求。

(1) 产品配方　山楂、白砂糖、苹果酸等。

(2) 生产设备　山楂去核机、山楂清洗机、蒸煮锅等。

(3) 工艺流程

$$原料选择→清洗→预煮→过滤→糖煮→浓缩→罐装灭菌→包装$$

$$↑$$

$$苹果酸、白砂糖$$

(4) 具体制作方法

① 原料选择　选用果实坚硬、七至八成成熟度、无腐烂、无虫蛀、酸度较高的果实。成熟度过高的果实因含酸量低、果胶部分水解，不适宜制作果冻。

② 清洗　将选出的果实于清水中洗干净。

③ 预煮　将原料投入不锈钢锅内，加入与果实等量水分，用旺火加热，使果实充分软化。过滤，捞出果实，经筛滤后，再用纱布包裹，压取果汁。捞出的果实可用于制成山楂果酱使用。

④ 糖煮、浓缩　称取果汁 100 kg，加砂糖 45～50 kg，倒入不锈钢锅内，先用旺火加热浓缩，当山楂汁的可溶性固形物含量达到 12%时，开始加入白砂糖和苹果酸，待 50%水分蒸发时，改用弱火继续蒸发浓缩。浓缩至山楂汁可溶性固形物含量达 66%，即达到终点。浓缩过程中要不断搅拌，以防糊锅。

⑤ 罐装灭菌　灌装山楂浓缩汁至果冻杯中并封口，进行巴氏杀菌，时间保持 10 min，然后采用喷淋冷却的方式尽快将果冻的温度降至 40℃。

⑥ 包装　用塑料薄膜食品袋包装，勿重叠，再外套有商标的小纸板盒。

(5) 质量标准　食之味甜略带酸，色呈红黄透明，含糖量达 65%以上，厚度约 1～2 cm。

十四、家制山楂果冻

因为山楂果冻酸甜可口，口感顺滑，深受小朋友的喜爱，也可以在家里制作山楂果冻，做好即食，安全方便。

(1) 产品配方　山楂、白砂糖。

(2) 具体制作方法

① 取有盖大口瓶 1 个，洗刷干净、煮沸、沥干待用。

② 将山楂果中的烂果及杂物拣去，再将山楂果洗净，放入锅中，加水（浸没山楂），用旺火煮沸，再用中火煮 3～5 min，水呈红色时将水倒出待用。再加水煮沸，如此共煮三次，煮至

山楂果红色褪尽即可。

③ 煮山楂果的水混在一起，用旺火煮沸，再用文火煮（不盖锅盖），使大部分水分蒸发掉。

④ 加入糖（糖量与山楂果水体积相等）与山楂果水同煮，煮沸后用小火煮 10～20 min。煮好的山楂果汁倒入玻璃瓶内，待冷却即凝成山楂果冻。

（3）成品特点　做成的山楂果冻为红色透明，宛如红色玻璃；山楂果冻不加入增稠剂和其他食品添加剂，果冻色、味均佳，可做蛋糕上的点缀；果冻做好后在瓶口山楂果冻上面撒一层糖，盖紧瓶盖，放在阴凉处，可贮存数月。

第二节　山楂饮品加工技术

一、山楂饮料加工技术

山楂果实中含有多种营养成分，有散瘀、消积、化痰、解毒、止血、防暑、降温、提神、清胃、醒脑、增进食欲等功效。山楂果可以加工成各种类型的饮料，这些饮料大部分是先从山楂果中提取汁液，再用汁作原料，经过调配而成。

（一）原料山楂汁和浓缩山楂汁

为了延长山楂饮料的加工期，同时为了便于果汁的保存，常将山楂汁加工成浓缩汁，作为基料使用。以产品中是否含有果胶来分类，山楂汁可以分为浑汁和清汁。以这两种汁作原料加工成的浓缩汁分别称为浓缩山楂浑汁和浓缩山楂清汁。其工艺流程如下所述。

山楂果清洗→挑选→冲洗→破碎→加热软化→浸提→粗滤→分离→过滤→原料山楂浑汁→真空浓缩→瞬时灭菌→冷却→无菌化→灌装→密封→冷藏→浓缩山楂浑汁

山楂果清洗→挑选→冲洗→破碎→加热软化→浸提→粗滤→分离→澄清（酶反应）→分离→过滤→原料山楂清汁→浓缩→瞬时灭菌→冷却→无菌化→灌装→密封→冷藏→浓缩山楂清汁

1．产品配方

山楂、白砂糖、柠檬酸、食用红色素、果胶酶等。

2．生产设备

山楂清洗机、山楂去核机、果实破碎机、过滤设备等。

3．具体制作方法

（1）选择原料　用于提汁的山楂果应是充分成熟的、色泽红艳的新鲜果实，大小不限，但要剔除病虫及腐烂的不合格果实。

（2）原料清洗与破碎　用流动净水将山楂果洗干净，为了加速山楂汁的提取，提高出汁率，可使用辊式破碎机将山楂果压裂。

（3）软化与酶处理　山楂果实中的液汁较少，果胶含量高，液汁胶黏。加之山楂果核占整果重量的 15%～20%，果肉质地紧密，直接用压榨法很难提取成功，因此，生产中常用加热软化（85～90℃，15～20 min）和酶处理（40～50℃，3～4 h）两种方法进行预处理。

（4）山楂汁提取方法

① 浸提法　水浸提法是从山楂中提取可溶性固形物最普遍使用的方法，有一次浸提法、多次浸提法、罐组式逆流浸提法、连续逆流浸提法等，可获得 4.5～6°Bx 的山楂汁。

② 压榨法　山楂果实中的液汁较少，需经过特定处理后，方可以采用榨汁方法，如凝胶压榨法、酶解压榨法，可获得 8～10°Bx 的山楂汁。

③ 真空浸提法　浸提罐为真空容器，利用真空破坏果实细胞壁。在生产清汁时，可同时加入果胶酶，在提汁的同时进行酶处理。这种方法可获得 7～10°Bx 的山楂汁，且提汁过程在真空下进行，可以防止褐变的产生。在同一设备内同时进行浸提和酶脱胶，可节省酸处理时间。

（5）山楂汁澄清

① 粗滤　一般采用筛滤方法。常用不锈钢制作的平筛、回转筛或振动筛，筛网以 32～60目（0.25～0.50 mm 孔径）为宜。小规模生产可用滤布进行粗滤。

② 离心分离　主要用于去除山楂汁中的夹杂物、沉淀物和部分果肉等固体小颗粒。酶法澄清的果汁通过离心分离还可以提高酶澄清的效果，最常用的设备是蝶式离心分离机。目前离心分离机的分离因数一般为 6000～11000，能沉降分离的最小微粒不小于 0.5 μm。

③ 澄清　澄清是山楂汁生产中的关键工序，果汁生产中常用的澄清方法有自然澄清法、明胶单宁澄清法、加酶澄清法、加热凝聚澄清法、过滤法等，具体介绍如下。

a．自然澄清法　将山楂汁置于密闭容器中，经过较长时间的静置，汁中的悬浮物质就会沉淀到容器底部。

b．明胶单宁澄清法　利用单宁与明胶形成絮状沉淀物，使果汁中的悬浮颗粒被缠绕而随之下降，果汁被澄清。明胶用量要适当，用量过多，不仅妨碍凝聚过程，反而能保护和稳定胶体，其本身形成胶体溶液，以致影响果汁成品的透明度。明胶与花色苷类色素有反应倾向，要注意其对果汁色泽和风味的影响，明胶和单宁的添加量需要在使用前进行澄清试验确定。

c．加热凝聚澄清法　果汁中的胶体物质受到热的作用时会发生凝聚，形成沉淀，因此，常将山楂汁迅速加热至 80～82℃并保持 1～2 min，然后迅速冷却至室温，静置。果汁的加热和冷却可以使用板式换热器进行。

d．加酶澄清法　酶制剂用量一般为果汁质量的 0.004%～0.05%，可直接加入浸汁中，也可以加在灭菌的山楂汁内。在浸提过程中如果已在浸提液中加入果胶酶，浸提汁或压榨汁比较清澈透明，则在澄清中无须加酶进行澄清。果胶酶制剂还可与明胶配合使用，例如在山楂汁中加入酶制剂反应 20～30 min 后，再加入明胶，在常温下澄清，效果会更好。

④ 过滤　山楂汁经过澄清处理后，还必须进行第 2 次离心分离和过滤操作，以进一步分离山楂汁中的沉淀物和悬浮物使山楂汁清澈透明。常用的过滤设备有袋滤器、纤维过滤器、板框压滤机、真空过滤机、纸板过滤机等。主要的过滤介质有尼龙布、不锈钢丝布、纸板、硅藻土等。

⑤ 杀菌　为了防止果汁在浓缩过程中受微生物和酶的影响，浓缩前应进行杀菌处理。具体操作为：加热至 95℃，维持 15～30 s，然后迅速降至浓缩温度。

（6）山楂汁浓缩　浓缩山楂汁的可溶性固形物含量高达 70%～80%。常用的浓缩方法有真空浓缩、反渗透浓缩和冻结浓缩等。

① 真空浓缩

a. 离心式薄膜蒸发器　此类设备传热效率极高，蒸发强度大，器内液汁薄膜的厚度仅有 0.1 mm，物料受热时间极短，在 1～3 s 内即能完成蒸发过程，可浓缩的液汁黏度高达 20 Pa·s，很多品种的果汁可浓缩到 85% 浓度。

b. 刮板式薄膜蒸发器　液汁在浓缩过程中成薄膜状态，而且不断更新，总传热系数较高，适合于高黏度和带果肉的果汁浓缩，不会出现结焦、结垢等现象。

c. 双效或多效降膜式蒸发器　依靠分配器使液汁在加热壁面形成薄膜，设备使用效果较好，液汁受热时间短。

② 反渗透浓缩　山楂汁中含有较多的可溶性固形物，果汁渗透压高，一般只能进行 2～2.5 倍浓缩，浓缩极限约为 30% 的固形物含量。

③ 冻结浓缩　通过冷却和冻结，将食品中所含水分变为冰晶，分离去冰晶，从而提高母液中可溶性固形物的含量。

浑浊型浓缩山楂汁与澄清型浓缩山楂汁的工艺要点基本相同。不同之处在于浑浊型浓缩山楂汁需要脱气、均质，以及具备真空浓缩的条件。浑浊型浓缩山楂汁在均质前需将浸提液迅速冷却到 20℃，然后进行均质，使果汁浓度<35%、黏度<0.03 Pa·s，最高工作压力 19.6 MPa，输入压力 0.2～0.3 MPa。脱气时条件为真空度 0.74～0.86 MPa，果汁温度 20℃。

真空浓缩时，罐内真空度为 0.84～0.90 MPa，输入果汁温度为 20℃，罐内果汁加热温度为 48～55℃。待罐内水变成蒸汽后，通过管道，喷射排出，从而得到浑浊浓缩山楂汁。

浑浊型浓缩山楂汁一般采用超高温瞬时灭菌。将浓缩果汁输入超高温灭菌机中，在双套盘管内得到预热，然后进入高温桶内，很快加热到 115℃，并保温 3 s 以上，这时果汁中的细菌立刻被杀死。

(7) 浓缩山楂汁灌装与贮藏　为了防止褐变，浓缩山楂汁可用大容量（3～5 kg）的内壁涂料罐包装，也可用复合塑料包装。对于运往远处加工的浓缩山楂汁还需增加外包装，目前较多采用的是箱装袋或桶装袋的包装形式。浓缩果汁一般在加热灭菌后装入大容量的内涂料罐内保藏，但为了防止因热引起色泽、香味变化，常在密封后用回转式冷却机快速冷却。也可以在脱气后经过间歇灭菌，进行灌装。山楂汁如果在浓缩前经过灭菌，并在一次浓缩过程中达到规定的浓缩倍数，在浓缩过程中没有受到污染，可在浓缩后直接进行无菌化灌装。

(8) 浓缩山楂汁质量标准

① 感官指标

a. 色泽：呈深红棕色；

b. 香气和滋味：具有鲜山楂果所固有的滋味和香气，口味纯正；

c. 组织形态：为黏稠状透明液体，无悬浮物；

d. 杂质：不允许有肉眼可见的杂质。

② 理化指标　可溶性固形物含量（20℃折射率）：（70±2）%，（60±2）%，（50±2）%，（40±2）%；总酸（以苹果酸计）：4%～12%[可溶性固形物（70±2）%清汁]，3.4%～10.3%[可溶性固形物（60±2）%清汁]，2.8%～8.6%[可溶性固形物（50±2）%浑汁]，2.3%～6.7%[可溶性固形物（40±2）%浑汁]；浓缩山楂清汁的果胶、淀粉试验呈阴性。

③ 卫生指标　铜（以 Cu 计）≤10 mg/kg；铅（以 Pb 计）≤1.0 mg/kg；砷（以 As 计）≤0.5 mg/kg。

④ 微生物指标　细菌总数≤100 个/mL；大肠杆菌≤6 个/100 mL；致病菌不得检出。

（二）果汁型山楂饮料

果汁型山楂饮料工艺流程如图 5-1 所示。

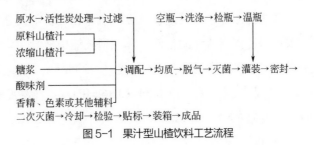

图 5-1　果汁型山楂饮料工艺流程

果汁型山楂饮料具体制作方法如下所述。

1. 原料标准、挑选、洗涤

用于生产山楂原汁的原料，其标准基本与泥状山楂酱的原料标准相同。腐烂变质、有病虫害的山楂必须剔除。山楂的洗涤以除净泥沙、杂质为主，洗涤浸泡时间不宜过长。

2. 山楂的压破处理

该处理可增加果实与渗浸介质（水）的接触面积，加快渗浸速度，提高渗浸液中可溶性固形物的含量。压破处理，是通过一对滚轮的挤压作用来完成的。两滚轮之间的间隙大小，正好可将果实压破呈扁平状。如山楂原料果实大小不一，压破时山楂原料需进行分级处理（此工序应在挑选和洗涤前进行）。

3. 软化

用渗浸法制取原汁，影响原汁的风味、色泽、产率的关键是软化温度的高低以及软化时间的长短；其次是渗浸用水量多少、渗浸温度和渗浸方式。

山楂原汁的制备，还应重点考虑和平衡下列两个因素：

① 应尽量做到保持山楂的原有营养成分，以及良好的色泽与风味。制备原汁的具体工艺条件的选择，应以满足某一类型产品（饮料或果冻制品）对原汁的质量要求为目的。

② 原汁的产率与制取原汁后所剩下脚料的综合利用情况有关。考虑综合利用以求最大限度地提高出汁率。

4. 渗浸

渗浸工艺技术条件为：

（1）一次渗浸法　软化温度 85～95℃，软化时间 20～30 min，软化后自然冷却渗浸 12～24 h，软化和渗浸总用水量约为鲜山楂原料总重量的 3 倍。用此方法制取原汁，原汁所含可溶性固形物总量约为所用鲜山楂原料总重量的 6%。一次渗浸法所得原汁，果胶含量较高，透明度好，色泽与风味均佳，适于生产各种饮料。制取原汁后所剩副产物，可用于生产泥状山楂果酱、山楂糕等制品。

（2）间歇二次渗浸法　第一次渗浸，软化温度 85～95℃，软化时间 20～30 min，总用水量约为山楂原料总量的 2 倍，软化后即行滤汁。滤汁后，加入原料重量 2～3 倍的水，升温至沸，并保持微沸状态 30 min，然后自然冷却渗浸 8～12 h，即可进行第二次滤汁。两次果汁可混合使用，可溶性固形物总得率约为山楂原料总量的 9%。两次渗浸所得原汁可用于生产山楂饮料制品，又可用于生产山楂果冻制品，其副产物仍有一定的综合利用价值。

（3）间歇多次渗浸法　第一次软化，渗浸温度 95～100℃，软化时间 30～60 min，用水量为山楂重量的 3 倍，软化后即行滤汁。第二次及以后各次的软化渗浸条件与第一次基本相同，只是在加水量方面，减少至山楂原料总重的 1～2 倍。采用此种方法，可进行 5 次以上的软化渗浸，并将各次所得滤汁混合使用。间歇多次渗浸法，实质上是山楂原料在微沸的水中经较长时间的热浸（一般需 3 h 以上）。各次软化渗浸用水，直接使用 80℃ 以上的预热水，可收到更好的渗浸效果。可溶性固形物总得率一般为所用鲜山楂原料总重量的 12%～15%。所得混合原汁适宜生产山楂果冻制品，亦可用于生产山楂饮料制品。

上述三种制取山楂原汁的方法，其工艺原理基本相同。软化和渗浸操作，采用可倾式夹层锅比较方便。如需较长的渗浸时间，可先在夹层锅中进行软化处理，然后再移置到不锈钢容器中完成渗浸过程。

山楂软化时应注意搅拌，以防局部焦煳或出现软化现象。如选用较长时间的渗浸工艺，每隔 2～3 h 搅拌一次，可提高渗浸效果。利用山楂干（鲜山楂经切片、晾晒或烘干而制得的山楂干品）代替鲜山楂生产原汁，每单位重量的山楂干可折算成 5 倍重量的鲜山楂使用。

（4）逆流连续渗浸法　山楂原汁的大规模专业化生产，如采用逆流连续渗浸工艺，对提高原汁质量、增加可溶性固形物得率、节约能源和生产用水具有重要意义。逆流连续渗浸的形式很多，如斜槽卧式 Dds 型渗出器，是以一对绞龙（两个并列的螺旋式输送装置）推动物料均匀地从渗出器的低处移向高处，而渗浸用水则由渗出器的高处借助重力的作用缓慢地流向低处，最后由低处的出汁口流出，从而完成渗浸过程。其具体工艺条件的制定，应考虑所用渗出器的类型、山楂原料的质量、原汁的不同用途等。现将参考数据介绍如下：软化温度 80～95℃，软化时间 20～30 min，渗浸温度 65～80℃，总渗浸时间 90～120 min，软化渗浸总用水量为山楂原料重量的 2～3 倍。

5. 过滤与澄清

目前国内生产的各种山楂饮料制品，基本都属于澄清果汁型饮料，渗浸法所得原汁，必须进行过滤和澄清处理后，方能交付下道工序使用或贮藏备用。具体步骤如下：

（1）粗滤　粗滤的目的是为了除掉混杂于原汁里的破碎果肉、果皮、粗纤维、果核等物质。粗滤设备主要有振动式平筛、具有螺旋输送器的多孔金属筛等，粗滤筛板的孔径一般为 0.5 mm左右，也可采用化纤类筛网进行粗滤。

（2）澄清处理　经粗滤处理的山楂原汁，可采用自然澄清或加酶澄清处理。

① 自然澄清法　粗滤的原汁，静置于容器中，于常温下自然沉降 12 h 左右，适当延长时间，有利于澄清，但必须注意防止发酵变质。自然沉降终止时，用虹吸法或其他方法将容器中的清果汁取出，容器底部的沉淀物和混汁另行处理。自然处理的澄清果汁，适于生产果冻和口感稠厚的饮料。

② 加酶澄清法　为了获得山楂原汁及其饮料制品的稳定性和透明度，可在原汁中添加适量的酶制剂，将原汁中所含的果胶等高分子化合物，水解为半乳糖、醛、酸等低分子化合物，使原汁的黏度明显下降。同时，原汁中悬浮微小果粒等物质，由于失去了果胶的保护作用沉淀，从而得到了良好的澄清效果。另外，由于黏度明显降低，为原汁的精滤创造了有利条件。澄清山楂原汁所用酶类，宜以果胶酶为主，兼含有适量半纤维素酶的混合型酶类为辅。目前果胶酶复合制剂有市售产品，按所需采购即可。

制备原汁时，酶制剂的用量应根据原汁中果胶含量、所用酶制剂的活力大小以及澄清条件（原汁温度）而定。一般情况下，按原汁重量计算，商品果胶酶用量约为0.05%，如使用粗酶制剂，用量约为0.3%。将定量的酶制剂加入温度为30~37℃的原汁中，搅拌均匀，静置3~5 h后即可得到良好的澄清效果。

用酶法处理的原汁生产饮料制品，其成品的透明度和稳定性均佳，一般不会出现浑浊不清或沉淀现象。

（3）精滤　不管采用哪一种方法，澄清原汁必须精滤，方可用于饮料生产。采用酶法澄清的原汁，精滤后如立即用于饮料生产，灭酶处理可结合成品杀菌同时进行。

6. 山楂果汁的配制

用浓缩山楂汁作原料时，浑汁型的山楂汁饮料需要用浓缩山楂浑汁。清汁型山楂汁饮料则应选择浓缩山楂清汁，这种汁在加工过程中已经过酶法脱胶。

甜味剂：甜味剂是仅次于原料果汁的主要原料，直接关系到产品的质量。山楂汁饮料多数情况下用砂糖作甜味剂，可适量混合使用葡萄糖或果葡糖浆。山楂饮料也可用其他甜味剂，如甜菊糖苷、甜味素（蛋白糖）以及麦芽糖醇等。

酸味剂：酸味剂要和山楂汁香味相协调，达到最佳的糖度和酸度平衡，广泛使用的酸味剂是柠檬酸，也可用苹果酸。对于果汁含量少的山楂汁饮料或酸度高的山楂汁，适量使用柠檬酸等有机酸的盐类，可以调整风味或对风味起缓冲作用。

其他食品添加剂：六偏磷酸钠、维生素C、胭脂红、苯甲酸钠等防腐剂、增稠剂。

果汁饮料需要保持适宜的糖酸比。一般山楂汁饮料的可溶性固形物为12%~15%、总酸为0.3%~0.5%，因此，需要根据原料汁的糖度和酸度、汁的用量，用砂糖和食用酸（主要是柠檬酸）对所配饮料的糖酸含量，即糖酸比进行调整。原料汁稀释后色泽太浅时还需用食用着色剂来调色，例如食用胭脂红、辣椒红等来调色，色调以接近鲜山楂果实表皮的颜色为宜，但要注意其用量不得超过0.005%。此外，在调配时还可添加少量六偏磷酸钠作稳定剂，防止山楂汁在贮藏期间发生浑浊、沉淀，并且还有护色作用，其用量为0.15%左右。

7. 脱气

对于果蔬加工，脱气一般放在均质以前，在用浓缩山楂汁生产山楂汁饮料时，可以先均质后脱气，在选用脱气条件时，应考虑饮料种类、浆料含量、糖度和香味等因素，一般采用真空脱气机。脱气时的物料温度为热脱气50~70℃，常温脱气25~30℃，脱气罐内的真空度66.7~86.6 kPa。

8. 均质

均质是浑浊果汁和果肉型饮料加工的特殊操作。均质的目的在于使含有不同大小或密度的粒子悬浮液均质化，使果汁保持一定的浑浊度，果肉汁完全乳化混合，获得不易分离和沉淀的果汁饮料。山楂浑汁饮料通过均质作用，可以促进果胶的渗出，使果胶和果汁亲和、均匀而稳定分散于果汁中。

9. 灌装

山楂汁饮料的灌装一般采用热装方式，将脱气均质的山楂汁饮料通过板式或列管式换热器或冷热缸，迅速加热至规定的杀菌温度（85～90℃），然后送往灌装机。用玻璃瓶包装时，玻璃瓶要充分洗涤干净，并经过温瓶来避免灌装时因物料与包装物的温差大而发生破瓶现象。温瓶可用热风或蒸汽，也可在洗瓶时冲以热水。装入瓶内的山楂汁饮料温度为85℃左右，灌装压盖后将瓶翻转3～5 min，使盖和瓶的顶隙部分接触高温饮料，利用山楂汁饮料的热量进行容器内空隙部位的灭菌，然后尽快冷却，这样处理的山楂汁饮料质量好，但过分急冷，瓶会破裂，因此一般采用有3级或4级温差的喷淋或隧道冷却机或浸没式冷却器冷却，使瓶内饮料冷却至40℃以下。

当采用马口铁罐包装时，把空罐洗净倒立，喷射热水，沥水后翻转使罐口朝上，便于灌装，热装后立即封罐并翻转，利用饮料的热量杀灭罐内壁的微生物，然后通过冷却槽，一次冷却至40℃以下。

10. 二次杀菌和冷却

采用热灌装方式时，在灌装封口后将容器倒转，利用饮料本身的热量进行容器内表面的灭菌，然后冷却，这种方法在理论上完全可行，但在实际生产中，工艺条件包括温度、时间等的管理往往不够严密，而且批量式配料，前后灌装温度不尽一致，瓶盖消毒不彻底，饮料灌装后往往不能一次达到商业无菌状态，会导致微生物滋生而产酸产气的现象，最终造成产品不合格及经济损失。为此，在灌装封口后常采取二次灭菌方式，杀菌公式为：15～20 min/95℃，冷却。

11. 质量标准

（1）感官标准

① 色泽　呈浅红色至红色，均匀一致。

② 香气与滋味　具山楂特有的芳香，不带有外来香气和异味。

③ 组织形态　清汁澄清透明、无悬浮物和沉淀。浑汁为均匀半透明汁液，静置后允许有少量沉淀，但无明显肉眼可见的杂质。

（2）理化标准

① 可溶性固形物含量　一般在10%～15%。

② 总酸（以柠檬酸计）　0.3%～0.5%。

③ 重金属含量　成品中铜含量不超过10 mg/kg，铅不超过1 mg/kg，砷不超过0.5 mg/kg，锡不小于200 mg/kg。

（3）卫生指标　由于在热装后经过二次灭菌和冷却过程，因此一般按商业无菌的要求，不得有致病菌及因微生物作用引起的变质现象。

（三）带果肉山楂汁

带果肉山楂汁是果肉经打浆、磨细、加入适量糖水和柠檬酸等配料进行调配，并经脱气、均质、杀菌、灌装、密封、冷却等制成的果汁。原料品种不同，要求原果浆的含量也就不相同，山楂果肉果汁为 20%以上（用离心机，20℃测定）。带果肉山楂汁是山楂肉浆用糖水稀释、测酸、加酸味剂调整、均质、杀菌、灌装而成。具体制作方法如下所述。

1. 原料准备

（1）带果肉山楂汁的必要条件是果汁含量在 40%以上。主要原料为山楂肉浆，有的部分使用生产山楂罐头时不能装罐的山楂碎块。最好采用新鲜原料。为了利用生产山楂罐头时的山楂碎块，许多工厂生产带果肉山楂汁和生产山楂罐头同时进行，这样两者都能使用新鲜原料。但在非生产季节，只能使用冷冻品和热包装品。以热包装品为原料的产品质量略差。

（2）主要甜味料是砂糖，也可使用果葡糖浆等。甜味是决定带果肉果汁质量的重要因素。甜味料的种类、质量、配合比例和使用量都非常重要。

（3）带果肉果浆是用山楂肉浆稀释配制的，由于山楂肉浆本身的酸味比较浓郁，一般不需额外添加酸味剂，但也可以根据实际酸度添加柠檬酸、苹果酸和抗坏血酸等。一般多使用柠檬酸。抗坏血酸还可兼作抗氧化剂。

（4）稀释用水必须符合饮用水标准。一般来说，天然水具有本身特有的香味，但有时水中的硝酸盐和亚硝酸盐的含量超过标准值（10 mg/L），是造成重金属溶出的原因。从这个角度说，大多数自来水也是不合格的。因此稀释用水，必须经过离子交换处理，以达到果实饮料用水的要求。

（5）为了提高和保证带果肉山楂汁的质量，可使用抗坏血酸抗氧化剂和香精等。抗坏血酸还有营养补强的效果。

2. 原材料的预处理

（1）山楂肉浆的微粒化　确定香味和色泽等质量指标并检查没有夹杂异物之后的山楂肉浆，经过滤机（过滤网目为 1.0 mm 和 0.5 mm）使之微粒化。如果使用山楂果为原料，在微粒化之前，预先采用碎浆机或破碎机使山楂成为肉浆之后，再进行微粒化处理。

微粒化后的山楂肉浆，用泵送至配合槽。有的工厂将微粒化后的山楂肉浆经均质和脱气处理之后，再送配合槽。

使用热包装容器的大罐原料时，在开罐之前，须将罐外部洗净，检查是否符合质量要求。在确定果浆质量之后，方可作原料使用。此外，还应确定肉浆的糖度、酸度、灰分等特性值。

（2）糖浆的调制　砂糖、果葡糖浆等按规定称量，用纯水加热溶解，煮沸 5 min 左右，进行过滤，调制成复合糖浆。

（3）酸味料溶液的配制　用纯水溶解到规定的浓度。

3．配合、均质和脱气

（1）配合　按配方计算各种用料并准确添加，搅拌混合加入增稠剂、稳定剂，并根据需要加入微量食用着色剂、香精等，充分搅拌后送去均质。罐内调配好的饮料温度在进行均质前一般为 60～70℃。

（2）均质　均质可以使成品的口感更好，而且果肉浆的性状均匀黏稠，通过均质处理可以得到带果肉果汁特有的食感。果肉型饮料均质时应选用较高的压力，高压均质机一般是由一级阀和二级阀组成的两级均质系统，一级阀的压力范围 0～60 MPa，二级阀压力范围 0～20 MPa，一级阀以破碎为主，二级阀乳化效果好。先将二级阀工作压力调至 18 MPa，再调节一级阀，使均质机工作压力至 30～40 MPa。在此条件下均质，果肉汁中粒径小于 2 μm 的悬浮固形物颗粒比例明显增加，因而可以减少果肉分层现象。

（3）脱气　脱气是在真空条件下，使带果肉山楂汁呈薄膜或雾状而脱气。处理条件：使用喷雾式脱气机时，可在 45～60℃、真空度 80～87 kPa 条件下进行。

4．灌装、二次灭菌与冷却

同果汁型山楂饮料，不再赘述。

5．质量标准

（1）感官指标

① 色泽　与山楂果实颜色相近，均匀一致。

② 组织形态　汁液均匀浑浊，呈胶体状。

③ 香气与滋味　具有山楂果实应有的风味，酸甜适口，口感细腻、滑润、无异味。

④ 杂质　不允许存在。

（2）理化指标　可溶性固形物含量≥13%；不溶性固形物含量≥19%；总酸（以柠檬酸计）≥0.3%；重金属含量：铜含量≤10 mg/kg，铅≤1 mg/kg，砷≤0.5 mg/kg，锡<200 mg/kg。

（3）卫生指标　符合果汁饮料国家标准要求。

（四）山楂酪

山楂酪，最早出于御膳房，后来传到民间，因酸甜可口，老北京人则在家里自做自饮，二十世纪三四十年代北京已盛行，口感与众不同，四季皆宜。

山楂酪可以利用果茶生产设备，生产规模可大可小。

具体制作方法为：选择无病菌、无公害、新鲜、成熟山楂，用清水洗干净，不锈钢器皿中加水煮开，将山楂放入器皿中一同煮，直到山楂果煮至似开花状态时，将山楂捞出，加入凉水冲泡几个小时，打浆、去核，最后加入白糖、食用红色素，并搅拌均匀，直到全部融合在一起为止。将混合好的浆体在钢化玻璃板上刮成片，在烤房中烘烤成固体的柔软山楂片，再粘上果丹皮，一层山楂片一层果丹皮，切成块再烘干，即成山楂酪。

（五）山楂碳酸型饮料

碳酸饮料又称汽水，是充入二氧化碳气体的软饮料。碳酸饮料包括日常生活中饮用的可乐、雪碧等，深受年轻人和儿童的喜爱。

1. 主要设备

碳酸饮料机，是制作碳酸饮料的主要机器设备，包括 BIB 糖浆泵及接头、压力表组、糖浆管道及装机附件、水过滤器、二氧化碳气瓶等。

2. 工艺流程

饮用水→纯净水处理器→纯净水→与 CO_2 气体混合

↓

白砂糖→熬糖浆→过滤→冷却→调配→灌浆→灌水→封口 →检验→成品

↑

山楂→清洗→破碎压榨→澄清→过滤→果汁

（六）山楂醋

山楂醋是以山楂为原料，经过酒化、醋化发酵酿造而成，酿造成醋可以弥补山楂鲜食味道酸涩这一缺点。在此，分别介绍以糯米和高粱为原料的山楂醋生产工艺。

1. 以糯米为主要原料

（1）工艺流程

水、果胶酶

↓

山楂→筛选→清洗→去核→打浆→水解 　　　　　　　　果胶酶

↓　　　　　　　　　　　↓

糯米→粉碎→液化→糖化→酒精前发酵→酒精后发酵→醋酸发酵→澄清→过滤→成品

（2）具体制作方法

① 山楂液的制备　山楂洗净、去核，按山楂、水为 1∶1 的比例加水，并按 5 U/g 山楂的比例加入果胶酶,然后用湿式粉碎机粉碎成浆，于温度 40℃下水解 4 h，过滤即得到山楂液。

② 酒精发酵　糯米粉碎后加水和高温淀粉酶，进行连续蒸煮，降至 60℃后加入糖化酶进

行糖化 30 min，降至 30℃再加入酿酒活性干酵母进行酒精发酵，3 天后加入山楂液进行酒精后发酵，直至发酵醪还原糖含量不再下降为止，一般酒精发酵时间为 6 天。

③ 醋酸发酵　调节酒精发酵醪的浓度，加入醋酸菌进行醋酸发酵，注意控制发酵温度不得超过 40℃，适当通风搅拌，使醋酸菌将酒精氧化成醋酸，达到产品标准要求的醋酸含量后，过滤即得山楂醋。

④ 澄清过滤　添加果胶酶对山楂醋进行澄清。果胶酶添加量 5 U/mL，酶解温度 30℃，酶解时间 4 h，经处理后的醋液呈晶亮透明的浅红液体，有浓郁的醋香和山楂果香，口感酸而不涩，微甜。

2. 以高粱为主要原料

山楂是一种营养丰富，具有较高营养保健价值的果品；高粱中含有淀粉、蛋白质、矿物质、花青素、多酚等营养成分，有益于人体健康。以山楂和高粱为原料，在山西老陈醋的酿造工艺基础上，通过混菌发酵、果粮混酿法酿造的食醋可保留山楂和高粱中的营养成分且节约粮食。

（1）工艺流程

<pre>
                   大曲   辅料
        JL6（发酵乳杆菌）   CL21（干酪乳杆菌）
        Y3（酿酒酵母）   A3-8（巴氏醋杆菌）
                    ↓   ↓
高粱→粉碎→润料→整料→冷却→酒化发酵→醋化发酵→淋醋→成品
                              ↑
山楂→清洗→去核→破碎→酶解→打浆
</pre>

（2）具体制作方法

① 蒸料　每组试验称取粉碎后的高粱 1 kg，按水料比 10∶6 进行润料；浸润 24 h 后蒸料 1.5～2 h，将蒸好的高粱摊开，冷却至室温。

② 山楂处理　选取新鲜的山楂果，用清水冲洗干净，去除果核，加水破碎后加入果胶酶进行酶解，酶解后用打浆机制成果浆，备用。

③ 酒化阶段　将山楂与高粱按 4∶20 的比例进行酒化发酵，大曲、水的添加量为总原料的 6.25%和 3%，搅拌均匀形成酒醪，15～20℃下进行酒精发酵。前三天敞口发酵，每天搅拌 1～2 次，第 4 天开始用塑料膜封口发酵。

④ 醋化阶段　酒精发酵结束后，将麸皮、谷糠、稻壳按照 10∶5∶3 的比例放入酒醪中搅拌均匀，形成水分含量 60%左右的醋醪，在 20～25℃的环境中进行醋化发酵，每天倒缸翻醅。

（七）固体山楂饮料

固体山楂饮料的特点是成品为粉状或粒状，含有 2%～3%的水分，在温水或热水中有良好的溶解性，同时具有山楂特有的色泽及风味，酸甜适口，包装简易，携带运输方便。

1. 喷雾山楂粉

（1）工艺流程

山楂叶黄酮提取液

↓

鲜山楂→清洗→去核→切片→护色→混合打浆→高压均质→添加配料→高速均质→喷雾

（2）具体制作方法

① 选果　把山楂果清洗干净，捡出磕碰较严重、有伤痕的烂果；去核切片：山楂核含有单宁物质，影响口感，将山楂去核后切成均匀的片状。

② 护色　为防止山楂褐变，把去掉核的山楂切成约 5 mm 厚的薄片后放置在护色液中 30 min，后沥干。

③ 打浆　将沥干好的山楂切片用打浆机打碎至无大块果肉颗粒；将果浆在高压均质机中均质 10 min 到完全成细腻状；以白砂糖、麦芽糊精、环状糊精、卵磷脂 4 种物质为辅料。

④ 高速均质　加入配料后在 3000 r/min 下高速均质 4 min，使配料全部溶于山楂果浆中后进行喷雾干燥。喷雾干燥设置条件为：进风温度 180℃、入料流量 40 mL/min、雾化器转速 20000 r/min。

喷雾干燥的原理是：在料液经过喷嘴（液滴雾化器）时，在雾化器高速转动的状态下使料液雾化成小颗粒的雾状水滴，雾化后的雾状水滴与热气流或热空气在干燥塔内进行能量交换，获得热量的液滴水分被迅速汽化蒸发，物料被干燥制成粉状物，然后通过旋风分离器将固体粉末送到收集瓶中。主要过程为：料液→雾化器（喷嘴）→雾化成微细的雾状液滴→雾滴与热空气接触→雾滴水分蒸发干燥→干燥产品。虽然干燥塔内热风温度很高，一般可达 180℃，但最终产品不会因温度过高破坏营养成分，这是因为干燥迅速，停留在干燥塔内的时间短，热量基本上用于水分的汽化。

目前主要有压力式喷雾干燥设备和离心式干燥设备生产固体饮料，喷雾干燥具有速度快、效率高、工序少，干燥出来的粉体溶解性好、产品呈均匀颗粒状、纯度高以及能最大限度地保持原有物料的色、香、味等特点，而且对营养成分的破坏极少。通过喷雾干燥，可以快速地将原本是液态的物料直接干燥成粉体状或颗粒状制品，免去了中间复杂的蒸发和粉碎工序，提高了生产效率，而且粉体颗粒便于运输、保存。通过这种方法制备出的固体饮料，香味保持率高，色泽与原料液相似，产品能长期储藏。目前，喷雾干燥主要用于奶粉、果蔬固体饮料、速溶茶、速溶豆粉、添加剂、植物蛋白质等产品的生产。

所需设备：DFRD-5 高速离心式喷雾干燥器、色差仪、打浆机、胶体磨、高压均质机、高速万能粉碎机、超纯水机等。

2. 颗粒状山楂饮料

制作颗粒状山楂饮料，设备简单，操作方便，包装简易，产品的溶解性、风味、色泽都可达到要求，是很有发展前途的新产品。其工艺流程如下所述。

山楂浓缩液→混合→造粒→干燥→成品包装

干山楂片→粉碎→过筛　　糖粉

山楂提取液经真空浓缩到可溶性固形物 30%左右，山楂片粉碎过 180 目筛，与糖粉按一定比例混合。放入和面机中搅拌均匀，控制含水量在 10%～12%。然后移入摇摆式造粒机中，湿粒通过 8～10 目筛网，接于浅盘中，置于 60℃的热风干燥器中干燥成成品。山楂固体饮料是相对较新的产品类型，喷雾干燥和造粒两种工艺路线各有特点。

（八）山楂粉固体饮料

山楂粉是一种红色的粉末状物质，是山楂脱水以后，经过烘干研磨得到的食品，其味道酸甜，温和，能入脾经和肝经，能为人体补充丰富的营养。

1. 工艺流程

山楂果→清洗→挑选→冲洗→破碎→浸提→离心分离→澄清→过滤→浓缩→干燥→冷却→包装→山楂汁粉

2. 具体制作方法

（1）选择原料　选择新鲜饱满的山楂，剔去病虫害及腐烂部分，清洗干净。

（2）山楂汁粉加工中的浸提、澄清和浓缩　山楂汁粉是由山楂果通过软化、浸提取汁，山楂汁再经过澄清和浓缩，干燥而成。制粉山楂汁有两种，一种是清汁，一种是浑汁。清汁浸提温度稍低，3 次浸提时，70～80℃、5～6 h。浸汁用酶法脱胶后进行澄清过滤。浑汁浸提比清汁温度高一些，95～100℃、5～6 h。浸提后分离、过滤。浓缩时，清汁比浑汁容易。浑汁果胶含量多，黏度较高，要选用合适的蒸发器。浓缩前的制汁工艺要点与浓缩山楂汁基本相同，因为制粉的浓缩汁是中间产品，浓缩倍数（浓度）低，一般浓度在30%左右，相对来说，比成品浓缩汁容易浓缩。

（3）山楂浆加工中的打浆和磨细　打浆前先进行浸提，浸提温度 90～95℃、时间 30～40 min，采用两道打浆，一道打浆机筛孔直径 2.5～3.0 mm，二道打浆机筛孔直径 0.8～1.2 mm。用胶体磨磨后均质，均质压力可比果肉型饮料适当低一些，一般为 20～25 MPa。

（4）干燥　用喷雾干燥设备干燥，进风温度 160～180℃，出风温度 75～80℃。成品粉的水分含量为 3%～5%，粒度为 30～50 μm。

3．质量标准

（1）感官指标

① 色泽　根据品种，山楂粉分别呈砖红色、浅红色、粉红色等不同色泽，但同一厂家的产品色泽必须均匀一致。

② 滋味与气味　酸味浓、微甜，具山楂果粉的特有风味，无异味。

③ 组织及形态　粉末状或细颗粒状，疏松、无结块。

④ 杂质　不允许存在。

（2）理化指标　水分含量≤8.0%；总酸度（以柠檬酸计）>5.0%；铜≤10 mg/kg；砷≤0.5 mg/kg；铅≤1 mg/kg。

（3）微生物指标　细菌总数，菌落个数≤1000 个/g，大肠杆菌群≤300 个/g，致病菌不得检出。

（九）山楂晶

山楂晶为一种固体饮料，酸甜可口，营养丰富。山楂晶较好地保存了山楂所含的维生素 C 和其他营养成分，保持了山楂的天然色泽和风味。冲调后，酸甜适口，无异味，无杂质，具有消食开胃、消积化瘀、扩张血管、降低血压等功效。

1．产品配方

山楂、白砂糖、柠檬酸、胭脂红等。

2．生产设备

山楂清洗机、山楂去核机、蒸煮锅、双层锅、制粒机等。

3．工艺流程

$$山楂→蒸煮处理→提汁→过滤→真空浓缩→调配$$
$$↓$$
$$真空干燥←造粒$$

4．具体制作方法

（1）选料　选择新鲜饱满的山楂，剔除病虫害及腐烂部分，清洗干净，去核。

（2）软化　每 100 kg 山楂加水 120 kg，放入锅内用旺火煮 20～30 min。

（3）取汁　将软化的山楂用双层纱布或白布袋压挤取汁，过滤。

（4）浓缩　采用真空浓缩，或用双层锅浓缩。用双层锅时，要控制温度在 60～65℃之间，并不断搅拌，当可溶性固形物达到 55% 以上时，再按果汁与白砂糖 1∶7 的比例加糖，之后再加入浓缩液重 0.4%的柠檬酸和 0.1%的胭脂红色素。注意，白砂糖用 60 目筛过筛后再用。

（5）制粒 将原料搅拌均匀，放入 14 目筛孔的制粒机中制粒。也可揉成团后过粗筛制粒。

（6）制成品 真空干燥包装，即得成品。

5．主要理化指标

总糖：（以转化糖计）94%±0.2%；

总酸：（以柠檬酸计）1.4%±0.2%；

水分：≤8%；

重金属含量：每 1 kg 不超过铜 1.0 mg、铅 1.0 mg、砷 0.5 mg。

生产山楂晶的同时还可生产浓缩山楂汁和山楂果脯等副产品，其工艺流程如下：

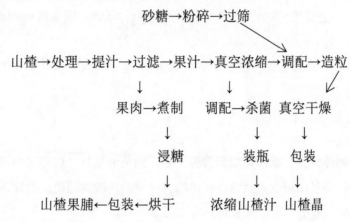

（十）山楂干

新鲜山楂含水量和含酸度较高，适口性差，贮藏期短，易腐败变质，因此山楂经过切片干制后，可减少含水量，延长货架期，降低包装的质量和减少运输成本。山楂干不仅可以有效延长保质期，便于保存、运输和携带，又能一定程度保持山楂的独特风味，可以直接温水冲泡饮用。

1．产品配方

新鲜山楂。

2．生产设备

山楂清洗机、去核机、切片机、烘干机等。

3．具体制作方法

选用新鲜饱满、果大籽少、无病虫和黑斑的果实。注意剔除小实心虫危害的果实，用清水漂洗净。用山楂切片机横切成 3～5 mm 厚的圆片，新鲜山楂片的含水率约为 80%，干燥的目标含水率约为 13%，使用空气能热泵型烘干机，将智能温度设定为 55℃左右的范围，使山楂片所含的游离水大量蒸发，用热风循环系统不断输送新风，将风量均匀地输送至各层架，排风，促使蒸发的水分通过凝结水管路系统排出。通常每100 kg鲜山楂片，干燥后可得28 kg干片，每个批次的烘干时间约为10 h，干燥完成后，封盖住做回软处理，再对干片进行挑选，剔除不合格的残片、碎片等，按要求分级包装，并保存于阴凉通风处。在量大的情况下，山楂片烘干系统可以定制多套单机版，这样将山楂片的进料时间错开，同时出料的时间自然分开，便于生产的操作。

（十一）山楂红枣袋泡茶

山楂红枣袋泡茶作为一种新型的茶饮品，是以山楂、红枣为基本原料，同时添加适量的白砂糖，研制成的一种酸甜可口的袋泡茶，丰富了市场上袋泡茶的种类。

1. 生产设备

电热鼓风干燥箱、电子天平、电动振筛机、多功能粉碎机等。

2. 生产工艺流程

山楂、红枣挑选→去核→清洗→沥干→切片→烘烤→粉碎→调配→感官评定→确定工艺→包装→灭菌→成品→分析检测

3. 制作要点

挑选优质的山楂、红枣，去核，清洗沥干。将山楂、红枣切成0.3 cm的薄片，置于托盘中，再将其放入电热鼓风干燥箱中于95℃烘2.5 h至干，拿出，晾晒片刻即可。将红枣、山楂通过振动筛进行粒度筛选，分别通过20目、40目、80目、100目不同的振动筛，筛选出所需原料，山楂、红枣配比（质量比）1∶1.5，冲泡效果佳。

（十二）山楂醋酸饮料

生产配方：山楂、米醋、纯净水、蔗糖、胭脂红、山楂香精、增稠剂羧甲基纤维素钠（CMC）等。

1. 山楂汁的制备流程

新鲜山楂挑选→清洗→去籽→破碎→榨汁→过滤→澄清山楂汁→冷冻

2. 山楂醋酸饮料的生产工艺流程

纯净水、混合糖浆（山楂汁、蔗糖、米醋、CMC、胭脂红、山楂香精）→调配→灌装→密封→灭菌→包装→检验→合格品

3. 具体制作方法

（1）澄清山楂汁的制备

① 山楂的预处理　挑选无虫咬、无腐烂、颜色鲜艳、成熟的优质山楂，用清水分多次洗去残留在果子上的杂质。清洗时温度控制在40℃以下，洗净后破碎去籽。

② 破碎、榨汁　将洗净去籽后的山楂与纯净水以1∶4的质量比放入组织粉碎机中进行粉

碎，收取压榨所得液汁。

③ 过滤澄清　将破碎榨汁后的汁液数次过滤，得到澄清山楂汁。

（2）混合　取澄清山楂汁，加入米醋、食用蔗糖、山楂香精和 CMC 等辅料混合搅拌均匀。

（3）灌装　灌装时瓶顶要留 4～5 cm 空间，确保无气泡。要控制好温度，以 45℃左右为宜，以便使瓶中氧气含量降低，然后用压盖机将瓶口封严压实。

（4）灭菌　90℃、30 min 条件下灭菌。

二、山楂发酵饮品加工技术

目前常见的山楂加工食品多数为山楂片、山楂糕、果丹皮、糖葫芦等，产品结构比较单一，只是停留在传统产品的加工生产上，远不能满足人们对山楂食品的需求。随着食品科学的发展和人们生活水平的提高，食品的生理保健作用在人们生活中越来越受到重视。山楂果实经浸泡、发酵等生产工艺，其中的一部分营养成分如有机酸、黄酮类、维生素等可直接进入山楂食品，一部分营养成分如碳水化合物、蛋白质经微生物发酵可形成产品的主要风味成分和新的营养物质。因此，以山楂为主要原料生产的发酵食品兼有山楂的营养保健功能，能满足人们饮食保健的需求。目前常见的有以山楂为原料，生产山楂酒、山楂醋及山楂醋酸饮料等山楂发酵食品。

（一）山楂酒

山楂酒果香浓郁、晶莹剔透，是优质的饮料酒。山楂酒具有清痰利气、消食化滞、降压活血、健胃益脾之功效。加之酒性温和，适应性强，男女均可饮用。山楂酒，使得山楂的营养成分与药用功能更容易被人体吸收和利用。其独特的养生功能可满足消费者对健康饮酒的需求。

1. 工艺流程

山楂原料分选→清洗→破碎→入罐 85℃热水浸提 20 h→分离果渣调整糖酸成分→转入发酵罐发酵成原酒

2. 具体制作方法

（1）分选　一般要求山楂的含糖量不低于 4°Bx。其次应保证山楂无明显破损、病虫害及霉变。如果不能满足上述条件，将导致发酵不能正常进行，影响酒的风味与质量。故应尽量挑选色泽良好、饱满优质的果粒，以保证山楂酒的质量。

（2）清洗　以清水浸泡、清洗干净，进行破碎压榨。

（3）破碎压榨　在山楂的破碎压榨过程中，应及时分离果核、果梗。这些物质中单宁和各类多酚物质含量较高，是造成原酒口感苦涩的主要原因之一。具体要求破碎后果核、果梗与果肉分离，同时破碎目测应达到均匀，果汁不得流失。压榨后用手揉捏无明显水分流出。全部破碎过程中环境应保持清洁。此工段成品与废弃物应完成一批清运一批，不得长时间堆放。并应尽量缩短该工段的处理时间，避免染菌。

（4）入罐浸提　将破碎均匀的果肉投入罐中，每罐加入 85℃的软化水（3/8 罐容）控温 20 h 充分浸提山楂中的有效成分。然后加入软化水使加入的果水比例控制在 1∶3～1∶2，继续降温至 50℃加入果胶酶 40～60 mg/L，加入 80 mg/L 的亚硫酸浸渍 24 h。

（5）调糖、pH　继续降温至 20℃取样测定汁中的糖度和 pH 值，要求调节至外观糖度 20～24°Bx。其中调糖用的白砂糖要求选用国产一级白砂糖以上的等级，按照 17 g/L 糖成一度酒换算加入。调糖过程中应将白砂糖与原料果浆尽量混匀、溶解。

（6）发酵　将调糖完毕后的果浆泵送至已杀菌好的发酵罐，干酵母此时也同时泵入，并且加入 30 mg/L SO$_2$，进行发酵。

3．质量标准

颜色为金红色，澄清透明，无明显悬浮物，无沉淀；具有山楂的独特果香和酒香；酒味浓甜，酸而爽口，微涩；酒精度：12%～15%（20℃，体积分数）；还原糖：180～250 g/L；总酸：5.0～9.0 g/L；挥发酸：0.7 g/L 以下。

（二）大果山楂酒

大果山楂酒有别于上述山楂酒，在其工艺中加入山楂叶浸提液。

1．产品配方
山楂、山楂叶、果胶酶、抗氧化剂、酵母、白砂糖等。

2．主要设备
去核器、水果粉碎机、蒸煮锅、发酵罐、过滤机、巴氏灭菌锅。

3．工艺流程
如图 5-2 所示。

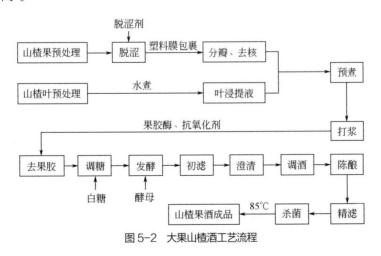

图 5-2　大果山楂酒工艺流程

4．具体制作方法

（1）发酵前处理

① 山楂果采集及清理　采集成熟、无病虫害的鲜果为原料，去除残果、烂果，用清水洗净。

② 山楂叶原料前处理　择时采集新鲜山楂叶，通过晒干或烘干至叶片含水量低于 10%。山楂鲜果脱涩：将洗净的山楂果用脱涩剂混合液淋湿透，再用塑料膜包裹，放置 10 h。

③ 切分去核　用通芯器将山楂果进行通芯切分，去掉果核，将整果分为 4 瓣得山楂果肉。

④ 山楂叶提取液制备　山楂叶与纯净水按比例混合，加热浸提，得到富含黄酮类成分的山楂叶提取液。

⑤ 二次脱涩　果肉与山楂叶提取液按比例混合后再进行加热 30 min，将山楂果肉煮软，控制好温度。

⑥ 打浆　将脱涩后的果肉打成果浆。

⑦ 防褐变　在果肉果浆中加入 0.035% 的抗氧化剂以防止果浆褐变。

⑧ 去果胶　在果浆内加入果胶酶，并在 40～50℃条件下水解 2～3 h，去除果胶防止果酒浑浊沉淀。

（2）发酵　去除果胶后的果浆立即装入消过毒的容器中，料水比 1∶2，发酵液温度控制在 26℃左右，糖度 25%、pH 3，发酵 10 天后果酒中的维生素 C 含量为 1.92 mg/100 mL、总黄酮含量为 12.10 mg/100 mL、SOD 活性为 956 U/100 mL。

（三）配制型山楂保健酒（浸泡酒）

山楂保健酒含维生素、氨基酸、多糖类物质和磷、钾、锌、铁、钙等微量元素，营养丰富，并可根据消费者的需要生产不同类型的产品。用浸泡法制山楂酒，操作简便、澄清容易、成本较低、管理方便。

1．产品配方

优质山楂、优质食用酒精、蜂蜜、白砂糖、调味酒、柠檬酸、高锰酸钾、活性炭、单宁、食用明胶等。

2．所用设备

洗果机、破碎机、榨汁机、过滤机、不锈钢锅、不锈钢罐、夹层锅等。

3．工艺流程

（1）制备山楂浸泡基酒　工艺流程如下：

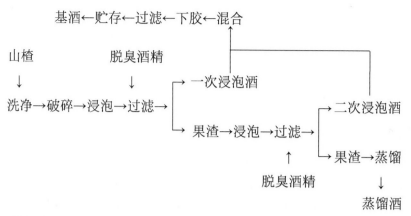

（2）制备成品山楂酒　工艺流程如下：

食用酒精、糖浆、酸、调味酒
↓
浸泡基酒→混合→调配→下胶→陈酿→过滤→灌装→杀菌→成品

4．具体制作方法

（1）破碎　选择颜色深红、充分成熟的果实。并要分级、分等，尽可能使每次破碎的果实大小一致。然后把山楂淘洗干净，用破碎机把果实分成 5 或 6 瓣，不要把果核破碎。

（2）浸泡　山楂破碎以后，加入与山楂果实等量的 50%左右的食用酒精，浸泡 30 天，然后过滤得一次浸泡酒。果渣再用 30%左右的食用酒精浸泡，与第 1 次方法一样，得二次浸泡酒。所剩果渣再用蒸馏法处理得到蒸馏酒。把一次浸泡酒和二次浸泡酒混合即得浸泡酒液。在浸泡过程中，要注意清洁卫生，防止酒液污染。

（3）下胶、过滤　选用明胶作为下胶料。将明胶用软水洗净后，再用蒸馏水或软水浸泡 12 h，使之膨胀，去除浸泡水，再次清洗。把洗净的明胶置入 10～12 倍的蒸馏水（或软水）中，放在水浴中加热至 50℃左右溶解，不断搅拌，忌局部受热焦化。明胶完全溶化后透明，可停止加热。胶的数量为酒的 0.1%～0.15%。把明胶液徐徐加入浸泡酒中，充分搅拌，混匀后装入缸或罐（池）内，低温下放置 2 个月左右。然后过滤。

（4）贮存　过滤后的酒液进行贮存，贮藏 3～5 年完成成熟过程。贮藏容器可用罐或大缸，以橡木桶为好。用蜡把容器口密封，不要漏气。在贮藏期间，要定期倒酒和添酒，以清除酒中沉淀物．和增加酒香味，每年倒 2～3 次，添酒要添与原酒一样的酒，以免降低质量。

（5）调制　山楂浸泡基酒 50%、64～68°Bx 精制糖浆 20%、50°食用酒精 20%、焦亚硫酸钠 0.01%、特制调味酒适量。按配方将上述物料混合均匀，再加处理水至 100%，即形成独特风格的山楂酒。

（6）澄清、灌装、杀菌　调制好的山楂酒需再进行 1 次下胶，用胶量为 0.01%左右。下胶后放入罐内或缸内（桶内）贮藏 1 个月以上，经过精滤后灌装于玻璃瓶中，用软木塞封口。在 70～75℃下杀菌 30 min，冷却至室温即为成品山楂酒。

5．质量标准

（1）感官指标

① 色泽呈红玛瑙般的殷红色。

② 酒质澄清透明，有光泽，无沉淀物和悬浮物等杂质。

③ 具有山楂固有的芳香，香气突出，纯正协调，无异味。

④ 酒体丰满柔和、酸甜可口、余味悠长。

（2）理化指标　酒精含量 20%（体积分数），糖度≤15%，总酸含量为 0.50%～0.80%，总酯含量（以乙酸乙酯计）≥0.2%，维生素 C≥30.0 mg/100 mL，As≤0.5 mg/kg，Pb≤1.0 mg/kg，Cu≤10.0 mg/kg。

（3）卫生指标　符合配制酒的国家卫生标准。

（四）山楂白兰地

山楂白兰地是以山楂为原料，经破碎、发酵、蒸馏、桶贮等工艺酿造而成的蒸馏酒。产品呈棕黄色，澄清透明，具有协调的果香、陈酿的橡木香、醇和的酒香，幽雅怡人，具有典型的风格。

1．山楂白兰地生产工艺流程

山楂分选→洗涤→破碎（加果胶酶）→前发酵（加糖水、人工酵母）→分离（除去果渣）→发酵原酒→后发酵→蒸馏→原山楂白兰地→贮存调配（加纯净软水、适量糖浆）→配成山楂白兰地→贮存→调整成分→冷冻处理→过滤→瓶装→检验→成品

2．具体制作方法

（1）分选　选用成熟、饱满和新鲜的山楂果，剔除病虫果及杂质。

（2）破碎

① 洗涤后的山楂果实采用大辊距挤压式破碎机进行破碎，果核不能压碎，否则核中的油质和苦味物质单宁进入酒液会带来杂味。

② 山楂果实果胶质含量较高，破碎的混合山楂果肉汁液呈胶着状态。因此，需加入果胶酶，并用 4～5 倍温水稀释至 40～60 mg/L，搅匀作用 24 h。果胶在酶的作用下被分解成半乳糖醛酸和果胶酸，使山楂混合肉汁液的黏度下降，有效成分浸出率和出汁率提高。

（3）菌种培养　山楂白兰地发酵采用中科院微生物所 1450 酵母菌，接种量 6%～10%。试管培养：全部用 15°Bx 麦芽汁作培养基；小三角瓶培养：用 15°Bx 麦芽汁 1/3, 2/3 的鲜山楂汁；大三角瓶培养：全部采用鲜山楂汁。鲜山楂汁的糖度调至 12%～14%。酵母菌扩培后用于发酵。

（4）前发酵　把破碎的山楂果实加入灭过菌的发酵罐内，加入14%的糖水（山楂∶糖水=1∶2.5）。每罐山楂汁总量不超过发酵罐容积的80%，以利发酵。加入一定量的酵母，发酵温度控制在18～22℃。主发酵时间一般在10～12天。每隔一日检测糖、酒、酸等成分变化，并记录、观察发酵情况。

（5）后发酵　主发酵结束后，山楂渣沉入罐底，进行汁渣分离。把经分离后的山楂发酵原酒倒罐进行后发酵，后发酵时间较长，一般在20～30天，发酵温度18℃左右。当发酵完全停止时山楂原酒残糖在5 g/L以下，挥发酸在0.5 g/L以下才可蒸馏。

（6）蒸馏　采用壶式蒸馏器，两次间歇蒸馏法。

① 第一次蒸馏　在蒸馏锅中加入原料山楂酒，用文火蒸馏，馏出液的平均酒度为25%～30%（体积分数）。蒸馏时须截取少量酒头，将其回加至下次粗馏中；在一次蒸馏的末期还须截取酒尾，酒尾的处理方法同酒头。

② 第二次蒸馏　将上述蒸馏所得的粗馏山楂白兰地装入蒸馏锅中进行第二次文火蒸馏，蒸馏过程中也要进行截头去尾。可按纯酒精计算截取酒头，即截取总酒分的0.5%～1.5%为酒头；随时测量酒度。切去酒尾。取"中馏酒"（又称酒心），酒精含量为45%（V/V）左右，得到山楂白兰地。

（7）贮存　新蒸出的酒口味辛辣，必须贮存。与生产其他（品种）优质白兰地一样采用质量上乘的橡木桶，这是生产山楂白兰地无可替代的老熟容器。贮存过程中，由于空气渗透使山楂白兰地进行缓慢氧化作用，形成陈酿香味。同时，酒液与橡木作用生成香草醛、丁香醛等芳香化合物，赋予山楂白兰地幽雅柔和的香味。贮桶内的山楂白兰地不宜装得太满，应留出1%～1.5%的空隙，这样可避免因温度变高而使酒液外溢，同时也有利于酒的氧化过程。每年山楂白兰地的挥发量为5%～6%。因此，一年须添桶1～2次。贮存最适温度为15～22℃，相对湿度为75%～85%。

（8）调配　调配是将不同橡木桶贮存的山楂原白兰地进行勾兑。勾兑后的山楂白兰地再经橡木桶贮存后，即山楂白兰地成品。

（9）成品制备　成熟山楂白兰地经调整成分后，入冷冻罐中速冻，使温度保持在-13～-10℃，保温2～3天，冷冻过滤，回温后装瓶，检验合格后，才可以上市销售。

3．质量标准

（1）感官指标

① 外观为棕黄色，澄清透明、晶亮、无悬浮物。

② 气味具有协调的山楂果香、陈酿的橡木香和醇和的酒香，幽雅浓郁。

（2）理化标准　见表5-2。

（3）卫生标准　按GB 2757—2012蒸馏酒及配制酒国家标准规定执行。

表 5-2　山楂白兰地理化要求

项目	白兰地（优级）理化要求	山楂白兰地理化要求
酒精度（20℃，体积分数）/%	38.0～44.0	40.0
总酸（以乙酸计）/（g/L）	≤0.6	0.3
总酯（以乙酸乙酯计）/（g/L）	0.4～2.5	1.35
总醛/（g/L）	≤0.15	0.03
甲醇/（g/L）	≤0.8	0.025
杂醇油/（g/L）	≤1.0	0.37

（五）山楂酵素

酵素是一种保健食品，主要由醋酸菌、酵母菌、乳酸菌等微生物发酵获得，具有调节人体微生态平衡、促进新陈代谢等功效。酵素是以水果蔬菜为原料，经多种微生物发酵而成的一种新型饮料。

以山楂为原料，利用酵母菌、乳酸菌等发酵制备山楂酵素。生产的山楂酵素产品既有山楂本身的药用价值，又含有酵素的保健作用，是山楂加工的新思路。

1. 产品配方

山楂、酵母菌、乳酸菌、红糖等。

2. 生产设备

山楂清洗机、去核机、搅拌机、发酵罐等。

3. 工艺流程

山楂清洗→切块→紫外消毒→接种→装罐加糖→发酵

4. 具体制作方法

（1）原料预处理　具体步骤包括选料、清洗、沥干、切块。挑选大小适量、表皮光滑、新鲜无褶皱、无病害、无损伤和无坏果的大果山楂；用清水洗净；在室温下自然沥水至表面无水分。将沥干后的大果山楂均匀切成多块，去掉梗和核，果肉块重量约为 5 g。

（2）灭酶　将大果山楂块在沸水中加热 2 min 后冷却至室温，装入发酵瓶中，发酵瓶需提前进行灭菌处理。

（3）加糖　大果山楂块上层或中层铺上 25%～100%的红糖粉，密封。

（4）发酵　将发酵瓶在室温下静置发酵，时间为 60 天。发酵过程中，需要定期对发酵瓶进行放气。发酵前期（0～15 天），发酵瓶内的微生物生长较为迅速，每隔 5 天放气一次，发酵后期（15～60 天），发酵瓶内的微生物生长较为缓慢，每隔 10 天放气一次。

（5）发酵后处理　将发酵结束后的液体过滤，即得到酵素液；再将酵素液灌装、密封，进行巴氏灭菌，灭菌温度为 70℃，灭菌时间为 20 min。

第三节　山楂馅料加工技术

山楂酸甜可口，深受人们喜爱，山楂也可制作成馅料，用于汤圆、糕点等的生产。

一、山楂果酱

制作山楂酱需经过打浆处理，所以对山楂原料的质量要求不受果型大小的限制，可以充分利用山楂资源（包括野生山楂）。泥状山楂酱除供西餐和直接食用外，还可作为辅助原料，广泛应用于糖果、糕点、冷品食品方面的加工。生产泥状山楂酱，具有原料来源广泛、工艺简单、应用范围广、成本低等特点，在果酱类山楂制品中，具有一定的代表性。

1．产品配方

山楂、白砂糖、果胶酶、琼脂等。

2．生产设备

山楂清洗机、去核机、打浆机等。

3．山楂酱的加工工艺流程

原料挑选→清洗→软化、打浆→浓缩→装罐、密封→杀菌、冷却→检验→贴标→成品

4．具体制作方法

（1）原料标准、挑选与洗涤　山楂酱对原料的要求不甚严格，小次山楂、制作山楂原汁的下脚料（用量以不超过所用原料总量的30%为宜）等均可用于生产山楂酱。采用风选的方法除掉原料中所夹带的梗叶，拣出有病虫害及干瘪等坏果，用清水捞洗2～3次。

（2）软化、打浆　将洗净的山楂放入夹层锅中，每100 kg山楂加水30 L，开启蒸汽阀门（蒸汽压力为2.5 kPa）。将物料加热至沸，适当控制其压力使物料处于微沸状态，软化20～30 min（软化过程中适当搅拌，防止焦煳）。软化后，连同软化山楂所剩汁液，均匀投入筛板孔径为0.6～1.5 mm的刮板打浆机中，打浆一两次，得到山楂果肉浆。

（3）加糖浓缩　山楂果肉浆与白砂糖（重量）按1∶1的比例投料。为防止成品果酱有结晶糖析出，适当降低甜度，白砂糖总用量的20%可使用淀粉糖浆代替。浓缩操作前，白砂糖应配制成浓度为75%的糖浆，并经过滤后使用。

浓缩时将果肉浆和糖溶浆置于夹层锅内并搅拌均匀，开启蒸汽阀门进行浓缩。蒸汽压力一般为0.3～0.35 MPa，浓缩过程中要经常搅拌，防止焦煳。至浓缩后期蒸汽压力不宜过大，一般可控制在0.2 MPa以下。浓缩至固形物达66%～67%时（温度105～106℃），立即出锅、装罐。每锅成品的浓缩时间控制在30 min左右为宜。为提高浓缩效率和产品质量，应尽量采用真空浓缩设备进行生产。

（4）装罐、密封　灌装瓶及瓶盖用前必须消毒。酱体装罐温度≥85℃，装罐后迅速封罐。

（5）杀菌、冷却　采用100℃温度杀菌15 min，杀菌后迅速分段淋水，冷却到38℃。

5．质量标准

成品山楂酱应为红色或褐色，风味酸甜可口，无异味。酱体呈胶黏状，不流散，不分层，无糖结晶析出。酱体总含糖量应不少于57%（以转化糖计），可溶性固形物总含量不应低于65%，其中总酸和果胶含量不应低于0.6%。

二、山楂玫瑰果酱

山楂玫瑰果酱的具体制作方法如下：

（1）玫瑰花瓣准备　选取个大饱满、色泽艳丽的玫瑰花，择取厚实饱满的花瓣。用水将玫瑰花瓣清洗干净，约15 min后将沥干水分的玫瑰花瓣用剪刀剪碎，备用。

（2）准备山楂　选取成熟且鲜艳饱满的山楂为原料，将山楂果倒入不锈钢盆中，用水清洗，洗去表面污物，用去核器将山楂核和山楂蒂去除。

（3）护色　去籽去蒂后的山楂用质量分数为2%的NaCl溶液浸泡8～10 min；剪碎后的玫瑰花瓣用质量分数为0.16%的柠檬酸、0.16%的苹果酸和0.31%的NaCl溶液浸泡5～8 min，以保护山楂和玫瑰花原有色泽，防止在加工过程中天然色素流失。

（4）预煮　将水煮沸，把处理好的山楂果置于沸水中预煮2 min。

（5）打浆　将预煮好的山楂果取出，加入山楂质量30%的水于均质器中进行打浆，使浆体无大颗粒、分布均匀。

（6）混匀　将剪碎的玫瑰花与山楂浆按照实验过程中所需要的比例混合均匀，利用均质机进一步细化混合浆液。

（7）准备辅料　取适量煮沸的水倒入烧杯中，并把烧杯放入95℃恒温水浴锅中，将适量白砂糖加入烧杯中，不断搅拌使其溶解，配制成质量分数为75%的糖浆，再称取适量黄原胶加水溶解，备用。

（8）加热浓缩　将浆液加入蒸锅，蒸煮温度为70～80℃，时间为20～25 min，酱体煮沸后将糖浆分3次加入，固形物达到45%时，加入黄原胶液，直至固形物达到64%左右时出锅。

（9）装罐　罐装瓶及瓶盖用前必须清洗干净，在沸水中加热15 min灭菌并烘干。浓缩后的果酱趁热迅速装罐，装罐时的温度需不低于85℃，灌装后留2～3 mm顶隙。

（10）杀菌　常压杀菌，在100℃沸水中煮沸杀菌20 min。

（11）冷却　杀菌后迅速分段淋水，冷却至38℃。

参考文献

[1] 贺荣平. 六款山楂食品加工技术[J]. 农村新技术，2008（10）：61-63.

[2] 葛毅强. 山楂汁饮料的制造[J]. 保鲜与加工，2001（4）：3-6.

[3] 董玉新，张法琴，王立新. 山楂发酵食品的开发[J]. 农牧产品开发，1999（04）：13-15.

[4] 张井印，刘素稳，常学东，等. 山楂红枣袋泡茶的工艺优化[J]. 食品研究与开发，2013（11）：35-38.

[5] 文连奎. 加工山楂酱的操作要点[N]. 吉林农村报，2012（003）.

[6] 张涵，谭平. 玫瑰花山楂复合果酱加工工艺[J]. 包装学报，2021（01）：86-92.

[7] 苏刚. 山楂白兰地的研制[J]. 食品工业，1999（04）：24-25.

[8] 薛茂云，毕静，杨爱萍，等. 山楂醋的工艺研究[J]. 中国调味品，2017，42（01）：112-114.

[9] 范振宇. 山楂醋酿造工艺研究[D]. 太原：山西农业大学，2019.

[10] 曾维忠，蓝金宣，梁忠茂，等. 靖西大果山楂酒加工工艺及营养活性成分价值分析[J]. 热带农业科学，2021，41（04）：94-98.

[11] 王同阳. 配制型山楂保健酒的制作[J]. 工艺河北果树，2006（01）：24-27.

[12] 张建才. 山楂发酵酒生产工艺优化研究[D]. 秦皇岛：河北科技师范大学，2013.

[13] 山楂果丹皮制作方法[J]. 致富天地，2019（06）：67.

[14] 龚富. 山楂果制糖葫芦[N]. 湖北科技报，2001-12-14.

[15] 磨正遵. 山楂果粉固体饮料的工艺研究[D]. 大连：大连工业大学，2018.

[16] 韩文凤，魏秋红，杨雯雯，等. 天然山楂果冻的研制[J]. 保鲜与加工，2013，13（6）：42-45.

[17] 刘艳，唐小闲，张巧，等. 微波渗糖加工低糖大果山楂果脯工艺研究[J]. 中国果菜，2020，40（6）：52-57.

[18] 杨阳. 双菌种发酵山楂酵素及其功能性研究[D]. 天津：天津农学院，2020.

第六章

山楂药用加工技术

第一节　山楂饮片的加工

中药材通常要制备成饮片后才能入药。凡药材经过净制、切制或炮炙等处理后的制成品，都称为"饮片"。所以山楂饮片的加工也需经过分选、清洗、切片、炮炙、干燥等处理过程。

一、分选

按照山楂果的大小进行挑选，选择新鲜、大小均匀、无虫害和霉变或损伤、色泽鲜艳、果大肉厚的成熟山楂作为原药材，除去果梗、萼片等杂物，只保留山楂果。如图6-1所示为山楂选果机。

二、清洗

图6-1　山楂选果机

将分选后的山楂，用清水清洗（如图6-2所示为山楂清洗机），除去山楂外部的泥沙等杂物，保证山楂药用的净度，以便于后续的切片或炮炙过程。清洗后，沥干。须注意洗后不宜放置时间过长，以防氧化变色。

图6-2　山楂清洗机

三、切片

经过分选、清洗后的山楂即可进入切制过程，进行切片。山楂切片一般为鲜切，通常采用切片机（图6-3）切片，根据山楂的形态、质地、配方要求等选用适当的刀具，把山楂切成一定规格的片段。切片机切片速度快，生产效率高，并且能够做到切片的表面美观整齐，无毛刺，无碎片残渣，切片的厚度均匀。山楂切片时，切片机的刀具要用不锈钢刀片，避免花青素和单宁与铁接触引起褐变。山楂切片通常为圆片，厚度为3~5 mm，以利于有效成分煎出。

图6-3 山楂切片机

山楂在临床中的应用，中医依其辩证用药，所以山楂饮片也分为生山楂、炒山楂、焦山楂、山楂炭等不同类别。根据处方不同，如需炒山楂或焦山楂等，需取净山楂继续进行炮炙，即将山楂切片中部的山楂核去除后再进一步炮炙。

自古人们就认识到山楂核与山楂果肉的功能不尽相同，早在《本草纲目》中就记载有"九月霜后取山楂实带熟者，去核，曝干。或蒸熟去皮核，捣作饼子，日干用"，能"化饮食，消肉积、癥瘕、痰饮、痞满吞酸、滞血痛胀"，另在清《得配本草》中也记载有"核能化食磨积，治疝，催生。研碎，化瘀，勿研，消食"。山楂如需进行炮炙，可在进行分选后去核。通常采用捅核器（图6-4）或去核机（图6-5）进行去核。去核后要保持山楂的果形完整。

图6-4 山楂捅核器

图6-5 山楂去核机

四、炮炙

据记载，元《丹溪心法》中首次提出了山楂的"炒"和"蒸"的炮炙方法，此后陆续出现各种繁多的炮炙方法，但大多是以"炒"居多，后来又延伸出酒炙、醋炙、姜炙、炒炭、砂炒等更多的炮炙方法。而现代炮炙方法多为"生品""炒黄""炒焦"等。除生山楂外，其他山楂饮片都需要以不同的火力、不同的火候才能炮炙出符合《中国药典》规定的饮片质量。

（一）常用炮炙方法

1. 炒法

炒是炮炙中最常用的方法，分为单炒（清炒）和加辅料炒，即将待炮炙品放入炒制容器内，进行加热处理。炒制过程中需控制火力均匀，不断翻动，炒至一定程度时取出。需炒制的待炮炙品应为干燥品，且大小分档；还应根据炒制目的掌握加热温度、炒制时间及程度要求等。炒制标准根据药物不同要求不同，一般有炒干、炒香、炒胀、炒黄、炒炭、炒焦等。炒干指将湿润药物翻炒至干燥。炒香是将药物加热，翻炒至散发出固有香气。炒胀是炒至药物表体膨胀，如炒至表体爆裂则为炒爆。炒黄是以文火或中火加热，炒至表面黄色或较原色稍深，或发泡鼓气，或爆裂，并透出药材固有的气味；炒黄后有利于有效成分的溶出，还可以矫臭，或者使药性稍有一些改变，也利于保存。炒焦是以中火或武火加热，不断翻炒至表面焦黄色或焦褐色，内部颜色加深，呈浅黄色或深黄色，并具有焦香味；炒焦可以增加焦香味，起到矫味、增强消食健胃的作用，也可以减缓部分药性。炒炭是以武火或中火急炒，炒至表面黑色或焦黑色，内呈焦黄色或焦褐色，并能尝到药物本身固有气味为度；炒炭可以增加吸附性，除去燥性，缓和药性，对于部分药物，炒炭后还具有止血、收敛的功效。

单炒：即清炒，炒时不加辅料，是最古老、最基本的炮制方法。加辅料炒，即在炮炙时，将药材和辅料一起混合炒制，且所有辅料均为固体辅料。根据所加辅料的不同，又有麸炒、砂炒、蛤粉炒、滑石粉炒、米炒等。

麸炒：先将炒制容器加热，随后向容器内撒入适量麸皮，待烟冒起时，立即投入待炮炙品，迅速翻动，炒至表面呈黄色或深黄色时，取出，再筛去麸皮，放凉。通常，每 100 kg 待炮炙品，麸皮用量为 10～15 kg。

砂炒：先取适量、洁净的河砂（细砂）放入炒制容器内，用武火加热至滚热、滑利状态时，投入待炮炙品，不断翻动，炒至表面鼓起或酥脆时，取出，再筛去河砂（细砂），放凉。根据炮炙品的不同，如果需要使用酒淬或醋淬时，可将药材炒至变黄，筛去辅料后，趁热投入酒或醋液中淬酥。另外，河砂（细砂）的用量以掩埋待炮炙品为适宜。

蛤粉炒：取适量碾细过筛后的净蛤粉，置于炒制容器内，用中火加热至翻动较滑利时，倒入待炮炙品，不断翻炒，至炮炙品表面鼓起或成珠、内部疏松、外表呈黄色时，迅速取出，筛去蛤粉，放凉。如果需要使用酒淬或醋淬时，可将药材炒至变黄，筛去辅料，趁热投入酒或醋液中淬酥。蛤粉的用量为，每 100 kg 待炮炙品，取蛤粉 30～50 kg。

滑石粉炒：取适量滑石粉置于炒制容器内，先用中火加热至灵活状态时，再投入待炮炙品，不断翻炒，至鼓起、酥脆、表面黄色或至规定程度时，迅速取出，筛去滑石粉，放凉。一般每

100 kg 待炮炙品，滑石粉用量为 40～50 kg。

米炒：将米倒入经水喷湿的炒制容器内，让米粒贴附容器底部，加热，待冒烟时，投入待炮炙品，轻轻翻炒，至米粒变黄时取出，筛去米粒，放凉。

土炒：将灶心土或赤石脂置于炒制容器内，炒至疏松滑利时加入待炮炙品，中火翻炒，至表面深黄色或显均匀土色，并透出固有香气时，取出，筛去土粉，放凉。每 10 kg 炮炙品，用土粉 3～4 kg。

2. 炙法

炙法也需加入辅料进行炮炙，所用辅料均为液体辅料。除油炙外，一般是将待炮炙品与液体辅料拌润，再共同加热炒制或者先加热炒待炮炙品再加辅料。通常采用前一种方法。根据所用辅料的不同，可区分为酒炙、醋炙、盐炙、蜜炙、姜炙、油炙等。炙法所用火力一般为文火。

酒炙：一般使用黄酒，取待炮炙品，加适量黄酒拌匀，闷透，倒入炒制容器内，用文火炒至规定的程度时，取出，放凉。通常黄酒的用量为，每 100 kg 待炮炙品用黄酒 10～20 kg。

醋炙：使用米醋，方法与酒炙相同，取待炮炙品，加适量米醋拌匀，闷透，倒入炒制容器内，炒至规定的程度时，取出，放凉。每 100 kg 待炮炙品，使用米醋 20 kg。

盐炙：使用食盐，要先把食盐加适量水溶解后，滤过，备用；取待炮炙品，加盐水拌匀，闷透，置于炒制容器内，以文火加热，炒至规定程度时，取出，放凉。食盐的用量为，每 100 kg 待炮炙品用食盐 2 kg。

姜炙：要先将生姜洗净，捣烂，加水适量，压榨取汁，将姜渣再加水适量重复压榨一次，合并两次的汁液，即为"姜汁"。炮炙时，取待炮炙品，加姜汁拌匀，置于容器内，用文火炒至姜汁被吸尽，或至规定的程度时，取出，晾干。通常每 100 kg 待炮炙品用生姜 10 kg，姜汁与生姜的比例为 1：1。

蜜炙：应使用炼蜜，先将炼蜜加适量沸水进行稀释，再加入待炮炙品中拌匀，闷透，置于炒制容器内，用文火炒，反复拌炒至规定程度时，取出，放凉。炼蜜的用量为，每 100 kg 待炮炙品用炼蜜 25 kg。

油炙：可使用羊脂油、麻油、菜油、酥油等，比如用羊脂油，要先将羊脂油置于锅内加热熔化后去油渣，再加入待炮炙品拌匀，用文火炒至油被吸尽，表面光亮时，摊开，放凉即可。

3. 制炭

制炭时应"存性"，意思是净药材或切制品通过炒、煅至外表焦黑、内部焦黄或规定程度制成炭时，还要保持药材的固有性能，并且要注意防止灰化，避免复燃。制炭通常有两种方法：炒炭和煅炭。

炒炭：方法与炒法相似，区别是用武火炒，并且炒制程度有所不同。取待炮炙品，置于热锅内，用武火炒至表面焦黑色、内部焦褐色或至规定程度时，喷淋清水少许，熄灭火星，取出，晾干。

煅炭：又称扣锅煅法，或者密闭煅、闷煅、暗煅，即将药物在高温缺氧的条件下煅烧成炭。具体方法为：取待炮炙品，置煅锅内，密封，加热至所需程度，放凉，取出。

制炭法炮炙的饮片要放置 15 天后，才供药用。

4．蒸

蒸法是将药材装入容器内，用蒸汽蒸制的方法进行炮炙。根据是否加入辅料，可分为清蒸和拌蒸。具体方法为：取待炮炙品，加清水或液体辅料拌匀、润透，置适宜的蒸制容器内，用蒸汽加热至规定程度，取出，稍晾，拌回蒸液，再晾至六成干，切片或段，干燥。蒸制时，一般先用武火加热，至气上足后改用文火；如用酒拌蒸时，则应先用文火而后用武火蒸制。

除以上介绍的炮炙方法外，还有煅制、煮制、煨制、发酵、水飞、发芽、制霜、燀制等，根据药材不同，可选用适宜的方法进行炮炙。

近年来，随着中药炮制研究的不断深入，许多新的技术和方法也不断应用于中药炮制领域，比如以烘代炒法、高压蒸制法、减压蒸馏法等，以期能增加炮炙过程中的机械可控性，使炮炙操作方式更环保和自动化，也希望通过可控的机械化生产设备能够更好地提升饮片质量。以烘代炒法包括以下三种：

① 烘箱加热法　只需要控制温度和时间，操作简单，容易掌握，且鼓风式加热受热均匀，主观经验影响小，适宜大规模工业化生产。

② 微波加热法　微波加热的穿透力强，内外同时受热，受热均匀，还能够准确控制加热功率和时间，加热时间短，工作效率高，并且微波还可以灭菌，故能够在某些方面弥补传统炮制工艺的不足，易于规模化生产。

③ 远红外加热法　该技术通常运用在药物干燥方面，主要是将电能转变为远红外辐射能，药物分子吸收后运动加剧，引起原子的振动，导致药物发热。除在药物干燥方面应用外，其在饮片的炮炙上也有很好的效果。

（二）山楂炮炙

山楂的炮炙方法，常见的有三种：炒山楂、焦山楂、山楂炭（参见图 6-6），但在部分地区也有其他炮炙法，如采用加蜜炒法、加灶心土炒焦法、蜜制炒炭法等。明代陈嘉谟在《本草蒙筌》中有描述："制药贵在适中，不及则功效难求，太过则气味反失"。所以在制药工艺中，务必要把握炮炙的火力、火候和时间。

1．炒山楂

（1）方法　将山楂切片直接倒入热的炒制容器内，文火不断翻炒，炒至切片外部颜色加深，呈淡黄色，酸气浓烈，且有酸香气溢出，饮片外表有明显焦点时，取出，及时放入摊晾间，晾至室温，即得炒山楂。

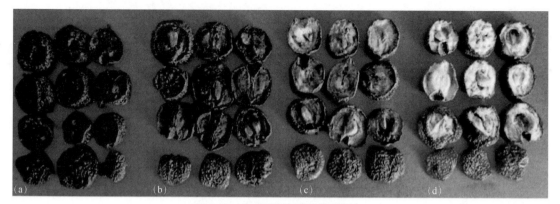

图6-6 不同种类山楂饮片外观比较

(a) 山楂炭;(b) 焦山楂;(c) 炒山楂;(d) 山楂

(2) 产品标准　本品形如山楂片，饮片表面呈淡黄色，偶见焦斑。气味香，味酸、微甜。

2．焦山楂

(1) 方法　取山楂切片倒入热的炒制容器内，用中火翻炒，炒至表面焦褐色，有多数焦斑，而断面焦黄色，酸气大减，出现焦香气，且微带甘酸气时，向山楂喷淋少许清水，炒干，取出，及时放入摊晾间，晾至室温，即得焦山楂。注意应避免山楂燃烧炭黑。

(2) 产品标准　本品形如山楂片，饮片表面呈焦褐色，果肉黄褐色，偶见焦斑。气味香，味酸、微甜。

3．山楂炭

(1) 方法　取山楂片倒入热的炒制容器内，用武火翻炒，炒至表面颜色焦黑，而断面中心呈焦褐色，无甘酸气，且略有焦煳气味时，取出，及时放入摊晾间，晾至室温。如出现火星，要喷淋少许清水，灭净火星，炒干后再取出，放凉。注意应避免山楂燃烧炭黑。

(2) 产品标准　本品形如山楂片，饮片表面呈焦黑色，果肉中心焦褐色，味涩，无甘酸气，略有焦煳味。

五、干燥

干燥是指利用天然或人工热能除去饮片中过多水分的加工方法。干燥后的药材体积缩小，重量减轻，还可以避免发霉、虫蛀以及有效成分的分解和破坏，便于运输和贮藏。凡切制成的饮片，都须经干燥后备用。中药饮片干燥要求保持形、色、气、味俱全，以充分发挥其疗效，故干燥时一般温度不超过 80℃，而含挥发性物质的饮片，一般温度不超过 50℃。常用的干燥方法有自然干燥法和人工干燥法等。

（一）自然干燥法

自然干燥法包括晒干和阴干，通常不需要特殊设备，常用水泥地面、药匾、席子、竹晒垫等，是一种既经济又简便的干燥方法，但占地面积较大，且容易受到气候的影响。

1. 晒干

晒干是指把切制好的饮片置于阳光照射下直接干燥的方法。一般饮片均可用晒干法，晒时应注意翻动，夜晚还要做好防雨、防露、防被风吹走及返潮等预防工作，且晒干时间不要过长，以免影响饮片质量；对于含有挥发性成分或者日晒易变色、变质、走油的饮片，通常采用阴干法。

2. 阴干

阴干又称晾干或摊晾法，是指将饮片置于阴凉通风、无阳光直射处，使水分自然挥发而干燥的方法。通常是将饮片晾晒在室内或阴凉通风处，避免阳光直射，借空气的流动使之干燥。该方法可以很好地避免由阳光直射、饮片表面温度升高而导致的有效成分的损失或破坏。

（二）人工干燥法

人工干燥是指根据待干燥饮片的特性，采用相应的干燥设备，对饮片进行干燥。该方法干燥效率高，也不受天气限制，适合进行大量生产，与自然干燥法相比，也更容易控制卫生条件。需要注意，烘干时要严格控制温度，适时翻动，以防烘枯烤焦，影响药材质量；且干燥后的饮片需放凉后再贮存，否则，余热能使饮片回潮，易发生霉变。

中药饮片 GMP 认证评定标准要求："炮制后的中药饮片不得露天干燥"，所以中药饮片企业都配备有不同的干燥设备。目前已经应用的人工干燥设备有蒸气式、电热式、远红外线式、微波式等，其干燥能力和效果均有了较大的提高，这些干燥设备正在推广和不断完善，适宜规模化生产。

1. 热风干燥

这是用热风驱除水分使饮片干燥的方法。热风干燥法的优点是饮片受热均匀，干燥效率高，不受气候的限制，故适合生产使用。要注意控制加热温度，一般饮片温度控制在 50～60℃，芳香类饮片 30～40℃，而含维生素 C 多的果实类如山楂、木瓜等可用 70～90℃的温度迅速干燥。干燥中要定时翻动，避免烘枯烤焦，从而影响饮片质量。

2. 远红外干燥

远红外干燥是利用 0.76～25 μm 波长的电磁波辐射饮片，使分子运动加剧，饮片表面水分不断蒸发吸热，使得内部温度高于表面，从而形成由内至外的热扩散，而饮片内部的湿度梯度也形成了从内向外水分移动的湿扩散，热扩散和湿扩散的方向一致性，可使得水分的内扩散加快，加速了药物的快速干燥过程，缩短了干燥时间，干燥速度快，同时还有较高的杀菌、杀虫及灭卵能力，便于自动化生产。该方法也不受天气限制，能够广泛应用于药材、中药饮片等的脱水干燥及制剂生产领域，还可用于中药粉末和芳香类药物的干燥灭菌，但要注意红外线辐射下有效成分易被破坏的药物，不宜采用此法干燥。

3. 微波干燥

微波干燥是将微波能转变为热能使药材干燥的方法。当饮片中的极性水分子和脂肪在高频电磁场中吸收微波能量后，其极性取向随着外电场的变化而发生旋转振动，造成分子的运动和分子间的相互摩擦效应，使物料温度升高，而达到微波加热干燥的目的。微波的穿透力强，能深入物料的内部，所以可使物料加热均匀，热效率高，加热时间短、干燥速度快，并能减少挥发性物质及芳香性成分损失，还可以杀灭微生物，具有消毒作用，可以防止发霉、生虫。微波干燥与物料的性质和含水量关系密切，因为水能强烈地吸收微波，所以该方法适用于含水量较高的中药原药材、中药饮片及中成药的干燥灭菌。但是，在高频磁场作用条件下有效成分易被破坏的药材不适用此法。

4. 太阳能集热器干燥

太阳能集热器干燥是一种以清洁、绿色、节能能源为主的干燥方法，适用于低温烘干。

干燥温度在40~55℃之间的饮片，可以采用该方法干燥。利用太阳能干燥能有效地节约能源，保护环境，提高饮片的外观质量。

除以上方法外，还有真空冷冻干燥、联合干燥等技术。不同饮片的干燥要根据其本身的性质，合理选择适宜的方法。上述干燥方法均可应用于山楂饮片，待水分含量为10%以下时，即可长期保存。

六、质量标准

（一）生山楂

1. 性状

本品为圆形片，皱缩不平，直径1~2.5 cm，厚0.2~0.4 cm。外皮红色，具皱纹，有灰白色小斑点。果肉深黄色至浅棕色。中部横切片具5粒浅黄色果核，但核多脱落而中空。有的片上可见短而细的果梗或花萼残迹。气微清香，味酸、微甜。

2. 鉴别

（1）本品粉末暗红棕色至棕色，直径19~125 μm，孔沟及层纹明显。果皮表皮细胞表面观呈类圆形或类多角形，壁稍厚，胞腔内常含红棕色或黄棕色物。草酸钙方晶或簇晶存于果肉薄壁细胞中。

（2）取本品粉末1 g，加乙酸乙酯4 mL，超声处理15 min，滤过，取滤液作为供试品溶液。

另取熊果酸对照品，加甲醇制成每 1 mL 含 1 mg 的溶液，作为对照品溶液。按照薄层色谱法[《中国药典》(2020 版) 四部　通则 0502]试验，吸取上述两种溶液各 4 μL，分别点于同一硅胶 G 薄层板上，以甲苯-乙酸乙酯-甲酸（20∶4∶0.5）为展开剂，展开，取出，晾干，喷以硫酸乙醇溶液，在 80℃下加热至斑点显色清晰。供试品色谱中，在与对照品色谱相应的位置上，显相同的紫红色斑点；置紫外光灯（365 nm）下检视，显相同的橙黄色荧光斑点。

3．检查

(1) 水分不得超过 12.0%。

(2) 总灰分不得超过 3.0%。

(3) 重金属及有害元素：按照铅、镉、砷、汞、铜测定法（原子吸收分光光度法或电感耦合等离子体质谱法）测定，铅不得过 5 mg/kg；镉不得过 1 mg/kg；砷不得过 2 mg/kg；汞不得过 0.2 mg/kg，铜不得过 20 mg/kg。

(4) 浸出物：按照醇溶性浸出物测定法项下的热浸法测定，用乙醇作溶剂，不得少于 21.0%。

(5) 含量测定：取本品细粉约 1 g，精密称定，准确加入水 100 mL，室温下浸泡 4 h，时时振摇，滤过。准确量取续滤液 25 mL，加水 50 mL，加酚酞指示液 2 滴，用氢氧化钠滴定液 (0.1 mol/L) 滴定，即得。每 1 mL 氢氧化钠滴定液 (0.1 mol/L) 相当于 6.404 mg 的枸橼酸 ($C_6H_8O_7$)。

本品按干燥品计算，含有机酸以枸橼酸 ($C_6H_8O_7$) 计，不得少于 5.0%。

（二）炒山楂

1．性状

本品形如山楂片，果肉黄褐色，偶见焦斑。气清香，味酸、微甜。

2．含量测定

同生山楂，含有机酸以枸橼酸 ($C_6H_8O_7$) 计，不得少于 4.0%。

3．鉴别

同生山楂。

（三）焦山楂

1．性状

本品形如山楂片，表面焦褐色，内部黄褐色。有焦香气。

2．含量测定

同生山楂，含有机酸以枸橼酸 ($C_6H_8O_7$) 计，不得少于 4.0%。

3．鉴别

同生山楂。

第二节　山楂药用成分与提取技术

迄今为止，从山楂果肉、山楂核和山楂叶中提取分离得到的物质成分有150多种，主要药用成分有黄酮及黄酮苷类、有机酸类、萜类、多糖等，下面对这些药用成分的药理、药效及提取技术进行介绍。

一、黄酮类化合物

黄酮类化合物是山楂中含量最多、作用最广的一类化合物，因此，山楂相关的药物的质量标准中，也多依据其含量作为判断标准之一。此类化合物结构的基本骨架为 C_6-C_3-C_6（图6-7），因大多数呈现黄色，而称之为黄酮。黄酮类化合物大部分是与糖结合成苷或少部分以游离的形式存在于植物组织内。在山楂果实中，黄酮类化合物的含量为 0.1%～1.0%，而山楂叶和山楂花中的含量是 1%～2%。

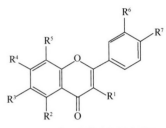

图6-7　黄酮类化合物基本骨架

（一）化合物分类

根据 C_3 链的氧化程度、聚合度及其化学性质，天然黄酮类化合物可以分为黄酮、黄酮醇类、二氢黄酮类、二氢黄酮醇类、异黄酮类、查耳酮类、花青素类、橙酮类、双黄酮类以及黄烷醇类等类型。

1. 黄酮及黄酮醇类

黄酮类化合物中，C_3 上含羟基的黄酮衍生物数量最多，除羟基外，R^1 也可以有甲氧基或其他取代基。通常，C_3 上的羟基与骨架上其他位置处的羟基性质不完全相同，故将带有 C_3-OH 的衍生物称为黄酮醇类。该类化合物还包括少量的橙酮类。

山楂中含有的黄酮及黄酮醇类化合物主要有：①黄酮及黄酮苷类化合物。黄酮化合物有牡荆素鼠李糖苷、牡荆素、槲皮素等，黄酮苷的苷元以木犀草素（luteolin）和芹菜素（apigenin）为主，木犀草素的苷类主要有荭草素（orientin）和异荭草素（isoorientin）以及它的衍生苷类，以芹菜素为苷元的苷类有牡荆素（vitexin）、异牡荆素（isovitexin）及其衍生苷等。②黄酮醇及苷类化合物。该类化合物糖和苷元的连接多以 C—O 键相连，主要包括槲皮素（quercetin）、山奈（kaempferol）苷元及其苷类，例如槲皮素的苷类有芦丁（rutin）和金丝桃苷（hyperin）等，山奈酚的苷类有山奈酚-3-*O*-葡萄糖苷等。另外还有草质素（herbacetin）、5-羟基酸橙素等的衍生物及其苷类。如表6-1所列为山楂中含有的部分黄酮及其醇类化合物。

表 6-1　山楂中含有的部分黄酮及其醇类化合物

化合物	分类	黄酮苷元	植物部位
牡荆素	黄酮类	芹菜素	果实、叶、花
异牡荆素	黄酮类	芹菜素	果实、叶
芹菜素	黄酮类	芹菜素	果实、叶
6″-O-乙酰基牡荆素	黄酮类	芹菜素	果实、叶
牡荆素-4′-O-鼠李糖苷	黄酮类	芹菜素	果实、叶、花
2″-O-乙酰基牡荆素	黄酮类	芹菜素	果实、叶
牡荆素-2″-O-鼠李糖	黄酮类	芹菜素	果实、叶
牡荆素-2″-O-鼠李糖-（4-O-乙酰基）	黄酮类	芹菜素	叶
牡荆素-2″-O-葡萄糖苷	黄酮类	芹菜素	果实、叶
牡荆素-4″-O-葡萄糖苷	黄酮类	芹菜素	叶
异牡荆素-2″-O-鼠李糖苷	黄酮类	芹菜素	果实、叶
8-C-（6″-乙酰基-4″-O-鼠李糖苷）葡萄糖芹菜素	黄酮类	芹菜素	果实、叶
8-C-葡萄糖鼠李糖芹菜素	黄酮类	芹菜素	果实、叶
牡荆素-4′,7-双葡萄糖苷	黄酮类	芹菜素	果实、叶
6-C-葡萄糖-8-C-阿拉伯芹菜素	黄酮类	芹菜素	叶
6-C-葡萄糖-8-C-木糖芹菜素	黄酮类	芹菜素	叶
6-C-木糖-8-C-葡萄糖芹菜素	黄酮类	芹菜素	叶
6,8-二葡萄糖芹菜素	黄酮类	芹菜素	叶
5,4′-二羟基-7-O-鼠李糖芹菜素	黄酮类	芹菜素	果实、叶
大波斯菊苷	黄酮类	芹菜素	果实、叶
8-C-β-D-（2″-O-乙酰基）呋喃葡萄糖芹菜素	黄酮类	芹菜素	果实、叶
3″-O-乙酰基牡荆素	黄酮类	芹菜素	果实、叶
淫羊藿苷	黄酮类	芹菜素	果实、叶
山楂纳新	黄酮类	芹菜素	叶
去乙酰基山楂纳新	黄酮类	芹菜素	叶
木犀草素	黄酮类	木犀草素	果实
木犀草素-7-O-葡萄糖苷	黄酮类	木犀草素	叶
荭草素	黄酮类	木犀草素	叶
异荭草素	黄酮类	木犀草素	叶
2″-O-鼠李糖荭草素	黄酮类	木犀草素	叶
2″-O-鼠李糖异荭草素	黄酮类	木犀草素	叶
白杨素	黄酮类	白杨素	果实、叶
白杨素-5-葡萄糖苷	黄酮类	白杨素	果实、叶
白杨素-5-O-β-D-葡萄糖苷	黄酮类	白杨素	叶
槲皮素	黄酮醇类	槲皮素	果实、叶、茎
异槲皮苷	黄酮醇类	槲皮素	果实、叶
金丝桃苷	黄酮醇类	槲皮素	果实、叶
槲皮素-3′-O-阿拉伯糖苷	黄酮醇类	槲皮素	果实、叶
芦丁	黄酮醇类	槲皮素	果实、叶、茎

化合物	分类	黄酮苷元	植物部位
槲皮苷	黄酮醇类	槲皮素	果实、叶
3,4′,5,8-四羟基黄酮-7-O-葡萄糖苷	黄酮醇类	槲皮素	果实、叶
槲皮素-3-O-β-D-6″-乙酰基吡喃阿洛糖苷	黄酮醇类	槲皮素	果实
生物槲皮素	黄酮醇类	槲皮素	叶
槲皮素-4′-O-葡萄糖苷	黄酮醇类	槲皮素	叶
槲皮素-3-O-β-D-吡喃葡萄糖苷	黄酮醇类	槲皮素	果实、叶
槲皮素-3-O-β-D-吡喃半乳糖	黄酮醇类	槲皮素	果实、叶
芦丁-4″-O-鼠李糖苷	黄酮醇类	槲皮素	果实
槲皮素-3-鼠李糖半乳糖苷	黄酮醇类	槲皮素	果实
五子山楂苷	黄酮醇类	槲皮素	叶
山奈酚	黄酮醇类	山奈酚	果实、叶
8-甲氧基山奈酚	黄酮醇类	山奈酚	果实、叶
8-甲氧基山奈酚-3-O-葡萄糖苷	黄酮醇类	山奈酚	果实、叶
8-甲氧基山奈酚-3-O-新橙皮糖苷	黄酮醇类	山奈酚	果实、叶
山奈酚-3-O-新橙皮糖苷	黄酮醇类	山奈酚	果实、叶
山奈酚-3-O-葡萄糖苷	黄酮醇类	山奈酚	果实、叶
7-O-α-L-鼠李糖-3-O-β-D-吡喃葡萄糖山奈酚	黄酮醇类	山奈酚	果实、叶

2. 二氢黄酮和二氢黄酮醇类

该类化合物包括根皮苷、根皮素、3-羟基根皮苷、3-羟基根皮素、根皮素-2′-木糖苷、根皮素-（羟基丁二酸甲酯）-6′-β-D-葡萄糖苷以及从山楂叶中提取分离到的柚皮素-5,7-双葡萄糖苷（naringenin-5,7-di-glucoside）、北美圣草素-7,3′-双葡萄糖苷（eriodictyol-7,3′-diglucoside）、北美圣草素-5,3′-双葡萄糖苷（eriodictyol-5,3′-diglucoside）等，如表6-2所列。

表6-2　山楂中含有的部分二氢黄酮及其醇类

化合物	植物部位
根皮苷	果实、叶
根皮素	果实、叶
3-羟基根皮苷	果实、叶
3-羟基根皮素	果实、叶
根皮素-2′-木糖苷	果实
根皮素-（羟基丁二酸甲酯）-6′-β-D-葡萄糖苷	果实
4′,6′-二羟基查尔酮-2′-O-β-D-葡萄糖苷	叶
4′,6′-二羟基-2′-O-（2″-O-木糖基葡萄糖苷）二氢查尔酮	叶
4-乙酰氧基苯基-4′,6′-二羟基-2′-O-（β-D-葡萄糖苷）	叶
4-乙酰氧基苯基-6′-羟基-2′-O-（β-D-葡萄糖苷）二氢查尔酮	叶
柚皮素-5,7-双葡萄糖苷	叶
北美圣草素-5,3′-双葡萄糖苷	叶
北美圣草素-7,3′-双葡萄糖苷	叶

3．黄烷及其聚合物

黄烷类化合物在山楂中的含量也较高，包括表儿茶素[（-）-epicatechin]、儿茶素[（+）-catechin]和白矢车菊素，或三者相互聚成的聚合物，如原花青素 B_2、原花青素 B_4、原花青素 B_5，二聚体如原花青素 A_2（proanthocyanidin A_2）、二聚白矢车菊素（dimericleucocyanidin）等，三聚体如原花青素 C_1 等，四聚体如原花青素 D_1 等，五聚体如原花青素 E_1 等，如表 6-3 所列。

表 6-3　山楂中含有的部分黄烷及其聚合物

化合物	分类	植物部位
表儿茶素	黄烷类	果实、叶
表儿茶素-[8,7-*e*]-4*β*-（3,4-二羟基苯）-3,4-二羟基-2（3*H*）-吡喃	黄烷类	叶
无色缔纹天竺	黄烷类	叶
表没食子儿茶素	黄烷类	果实、叶
儿茶素	黄烷类	叶、茎
矢车菊素	黄烷类	叶
二聚无色矢车菊素	聚合物	果实
原花青素 A_2	聚合物	果实
原花青素 B_2	聚合物	果实
原花青素 B_5	聚合物	果实
原花青素 C_1	聚合物	果实
原花青素 E_1	聚合物	果实

（二）药理作用

山楂入药历史悠久，在《医学衷中参西录》中就有记载："山楂，若以甘药佐之，化瘀血而不伤新血，开郁气而不伤正气，其性尤和平也。"20 世纪 50 年代以来，随着黄酮类化合物的迅速发展，对山楂中所含的黄酮类成分及其药理作用的研究也逐渐增多。国内外研究表明，山楂含有的黄酮类化合物对心血管、内分泌系统等都有多方面的药理作用，包括强心、抗心律不齐、降压、降血脂、抗肿瘤和抗氧化活性等。

1．对心脑血管的作用

（1）降血压作用　现代药理研究证明，山楂具有扩张血管和持久的降压作用，主要归因于山楂总黄酮中的原花青素。若长期对各种动物静脉内施用黄酮类、低聚原花青素时，可观察到麻醉动物呈剂量依赖性低血压，其降压作用主要是由外周血管舒张导致的。具体为：以 10 mg/kg 的使用量对猫给予静脉注射山楂总黄酮，可使其血压下降 40%，并持续 5～10 min；以 3 mg/kg 的使用量对麻醉猫给予静脉注射低聚花青素，可使其血压下降 27 mmHg（1 mmHg=133.322 Pa），并持续 90～120 min。

动物实验研究表明，山楂总黄酮降低血压的药理机制为通过抑制细胞外 Ca^{2+} 内流及细胞内储存的 Ca^{2+} 的释放，以及激活非选择性钾通道和内向整流钾通道，从而起到舒张大鼠离体外周血管的作用，类似钙离子拮抗剂，也可能与胆碱作用或中枢影响有关。此外，山楂总黄酮还能有效地降低高盐高脂所致高血压小鼠血清中的血管紧张素Ⅱ水平，降低小鼠的收缩压和舒张压并保护心脏，且以200 mg/（kg·d）的高剂量组的降压效果更显著。山楂的乙醇浸出物静脉给药，能使麻醉兔血压缓慢下降，持续3 h；而且可加强戊巴比妥钠中枢抑制作用，以利于降压。研究显示，对于肾动脉型高血压小鼠，连续8周给予其灌喂山楂叶提取物制备的山楂粉中剂量[1.25 g/（kg·d）]和高剂量[2.5 g/（kg·d）]，能够维持小鼠的收缩压不升高，而低剂量组[0.625 g/（kg·d）]是不能有效控制小鼠收缩压上升的。另外实验提示，山楂还可以促进动脉粥样硬化小鼠的一氧化氮分泌，松弛平滑肌，降低血压。临床研究证明，服用山楂浸出液或山楂糖浆能使高血压患者血压恢复正常，降压作用明显，疗效高达90%以上。

（2）降血脂作用　高脂血症是早期发生冠状动脉疾病的诱导因素，机体总胆固醇（TC）、甘油三酯（TG）、低密度脂蛋白-胆固醇（LDL-C）水平是反映身体脂质代谢的主要指标。据报道，只要血清胆固醇水平降低1%就有可能会使冠心病的风险降低3%。因此，降低血清胆固醇水平是有效预防冠心病的手段之一。

山楂总黄酮能够降血脂，抗动脉粥样硬化，避免进一步诱发冠心病、心肌缺血、脑梗死等心血管疾病的发生，其机制可能是通过降低胆固醇，从而避免泡沫细胞的形成，进而间接地起到抗动脉粥样硬化的作用。研究表明，在高胆固醇兔模型中，山楂中的总黄酮能够明显降低血清总胆固醇（TC）、总甘油三酯（TG）和低密度脂蛋白（LDC-C）的水平，且作用效果具有较好的剂量依赖性；进一步研究发现，其能够显著抑制胆固醇合成的关键酶3-羟基-3-甲基戊二酸单酰辅酶A还原酶（HMG-CoA还原酶）的活性，且作用效果与阳性对照洛伐他汀相当。山楂黄酮提取物也能够显著降低高脂血症小鼠血清中的TC、TG和LDC-C的含量，升高大鼠血清中高密度脂蛋白（HDL-C）的含量，提示其调节血脂代谢作用良好，能够明显改善高糖高脂饮食诱导的高血脂病鼠的高血脂症状，其作用机理可能是通过上调加强胆汁酸合成有关的肝CYP7A1 mRNA的表达。这也提示我们，山楂提取物不仅能降低胆固醇含量，还能提高对心血管的保护作用。

也有研究提示，基于动脉粥样硬化始于内皮细胞的损伤及其功能异常的原理，山楂叶总黄酮可增强大鼠离体血管舒张和血管收缩反应，升高血清中NO的含量，降低内皮素的量，提高超氧化物歧化酶（SOD）、谷胱甘肽过氧化物酶含量，从而达到调节血脂、拮抗动脉粥样硬化的作用，对高脂血症所导致的大鼠血管功能损伤具有明显保护作用。绝大多数研究证实，山楂黄酮的单、复方均能够有效地降低血脂；但也有实验结果显示，山楂总黄酮降血脂作用不明显，但能降低TC-HDL-C/HDL-C，这也表明至少山楂黄酮对大鼠血脂和血脂蛋白胆固醇有良好的调理作用，是有希望能够用于动脉粥样硬化性疾病的防治的。另有实验发现，黄酮类化合物中的白杨素可以通过降低肝脏MDA水平来增强抗氧化性，从而防治动脉粥样硬化。

有研究认为，金丝桃苷也是山楂黄酮降血脂的有效成分，其作用与其升高 SOD 活性和 HDL-C 的百分含量有关。

(3) 抗心律失常作用　中世纪时，西欧国家认为山楂能够治疗多种疾病，因此将其作为一种希望的象征。至今，一些西方的草药学家仍认为山楂是"心脏的粮食"，可增加心肌的血流和恢复正常心跳，用于治疗心绞痛和冠状动脉疾病，也可治疗微弱的充血性心衰和心律不齐。现代药理证明，山楂黄酮有增加心肌收缩力、增加心排血量以及减慢心率的作用。

山楂黄酮及山楂浸膏对在体及离体心脏均有一定的强心作用，可使心脏收缩增强 20%～30%，且持续时间较长。用三氯甲烷及乌头碱诱发大鼠心律失常模型，山楂籽黄酮提取物灌胃 5 天，检测出大鼠室颤发生率降低，且可明显增加诱发大鼠发生心律失常的乌头碱消耗量，推迟心律失常出现时间。研究人员对地高辛诱导的心律失常小鼠给予颈静脉滴注山楂提取物，发现山楂黄酮可缩短小鼠室性期前收缩、室性心动过速及室颤持续时间，具有拮抗作用，促进其恢复正常的作用；有报道指出，山楂黄酮可以抑制乌头碱、氯化钙和肾上腺素所致家兔的心律失常，能较快地使其恢复正常。从山楂叶中分离出的总黄酮也能够降低心律失常的程度。实验证明，无论是山楂黄酮类化合物，包括花青素、皂苷等，还是山楂水提取物、醇提取物，都能恢复由乌头碱引起的心律不齐。研究山楂提取物、肾上腺素和 Ca^{2+} 单独和协同作用对离体大鼠心肌耗氧量的影响，结果表明，山楂提取物可降低心肌耗氧量，从而表明山楂提取物具有一定的抗心律失常作用。

(4) 对心肌缺血的保护作用　家兔实验表明，山楂浸膏 2 g/kg、醇提取物 4 g/kg 静脉注射能减轻垂体后叶素、异丙肾上腺素所致的急性心肌缺血；总黄酮还能缩小兔心肌梗死范围。山楂聚合黄酮 2.5 mg/kg、羟乙基芦丁 12.5 mg/kg、山楂叶粗提物 1 g/kg、牡荆素 20 mg/kg 对麻醉犬静注，可增加其冠脉血流量，提示对完全性心肌缺血有保护作用；粗提物及牡荆素给药即刻产生作用，持续时间长于普萘洛尔（心得安），最长可达 120 min。山楂黄酮水解产物或浸膏能增加小鼠心肌对"放射性铷"的摄取能力，其中以山楂水解产物作用最强，说明能增加小鼠心肌营养性血流量。在增加冠脉血流量的同时，还能降低心肌耗氧量，提高氧利用率。另外，山楂、葛根合剂能够减轻实验性心肌缺血和缩小心肌梗死的面积；灌胃给药能显著降低结扎冠脉大鼠的血清磷酸肌酸激酶活性和心肌梗死面积。用腹腔注射盐酸异丙肾上腺素诱导大鼠实验性心肌缺血，再给予山楂叶提纯物灌胃 15 天，检测大鼠血清中心肌酶变化，发现中剂量组（40 mg/kg）心肌酶（肌酸激酶同工酶、羟丁酸脱氢酶、乳酸脱氢酶）下降明显，提示山楂黄酮能保护心肌。

研究结果显示，山楂叶总黄酮能够抑制心肌缺血再灌注损伤大鼠（MRI）心肌细胞凋亡，影响 Bcl-2、Bax、Caspase-3 蛋白的表达，作用机制可能与山楂叶总黄酮能够明显上调 Bcl-2/Bax 比值、下调 Caspase-3 表达有关，山楂叶总黄酮可能是通过调整钙超载、氧化应激、三羧酸循环以及肾功能来改善心肌缺血。也有研究发现，山楂总黄酮能通过抑制心肌自由基的生成，对缺血缺氧损伤的心肌细胞提供明显的保护作用，主要表现为改善缺血缺氧损伤导致的心肌细胞心律失常，延迟心肌细胞的停搏时间，减少心肌细胞乳酸脱氢酶（LDH）的释放量以及提高心肌超氧化物歧化酶的活性，抑制血清中肌酸激酶的升高，有抗自由基、维持膜功能稳定的作用，降低心肌缺血再灌注所导致的心肌损伤，对心肌缺血小鼠的心电图 ST 升高有抑制作用，从而有效预防心肌缺血。

在山楂黄酮单体化合物的研究中，实验表明，金丝桃苷、7-O-葡萄糖基木犀草素、牡荆素、牡荆素鼠李糖苷、芦丁等黄酮类成分都可以增加冠状动脉流量。山楂叶原花青素对体外培养的乳鼠心肌细胞的缺血再灌注样损伤具有显著的治疗作用，作用机制可能与其能提高细胞的抗氧化能力，抑制体内脂质过氧化损伤有关。山楂叶黄酮对心肌损伤的保护作用的机理可能与其抗氧化活性相关，但也有论点认为，山楂叶总黄酮对急性缺血性心肌损伤的保护作用机制与诱导血红素氧合酶-1（HO-1）蛋白的表达密切相关。

（5）保护人血管内皮细胞　血管内皮细胞参与了动脉粥样硬化的发生和发展，血管内皮损伤是导致内皮细胞功能障碍的主要原因。山楂总黄酮对氧化型低密度脂蛋白（OX-LDL）诱导的人内皮细胞损伤具有显著的拮抗作用，对 OX-LDL 促单核细胞（MC-EC）黏附作用有显著的抑制性。

（6）抗血小板作用　血小板聚集被认为是引起心血管、脑部等疾病的极其重要的因素。山楂叶中总黄酮对血小板、红细胞电泳均有增速作用，有利于改善血流动力学，增加红细胞及血小板表面电荷，增加细胞之间的互斥力，加快它们在血中的流速，促进轴流，减少边流和聚集黏附。同时，由于聚集在血管壁的血小板减少，其释放的血栓素（TXA）大大减少。体外培养人血管内皮细胞经缺氧后，细胞内皮素（ET-1）mRNA 表达增加，培养液中 ET-1 浓度升高。在缺氧前，用不同浓度的丹参和山楂复方提取物与血管内皮细胞共孵育，则可明显抑制细胞内 ET-1mRNA 表达，减少内皮细胞分泌 ET-1。提取物对动脉血管内皮损伤所致的血栓形成具有明显的抑制作用，提示其机制可能与血管内皮细胞损伤有关。

山楂叶提取物无论是体内还是体外给药均可显著抑制家兔血小板聚集，用山楂叶总黄酮制成的益心酮 45 mg/kg 腹腔注射家兔，益心酮和阿司匹林在体外对家兔血小板聚集均有抑制作用，益心酮在体内对家兔血小板聚集有抑制作用，与体外实验结果一致。经研究，山楂黄酮中的单体化合物如儿茶素、槲皮素、橙皮素、橙皮苷等均有抗血小板作用，其中儿茶素和槲皮素主要是通过减少氧化损伤来实现抗凝血作用，而橙皮素和橙皮苷可抑制血管内皮细胞的 TXA2合成酶和 TXB2 合成酶的合成，从而抑制血小板聚集。

（7）抑制脑神经凋亡作用　研究表明，山楂叶总黄酮灌胃可提高慢性脑缺血大鼠脑组织 SOD、谷胱甘肽过氧化物酶（GSH-Px）活力，降低 MDA 含量，提示其可能通过提高抗氧化酶活性，抑制脂质过氧化反应，从而减轻慢性脑缺血对脑组织的损害。临床研究显示，山楂叶总黄酮联合西药能通过降低神经元特异性烯醇化酶（NSE）、S100β蛋白水平，减轻神经元和神经胶质细胞损伤来改善急性脑梗死患者的预后。

2．降糖作用

山楂叶总黄酮对四氧嘧啶引起的糖尿病小鼠有明显的治疗作用，能明显降低糖尿病小鼠血糖水平，改善糖尿病小鼠血清脂质异常，具有降血脂和减少脂质过氧化形成的作用，减少由于糖尿病引起的动物肝脏中脂质的积累；尤其是具有降低果糖胺和山梨醇水平的作用，对糖尿病及其并发症的防治有积极意义。山楂叶总黄酮对糖尿病大鼠血糖有明显降糖作用，中高剂量（100 mg/kg、200 mg/kg）的山楂叶总黄酮能减少糖尿病肾病大鼠24 h尿量及尿蛋白量，降低血清肌酐、血尿素氮、尿酸水平，有效改善肾功能；该降糖作用呈剂量相关性。有研究显示，山楂还能降低大鼠空腹胰岛素水平及胰岛素抵抗指数。此外山楂果提取物能促进Ⅱ型糖尿病小鼠肝脏腺苷酸活化蛋白激酶磷酸化，减少磷酸烯醇式丙酮酸羧激酶表达和葡萄糖生成，达到降糖目的。

山楂黄酮的降糖机制可能是通过对产胰岛素细胞的调节和供血系统的改善，增加胰岛素的分泌量，从而降低血糖和血清胆固醇。基于以上研究结果，山楂也可用于防治糖尿病及其并发症。

3．抗过敏作用

山楂黄酮类化合物具有抗炎、抗过敏作用，其抗炎机制可能是抑制前列腺素生物合成过程中生成的脂氧化酶，其抗过敏机制在于抑制了抗原的结合或是在抑制介质释放等方面产生效应。临床上可以用其来治疗溃疡脓肿和过敏症等。

4．抗肿瘤作用

体外实验显示，山楂总黄酮对肿瘤细胞的生长有明显的抑制作用，其能够阻断 N-亚硝胺的合成，对体内合成苄基亚硝胺及其诱癌和人胚肺二倍体细胞（2BS细胞）及诱癌细胞有阻断和抑制作用，且对正常细胞的生长无明显影响，其作用机理是通过抑制肿瘤细胞DNA的生物合成，从而抑制癌细胞增殖；山楂提取物还能通过钙超载，诱导癌细胞凋亡。也有研究发现，山里红果皮和果肉提取物均能够抑制乳腺癌细胞增殖，表现出明显的量效关系；并发现这些提取物通过诱导细胞凋亡途径抑制乳腺癌细胞MCF-7的增殖。

在含10%胎牛血清（FCS）的RPMI1640全培养液中生长的 5×10^4 个/mL 的人类单核肿瘤细胞U937细胞中，加入不同浓度的山楂叶总黄酮（0 mg/L、25 mg/L、50 mg/L、100 mg/L、150 mg/L、200 mg/L）进行孵育，结果发现山楂叶总黄酮能够抑制U937细胞的增殖。另有报道指出，山楂乙醇提取物可以在体外通过促进Bax、半胱氨酸蛋白酶-3的基因和蛋白质表达，抑制Bcl-2的基因和蛋白质表达，从而促进肝癌细胞凋亡，达到抑制肝癌细胞增殖的效果。山楂黄酮中的原花青素能促进食管癌 Eca109 细胞的凋亡进程，并表现出剂量依赖性。对于结肠癌细胞，山楂水提取物能抑制其增殖，并以浓度为 2 g/L 作用 72 h 时效果最佳。

5. 抗氧化作用

山楂含有的黄酮类化合物是一类具有抗氧化作用的活性物质，所以山楂的黄酮提取物具有很好的抗氧化活性。体外抗氧化实验中，山楂提取物能有效清除 ABTS、FRAP 和 DPPH 自由基；在体内实验中，北山楂提取物可明显提高高脂高糖乳剂诱导的小鼠体内 SOD 的水平，且能显著降低体内脂质过氧化产生的 MDA，故认为体外抗氧化和体内抗脂质过氧化存在一定的相关性。山楂黄酮提取物能有效抑制过氧化氢诱导的神经元细胞毒性（PC12 细胞），避免细胞凋亡。也有研究表明，北山楂花粉提取物对氧化应激产生的 DNA 损伤有很好的保护作用，表现为不仅能够保护 DNA 免受羟基自由基引起的损伤，还能够保护大鼠淋巴细胞免受过氧化氢诱导的 DNA 损伤。

在生物体内，氧自由基的生成及清除处于动态平衡，当某种因素使氧自由基生成过多或超出机体清除能力或清除能力减弱时，则使氧自由基过多，过多的氧自由基通过损伤生物大分子，破坏细胞的结构和功能，促使疾病的发生与发展。山楂黄酮对羟基自由基和超氧阴离子有清除和抑制作用，其作用随提取物的浓度增加而增加。体内抗氧化酶活性测定结果表明，添加中高剂量的山楂黄酮提取物都可以显著升高铜锌超氧化物歧化酶（Cu，Zn-SOD）的酶活力；高剂量组还可以显著提高果蝇体内过氧化氢酶（CAT）酶活力，而降低 MDA 含量，其作用机制可能是通过上调内源性抗氧化酶的表达水平来实现的。还有报道指出山楂叶黄酮提取物能降低由 H_2O_2 所致的血红蛋白氧化和红细胞的溶血作用。

山楂黄酮类化合物中的金丝桃苷、异槲皮苷、表儿茶素、低聚原花青素、槲皮素、芦丁、荭草素、异荭草素、根皮素糖苷、3-羟基根皮苷、3-羟基根皮素和儿茶酚等，都有抗氧化作用，能够有效地清除羟基自由基，抑制 Cu^{2+} 和 α-生育酚诱导的低密度脂蛋白（LDL）氧化，3-羟基根皮苷和 3-羟基根皮素对黄嘌呤氧化酶有明显的抑制作用，而牡荆素、牡荆素鼠李糖苷、乙酰基牡荆素几乎无抗氧化活性。进一步研究发现，从山楂的新鲜叶和花所得提取物具有更高的抗氧化活性，且黄烷类化合物抗氧化活性比黄酮要强。山楂黄酮提取物与槲皮素或维生素 C 复配均具有不同程度的抗氧化协同作用，其中提取物与维生素 C 的协同效果强于槲皮素。研究表明，新鲜山楂水提液清除氧自由基作用要明显高于干山楂水提液，因此，经常服用新鲜山楂是可以增强人体抗氧自由基能力的。

另有实验证实，富硒山楂提取物比非富硒山楂具有更强的抗氧化能力，硒能延缓山楂果实的成熟衰老，改善其品质。不同季节的山楂叶提取物对羟基自由基、O_2^-·超氧阴离子自由基和 DPPH 自由基均有一定的清除作用，其中对 DPPH 自由基的效果最佳；对四氯化碳引起的大鼠慢性肝损伤有保护作用，其机理就在于通过清除自由基，抑制肝脏细胞脂质过氧化反应，稳定肝细胞膜，有一定的保肝作用。

6. 保护皮肤

山楂黄酮类化合物还是延缓皮肤衰老的主要活性成分，其中3-羟基根皮素和儿茶酚表现出明显的抑制胞内酪氨酸酶的活性，通过间接作用来减少黑色素的形成。此外，根皮素和3-羟基根皮素能够有效抑制弹性蛋白酶活性；根皮素、3-羟基根皮素和槲皮素能够显著抑制基质金属蛋白酶-1表达。

7. 抗菌作用

焦山楂可在体外抑制沙门菌、志贺菌、金黄色葡萄球菌的生长，无杀菌作用；而山楂的其他炮制方法无杀菌抑菌作用。进一步研究显示，当山楂提取液中总黄酮的含量为 0.752 mg/mL 时，对大肠杆菌、金黄色葡萄球菌、枯草芽孢杆菌的抑制效果良好，但对黑曲霉无抑制作用。其抗菌作用机制与钙离子拮抗有关。

（三）提取技术方法

山楂黄酮类化合物的提取方法有水提法、有机溶剂提取法、超声辅助提取法、酶解法、微波辅助提取法、超临界提取法、大孔吸附树脂提取法、超高压提取法等。

1. 水提法

水提法又称热水提法，是最传统的提取方法，该方法仅限于提取极易溶于水的黄酮苷类物质。提取工艺为将山楂（叶）粉碎、浸泡、煎煮、过滤、浓缩、干燥，得到黄酮提取物干粉。水提法所需设备简单、成本低，但是提取液中杂质较多，如含有无机盐、蛋白质、糖等，不利于黄酮类化合物的进一步分离纯化，黄酮类物质收率低。

山楂叶黄酮水提法的最佳工艺条件是料液比 1∶20（g/mL），80℃水浴，浸提 4 次，每次 120 min，重复以上步骤 2 次，得到山楂叶总黄酮的平均提取率为 87.2%。

2. 有机溶剂提取法

有机溶剂提取法也是目前应用最广的方法之一。该方法依据相似相溶原理，选用不同的有机溶剂来萃取目的物质，如用极性大的溶剂乙醇、甲醇等提取黄酮苷类化合物，用乙醚、氯仿、乙酸乙酯、苯等极性小的溶剂来提取游离黄酮苷元或多甲氧基黄酮类等苷元。与水提法相比，产品得率高。如用热乙醇法对山楂黄酮进行提取，经过工艺优化，山楂黄酮的提取率可达 98.12%；但由于有机溶剂用量大，导致成本较高；而且杂质含量也较高，加之有机溶剂容易燃烧、挥发，要做好安全防范工作。鉴于乙醇溶液成本相对较低，对人体危害较小，较易回收利用，因此常选用乙醇为提取溶剂，用于山楂黄酮的提取。高浓度的乙醇（如 90%~95%）多用于提取苷元，但同时也会提取到大量脂溶性成分，如脂溶性色素、树脂等；浓度60%左右的乙醇适于提取苷类。提取次数一般为 2~4 次，提取方法有热回流提取和冷浸提取两种方式，其中冷浸提取可以避免黄酮类物质的受热分解，但杂质较多。

以乙醇为例，从山楂中提取山楂黄酮的工艺过程为：取山楂果肉 30 g，以 60%乙醇 200 mL 回流提取 2 次，每次 1.5 h，合并提取液，回收乙醇，得山楂浸膏。浸膏加入适量蒸馏水，将水提浸膏稀释成 10 mL 含生药 1 g 的溶液，搅匀，再加入 1 g CaCl$_2$，静置过夜，次日离心，收集上清液，用氨水调 pH 至 7~8，通入吸附树脂柱，吸附后用蒸馏水洗去残留溶液，用此进行解吸，回收乙醇，得总黄酮提取物。

3. 超声辅助提取法

超声辅助提取法是指利用超声的空化、粉碎、搅拌等特殊作用来加速提取目的物质的溶出，进入溶剂中，以此来促进提取。在提取山楂黄酮过程中，当一定频率的超声波作用于提取溶剂时，液体中尺寸适宜的小气泡会产生共振现象，超声空化效应能在空化泡周围产生瞬时高温高压，强烈的冲击波可以破坏山楂细胞的细胞壁，加快细胞内物质的释放，同时增加提取溶剂进入细胞的渗透性，使溶剂与其中的黄酮类化合物混合，以提高总黄酮提取的效率。与常规提取法相比，该方法能够缩短有效成分的溶出时间，提高目标成分的提取率，所以具有提取时间短、产率高的优点，同时提取过程中也无须加热，能耗低，可在室温下进行。但该方法在提取过程中会产生大量的噪声，难以应用于生产。

4. 酶解法

由于植物细胞壁的主要成分是纤维素和果胶，故可采用纤维素酶和果胶酶来进行山楂黄酮类化合物的提取，高效专一地破坏其中的糖苷键，继而破坏山楂细胞壁，使得山楂黄酮类物质得以暴露，并加快其溶出，提高山楂总黄酮的提取率。与其他方法相比，该方法的特点是耗时少、耗能低、提取率高。酶添加量、底物的浓度、酶解时间、温度、酸碱度等都是酶解法的主要因素，更多的研究是将酶解法与其他提取工艺相结合，以期达到更快、更有效的提取目的。

研究显示，利用纤维素酶和果胶酶处理山楂叶提取总黄酮，最佳工艺为：酶浓度为 0.2 mg/mL 的纤维素酶和 0.1 mg/mL 的果胶酶，酶解温度为 50℃，提取温度为 90℃，提取 pH 4.5，提取时间为 90 min，与传统工艺相比，黄酮提取率提高了 16.9%。

5. 微波辅助提取法

微波辅助提取法是利用微波电磁场的作用来产生大量的热能，加热待提取的溶液，植物细胞吸收微波后因温度快速升高而迅速膨胀，促使细胞壁、细胞膜破裂，最大限度地释放出细胞内的物质，并加速进入到溶剂中。该方法选择性高、溶剂用量少，便于操作，产品质量稳定，噪声较低。与常见的水提法、有机溶剂提取法相比，其特点是加热均匀、提取时间短、产品得率高，克服了传统加热提取过程中物料易黏结凝聚、糊化的现象。该方法通常辅助其他方法来提取黄酮，可减少总提取时间、提高总黄酮的提取率。该方法的主要控制条件是时间、料液比、微波功率等。

对山楂黄酮微波提取工艺进行实验，表明以 5 g 山楂粗粉进行实验，最适提取工艺条件为：50%乙醇、微波功率 350 W、加热处理时间 24 min、料液比 1∶15（g/mL），山楂黄酮的提取率可达 8.72%。进一步研究发现，当提取液的体积比为乙醇∶水 = 56∶44，液料比在 51 mL/g 时，微波处理 3.7 min，即可以使总黄酮的提取率提高到约 9%。实验表明，如利用微波辅助水提取法来提取山楂黄酮，微波辅助提取所用溶剂量可减少到传统水提取法的 10%，操作时间也缩短到传统水提取方法的 10%，不仅降低了浓缩成本，也减少了提取时间，与单独水提法相比，提取效率也得到改善，以山楂叶粗粉 5 g 进行实验，其最佳工艺参数为：固液比 33∶1，400 W 功率下微波提取 20 s，总黄酮的提取率为 7.49 mg/g；如果在醇提的基础上增加微波辅助提取，在辐射功率 210 W，山楂叶 1 g，粒度 0.212～0.55 mm，辐射时间 15 min 时，山楂总黄酮提取率能达到 8.38%，说明微波对山楂叶有效成分提取有促进作用。

6. 加压溶剂提取法

加压溶剂提取法又称为快速溶剂提取法，或者加压液体提取法。它是利用给溶剂施加高压大幅度地提高溶剂的沸点以进行高温提取。提取时，将样品放在密封容器中，外部加热使容器温度达到并超过所用溶剂的沸点（通常为 60～200℃），引起容器中压力升高，同时往容器中充入惰性气体（一般为氮气），产生一定压力（通常为 3.5～20 MPa），使溶剂保持液态，从而使提取速度显著提高。该方法实现了高温、高压条件下的提取，其优点是溶剂用量少、提取时间短。

7. 超高压提取法

超高压提取法也称为超高冷静压，是天然药物提取的一种新方法、新途径。它是在常温条件下，对原料液施加 100～1000 MPa 的流体静力压，保压一定时间后迅速卸除压力，进而完成整个提取过程，目的是利用超高压条件促使溶剂加速向物料细胞内扩散和提高待提取物的传质效率。与其他方法相比，其优点是快速、高效、耗能少、提取温度低以及绿色环保等。

实验结果显示，利用超高压技术处理山楂叶来提取山楂黄酮，工艺中的溶剂浓度、保压时间及料液比对总黄酮得率的影响较大，其最佳工艺参数为：提取溶剂为 50%乙醇，提取压力 400 MPa，溶剂（mL）与原料（g）比为 45∶1，提取温度为 60℃，保压时间 3 min。与其他提取方法相比较，超高压提取法所需的提取时间短，且提取率高。

8. 超临界提取法

超临界提取法也称为超临界流体提取法，最早出现在 20 世纪 30 年代，使用的溶剂是超临界流体溶剂，此溶剂状态可在液体和气体之间转换，所以它们兼有液体和气体的双重性质，扩散系数大，黏度小，渗透性好，与液体溶剂相比，可以快速完成传导，达到平衡，实现快速分离，其可通过改变温度与压力而改变自身状态。该方法的原理是利用超临界溶剂的特性，在超临界状态下，使溶剂与待分离的物质相接触，再通过改变提取的压力与温度，使流体中的溶解成分在液体中溶解吸收，把各成分按照极性、分子量大小依次从气态流体分离，从而提取出来。所以该方法是一种集提取、分离于一体的提取技术。

目前，超临界 CO_2 是最常用的超临界溶剂，因其具有无毒、不易燃烧、高性价比、与溶质易分离，并且可以重复循环使用等特点，被认为是一种绿色安全的提取溶剂。与传统提取方法相比，该方法最大的优点是可以在近常温的条件下进行提取分离，故适用于热敏性和化学不稳定性物质的提取，同时该方法自动化程度高，提取效率高，总提取时间短，还可降低有效成分的逸散和氧化，无有机溶剂残留，产品纯度高，无毒无害无污染。但该技术也有其局限性，常用的 CO_2 超临界提取技术只适合提取亲脂性、分子量小的物质，对于极性大、分子量大的物质，需要添加夹带剂或在很高的压力下进行，提取范围有限制，另外该方法所需设备比较复杂，压力较高，密封性要求也高，操作复杂，运行成本高。在超临界提取工艺过程中，单一组分作为超临界流体溶剂有局限性。因此在实际操作中，往往在超临界流体溶剂中添加夹带剂。常用的夹带剂有甲醇、水、乙醇、丙酮、三氯甲烷、乙酸乙酯等。目前提取植物黄酮时常用的夹带剂为乙醇和甲醇，其中，乙醇由于在超临界流体中的溶解度很大，无毒，因此被作为首选夹带剂。利用 CO_2 超临界提取的主要影响因素有压力、温度、所用夹带剂的浓度和体积以及提取时间等。

有实验表明，采用超临界提取法提取山楂核中的总黄酮，工艺条件为：提取温度45℃，提取压力25 MPa，夹带剂为70%的乙醇，用量为每10 g原料加入20 mL，提取时间90 min时，山楂黄酮的提取率为3.80%，高于微波提取法的提取率3.64%。

9. 大孔吸附树脂提取法

大孔吸附树脂提取法是利用人工合成的有机高聚物吸附剂大孔树脂的选择性吸附功能，通过其多孔立体结构所形成的巨大的比表面进行物理吸附，使目的物质根据吸附力及分子量大小，经过一定溶剂洗脱从而完成从提取液中分离精制有效成分。一般大孔树脂吸附符合以下规律：非极性物质在极性介质（水）内被非极性吸附剂吸附，极性物质在非极性介质中被极性吸附剂吸附，带强极性基团的吸附剂在非极性溶剂里能很好地吸附极性化合物。因大孔吸附树脂化学性质稳定，不溶于酸、碱及有机溶剂，对有机物有浓缩、分离作用且不受无机盐类及强离子、低分子化合物的干扰，故该方法的优点有吸附容量大、操作工艺简单、生产成本低、不受无机物影响、再生方便等。

有研究发现，用大孔吸附树脂对山楂黄酮进行提取分离，发现 X-5 吸附树脂对山楂黄酮的纯化效果最好，且当采用浓度为 2.0 mg/mL 的山楂黄酮水溶液、乙醇-水溶液的体积比为 7∶3、流速为每小时 3 倍柱体积的条件进行上柱解吸时，能够得到纯度为93.25%的山楂黄酮。但也有研究认为，X-5 为非极性吸附树脂，其对黄酮类物质缺乏选择性，而氢键型 HT-5 吸附树脂对黄酮类化合物具有优良的选择性。用 HT-5 得到的山楂黄酮苷含量为 2.67%，虽然仍不算高，但与

X-5 吸附树脂得到的山楂黄酮苷含量为 0.27%相比，提高了近 10 倍，HT-5 吸附树脂的提取物收率 1.05%也低于 X-5 吸附树脂的 2.85%，降到 1/3 左右，以此计算黄酮苷的收率有明显的提高，故其认为 HT-5 树脂对山楂黄酮的吸附分离效果明显优于 X-5 树脂。

10．脉冲电场辅助提取法

脉冲电场辅助提取法，是近年来发展起来的一种非热加工提取技术，其原理是将生物材料放在两个电极之间，利用对两电极之间反复施加高电压的短脉冲（一般为 20～80 kV/cm），使得在强电场作用下细胞膜在此区域中被电穿孔或被电渗透，细胞壁破损，细胞膜通透性发生变化，造成细胞的不可逆破坏，细胞裂解，细胞内活性物质得以释放，也使得溶液中的一些小分子物质可以进入细胞内部，导致细胞因体积增大而破裂，加速细胞内的可溶物质溶于溶剂中，从而使目标物质得以提取出来，提高了提取率。脉冲电场辅助提取法具有操作简单、操作温度范围广、传递均匀、提取效率高、处理时间短、能耗较低、副产物少等优点，利于活性物质的保护。

在黄酮类物质的提取上，有报道指出，使用脉冲电场辅助提取法对橘皮中的一些酚类物质及黄酮类成分进行了提取，并设置未使用脉冲电泳法进行提取的对照组，结果显示，相比于对照组，脉冲电场辅助提取法提取的总酚量增加了 153%，并且提取物的抗氧化活性增加了 148%，两种黄酮类成分单体的含量也均高于对照组。也有利用该方法对油菜花粉中黄酮类物质的提取工艺进行研究，但在山楂黄酮提取的研究上，暂未发现有公开报道。

11．表面活性剂辅助提取法

表面活性剂具有双亲结构，能够降低细胞膜与溶剂间的界面张力，有利于溶剂通过毛细管或细胞间隙渗透进入细胞壁内，增强溶剂对物料的润湿性和渗透性，并且对天然产物的有效成分具有增溶作用，能够增加目标物质的浸出效能和提取率。表面活性剂辅助提取法就是借助表面活性剂降低固液间界面张力、增加活性成分溶出的作用，以溶有少量表面活性剂的水替代高浓度的醇或其他有机溶剂进行活性成分提取的技术。对于山楂黄酮类化合物的提取，表面活性剂可以辅助加速可溶的山楂黄酮化合物在水中进行溶解，提高山楂黄酮在水中的溶解度，进而提高山楂黄酮的浸出效能和提取率。该方法能够大幅度降低提取成本，提高提取率。

相关研究表明，使用该方法提取山楂黄酮的最佳工艺条件为：提取温度为 90℃，吐温 80 水溶液，质量分数为 1.5%，提取时间为 1 h，料液比为 1∶20，提取率可达到 4.55%；与传统的乙醇回流提取方法相比，山楂黄酮的提取率增加了 16.97%。另有将本方法与其他提取方法联合应用的研究，如使用表面活性剂 CTMAB-微波协同提取山楂中黄酮，实验结果显示，在以浓度为 0.4 mg/mL 的 CTMAB 水溶液为提取剂，称取 1 g 山楂粉，微波功率为 360 W，料液比（g∶mL）为 1∶30，微波辅助提取时间 5 min 条件下，山楂黄酮的平均提取率为 4.56%。

12. 双水相提取法

双水相提取法是利用不同的高分子溶液以一定体积比相互混合产生两相或多相系统，静置平衡后，分成互不相溶的两个水相，根据物质在互不相溶的两水相分配系数的差异来进行提取的技术。该方法的优点是：溶剂为水，不会引起生物活性物质的失活或破坏，能保留产物的活性；可以进行连续提取操作；过程中无溶剂残留；具有较高的选择性和提取效率，成本低。其缺点是分离时间较长，水溶性的高聚物不易回收。常见的双水相体系有无机盐/低分子有机物、聚合物/无机盐及双聚合物体系、离子液体/无机盐双水相体系等。根据提取物质的理化性质不同，所采用的双水相体系也不同。

二、三萜类化合物

三萜类化合物也是山楂中的一类主要的药用成分，多为白色或乳白色无定形粉末，且多具有吸湿性。20世纪50年代时，对山楂的研究多集中于此类成分，发现该类化合物主要存在于山楂的果实及山楂核中，其中山楂果中的三萜酸含量为0.5%～1.4%，后续研究也对各化合物及其衍生物进行了分离、鉴定。

（一）化合物分类

三萜类化合物的结构是由6个异戊二烯单位聚合而成。根据有无碳环和碳环数量进行分类，山楂中的三萜类化合物多数是四环三萜、五环三萜，也有少数单环、链状和三环等结构，如图6-8所示。经研究证实，山楂中的三萜类化合物主要包括山楂酸、熊果酸、齐墩果酸、角鲨烯及科罗索酸、香树脂等，其中含量最高的三萜类化合物为熊果酸，而齐墩果酸是熊果酸的同分异构体，结构中仅有一个甲基的位置不同。目前，山楂中三萜类化合物的研究热点主要集中在三萜酸，如熊果酸、齐墩果酸以及山楂酸等。

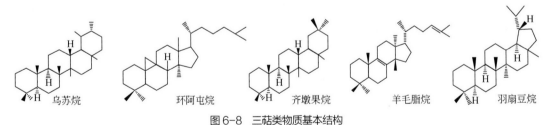

乌苏烷　　　环阿屯烷　　　齐墩果烷　　　羊毛脂烷　　　羽扇豆烷

图6-8　三萜类物质基本结构

1. 四环三萜

四环三萜类化合物的结构类型主要有羊毛脂烷（lanostane）型、达玛烷（dammarane）型、环菠萝蜜烷/环阿屯烷（cycloartane）型、大戟烷（euphane）型、葫芦烷（cucurbitane）型等，其主要存在于双子叶植物中。在山楂中含有的此类化合物有：①羊毛脂烷型，有牛油树醇

（butyrospermol）、24-亚甲基-24-二氢羊毛甾醇等；②环阿屯烷型，如环阿屯醇（cycloartenol）等。

另外，甾醇为一种类似于环状醇结构的物质，是 3 位羟基的甾体化合物，以环五烷全氢菲为主体骨架，占四环三萜类化合物的大部分，故将甾醇也分在此类。山楂中含有的甾醇类化合物包括有 β-谷甾醇、β-豆甾醇、豆甾醇等（见表 6-4）。

表 6-4　山楂中含有的部分甾醇

化合物	英文名称	部位
β-谷甾醇	β-sitosterol	果实、茎、花粉
豆甾醇	stigmasterol	果实
β-豆甾醇	β- stigmasterol	果实
β-胡萝卜苷	β-daucosterol	果实
菜油甾醇	campesterol	果实
谷甾烷	sitostanol	果实
麦角甾醇	ergosterol	花粉

2. 五环三萜

五环三萜类化合物按照结构的不同，主要分为齐墩果烷（oleanane）型、乌苏烷（ursane）型、羽扇豆烷（lupane）型和木栓烷（friedelane）型四大类型。山楂中含有的该类化合物有：①齐墩果烷型，如 β-香树脂、齐墩果酸、熊果醇、山楂酸等；②乌苏烷型，如科罗索酸、熊果酸、2,25-环氧-2α,3β,19α-三羟基乌苏酸等；③羽扇豆烷型，如桦木醇等。如表 6-5所示。

表 6-5　山楂中含有的部分三萜类化合物

化合物	英文名称
熊果酸	ursolic acid
科罗索酸	corosolic acid
环阿屯醇	cycloartenol
β-香树脂	β-amyrin
2,25-环氧-2α,3β,19α-三羟基乌苏酸	2,25-epoxy-2α,3β,19α-trihydroxyurs-12-en-28-oic acid
齐墩果酸	oleanolic acid
牛油树醇	butyrospermol
桦木醇	betulin
山楂酸	crataegolic acid
24-亚甲基-24-二氢羊毛甾醇	24-methylene-24-dihydrolanosterol
野山楂醇	cuneataol
2α,3β,19α-三羟基熊果酸	2α,3β,19α-trihydroxyl ursolic acid
角鲨烯	squalene
熊果醇	uvaol
三羟基齐墩果酸	arjungenin

（二）药理作用

研究证实，中草药中含有大量的三萜类化合物，其在医学上的药用价值也已明确。据统计，我国已有28种抗癌药物含有三萜类化合物；此外研究还发现，该类化合物还具有能降低血压、降低血脂、抗动脉粥样硬化等重要生理功能。

1. 降血压作用

实验结果表明，山楂黄酮和山楂三萜酸静脉注射、腹腔注射或十二指肠给药，对麻醉猫的血压均有不同程度的降压作用。其中山楂三萜酸在20～40 mg/kg范围内，以25 mg/kg静脉注射降压作用最强，再加大剂量其降压效应也不相应增加。如果取山楂黄酮、三萜酸水解物以同等剂量（25 mg/kg）静脉注射相比较，以三萜酸降压作用最明显，但产生显著降压作用的剂量以黄酮为最低。在提取的山楂醇浸膏中，其总皂苷以50～100 mg/kg剂量对家兔、猫和小鼠静脉注射即可引起血压下降。

2. 降血脂作用

实验及临床研究证明，山楂能降低血清总胆固醇和甘油三酯水平，延缓和部分逆转动脉粥样硬化（AS）斑块形成，而进一步研究发现，山楂降血脂有效成分主要是山楂总三萜酸。山楂总三萜酸可以阻止^{14}C-醋酸钠合成^{14}C-胆固醇，即在一定程度上抑制了内源性胆固醇的合成，并且随着山楂总三萜酸浓度的升高，抑制作用增强。但山楂总三萜酸降低血清胆固醇的途径不仅是抑制胆固醇的合成，其受体是细胞膜上或细胞内的特殊蛋白质，干预后各实验组肝细胞蛋白质的总含量没有明显变化，且动物肝细胞膜HDL受体亲和常数（K_d）值差异无显著性（$P>0.05$），最大特异性结合量（B_{max}）却显著增加（$P<0.05$），山楂总三萜酸干预后肝细胞膜中总蛋白质含量并未因药物浓度的变化而出现浓度的增加或减少，说明肝细胞膜的体积和质量未发生明显变化，HDL受体亲和常数无明显改变，但最大特异性结合量却明显增加，可能是肝细胞膜中受体的密度增加所致。因而肝脏更容易通过HDL受体，经胆固醇逆向转运（RCT）途径摄取及清除胆固醇。研究结果表明，山楂总三萜酸可使动物肝细胞膜HDL受体呈现以受体数目显著增加为特征的受体结合活性升高，因而使肝脏通过HDL受体经RCT途径摄取及清除胆固醇的能力增强。

在三萜类化合物单体研究方面，山楂所含的熊果酸、齐墩果酸、科罗索酸和山楂酸等三萜类成分都是调节血脂、预防动脉粥样硬化的有效成分，能一定程度地降低高脂乳剂喂养小鼠的TC、TG、LDL水平，升高HDL-C水平，还能显著降低极低密度脂蛋白（very low density lipoprotein, VLDL），作用机制与其升高高密度脂蛋白含量和保护超氧化物歧化酶（SOD）活性有关。

3. 抗心律不齐

山楂的三萜酸类成分能增加冠状血管血流量，且能提高心肌对强心苷作用的敏感性，减弱心肌传导性和应激性，从而具有抗心室、心房颤动和阵发性心律失常等的作用。实验结果显示，山楂酸对自然疲劳或10%水合氯醛所致的衰弱蟾蜍心脏停搏有恢复跳动的作用，其通过抗氧化和抑制细胞内钙超载对心肌细胞能够起到保护作用；山楂浸膏对垂体后叶素引起的心律不齐有一定抑制作用。另外，山楂提取物中含有的三萜类物质能对抗乌头碱静脉注射引起的心律不齐，且作用较强。

4．抗肿瘤作用

研究发现，山楂三萜酸类化合物能显著抑制人肝癌细胞（HepG2）、人乳腺癌细胞（MCF-7和MDAMB-231）和人宫颈癌细胞（SiHa）的增殖。实验证实，齐墩果酸及其衍生物对肝癌细胞SMMC-7721和肺癌LTEP-α-2细胞都有抑制作用，在一定浓度范围内均随浓度升高而增强，呈剂量依赖性，它们的衍生物对细胞的抑制呈时间依赖性趋势；其还可以抑制细胞内糖原磷酸化酶（GP）活性，使细胞的糖原代谢受阻，细胞生命活动所需的能量来源减少，从而抑制人肺腺癌A549细胞生长。熊果酸是山楂提取物中抑制乳腺癌细胞MDAMB-231增殖的主要活性成分，其机理在于激活p38MAPK和JNK通路从而抑制乳腺癌细胞增殖。熊果酸可以抑制膀胱癌T24细胞生长增殖，并诱导T24细胞凋亡；它还可以诱导T24细胞G1期阻滞，并诱导细胞凋亡率增加。齐墩果酸浓度在6～64 μmol/L范围内时，对黑色素瘤B16细胞有一定抑制作用。熊果酸分别在40 μmol/L、60 μmol/L、80 μmol/L和100 μmol/L的浓度时也能抑制人急性早幼粒细胞性白细胞NB4细胞增殖，提高白血病细胞对化疗药的敏感性，降低其多药耐药性。熊果酸对多种恶性肿瘤细胞都有着强烈的毒杀效应，它可以通过调节凋亡相关蛋白表达，从而调节细胞周期、诱导癌细胞凋亡，进而抑制癌细胞增殖。

山楂酸也具有较好的抗肿瘤活性。在人结肠癌细胞HT29中，山楂酸干扰肿瘤细胞的DNA完整性，引起G0/G1期细胞周期阻滞，通过JNK-Bid介导的线粒体凋亡途径和p53的活化诱导肿瘤凋亡，还可以通过诱导HT29细胞骨架发生变化来发挥抗肿瘤作用。在大肠癌的研究中，体内实验证实，山楂酸可以抑制异种移植肿瘤模型中的肿瘤生长，并且能减少AOM/DSS小鼠模型中大肠癌的发生。山楂酸在胰腺癌中也表现出良好的抗肿瘤活性，体内实验表明，山楂酸通过调节核因子κB（nuclear factor kappa-B，NF-κB）介导的Survivin和人B淋巴细胞瘤-xL等抗凋亡蛋白的表达来抑制小鼠异种移植肿瘤模型中的胰腺肿瘤生长。山楂酸和齐墩果酸可抑制细胞内糖原磷酸化酶（GP）活性，使细胞的糖原代谢受阻，细胞生命活动所需的能量来源减少，从而抑制人肺腺癌A549细胞生长。此外，山楂酸具有抗鼻咽癌、前列腺癌等的生物学活性，其作用机制涉及抑制细胞增殖、阻滞细胞周期、诱导细胞凋亡等。

5．其他作用

除以上作用外，山楂三萜类化合物还具有调节血糖、增强免疫力、抗氧化、保护肝脏和抗菌等药理作用，该结论多是基于单体有效成分的研究。

（1）调节血糖作用　山楂酸最早是作为一类糖原磷酸化的抑制剂来发挥降血糖作用的，研究证实，其降糖机制除了通过抑制 GPa 活性来控制血糖外，还可以通过影响其他靶点来控制血糖，如对于链脲霉素诱导的糖尿病，山楂酸可以通过降低所有组织中的丙二醇并增加肝脏和肾脏中超氧化物歧化酶和 GP 的活性，减少肾脏葡萄糖的重吸收，进而改善肝脏和肾脏功能来共同实现降糖目的。也有研究发现，山楂酸除了通过抑制 HepG2 细胞中的 GPa 活性和 mRNA 表达来增加 HepG2 细胞中的累积糖原外，还可以通过刺激 HepG2 细胞中的 IRβ 酪氨酸自磷酸化和提高 Akt 和 GSK3β 的磷酸化水平来调节血糖，表明其可能通过涉及 GP 和 Akt 的多种信号途径对糖原代谢发挥调节作用。

齐墩果酸也可以改善糖代谢和脂代谢，它通过抑制和延缓肠道吸收葡萄糖，保护胰岛素 β 细胞，刺激胰岛素表达和分泌，促进组织细胞摄取和利用葡萄糖，能够防治糖尿病并发症。

（2）对免疫系统的影响　山楂熊果酸能显著升高外周血的白细胞数，增强腹腔巨噬细胞的吞噬功能，能促进脾淋巴细胞增殖，增加脾指数，说明熊果酸对环磷酰胺（CTX）造成的免疫抑制小鼠有显著的正调节作用。

体内外实验证明，齐墩果酸和熊果酸具有抗诱变作用且不会致突变，可以抑制鸟氨酸脱羧酶的活性，减少细胞中多胺的含量，抑制淋巴白血病 MOLT4B 细胞的增殖，且齐墩果酸和熊果酸的不良反应程度较低，对抗白血病有显著的药理作用。

（3）保肝作用　研究发现，熊果酸和齐墩果酸的抗氧化作用能对抗各种原因引起的氧化应激所致的肝组织脂质过氧化反应、炎性损伤、脂肪变性和纤维化。熊果酸和齐墩果酸诱导肝脏去毒酶和外排转运体表达，降低胆汁淤积动物血清胆汁酸、胆红素水平和肝脏胆汁酸水平，减轻胆汁淤积性肝损伤和纤维化；还可通过降血脂作用抑制肝外脂质在肝脏沉积、抑制肝脏脂质生物合成和促进脂质代谢，阻滞肝脂肪发生和发展。

（4）肾保护作用　动物实验证实，熊果酸和齐墩果酸对多种原因的肾损伤及移植肾都有保护作用，包括药物（如马兜铃酸、阿霉素、庆大霉素、四氯化碳、环孢菌素等）、高血糖、高血压、梗阻和缺血再灌注引起的肾损伤等。熊果酸和齐墩果酸对正常和肾脏受损动物都有促进尿钠排出、提高肾小球滤过率和肌酐清除率的作用。

（5）抗菌作用　早在 20 世纪 90 年代前就已发现齐墩果酸有抗金黄色葡萄球菌、溶血性链球菌、大肠杆菌、弗氏痢疾杆菌、伤寒杆菌的作用，尤其是抗伤寒杆菌、金黄色葡萄球菌的作用要强于氯霉素。随后研究发现，齐墩果酸和熊果酸对甲氧西林耐药金黄色葡萄球菌和肺炎链球菌也有抗菌活性，特别是对万古霉素耐药肠球菌的最低抑菌浓度（MIC）仅分别为 8 μg/mL 和 4 μg/mL，杀菌浓度分别为 16 μg/mL 和 8 μg/mL。另外，二者对结核分枝杆菌和耻垢分枝杆菌生长也有抑制作用。其抑菌的作用机制可能与分子结构相关，研究证实，其可通过抑制细菌生物被膜形成，增强抗菌药物的抗菌作用。

山楂熊果酸还有抗真菌作用，其作用机制可能是通过抑制几丁质合酶Ⅱ，使真菌细胞壁受损，从而产生抗真菌作用。

(6) 神经系统保护作用　动物实验结果表明，齐墩果酸可以降低谷氨酸诱导海马神经元 $[Ca^{2+}]_i$ 升高，对谷氨酸诱导的海马神经元损伤有一定的保护作用；还可通过下调快速老化小鼠（SAMP8）海马组织中的淀粉样前体蛋白（APP）基因及早老素（PS1基因）的表达，抑制 Aβ 形成，保护神经元，进而起到防治阿尔茨海默病（AD）的作用；齐墩果酸作为 DNA 聚合酶β 抑制剂，其干预能够显著改善小鼠的行为学评分，增加黑质多巴胺能神经元数量，抑制 Caspase-3 活化，并增加纹状体多巴胺和 3,4-二羟基苯乙酸（DOPAC）水平，从而对帕金森病小鼠多巴胺能神经元也起到保护作用。

(7) 抗病毒作用　熊果酸和齐墩果酸对多种病毒有抑制作用。其中，熊果酸抗单纯疱疹病毒的半数有效抑制浓度（EC_{50}）为 6.60 μg/mL，选择性指数（SI）为 15.20，抗腺病毒-8 的 EC_{50} 和 SI 分别为 4.20 μg/mL 和 23.8，抗柯萨奇病毒 B1 分别为 0.40 μg/mL 和 251.3，抗肠道病毒 71 型分别为 0.5 μg/mL 和 201。熊果酸还可以抑制乳头瘤病毒阳性宫颈癌 HeLa 细胞、CaSki 细胞和 SiHa 细胞生长，为浓度和时间依赖性药物，但不抑制乳头瘤病毒阴性宫颈癌 C33A 细胞的生长。齐墩果酸可以抑制用乙肝病毒 DNA 克隆转录的人肝癌细胞所得到的 Hep G 2.2.2.15 细胞株细胞的乙肝病毒表面抗原（HBsAg）表达，对乙肝病毒 e 抗原（HBeAg）表达也有抑制作用，其在 20 μg/mL 浓度时对乙肝病毒 DNA 复制的抑制率达到 29.30%。齐墩果酸和熊果酸及其苷类衍生物还是抗 HIV 的活性成分，它们可以直接抑制 HIV-1 蛋白酶活性，提高宿主防卫功能。实验表明，齐墩果酸和熊果酸不仅促进小鼠辐射后造血系统的恢复和刺激脾细胞增殖，还能提高吞噬细胞的防卫功能；它们在不影响人外周血单核细胞增殖浓度（1.25～20 μg/mL）时可以强烈刺激 γ-干扰素的分泌。

（三）提取技术

山楂果实和核中的三萜类化合物含量均较高，其提取方法主要有浸提法、加热回流法、超高压法、超声波提取法、微波提取法等。在提取溶剂的选择上，由于三萜类化合物一般难溶于水而易溶于有机溶剂，故一般选择乙醇、甲醇、氯仿及异丙醇等有机溶剂进行提取。另外，从提取效果、经济耗损及安全性等各方面考虑，一般常常选用乙醇或甲醇提取。

1. 浸提法

浸提法也是常用的传统提取方法，该方法是按照相似相溶的原理把目标成分从药材中提取出来，即将提取样品与提取溶剂混合后，不添加任何辅助装置，放置在适宜条件下即可直接进行提取。该方法简单易行，设备成本较低，但是提取效率低、耗时长且溶剂用量大。

相关实验表明，用乙醇为浸提剂提取山楂中的熊果酸，工艺中各因素对熊果酸提取率的影响大小依次为：乙醇浓度 > 提取温度 > 浸提时间 > 料液比，实验的最佳浸提工艺参数为乙醇浓度90%、浸提温度80℃、料液比1∶30（g/mL）、浸提时间2 h，熊果酸的得率为0.262%。

2. 加热回流法

加热回流法是利用有机溶剂加热提取三萜类化合物，同时连接一套冷凝回流装置，可以相对地减少溶剂的消耗，提高浸出率。该方法常用乙醇作为提取溶剂对山楂三萜类化合物进行提取。实验结果显示，用10倍量80%的乙醇提取山楂中的三萜化合物，提取三次，提取时间2.5 h，提取率为92.9%；如用8倍山楂药材量的80%乙醇提取山楂中总三萜酸，提取时间1.5 h，提取率则能达到94.03%。加热回流法的产率较高，但要消耗较多的提取溶剂，提取时间较长，操作麻烦，而料液长时间受热，也很容易使其中的有效成分发生损失，所以该方法的成本比较高，提取物中含有的杂质也较多。

该方法也适用于三萜单体化合物的提取。有报道指出，采用固液比1∶10（g/mL）、90%乙醇、提取时间2.5 h、提取温度80℃工艺提取山楂中的熊果酸，其粗品提取率可达1.07%，经大孔吸附树脂纯化后其纯度可达97.0%；如以乙醇回流法在回流温度95℃、料液比1∶9（g/mL）、回流时间90 min条件下提取齐墩果酸，则其粗品提取率为0.34%。

3. 索氏抽提法

索氏抽提法是利用溶剂对固体混合物中所需成分的溶解度大、对杂质的溶解度小来达到提取分离的目的，多用于食品原料中粗脂肪含量的检测，但也有使用该方法进行三萜酸成分提取的研究报道，如有报道指出，使用索氏抽提法从荨麻花中提取齐墩果酸和熊果酸，结果显示两种三萜酸得率分别为6.9 μg/g和55.4 μg/g。索氏抽提法操作复杂、耗时长、溶剂用量大，目前已很少应用于活性成分的分离提取。

4. 沉淀法

沉淀法是指在提取液中加入一定量的溶剂使提取液产生沉淀，以达到初步提取纯化的目的。采用该方法制备三萜酸的主要流程为：乙醇回流得到提取液后减压浓缩至干，得到膏状物质，加水溶解后用正己烷脱脂，再用二氯甲烷萃取，回收二氯甲烷后残渣用无水乙醇溶解，用5%氢氧化钠溶液调pH至12，过滤取滤液再用10%盐酸溶液调pH至2.4，过滤取沉淀用水洗至中性，60℃干燥即得到总三萜酸。该方法步骤多，操作复杂。

5. 超高压法

超高压法是在常温条件下对物料及溶剂加压并保持一段时间，之后在较短的时间内将压力下降为常压，细胞内外产生较大的压力差可将物料中的有效成分快速转移到提取剂中，从而完成超高压提取的过程。该方法提取率高、时间短，且能保持被提取物的生物活性，故在食品及中草药的活性成分提取上应用前景广阔。

有研究表明，采用超高压技术提取齐墩果酸和熊果酸具有提取效率高、时间短和能耗低的优点，并确定从山楂粉中利用超高压法提取山楂三萜酸的最佳工艺为：乙醇体积分数 73%，液固比 33，压力 383 MPa，保压时间为 11 min，在此条件下山楂三萜酸的得率为 2.81 mg/g。

6. 微波提取法

微波提取法是利用微波对被提取物进行加热，通过加快分子运动进而加速了活性成分向溶剂中扩散，大大提高了提取效率。与超声波提取法和浸提法等其他传统提取方法相比，微波提取法具有时间短和效率高的优点。该方法可用于山楂总三萜的有效提取，提取工艺过程中，甲醇体积分数、液料比、微波功率、微波时间是对其得率产生影响的主要因素。经实验验证，采用微波法提取山楂总三萜，取 1 g 山楂粉时，最优工艺参数为：微波时间 97 s、微波功率为 640 W、甲醇体积分数是 60%、液料比为 17∶1（mL/g），在该条件下，山楂总三萜的提取率为 4.08%。

7. 酶解提取法

酶解提取法是利用酶破坏细胞壁结构，加速有效成分的溶出，提高提取率。酶解提取法的条件温和，但是酶的活性容易受温度和 pH 的影响。常用的酶有果胶酶、纤维素酶和蛋白酶等。

目前，已有利用酶解提取法提取木瓜齐墩果酸、苦丁茶熊果酸等三萜类化合物的研究报道，如利用纤维素酶对木瓜中齐墩果酸进行提取，最佳酶解条件为：酶解 pH 5.0，酶添加量 0.3%，酶解温度 50℃，酶解时间为 2 h，该条件下齐墩果酸得率达 3.7 mg/g；研究不同的酶提取苦丁茶中熊果酸的实验，结果表明单一纤维素酶提取效果最优，最适的工艺参数为：酶解温度 50℃，酶解时间 2.5 h，酶量 6 mg/g，酶解 pH 5.2，熊果酸粗品提取率为 1.26%。暂未有利用该方法从山楂中提取三萜类化合物的文献报道。

8. 加速溶剂萃取法

加速溶剂萃取法是在较高的温度和压力条件下使用有机溶剂提取（半）固体样品中化合物的自动化方法，鉴于该方法具有回收率高、速度快、溶剂用量少、安全性高、自动化程度高等优点，已被美国环保局（EPA）选定为推荐的标准方法。该方法的缺点是设备昂贵，成本稍高。有研究比较了不同提取方法对荨麻花中齐墩果酸和熊果酸两种三萜酸得率的影响，结果显示加速溶剂萃取法齐墩果酸和熊果酸得率分别为 20.4 μg/g 和 94.2 μg/g。目前该方法在山楂总三萜的提取研究上还未见报道。

9. 超临界 CO_2 流体提取法

超临界 CO_2 流体提取法包括萃取和分离两个部分，其原理是利用超临界 CO_2 流体对某些天然活性成分具有一定溶解作用，通过调整系统的压力和温度来完成超临界 CO_2 流体对某些组分进行萃取，随后通过减压或升温，再将超临界流体中萃取的成分分离出来。由于该方法中几乎不使用有机试剂，所以有安全无毒、无污染、高效率等优点，也因此被称为绿色生物分离技术。

有研究对回流法、超临界 CO_2 流体提取法、微波提取法三种方法提取山楂总三萜进行了比较，指出三种提取方法中超临界 CO_2 流体提取方法的三萜化合物得率最高。但另有实验结果显示，三种方法提取的总三萜得率分别为 2.57%±0.4%、0.97%、4.08%，而如果采用超临界-回流-微波三种方法协同提取山楂总三萜，则其提取率可达 5.13%。研究表明，在超临界 CO_2 流体提取法中，萃取时间、夹带剂、萃取温度、萃取压力等因素对山楂总三萜的得率影响较大，其中以萃取温度、萃取压力对提取结果影响明显，萃取时间也具有一定程度的影响，且影响具有一定延续性，而夹带剂方面，一般以 95%乙醇作为夹带剂提取时，可以获得最高的提取率。

三、有机酸类

有机酸是指一些具有酸性的、与醇类物质发生反应产生酯类化合物的有机化合物。山楂富含有机酸，且种类丰富。在山楂的有效成分中，有机酸的含量仅次于黄酮类化合物，其含量多为 2%～6%。该类物质对热不稳定，加热炮制后含量降低，且随温度的升高，有机酸含量降低越多。

（一）化合物分类

山楂中的有机酸主要包括芳香族有机酸和脂肪族有机酸。

1．芳香族有机酸

山楂中含有的芳香族有机酸有对羟基苯甲酸、没食子酸、原儿茶酸、茴香酸、香草酸、丁香酸和龙胆酸等，参见表 6-6。

表 6-6　山楂中含有的部分芳香族有机酸

化合物	英文名称	部位
儿茶酚	catechol	果实、叶
根皮酚	chlorogenic acid	叶
绿原酸	chlorogenic acid	果实、叶、核
香草酸	vanillic acid	果实、核
香草醛	vanillin	核
异香草醛	isovanillin	核
红果酸	eucomic acid	果实、叶
咖啡酸	caffeic acid	果实、叶、核
原儿茶酸	protocatechuic acid	果实、叶、核
β-香豆酸	β-coumaric acid	果实、叶
对羟基苯甲酸	*p*-hydroxybenzoic acid	核
阿魏酸	ferulic acid	果实、叶
二氢咖啡酸	3-（3,4-dihydroxyphenyl）propionic acid	果实、叶

化合物	英文名称	部位
丁香酸	syringic acid	果实
丁香醛	syringaldehyde	核
丁香酸-4-*O*-*β*-D-葡萄糖苷		果实、叶
单宁	tannic acid	叶
没食子酸	gallic acid	果实、核
茴香酸	anisic acid	果实
根皮酸	3-（4-hydroxyphenyl）propionic acid	果实、叶
龙胆酸	gentisic acid	果实

2. 脂肪族有机酸

除芳香族有机酸外，山楂还含有脂肪族有机酸，根据结构的不同又可分为饱和脂肪族、不饱和脂肪族，或者一元酸、二元酸、三元酸、环状脂肪酸等，具体包括苹果酸、枸橼酸、奎尼酸、丙酮酸、酒石酸、琥珀酸、富马酸、抗坏血酸、棕榈酸、硬脂酸、油酸和亚油酸等，可参见表 6-7。

表 6-7　山楂中含有的部分脂肪族有机酸

化合物	英文名称	部位
苹果酸	malic acid	果实、叶
枸橼酸	citric acid	果实、茎
奎尼酸	quinic acid	果实
丙酮酸	pyruvic acid	果实
酒石酸	tartaric acid	果实
棕榈酸	palmitic acid	果实、核、茎
硬脂酸	stearic acid	果实、核、茎
油酸	oleic acid	果实、核
抗坏血酸	ascorbic acid	芽、果实
亚油酸	linoleic acid	果实、核
琥珀酸	succinic acid	果实、叶、核
富马酸	fumaric acid	核
2-（4-羟基苯）苹果酸	2-（4-hydroxybenzyl）malic acid	核
亚麻酸	linolenic acid	果实、核
草酸	oxalic acid	果实、叶

一项研究中，在山楂不同品种中共检测到 5 种不同的脂肪族有机酸：苹果酸、枸橼酸、酒石酸、琥珀酸和富马酸。尽管没有统计比较，但在所有物种中，枸橼酸、苹果酸和琥珀酸的含量似乎都高于酒石酸和富马酸。其中，枸橼酸含量最高，可达 1750 mg/100 g，所以现行《中国药典》中也将枸橼酸作为山楂质量控制的指标成分，其次是苹果酸，含量高达 300 mg/100 g。部分山楂品种含有的亚油酸非常高，如在北山楂中，果肉和果核均以亚油酸含量为最高，达到

29.01%～38.23%和 64.08%～75.25%；二者含有的不饱和脂肪酸占总脂肪酸含量的 75.63%～77.02%和 56.70～93.96%。

（二）药理作用

山楂味酸、甘，性微温，入脾、胃、肝经，有消积化滞、行气散结、除胀的功效，适用于胃中食滞、胸中胀满、食肉不消、胃脘满闷、化滞行瘀等。现代研究发现，山楂的健脾开胃、消积化食作用，主要来自其含有的酸味成分、有机酸类等有效成分，另外有机酸类成分还对心脏有一定保护作用。

1．对消化系统的作用

山楂自古以来为开胃消食的要药。李时珍在《本草纲目》中说："煮老鸡硬肉，入山楂数颗即易烂，则其消肉积之功，盖可推矣。"《本草求真》中有："山楂，所谓健脾者，因其脾有食积，用此酸咸之味，以为消磨，俾食行而痰消，气破而泄化，谓之为健，止属消导之健矣"。近代研究证明，山楂中的有机酸类成分，可以保护其含有的维生素结构不被高温破坏，口服后维生素及有机酸能增加胃液酸度，增强胃中消化酶的分泌，并提高胃内消化酶及其他生物活化酶的活性，从而促进胃肠道的蠕动，同时促进蛋白质的消化吸收，增强新陈代谢。山楂有机酸类成分中的亚油酸、亚麻酸、硬脂酸、油酸等脂肪酸含量高，其能够促进脂肪的分解、消化，所以对油腻肉积、饱胀腹痛的症状疗效较好。炮制后的饮片，其助消化作用受影响。

实验结果证实，山楂有机酸成分能够促进胃肠平滑肌的收缩，如山楂水提物在 5～20 mg/mL 浓度范围内可增强大鼠正常离体胃、肠平滑肌条的运动，且具有显著剂量依赖性；山楂水提物（20 mg/mL）可加强乙酰胆碱引起的肠平滑肌的强烈收缩，拮抗阿托品引起的肠平滑肌的舒张作用。另外，山楂的醇提物对由乙酰胆碱 Ca^{2+} 引起的家兔十二指肠平滑肌的收缩具有明显的抑制作用，而对大鼠胃平滑肌有双相调节作用，使胃平滑肌收缩时可舒展、舒展时可以收缩，活动加强。山楂不同种类饮片的水煎液对正常小鼠及阿托品负荷小鼠胃排空和小肠推进都有促进作用，特别是焦山楂效果最佳，山楂炭效果反而降低。另有报道指出，山楂水提物可以抑制 IBS 模型大鼠结肠黏膜 5-HT 和 5-HT3R 的过度表达，改变肠道敏感度，达到改善肠道消化功能的作用。进一步研究表明，山楂含有的有机酸类可以促进健康小鼠的胃肠运动，并对阿托品引起的小鼠小肠运动抑制有调节作用，但对新斯的明引起的运动亢进没有作用，结果表明山楂有机酸成分对于小肠运动只具有单向调节作用，且该成分是山楂促消化功能的主要药效成分。总之，山楂有机酸类成分可以双向调节胃肠平滑肌生理功能，使其趋于正常生理功能状态，达到消除各种因素引起的消化不良、脘腹胀满、腹痛、腹泻等症状。山楂还可用于治疗胆结石等肝胆疾病。临床应用上有报道，用山楂治疗患慢性胆囊炎的患者，每天 1 次，每次 6 g，给药 3 天，服用后胆囊炎治愈且无复发，还能将结石排出。也证实了《本草纲目》的记载，山楂"化饮食，行结气，健胃宽膈，消血痞气块"，为良好的消食健胃药。

2. 保护心脏作用

实验证实，用山楂有机酸提前给予 H9C2 心肌细胞预处理 2 h，在加入 H_2O_2 的同时分别加入 1.5625 µg/mL、6.25 µg/mL、25 µg/mL、100 µg/mL 和 250 µg/mL 不同浓度的山楂有机酸，随着浓度的增加，抗细胞死亡的作用也增加，表明山楂有机酸预处理能促进 H9C2 心肌细胞增殖，使 LDH 漏出量和 MDA 含量显著降低、SOD 和 GSH-Px 活性显著升高（$p<0.05$，$p<0.001$），并能明显抑制 H_2O_2 引起的心肌细胞形态改变，提高 H_2O_2 诱导损伤的 H9C2 细胞的存活率，即山楂有机酸对 H_2O_2 诱导的 H9C2 心肌细胞损伤具有保护作用，其作用机制可能是通过 MAPK、JNK、PI3K/Akt 信号通路改善细胞内抗氧化酶的活性，从而对心肌细胞凋亡起到保护作用，通过抗细胞凋亡来抑制氧化应激损伤，保护心肌细胞免受 H_2O_2 诱导的损伤的作用，达到保护心肌缺血的作用。

3. 抗菌作用

有研究指出，由山楂榨取的原液呈现淡黄色（pH 值为 5），含有富马酸、亚麻酸等多种有机酸，可以抑制菌类的生长，保护机体免受菌类侵扰等。采用悬液定量杀菌试验对山楂原液杀灭微生物作用及其影响因素进行观察，结果表明，山楂榨取的原液对金黄色葡萄球菌、白色念珠菌、大肠杆菌等均有一定的抑制作用。所以在临床上，山楂也被用作植物消毒剂，用鲜品或熟品外敷治疗冻伤感染及溃疡，取得了较好的效果。

（三）提取技术

有机酸是一类分子中具有羧基（氨基酸除外）的酸性有机化合物，低级脂肪酸或不饱和脂肪酸常温时多为液体，脂肪二元酸、三元酸以及芳香族有机酸等则多为固体化合物。有机酸因含羧基均能溶于碱水。一般来说，芳香族有机酸易溶于有机溶剂难溶于水，而脂肪族有机酸易溶于水，低级脂肪酸比高级脂肪酸更易溶于水，多元酸比一元酸在水中的溶解度要更大。芳香族有机酸易升华，也能随水蒸气蒸馏。有机酸的提取方法有浸渍法、超声波提取法、微波提取法、酶解法等。

1. 传统溶剂提取技术

传统溶剂提取技术是利用相似相溶原理，用溶剂从固体原料中提取有效成分，一般需将材料粉碎，过 2 号筛后，加入数倍量溶剂进行提取。传统的溶剂提取方法包括煎煮法、浸渍法、渗漉法、回流提取法、索氏提取法及水蒸气蒸馏法等。根据有机酸的溶解特性，浸泡法提取山楂有机酸的溶剂一般采用水、乙醇、甲醇、碱液或其他有机溶剂等。传统溶剂提取技术所需设备简单，易于工业化生产，但存在物耗高、能耗高、时间长、收率低、劳动强度大、长时间高温会破坏热敏性成分等缺点。

（1）浸渍法　根据《中国药典》（2020 版）四部通则，浸渍法提取山楂有机酸的具体提取工艺如下：称取山楂细粉 1 g，加入去离子水 100 mL，室温浸泡 4 h，时时振摇，滤过后即得山楂有机酸浸出物。该工艺中，采用室温浸泡，故所需时间较长。

如需测定有机酸含量，则量取滤液 25 mL，加去离子水 50 mL，加酚酞指示液 2 滴，用 0.1 mol/L NaOH 滴定，每 1 mL NaOH 滴定液相当于 6.404 mg 的枸橼酸（$C_6H_8O_7$），含有机酸按枸橼酸计。

（2）回流提取法　回流提取法常使用乙醇、甲醇等有机溶剂进行提取，其特点是可以避免因溶剂挥发而造成提取物得率的损失。实验结果表明，从山楂核中采用回流提取法提取有机酸的最适工艺为：将洁净山楂核粉碎，过筛，称取适量山楂核粉末，提取溶剂为 70%乙醇，回流时间 2.5 h，液料比 22 mL/g，提取温度 86℃，提取 2 次，过滤，收集滤液，减压浓缩，干燥成粉末，即得山楂核乙醇提取物，该条件下提取的山楂核有机酸含量为 4.83 mg/g。如山楂进行有机酸的提取，可称取山楂 200 g，按 1：3 的料液比加入 70%乙醇，回流提取 3 次，每次 2 h，合并提取液，减压回收乙醇，得到山楂 70%乙醇提取物，将该提取物回收乙醇，进一步用石油醚、正丁醇进行纯化，经检测，该提取物中山楂有机酸含量>50%；也可用 75%乙醇进行提取，具体工艺为：取 30 g 山楂粉碎成粗粉，75%乙醇作为提取溶剂，液料比 18.5：1，提取时间 2 h，回流提取 2 次，过滤，合并滤液，减压回收溶剂至无醇味即得到山楂 75%乙醇提取物。

2. 超声波提取法

与常规的水提取法相比，超声的空化作用能够大大加速活性成分的提取速度，故超声提取法用于有机酸提取，具有操作简单、提取效率高、提取时间短、节能等优点，但该方法仅适用于对热稳定成分的提取，除可以提高提取率外，还能很好地保持有机酸的特性和品质，而对于某些对热敏感的有机酸则可能破坏其结构，进而影响其生物活性。由于超声提取产生的噪声大，故通常用于实验室级别的提取。

有报道指出，以水为提取溶剂，采用超声波提取山楂有机酸的工艺流程为：山楂样品→加蒸馏水→超声提取→抽滤→定容→有机酸粗提液。具体为：准确称取 5 g 山楂样品于三角瓶中，液料比 31：1（mL/g），提取温度 71℃，提取时间 31 min，超声波功率 420 W，抽滤，将滤液转移至 250 mL 容量瓶并定容，摇匀，得有机酸粗提液，有机酸得率为 4.30%。

3. 微波提取法

微波具有内加热的特点，其产生的热量使得细胞均匀受热而破裂，质量稳定，溶剂消耗量少。采用微波提取法提取山楂有机酸的最适工艺条件为：微波功率 320 W、微波时间 45 s、液料比 30：1（mL/g）、乙醇体积分数 60%，有机酸的提取得率可以达到 42.31 mg/g。

4. 酶解法

利用酶解法提取山楂有机酸的工艺流程为：山楂粉末→酶解反应→浸提→抽滤→定容→提

取液→总有机酸含量测定。有报道表明，用果胶酶提取山楂有机酸，以酶用量 140 U/g、酶解温度 60℃、酶解时间 4 h、浸提时间 40 min 为最佳工艺参数，有机酸的提取率为 1.21%。

以上各提取方法可单独应用，也可联合使用提取山楂有机酸。

四、多糖

多糖是由多个单糖分子以苷键相连接、聚合而成的一类高分子糖类物质，其分子量从几万到几千万，结构单位是单糖。由相同的单糖组成的多糖称为同多糖，由两种以上不同的单糖组成的称为杂多糖，其化学结构多种多样。多糖一般不溶于水，无甜味，但其可以水解，在水解过程中常会产生一系列的中间产物，直至最终完全水解得到单糖。

（一）化合物分类

山楂多糖其实是聚合程度不同的物质的混合物，其包括高分子量的多糖，也有低分子量的果胶低聚多糖。部分山楂多糖的单糖组成见表 6-8。

表 6-8　部分山楂多糖的单糖组成

部位	多糖	分子量/kDa	单糖组成
花粉	CP-1	370	L-鼠李糖、L-果糖、D-阿拉伯糖、D-木糖、D-甘露糖、D-半乳糖、D-葡萄糖
	CP-2	78	L-鼠李糖、D-阿拉伯糖、D-甘露糖、D-半乳糖、D-葡萄糖
果实	CP-1	313.01	阿拉伯糖、半乳糖
	CP-2	255.59	阿拉伯糖、甘露糖、葡萄糖、半乳糖
	CP-3	269.20	阿拉伯糖、葡萄糖
	CP-4	0.95	阿拉伯糖
	CP-5	0.81	阿拉伯糖
	CP-6	0.90	阿拉伯糖
	CP-7	0.96	半乳糖醛酸
	CP-8	1.03	半乳糖醛酸、鼠李糖
	CP-9	1.06	半乳糖醛酸、鼠李糖
	CP-10	1.07	阿拉伯糖
	CP-11	1.08	阿拉伯糖
	CP-12	1.09	半乳糖醛酸
	CP-13	1.19	半乳糖醛酸、鼠李糖
	CP-14	1.25	半乳糖醛酸
	CP-15	1.25	半乳糖醛酸、鼠李糖
	CP-16	1.26	半乳糖醛酸
	CP-17	1.33	阿拉伯糖
	CP-18	1.34	半乳糖醛酸、鼠李糖、阿拉伯糖
	CP-19	1.41	阿拉伯糖

部位	多糖	分子量/kDa	单糖组成
果实	CP-20	1.47	阿拉伯糖
	CP-21	1.66	半乳糖醛酸、鼠李糖
	CP-22	1.67	阿拉伯糖
	CP-23	1.86	半乳糖醛酸
	CP-24	2.19	半乳糖醛酸、鼠李糖
	CP-25	2.26	半乳糖醛酸

注：CP 即山楂多糖。

（二）药理作用

研究证实，山楂多糖具有一定的生物活性。

1．抗氧化活性

体外实验证实，山楂粗多糖具有显著的 ABTS 自由基和超氧阴离子自由基清除能力，有亚铁离子螯合能力、抑制脂质过氧化能力和还原能力，且均与剂量正向相关。以 IC_{50} 值相比，山楂粗多糖体外抗氧化活性要高于纯化后的各组分。另有研究报道，山楂多糖对羟基自由基和 DPPH 自由基有很强的清除能力，在一定浓度下，有进一步超越维生素 C 清除能力的趋势，且对超氧阴离子自由基清除能力没有表现出加入量与抗氧化性显著的量效关系。也有实验结果显示，山楂果胶可以显著提高小鼠肝脏抗氧化酶系统谷胱甘肽（GSH）、谷胱甘肽过氧化物酶（GSH-Px）、过氧化氢酶（CAT）和超氧化物歧化酶（SOD）的活性，对 O_2^-、DPPH 和 ·OH 均表现出显著的清除效果。

2．抗肿瘤作用

研究表明，山楂的多糖提取物能够显著增加人结肠癌 HCT116 细胞的凋亡细胞比例，对结肠癌细胞的增殖有明显的抑制作用。体外实验显示，不同浓度山楂多糖提取物处理的胃癌细胞 AGS 中，细胞增殖率降低，而凋亡率升高，Cleaved-Caspase-3 表达水平升高，表明山楂多糖提取物也能够抑制胃癌细胞的增殖，促进细胞凋亡。

3．抗疲劳作用

山楂多糖具有抗疲劳活性，能够较显著消除运动型疲劳。将山楂多糖进行动物实验，40 只雄性 ICR 小鼠分为对照组、高剂量组（300 mg/kg）、中剂量组（100 mg/kg）、低剂量组（30 mg/kg），每组 10 只，分别按照 0.2 mL/10 g 体重 IG 给药，连续给药 15 天，1 次/天。结果发现山楂多糖可以延长小鼠常压耐缺氧时间、增加小鼠负重游泳时间，降低尿素氮含量，促进糖原储备，降低体内乳酸。研究结果表明，山楂多糖能够提高机体耐缺氧能力，提高运动负荷适应力，还可以增加糖原储备来对抗运动型疲劳，并且降低乳酸来促进疲劳的消除，从而有利于提高机体抗疲劳能力。

4. 免疫调节

早期研究发现，山楂可以增强小鼠的免疫力；山楂粉能够提高断奶仔猪白细胞总数、淋巴细胞数、中性粒细胞数及淋巴细胞百分比，显著提高血红蛋白含量与红细胞数，提高断奶仔猪血清中超氧化物歧化酶（SOD）活性，降低丙二醛含量，促进生长，提高平均日增重，降低腹泻率的发生等。进一步研究的实验结果证实，山楂多糖能够显著增强小鼠脾淋巴细胞的体外增殖。表明山楂多糖有望作为免疫调节剂，增强机体的免疫功能。

5. 降血脂

山楂多糖中的果胶低聚寡糖能够显著降低总胆固醇、甘油三酯和低密度脂蛋白的含量，所以山楂多糖还具有降血脂、改善冠状动脉循环、保护心血管的作用。以雄性昆明小鼠为对象研究山楂多糖的调节血脂作用，结果发现，山楂果胶五糖能降低肝脏总胆固醇和低密度脂蛋白胆固醇水平，提高粪便中胆汁酸水平，且其降血脂作用是通过降低甘油-3-磷酸酰基转移酶和磷脂酸磷酸水解酶的活性、甘油三酯水平，降低蛋白质和 mRNA 表达而实现的。故山楂多糖是山楂中的降血脂活性物质，具有开发成降血脂药品或者保健品的潜力。

另外，还有研究表明山楂粗多糖对 α-葡萄糖苷酶、胰脂肪酶抑制率的 IC_{50} 分别为（99.22±0.89）μg/mL、（22.50±0.79）μg/mL，表明山楂粗多糖具有一定的降血糖作用。也有研究发现，山楂多糖对保加利亚乳杆菌的生长有明显的促进作用。此外，山楂多糖还具有吸附肠道中的有害物质、改善肠道菌群、增加饱腹感、润肠通便、排除肠道毒素等功能。

（三）提取方法

1. 热水浸提法

采用热水浸提方法提取山楂多糖，最优提取工艺为：液料比 25∶1（mL/g）、提取温度 90℃、提取时间 93 min，该条件下山楂多糖的得率为 53.77%。

2. 碱水提取法

碱水提取法是在热水提取的基础上，利用碱对细胞壁的破坏作用而便于酸性多糖的溶出，同时能够破坏多糖与蛋白质的结合，提高提取率。但该方法需要加碱，操作较烦琐。

3. 酶提取法

在热水提取的基础上，选用特定的酶将细胞壁水解，加速胞内多糖的溶出，即为酶提取法。用果胶酶提取山楂多糖，最佳条件为：料液比为 1∶20、提取时间为 6 h、提取温度为 90℃、提取率为 3.92%。除了单一酶提取法，还有分步酶法及复合酶法。

4. 微波提取法

微波法提取山楂多糖，工艺条件为：提取温度 63℃、微波功率 500 W、提取时间 7 min，在此条件下山楂多糖提取量为（147.10±0.32）mg/g。

5. 超声提取法

超声提取法提取山楂多糖的工艺条件为：液料比 25∶1 mL/g，提取温度 60℃，超声功率 80 W，超声时间 20 min，最终山楂多糖提取率达 1.85%。

由于不同的多糖提取方法各有优缺点，为了提高提取率，除单法提取外，也可以联合应用多种提取方法协同提取多糖。

第三节　山楂中成药的经典方剂及生产方法

《药性歌括四百味》中述：山楂味甘，磨消肉食，疗疝催疮，消膨健胃。山楂具有消食化积、行气散瘀的功效，可用于饮食积滞，脘腹胀痛，泻痢腹痛，疝气痛，瘀阻胸腹痛，血瘀痛经、经闭，产后恶露不尽等病症。历代医家都有应用山楂治疗疾病的相关经验，古籍记载的山楂经典方剂也很多，本节内容主要介绍大山楂丸、大山楂颗粒、山楂内消丸、山楂调中丸等方剂的配伍和生产方法。

一、大山楂丸

大山楂丸原方出自元代朱震亨的《丹溪心法》，由宽中丸方加味而来。

（一）方剂配伍

大山楂丸的主要成分为山楂、六神曲（麸炒）和炒麦芽，其中山楂为君药，其味酸性温，善消腥膻油腻之积，行气破滞；炒麦芽和麸炒神曲为臣药，二者中，炒麦芽味甘，消食而行瘀积，并且有和中补虚之功效，消导积滞、健脾开胃，适于脾虚食少，饮食乏味；麸炒神曲味甘辛而性温，其辛不甚散，甘不甚壅，温不甚燥，香能醒脾健运，善消谷食积滞、陈腐之积。山楂、六神曲和炒麦芽三种药物共同起效，有调和脾胃、消食化滞、开胃消食的功能，用于治疗食积内停所致的食欲不振、消化不良、脘腹胀闷等。

大山楂丸药品标准最早收录于 1975 年版《安徽省药品标准》，随后被 1977 年《中国药典》一部收录，此后经过不断修订，目前执行 2020 年版《中国药典》一部标准，具体处方为：山楂 1000 g，六神曲（麸炒）150 g，炒麦芽 150 g。

（二）生产方法

1. 生产工艺
大山楂丸为蜜丸剂，其生产工艺如图 6-9 所示。

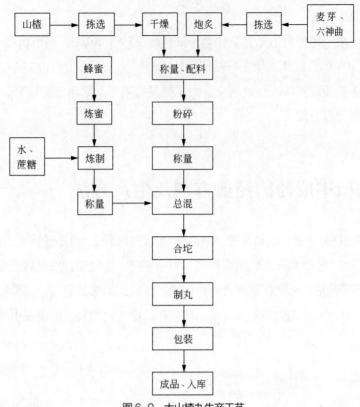

图 6-9 大山楂丸生产工艺

2. 生产过程

(1) 原药材前处理 拣选符合规定的山楂、麦芽、六神曲三味药材，挑出非药用部分，将六神曲、麦芽分别进行炮炙，达到要求。

① 麸炒六神曲 取六神曲，切成小块，取麸皮，撒在热锅中，加热至冒烟时，放入净药材，迅速翻动，炒至药材表面呈深黄色时取出，筛去麸皮，放凉。

② 炒麦芽 取净麦芽，置热锅中，用中火炒至棕黄色，偶见焦斑，放凉，筛去灰屑。

(2) 称量、配料 按照处方要求称取各药材规定量，混合均匀后用粉碎机进行粉碎，过 100 目筛，备用。

(3) 炼蜜 称取规定量蜂蜜，在烘化室 60～80℃烘化，过滤后浓缩至嫩蜜。

(4) 称量 称取过筛后的药材混合粉、炼蜜、蔗糖。

(5) 总混 将混合粉于混合机内混合均匀。

(6) 合坨

① 制备润滑剂 取 10∶1 的液体石蜡与色拉油，搅拌混匀。

② 制备黏合剂 另取蔗糖，加水与炼蜜（每 100 g 药粉用蔗糖和炼蜜各 46.15 g，水 21.12 mL），混匀，加热使蔗糖全部溶化并继续炼制，至相对密度约为 1.38（70℃）时，150 目滤过。

③ 合坨　将黏合剂加热至 100℃，与混合粉混合均匀，使用润滑剂进行合坨。

（7）制丸　将药坨掰成小块，放凉至室温，使用大蜜丸机进行制丸，每丸重 9 g，丸重差异±5%。

（8）包装、入库　用泡罩包装机将大山楂丸进行包装，按规定将板药、说明书装入小盒、大箱，打包后入库验收。

二、大山楂颗粒

大山楂颗粒，又称大山楂冲剂，是与大山楂丸不同剂型的产品，故其原方出处、方剂配伍、功效及主治均与大山楂丸相同。

（一）方剂配伍

同大山楂丸，主要成分为山楂、六神曲（麸炒）和炒麦芽。

大山楂冲剂药品标准最早收录于 1984 年版《广西药品标准》，随后陆续被 1986 年版《山东省药品标准》、1992 年版的《卫生部药品标准中药成方制剂第五册》收录，目前仍执行部颁标准，具体处方为：山楂 1000 g，六神曲（焦）150 g，麦芽（炒）150 g。

（二）生产方法

1．生产工艺

大山楂颗粒为颗粒剂，其生产工艺为：拣选符合规定的山楂、麦芽、六神曲三味药材，挑出非药用部分，将六神曲、麦芽分别进行炮炙。按处方量称取三种药材，将三种药材用水煎煮两次，第一次加水 4000 mL，煮沸 1 h，第二次加水 3000 mL，煮沸 1 h，合并煎液，静置冷却，滤过，合并滤液，滤液浓缩至稠膏状，加入辅料蔗糖、枸橼酸适量，混合均匀，制成颗粒，干燥后过 1～3 号筛（超过 4 号筛者不应超过 5%），制成 3750 g，经检验合格后分装，即得。如图 6-10 所示。

2．生产过程

（1）原药材前处理　拣选符合规定的山楂、麦芽、六神曲三味药材，挑出非药用部分，将六神曲、麦芽分别进行炮炙。

（2）提取大山楂颗粒浸膏　按处方量称取规定量的山楂、六神曲（焦）、麦芽（炒），分为两罐提取，每罐提取第一次加入相应量水煮沸后保持微沸煎煮 1 h，过滤；提取第二次再加入相应量水，煮沸后保持微沸煎煮 1 h，过滤。合并两次煎煮液，滤过。滤液浓缩至相对密度为 1.40～1.60（50℃）的浸膏，备用。

（3）辅料粉碎与过筛　将辅料蔗糖、枸橼酸分别进行粉碎，过 100 目筛。

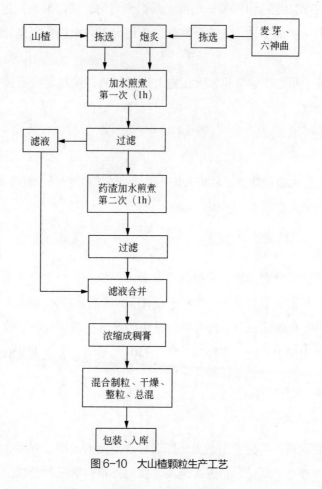

图6-10 大山楂颗粒生产工艺

（4）称量　根据生产任务称取规定量的大山楂颗粒浸膏、蔗糖粉和枸橼酸。

（5）制粒、总混　将称量好的辅料放入混合机内干混，混匀后加入大山楂颗粒浸膏，再次混匀，制成软材，经制粒机制成湿颗粒，随后将湿颗粒放入80～90℃烘箱，干燥后进行整粒，总混，混合均匀。

（6）包装、入库　根据大山楂颗粒包装规格进行包装，按规定将药品、说明书装入小盒、大箱，打包后入库验收。

三、山楂内消丸

（一）方剂配伍

山楂内消丸由香附、山楂、陈皮等 11 味药材加工制成，方歌为：山楂内消陈麦芽，青砂莱菔附半夏；莪术三棱五灵脂，便燥腹胀痛嘈杂。该方剂中，山楂为君药，长于消肉食积滞，又能破气散瘀。辅佐以麦芽消面食积滞，莱菔子消食除胀、下气化痰，香附、陈皮、青皮、砂仁行气化滞，五灵脂、莪术、三棱破血消积，半夏和胃化痰。11 味药材共同作用，具有开胃行滞、消食化痰的功效，能改善食欲，帮助消化，用于食内停、气滞痰凝引起的倒饱吞酸、胸满气胀、肚腹疼痛、痞块症瘕、大便燥结，常见适应证有消化性溃疡、急慢性胃炎、胆囊炎、肠炎、肝脾大、肠梗阻、消化不良、小儿厌食症等。

山楂内消丸药品标准最早收录于 1964 年版《全国中药成药处方集》及《天津市药品标准》，后又被 1997 年版的《卫生部药品标准中药成方制剂第十五册》收录，目前仍执行部颁标准，具体处方为：香附（醋炙）80 g，陈皮 80 g，山楂 60 g，麦芽（炒）60 g，五灵脂（醋炙）60 g，清半夏 40 g，青皮（醋炙）40 g，莱菔子（炒）40 g，砂仁 30 g，莪术（醋炙）20 g，三棱（醋炙）20 g。

（二）生产方法

山楂内消丸为水泛丸，其简要生产工艺为：将香附（醋炙）、陈皮、山楂、麦芽（炒）、五灵脂（醋炙）、清半夏、青皮（醋炙）、莱菔子（炒）、砂仁、莪术（醋炙）、三棱（醋炙）11 味药材，粉碎成细粉，过筛后混合均匀，用水泛丸，进行干燥，即得。

四、山楂调中丸

（一）方剂配伍

山楂调中丸由山楂、山药、六神曲、茯苓等 9 味药材加工制成，其中山药、茯苓、白扁豆、莲子肉、芡实、薏苡仁补益脾气，山楂、六神曲、炒麦芽可助消化，补虚而不腻胃，消食而不伤正。该方药性和平，能起到消食健脾和胃的功效，可用于内积食滞，不思饮食，伤食作泄。

山楂调中丸药品标准原收录于 1981 年版《山西省药品标准》，后又被 1991 年版的《卫生部药品标准中药成方制剂第三册》、2002 年版《国家中成药标准汇编内科脾胃分册》收录，现仍执行国家标准，具体处方为：山楂（去核）480 g，山药 24 g，白扁豆（土炒）18 g，芡实（麸炒）18 g，薏苡仁（麸炒）18 g，六神曲（麸炒）18 g，麦芽（炒）18 g，莲子（麸炒）18 g，茯苓 18 g。

（二）生产方法

山楂调中丸为大蜜丸，其简要生产工艺为：将山楂（去核）、山药、白扁豆（土炒）、芡实（麸炒）、薏苡仁（麸炒）、六神曲（麸炒）、麦芽（炒）、莲子（麸炒）、茯苓 9 味药材，粉碎成细粉，过筛，与156 g蔗糖粉混匀，过筛。加入蜂蜜（炼）707 g，制成大蜜丸，即得。

五、山楂化滞丸

（一）方剂配伍

山楂化滞丸由山楂、六神曲、麦芽、槟榔等6味药材加工制成。方中以山楂消食化积，行气散瘀，尤长于消肉积，为君药；六神曲、麦芽消食化滞、健脾和胃，共为臣药。其中神曲善消谷积，而麦芽善消面积。槟榔降气利水、消积导滞，莱菔子、牵牛子消积下气、宽胀止痛、通利二便，三者共为佐使之药。6味药材共同作用，有消食导滞的功效，用于饮食不节所致的食积，症见脘腹胀满、纳少饱胀、大便秘结。

山楂化滞丸药品标准原收录于1977年版《吉林省药品标准》，后陆续被收录于1991年版的《卫生部药品标准中药成方制剂第三册》和2000年版《中国药典》，随着《中国药典》的不断修订，现执行2020年版《中国药典》一部标准，具体处方为：山楂500 g，麦芽100 g，六神曲100 g，槟榔50 g，莱菔子50 g，牵牛子50 g。

（二）生产方法

山楂化滞丸为大蜜丸，其简要生产工艺为：将山楂、麦芽、六神曲、槟榔、莱菔子、牵牛子6味药材，粉碎成细粉，过100目筛，混匀。每100 g粉末加红糖25 g及炼蜜90～100 g制成大蜜丸，即得。

六、保和丸

保和丸原方出自元代朱震亨的《丹溪心法》。

（一）方剂配伍

保和丸由山楂、六神曲、莱菔子、茯苓等8味药材加工制成。方中山楂消各种饮食积滞，尤善消肉食油腻之积，为君药。六神曲消食健脾，善化酒食陈腐之积；莱菔子消食下气，长于消面食痰气之积；麦芽健脾而消面乳之积，共为臣药。君臣协同，则各种饮食之积可消。再佐以半夏、陈皮行气化滞、和胃止呕，茯苓健脾利湿，和中止泻，连翘清热散结，去积滞之热；四药为佐药。8味药材共同起效，有消食、导滞、和胃的功效，用于食积停滞，脘腹胀满，嗳腐吞酸，不欲饮食。

保和丸药品标准原收录于1963年版《中国药典》，随着《中国药典》的不断修订，现仍被收录于 2020 年版《中国药典》。保和丸为蜜丸，另外该方还有水丸、片、颗粒等不同剂型产品。

保和丸、保和丸（水丸）的具体处方为：焦山楂 300 g、六神曲（炒）100 g、半夏（制）100 g、茯苓 100 g、陈皮 50 g、连翘 50 g、炒莱菔子 50 g、炒麦芽 50 g。

保和片的具体处方为：焦山楂 500 g、六神曲（炒）166.7 g、半夏（制）166.7 g、茯苓 166.7 g、陈皮 83.3 g、连翘 83.3 g、炒莱菔子 83.3 g、炒麦芽 83.3 g。

保和颗粒的具体处方为：焦山楂 333 g、六神曲（炒）111 g、半夏（制）111 g、茯苓 111 g、陈皮 56 g、连翘 56 g、炒莱菔子 56 g、炒麦芽 56 g。

（二）生产方法

保和丸的简要生产工艺为：将焦山楂、炒麦芽、六神曲、半夏、莱菔子、茯苓、陈皮、连翘 8 味药材，粉碎成细粉，过筛，混匀。每 100 g 粉末加炼蜜 125～155 g 制成小蜜丸或大蜜丸，即得。

保和丸（水丸）的简要生产工艺为：将焦山楂、炒麦芽、六神曲、半夏、莱菔子、茯苓、陈皮、连翘 8 味药材，粉碎成细粉，过筛，混匀。用水泛丸，干燥，即得。

保和片的简要生产工艺为：取处方规定药材，其中六神曲（炒）粉碎成细粉；焦山楂加水温浸（40～50℃）24 h，浸出液浓缩至相对密度为 1.15～1.20（60℃）的清膏，加 4 倍量 80% 乙醇，静置，取上清液，回收乙醇并浓缩至稠膏状；陈皮蒸馏提取挥发油，收集挥发油；蒸馏后的水溶液另器收集，药渣与其余姜半夏等五味加水煎煮二次，第一次 1.5 h，第二次 1 h，合并煎液，滤过，滤液加入陈皮蒸馏后的水溶液，浓缩成稠膏，与六神曲细粉和焦山楂稠膏混匀，干燥，粉碎，制颗粒，干燥，喷加陈皮挥发油，混匀，密闭，压制成 1000 片，或包薄膜衣，即得。

保和颗粒的简要生产工艺为：取规定八味药材，陈皮和连翘蒸馏提取挥发油，收集挥发油，备用；药渣和药液与其余焦山楂等 6 味加水煎煮两次，第一次 2 h，第二次 1 h，滤过，合并滤液，滤液浓缩至约 2000 mL，静置，取上清液，继续浓缩至适量，加入蔗糖、糊精适量，混匀，制颗粒，干燥，加入陈皮和连翘的挥发油，混匀，制成 1000 g，即得。

七、加味保和丸

加味保和丸源自保和丸，是在保和丸的基础上加味而来。

（一）方剂配伍

加味保和丸由山楂、六神曲、白术、枳实、厚朴等 11 味药材加工制成。此方以六神曲、山楂、麦芽消食化积为主，三者为君药，其中山楂善消肉食之积；六神曲善消酒食陈腐之积；麦芽善消面食之积。白术、茯苓健脾益气，化湿行水；半夏降气和胃、化滞止呕，三者共为臣药，以助消化为辅。香附、厚朴、陈皮、枳实、枳壳理气行滞，以气行则湿化、气畅则食积消，共为佐药。全方具有健胃理气、利湿和中的功效，临床用于饮食不消，胸膈闷满，嗳气呕恶的治疗。

加味保和丸药品标准原收录于1980年《北京市药品标准》，后被《卫生部药品标准中药成方制剂第七册》收录，具体处方为：白术（麸炒）36 g，茯苓36 g，陈皮72 g，厚朴（姜炙）36 g，枳实36 g，枳壳（麸炒）36 g，香附（醋炙）36 g，山楂（炒）36 g，六神曲（麸炒）36 g，麦芽（炒）36 g，法半夏9 g。

（二）生产方法

加味保和丸为水丸，其简要生产工艺为：取处方规定白术、茯苓、六神曲、枳壳、炒山楂、醋炙香附、姜炙厚朴、陈皮、炒麦芽、枳实、法半夏药材共11味，粉碎成细粉，过筛，混匀。用水泛丸，干燥，即得。

八、紫蔻丸

（一）方剂配伍

紫蔻丸由山楂、香附（醋炙）、槟榔、官桂、丁香、草豆蔻等20味药材加工制成。方用白豆蔻、草豆蔻、高良姜、丁香、官桂，祛寒止痛，醋香附、炒枳壳、醋青皮、陈皮、藿香、木香、砂仁疏肝理气和胃，槟榔、炒莱菔子、山楂、炒神曲、炒麦芽导滞消食共为主药；辅以炒白术、茯苓健脾利湿；佐以甘草调和诸药，共奏温中行气、健胃消食之功。20味药材共同作用，有温中行气、健胃消食的功效，临床用于寒郁气滞或饮食所致的消化不良、恶心呕吐、嗳气吞酸、胀满、胃脘疼痛。

紫蔻丸药品标准原收录于1977年《吉林市药品标准》，后被《卫生部药品标准中药成方制剂第四册》收录，具体处方为：山楂（去核）60 g，香附（醋炙）40 g，白术（炒）30 g，茯苓20 g，槟榔20 g，莱菔子（炒）20 g，草豆蔻20 g，麦芽20 g，六神曲（炒）20 g，陈皮10 g，枳壳（炒）20 g，木香10 g，广藿香10 g，甘草10 g，高良姜10 g，豆蔻10 g，青皮20 g，官桂6 g，砂仁6 g，丁香6 g。

（二）生产方法

紫蔻丸为蜜丸，其简要生产工艺为：取处方规定的20味药材，粉碎成细粉，过筛，混匀。

每 100 g 粉末加炼蜜 140～150 g 制成大蜜丸，即得。

九、烂积丸

（一）方剂配伍

烂积丸由大黄、牵牛子（炒）、枳实、槟榔、山楂（炒）等 9 味药材加工制成。方中苦寒之大黄、牵牛子为君药，泻下攻积、清热导滞杀虫，切中病机。枳实、槟榔行气化滞、消脘腹胀满，且除里急后重，槟榔又可驱虫；炒山楂消食化滞、开胃健脾，此三味均为臣药。青皮、陈皮行气化积，助枳实、槟榔之力；三棱、莪术行气破血、消积止痛，以上四味皆为佐药。9味药材共同作用，可以起到消积、化滞、驱虫的功效，主治脾胃不和引起的食滞积聚，胸满，痞闷，腹胀坚硬，嘈杂吐酸，虫积腹痛，大便秘结。

烂积丸药品标准原收录于 1944 年《河南省药品标准》，后又被 1975 年版《河北省药品标准》及 1977 年版《吉林省药品标准》收录，现收录于《卫生部药品标准中药成方制剂第四册》，具体处方为：三棱（麸炒）18 g，莪术（醋炙）36 g，山楂（炒）54 g，青皮（醋炙）36 g，陈皮 54 g，枳实 54 g，槟榔 18 g，牵牛子（炒）90 g，大黄 90 g。

（二）生产方法

烂积丸为水丸，其简要生产工艺为：取处方规定的 9 味药材，粉碎成细粉，过筛，混匀。每 100 g 粉末用米醋 25 g 及水适量泛丸，干燥。每 1000 g 药丸用红曲粉 125 g 包衣，干燥，即得。

参考文献

[1] 国家药典委员会. 中华人民共和国药典[M]. 北京：中国医药科技出版社，2020.

[2] 广东省湛江市药品检验所. 中药材饮片加工炮制手册[M]. 广州：广东省药品公司，1977.

[3] 李越峰，严兴科. 中药炮制技术[M]. 兰州：甘肃科学技术出版社，2016.

[4] 肖永庆，李丽. 中华医学百科全书：中医药学 中药炮制学[M]. 北京：中国协和医科大学出版社，2016.

[5] 肖培根. 药用动植物种养加工技术：山楂[M]. 北京：中国中医药出版社，2001.

[6] 张力学. 祁州中药材加工炮制工艺[M]. 北京：群言出版社，1993.

[7] 梅全喜. 现代中药药理与临床应用手册[M]. 3 版. 北京：中国中医药出版社，2016.

[8] 吴德峰. 实用中草药[M]. 上海：上海科学技术出版社，2017.

[9] 周德生，李中. 实用临床中西药合用解读[M]. 太原：山西科学技术出版社，2016.

[10] 孔增科，周海平，付正良. 常用中药药理与临床应用[M]. 赤峰：内蒙古科学技术出版社，2005.

[11] 林启云，潘晓春，方敏. 广西大果山楂药理作用研究[J]. 广西中医药，1990（03）：45-47.

[12] 张文，霍丹群. 微波法提取山楂总黄酮的初步工艺研究[J]. 中成药，2006（11）：1667-1669.

[13] 郭永学，李楠，仉燕来. 山楂叶总黄酮的微波辅助萃取研究[J].中草药，2005（07）：56-58.

[14] 赵二芳，郭青枝，郭春燕，等. 表面活性剂 CTMAB-微波协同提取山楂黄酮的研究[J]. 中国食品添加剂，2010（06）：88-91.

[15] 寇云云. 山楂中三萜类化合物提取与成分分析[D]. 秦皇岛：河北科技师范学院，2012.

[16] 黎海彬. 山楂中熊果酸提取分离的工艺研究[J]. 食品科学，2009，30（16）：177-180.

[17] 刘洪民. 超临界 CO_2 萃取山楂籽油及其化学成分的研究[D]. 杨凌：西北农林科技大学，2006.

[18] 韩秋菊，赵佳，马宏飞等. 超声辅助法提取山楂多糖工艺优化[J]. 江苏农业科学，2013，41（05）：258-259.

[19] 钟丽霞，江震宇，汪嘉妮，等. 山楂多糖提取工艺优化及其降血糖、降血脂活性[J].食品工业科技，2019，40（13）：119-124+147.

[20] 国家药典委员会. 中华人民共和国药典临床用药须知 中药成方制剂卷[M]. 北京：中国医药科技出版社，2015.

[21] 杨雄志. 中医药基础[M]. 2 版. 郑州：河南科学技术出版社，2014.

[22] 冷方南. 中国基本中成药：一部 大内科系统用药[M]. 北京：人民军医出版社，2011.

第七章

山楂主要成分和药用成分检测方法

山楂含有多种维生素、胡萝卜素、粗纤维、山楂酸、黄酮类以及钙、磷、铁等营养成分。山楂又是一味中药，主治食积不化。药物研究表明，山楂能增强心肌收缩力，扩张冠状动脉，增加冠脉血流量，降低心肌耗氧量，抗心律失常，具有保护心脏，降低血脂、血压之功效，对中老年所患冠心病、高脂血症、高血压等心血管病尤其适宜。本章将介绍山楂主要营养成分和药用成分的检测方法。

第一节　山楂主要营养成分的检测方法

一、糖分的测定

山楂果实的含糖量一般为 6%～15%，其中蔗糖含量为 0.02%～3.44%、葡萄糖为 2.44%～5.55%、果糖为 3.24%～6.30%。

（一）总糖含量的测定

1．仪器

高速捣碎机或研钵；电炉；石棉铁丝网；电热恒温水浴锅；锥形瓶、容量瓶、滴定管、移液管、量筒、漏斗等。

2．试剂

（1）0.1%标准葡萄糖液　精确称取分析纯葡萄糖 1 g 于 100 mL 容量瓶中，加水至刻度，吸取 1%标准葡萄糖溶液 25 mL 于 250 mL 容量瓶中，加水稀释至刻度，摇匀待用（此溶液 1 mL 相当于葡萄糖 1 mg）。

（2）斐林试剂 A　称取化学纯硫酸铜 15 g、次甲基蓝 0.05 g 溶于少量蒸馏水中，再移入 1000 mL 容量瓶中，加水至刻度，摇匀后备用。

（3）斐林试剂 B　称取化学纯酒石酸钾钠 50 g、氢氧化钠 54 g、亚铁氰化钾 4 g，分别溶于少量蒸馏水中，待充分溶解后，再将三种溶液混合移入 1000 mL 容量瓶中，加水至刻度，摇匀后备用。

(4) 10%乙酸铅溶液　称取乙酸铅 20 g，加水至 200 mL，待溶液澄清，过滤后，保存于密封试剂瓶中。

(5) 饱和硫酸钠溶液　称取硫酸钠 16.5 g，溶解于 100 mL 蒸馏水中。

(6) 0.1 酚酞指示剂　称取酚酞 50 mL，先溶于 30 mL 95%的乙醇中，然后加水至 50 mL。

(7) 6 mol/L 氢氧化钠溶液　称取氢氧化钠 48 g，加水至 200 mL。

(8) 6 mol/L 盐酸溶液　量取浓盐酸（相对密度 1.19）99 mL，加水至 200 mL。

3．测定方法

(1) 样品的制备　取扦取的果实样品 1 kg，将果实洗净，选取中等大小具有代表性果实 50 个，除去果梗，用不锈钢水果刀剜去萼洼处不可食部分，将果实横切一刀，挤除种子，将可食部分用不锈钢水果刀切成小块或片，以对角线取样法取 100 g，加蒸馏水 100 mL，置于高速组织捣碎机中捣成匀浆，或用研钵迅速研磨成 1∶1 匀浆，装入洁净瓶内备用。

(2) 样品提取液的配制　精确称取试样浆状物 50 g（相当于试样 25 g），通过漏斗移入 250 mL 容量瓶中，用蒸馏水冲洗烧杯、漏斗，冲洗液一起并入容量瓶中，待瓶内物体积约 150 mL，用 6 mol/L 氢氧化钠中和有机酸，每加 1～2 滴摇匀溶液，直至将瓶中溶液调至中性为止，将容量瓶置于 80℃±2℃水浴中，使瓶内外液面高度相同，每隔 5 min 摇动一次，加热半小时，取下冷却至室温，然后用点滴管加入 10%醋酸铅溶液沉淀蛋白质和色素，边加边摇，至溶液清亮，停止加入，静置 3～5 min，再加饱和硫酸钠溶液沉淀过量的铅离子，至不出现白色沉淀为止，加水至刻度，摇匀后过滤至锥形瓶中备用。

(3) 非还原糖的转化　吸取上述提取液 50 mL 于 100 mL 容量瓶中，加 6 mol/L 盐酸 5 mL 摇匀，将瓶置于 80℃水浴中加热 10 min，取出容量瓶迅速冷却至室温，加入 0.1%酚酞指示剂 2 滴，以 6 mol/L 氢氧化钠溶液中和，加水至刻度，摇匀待用。

(4) 斐林试剂滴定度（T）的校正　分两次滴定。

预备滴定：吸取斐林试剂 A、B 各 5 mL 于 100 mL 锥形瓶中，在电炉石棉网上加热至沸，开始滴定时以每秒 4 滴速度，将 0.1×标准糖液滴入斐林试剂液中，滴定时应使斐林试剂保持沸腾，直至瓶内溶液由紫红色变为白色或淡黄色为止。记录消耗糖液的体积（mL）。

正式滴定：吸取斐林试剂 A、B 各 5 mL 于 100 mL 锥形瓶中，用滴定管先放入较预备滴定消耗量少 1 mL 的 0.1%标准糖液，置电炉上加热沸腾 1 min，待瓶内溶液由蓝色变紫红色，然后趁沸腾继续滴入标准溶液，直至恰现白色或淡黄色为止，记录消耗糖液的体积（mL）。两次滴定所消耗的标准糖液的差数应在 1 mL 以下。

$$T = a \times b \qquad (7\text{-}1)$$

式中　T——斐林试剂滴定度，g；

　　　a——滴定斐林试剂所消耗的标准糖液数，mL；

　　　b——1 mL 标准糖液中含有葡萄糖的量，g。

（5）总糖的测定　将制备的试样溶液注入滴定管，吸取斐林试液 A、B 各 5 mL 于 100 mL 锥形瓶中，按上述斐林试液滴定度校正的同样方法进行滴定，至瓶中溶液恰现淡黄色为止，记录所消耗试样溶液的体积（mL）。

$$总糖量（\%）= \frac{T \times 250 \times 100}{W \times V \times 50} \qquad (7\text{-}2)$$

式中　T——斐林试剂滴定度，g；

　　　W——试样质量，g；

　　　V——滴定所消耗试样溶液体积，mL。

（二）多糖含量的测定

1．仪器

紫外分光光度计、傅里叶变换红外光谱仪、气相色谱仪（检测器：FID）、色谱柱（Agilent19091N-113 HP-INNOWax Polyethyene Glycol 30.0 m × 320 μm ×0.25 μm）、透析袋（BIOSHARP，截留分子量为 7000～14000）。

2．试剂

三氟乙酸、盐酸羟胺、葡萄糖、阿拉伯糖、D-半乳糖、阿洛糖、果糖、D-核糖、木糖、鼠李糖。

3．山楂多糖的提取、分离及纯化

取山楂药材，干燥，粉碎，取粉末 100 g（全部能通过 2 号筛，不能通过 3 号筛），95%乙醇 60℃回流 3 h，脱脂；80%乙醇 60℃回流 2 h，脱单糖和低聚糖；过滤，药渣烘干（不高于 50℃），加入纯化水（1∶25，W/V），80℃提取 3 次，每次 3 h，过滤，合并滤液，再浓缩至一定体积，加入乙醇，使溶液的乙醇浓度约达 80%，4℃放置 12 h。过滤，得到的沉淀物烘干，即得粗多糖。

取所得粗多糖，加适量热水溶解，进行流水透析 48 h；取透析液，真空冷冻干燥，得精多糖。

4．山楂多糖的中性多糖含量测定

（1）标准曲线的绘制　取一定量的葡萄糖（分析纯），105℃下干燥 1 h，于干燥器中放置

30 min 使冷却。然后精密称定 10 mg 葡萄糖，用蒸馏水定容至 100 mL，得 0.1 mg/mL 的葡萄糖标准液。分别精密量取 0.2 mL、0.4 mL、0.6 mL、0.8 mL、1.0 mL、1.2 mL、1.4 mL 的葡萄糖标准溶液于具塞试管中，各补水至 2 mL，加入 6%苯酚 1 mL，振荡。再加入 6 mL 95%的浓硫酸，摇匀，于 40℃水浴 30 min，取出冷却至室温。在 490 nm 处检测其吸光度，并绘制标准曲线。

（2）供试品含量测定　精密称定山楂多糖样品 10 mg，测定方法同上。

5．山楂多糖的糖醛酸含量测定

（1）间羟基联苯溶液的配制　精密称取 NaOH 0.5 g，溶解后定容至 100 mL，得 0.5% NaOH 溶液；称取 7.5 mg 间羟基联苯，用 5 mL 0.5% NaOH 溶解，即可配成 0.15%的间羟基联苯溶液。

（2）标准品溶液的配制　精密称取 4 mg 葡萄糖醛酸标准品，溶解后定容至 50 mL，即得到 80 μg/mL 的对照品溶液。

（3）四硼酸钠-硫酸溶液的配制　精密称取四硼酸钠 0.475 g，溶解后定容至 100 mL，即得 0.0125 mol/L 的四硼酸钠-硫酸溶液。

（4）标准曲线的绘制　精密吸取对照品溶液 0 mL、0.1 mL、0.2 mL、0.3 mL、0.4 mL、0.5 mL 于刻度试管中，加蒸馏水至 0.5 mL，摇匀，置于冰水浴中加入 0.0125 mol/L 的四硼酸钠-硫酸溶液 2.5 mL，振摇，再置于沸水浴中加热 5 min，而后迅速冷却至室温，再加 0.15%的间羟基联苯溶液 50 μL，以加入标准品 0 mL 的试管作为空白，在 525 nm 的波长处，用紫外分光光度法测其吸光度，20 min 内测定完成，以葡萄糖醛酸对应的吸光度，计算回归方程。

（5）供试品溶液含量测定　精密称定山楂多糖样品 10 mg，供试品溶液含量测定方法同上。

二、果酸的测定

有机酸是山楂的主要成分之一，主要包括枸橼酸、琥珀酸、苹果酸、熊果酸、绿原酸、齐墩果酸、咖啡酸、草酸、亚麻酸、棕榈酸、硬脂酸、油酸、丁烯二酸和亚油酸等。《中国药典》（2020 年版）一部就已将有机酸含量作为评价山楂质量的一项重要定量指标。山楂中的多种有机酸可以保护维生素在高温条件下不被破坏，维生素及有机酸可以激活胃内消化酶及其他生物活化酶的活性，促进胃肠道的蠕动，提高营养成分的吸收利用率，增强新陈代谢，以达到山楂健胃消食的功效。

（一）总酸含量的测定

1．仪器

天平，感量 0.1 mg；电烘箱；滴定管（刻度 0.05 mL 或半微量滴定管）；容量瓶，250 mL、1000 mL；锥形瓶、移液管、量筒、漏斗等。

2．试剂

（1）0.1 mol/L 氢氧化钠标准溶液　溶解化学纯氢氧化钠 4 g 于 1000 mL 容量瓶中，加蒸馏水至刻度，摇匀，按下法标定规定浓度。

将分析纯邻苯二甲酸氢钾放入 120℃烘箱中烘约 1 h 至恒重，冷却 25 min，称取 0.3～0.4 g（精确至 0.0001 g，准确记录用量），置于 250 mL 锥形瓶中，加入 100 mL 蒸馏水溶解后，摇匀，加酚酞指示剂 3 滴，用以上配制好的氢氧化钠溶液滴定至微红色。

$$M = \frac{W}{V \times 0.2042} \tag{7-3}$$

式中　M——氢氧化钠标准溶液的浓度，mol/L；

W——邻苯二甲酸氢钾的质量，g；

V——滴定所消耗氢氧化钠标准溶液的体积，mL；

0.2042——与 1 mL 0.1 mol/L 氢氧化钠标准溶液相当的邻苯二甲酸氢钾的质量，g。

（2）酚酞指示剂　称取酚酞 1 g，用乙醇溶解后加水定容至 100 mL。

3．测定方法

样品的制备同"总糖含量的测定"中样品的制备方法。

称取试样液 20 g（相当于实际样品 10 g）于小烧杯中，用无 CO_2 水 100 mL 洗入 250 mL 容量瓶中，置 80℃水浴中加热提取 30 min，并摇动数次使其溶解。取出，冷却。用无 CO_2 水定容至刻度，摇匀，用脱脂棉过滤，吸取滤液 10～50 mL（如果滤液中有颜色可加 100 mL 蒸馏水稀释）于 250 mL 锥形瓶中，加入 1% 酚酞指示剂 3～5 滴，用 0.1 mol/L 氢氧化钠标准溶液滴至微红色，30 s 不退为终点。

$$总酸量（\%）= \frac{V \times M \times K}{W} \times 100 \tag{7-4}$$

式中　V——滴定时消耗氢氧化钠标准溶液的体积，mL；

M——氢氧化钠标准溶液的浓度，mol/L；

K——换算为适当酸的系数（以柠檬酸计，$K = 0.064$）；

W——滴定所取滤液含样品重，g。

平行试验结果，容许差为 0.05%，取其平均值。

（二）有机酸含量的测定

1．电位滴定法

（1）仪器　电子天平、超声波清洗器、恒温水浴锅、旋转蒸发仪、电热鼓风干燥箱、精密酸度计、电磁搅拌器、台式离心机、超纯水机、粉碎机。

（2）0.1 mol/L NaOH 标准溶液的配制和标定　取一定量氢氧化钠，加新沸置冷蒸馏水配制成饱和溶液，置聚苯乙烯塑料瓶中，静置一周至澄清，备用。取澄清后的氢氧化钠饱和溶液 5.6 mL，加新煮置冷蒸馏水至 1 L，摇匀，备用。精密称取 105℃下干燥至恒重的基准邻苯二甲酸氢钾约 1.2 g，置 100 mL 容量瓶中，加新煮置冷的蒸馏水，振摇，使其溶解，加水定容。精密移取 25 mL，用已配制的 NaOH 标准溶液进行滴定，记录所消耗 NaOH 标准溶液的体积。平行滴定 3 次，计算得 NaOH 标准溶液的准确浓度（RSD < 2%）。

（3）0.1 mol/L HCl 标准溶液的配制与标定　量取浓 HCl 9 mL，以新沸置冷蒸馏水稀释至 1 L，摇匀，得盐酸标准溶液。精密称取 105℃下干燥至恒重的基准碳酸钠 0.300 g，置 100 mL 容量瓶中，以新沸置冷蒸馏水溶解并稀释至刻度。精密移取 200 mL，用新配制的 HCl 标准溶液滴定至终点，记录所消耗的 HCl 标准溶液的体积。平行测定 3 次，计算得 HCl 标准溶液的准确浓度（RSD < 2%）。

（4）供试品溶液的制备　取药材粉末 1 g，精密称定，置 100 mL 锥形瓶中，加入新沸放冷蒸馏水 30 mL，分别超声 60 min，以 5000 r/min 离心 10 min，移取全部上清液转移至旋转蒸发仪上蒸干，精密加入 NaOH 标准溶液 50 mL，超声 30 min，放至室温，以新沸蒸馏水多次润洗并定容至 100 mL 容量瓶中，备用。

（5）电位返滴定法测定总有机酸含量　精密移取供试品溶液适量（V_1），用已标定的盐酸标准溶液进行滴定，记录消耗盐酸标准溶液的体积 V，并将滴定液的结果用空白实验校正，记录滴定体积 V_0，每个实验平行 3 份。用绘图软件绘制滴定曲线，由二级微商内插法确定滴定终点，以柠檬酸计，计算样品中可滴定总有机酸含量。

$$总有机酸含量 = \frac{c(V_0 - V) \times \dfrac{M}{3000}}{\dfrac{W}{100.0} \times V_1} \times 100\% \tag{7-5}$$

式中　c——盐酸标准溶液的浓度，mol/L；

　　　V——计量点时消耗盐酸标准溶液体积，mL；

　　　V_0——空白时消耗盐酸标准溶液的体积，mL；

　　　V_1——供试品溶液体积，mL；

　　　M——柠檬酸摩尔质量，g/mol；

　　　W——山楂质量，g。

2. 液质联用法

（1）仪器　三重四极杆液相质谱联用仪。

（2）试剂　苹果酸、柠檬酸、酒石酸对照品；流动相乙酸铵、氨水，及其他试剂均为分析纯。

（3）色谱条件　色谱柱为 Kinetex HILIC100A（4.60 mm×100 mm，2.6 μm），流动相为乙腈-乙酸铵水溶液（30∶70），流速 0.5 mL/min，进样量 0.5 μL，柱温 35℃。

（4）质谱条件　ESI 离子源，检测方式为 MRM 多重反应监测，负离子模式，干燥气温度35℃，雾化器压力 40 psi❶，干燥气流速 10 L/min，扫描方式选择离子监测（SIM）。

（5）对照品溶液的制备　精密称取对照品苹果酸、柠檬酸、酒石酸（分别为 7.23 mg、4.44 mg、5.27 mg），置 25 mL 容量瓶中加纯水定容至刻度，摇匀，得混合对照品储备液。

（6）供试品溶液的制备　将山楂粉碎，过 200 目筛，取细粉 1 g，精密称量，加适量水常温超声 30 min，加水定容至 50 mL，以 15000 r/min 高速离心，取上层清液 0.5 mL 置 5 mL 容量瓶，加乙腈至刻度，摇匀，以 0.45 μm 微孔滤膜滤过，即得。

（7）标准曲线的制备　精密吸取混合对照品溶液适量，按"（3）""（4）"项条件测定 3 个组分，以峰面积对质量浓度进行线性回归，绘制标准曲线，求得各自的回归方程。

（8）样品的测定　将样品照"（6）"处理后，按照"（3）""（4）"项条件进行测定，根据峰面积采用外标法计算出各组分的含量。

（三）枸橼酸含量的测定

取山楂细粉约 1 g，精密称定，加入水 100 mL，室温下浸泡 4 h，时时振摇，滤过。精密量取续滤液 25 mL，加水 50 mL，加酚酞指示液 2 滴，用氢氧化钠滴定液（0.1 mol/L）滴定，即得。每 1 mL 氢氧化钠滴定液（0.1 mol/L）相当于 6.404 mg 的柠檬酸（$C_6H_8O_7$）。

酚酞指示液：取酚酞 1 g，加乙醇 100 mL 使溶解，即得。

氢氧化钠滴定液：取澄清的氢氧化钠饱和溶液 5.6 mL，加新沸过的冷水使成 1000 mL，摇匀。

三、维生素C（又称抗坏血酸）含量的测定

山楂中含有丰富的维生素，尤其是维生素 C 的含量最高，一般每 100 g 山楂果肉中含有维生素 C 约 60 mg，高者可达到 90 mg 以上。另外，山楂含有维生素 B_2 一般为 0.32～0.58 mg/kg，含有的维生素 B_1 通常有 0.12～0.42 mg/kg。山楂中的多种有机酸可以保护维生素在高温条件下不被破坏，维生素及有机酸可以激活胃内消化酶及其他生物活化酶的活性，促进胃肠道蠕动，提高营养成分的吸收利用率，增强新陈代谢，以达到山楂健胃消食的功效。

目前测定维生素 C 含量的主要方法有高效液相色谱法、荧光法、2,6-二氯靛酚滴定法等，参考的是 GB 5009.86—2016《食品安全国家标准　食品中抗坏血酸的测定》。此标准于 2017 年

---

❶ 1psi=6894.76Pa。

3月1日替代了原 GB/T 5009.86—2003《蔬菜、水果及其制品中总抗坏血酸的测定（荧光法和2,4-二硝基苯肼法)》、GB/T 5009.159—2003《食品中还原型抗坏血酸的测定》和 GB 6195—1986《水果、蔬菜维生素 C 含量测定法（2,6-二氯靛酚滴定法)》。

（一）高效液相色谱法

1．原理

试样中的抗坏血酸用偏磷酸溶解超声提取后，以离子对试剂为流动相，经反相色谱柱分离，其中 L-（+)-抗坏血酸和 D-（-)-抗坏血酸直接用配有紫外检测器的液相色谱仪（波长 245 nm）测定；试样中的 L-(+)-脱氢抗坏血酸经 L-半胱氨酸溶液进行还原后，用紫外检测器（波长 245 nm）测定 L-（+)-抗坏血酸总量，或减去原样品中测得的 L-（+)-抗坏血酸含量而获得 L-（+)-脱氢抗坏血酸的含量。以色谱峰的保留时间定性，外标法定量。

2．试剂和材料

除非另有说明，本方法所用试剂均为分析纯，水为 GB/T 6682—2008 规定的一级水。

（1）试剂

偏磷酸（$(HPO_3)_n$）：含量（以 HPO_3 计）≥38%。

磷酸三钠（$Na_3PO_4 \cdot 12H_2O$）。

磷酸二氢钾（KH_2PO_4）。

磷酸（H_3PO_4）：85%。

L-半胱氨酸（$C_3H_7NO_2S$）：优级纯。

十六烷基三甲基溴化铵（$C_{19}H_{42}BrN$）：色谱纯。

甲醇（CH_3OH）：色谱纯。

（2）试剂配制

偏磷酸溶液（200 g/L）：称取 200 g（精确至 0.1 g）偏磷酸，溶于水并稀释至 1 L，此溶液保存于 4℃的环境下可保存一个月。

偏磷酸溶液（20 g/L）：量取 50 mL 200 g/L 偏磷酸溶液，用水稀释至 500 mL。

磷酸三钠溶液（100 g/L）：称取 100 g（精确至 0.1 g）磷酸三钠，溶于水并稀释至 1 L。

L-半胱氨酸溶液（40 g/L）：称取 4 g L-半胱氨酸，溶于水并稀释至 100 mL。临用时配制。

（3）标准品

L-（+)-抗坏血酸标准品（$C_6H_8O_6$）：纯度≥99%。

D-（-)-抗坏血酸（异抗坏血酸）标准品（$C_6H_8O_6$）：纯度≥99%。

（4）标准溶液配制

L-(+)-抗坏血酸标准储备溶液（1.000 mg/mL）：准确称取 L-(+)-抗坏血酸标准品 0.01 g（精

确至 0.01 mg)，用 20 g/L 的偏磷酸溶液定容至 10 mL。该储备液在 2~8℃避光条件下可保存一周。

D-(-)-抗坏血酸标准储备溶液（1.000 mg/mL）：准确称取 D-(-)-抗坏血酸标准品 0.01 g（精确至 0.01 mg)，用 20 g/L 的偏磷酸溶液定容至 10 mL。该储备液在 2~8℃避光条件下可保存一周。

抗坏血酸混合标准系列工作液：分别吸取 L-(+)-抗坏血酸和 D-(-)-抗坏血酸标准储备液 0 mL、0.05 mL、0.50 mL、1.0 mL、2.5 mL、5.0 mL、用 20 g/L 的偏磷酸溶液定容至 100 mL。标准系列工作液中 L-(+)-抗坏血酸和 D-(-)-抗坏血酸的浓度分别为 0 μg/mL、0.5 μg/mL、5.0 μg/mL、10.0 μg/mL、25.0 μg/mL、50.0 μg/mL。临用时配制。

3．仪器和设备

（1）液相色谱仪：配有二极管阵列检测器或紫外检测器。

（2）pH 计：精度为 0.01。

（3）天平：感量为 0.1 g、1 mg、0.01 mg。

（4）超声波清洗器。

（5）离心机：转速≥4000 r/min。

（6）均质机。

（7）滤膜：0.45 μm 水相膜。

（8）振荡器。

4．分析步骤

整个检测过程尽可能在避光条件下进行。

（1）试样溶液的制备 山楂去核后取 100 g 左右加入等质量 20 g/L 的偏磷酸溶液，经均质机均质并混合均匀。称取相当于样品约 0.5~2 g（精确至 0.001 g）的匀浆试样[使所取试样含 L-(+)-抗坏血酸约 0.03~6 mg]于 50 mL 烧杯中，用 20 g/L 的偏磷酸溶液将试样转移至 50 mL 容量瓶中，振摇溶解并定容。摇匀，全部转移至 50 mL 离心管中，超声提取 5 min 后，于 4000 r/min 离心 5 min，取上清液过 0.45 μm 水相滤膜，滤液待测[由此试液可同时分别测定试样中 L-(+)-抗坏血酸和 D-(-)-抗坏血酸的含量]。

（2）试样溶液的还原 准确吸取 20 mL 上述离心后的上清液于 50 mL 离心管中，加入 10 mL 40 g/L 的 L-半胱氨酸溶液，用 100 g/L 磷酸三钠溶液调节 pH 至 7.0~7.2，以 200 次/min 振荡 5 min。再用磷酸调节 pH 至 2.5~2.8，用水将试液全部转移至 50 mL 容量瓶中，并定容至刻度。混匀后取此试液过 0.45 μm 水相滤膜后待测[由此试液可测定试样中包括脱氢型的 L-(+)-抗坏血酸总量]。若试样含有增稠剂，可准确吸取 4 mL 经 L-半胱氨酸溶液还原的试液，再准确加入 1 mL 甲醇，混匀后过 0.45 μm 滤膜后待测。

（3）仪器参考条件

色谱柱：C_{18}柱，柱长250 mm，内径4.6 mm，粒径5 μm，或同等性能的色谱柱。

检测器：二极管阵列检测器或紫外检测器。

流动相：A：6.8 g磷酸二氢钾和0.91 g十六烷基三甲基溴化铵，用水溶解并定容至1 L（用磷酸调pH至2.5～2.8）；B：100%甲醇。按A∶B=98∶2混合，过0.45 μm滤膜，超声脱气。

流速：0.7 mL/min。

检测波长：245 nm。

柱温：25℃。

进样量：20 μL。

（4）标准曲线制作　分别对抗坏血酸混合标准系列工作溶液进行测定，以L-（+）-抗坏血酸[或D-（-）-抗坏血酸]标准溶液的质量浓度（μg/mL）为横坐标，L-（+）-抗坏血酸[或D-（-）-抗坏血酸]的峰高或峰面积为纵坐标，绘制标准曲线或计算回归方程。L-（+）-抗坏血酸、D-（-）-抗坏血酸标准色谱图如图7-1所示。

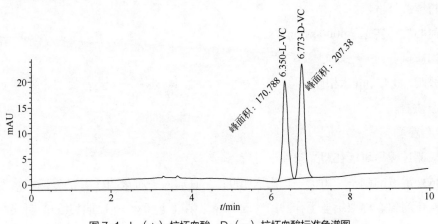

图7-1　L-（+）-抗坏血酸、D-（-）-抗坏血酸标准色谱图

（5）试样溶液的测定　对试样溶液进行测定，根据标准曲线得到测定液中L-（+）-抗坏血酸[或D-（-）-抗坏血酸]的浓度（μg/mL）。

（6）空白试验　空白试验系指除不加试样外，采用完全相同的分析步骤、试剂和用量，进行平行操作。

（7）分析结果的表述　试样中L-（+）-抗坏血酸[或D-（-）-抗坏血酸]的含量和L-（+）-抗坏血酸总量以毫克每百克表示，按式（7-6）计算：

$$X = \frac{(c_1 - c_0) \times V}{m \times 1000} \times F \times K \times 100 \tag{7-6}$$

式中　X——试样中L-(+)-抗坏血酸[或D-(-)-抗坏血酸、L-(+)-抗坏血酸总量]的含量，mg/100 g；

　　　c_1——样液中L-(+)-抗坏血酸[或D-(-)-抗坏血酸]的质量浓度，μg/mL；

　　　c_0——样品空白液中L-(+)-抗坏血酸[或D-(-)-抗坏血酸]的质量浓度，μg/mL；

　　　V——试样的最后定容体积，mL；

　　　m——实际检测试样质量，g；

　1000——换算系数（由μg/mL换算成mg/mL的换算因子）；

　　　F——稀释倍数（若使用还原步骤时，即为2.5）；

　　　K——若使用甲醇沉淀步骤时，即为1.25；

　100——换算系数（由mg/g换算成mg/100 g的换算因子）。

计算结果以重复性条件下获得的两次独立测定结果的算术平均值表示，结果保留三位有效数字。

（8）精密度　在重复性条件下获得的两次独立测定结果的绝对差值不得超过算术平均值的10%。

（二）荧光法

1. 原理

试样中L-(+)-抗坏血酸经活性炭氧化为L-(+)-脱氢抗坏血酸后，与邻苯二胺（OPDA）反应生成有荧光的喹喔啉（quinoxaline），其荧光强度与L-(+)-抗坏血酸的浓度在一定条件下成正比，以此测定试样中L-(+)-抗坏血酸总量。

注：L-(+)-脱氢抗坏血酸与硼酸可形成复合物而不与OPDA反应，以此排除试样中荧光杂质产生的干扰。

2. 试剂和材料

除非另有说明，本方法所用试剂均为分析纯，水为GB/T 6682—2008规定的三级水。

（1）试剂

偏磷酸 $(HPO_3)_n$：含量（以HPO_3计）≥38%；

冰醋酸（CH_3COOH）：浓度约为30%；

硫酸（H_2SO_4）：浓度约为98%；

乙酸钠（CH_3COONa）；

硼酸（H_3BO_3）；

邻苯二胺（$C_6H_8N_2$）；

百里酚蓝（$C_{27}H_{30}O_5S$）；

活性炭粉。

（2）试剂的配制

偏磷酸-乙酸溶液：称取 15 g 偏磷酸，加入 40 mL 冰醋酸及 250 mL 水，加温，搅拌，使之逐渐溶解，冷却后加水至 500 mL。于 4℃冰箱可保存 7～10 d。

硫酸溶液（0.15 mol/L）：取 8.3 mL 硫酸，小心加入水中，再加水稀释至 1000 mL。

偏磷酸-乙酸-硫酸溶液：称取 15 g 偏磷酸，加入 40 mL 冰醋酸，滴加 0.15 mol/L 硫酸溶液至溶解，并稀释至 500 mL。

乙酸钠溶液（500 g/L）：称取 500 g 乙酸钠，加水至 1000 mL。

硼酸-乙酸钠溶液：称取 3 g 硼酸，用 500 g/L 乙酸钠溶液溶解并稀释至 100 mL。临用时配制。

邻苯二胺溶液（200 mg/L）：称取 20 mg 邻苯二胺，用水溶解并稀释至 100 mL，临用时配制。

酸性活性炭：称取约 200 g 活性炭粉（75～177 μm），加入 1 L 盐酸（1+9），加热回流 1～2 h，过滤，用水洗至滤液中无铁离子为止，置于 110～120℃烘箱中干燥 10 h，备用（检验铁离子方法：利用普鲁士蓝反应。将 20 g/L 亚铁氰化钾与 1%盐酸等量混合，将上述洗出滤液滴入，如有铁离子则产生蓝色沉淀）。

百里酚蓝指示剂溶液（0.4 mg/mL）：称取 0.1 g 百里酚蓝，加入 0.02 mol/L 氢氧化钠溶液约 10.75 mL，在玻璃研钵中研磨至溶解，用水稀释至 250 mL（变色范围：pH 等于 1.2 时呈红色；pH 等于 2.8 时呈黄色；pH 大于 4 时呈蓝色）。

（3）标准品　L-（+）-抗坏血酸标准品（$C_6H_8O_6$）：纯度≥99%。

标准品的配制如下。

L-（+）-抗坏血酸标准溶液（1.000 mg/mL）：称取 L-（+）-抗坏血酸 0.05 g（精确至 0.01 mg），用偏磷酸-乙酸溶液溶解并稀释至 50 mL，该储备液在 2～8℃避光条件下可保存一周。

L-（+）-抗坏血酸标准工作液（100.0 μg/mL）：准确吸取 L-（+）-抗坏血酸标准液 10 mL，用偏磷酸-乙酸溶液稀释至 100 mL，临用时配制。

3. 仪器和设备

荧光分光光度计：具有激发波长 338 nm 及发射波长 420 nm。配有 1 cm 比色皿。

4. 分析步骤

整个检测过程应在避光条件下进行。

（1）试液的制备　称取约 100 g（精确至 0.1 g）试样，加 100 g 偏磷酸-乙酸溶液，倒入捣碎机内打成匀浆，用百里酚蓝指示剂测试匀浆的酸碱度。如呈红色，即称取适量匀浆用偏磷酸-乙酸溶液稀释；若呈黄色或蓝色，则称取适量匀浆用偏磷酸-乙酸-硫酸溶液稀释，使其 pH 为 1.2。匀浆的取用量根据试样中抗坏血酸的含量而定。当试样液中抗坏血酸含量在 40～100 μg/mL

之间，一般称取 20 g（精确至 0.01 g）匀浆，用相应溶液稀释至 100 mL，过滤，滤液备用。

（2）测定

① 氧化处理：分别准确吸取 50 mL 试样滤液及抗坏血酸标准工作液于 200 mL 具塞锥形瓶中，加入 2 g 活性炭，用力振摇 1 min，过滤，弃去最初数毫升滤液，分别收集其余全部滤液，即为试样氧化液和标准氧化液，待测定。

② 分别准确吸取 10 mL 试样氧化液于两个 100 mL 容量瓶中，作为"试样液"和"试样空白液"。

③ 分别准确吸取 10 mL 标准氧化液于两个 100 mL 容量瓶中，作为"标准液"和"标准空白液"。

④ 于"试样空白液"和"标准空白液"中各加 5 mL 硼酸-乙酸钠溶液，混合摇动 15 min，用水稀释至 100 mL，在 4℃冰箱中放置 2～3 h，取出待测。

⑤ 于"试样液"和"标准液"中各加 5 mL 的 500 g/L 乙酸钠溶液，用水稀释至 100 mL，待测。

（3）标准曲线的制备　准确吸取上述"标准液"[L-（+）-抗坏血酸含量 10 μg/mL] 0.5 mL、1.0 mL、1.5 mL、2.0 mL，分别置于 10 mL 具塞刻度试管中，用水补充至 2.0 mL。另准确吸取"标准空白液"2 mL 于 10 mL 带盖刻度试管中。在暗室迅速向各管中加入 5 mL 邻苯二胺溶液，振摇混合，在室温下反应 35 min，于激发波长 338 nm、发射波长 420 nm 处测定荧光强度。以"标准液"系列荧光强度分别减去"标准空白液"荧光强度的差值为纵坐标，对应的 L-（+）-抗坏血酸含量为横坐标，绘制标准曲线或计算直线回归方程。

（4）试样测定　分别准确吸取 2 mL "试样液"和"试样空白液"于 10 mL 具塞刻度试管中，在暗室迅速向各管中加入 5 mL 邻苯二胺溶液，振摇混合，在室温下反应 35 min，于激发波长 338 nm、发射波长 420 nm 处测定荧光强度。以"试样液"荧光强度减去"试样空白液"的荧光强度的差值于标准曲线上查得或回归方程计算测定试样溶液中 L-（+）-抗坏血酸总量。

5．结果计算

试样中 L-（+）-抗坏血酸总量，结果以毫克每百克表示，按式（7-7）计算：

$$X = \frac{c \times V}{m} \times F \times \frac{100}{1000} \tag{7-7}$$

式中　X——试样中 L-（+）-抗坏血酸的总量，mg/100 g；

　　　c——由标准曲线查得或回归方程计算的进样液中 L-（+）-抗坏血酸的质量浓度，μg/mL；

　　　V——荧光反应所用试样体积，mL；

　　　m——实际检测试样质量，g；

F——试样溶液的稀释倍数；

100——换算系数；

1000——换算系数。

计算结果以重复性条件下获得的两次独立测定结果的算术平均值表示，结果保留三位有效数字。

6．精密度

在重复性条件下获得的两次独立测定结果的绝对差值不得超过算术平均值的10%。

7．其他

当样品取样量为 10 g 时，L-（+）-抗坏血酸总量的检出限为 0.044 mg/100 g、定量限为 0.7 mg/100 g。

（三）2,6-二氯靛酚滴定法

1．原理

用蓝色的碱性染料2,6-二氯靛酚标准溶液对含 L-(+)-抗坏血酸的试样酸性浸出液进行氧化还原滴定，2,6-二氯靛酚被还原为无色，当到达滴定终点时，多余的 2,6-二氯靛酚在酸性介质中显浅红色，由 2,6-二氯靛酚的消耗量计算样品中 L-（+）-抗坏血酸的含量。

2．试剂和材料

除非另有说明，本方法所用试剂均为分析纯，水为 GB/T 6682—2008 规定的三级水。

（1）试剂

偏磷酸（$(HPO_3)_n$）：含量（以 HPO_3 计）≥38%；

草酸（$C_2H_2O_4$）；

碳酸氢钠（$NaHCO_3$）；

2,6-二氯靛酚（2,6-二氯靛酚钠盐，$C_{12}H_6Cl_2NNaO_2$）；

白陶土（或高岭土）：对抗坏血酸无吸附性。

（2）试剂的配制

偏磷酸溶液（20 g/L）：称取 20 g 偏磷酸，用水溶解并定容至 1 L。

草酸溶液（20 g/L）：称取 20 g 草酸，用水溶解并定容至 1 L。

2,6-二氯靛酚（2,6-二氯靛酚钠盐）溶液：称取碳酸氢钠 52 mg 溶解在 200 mL 热蒸馏水中，然后称取 2,6-二氯靛酚 50 mg 溶解在上述碳酸氢钠溶液中。冷却并用水定容至 250 mL，过滤至棕色瓶内，于 4～8℃环境中保存。每次使用前，用标准抗坏血酸溶液标定其滴定度。

标定方法：准确吸取 1 mL 抗坏血酸标准溶液于 50 mL 锥形瓶中，加入 10 mL 偏磷酸溶液或草酸溶液，摇匀，用 2,6-二氯靛酚溶液滴定至粉红色，保持 15 s 不褪色为止。同时另取 10 mL

偏磷酸溶液或草酸溶液做空白试验。2,6-二氯靛酚溶液的滴定度按式（7-8）计算：

$$T = \frac{c \times V}{V_1 - V_0} \tag{7-8}$$

式中　T——2,6-二氯靛酚溶液的滴定度，即每毫升2,6-二氯靛酚溶液相当于抗坏血酸的质量，mg/mL；

　　　c——抗坏血酸标准溶液的质量浓度，mg/mL；

　　　V——吸取抗坏血酸标准溶液的体积，mL；

　　　V_1——滴定抗坏血酸标准溶液所消耗2,6-二氯靛酚溶液的体积，mL；

　　　V_0——滴定空白所消耗2,6-二氯靛酚溶液的体积，mL。

（3）标准品　L-(+)-抗坏血酸标准品（$C_6H_8O_6$）：纯度≥99%。

（4）标准溶液的配制　L-(+)-抗坏血酸标准溶液（1.000 mg/mL）：称取100 mg（精确至0.1 mg）L-(+)-抗坏血酸标准品，溶于偏磷酸溶液或草酸溶液并定容至100 mL。该储备液在2～8℃避光条件下可保存一周。

3．测定

整个检测过程应在避光条件下进行。

（1）试液制备　称取具有代表性样品的可食部分100 g，放入粉碎机中，加入100 g偏磷酸溶液或草酸溶液，迅速捣成匀浆。准确称取10～40 g匀浆样品（精确至0.01 g）于烧杯中，用偏磷酸溶液或草酸溶液将样品转移至100 mL容量瓶，并稀释至刻度，摇匀后过滤。若滤液有颜色，可按每克样品加0.4 g白陶土脱色后再过滤。

（2）滴定　准确吸取10 mL滤液于50 mL锥形瓶中，用标定过的2,6-二氯靛酚溶液滴定，直至溶液呈粉红色15 s不褪色为止。同时做空白试验。

4．结果计算

试样中L-(+)-抗坏血酸含量按式（7-9）计算：

$$X = \frac{(V - V_0) \times T \times A}{m} \times 100 \tag{7-9}$$

式中　X——试样中L-(+)-抗坏血酸含量，mg/100 g；

　　　V——滴定试样所消耗2,6-二氯靛酚溶液的体积，mL；

　　　V_0——滴定空白所消耗2,6-二氯靛酚溶液的体积，mL；

　　　T——2,6-二氯靛酚溶液的滴定度，即每毫升2,6-二氯靛酚溶液相当于抗坏血酸的质量，mg/mL；

　　　A——稀释倍数；

m——试样质量，g。

计算结果以重复性条件下获得的两次独立测定结果的算术平均值表示，结果保留三位有效数字。

5. 精密度

在重复性条件下获得的两次独立测定结果的绝对差值，在 L-（+）-抗坏血酸含量大于 20 mg/100 g 时不得超过算术平均值的 2%。在 L-（+）-抗坏血酸含量小于或等于 20 mg/100 g 时不得超过算术平均值的 5%。

（四）2,4-二硝基苯肼比色法

1. 原理

总抗坏血酸包括还原型抗坏血酸、脱氢型抗坏血酸和二酮古乐糖酸，试样中还原型抗坏血酸经活性炭氧化为脱氢抗坏血酸，再与 2,4-二硝基苯肼作用生成红色脎，根据脎在硫酸溶液中的含量与总抗坏血酸含量成正比，进行比色定量。

2. 试剂

（1）4.5 mol/L 硫酸　谨慎地加 250 mL 硫酸（相对密度 1.84）于 700 mL 水中，冷却后用水稀释至 1000 mL。

（2）85%硫酸　谨慎地加 900 mL 硫酸（相对密度 1.84）于 100 mL 水中。

（3）2,4-二硝基苯肼溶液（20 g/L）　溶解 2 g 2,4-二硝基苯肼于 100 mL 4.5 mol/L 硫酸中，过滤。不用时存于冰箱内，每次用前必须过滤。

（4）草酸溶液（20 g/L）　溶解 20 g 草酸（$H_2C_2O_4$）于 700 mL 水中，再加水稀释至 1000 mL。

（5）草酸溶液（10 g/L）　取 500 mL 草酸溶液（20 g/L）稀释至 1000 mL。

（6）硫脲溶液（10 g/L）　溶解 5 g 硫脲于 500 mL 草酸溶液（10 g/L）中。

（7）硫脲溶液（20 g/L）　溶解 10 g 硫脲于 500 mL 草酸溶液（10 g/L）中。

（8）1 mol/L 盐酸　取 100 mL 盐酸，加入水中，并稀释至 1200 mL。

（9）抗坏血酸标准溶液　称取 100 mg 纯抗坏血酸溶解于 100 mL 草酸溶液（20 g/L）中，此溶液每毫升相当于 1 mg 抗坏血酸。

（10）活性炭　将 100 g 活性炭加到 750 mL 1 mol/L 盐酸中，回流 1～2 h，过滤，用水洗数次，至滤液中无铁离子（Fe^{3+}）为止，然后置于 110℃烘箱中烘干。

检验铁离子方法：利用普鲁士蓝反应。将 20 g/L 亚铁氰化钾与 1%盐酸等量混合，将上述洗出滤液滴入，如有铁离子则产生蓝色沉淀。

3. 仪器

恒温箱：37℃±0.5℃；紫外-可见分光光度计；捣碎机。

4．分析步骤

（1）试样的制备 全部试验过程应避光。

① 鲜样的制备 称取 100 g 鲜样及吸取 100 mL 20 g/L 草酸溶液，倒入捣碎机中打成匀浆，取 10～40 g 匀浆（含 1～2 mg 抗坏血酸）倒入 100 mL 容量瓶中，用 10 g/L 草酸溶液稀释至刻度，混匀。

② 干样的制备 称 1～4 g 干样（含 1～2 mg 抗坏血酸）放入乳钵内，加入 10 g/L 草酸溶液磨成匀浆，倒入 100 mL 容量瓶内，用 10 g/L 草酸溶液稀释至刻度，混匀。

③ 将①和②溶液过滤，滤液备用。不易过滤的试样可用离心机离心后，倾出上清液，过滤，备用。

（2）氧化处理 取 25 mL 上述滤液，加入 2 g 活性炭，振荡 1 min，过滤，弃去最初数毫升滤液。取 10 mL 此氧化提取液，加入 10 mL 20 g/L 硫脲溶液，混匀，此试样为稀释液。

（3）呈色反应

① 于三个试管中各加入 4 mL 干样稀释液（10 g/L 草酸溶液进行稀释）。一个试管作为空白，在其余试管中加入 1.0 mL 20 g/L 的 2,4-二硝基苯肼溶液，将所有试管放入 37℃±0.5℃ 恒温箱或水浴中，保温 3 h。

② 3 h 后取出，除空白管外，将所有试管放入冰水中。空白管取出后使其冷到室温，然后加入 1.0 mL 20 g/L 的 2,4-二硝基苯肼溶液，在室温中放置 10～15 min 后放入冰水内，其余步骤同试样。

（4）85%硫酸处理 当试管放入冰水后，向每一试管中加入 5 mL 85%硫酸，滴加时间至少需要 1 min，需边加边摇动试管。将试管自冰水中取出，在室温放置 30 min 后比色。

（5）比色 用 1 cm 比色杯，以空白液调零点，于 500 nm 波长处测吸光值。

（6）标准曲线绘制

① 加 2 g 活性炭于 50 mL 标准溶液中，振荡 1 min，过滤。

② 取 10 mL 滤液放入 500 mL 容量瓶中，加 5.0 g 硫脲，用 10 g/L 草酸溶液稀释至刻度，抗坏血酸浓度为 20 μg/mL。

③ 取 5 mL、10 mL、20 mL、25 mL、40 mL、50 mL、60 mL 稀释液，分别放入 7 个 100 mL 容量瓶中，用 10 g/L 硫脲溶液稀释至刻度，使最后稀释液中抗坏血酸的浓度分别为 1 μg/mL、2 μg/mL、4 μg/mL、5 μg/mL、8 μg/mL、10 μg/mL、12 μg/mL。

④ 按试样测定步骤形成脎并比色。

⑤ 以吸光值为纵坐标、抗坏血酸浓度（μg/mL）为横坐标绘制标准曲线。

5．结果计算

见式（7-10），计算结果表示到小数点后两位。

$$X = \frac{c \times V}{m} \times F \times \frac{100}{1000}$$

(7-10)

式中　X——试样中总抗坏血酸含量，mg/100 g；

　　　c——由标准曲线查得或由回归方程算得"试样氧化液"中总抗坏血酸的浓度，μg/mL；

　　　V——试样用 10 g/L 草酸溶液定容的体积，mL；

　　　F——试样氧化处理过程中的稀释倍数；

　　　m——试样的质量，g。

6. 精密度

在重复性条件下获得的两次独立测定结果的绝对差值不得超过算术平均值的 10%。

四、水分的测定

（一）烘干法

将山楂粉碎，粒径不超过 3 mm。称取山楂粉末 2～5 g，平铺于干燥至恒重的扁形称量瓶中，厚度不超过 5 mm，精密称定，开启瓶盖在 100～105℃干燥 5 h，将瓶盖盖好，移置干燥器中，放冷 30 min，精密称定，再在上述温度干燥 1 h，放冷，称重，至连续两次称重的差异不超过 5 mg 为止。根据减失的重量，计算供试品的含水量（%）。

（二）直接干燥法

1. 原理

利用食品中水分的物理性质，在 101.3 kPa（一个大气压）、温度 101～105℃下采用挥发方法测定样品中干燥减失的重量，包括吸湿水、部分结晶水和该条件下能挥发的物质，再通过干燥前后的称量数值计算出水分的含量。

2. 试剂和材料

除非另有说明，本方法所用试剂均为分析纯，水为 GB/T 6682—2008 规定的三级水。

（1）试剂　氢氧化钠（NaOH）、盐酸（HCl）、海砂。

（2）试剂配制

盐酸溶液（6 mol/L）：量取 50 mL 盐酸，加水稀释至 100 mL。

氢氧化钠溶液（6 mol/L）：称取 24 g 氢氧化钠，加水溶解并稀释至 100 mL。

海砂：取用水洗去泥土的海砂、河砂、石英砂或类似物，先用盐酸溶液（6 mol/L）煮沸0.5 h，用水洗至中性，再用氢氧化钠溶液（6 mol/L）煮沸 0.5 h，用水洗至中性，经 105℃干燥备用。

3．仪器和设备

扁形铝制或玻璃制称量瓶；电热恒温干燥箱；干燥器：内附有效干燥剂；天平：感量为 0.1 mg。

4．分析步骤

（1）固体试样　取洁净铝制或玻璃制的扁形称量瓶，置于 101～105℃干燥箱中，瓶盖斜支于瓶边，加热 1.0 h，取出盖好，置干燥器内冷却 0.5 h，称量，并重复干燥至前后两次质量差不超过 2 mg，即为恒重。将混合均匀的试样迅速磨细至颗粒小于 2 mm，不易研磨的样品应尽可能切碎，称取 2～10 g 试样（精确至 0.0001 g），放入此称量瓶中，试样厚度不超过 5 mm，如为疏松试样，厚度不超过 10 mm，加盖，精密称量后，置于 101～105℃干燥箱中，瓶盖斜支于瓶边，干燥 2～4 h 后，盖好取出，放入干燥器内冷却 0.5 h 后称量。然后再放入 101～105℃干燥箱中干燥 1 h 左右，取出，放入干燥器内冷却 0.5 h 后再称量。并重复以上操作至前后两次质量差不超过 2 mg，即为恒重。

注：两次恒重值在最后计算中，取质量较小的一次称量值。

（2）半固体或液体试样　取洁净的称量瓶，内加 10 g 海砂（实验过程中可根据需要适当增加海砂的量）及一根小玻棒，置于 101～105℃干燥箱中，干燥 1.0 h 后取出，放入干燥器内冷却 0.5 h 后称量，并重复干燥至恒重。然后称取 5～10 g 试样（精确至 0.0001 g），置于称量瓶中，用小玻棒搅匀放在沸水浴上蒸干，并随时搅拌，擦去瓶底的水滴，置于 101～105℃干燥箱中干燥 4 h 后盖好取出，放入干燥器内冷却 0.5 h 后称量。然后再放入 101～105℃干燥箱中干燥 1 h 左右，取出，放入干燥器内冷却 0.5 h 后再称量。并重复以上操作至前后两次质量差不超过 2 mg，即为恒重。

5．分析结果的表述

试样中的水分含量，按式（7-11）进行计算：

$$X = \frac{m_1 - m_2}{m_1 - m_3} \times 100 \tag{7-11}$$

式中　X——试样中水分的含量，g/100 g；

　　m_1——称量瓶（加海砂、玻棒）和试样的质量，g；

　　m_2——称量瓶（加海砂、玻棒）和试样干燥后的质量，g；

　　m_3——称量瓶（加海砂、玻棒）的质量，g；

　　100——单位换算系数。

水分含量≥1 g/100 g 时，计算结果保留三位有效数字；水分含量<1 g/100 g 时，计算结果保留两位有效数字。

6．精密度

在重复性条件下获得的两次独立测定结果的绝对差值不得超过算术平均值的 10%。

五、脂肪的测定

山楂中脂肪含量的测定可以参照标准《植源性农产品中脂肪的测定 滤袋法》(DB12/T 962—2020) 进行。

1．原理

脂肪易溶于有机溶剂。试样直接用无水乙醚或石油醚等溶剂抽提后，蒸发出去溶剂，干燥，得到游离态脂肪的含量。

2．试剂和材料

除非有特殊说明，所用试剂均为分析纯，实验用水为 GB/T 6682—2008 规定的三级水。

无水乙醚、石油醚（沸程为 30～60℃）、聚酯合成纤维筛滤袋（三维结构，孔径 2 μm）。

3．仪器与设备

滤袋式脂肪测定仪、电子天平（感量 0.1 mg）、电子天平（感量 0.01 g）、样品粉碎设备（匀浆机、粉碎机等）、电热鼓风干燥箱、封口机（手压式封口机或脚踏式封口机）。

4．分析步骤

(1) 试样制备与称量　取山楂可食部分，匀浆，准确称取匀浆样品 2.0～5.0 g，精确至 0.1 mg，封装于恒重的滤袋中，用封口机封口，备用。

(2) 实验步骤

① 将封装好样品的滤袋置于烘箱中于 105℃±2℃干燥 3 h，放置干燥器内冷却 0.5 h 后称重，重复以上操作直至恒重（前后两次质量差不超过 2 mg）。

② 根据脂肪测定仪操作说明进行检测。将准备好的滤袋夹入弹簧夹中，然后一同放入滤袋杯中，注意使滤袋折叠部位朝上，将滤袋杯放入提取罐中。开启电源及冷却水，冷却水流量手动调整到合适状态，设置抽提状态和回收状态的温度和时间。使用 30～60℃沸程石油醚时建议抽提状态设置温度为 90℃，时间为 2 h，回收状态温度为 100℃，时间为 0.5 h（可根据回收情况适当调整）。

③ 取出滤袋，于通风橱内待石油醚气味散尽，放入烘箱中于 105℃±2℃条件下烘干 0.5 h，取出放入干燥器中冷却至室温，称重。

5．结果计算

试样中的粗脂肪以干基质量分数（%）表示，按式 (7-16) 进行计算。计算结果表示到小数点后一位。

$$T = \frac{m_1 - m_2}{m(1-f)} \times 100 \qquad (7\text{-}12)$$

式中　T——被测试样的粗脂肪含量，%；

m_1——105℃恒重的滤袋和试样的质量，g；

m_2——105℃烘后滤袋和残渣的质量，g；

m——试样的质量，g；

f——试样中水分的含量，%。

6．精密度

在重复性条件下获得的两次独立测定结果的绝对差值不得超过算术平均值的10%。

六、蛋白质的测定

组成蛋白质的基本单位是氨基酸，氨基酸通过脱水缩合形成肽链，蛋白质是一条或多条多肽链组成的生物大分子。不同品种应针对自身蛋白质特性选择适宜的测定方法并做相应方法学验证，同时应尽可能选用与待测定品种蛋白质结构相同或相近的蛋白质作对照品。

（一）凯氏定氮法

本法系依据蛋白质为含氮的有机化合物，当与硫酸和硫酸铜、硫酸钾一同加热消化时使蛋白质分解，分解的氨与硫酸结合生成硫酸铵。然后碱化蒸馏使氨游离，用硼酸液吸收后以硫酸滴定液滴定，根据酸的消耗量算出含氮量，再将含氮量乘以换算系数（除另有规定外，氮转换为蛋白质的换算系数为6.25），即为蛋白质的含量。

本法灵敏度较低，适用于0.2～2.0 mg氮的测定。

1．供试品制备

将山楂粉碎或切成微小块备用。

2．测定法

蒸馏装置如图7-2所示。图中A为1000 mL圆底烧瓶，B为安全瓶，C为连有氮气球的蒸馏器，D为漏斗，E为直形冷凝管，F为100 mL锥形瓶，G、H为橡皮管夹。

（1）连接蒸馏装置，A瓶中加水适量与甲基红指示液数滴，加稀硫酸使成酸性，加玻璃珠或沸石数粒，从D漏斗加水约50 mL，关闭G夹，开放冷凝水，煮沸A瓶中的水，当蒸汽从冷凝管尖端冷凝而出时，移去火源，关H夹，使C瓶中的水反抽到B瓶，开G夹，放出B瓶中的水，关B瓶及G夹，将冷凝管尖端插入约50 mL水中，使水自冷凝管尖端反抽至C瓶，再抽至B瓶，如

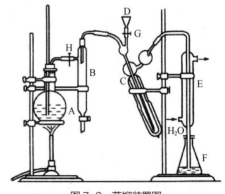

图7-2　蒸馏装置图

上法放去。如此将仪器内部洗涤 2～3 次。

（2）取供试品适量（相当于含氮量 1.0～2.0 mg），精密称定，置干燥的 30～50 mL 凯氏烧瓶中，加硫酸钾（或无水硫酸钠）0.3 g 与 30%硫酸铜溶液 5 滴，再沿瓶壁滴加硫酸 2.0 mL；在凯氏烧瓶口放一小漏斗，并使烧瓶成 45°斜置，用小火缓缓加热使溶液保持在沸点以下，等沸腾停止，逐步加大火力，沸腾至溶液成澄明的绿色后，除另有规定外，继续加热 10 min，放冷，加水 2 mL。

（3）取 2%硼酸溶液 10 mL，置 100 mL 锥形瓶中，加甲基红-溴甲酚绿混合指示液 5 滴，将冷凝管尖端插入液面下。然后，将凯氏烧瓶中的内容物经由 D 漏斗转入 C 蒸馏瓶中，用水少量淋洗凯氏烧瓶及漏斗数次，再加入 40%氢氧化钠溶液 10 mL，用少量水再洗漏斗数次，关 G 夹，加热 A 瓶进行水蒸气蒸馏，至硼酸液开始由酒红色变为蓝绿色时起，继续蒸馏约 10 min 后，将冷凝管尖端提出液面，使水蒸气继续冲洗约 1 min，用水淋洗尖端后停止蒸馏。

（4）馏出液用硫酸滴定液（0.005 mol/L）滴定至溶液由蓝绿色变为灰紫色，并将滴定的结果用空白（空白和供试品所得馏出液的容积应基本相同，70～75 mL）试验校正。每 1 mL 硫酸滴定液（0.005 mol/L）相当于 0.1401 mg 的 N。

注意：（1）取用的供试品如在 0.1 g 以上时，应适当增加硫酸的用量，使消解作用完全，并相应地增加 40%氢氧化钠溶液的用量。

（2）蒸馏前应蒸洗蒸馏器 15 min 以上。

（3）硫酸滴定液（0.005 mol/L）的配制：精密量取硫酸滴定液（0.05 mo/L）100 mL，置于 1000 mL 量瓶中，加水稀释至刻度，摇匀。

（二）双缩脲法

本法系依据蛋白质分子中含有的两个以上肽键在碱性溶液中与 Cu^{2+} 形成紫红色络合物，在一定范围内其颜色深浅与蛋白质浓度呈正比，以蛋白质对照品溶液作标准曲线，采用比色法测定供试品中蛋白质的含量。

本法快速、灵敏度低，测定范围通常可达 1～10 mg。本法干扰测定的物质主要有硫酸铵、三羟甲基氨基甲烷缓冲液和某些氨基酸等。

1. 试剂

双缩脲试液：取硫酸铜 1.5 g、酒石酸钾钠 6.0 g 和碘化钾 5.0 g，加水 500 mL 使溶解，边搅拌边加入 10%氢氧化钠溶液 300 mL，用水稀释至 1000 mL，混匀，即得。

2. 对照品溶液的制备

除另有规定外，取血清白蛋白（牛）对照品或蛋白质含量测定国家标准品，加水溶解并制成每 1 mL 中含 10 mg 的溶液。

3. 测定法

精密量取对照品溶液 0.0 mL、0.2 mL、0.4 mL、0.6 mL、0.8 mL、1.0 mL（对照品溶液取用量可在本法测定范围内进行适当调整），分别置具塞试管中，各加水至 1.0 mL，再分别加入双缩脲试液 4.0 mL，立即混匀，室温放置 30 min，照紫外-可见分光光度法（《中国药典》通则 0401），在 540 nm 的波长处测定吸光度；同时以 0 号管作为空白。以对照品溶液浓度与其相对应的吸光度计算线性回归方程。另精密量取供试品适量，同法操作。从线性回归方程计算供试品溶液中的蛋白质浓度，并乘以稀释倍数，即得。

（三）考马斯亮蓝法（Bradford 法）

本法系依据在酸性溶液中考马斯亮蓝 G250 与蛋白质分子中的碱性氨基酸（精氨酸）和芳香族氨基酸结合形成蓝色复合物，在一定范围内其颜色深浅与蛋白质浓度呈正比，以蛋白质对照品溶液做标准曲线，采用比色法测定供试品中蛋白质的含量。

本法灵敏度高，通常可测定 1～200 μg 的蛋白质量。本法主要的干扰物质有去污剂、Triton X-100、十二烷基硫酸钠（SDS）等，供试品缓冲液呈强碱性时也会影响显色。

1. 试剂

酸性染色液：取考马斯亮蓝 G250 0.1 g，加乙醇 50 mL 溶解后，加磷酸 100 mL，加水稀释至 1000 mL，混匀。滤过，取滤液，即得。本试剂应置棕色瓶内，如有沉淀产生，使用前需经滤过。

2. 对照品溶液的制备

除另有规定外，取血清白蛋白（牛）对照品或蛋白质含量测定国家标准品，加水溶解并制成每 1 mL 中含 1 mg 的溶液。

3. 测定法

精密量取对照品溶液 0.0 mL、0.01 mL、0.02 mL、0.04 mL、0.06 mL、0.08 mL、0.1 mL（对照品溶液取用量可在本法测定范围内进行适当调整），分别置具塞试管中，各加水至 0.1 mL，再分别加入酸性染色液 5.0 mL，立即混匀，照紫外-可见分光光度法，立即在 595 nm 的波长处测定吸光度；同时以 0 号管作为空白。以对照品溶液浓度与其相对应的吸光度计算线性回归方程。另精密量取供试品适量，同法测定，从线性回归方程计算供试品溶液中的蛋白质浓度，并乘以稀释倍数，即得。

注意：本法测定时不可使用可与染色物结合的比色皿（如石英比色皿），建议使用玻璃比色皿或其他适宜材料的比色皿。

第二节　山楂主要药用成分的检测方法

山楂是我国传统的药食两用植物，它不仅含有丰富的营养成分，可以加工制作富有营养的食品；而且它的很多成分还具有药理作用，疗效显著，其果实、种子、根、叶、花均可入药，通过一定的制剂工艺制备成药物，用于治疗疾病。山楂中含有的主要药用成分有黄酮类、维生素 C、胡萝卜素、萜类、甾醇等，下面对这些主要生物活性成分的检测方法进行介绍。

一、黄酮类的测定

黄酮类化合物是由植物产生的次级代谢产物，主要包括芹菜素、槲皮素、山柰酚、黄烷醇及其聚合物和其他类黄酮苷元等，成分复杂，结构多样。黄酮具有改善血管疾病、预防癌症、抗氧化、抑菌等作用。目前，从北山楂中分离得到的黄酮类化合物已有 40 多种，大部分是以槲皮素、芹菜素和山柰酚类为苷元的糖苷类化合物，其中异槲皮苷、金丝桃苷、牡荆素和牡荆素葡萄糖苷等黄酮苷类化合物是北山楂中黄酮类化合物的代表物质。

（一）药典法测定总黄酮

1. 对照品溶液的制备

精密称取在 120℃干燥至恒重的芦丁对照品 25 mg，置 50 mL 量瓶中，加乙醇适量，超声处理使溶解，放冷，加乙醇至刻度，摇匀。精密量取 20 mL，置 50 mL 量瓶中，加水至刻度，摇匀，即得（每 1 mL 中含无水芦丁 0.2 mg）。

2. 标准曲线的制备

精密量取对照品溶液 1 mL、2 mL、3 mL、4 mL、5 mL、6 mL，分别置 25 mL 量瓶中，各加水至 6 mL，加 5%亚硝酸钠溶液 1 mL，摇匀，放置 6 min，加 10%硝酸铝溶液 1 mL，摇匀，放置 6 min，加氢氧化钠试液 10 mL，再加水至刻度，摇匀，放置 15 min，以相应试剂为空白，立即照紫外-可见分光光度法（通则 0401，具体参见本章附录 A），在 500 nm 的波长处测定吸光度，以吸光度为纵坐标、浓度为横坐标，绘制标准曲线。

3. 测定法

取本品细粉约 1 g，精密称定，置索氏提取器中，加三氯甲烷加热回流提取至提取液无色，弃去三氯甲烷液，药渣挥去三氯甲烷，加甲醇继续提取至无色（约 4 h），提取液蒸干，残渣加稀乙醇溶解，转移至 50 mL 量瓶中，加稀乙醇至刻度，摇匀，作为供试品储备液。取供试品储备液，滤过，精密量取续滤液 5 mL，置 25 mL 量瓶中，加水稀释至刻度，摇匀。精密量取 2 mL，置 25 mL 量瓶中，照标准曲线制备项下的方法，自"加水至 6 mL"起依法测定吸光度，从标准曲线上读出供试品溶液中芦丁的重量，计算，即得。

【附注】

氢氧化钠试液：取氢氧化钠 4.3 g，加水使溶解成 100 mL，即得。

稀乙醇：取乙醇 529 mL，加水稀释至 1000 mL，即得。本液在 20℃时含 C_2H_5OH 应为 49.5%～50.5%（体积分数）。

（二）药典法测定金丝桃苷

参照高效液相色谱法（《中国药典》通则 0512，具体见本章附录 B）测定。

1．色谱条件与系统适用性试验

以十八烷基硅烷键合硅胶为填充剂；以乙腈-甲醇-四氢呋喃-0.5%醋酸溶液（1∶1∶19.4∶78.6）为流动相；检测波长为 363 nm。理论板数按金丝桃苷峰计算应不低于 3000。

2．对照品溶液的制备

取金丝桃苷对照品适量，精密称定，加稀乙醇制成每 1 mL 含 20 μg 的溶液，即得。

3．供试品溶液的制备

取本品细粉约 1 g，精密称定，置索氏提取器中，加三氯甲烷加热回流提取至提取液无色，弃去三氯甲烷液，药渣挥去三氯甲烷，加甲醇继续提取至无色（约 4 h），提取液蒸干，残渣加稀乙醇溶解，转移至 50 mL 量瓶中，加稀乙醇至刻度，摇匀，作为供试品储备液。取储备液，滤过，取续滤液，即得。

4．测定法

分别精密吸取对照品溶液与供试品溶液各 10 μL，注入液相色谱仪，测定，即得。

（三）药典法测定牡荆素鼠李糖苷

参照高效液相色谱法（《中国药典》通则 0512，具体参照本章附录 B）测定。

1．色谱条件与系统适用性试验

以十八烷基硅烷键合硅胶为填充剂；以四氢呋喃-甲醇-乙腈-乙酸-水（38∶3∶3∶4∶152）为流动相；检测波长为 330 nm。理论板数按牡荆素鼠李糖苷峰计算应不低于 2500。

2．对照品溶液的制备

取牡荆素鼠李糖苷对照品适量，精密称定，加 60%乙醇制成每 1 mL 含 100 μg 的溶液，即得。

3．供试品溶液的制备

取本品 50 mg，精密称定，置 50 mL 量瓶中，加 60%乙醇溶解并稀释至刻度，即得。

4．测定法

分别精密吸取对照品溶液与供试品溶液各 10 μL，注入液相色谱仪，测定，即得。

（四）液质联用法测定牡荆素鼠李糖苷等 4 种成分

1．仪器

Agilent 1200 Series 高效液相色谱仪，6310 型质谱仪，ESI 离子源，十万分之一电子分析天平，KQ-700 型超声波清洗器。

2．试剂

对照品：表儿茶素、金丝桃苷、牡荆素鼠李糖苷、牡荆素葡萄糖苷。乙腈为色谱纯，其他试剂均为分析纯，水为纯净水。

3．色谱条件

色谱柱：Poroshell 120 SB-C18（2.1 mm×100 mm，2.7 μm）；以 0.1%甲酸水（A）-乙腈（B）为流动相，梯度洗脱：0 min—10 min—25 min—35 min—40 min—41 min—50 min，A：90%—82%—80%—80%—40%—10%—10%，B：10%—18%—20%—20%—60%—90%—90%；流速 0.15 mL/min，进样量 1 μL，检测波长 320 nm，柱温 30℃。

质谱条件：大气压电喷雾离子源（ESI），负离子扫描，多反应监测（MRM）模式，参数见表 7-1。N_2 压力 20 psi，干燥气流速 12.0 L/min，干燥气温度 350℃。

表 7-1 4 种成分 MRM 模式参数

化合物	母离子 m/z	子离子 m/z	毛细管电压/V	毛细管出口电压/V	碰撞电压/V	扫描范围 m/z
表儿茶素	289.0[M-H]⁻	245.0			0.8	
金丝桃苷	463.0[M-H]⁻	301.0	+3750	-180.0	1	100～700
牡荆素鼠李糖苷	577.0[M-H]⁻	413.0			0.7	
牡荆素葡萄糖苷	593.0[M-H]⁻	413.0			0.9	

4．溶液的制备

（1）对照品溶液的制备　准确称取各对照品，用甲醇制得含表儿茶素、金丝桃苷、牡荆素鼠李糖苷和牡荆素葡萄糖苷浓度分别为 0.023 mg/mL、0.020 mg/mL、0.142 mg/mL 和 0.074 mg/mL 的储备液。

（2）供试品溶液的制备　精密称定样品粉末 0.5 g，置具塞三角瓶，精密加入 25 mL 60%甲醇溶液，称重，超声提取（700 W，40 kHz）30 min，放置室温，称重并补足失重，提取液离心 10 min（12000 r/min），过 0.20 μm 滤膜，取续滤液，即得。

5．样品测定

精密吸取制备的储备液，以倍比稀释法制备系列对照品溶液，各进样 1 μL，获得样品浓度和峰面积的线性方程。精密吸取供试品溶液 1 μL 进样，根据线性方程计算样品中金丝桃苷等的含量。

（五）一测多评法测定绿原酸等 6 种成分

1．原理

在一定范围内成分的量（质量或浓度）与仪器响应值成正比，即：$f=W/A$（W 表示成分的量，A 表示仪器响应值）。在进行山楂叶的多指标质量评价时，以牡荆素葡萄糖苷（S）为内标，建立牡荆素葡萄糖苷（S）与绿原酸、牡荆素鼠李糖苷、牡荆素、芦丁、金丝桃苷之间的相对校正因子：

$$f_{sx} = \frac{f_s}{f_x} = \frac{c_s \times A_x}{c_x \times A_s} \tag{7-13}$$

式中　f_{sx}——内参物与待测组分之间的相对校正因子（RCF）；

　c_s、c_x——内参物与待测物的浓度；

　A_s、A_x——内参物与待测物的仪器响应值。

通过 RCF 计算绿原酸、牡荆素鼠李糖苷、牡荆素、芦丁、金丝桃苷的量，同时采用外标法（ESM）计算上述成分的量：

$$A_E = ac_E + b \tag{7-14}$$

式中　A_E——待测物的仪器响应值；

　a，b——本公式的斜率和截距；

　c_E——外标法计算所得待测物质的浓度，进行同步测定，以验证计算值的准确性和可行性。

2．仪器

1200 Series 型高效液相色谱仪（包括 G1322A 在线脱气机、G1311A 四元泵、G1329A 自动进样器、G1316A 柱温箱、G1315D 二极管阵列检测器、Agilent Chemstation 色谱工作站）；KQ-70 型超声波清洗器；AG-245 型十万分之一电子分析天平。

3．试剂

绿原酸、牡荆素鼠李糖苷、牡荆素、芦丁、金丝桃苷、牡荆素葡萄糖苷对照品，纯度＞99%；乙腈、甲醇、四氢呋喃为色谱纯，其余试剂均为分析纯，水为纯净水。

4．色谱条件

色谱柱：Agilent ZORBAX SB C_{18}（250 mm×4.6 mm，5 μm）；流动相：0.1 %甲酸（A）-乙腈（B）-四氢呋喃（C），梯度洗脱（参见表 7-2）；流速：1.0 mL/min；波长：350 nm；柱温30℃；进样量 10 μL。

表 7-2　梯度洗脱程序

t/min	A/%	B/%	C/%
0	91	7	2
20	83	15	2
30	83	15	2
40	78	20	2
50	74	24	2

5．溶液的制备

（1）混合对照品溶液　精密称取芦丁对照品 10.0 mg，置于 10 mL 量瓶中，加 70 %甲醇溶解并定容，作为芦丁对照品储备液；精密称取绿原酸对照品 20.0 mg、牡荆素对照品 15.0 mg、金丝桃苷对照品 15.0 mg、牡荆素葡萄糖苷对照品 40 mg、牡荆素鼠李糖苷对照品 50 mg，置于同一 50 mL 量瓶中，加 70 %甲醇溶解，再加上述芦丁对照品储备液 4 mL，加 70 %甲醇定容，制成绿原酸、牡荆素、金丝桃苷、牡荆素葡萄糖苷、牡荆素鼠李糖苷、芦丁质量浓度分别为 0.40 mg/mL、0.30 mg/mL、0.30 mg/mL、0.80 mg/mL、1.00 mg/mL、0.80 mg/mL 的混合对照品溶液。

（2）供试品溶液　取样品 0.5 g，精密称定，置于具塞锥形瓶中，精密加 70 %甲醇 25 mL，精密称定质量，超声（功率：70 W，频率：40 kHz）提取 30 min，放冷，补足减失的质量，上清液以微孔滤膜（0.45 μm）滤过，取续滤液，即得。

6．标准曲线

量取混合对照品溶液适量，按倍比稀释法制成系列对照品溶液。精密量取上述系列混合对照品溶液各 10 μL，按上述色谱条件进样测定，记录峰面积。以待测成分进样量（x，μg）为横坐标、峰面积（y）为纵坐标绘制标准曲线。

7．样品测定

取样品适量，制备供试品溶液，再按上述色谱条件进样测定，计算样品含量。

（六）HPLC–MS/MS 法测定金丝桃苷等 8 种成分

1．仪器

Agilent 1200 Series 高效液相色谱仪，6310 型质谱仪；Poroshell 120 SB-C_{18} 色谱柱（2.1 mm×100 mm，2.7 μm；填料：多孔层十八烷基硅烷键合硅胶；Agilent 公司），AG-245 型十万分之

一电子分析天平；KQ-700 型超声波清洗器。

2．试剂

表儿茶素、绿原酸、牡荆素、金丝桃苷、牡荆素鼠李糖苷、牡荆素葡萄糖苷、芦丁、山楂叶苷 A 对照品，纯度均大于98%；甲醇、乙腈为色谱纯，纯净水，其他试剂为分析纯。

3．测定条件

色谱条件：采用 Poroshell 120 SB-C$_{18}$ 色谱柱（2.1 mm×100 mm，2.7 μm），以 0.1%甲酸水为流动相 A、乙腈为流动相 B，梯度洗脱（0～10 min，10%B → 18%B；10～25 min，18%B → 20%B；25～35 min，20%B；35～40 min，20%B → 60%B；40～41 min，60%B → 90%B；41～50 min，90%B），流速 0.15 mL/min，检测波长 320 nm，柱温 30℃，进样量 1 μL。

质谱条件：采用大气压电喷雾离子源（ESI），负离子扫描，采用多反应监测（MRM）模式（参数见表 7-3），毛细管电压+3.750 kV，毛细管出口电压-180.0 V，扫描范围 m/z 100～700，氮气压力 $1.38×10^5$ Pa，干燥气流速 12.0 L/min，干燥气温度 350℃。各对照品提取离子流色谱图如图 7-3 所示。

表 7-3 8 个化合物 MRM 模式参数

化合物	母离子 m/z	子离子 m/z	碰撞电压/V
表儿茶素	289.0[M-H]⁻	245.0	0.8
绿原酸	353.0[M-H]⁻	191.0	0.3
牡荆素	431.0[M-H]⁻	311.0	0.8
金丝桃苷	463.0[M-H]⁻	301.0	1
牡荆素鼠李糖苷	577.0[M-H]⁻	413.0	0.7
牡荆素葡萄糖苷	593.0[M-H]⁻	413.0	0.9
芦丁	609.0[M-H]⁻	300.0	1.2
山楂叶苷 A	407.0[M-H]⁻	245.0	0.8

4．溶液的制备

（1）对照品溶液　精密称取各对照品适量，分别用甲醇制得含表儿茶素 0.023 mg/mL、绿原酸 0.022 mg/mL、牡荆素 0.011 mg/mL、金丝桃苷 0.020 mg/mL、牡荆素鼠李糖苷 0.142 mg/mL、牡荆素葡萄糖苷 0.074 mg/mL、芦丁 0.033 mg/mL、山楂叶苷 A 0.020 mg/mL 的单一对照品储备液，使用时用甲醇稀释成不同浓度梯度的对照品溶液。

（2）供试品溶液　取山楂叶药材粉末（过 60 目筛）约 0.5 g，精密称定，置具塞锥形瓶中，精密加入 60%甲醇水溶液 25 mL，称量，超声（700 W，40 kHz）提取 30 min，取出放冷至室温，再称量，用 60%甲醇水溶液补足损失的量，摇匀，提取液于 12000 r/min 离心 10 min，以 0.20 μm 微孔滤膜过滤，取续滤液，即得。

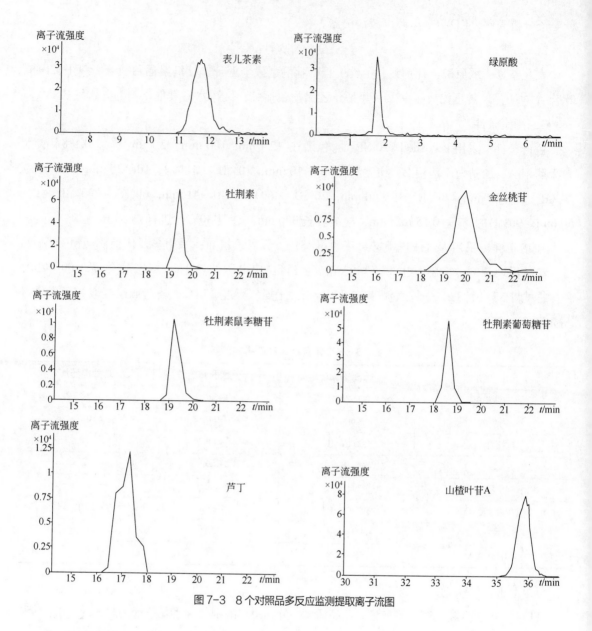

图 7-3 8个对照品多反应监测提取离子流图

5．标准曲线

将上述各对照品溶液作为 1 号溶液，倍比稀释，制得单一对照品系列浓度溶液 2 号、3 号、4 号、5 号、6 号溶液。测定各样品的峰面积，以浓度 x 为横坐标、峰面积 y 为纵坐标绘制标准曲线。

6．样品测定

称取样品适量制备供试品溶液，测定峰面积，根据标准曲线计算样品含量。

（七）毛细管电泳法测定黄酮成分

1. 仪器

毛细管电泳安培检测系统，高压电源，BAS LC-3D 安培检测器，熔融石英毛细管（70 cm×25 μm）。

2. 试剂

芦丁、金丝桃苷和绿原酸对照品，其余试剂均为分析纯。

3. 检测方法

电化学检测池为三电极体系：工作电极为 300 μm 碳圆盘电极，参比电极是饱和甘汞电极，辅助电极是铂丝。采用高压电源进样，进样电压为 16 kV，检测电位为+0.95 V（以 SCE 作参比），时间为 6 s，采用硼酸盐缓冲液（50 mmol/ L，pH 为 9.2）。

4. 溶液配制

用无水乙醇配置标准储备液（1.00×10^{-3} g/mL），工作液由运行缓冲溶液稀释得到。所有溶液均经 0.22 μm 聚丙乙烯滤膜过滤后再使用。

5. 样品及处理

将山楂粉碎，取约 1.000 g 加入 10 mL 70 %甲醇，超声提取 1 h，置于冰箱冷藏，使用时经 0.22 μm 聚丙乙烯滤膜过滤，滤液避光冷藏。

6. 标准曲线

配制不同浓度（$1.0 \times 10^{-8} \sim 1.0 \times 10^{-3}$ g/ mL）的混合溶液，在选定的条件下测定，以峰高（nA）为横坐标、被测物的浓度（g/ mL）为纵坐标，绘制标准曲线，并得出各组分的线性回归方程。

7. 样品测定

称取适量的山楂样品，处理后，在选定的条件下进行测定，根据标准曲线和回归方程计算样品中各成分含量。

（八）三波长-分光光度法测定总黄酮

1. 原理

在黄酮类化合物的紫外吸收光谱中，主要是由 300～400 nm 之间的吸收带 I 和 240～280 nm 之间的吸收带 II 组成。因为山楂叶和果中含有的其他成分在带 I 和带 II 范围内均有一定程度的吸收，因此会对总黄酮的含量测定产生干扰。加入铝盐后使黄酮类化合物与铝离子形成稳定的化合物，吸收带 I 会产生明显红移，同时吸光度也大大增加。因此选择铝配合物显色体系来测定样品中总黄酮的质量浓度。三波长-分光光度法的基本原理如图 7-4 所示，在一条吸收光谱曲线上可以适当选择 3 个波长 λ_1、λ_2、λ_3，分别测定其吸光度 A_1、A_2 和

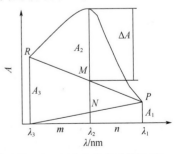

图 7-4　三波长-分光光度法原理

A_3，由图 7-4 可知：

$$\Delta A = A_2 - (N\lambda_2 + MN) = A_2 - \frac{mA_1 + nA_3}{m+n}$$

$$= A_2 - \frac{(\lambda_2 - \lambda_3)A_1 + (\lambda_1 - \lambda_2)A_3}{\lambda_1 - \lambda_3} \tag{7-15}$$

$$= \left\{ \varepsilon_{\lambda_2} - \frac{(\lambda_2 - \lambda_3)\varepsilon_{\lambda_1} + (\lambda_1 - \lambda_2)\varepsilon_{\lambda_3}}{\lambda_1 - \lambda_3} \right\} bc$$

式中　ε——待测组分在各波长处的摩尔吸光系数；

　　　b——光程；

　　　c——待测组分的摩尔浓度。

由上式可知 ΔA 值与待测组分的浓度成正比，可以用于对待测组分的测定中。从图 7-4 又知，当选择的干扰组分的 3 个波长对应的 R、M、P 三个点在一条直线上时，干扰组分的 $\Delta A = 0$，则测得的 ΔA 值与该干扰组分浓度无关。

三波长-分光光度法测定黄酮含量，能有效地消除吸收峰不对称给黄酮定量分析造成的影响，并校正了干扰组分的吸收光谱具有可能是散射造成的背景（散射与波长有关，在短波处散射较强）线性吸收产生的基线倾斜，提高了定量分析的准确度。

2. 试剂

芦丁标准品；其他试剂均为分析纯。

3. 仪器

紫外分光光度计；KG-250 型渣油超声波清洗器。

4. 供试品溶液的制备

取山楂果细粉 1.0000 g，置索氏提取器中，加三氯甲烷加热回流提取至提取液无色，弃去三氯甲烷液，药渣除去三氯甲烷，加甲醇继续提取至无色，提取液在鼓风干燥箱中蒸干，残渣加体积分数为 50%的乙醇溶液溶解，转移至 50 mL 容量瓶，加体积分数为 50%的乙醇溶液至刻度，摇匀，作为供试品储备液Ⅰ。取供试品储备液Ⅰ滤过。准确量取滤液 5 mL，置于 25 mL 容量瓶中，加水稀释至刻度，摇匀，作为供试品储备液Ⅱ。

5. 标准曲线的绘制

准确吸取芦丁标准溶液 1.0 mL、1.2 mL、1.4 mL、1.6 mL、1.8 mL、2.0 mL 分别置于 10 mL 容量瓶中，加质量分数为 1%的 $AlCl_3$ 溶液，充分混合至刻度，在其波长为 $\lambda_1 = 463$ nm、$\lambda_2 = 417$ nm、$\lambda_3 = 382$ nm 处分别测得吸光度，按式（7-15）计算 ΔA 值，根据 ΔA 与质量浓度的关系可绘制出标准曲线，求得 ΔA 与浓度关系的回归方程。

6．样品中总黄酮含量的测定

将山楂果按上述实验方法制备样品溶液，按操作条件在测定波长处测其吸光度，计算样品中总黄酮的含量。

二、胡萝卜素的测定

胡萝卜素是人体维生素 A 的唯一来源，还可用作食品添加剂（起色素和营养强化剂作用）。努尔尼沙在 2009 年测定了辽红、西磨红、大旺、野赫、秋金星、磨盘等 6 个鲜食山楂品种的营养成分，结果表明山楂所含的胡萝卜素为 0.07～0.12 μg/100 g。下面介绍胡萝卜素的检测方法。

（一）国标法

1．范围

色谱条件一适用于食品中 α-胡萝卜素、β-胡萝卜素及总胡萝卜素的测定，色谱条件二适用于食品中 β-胡萝卜素的测定。

2．原理

试样经皂化使胡萝卜素释放为游离态，用石油醚萃取、二氯甲烷定容后，采用反相色谱法分离，外标法定量。

3．试剂和材料

除非另有说明，本方法所用试剂均为分析纯，水为 GB/T 6682—2008 规定的一级水。

（1）试剂

α-淀粉酶：酶活力≥1.5 U/mg；木瓜蛋白酶：酶活力≥5 U/mg；氢氧化钾（KOH）；无水硫酸钠（Na_2SO_4）；抗坏血酸（$C_6H_8O_6$）；石油醚：沸程 30～60℃；甲醇（CH_4O）：色谱纯；乙腈（C_2H_3N）：色谱纯；三氯甲烷（$CHCl_3$）：色谱纯；甲基叔丁基醚[$CH_3OC(CH_3)_3$]：色谱纯；二氯甲烷（CH_2Cl_2）：色谱纯；无水乙醇（C_2H_6O）：优级纯；正己烷（C_6H_{14}）：色谱纯；2,6-二叔丁基-4-甲基苯酚（$C_{15}H_{24}O$，BHT）。

（2）试剂配制

氢氧化钾溶液：称固体氢氧化钾 500 g，加入 500 mL 水溶解。临用前配制。

（3）标准品

α-胡萝卜素（$C_{40}H_{56}$，CAS 号：7488-99-5）：纯度≥95%，或经国家认证并授予标准物质证书的标准物质。

β-胡萝卜素（$C_{40}H_{56}$，CAS 号：7235-40-7）：纯度≥95%，或经国家认证并授予标准物质证书的标准物质。

（4）标准溶液配制

α-胡萝卜素标准储备液（500 μg/mL）：准确称取 α-胡萝卜素标准品 50 mg（精确到 0.1 mg），加入 0.25 g BHT，用二氯甲烷溶解，转移至 100 mL 棕色容量瓶中定容至刻度。于-20℃以下避光储存，使用期限不超过 3 个月。标准储备液用前需进行标定，具体操作见本章附录 C。

α-胡萝卜素标准中间液（100 μg/mL）：由 α-胡萝卜素标准储备液中准确移取 10.0 mL 溶液于 50 mL 棕色容量瓶中，用二氯甲烷定容至刻度。

β-胡萝卜素标准储备液（500 μg/mL）：准确称取 β-胡萝卜素标准品 50 mg（精确到 0.1 mg），加入 0.25 g BHT，用二氯甲烷溶解，转移至 100 mL 棕色容量瓶中定容至刻度。于-20℃以下避光储存，使用期限不超过 3 个月。标准储备液用前需进行标定，具体操作见本章附录 C。

注：β-胡萝卜素标准品主要为全反式（all-E）β-胡萝卜素，在储存过程中受到温度、氧化等因素的影响，会出现部分全反式 β-胡萝卜素异构化为顺式 β-胡萝卜素的现象，如 9-顺式（9Z）-β-胡萝卜素、13-顺式（13Z）-β-胡萝卜素、15-顺式（15Z）-β-胡萝卜素等。如果采用色谱条件一进行 β-胡萝卜素的测定，应按照本章附录 D 确认 β-胡萝卜素异构体保留时间，并计算全反式 β-胡萝卜素标准溶液色谱纯度。

β-胡萝卜素标准中间液（100 μg/mL）：从 β-胡萝卜素标准储备液中准确移取 10.0 mL 溶液于 50 mL 棕色容量瓶中，用二氯甲烷定容至刻度。

α-胡萝卜素、β-胡萝卜素混合标准工作液（色谱条件一用）：准确移取 α-胡萝卜素标准中间液 0.50 mL、1.00 mL、2.00 mL、3.00 mL、4.00 mL、10.00 mL 溶液至 6 个 100 mL 棕色容量瓶，分别加入 3.00 mL β-胡萝卜素中间液，用二氯甲烷定容至刻度，得到 α-胡萝卜素浓度分别为 0.5 μg/mL、1.0 μg/mL、2.0 μg/mL、3.0 μg/mL、4.0 μg/mL、10.00 μg/mL，β-胡萝卜素浓度均为 3.0 μg/mL 的系列混合标准工作液。

β-胡萝卜素标准工作液（色谱条件二用）：从 β-胡萝卜素标准中间液中分别准确移取 0.50 mL、1.00 mL、2.00 mL、3.00 mL、4.00 mL、10.00 mL 溶液至 6 个 100 mL 棕色容量瓶。用二氯甲烷定容至刻度，得到浓度为 0.5 μg/mL、1.0 μg/mL、2.0 μg/mL、3.0 μg/mL、4.0 μg/mL、10 μg/mL 的系列标准工作液。

4. 仪器和设备

匀浆机、高速粉碎机、恒温振荡水浴箱（控温精度±1℃）、旋转蒸发器、氮吹仪、紫外-可见分光光度计、高效液相色谱仪（HPLC 仪，带紫外检测器）。

5. 分析步骤

注：整个实验操作过程应注意避光。

（1）试样制备　谷物、豆类、坚果等试样需粉碎、研磨、过筛（筛板孔径 0.3～0.5 mm）；蔬菜、水果、蛋、藻类等试样用匀质器混匀；固体粉末状试样和液体试样用前振摇或搅拌混匀。

4℃冰箱可保存 1 周。

（2）试样处理

① 预处理　准确称取混合均匀的山楂试样 1～5 g（精确至 0.001 g），油类准确称取 0.2～2 g（精确至 0.001 g），转至 250 mL 锥形瓶中，加入 1 g 抗坏血酸、75 mL 无水乙醇，于 60℃±1℃水浴振荡 30 min。如果试样中蛋白质、淀粉含量较高（10%），先加入 1 g 抗坏血酸、15 mL 45～50℃温水、0.5 g 木瓜蛋白酶和 0.5 g α-淀粉酶，盖上瓶塞混匀后，置 55℃±1℃恒温水浴箱内振荡或超声处理 30 min 后，再加入 75 mL 无水乙醇，于 60℃±1℃水浴振荡 30 min。

② 皂化　加入 25 mL 氢氧化钾溶液，盖上瓶塞。置于已预热至 53℃±2℃的恒温振荡水浴箱中，皂化 30 min。取出，静置，冷却到室温。

如果是添加了 β-胡萝卜素的山楂食品，按下述方法处理。

① 预处理

固体试样：准确称取 1～5 g（精确至 0.001 g），置于 250 mL 锥形瓶中，加入 1 g 抗坏血酸，加 50 mL 45～50℃温水混匀。加入 0.5 g 木瓜蛋白酶和 0.5 g α-淀粉酶（无淀粉试样可以不加 α-淀粉酶），盖上瓶塞，置 55℃±1℃恒温水浴箱内振荡或超声处理 30 min。

液体试样：准确称取 5～10 g（精确至 0.001 g），置于 250 mL 锥形瓶中，加入 1 g 抗坏血酸。

② 皂化　取预处理后试样，加入 75 mL 无水乙醇，摇匀，再加入 25 mL 氢氧化钾溶液，盖上瓶塞。置于已预热至 53℃±2℃的恒温振荡水浴箱中，皂化 30 min。取出，静置，冷却到室温。

注：如皂化不完全可适当延长皂化时间至 1 h。

（3）试样萃取　将皂化液转入 500 mL 分液漏斗中，加入 100 mL 石油醚，轻轻摇动，排气，盖好瓶塞，室温下振荡 10 min 后静置分层，将水相转入另一分液漏斗中按上述方法进行第二次提取。合并有机相，用水洗至近中性。弃水相，有机相通过无水硫酸钠过滤脱水。滤液收入 500 mL 蒸发瓶中，于旋转蒸发器上 40℃±2℃减压浓缩，近干。用氮气吹干，用移液管准确加入 5.0 mL 二氯甲烷，盖上瓶塞，充分溶解提取物。经 0.45 μm 膜过滤后，弃出初始约 1 mL 滤液后收集至进样瓶中，备用。

注：必要时可根据待测样液中胡萝卜素含量水平进行浓缩或稀释，使待测样液中 α-胡萝卜素和/或 β-胡萝卜素浓度在 0.5～10 μg/mL 范围内。

（4）色谱测定

色谱条件一（适用于食品中 α-胡萝卜素、β-胡萝卜素及总胡萝卜素的测定）：

① 参考色谱条件　参考色谱条件列出如下。

a．色谱柱：C_{30} 柱，柱长 150 mm，内径 4.6 mm，粒径 5 μm，或等效柱。

b. 流动相：A相：甲醇：乙腈：水=73.5：24.5：2；

　　　　　　B相：甲基叔丁基醚。

梯度程序见表7-4。

表7-4　梯度程序

时间/min	0	15	18	19	20	22
A/%	100	59	20	20	0	100
B/%	0	41	80	80	100	0

c. 流速：1.0 mL/min。

d. 检测波长：450 nm。

e. 柱温：30℃±1℃。

f. 进样体积：20 μL。

② 绘制 α-胡萝卜素标准曲线，计算全反式 β-胡萝卜素响应因子　将 α-胡萝卜素、β-胡萝卜素混合标准工作液注入 HPLC 仪中（色谱图见本章附录 E 图 E-1），根据保留时间定性，测定 α-胡萝卜素、β-胡萝卜素各异构体峰面积。α-胡萝卜素根据系列标准工作液浓度及峰面积，以浓度为横坐标、峰面积为纵坐标绘制标准曲线，计算回归方程。β-胡萝卜素根据标准工作液标定浓度、全反式 β-胡萝卜素 6 次测定峰面积平均值、全反式 β-胡萝卜素色谱纯度（CP，计算方法见本章附录 D），按式（7-16）计算全反式 β-胡萝卜素响应因子。

$$RF = \frac{\overline{A}_{\text{all-E}}}{\rho \times CP} \tag{7-16}$$

式中　RF——全反式 β-胡萝卜素响应因子，AU·mL/μg；

　　　$\overline{A}_{\text{all-}E}$——全反式 β-胡萝卜素标准工作液色谱峰峰面积平均值，AU；

　　　　　ρ——β-胡萝卜素标准工作液标定浓度，μg/mL；

　　　CP——全反式 β-胡萝卜素的色谱纯度，%。

③ 试样测定　在相同色谱条件下，将待测液注入液相色谱仪中，以保留时间定性，根据峰面积采用外标法定量。α-胡萝卜素根据标准曲线回归方程计算待测液中 α-胡萝卜素浓度，β-胡萝卜素根据全反式 β-胡萝卜素响应因子进行计算。

色谱条件二（适用于食品中 β-胡萝卜素的测定）：

① 参考色谱条件　参考色谱条件列出如下。

a. 色谱柱：C_{18}柱，柱长 250 mm，内径 4.6 mm，粒径 5 μm，或等效柱。

b. 流动相：三氯甲烷：乙腈：甲醇=3：12：85，含抗坏血酸 0.4 g/L，经 0.45 μm 膜过滤后备用。

c. 流速: 2.0 mL/min。

d. 检测波长: 450 nm。

e. 柱温: 35℃±1℃。

f. 进样体积: 20 μL。

② 标准曲线的制作　将 β-胡萝卜素标准工作液注入 HPLC 仪中（色谱图见本章附录 E 图 E-2），以保留时间定性，测定峰面积。以标准系列工作液浓度为横坐标、峰面积为纵坐标绘制标准曲线，计算回归方程。

③ 试样测定　在相同色谱条件下，将待测试样液分别注入液相色谱仪中，进行 HPLC 分析，以保留时间定性，根据峰面积外标法定量，根据标准曲线回归方程计算待测液中 β-胡萝卜素的浓度。

注: 本色谱条件适用于 α-胡萝卜素含量较低（小于总胡萝卜素 10%）的食品试样中 β-胡萝卜素的测定。

6. 分析结果的表述

(1) 色谱条件一　试样中 α-胡萝卜素含量按式（7-17）计算:

$$X_{\alpha} = \frac{\rho_{\alpha} \times V \times 100}{m} \tag{7-17}$$

式中　X_{α}——试样中 α-胡萝卜素的含量，μg/100 g;

　　　ρ_{α}——从标准曲线得到的待测液中 α-胡萝卜素浓度，μg/mL;

　　　V——试样液定容体积，mL;

　　　100——将结果表示为 μg/100 g 的系数;

　　　m——试样质量，g。

试样中 β-胡萝卜素含量按式（7-18）计算:

$$X_{\beta} = \frac{(A_{\text{all-}E} + A_{9Z} + A_{13Z} \times 1.2 + A_{15Z} \times 1.4 + A_{xZ}) \times V \times 100}{RF \times m} \tag{7-18}$$

式中　X_{β}——试样中 β-胡萝卜素的含量，μg/100 g;

　　　$A_{\text{all-}E}$——试样待测液中全反式 β-胡萝卜素峰面积，AU;

　　　A_{9Z}——试样待测液中 9-顺式-β-胡萝卜素的峰面积，AU;

　　　A_{13Z}——试样待测液中 13-顺式-β-胡萝卜素的峰面积，AU;

　　　1.2——13-顺式-β-胡萝卜素的相对校正因子;

　　　A_{15Z}——试样待测液中 15-顺式-β-胡萝卜素的峰面积，AU;

　　　1.4——15-顺式-β-胡萝卜素的相对校正因子;

A_{xZ}——试样待测液中其他顺式 β-胡萝卜素的峰面积，AU；

V——试样液定容体积，mL；

100——将结果表示为 μg/100 g 的系数；

RF——全反式 β-胡萝卜素响应因子，AU·mL/μg；

m——试样质量，g。

注①：由于 β-胡萝卜素各异构体百分吸光系数不同（见本章附录 F），所以在 β-胡萝卜素计算过程中，需采用相对校正因子对结果进行校正。

注②：如果试样中其他顺式 β-胡萝卜素含量较低，可不进行计算。

试样中总胡萝卜素含量按式（7-19）计算：

$$X_{总} = X_{\alpha} + X_{\beta} \tag{7-19}$$

式中　$X_{总}$——试样中总胡萝卜素的含量，μg/100 g；

X_{α}——试样中 α-胡萝卜素的含量，μg/100 g；

X_{β}——试样中 β-胡萝卜素的含量，μg/100 g。

注：必要时，α-胡萝卜素、β-胡萝卜素可转化为微克视黄醇当量（μgRE）进行表示。计算结果保留三位有效数字。

（2）色谱条件二　试样中 β-胡萝卜素含量按式（7-20）计算：

$$X_{\beta} = \frac{\rho_{\beta} \times V \times 100}{m} \tag{7-20}$$

式中　X_{β}——试样中 β-胡萝卜素的含量，μg/100 g；

ρ_{β}——从标准曲线得到的待测液中 β-胡萝卜素浓度，μg/mL；

V——试样液定容体积，mL；

100——将结果表示为 μg/100 g 的系数；

m——试样质量，g。

注：结果中包含全反式 β-胡萝卜素、9-顺式-β-胡萝卜素、13-顺式-β-胡萝卜素、15-顺式-β-胡萝卜素、其他顺式异构体；不排除可能有部分 α-胡萝卜素。计算结果保留三位有效数字。

7．精密度

在重复性条件下获得的两次独立测定结果的绝对差值不得超过算术平均值的 10%。

8．其他

试样称样量为 5 g 时，α-胡萝卜素、β-胡萝卜素检出限均为 0.5 μg/100 g，定量限均为 1.5 μg/100 g。

（二）比色法

1．原理

胡萝卜素不溶于水而溶于有机溶剂，经过粉碎的样品可用有机溶剂提取，置于活性 MgO 与硅藻土助滤剂色谱柱上分离，用丙酮-己烷液洗脱后在 436 nm 处测定吸光度，求出其含量。

2．仪器设备

高速组织匀浆机、恒温水浴、分液漏斗、托盘天平（感量 0.01 g）、量筒（100 mL 1 支，50 mL 1 支，10 mL 1 支）、100 mL 容量瓶 2 个、色谱柱管、真空泵、100 mL 烧杯 1 个、收集管、真空蒸发器、721 分光光度计、真空过滤装置、玻璃棉。

3．试剂

丙酮、己烷（须加入 NaOH 重蒸馏）、吸附剂（活性 MgO）、助滤剂（硅藻土）、洗脱液[丙酮-己烷（1∶9）]、$MgCO_3$ 试剂、无水 Na_2SO_4 试剂。

4．方法步骤

（1）样品提取　将样品切碎后称取 2～5 g 置于高速组织匀浆机中，加入 40 mL 丙酮、60 mL 己烷、0.1 g $MgCO_3$，匀浆 5 min，然后真空过滤或静置澄清。将上清液转入分液漏斗中，样品残渣用 2 份 25 mL 丙酮、1 份 25 mL 己烷进行洗涤，洗涤液并入提取液中。用 5 份 100 mL 的水洗涤提取液以洗去其中的丙酮，弃去水。将上层己烷液转入 100 mL 容量瓶中，加入 9 mL 丙酮，再用己烷稀释到刻度。在这里也可用无水乙醇代替丙酮，用 80 mL 乙醇及 60 mL 己烷提取样品。

（2）色谱分离　将活性 MgO 与硅藻土助滤剂按 1∶1 混合均匀，装入色谱柱管中，管底先装一些玻璃棉，然后松散地装 15 cm 高的混合吸附剂，将其置于真空装置上抽真空致紧，压平柱顶吸附剂表面。吸附剂装柱 10 cm 高，在吸附剂表面再装一层无水 Na_2SO_4。

将色谱柱与真空泵相连，加入样品的提取液到顶部，用 50 mL 丙酮-己烷洗脱液进行洗脱，将有色的胡萝卜素从柱上洗脱。整个操作过程中应保持柱顶面上有一层溶液。

收集胡萝卜素的洗脱液（胡萝卜素首先被洗脱下来，叶黄素、胡萝卜素的氧化产物及叶绿素等被吸附停留在柱中）。收集的洗脱液用真空蒸发器除去溶剂，用丙酮-己烷液溶解残渣，移入 100 mL 容量瓶中，并稀释至刻度，供分光光度计测定。

（3）测定　用 1 cm 比色杯，以丙酮-己烷液为空白对照液调节分光光度计零点，在 436 nm 波长处测定上述待测液的吸光度。

（4）结果计算

$$样品中胡萝卜素含量（\mu g/g\,FW）=\frac{5.1 \times A_{436}}{FW} \tag{7-21}$$

式中　A_{436}——测得的吸光度；

　　　5.1——胡萝卜素的消光系数，μg/mL；

　　　FW——1 mL 测定样品液中的样品含量，g/mL。

三、萜类的测定

三萜类化合物是由 30 个碳原子作为基本母核构成的碳架，大部分三萜类化合物是由多个异戊二烯连接而成的，多见于四环三萜和五环三萜，其中五环三萜多见于中草药中，链状、单环和三环较少见。山楂中的三萜类化合物主要包括齐墩果酸、山楂酸、熊果酸、角鲨烯等。

（一）比色法测定总三萜

1. 仪器

DZF-150 型数显自控可调真空干燥箱；BUCHI R-114 旋转蒸发仪；KQ-500 DE 型医用超声波清洗器；TU1800S 型紫外分光光度计；HH-S 电热恒温水浴锅。

2. 试剂

熊果酸对照品：购自中国药品生物制品检定所；乙醇为 95%医用酒精，其余均为分析纯。

3. 测定方法

（1）对照品溶液的制备　精密称取熊果酸对照品 10.2 mg，置 100 mL 容量瓶中加无水乙醇溶解，并定容至 100 mL（102.0 μg/mL），作为对照品溶液。

（2）标准曲线的制备　精密吸取熊果酸对照品溶液 0.2 mL、0.4 mL、0.6 mL、0.8 mL、1.0 mL，分置具塞试管中，挥去溶剂，各加 5%香草醛-冰醋酸溶液 0.4 mL、高氯酸 1.0 mL，60℃水浴 15 min，冰浴冷却，加冰醋酸 5.0 mL 摇匀，在 546 nm 波长处测定吸光度。以熊果酸含量为横坐标、吸光度为纵坐标绘制标准曲线。

（3）供试品溶液的制备　取山楂粉末（40 目）1.0 g，精密称定，置索氏提取器中，加乙醇 50 mL 提取 6 h，提取液回收乙醇；残渣加乙酸乙酯 50 mL 回流 3 h，滤过，回收乙酸乙酯；残渣用无水乙醇溶解，离心，取上清液转移至 50 mL 容量瓶中，加无水乙醇稀释至刻度，摇匀，作为供试品溶液。

在 546 nm 处分别测定样品和空白对照品的吸光度，根据标准曲线，计算山楂样品中总三萜酸的含量（以熊果酸计）。

（二）HPLC 法测定总三萜

1. 试剂

齐墩果酸标准品（含量 94.9%）、熊果酸标准品（含量 99.3%），购于中国药品生物制品检定所；高效液相色谱检测所用试剂均为色谱纯，水为超纯水，其他试剂为分析纯。

2. 仪器

P680 型高效液相色谱仪（配 DAD 检测器，美国戴安公司）；FA2004 电子天平；RE-2000 旋转蒸发仪；HPB.A2-600/0.4 型超高压实验机；SCIENTZ-ⅡD 型超声波细胞破碎仪；PS02-AD-DI 超纯水机；SHZ-D（Ⅲ）型循环水真空泵。

3. 测定方法

（1）山楂样品预处理方法　选择整齐度良好的新鲜山楂，以自来水清洗后去除果核，带皮果肉部分经 50℃热风烘干后粉碎成细粉，全部过 40 目分样筛后真空封装，冷藏备用。

（2）山楂三萜酸提取方法　准确称取一定量山楂粉于聚乙烯密封袋中，按照实验设计加入相应体积的提取溶剂混合后，封好袋口放入超高压腔体内进行提取。超高压设备腔体采用去离子水作为流体媒介，升压速度为 100 MPa /min，降压为瞬间降压（约 2～3 s）。超高压处理后的混合液减压抽滤，以等体积的提取溶剂洗涤抽滤瓶中滤渣，所得滤液在 60℃旋转蒸发掉大部分溶剂后，依次用去离子水和三氯甲烷洗涤残余物多次，洗涤的混合液置于分液漏斗中静置分层，取下层的三氯甲烷部分，减压蒸干溶剂，用体积分数为 90%的甲醇定容提取液至 10 mL 容量瓶中，以 0.45 μm 膜过滤后，HPLC 检测两种三萜酸浓度，计算三萜酸总得率。

（3）液相色谱检测条件　Develosil C$_{30}$（250 mm×4.6 mm，5 μm）色谱柱；流动相：甲醇：0.04%磷酸水溶液（90：10，体积之比）；流速 1 mL /min；柱温 30℃；进样 20 μL；检测波长：202 nm。

（4）标准曲线的绘制　各取齐墩果酸和熊果酸标准品 10.5 mg 和 20 mg，甲醇溶解并分别定容至 25 mL，得到浓度分别为 0.42 mg/mL（齐墩果酸）和 0.8 mg/mL（熊果酸）的混合标准品储备液，分别稀释为 5 个浓度梯度的标准使用溶液，浓度分别为：齐墩果酸，0.084 mg/mL、0.168 mg/mL、0.252 mg/mL、0.336 mg/mL 和 0.420 mg/mL；熊果酸，0.16 mg/mL、0.32 mg/mL、0.48 mg/mL、0.64 mg/mL 和 0.80 mg /mL。

（5）山楂三萜酸得率的计算方法

$$三萜酸得率（mg / g）= \frac{提取液中两种三萜酸浓度总和×定容体积}{称样质量} \tag{7-22}$$

（三）RP-HPLC 法测定五种三萜酸

1. 主要仪器

Waters 系列高效液相色谱仪（配双 515 泵，2996 型光电二极管阵列检测器，Empower 中文色谱数据工作站）；SK2510HP 超声波清洗器。

2. 主要试剂

甲醇：色谱纯；磷酸：分析纯；乙醇：分析纯；水：超纯水；山楂酸、科罗索酸：购自郑州荔诺生物有限公司；白桦脂酸（别名桦木酸）对照品：购自南昌贝塔生物科技有限公司；齐墩果酸、熊果酸对照品：购自中国食品药品检定研究院。

3. 色谱条件

色谱柱为 Kromasil C_{18} 柱（4.6 mm×250 mm，5 μm）；流动相为甲醇：0.1%磷酸溶液（86：14）；流速 0.8 mL/min；检测波长 210 nm；柱温为 25℃。进样量 10 μL，等度洗脱，外标法定量分析。

4. 对照品溶液制备

分别精密称定山楂酸、科罗索酸、桦木酸、齐墩果酸和熊果酸对照品适量，置于 25 mL 容量瓶中，加甲醇溶解并稀释至刻度，摇匀，制成质量浓度适宜（参考浓度山楂酸为 0.122 mg/mL、科罗索酸为 0.231 mg/mL、桦木酸为 0.322 mg/mL、齐墩果酸为 0.382 mg/mL、熊果酸为 0.514 mg/mL）的混合对照品溶液。

5. 样品溶液制备

山楂样品置恒温干燥箱中于 75℃下干燥 8 h，之后用高速粉碎机粉碎。精密称取山楂样品粉末 5.0 g，置于 50 mL 具塞锥形瓶中，加入 95%乙醇 50 mL，称重。超声提取 40 min，冷却后用乙醇补足损失质量，摇匀，用 0.45 μm 滤膜过滤，取滤液作为样品溶液。

6. 线性关系试验

用微量注射器精密吸取山楂酸、科罗索酸、桦木酸、齐墩果酸和熊果酸混合对照品溶液 1 μL、7 μL、13 μL、19 μL、25 μL 进样分析，按色谱条件测定对照品峰面积，以对照品的进样量为横坐标（X）、峰面积为纵坐标（Y），进行线性拟合，绘制标准曲线。

7. 样品含量测定

精密吸取样品溶液，连续进样 3 次，定量分析不同山楂样品中 5 个三萜酸成分的平均含量。

（四）药典法测定熊果酸的含量

1. 药典法一

取去核山楂，剪碎，混匀，取 3 g，精密称定，加水 10 mL，放置使溶散，滤过；药渣再用水 10 mL 洗涤，在室温干燥至呈松软的粉末状，在 100℃烘干，连同滤纸一并置索氏提取器内，加乙醚适量，低温加热回流提取 4 h，提取液回收乙醚至干，残渣用石油醚（30～60℃）浸泡 2 次（5 mL，5 mL），每次 2 min，倾去石油醚液，残渣加适量无水乙醇-三氯甲烷（3：2）的混合溶液，微热使溶解，转移至 5 mL 量瓶中，加上述混合溶液至刻度，摇匀，作为供试品溶液。另取熊果酸对照品适量，精密称定，加无水乙醇制成每 1 mL 含 0.5 mg 的溶液，作为对照品溶液。照薄层色谱法[《中国药典》（2020 年版）通则 0502 薄层色谱扫描法]试验，分别精密吸取供试品溶液 6 μL 及对照品溶液 4 μL 与 8 μL，交叉点于同一硅胶 G 薄层板上，以环己烷-三氯甲烷-乙酸乙酯-甲酸（20：5：8：0.1）为展开剂，展开，取出，晾干，喷以 10%硫酸乙醇溶液，在 110℃加热 5～7 min，至斑点显色清晰，放冷，在薄层板上覆盖同样大小的玻璃板，周围用胶布固定，照薄层色谱法（通则 0502 薄层色谱扫描法）进行扫描，波长：λ_S=535 nm、λ_R=650 nm，测量供试品吸光度积分值与对照品吸光度积分值，计算，即得。

2．药典法二

取去核山楂，剪碎，混匀，取约 3 g，精密称定，加水 30 mL，60℃水浴温热使充分溶散，加硅藻土 2 g，搅匀，滤过，残渣用水 30 mL 洗涤，100℃烘干，连同滤纸一并置索氏提取器中，加乙醚适量，加热回流提取 4 h，提取液回收溶剂至干，残渣用石油醚（30～60℃）浸泡 2 次（每次约 2 min），每次 5 mL，倾去石油醚液，残渣加无水乙醇-三氯甲烷（3：2）的混合溶液适量，微热使溶解，转移至 5 mL 量瓶中，用上述混合溶液稀释至刻度，摇匀，作为供试品溶液。另取熊果酸对照品适量，精密称定，加无水乙醇制成每 1 mL 含 0.5 mg 的溶液，作为对照品溶液。照薄层色谱法[《中国药典》（2020 年版）通则 0502 薄层色谱扫描法]试验，分别精密吸取供试品溶液 5 μL、对照品溶液 4 μL 与 8 μL，分别交叉点于同一硅胶 G 薄层板上，以环己烷-三氯甲烷-乙酸乙酯-甲酸（20：5：8：0.1）为展开剂，展开，取出，晾干，喷以 10%硫酸乙醇溶液，在 110℃加热至斑点显色清晰，在薄层板上覆盖同样大小的玻璃板，周围用胶布固定，照薄层色谱法进行扫描，波长：λ_S = 535 nm、λ_R= 650 nm，测量供试品吸光度积分值与对照品吸光度积分值，计算，即得。

四、酚类的测定

酚酸类化合物是含有活泼氢供体结构的酚羟基有机酸，具有抗氧化、抗菌和抗病毒等多种生物活性，是山楂果实中重要的功效成分之一。下面介绍两种不同操作条件下的高效液相色谱测定方法。

（一）HPLC 法测定 9 种酚类成分

1．标准对照品

表儿茶素、绿原酸、金丝桃苷、异槲皮苷、牡荆素鼠李糖苷、原花青素 B_2、原花青素 C_1、原花青素 D_1 以及红果酸。

2．试剂

纯净水；乙腈、甲醇为色谱纯；其余试剂为分析纯。

3．仪器

Agilent 1200 型高效液相色谱仪（在线脱气机、低压四元梯度泵、光电二极管阵列检测器以及 Agilent Chemstation 色谱工作站）；CO-3010 柱恒温控制箱；KQ-5200E 型数控超声波清洗器。

4. 样品制备

称取山楂叶样品 0.5 g 于研钵中，滴入 3 滴 80%磷酸并分次加入 15 mL 纯净水研磨均匀，用 95%乙醇转移至 50 mL 容量瓶中，超声波提取 11 min，用 95%乙醇定容，静置，取上清液离心（4000 r/min，5 min），经 0.45 μm 微孔滤膜过滤后，待 HPLC 分析。

5. 色谱条件

色谱柱：Hypersil BDS C_{18}（250 mm×4.6 mm，5 μm）柱；流动相：A 液为甲醇和乙腈 1∶2（体积比），B 液为水；梯度洗脱程序：0～26 min，8%～20% A；26～30 min，20%～50% A；30～35 min，50% A；35～37 min，50% A；37～47 min，8%A；流速：0.8 mL/min；柱温 45℃；进样量 10 μL；DAD 检测器，检测波长：表儿茶素、原花青素 B_2、原花青素 C_1、原花青素 D_1、红果酸为 280 nm，绿原酸、牡荆素鼠李糖苷、金丝桃苷、异槲皮苷为 350 nm，外标峰面积法进行定量分析。

6. 标准曲线的绘制

将绿原酸、红果酸、表儿茶素、原花青素 B_2、原花青素 C_1、原花青素 D_1、牡荆素鼠李糖苷、金丝桃苷及异槲皮苷标准对照品溶于甲醇中，配制成 0.5 mg/mL 的混合标准对照品储备液，用甲醇稀释成不同浓度的标准液，进样分析后绘制标准曲线。

7. 样品测定

精密吸取样品溶液 10 μL 进样，照"色谱条件"进行测定，应用标准曲线计算各成分的含量。

（二）HPLC 法测定山楂果中 8 种酚酸类成分

1. 仪器

Shimadzu LC-20A 高效液相色谱仪（配有 Prominence SPD-M20A PDA 检测器）；高速冷冻离心机；真空冷冻干燥机；RIOS8 超纯水系统；XS205DU 电子分析天平；F-020ST 数控超声波清洗机；LHS 智能恒温恒湿箱；N-1100 旋转蒸发仪；BCD-213D11D 双门冰箱。

2. 溶液的配制

（1）1.5%甲酸水溶液的配制　取 15.0 mL 甲酸，超纯水定容至 1.0 L，用 0.45 μm 水相膜过滤，超声 5 min，现配现用。

（2）酚酸单一对照品储备液的配制　分别精确称取 20.0 mg 的原儿茶酸、绿原酸、咖啡酸、肉桂酸、p-香豆酸、阿魏酸、二氢咖啡酸和根皮酸对照品，置于 25 mL 棕色容量瓶中，并用色谱甲醇溶解后定容至刻度，得到 800.0 μg/mL 的单一对照品储备液，置于-20℃冰箱中避光保存备用。

（3）样品稀释液的配制　取 1.5%甲酸水溶液 95 mL，加入 5 mL 色谱甲醇，混匀，现配现用。

（4）混合酚酸对照品工作液的配制　等量移取 8 种单一对照品储备液，充分混匀后，用样品稀释液稀释至 0.05～100 μg/mL 的系列混合酚酸对照品溶液，过 0.45 μm 有机滤膜，超声脱气 5 s，现配现用。

（5）碱提取液　分别先配成 4 mol/L NaOH、1%抗坏血酸和 10 mmol/L EDTA 溶液，将三者按 120∶2∶3 的比例添加后混匀。

（6）萃取液　乙醚和乙酸乙酯按体积比 1∶1 混匀即可。

3．山楂果实总酚酸的提取及分析前样品预处理

（1）总酚酸的提取

① 山楂果实预处理　将新鲜的大果山楂果实切成小块，冻干磨成粉。

② 酚酸有机溶剂提取　称取粉末样品 2.000 g，加入 80%甲醇水溶液 40 mL，先常温浸提 24 h，再于 40℃超声提取 30 min，过滤，10000 r/min 离心 5 min，滤渣重复提取 2 次，合并上清液得到 A 提取液。

③ 碱提取　将上述过滤得到的残渣和离心得到的沉淀合并后加入 50 mL 碱提取液，在氮气保护并密封条件下室温搅拌约 24 h，用 HCl 调节 pH 为 2.0，然后用 60 mL 萃取液萃取 3 次，合并萃取液于 10000 r/min 离心 5 min，得到 B 提取液。

④ 酸提取　继续将上述碱处理过的残渣和沉淀在 85℃下用 50 mL HCl（4 mol/L）水解 30 min，冷却后用 NaOH 调节 pH 为 2.0，其余同碱提取方法，得到 C 提取液。合并 A、B、C 3 种提取液即为总酚酸提取液。

（2）分析前样品预处理　将上述得到的总酚酸提取液于 50℃真空旋蒸至干，用色谱甲醇溶解并定容至 25.0 mL，进样前再用样品稀释液稀释至标准曲线线性范围内的浓度，于 10000 r/min 离心 5 min，过 0.45 μm 有机滤膜备用。

4．色谱条件

检测波长：280 nm、320 nm；色谱柱：ZORBAX SB-C$_{18}$色谱柱（4.6 mm×250 mm，5 μm）；流动相为 1.5%甲酸水溶液（A）-甲醇（B）。梯度洗脱程序：0～25 min，10%～35% B；25～45 min，35%～45% B；45～48 min，45% B。柱温 35℃；流速 1.0 mL/min；进样量 20 μL。

5．标准曲线

将混合酚酸对照品工作液按上述色谱条件进行检测，以色谱峰面积为纵坐标（y）、质量浓度为横坐标（x）绘制 8 个酚酸的标准曲线确定线性方程和线性范围。

6．样品测定

移取样品进行检测，比较单一对照品的保留时间并结合相应的紫外光谱对样品中目标组分进行定性，根据标准曲线和峰面积计算对应样品中每个酚酸的含量。

五、甾醇的测定

植物甾醇具有营养价值高、生理活性强等特点，可通过降低胆固醇减少发生心血管病的风险。其广泛应用于食品、医药、化妆品、动物生长剂及纸张加工、印刷、纺织等领域，特别是在欧洲作为食品添加剂应用非常普遍，用于食品以降低人体胆固醇。下面介绍的是山楂中几种具体的甾醇成分含量测定。

（一）液相色谱法

本方法测定的试样中的谷甾醇和豆甾醇经提取后在高效反相色谱 C_{18} 柱分离，用紫外检测器检测，以外标法定量谷甾醇和豆甾醇的含量。

1. 仪器

高效液相色谱仪（带紫外检测器）。

2. 试剂

除非另有说明，所有试剂均为分析纯，水为 GB/T 6682—2008 规定的一级水。

异丙醇（色谱纯）、乙腈（色谱纯）、乙醇、β-谷甾醇对照品、豆甾醇对照品。

谷甾醇和豆甾醇混合标准溶液：精密称取 β-谷甾醇和豆甾醇对照品 0.0100 g，移入 10 mL 容量瓶中，加入乙醇，以超声波振荡助溶，并用乙醇定容到 10 mL，此为浓度为 1.0 mg/mL 的标准储备液。

3. 测定步骤

（1）样品处理　称取均匀样品 0.25 g（精确到 0.1 mg），置于 50 mL 容量瓶中，加入 40 mL 乙醇，超声波振荡 60 min 取出，冷却后用乙醇定容至刻度，摇匀后经 0.45 μm 微孔膜过滤，清液待分析。

（2）标准工作曲线绘制　精密吸取 β-谷甾醇和豆甾醇标准溶液（1.0 mg/mL）1.0 mL、2.0 mL、5.0 mL，分别置于 10 mL 容量瓶中，用乙醇定容，摇匀。分别取 10 μL 标准工作系列溶液进样分析，以测得的 β-谷甾醇和豆甾醇的峰面积，分别对 β-谷甾醇和豆甾醇的浓度绘制标准曲线。

（3）色谱条件

色谱柱：ODS C_{18} 液相色谱柱，4.6 mm×250 mm，5 μm。

流动相：乙腈+异丙醇（70+30，体积之比）。

流速：1 mL/min。

柱温：室温。

紫外检测波长：210 nm。

（4）样品测定　取样品滤液 10 µL 进液相色谱仪分离测定，根据色谱峰保留时间定性，以外标峰面积法进行定量。

（5）结果计算　根据待测样品色谱峰面积，由标准曲线回归方程式的样液中 β-谷甾醇和豆甾醇含量，计算出样品中的含量。

样品中 β-谷甾醇和豆甾醇含量按下式进行计算：

$$X = \frac{c \times V \times 100}{m \times 100} \tag{7-23}$$

式中　X——样品中 β-谷甾醇和豆甾醇含量，g，以 100 g 样品计；

　　　c——进样液中 β-谷甾醇和豆甾醇的浓度，mg/mL；

　　　V——样品的定容体积，mL；

　　　m——样品的取样量，g。

（二）分光光度法

1. 仪器

紫外分光光度计、电子分析天平。

2. 试剂

α-菠甾醇和豆甾-7-烯醇的混合物（1:3）对照品；氯仿、冰醋酸、高氯酸均为分析纯。

3. 对照品溶液的制备

精密称取 α-菠甾醇和豆甾-7-烯醇的混合对照品适量加氯仿制成 0.10 mg/mL 的溶液即为对照品溶液。

4. 供试品溶液的制备

精密称取本品粉末约 0.5 g，置 25 mL 的容量瓶中，加氯仿 20 mL，超声提取 20 min，放冷，用氯仿稀释至刻度，摇匀滤过，即得供试品溶液。

5. 标准曲线

精密吸取 0.10 mg /mL 对照品溶液 0.2 mL、0.4 mL、0.6 mL、0.8 mL、1.0 mL，分别置于 10 mL 的具塞试管中，挥干溶剂，加入 5% 的香草醛冰醋酸溶液 0.2 mL 与高氯酸 0.8 mL，摇匀，在 60℃ 的水浴中放置 15 min，即刻冷却，再加入冰醋酸 5 mL，摇匀；取氯仿 1.0 mL，同法操作，作为空白溶液，于 546 nm 的波长处立即测定吸光度，以溶液浓度（y）对吸光度（x）绘制标准曲线。

6. 测定方法

照紫外分光光度法，精密吸取供试品溶液 1.0 mL，置 10 mL 的具塞试管中，挥干溶剂，加入 5% 的香草醛冰醋酸溶液 0.2 mL 与高氯酸 0.8 mL，摇匀，在 60℃ 的水浴中放置 15 min，即刻冷却，再加入冰醋酸 5 mL，摇匀；取氯仿 1 mL，同法操作，作为空白溶液，在 546 nm 的波长处测定吸光度，从标准曲线上读出供试品溶液中总甾醇的浓度，计算，即得。

附录 A　紫外-可见分光光度法

紫外-可见分光光度法是在 190～800 nm 波长范围内测定物质的吸光度，用于鉴别、杂质检查和定量测定的方法。当光穿过被测物质溶液时，物质对光的吸收程度随光的波长不同而变化。因此，通过测定物质在不同波长处的吸光度，并绘制其吸光度与波长的关系图即得被测物质的吸收光谱。从吸收光谱中，可以确定最大吸收波长 λ_{max} 和最小吸收波长 λ_{min}。物质的吸收光谱具有与其结构相关的特征性。因此，可以通过特定波长范围内样品的光谱与对照光谱或对照品光谱的比较，或通过确定最大吸收波长，或通过测量两个特定波长处的吸光度比值而鉴别物质。用于定量时，在最大吸收波长处测量一定浓度样品溶液的吸光度，并与一定浓度的对照溶液的吸光度进行比较或采用吸收系数法求算出样品溶液的浓度。

一、仪器的校正和检定

1. 波长

由于环境因素对机械部分的影响，仪器的波长经常会略有变动，因此除应定期对所用的仪器进行全面校正检定外，还应于测定前校正测定波长。常用汞灯中的较强谱线 237.83 nm、253.65 nm、275.28 nm、296.73 nm、313.16 nm、334.15 nm、365.02 nm、404.66 nm、435.83 nm、546.07 nm 与 576.96 nm；或用仪器中氘灯的 486.02 nm 与 656.10 nm 谱线进行校正；钬玻璃在波长 279.4 nm、287.5 nm、333.7 nm、360.9 nm、418.5 nm、460.0 nm、484.5 nm、536.2 nm 与 637.5 nm 处有尖锐吸收峰，也可作波长校正用，但因来源不同或随着时间的推移会有微小的变化，使用时应注意；近年来，常使用高氯酸钬溶液校正双光束仪器，以 10%高氯酸溶液为溶剂，配制含氧化钬（Ho_2O_3）4%的溶液，该溶液的吸收峰波长为 241.13 nm、278.10 nm、287.18 nm、333.44 nm、345.47 nm、361.31 nm、416.28 nm、451.30 nm、485.29 nm、536.64 nm 和 640.52 nm。

仪器波长的允许误差为：紫外光区±1 nm，500 nm 附近±2 nm。

2. 吸光度的准确度

可用重铬酸钾的硫酸溶液检定。取在 120℃干燥至恒重的基准重铬酸钾约 60 mg，精密称定，用 0.005 mol/L 硫酸溶液溶解并稀释至 1000 mL，在规定的波长处测定并计算其吸收系数，并与规定的吸收系数比较，应符合表 A-1 中的规定。

表 A-1　规定波长处的吸收系数

波长/nm	235（最小）	257（最大）	313（最小）	350（最大）
吸收系数（$E_{1cm}^{1\%}$）的规定值	124.5	144.0	48.6	106.6
吸收系数（$E_{1cm}^{1\%}$）的许可范围	123.0～126.0	142.8～146.2	47.0～50.3	105.5～108.5

3. 杂散光的检查

可按表 A-2 所列的试剂和浓度，配制成水溶液，置 1 cm 石英吸收池中，在规定的波长处测定透光率，应符合表中的规定。

表 A-2　碘化钠、亚硝酸钠溶液的透光率

试剂	浓度/%（g/mL）	测定用波长/nm	透光率/%
碘化钠	1.00	220	<0.8
亚硝酸钠	5.00	340	<0.8

对溶剂的要求：含有杂原子的有机溶剂，通常均具有很强的末端吸收。因此，当作溶剂使用时，它们的使用范围均不能小于截止使用波长。例如甲醇、乙醇的截止使用波长为 205 nm。另外，当溶剂不纯时，也可能增加干扰吸收。因此，在测定供试品前，应先检查所用的溶剂在供试品所用的波长附近是否符合要求，即将溶剂置 1 cm 石英吸收池中，以空气为空白（即空白光路中不置任何物质）测定其吸光度。溶剂和吸收池的吸光度在 220～240 nm 范围内不得超过 0.40，在 241～250 nm 范围内不得超过 0.20，在 251～300 nm 范围内不得超过 0.10，在 300 nm 以上时不得超过 0.05。

二、测定法

测定时，除另有规定外，应以配制供试品溶液的同批溶剂为空白对照，采用 1 cm 的石英吸收池，在规定的吸收峰波长±2 nm 以内测试几个点的吸光度，或由仪器在规定波长附近自动扫描测定，以核对供试品的吸收峰波长位置是否正确。除另有规定外，吸收峰波长应在该品种项下规定的波长±2 nm 以内，并以吸光度最大的波长作为测定波长。一般供试品溶液的吸光度读数，以在 0.3～0.7 之间为宜。仪器的狭缝波带宽度宜小于供试品吸收带的半高宽度的 1/10，否则测得的吸光度会偏低；狭缝宽度的选择，应以减小狭缝宽度时供试品的吸光度不再增大为准。由于吸收池和溶剂本身可能有空白吸收，因此测定供试品的吸光度后应减去空白读数，或由仪器自动扣除空白读数后再计算含量。

当溶液的 pH 值对测定结果有影响时，应将供试品溶液的 pH 值和对照品溶液的 pH 值调成一致。

三、鉴别和检查

分别按各品种项下规定的方法进行。

四、含量测定

一般有以下几种方法。

(1) 对照品比较法　按各品种项下的方法，分别配制供试品溶液和对照品溶液，对照品溶液中所含被测成分的量应为供试品溶液中被测成分规定量的 100%±10%，所用溶剂也应完全一致，在规定的波长处测定供试品溶液和对照品溶液的吸光度后，按下式计算供试品中被测溶液的浓度：

$$c_X = (A_X / A_R)c_R \tag{A-1}$$

式中　c_X——供试品溶液的浓度；

A_X——供试品溶液的吸光度；

c_R——对照品溶液的浓度；

A_R——对照品溶液的吸光度。

(2) 吸收系数法　按各品种项下的方法配制供试品溶液，在规定的波长处测定其吸光度，再以该品种在规定条件下的吸收系数计算含量。用本法测定时，吸收系数通常应大于 100，并注意仪器的校正和检定。

(3) 计算分光光度法　计算分光光度法有多种，使用时应按各品种项下规定的方法进行。当吸光度处在吸收曲线的陡然上升或下降的部位测定时，波长的微小变化可能对测定结果造成显著影响，故对照品和供试品的测试条件应尽可能一致。计算分光光度法一般不宜用作含量测定。

(4) 比色法　供试品本身在紫外-可见光区没有强吸收，或在紫外光区虽有吸收但为了避免干扰或提高灵敏度，可加入适当的显色剂，使反应产物的最大吸收移至可见光区，这种测定方法称为比色法。

用比色法测定时，由于显色时影响显色深浅的因素较多，应取供试品与对照品或标准品同时操作。除另有规定外，比色法所用的空白系指用同体积的溶剂代替对照品或供试品溶液，然后依次加入等量的相应试剂，并用同样方法处理。在规定的波长处测定对照品和供试品溶液的吸光度后，按上述 (1) 法计算供试品浓度。

当吸光度和浓度关系不呈良好线性时，应取数份梯度量的对照品溶液，用溶剂补充至同一体积，显色后测定各份溶液的吸光度，然后以吸光度与相应的浓度绘制标准曲线，再根据供试品的吸光度在标准曲线上查得其相应的浓度，并求出其含量。

附录 B　高效液相色谱法

高效液相色谱法系采用高压输液泵将规定的流动相泵入装有填充剂的色谱柱，对供试品进行分离测定的色谱方法。注入的供试品，由流动相带入色谱柱内，各组分在柱内被分离，并进入检测器检测，由积分仪或数据处理系统记录和处理色谱信号。

一、对仪器的一般要求和色谱条件

高效液相色谱仪由高压输液泵、进样器、色谱柱、检测器、积分仪或数据处理系统组成。色谱柱内径一般为 2.1～4.6 mm，填充剂粒径约为 2～10 μm。超高效液相色谱仪是耐超高压、小进样量、低死体积、高灵敏度检测的高效液相色谱仪。

1. 色谱柱

反相色谱柱：以键合非极性基团的载体为填充剂填充而成的色谱柱。常见的载体有硅胶、聚合物复合硅胶和聚合物等；常用的填充剂有十八烷基硅烷键合硅胶、辛基硅烷键合硅胶和苯基硅烷键合硅胶等。

正相色谱柱：用硅胶填充剂，或键合极性基团的硅胶填充而成的色谱柱。常见的填充剂有硅胶、氨基键合硅胶和氰基键合硅胶等。氨基键合硅胶和氰基键合硅胶也可用作反相色谱。

离子交换色谱柱：用离子交换填充剂填充而成的色谱柱。有阳离子交换色谱柱和阴离子交换色谱柱。

手性分离色谱柱：用手性填充剂填充而成的色谱柱。

色谱柱的内径与长度，填充剂的形状、粒径与粒径分布、孔径、表面积、键合基团的表面覆盖度、载体表面基团残留量，填充的致密与均匀程度等均影响色谱柱的性能，应根据被分离物质的性质来选择合适的色谱柱。

温度会影响分离效果，品种正文中未指明色谱柱温度时系指室温，应注意室温变化的影响。为改善分离效果可适当调整色谱柱的温度。

残余硅羟基未封闭的硅胶色谱柱，流动相 pH 值一般应在 2～8 之间。烷基硅烷带有立体侧链保护或残余硅羟基已封闭的硅胶、聚合物复合硅胶或聚合物色谱柱可耐受更广泛 pH 值的流动相，可用于 pH 值小于 2 或大于 8 的流动相。

2. 检测器

最常用的检测器为紫外-可见分光检测器，包括二极管阵列检测器，其他常见的检测器有荧光检测器、蒸发光散射检测器、电雾式检测器、示差折光检测器、电化学检测器和质谱检测器等。

紫外-可见分光检测器、荧光检测器、电化学检测器为选择性检测器，其响应值不仅与被测物质的量有关，还与其结构有关；蒸发光散射检测器、电雾式检测器和示差折光检测器为通用检测器，对所有物质均有响应；结构相似的物质在蒸发光散射检测器和电雾式检测器的响应值几乎仅与被测物质的量有关。

紫外-可见分光检测器、荧光检测器、电化学检测器和示差折光检测器的响应值与被测物质的量在一定范围内呈线性关系；蒸发光散射检测器的响应值与被测物质的量通常呈指数关系，一般需经对数转换；电雾式检测器的响应值与被测物质的量通常也呈指数关系，一般需经对数转换或用二次函数计算，但在小质量范围内可基本呈线性。

不同的检测器，对流动相的要求不同。紫外-可见分光检测器所用流动相应符合紫外-可见分光光度法（通则0401）项下对溶剂的要求；采用低波长检测时，还应考虑有机溶剂的截止使用波长。蒸发光散射检测器、电雾式检测器和质谱检测器不得使用含不挥发性成分的流动相。

3．流动相

反相色谱系统的流动相常用甲醇-水系统或乙腈-水系统，用紫外末端波长检测时，宜选用乙腈-水系统。流动相中如需使用缓冲溶液，应尽可能使用低浓度缓冲盐。用十八烷基硅烷键合硅胶色谱柱时，流动相中有机溶剂一般应不低于 5%，否则易导致柱效下降、色谱系统不稳定。

正相色谱系统的流动相常用两种或两种以上的有机溶剂，如二氯甲烷和正己烷等。

流动相注入液相色谱仪的方式（又称洗脱方式）可分为两种：一种是等度洗脱，另一种是梯度洗脱。用梯度洗脱分离时，梯度洗脱程序通常以表格的形式在品种项下规定，其中包括运行时间和流动相在不同时间的成分比例。

4．色谱参数调整

品种正文项下规定的色谱条件（参数），除填充剂种类、流动相组分、检测器类型不得改变外，其余如色谱柱内径与长度、填充剂粒径、流动相流速、流动相组分比例、柱温、进样量、检测器灵敏度等，均可适当调整。

若需使用小粒径（约 2 μm）填充剂和小内径（约 2.1 mm）色谱柱或表面多孔填充剂以提高分离度或缩短分析时间，输液泵的性能、进样体积、检测池体积和系统的死体积等必须与之匹配，必要时，色谱条件（参数）可适当调整。

色谱参数允许调整范围见表 B-1。

表 B-1　色谱参数允许调整的范围

参数变量	参数调整	
	等度洗脱	梯度洗脱
固定相	不得改变填充剂的理化性质，如填充剂材质、表面修饰及键合相均需保持一致；从全多孔填料到表面多孔填料的改变，在满足上述条件的前提下是被允许的	

参数变量	参数调整	
	等度洗脱	梯度洗脱
填充剂粒径（d_p），柱长（L）	改变色谱柱填充剂粒径和柱长后，L/d_p值（或N值）应在原有数值的-25%～+50%范围内	
流速	如果改变色谱柱内径及填充剂粒径，可按下式计算流速：$F_2 = F_1 \times [(d_{c2}^2 \times d_{p1})/(d_{c1}^2 \times d_{p2})]$，在此基础上根据实际使用时系统的压力和保留时间调整	
	最大可在±50%的范围内调整	除按上述公式调整外，不得扩大调整范围
进样体积	调整以满足系统适用性要求，如果色谱柱尺寸有改变，按下式计算进样体积：$V_{inj2} = V_{inj1} \times (L_2 \times d_{c2}^2)/(L_1 \times d_{c1}^2)$，并根据灵敏度的要求进行调整	
梯度洗脱程序（等度洗脱不适用）	$t_{G2} = t_{G1} \times (F_1/F_2) \times [(L_2 \times d_{c2}^2)/(L_1 \times d_{c1}^2)]$，保持不同规格色谱柱的洗脱体积倍数相同，从而保证梯度变化相同，并需要考虑不同仪器系统体积的差异	
流动相比例	最小比例的流动相组分可在相对值±30%或者绝对值±2%的范围内进行调整（两者之间选择最大值）；最小比例流动相组分的比例需小于（$100/n$）%，n为流动相中组分的个数	可适当调整流动相组分比例，以保证系统适用性符合要求，并且最终流动相洗脱强度不得弱于原梯度的洗脱强度
流动相缓冲液盐浓度	可在±10%范围内调整	
柱温	除另有规定外，可在±10℃范围内调整	除另有规定外，可在±5℃范围内调整
pH值	除另有规定外，流动相中水相pH值可在±0.2pH范围内进行调整	
检测波长	不允许改变	

注：F_1为原方法中的流速；F_2为调整后方法中的流速；d_{c1}为原方法中色谱柱的内径；d_{c2}为调整后方法中色谱柱的内径；d_{p1}为原方法中色谱柱的粒径；d_{p2}为调整后方法中色谱柱的粒径；V_{inj1}为原方法中进样体积；V_{inj2}为调整后方法中进样体积；L_1为原方法中色谱柱柱长；L_2为调整后方法中色谱柱柱长；t_{G1}为原方法的梯度段洗脱时间；t_{G2}为调整后的梯度段洗脱时间。

可通过相关软件计算表中流速、进样体积和梯度洗脱程序的调整范围，并根据色谱峰分离情况进行微调。

调整后，系统适用性应符合要求，且色谱峰出峰顺序不变。若减小进样体积，应保证检测限和峰面积的重复性；若增加进样体积，应使分离度和线性关系仍满足要求。应评价色谱参数调整对分离和检测的影响，必要时对调整色谱参数后的方法进行确认。若调整超出表中规定的范围或品种项下规定的范围，被认为是对方法的修改，需要进行充分的方法学验证。

调整梯度洗脱色谱参数时应比调整等度洗脱色谱参数时更加谨慎，因为此调整可能会使某些峰位置变化，造成峰识别错误，或者与其他峰重叠。

当对调整色谱条件后的测定结果产生异议时，应以品种项下规定的色谱条件的测定结果为准。

在品种项下一般不宜指定或推荐色谱柱的品牌，但可规定色谱柱的填充剂（固定相）种类（如键合相，是否改性、封端等）、粒径、孔径，色谱柱的柱长或柱内径；当耐用性试验证明必须使用特定品牌的色谱柱方能满足分离要求时，可在该品种正文项下注明。

二、系统适用性试验

色谱系统的适用性试验通常包括理论板数、分离度、灵敏度、拖尾因子和重复性等五个参数。

按各品种正文项下要求对色谱系统进行适用性试验，即用规定的对照品溶液或系统适用性试验溶液在规定的色谱系统进行试验，必要时，可对色谱系统进行适当调整，以符合要求。

1. 色谱柱的理论板数（n）

用于评价色谱柱的效能。由于不同物质在同一色谱柱上的色谱行为不同，采用理论板数作为衡量色谱柱效能的指标时，应指明测定物质，一般为待测物质或内标物质的理论板数。

在规定的色谱条件下，注入供试品溶液或各品种项下规定的内标物质溶液，记录色谱图，量出供试品主成分色谱峰或内标物质色谱峰的保留时间 t_R 和峰宽（W）或半高峰宽（$W_{h/2}$）。

按 $n = 16 \times (t_R / W)^2$ 或 $n = 5.54 \times (t_R / W_{h/2})^2$ 计算色谱柱的理论板数。如 t_R、W、$W_{h/2}$ 可用时间或长度计（下同），但应取相同单位。

2. 分离度（R）

用于评价待测物质与被分离物质之间的分离程度，是衡量色谱系统分离效能的关键指标。可以通过测定待测物质与已知杂质的分离度，也可以通过测定待测物质与某一指标性成分（内标物质或其他难分离物质）的分离度，或将供试品或对照品用适当的方法降解，通过测定待测物质与某一降解产物的分离度，对色谱系统分离效能进行评价与调整。

无论是定性鉴别还是定量测定，均要求待测物质色谱峰与内标物质色谱峰或特定的杂质对照色谱峰及其他色谱峰之间有较好的分离度。除另有规定外，待测物质色谱峰与相邻色谱峰之间的分离度应不小于 1.5。分离度的计算公式为：

$$R = \frac{2 \times (t_{R_2} - t_{R_1})}{W_1 + W_2} \text{ 或 } R = \frac{2 \times (t_{R_2} - t_{R_1})}{1.70 \times (W_{1,h/2} + W_{2,h/2})} \tag{B-1}$$

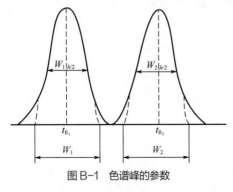

式中，t_{R_2} 为相邻两色谱峰中后一峰的保留时间；t_{R_1} 为相邻两色谱峰中前一峰的保留时间；W_1、W_2 及 $W_{1,h/2}$、$W_{2,h/2}$ 分别为此相邻两色谱峰的峰宽及半高峰宽，见图 B-1。

当对测定结果有异议时，色谱柱的理论板数（n）和分离度（R）均以峰宽（W）的计算结果为准。

3. 灵敏度

用于评价色谱系统检测微量物质的能力，通常以信

图 B-1　色谱峰的参数

噪比（S/N）来表示。建立方法时，可通过测定一系列不同浓度的供试品或对照品溶液来测定信噪比。定量测定时，信噪比应不小于 10；定性测定时，信噪比应不小于 3。系统适用性试验中可以设置灵敏度实验溶液来评价色谱系统的检测能力。

4. 拖尾因子（T）

用于评价色谱峰的对称性。拖尾因子计算公式为：

$$T = \frac{W_{0.05h}}{2d_1} \tag{B-2}$$

式中，$W_{0.05h}$ 为 5%峰高处的峰宽；d_1 为峰顶在 5%峰高处横坐标平行线的投影点至峰前沿与此平行线交点的距离，见图 B-2。

以峰高作定量参数时，除另有规定外，T 值应在 0.95～1.05 之间。

以峰面积作定量参数时，一般的峰拖尾或前伸不会影响峰面积积分，但严重拖尾会影响基线和色谱峰起止的判断以及峰面积积分的准确性，此时应在品种正文项下对拖尾因子作出规定。

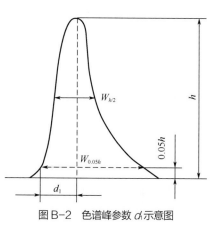

图 B-2　色谱峰参数 d_1 示意图

5. 重复性

用于评价色谱系统连续进样时响应值的重复性能。除另有规定外，通常取各品种项下的对照品溶液，连续进样 5 次，其峰面积测量值（或内标比值或其校正因子）的相对标准偏差应不大于 2.0%。视进样溶液的浓度和/或体积、色谱峰响应和分析方法所能达到的精度水平等，对相对标准偏差的要求可适当放宽或收紧，放宽或收紧的范围以满足品种项下检测需要的精密度要求为准。

三、测定法

1. 定性分析

常用的定性方法主要有但不限于以下：

（1）利用保留时间定性　保留时间（retention time，t_R）定义为被分离组分从进样到柱后出现该组分最大响应值时的时间，也即从进样到出现某组分色谱峰的顶点时为止所经历的时间，常以分钟（min）为时间单位，用于反映被分离的组分在性质上的差异。通常以在相同的色谱条件下待测成分的保留时间与对照品的保留时间是否一致作为待测成分定性的依据。

在相同的色谱条件下，待测成分的保留时间与对照品的保留时间应无显著性差异；两个保留时间不同的色谱峰归属于不同化合物，但两个保留时间一致的色谱峰有时未必可归属为同一化合物，在作未知物鉴别时应特别注意。

若改变流动相组成或更换色谱柱的种类，待测成分的保留时间仍与对照品的保留时间一致，可进一步证实待测成分与对照品为同一化合物。

当待测成分（保留时间 $t_{R,1}$）无对照品时，可以样品中的另一成分或在样品中加入另一已知成分作为参比物（保留时间 $t_{R,2}$），采用相对保留时间（RRT）作为定性（或定位）的方法。在品种项下，除另有规定外，相对保留时间通常是指待测成分保留时间相对于主成分保留时间的比值，以未扣除死时间的非调整保留时间按下式计算：

$$RRT = \frac{t_{R,1}}{t_{R,2}} \tag{B-3}$$

若需以扣除死时间的调整保留时间计算，应在相应的品种项下予以注明。

(2) 利用光谱相似度定性　化合物的全波长扫描紫外-可见光区光谱图提供一些有价值的定性信息。待测成分的光谱与对照品的光谱的相似度可用于辅助定性分析。二极管阵列检测器开启一定波长范围的扫描功能时，可以获得更多的信息，包括色谱信号、时间、波长的三维色谱光谱图，既可用于辅助定性分析，还可用于峰纯度分析。

同样应注意，两个光谱不同的色谱峰表征了不同化合物，但两个光谱相似的色谱峰未必可归属为同一化合物。

(3) 利用质谱检测器提供的质谱信息定性　利用质谱检测器提供的色谱峰分子质量和结构的信息进行定性分析，可获得比仅利用保留时间或增加光谱相似性进行定性分析更多的、更可靠信息，不仅可用于已知物的定性分析，还可提供未知化合物的结构信息。

2. 定量分析

(1) 内标法　按品种正文项下的规定，精密称（量）取对照品和内标物质，分别配成溶液，各精密量取适量，混合配成校正因子测定用的对照溶液。取一定量进样，记录色谱图。测量对照品和内标物质的峰面积或峰高，按下式计算校正因子：

$$校正因子\,(f) = \frac{A_S/c_S}{A_R/c_R} \tag{B-4}$$

式中　A_S——内标物质的峰面积或峰高；

　　　A_R——对照品的峰面积或峰高；

　　　c_S——内标物质的浓度；

　　　c_R——对照品的浓度。

再取各品种项下含有内标物质的供试品溶液，进样，记录色谱图，测量供试品中待测成分和内标物质的峰面积或峰高，按下式计算含量：

$$含量\ (c_X) = f \times \frac{A_X}{A_S'/c_S'} \tag{B-5}$$

式中　A_X——供试品的峰面积或峰高；

　　　c_X——供试品的浓度；

　　　A_S'——内标物质的峰面积或峰高；

　　　c_S'——内标物质的浓度；

　　　f——内标法校正因子。

采用内标法，可避免因样品前处理及进样体积误差对测定结果的影响。

（2）外标法　按各品种项下的规定，精密称（量）取对照品和供试品，配制成溶液，分别精密取一定量，进样，记录色谱图，测量对照品溶液和供试品溶液中待测物质的峰面积（或峰高），按下式计算含量：

$$含量\ (c_X) = c_R \times \frac{A_X}{A_R} \tag{B-6}$$

式中各符号意义同上。

当采用外标法测定时，以手动进样器定量环或自动进样器进样为宜。

（3）加校正因子的主成分自身对照法　测定杂质含量时，可采用加校正因子的主成分自身对照法。在建立方法时，按各品种项下的规定，精密称（量）取待测物对照品和参比物质对照品各适量，配制待测杂质校正因子的溶液，进样，记录色谱图，按下式计算待测杂质的校正因子。

$$校正因子 = \frac{c_A/A_A}{c_B/A_B} \tag{B-7}$$

式中　c_A——待测物的浓度；

　　　A_A——待测物的峰面积或峰高；

　　　c_B——参比物质的浓度；

　　　A_B——参比物质的峰面积或峰高。

也可精密称（量）取主成分对照品和杂质对照品各适量，分别配制成不同浓度的溶液，进样，记录色谱图，绘制主成分浓度和杂质浓度对其峰面积的回归曲线，以主成分回归直线斜率与杂质回归直线斜率的比计算校正因子。

校正因子可直接载入各品种项下，用于校正杂质的实测峰面积，需作校正计算的杂质，通常以主成分为参比，采用相对保留时间定位，其数值一并载入各品种项下。

测定杂质含量时，按各品种项下规定的杂质限度，将供试品溶液稀释成与杂质限度相当的溶液，作为对照溶液，进样，记录色谱图，必要时，调节纵坐标范围（以噪声水平可接受为限）使对照溶液的主成分色谱峰的峰高约达满量程的 10%～25%。除另有规定外，通常含量低于 0.5%的杂质，峰面积测量值的相对标准偏差（RSD）应小于 10%；含量在 0.5%～2%的杂质，峰面积测量值的 RSD 应小于 5%；含量大于 2%的杂质，峰面积测量值的 RSD 应小于 2%。然后，取供试品溶液和对照溶液适量，分别进样。除另有规定外，供试品溶液的记录时间，应为主成分色谱峰保留时间的 2 倍，测量供试品溶液色谱图上各杂质的峰面积，分别乘以相应的校正因子后与对照溶液主成分的峰面积比较，计算各杂质含量。

（4）不加校正因子的主成分自身对照法　测定杂质含量时，若无法获得待测杂质的校正因子，或校正因子可以忽略，也可采用不加校正因子的主成分自身对照法。同上述（3）法配制对照溶液、进样、调节纵坐标范围和计算峰面积的相对标准偏差后，取供试品溶液和对照品溶液适量，分别进样。除另有规定外，供试品溶液的记录时间应为主成分色谱峰保留时间的 2 倍，测量供试品溶液色谱图上各杂质的峰面积并与对照溶液主成分的峰面积比较，依法计算杂质含量。

（5）面积归一化法　按各品种项下的规定，配制供试品溶液，取一定量进样，记录色谱图。测量各峰的面积和色谱图上除溶剂峰以外的总色谱峰面积，计算各峰面积占总峰面积的百分率。用于杂质检查时，由于仪器响应的线性限制，峰面积归一化法一般不宜用于微量杂质的检查。

如适用，也可使用其他方法如标准曲线法等，并在品种正文项下注明。

四、多维液相色谱

多维色谱又称为色谱/色谱联用技术，是采用匹配的接口将不同分离性能或特点的色谱连接起来，第一级色谱中未分离开或需要分离富集的组分由接口转移到第二级色谱中，第二级色谱仍需进一步分离或分离富集的组分，也可以继续通过接口转移到第三级色谱中。理论上，可以通过接口将任意级色谱串联或并联起来，直至将混合物样品中所有的难分离、需富集的组分都分离或富集之。但实际上，一般只要选用两个合适的色谱联用就可以满足对绝大多数难分离混合物样品的分离或富集要求。因此，一般的色谱/色谱联用都是二级，即二维色谱。

在二维色谱的术语中，1D 和 2D 分别指一维和二维；而 ^{1}D 和 ^{2}D 则分别代表第一维和第二维。

二维液相色谱可以分为差异显著的两种主要类型：中心切割式二维色谱（heart-cutting mode two-dimensional chromatography）和全二维色谱（comprehensive two-dimensional chromatography）。中心切割式二维色谱是通过接口将前一级色谱中某一（些）组分传递到后一级色谱中继续分离，一般用 LC-LC（也可用 LC+LC）表示；全二维色谱是通过接口将前一级色谱中的全部组分连续地传递到后一级色谱中进行分离，一般用 LC×LC 表示。此外，这两种类型下还有若干子类，包括选择性全二维色谱（sLC×LC）和多中心切割 2D-LC（mLC-LC）。

LC-LC 或 LC×LC 两种二维色谱可以是相同的分离模式和类型，也可以是不同的分离模式和类型。接口技术是实现二维色谱分离的关键之一，原则上，只要有匹配的接口，任何模式和类型的色谱都可以联用。

与一维色谱一样，二维色谱也可以和质谱、红外和核磁共振等联用。

附录C 标准溶液浓度标定方法

C.1 α-胡萝卜素标准储备液的标定

α-胡萝卜素标准储备液（浓度约为 500 μg/mL）10 μL，注入含 3.0 mL 正己烷的比色皿中，混匀。比色杯厚度为 1 cm，以正己烷为空白，入射光波长为 444 nm，测定其吸光度，平行测定 3 次，取均值。溶液浓度按式（C-1）计算：

$$X = \frac{A}{E} \times \frac{3.01}{0.01}$$ （C-1）

式中 X——α-胡萝卜素标准储备液的浓度，μg/mL；

A——α-胡萝卜素标准储备液的紫外吸光值；

E——α-胡萝卜素在正己烷中的比吸光系数为 0.2725；

$\frac{3.01}{0.01}$——测定过程中稀释倍数的换算系数。

C.2 β-胡萝卜素标准储备液的标定

取 β-胡萝卜素标准储备液（浓度约为 500 μg/mL）10 μL，注入含 3.0 mL 正己烷的比色皿中，混匀。比色杯厚度为 1 cm，以正己烷为空白，入射光波长为 450 nm，测定其吸光度，平行测定 3 次，取均值。溶液浓度按式（C-2）计算：

$$X = \frac{A}{E} \times \frac{3.01}{0.01}$$ （C-2）

式中 X——β-胡萝卜素标准储备液的浓度，μg/mL；

A——β-胡萝卜素标准储备液的紫外吸光值；

E——β-胡萝卜素在正己烷中的比吸光系数为 0.2620；

$\frac{3.01}{0.01}$——测定过程中稀释倍数的换算系数。

附录D β-胡萝卜素异构体保留时间的确认及全反式 β-胡萝卜素色谱纯度的计算

注：采用色谱条件一进行 β-胡萝卜素的测定，需要确定 β-胡萝卜素异构体保留时间，并对 β-胡萝卜素标准溶液色谱纯度进行校正。

D.1 试剂

碘溶液（I_2）：0.5 mol/L。

D.2 试剂配制

D.2.1 碘乙醇溶液（0.05 mol/L）

吸取 5 mL 碘溶液，用乙醇稀释至 50 mL，混匀。

D.2.2 异构化 β-胡萝卜素溶液

取 10 mL β-胡萝卜素标准储备液于烧杯中，加入 20 μL 碘乙醇溶液，摇匀后于日光下或距离 40 W 日光灯 30 cm 处照射 15 min，用二氯甲烷稀释至 50 mL。摇匀后过 0.45 μm 滤膜，备 HPLC 色谱分析用。

D.3 β-胡萝卜素异构体保留时间的确认

分别取 β-胡萝卜素标准中间液（100 μg/mL）和异构化 β-胡萝卜素溶液，按照色谱条件一注入 HPLC 仪进行色谱分析。根据 β-胡萝卜素标准中间液的色谱图确认全反式 β-胡萝卜素的保留时间；对比 β-胡萝卜素标准中间液和异构化 β-胡萝卜素溶液色谱图中各峰面积变化，以及与全反式 β-胡萝卜素的位置关系确认顺式 β-胡萝卜素异构体的保留时间：全反式 β-胡萝卜素前较大的色谱峰为 13-顺式-β-胡萝卜素，紧邻全反式 β-胡萝卜素后较大的色谱峰为 9-顺式-β-胡萝卜素，13-顺式-β-胡萝卜素前是 15-顺式-β-胡萝卜素，另外可能还有其他较小的顺式结构色谱峰，色谱图见本章附录 E 图 E-1。

D.4 全反式 β-胡萝卜素标准液色谱纯度的计算

取 β-胡萝卜素标准工作液（3 μg/mL），按照色谱条件一进行 HPLC 分析，重复进样 6 次。计算全反式 β-胡萝卜素色谱峰的峰面积、全反式与上述各顺式结构的峰面积总和，全反式 β-胡萝卜素色谱纯度按式（D-1）计算。

$$CP = \frac{\overline{A}_{all\text{-}E}}{\overline{A}_{sum}} \times 100\% \qquad (D\text{-}1)$$

式中　CP——全反式 β-胡萝卜素色谱纯度，%；

$\overline{A}_{all\text{-}E}$——全反式 β-胡萝卜素色谱峰峰面积平均值，AU；

$\overline{A}_{sum}$——全反式 β-胡萝卜素及各顺式结构峰面积总和平均值，AU。

附录 E 胡萝卜素液相色谱图

E.1 α-胡萝卜素和β-胡萝卜素混合标准色谱图（C₃₀柱）

采用色谱条件一获得的α-胡萝卜素和β-胡萝卜素色谱图见图 E-1。

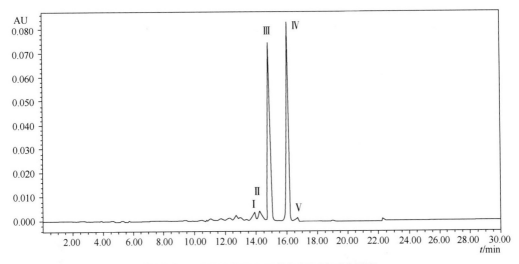

图 E-1 α-胡萝卜素和β-胡萝卜素混合标准色谱图

Ⅰ—15-顺式-β-胡萝卜素；Ⅱ—13-顺式-β-胡萝卜素；Ⅲ—全反式 α-胡萝卜素；Ⅳ—全反式 β-胡萝卜素；Ⅴ—9-顺式-β-胡萝卜素

E.2 β-胡萝卜素液相色谱图（C₁₈柱）

采用色谱条件二获得的β-胡萝卜素液相色谱图见图 E-2。

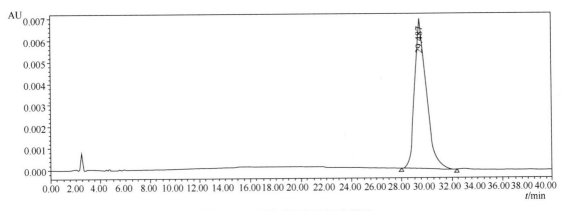

图 E-2 β-胡萝卜素标准品液相色谱图

附录 F 胡萝卜素百分吸光系数

以正己烷为溶剂，α-胡萝卜素及β-胡萝卜素异构体的百分吸光系数见表 F-1。

表 F-1 胡萝卜素异构体的百分吸光系数

组分	构型	λ_{max}/nm	$E_{1cm}^{1\%}$
α-胡萝卜素	全反式	446	2725
β-胡萝卜素	全反式	450	2620
	9-顺式	445	2550
	13-顺式	443	2090
	15-顺式	447	1820

参考文献

[1] GH/T 1159—2017，山楂[S]. 2017.

[2] 邓旭坤，江善青，穆俊，等. 山楂多糖的成分测定及其单糖组分分析研究[J]. 中南民族大学学报（自然科学版），2020，36（3）：52-56.

[3] 况作品. 蔷薇科五种果实类药材的有机酸分析[D]. 合肥：安徽中医药大学，2016.

[4] 王乃平，袁艳，江海燕，等. 液质联用法测定光山楂有机酸含量[J]. 中国实验方剂学杂志，2011，17（10）：77-78.

[5] 中国药典一部[S]. 2020：33.

[6] GB 5009.86—2016，食品中抗坏血酸的测定[S]. 2016.

[7] GB/T 5009.86—2003，蔬菜、水果及其制品中总抗坏血酸的测定[S].2003.

[8] 中国药典三部[S]. 2020：509.

[9] GB/T 5009.3—2016，食品中水分的测定[S]. 2016.

[10] DB12/T 962—2020，植源性农产品脂肪的测定[S]. 2020.

[11] 中国药典三部[S]. 2020：489.

[12] 中国药典三部[S]. 2020：451.

[13] 中国药典三部[S]. 2020：456.

[14] 中国药典一部[S]. 2020：414.

[15] 柏玥，程佳慧，戈福星，等. 液-质联用法测定不同产地山楂叶中4种成分的含量[J]. 承德医学院学报，2017，34（5）：436-438.

[16] 杨明宇，高婧，杜义龙，等. 一测多评法同时测定山楂叶中6种有效成分的含量[J]. 中国药房，2016，27（24）：3404-3407.

[17] 潘海峰，杨明宇，徐宝欣，等. 基于 HPLC-MS/MS 比较不同产地山楂叶中8个成分含量[J]. 药物分析杂志，2017，37（12）：2173-2179.

[18] 彭发元，张英武. 毛细管电泳安培检测法测定山楂中的有效成分[J]. 泉州师范学院学报，2011，29（2）：65-68.

[19] 张兰杰，辛广，陈华，等. 三波长-分光光度法测定山楂叶、果总黄酮的含量[J]. 食品与生物技术学报，2009，28（4）：483-486.

[20] 努尔尼沙，叶尔波力. 山楂品种营养成分的测定[J]. 新疆农业科技，2009（5）：54.

[21] GB 5009.83—2016，食品中胡萝卜素的测定[S]. 2016.

[22] 卢伟，耿楠，陆宁. 山楂功能性成分分析及检测方法[J]. 包装与食品机械，2017，35（3）：65-69.

[23] 王逸萍，陈爱萍，徐智勇. 山楂中总三萜酸提取工艺的优选[J]. 中华中医药学刊，2007，25（4）：774-775.

[24] 孙协军，李秀霞，吕艳芳，等. 山楂中总三萜酸超高压提取工艺研究[J]. 食品工业科技，2015，36（7）：208-213.

[25] 罗小凤，皱盛勤. 南北山楂中5个三萜酸成分的比较研究[J]. 食品科技，2015，40（5）：64-67.

[26] 中国药典一部[S]. 2020：535.

[27] 中国药典一部[S]. 2020：519.

[28] 杨晓博，王荣芳，贾亚楠，等. 高效液相色谱法测定山楂叶中的 9 种酚类成分[J]. 食品工业科技，2017，38（10）: 62-66.

[29] 孙博，霍华珍，蔡爱华，等. HPLC 法测定大果山楂果实中 8 种酚酸类成分的含量[J/OL]. 广西植物. https://kns.cnki. net/kcms/detail/45.1134.Q.20200803.1643.008.htmL.

[30] 植物甾醇液相检测方法[OL]. https://wenku.baidu.com/view/929ffa2358fb770bf78a55dd. htmL，2021-7-20.

[31] 张学良，赵德华，张文懿，等. 银柴胡中总甾醇含量测定的方法学研究[J]. 宁夏医学杂志，2012，34（2）: 126-127.

第八章

山楂现行相关标准汇编

一、GB/T 31318—2014 蜜饯　山楂制品

1. 标准前言

本标准是国家推荐标准。由中华人民共和国国家质量监督检验检疫总局、中国国家标准化管理委员会于 2014 年 12 月 5 日发布，2015 年 06 月 01 日实施，截至本书出版前标准有效。

本标准按照 GB/T 1.1—2009 给出的规则起草。

本标准由全国食品工业标准化技术委员会（SAC/TC 64）提出并归口。

本标准起草单位：中国焙烤食品糖制品工业协会、潍坊市产品质量监督检验所、河北怡达食品集团有限公司、北京御食园食品股份有限公司、北京红螺食品有限公司、北京康贝尔食品有限责任公司、维之王食品有限公司、天喔（福建）食品有限公司、福建东方食品集团、杭州超达食品有限公司、广东佳宝集团有限公司。

本标准主要起草人：赵燕萍、许军、张斌、王树林、董立军、江玉霞、孙玉平、宋永祥、周志民、管俊祥、蔡冬梅、杨婉媛、林培生。

2. 范围

本标准规定了蜜饯类山楂制品的产品分类、技术要求、试验方法、检验规则、标签、包装、贮存。

本标准适用于以山楂、白砂糖和/或淀粉糖为主要原料，经煮制、制浆、成型、干燥，或经糖渍、干燥等工艺加工制成的可直接食用的蜜饯山楂制品。

3. 规范性引用文件

下列文件对于本文件的应用是必不可少的。凡是注日期的引用文件，仅注日期的版本适用于本文件。凡是不注日期的引用文件，其最新版本（包括所有的修改单）适用于本文件。

GB 317　　　　　　　白砂糖

GB 2760　　　　　　　食品安全国家标准　食品添加剂使用标准

GB 5009.3	食品安全国家标准　食品中水分的测定
GB 5009.4	食品安全国家标准　食品中灰分的测定
GB 7718	食品安全国家标准　预包装食品标签通则
GB 8956	蜜饯企业良好生产规范
GB/T 10782—2006	蜜饯通则
GB 14884	蜜饯卫生标准
GB 15203	淀粉糖卫生标准
GB 28050	食品安全国家标准　预包装食品营养标签通则
SB/T 10092	山楂
JJF 1070	定量包装商品净含量计量检验规则

国家质量监督检验检疫总局[2005]第 75 号令　定量包装商品计量监督管理办法

4. 产品分类

按生产工艺分为以下四类。

4.1 山楂片类

以山楂、白砂糖为主要原料，经煮制、冷却、制浆、拌糖、刮片、烘烤、成型等工艺制成的山楂制品，包括干片型和夹心型。

4.2 山楂糕类

以山楂、白砂糖和/或淀粉糖为主要原料，经煮制、制浆、成型等工艺制成的制品。

4.3 山楂脯类

以山楂、白砂糖和/或淀粉糖为主要原料，经煮制、糖渍、干燥等工艺制成的制品。

4.4 果丹类

以山楂、白砂糖和/或淀粉糖为主要原料，经煮制、制浆、刮片、烘烤、成型等工艺制成的制品。如：果丹皮、蜜饯糖葫芦等。

5. 技术要求

5.1 原、辅料要求

5.1.1 山楂　应符合 SB/T 10092 的规定。

5.1.2 白砂糖　应符合 GB 317 的规定。

5.1.3 淀粉糖　应符合 GB 15203 的规定。

5.1.4 食品添加剂及其他原辅材料　应符合相应国家标准或行业标准的规定。

5.2 感官要求

应符合表 8-1 的规定。

表 8-1　感官要求

项目	要求			
	山楂片类	山楂糕类	山楂脯类	果丹类
色泽	具有该产品应有的色泽			
组织形态	组织细腻，形状完整，厚薄较均匀。夹心软片要有韧性，干片有疏松感	组织细腻，软硬适度，略有弹性，呈糕状	颗粒完整，不流糖，不返砂	组织细腻，略有韧性
滋味及气味	具有原果风味，酸甜适口，无异味			
杂质	无正常视力可见外来杂质			

5.3　理化指标

应符合表 8-2 的规定。

表 8-2　理化指标

项目	要　求				
	山楂片类		山楂糕类	山楂脯类	果丹类
	干片型	夹心型			
总糖（以葡萄糖计）/% ≤	85	75	70	70	75
水分/% ≤	15	20	50	35	30
灰分/% ≤	1.5				

5.4　卫生指标

应符合 GB 14884 的规定。

5.5　食品添加剂

应符合 GB 2760 的规定。

5.6　净含量

应符合《定量包装商品计量监督管理办法》的规定。

5.7　生产过程

应符合 GB 8956 的规定。

6.　试验方法

6.1　感官指标

按 GB/T 10782—2006 中 6.2 规定的方法检测。

6.2　理化指标

6.2.1　总糖　按 GB/T 10782—2006 中 6.5 规定的方法检测。

6.2.2　水分　按 GB 5009.3 规定的方法检测。

6.2.3　灰分　按 GB 5009.4 规定的方法检测。

6.3　卫生指标

按 GB 14884 规定的方法检测。

6.4　净含量

按 JJF 1070 规定的方法检测。

7. 检验规则

7.1　批次

同品种、同一批投料、同一生产日期的产品为一批次。

7.2　抽样

按 GB/T 10782—2006 执行。

7.3　出厂检验

7.3.1　出厂检验的项目包括感官指标、净含量、水分、总糖、菌落总数和大肠菌群。

7.3.2　每批产品应经生产厂检验部门按本标准的规定进行检验，并出具产品合格证后方可出厂。

7.4　型式检验

7.4.1　型式检验项目包括本标准中规定的全部项目。

7.4.2　每半年应对产品进行一次型式检验。

7.4.3　发生下列情况之一时，亦应进行型式检验：

　　a. 更改原料时；

　　b. 更改工艺时；

　　c. 长期停产后恢复生产时；

　　d. 出厂检验与上次型式检验有较大差异时；

　　e. 国家质量监督机构提出进行型式检验的要求时。

7.5　判定规则

7.5.1　检验结果全部项目符合本标准规定时，判该批产品为合格品。

7.5.2　检验结果中微生物指标有一项及以上不符合本标准规定时，判该批产品为不合格品。

7.5.3　检验结果中除微生物指标外，其他项目不符合本标准规定时，可以在原批次产品中双倍抽样复验一次，复检结果全部符合本标准规定时，判该批产品为合格品；复检结果中如仍有一项指标不合格，判该批产品为不合格品。

8. 标签

预包装产品的标签应符合 GB 7718、GB 28050 的规定。

9. 包装

包装材料应符合相应国家标准或行业标准的规定。

10. 贮存

应符合 GB 8956 的规定。

二、GB/T 19416—2003 山楂汁及其饮料中果汁含量的测定

1. 标准前言

本标准是国家推荐标准。由中华人民共和国国家质量监督检验检疫总局于 2003 年 11 月 27 日发布，2004 年 05 月 01 日实施，截至本书出版前标准有效。

本标准的附录 A 为规范性附录。

本标准由河北省质量技术监督局提出并归口。

本标准起草单位：河北省衡水市卫生防疫站。

本标准主要起草人：张永顺、陈彦青、田志梅、裴世弟、崔玉环、惠艳静。

2. 范围

本标准规定了山楂汁及其饮料中钾、总磷、氨基酸态氮、总黄酮（芦丁）四种组分的测定方法和果汁含量的计算方法。

本标准适用于山楂浓缩汁、果汁及果汁含量不低于 2.5% 的饮料中果汁含量的测定。

3. 规范性引用文件

下列文件中的条款通过本标准的引用而成为本标准的条款。凡是注日期的引用文件，其随后所有的修改单（不包括勘误的内容）或修订版均不适用于本标准，然而，鼓励根据本标准达成协议的各方研究是否可使用这些文件的最新版本。凡是不注日期的引用文件，其最新版本适用于本标准。

GB/T 6682—1992　　　分析实验室用水规格和试验方法

GB 10789—1996　　　软饮料的分类

GB/T 12143.1—1989　软饮料中可溶性固形物的测定方法　折光计法

GB/T 12143.2—1989　果蔬汁饮料中氨基酸态氮的测定方法　甲醛值法

GB/T 16771—1997　　橙、柑、桔汁及其饮料中果汁含量的测定

4. 术语和定义

GB 10789—1996 确立的以及下列术语和定义适用于本标准。

4.1 山楂汁 Chinese hawthorn juices

采用浸取工艺提取山楂果中的汁（浆）液，然后用物理方法脱去加入的水，制成的含有原水果果肉内可溶性固形物并具有原水果色、香、味的山楂汁液。

4.2 山楂浓缩汁 Chinese hawthorn concentrated juices

采用物理方法从山楂汁中除去一定比例的天然水分制成的具有果汁应有特征的制品。

4.3 山楂饮料 Chinese hawthorn drinks

在果汁（或浓缩果汁）中加入水、糖液等调制而成的制品。成品中山楂果汁含量不低于10%（质量浓度）。

4.4 标准值 standard value

根据不同品种、不同产区、不同采收期、不同加工工艺、不同贮存期的山楂果汁及其浓缩汁复原的果汁中可溶性固形物含量和钾、总磷、氨基酸态氮、总黄酮（芦丁）四种组分实测值的分布状态，经数理统计确定的平均值。

4.5 权值 weighted value

根据不同品种、不同产区山楂果汁中钾、总磷、氨基酸态氮、总黄酮（芦丁）四种组分实测值相对标准偏差的大小而确定的某种组分在总体中所占的比重。

5. 方法提要

山楂汁及其饮料中果汁含量与山楂汁的固有成分钾、总磷、氨基酸态氮、总黄酮（芦丁）含量呈良好的正相关。按本标准规定的方法测定样品中钾、总磷、氨基酸态氮、总黄酮（芦丁）含量，将该四种组分实测值分别与各自标准值的比值合理修正后，乘以相应的修正权值，逐项相加求得样品中果汁含量。

6. 标准值和权值

6.1 可溶性固形物的标准值

山楂原果汁可溶性固形物（加糖除外）的标准值（20℃，折光计法）以20%计。

6.2 钾、总磷、氨基酸态氮、总黄酮（芦丁）的标准值和权值

钾、总磷、氨基酸态氮、总黄酮（芦丁）的标准值和权值见表8-3。

表8-3 钾、总磷、氨基酸态氮、总黄酮（芦丁）的标准值和权值

项目	钾	总磷	氨基酸态氮	总黄酮（芦丁）
标准值/（mg/kg）	2125	267	276	1508×10
权值	0.226	0.236	0.277	0.261

7. 测定方法

7.1 可溶性固形物

按 GB/T 12143.1—1989 规定的方法测定。

7.2 钾

按 GB/T 16771—1997 中附录 A 规定的方法测定。

7.3 总磷

按 GB/T 16771—1997 中附录 B 规定的方法测定。

7.4 氨基酸态氮

按 GB/T 12143.2—1989 规定的方法测定，其中测定结果的单位为毫克每千克（mg/kg）。

7.5 总黄酮（芦丁）

按附录 A 规定的方法测定。

8. 果汁含量计算

山楂汁及其饮料中果汁含量按式（8-1）计算：

$$y\ (\%)\ =\ \sum_{i=1}^{4}(\frac{x_i}{\overline{x}_i}\times R_i)\times100 \tag{8-1}$$

式中　y——果汁含量，%；

　　$\overline{x}_i$——相应的钾、总磷、氨基酸态氮、总黄酮（芦丁）的标准值，mg/kg；

　　x_i——样品中相应的钾、总磷、氨基酸态氮、总黄酮（芦丁）含量的实测值，mg/kg；

　　R_i——相应的钾、总磷、氨基酸态氮、总黄酮（芦丁）的权值。

计算结果应表示至一位小数。

9. 异常数据的修正原则

山楂汁及其饮料中钾、总磷、氨基酸态氮、总黄酮（芦丁）的实测值按以下原则对异常数据进行修正。浓缩汁需加入该果汁浓缩时脱去的等量的水之后，测定四种组分含量，再按以下原则对异常数据进行修正。

9.1 当 $\frac{x_i}{\overline{x}_i}>1.3$ 时（i=1、2、3），需将比值大于 1.3 的参数项删除，其权值按比例分配给剩余参数项，修正后的果汁含量按式（8-2）计算：

$$y'=\frac{y'_1}{1-\sum_{i=1}^{3}R_i} \tag{8-2}$$

式中 y'——修正后的果汁含量，%；

y_1'——删除异常数据后果汁含量的计算值，%；

R_i——被删除参数项的权值。

9.2 当 $\dfrac{x_4}{x_4} \geqslant 1.3$ 时，在计算果汁含量时 $\dfrac{x_4}{x_4}$ 值按 1.3 计算。

9.3 当 $\dfrac{x_i}{x_i} < \dfrac{x_4}{x_4} \times 0.6$ 或 $\dfrac{x_i}{x_i} > \dfrac{x_4}{x_4} \times 1.8$ 时，需将其参数项删除，相应的权值按比例分配给剩余

参数项，按式（8-2）计算果汁含量，其中 i=1、2、3。

附录 A　总黄酮（芦丁）的测定（规范性附录）

A.1　方法提要

在中性或弱碱性及亚硝酸钠存在的条件下，黄酮类化合物与铝盐生成螯合物，加氢氧化钠溶液后显红色，与芸香苷（芦丁）标准系列比较定量。

A.2　试剂

本试验方法中，所用试剂除特殊注明外，均为分析纯；所用水应符合 GB/T 6682—1992 中三级水规格。

A.2.1　乙醇溶液：体积分数为 60%。

A.2.2　氢氧化钠溶液：10 g/L，称取 10.0 g 氢氧化钠，用水溶解后定容至 1 L。

A.2.3　亚硝酸钠溶液：50 g/L，称取 5.0 g 亚硝酸钠，用水溶解后定容至 100 mL。

A.2.4　硝酸铝溶液：100 g/L，称取 10.0 g 硝酸铝，用水溶解后定容至 100 mL。

A.2.5　氢氧化钠溶液：200 g/L，称取 20.0 g 氢氧化钠，用水溶解后定容至 100 mL。

A.2.6　芦丁标准储备溶液：2.00 mg/mL，称取 0.2000 g（精确至 0.0002 g）经 120℃减压干燥到恒重的无水芦丁（已知质量分数大于 99.0%），置于 100 mL 容量瓶中，用乙醇溶液（A.2.1）溶解并定容至刻度，摇匀。

A.2.7　芦丁标准应用溶液：0.20 mg/mL，吸取 10.00 mL 芦丁标准储备溶液（A.2.6）于 100 mL 容量瓶中，用水定容至刻度。临用现配。

A.3　仪器与设备

实验室常规仪器、设备及下列各项：

a）分光光度计；

b）具塞比色管：25 mL；

c）分析天平：感量 0.1 mg。

A.4 分析步骤

A.4.1 试液的制备

称取一定量经混合均匀的样品（浓缩汁 0.50～1.00 g，果汁 1.00～2.00 g，果汁饮料 5.00～10.00 g，水果饮料和果汁型碳酸饮料 20.00～50.00 g）于 100 mL 烧杯中，以氢氧化钠溶液（A.2.2）调至中性，再多加 2 滴，移入 100 mL 容量瓶中，用水定容至刻度，摇匀，备用。

A.4.2 工作曲线的绘制

吸取 0.00 mL、1.00 mL、2.00 mL、3.00 mL、4.00 mL、5.00 mL 芦丁标准应用溶液（A.2.7），相当于 0.00 mg、0.20 mg、0.40 mg、0.60 mg、0.80 mg、1.00 mg 无水芦丁，分别置于 25 mL 具塞比色管中，补水至约 10 mL，加 1.0 mL 亚硝酸钠溶液（A.2.3），混匀，放置 6 min，加 1.0 mL 硝酸铝溶液（A.2.4），混匀，放置 6 min，加 4.0 mL 氢氧化钠溶液（A.2.5），再加水至刻度，摇匀，放置 15 min。用 1 cm 比色皿，以试剂空白调节零点，在波长 510 nm 处测定吸光度。以吸光度为纵坐标、芦丁的质量为横坐标，绘制工作曲线或计算回归方程。

A.4.3 测定

吸取 2.00 mL 样品溶液（A.4.1）两份，分别置于 25 mL 具塞比色管中，补水至约 10 mL，以下步骤按 A.4.2 操作，其中一份不加硝酸铝溶液，做样品空白。显色后用滤纸过滤，弃去初滤液，收集滤液备测。以试剂空白溶液调节零点，在波长 510 nm 处测吸光度，测得样品吸光度减去样品空白吸光度，从工作曲线上查出或用回归方程计算出样品溶液中总黄酮的质量 m_1。

A.5 分析结果的表述与计算

样品中总黄酮的含量（以芦丁计）x_4 按式（8-3）计算：

$$x_4 = \frac{m_1 \times 1000}{m \times \dfrac{2}{100}} = \frac{m_1 \times 10^5}{m \times 2} \tag{8-3}$$

式中　x_4——样品中总黄酮（以芦丁计）的含量，mg/kg；

　　　m_1——在工作曲线上查出（或用回归方程计算出）的试液中总黄酮（以芦丁计）的质量，mg；

　　　m——样品的质量，g。

计算结果保留四位有效数字。

A.6 允许差

同一样品的两次测定结果之差，不得超过平均值的 5.0%。

三、GB 5009.185—2016 食品安全国家标准 食品中展青霉素的测定

1. 标准前言

本标准是食品安全国家强制标准。由中华人民共和国国家卫生和计划生育委员会、国家食品药品监督管理总局于 2016 年 12 月 23 日发布，2017 年 06 月 23 日实施，截至本书出版前标准有效。

本标准代替 GB/T 5009.185—2003《苹果和山楂制品中展青霉素的测定》、NY/T 1650—2008《苹果及山楂制品中展青霉素的测定 高效液相色谱法》、SN/T 2008—2007《进出口果汁中棒曲霉毒素的检测方法 高效液相色谱法》以及 SN/T 2534—2010《进出口水果和蔬菜制品中展青霉素含量检测方法 液相色谱-质谱/质谱法与高效液相色谱法》和 SN/T 1859—2007《饮料中棒曲霉素和 5-羟甲基糠醛的测定方法 液相色谱-质谱法和气相色谱-质谱法》中展青霉素部分。

本标准与 GB/T 5009.185—2003 相比，主要变化如下：

——标准名称修改为"食品安全国家标准 食品中展青霉素的测定"；

——增加了同位素稀释-液相色谱-串联质谱法；

——增加了液相色谱法；

——扩大了适用范围；

——删除了薄层色谱法。

2. 范围

本标准规定了食品中展青霉素的测定方法。

本标准第一法为同位素稀释-液相色谱串联质谱法，适用于苹果和山楂为原料的水果及其制品、果蔬汁类和酒类食品中展青霉素含量的测定。

本标准第二法为高效液相色谱法，适用于苹果为原料的水果及其果蔬汁类和酒类食品中展青霉素含量的测定。

第一法 同位素稀释-液相色谱-串联质谱法

3. 原理

样品（浊汁、半流体及固体样品用果胶酶酶解处理）中的展青霉素经溶剂提取，展青霉素固相净化柱或混合型阴离子交换柱净化、浓缩后，经反相液相色谱柱分离，电喷雾离子源离子化，多反应离子监测检测，内标法定量。

4. 试剂和材料

除非另有说明，本方法使用的试剂均为分析纯，水为 GB/T 6682 规定的一级水。

4.1 试剂

4.1.1 乙腈（CH_3CN）：色谱纯。

4.1.2 甲醇（CH_3OH）：色谱纯。

4.1.3 乙酸（CH_3COOH）：色谱纯。

4.1.4 乙酸铵（CH_3COONH_4）。

4.1.5 果胶酶（液体）：活性≥1500 U/g，2～8℃避光保存。

4.2 试剂配制

4.2.1 乙酸溶液：取 10 mL 乙酸加入 250 mL 水，混匀。

4.2.2 乙酸铵溶液（5 mmol/L）：称取 0.38 g 乙酸铵，加 1000 mL 水溶解。

4.3 标准品

4.3.1 展青霉素标准品（$C_7H_6O_4$，CAS 号：149-29-1）：纯度≥99%，或经国家认证并授予标准物质证书的标准物质。

4.3.2 $^{13}C_7$-展青霉素同位素内标：25 μg/mL，或经国家认证并授予标准物质证书的标准物质。

4.4 标准溶液配制

4.4.1 标准储备溶液（100 μg/mL）：用 2 mL 乙腈溶解展青霉素标准品 1.0 mg 后，移入 10 mL 的容量瓶，乙腈定容至刻度。溶液转移至试剂瓶中后，在-20℃下冷冻保存，备用，有效期 6 个月。展青霉素标准溶液浓度的标定参见附录 B。

4.4.2 标准工作液（1 μg/mL）：准确吸取 100 μL 经标定过的展青霉素标准储备溶液至 10 mL 容量瓶中，用乙酸溶液定容至刻度。溶液转移至试剂瓶中后，在 4℃下避光保存，有效期 3 个月。

4.4.3 $^{13}C_7$-展青霉素同位素内标工作液（1 μg/mL）：准确移取展青霉素同位素内标（25 μg/mL）0.40 mL 至 10 mL 容量瓶中，用乙酸溶液定容。在 4℃下避光保存，备用，3 个月内有效。

4.4.4 标准系列工作溶液：分别准确移取标准工作液适量至 10 mL 容量瓶中，加入 500 μL 1.0 μg/mL 的同位素内标工作液，用乙酸溶液定容至刻度，配制展青霉素浓度为 5 ng/mL、10 ng/mL、25 ng/mL、50 ng/mL、100 ng/mL、150 ng/mL、200 ng/mL、250 ng/mL 系列标准溶液。

5. 仪器和设备

5.1 液相色谱-质谱联用仪：带电喷雾离子源。

5.2　匀浆机。

5.3　高速粉碎机。

5.4　组织捣碎机。

5.5　涡旋振荡器。

5.6　pH 计：测量精度±0.02。

5.7　天平：感量为 0.01 g 和 0.00001 g。

5.8　50 mL 具塞 PVC 离心管。

5.9　离心机：转速≥6000 r/min。

5.10　展青霉素固相净化柱（以下简称净化柱）：混合填料净化柱 Mycosep™228 或相当者。

5.11　混合型阴离子交换柱：N-乙烯吡咯烷酮-二乙烯基苯共聚物基质-CH_2N（CH_3）$_2$ $C_4H_9^+$为填料的固相萃取柱（6 mL，150 mg）或相当者。使用前分别用 6 mL 甲醇和 6 mL 水预淋洗并保持柱体湿润。

5.12　100 mL 梨形烧瓶。

5.13　固相萃取装置。

5.14　旋转蒸发仪。

5.15　氮吹仪。

6. 分析步骤

6.1　试样制备

6.1.1　液体样品（苹果汁、山楂汁等）

样品倒入匀浆机中混匀，取其中任意的 100 g（或 mL）样品进行检测。

酒类样品需超声脱气 1 h 或 4℃低温条件下存放过夜脱气。

6.1.2　固体样品（山楂片、果丹皮等）

样品用高速粉碎机将其粉碎，混合均匀后取样品 100 g 用于检测。果丹皮等高黏度样品经液氮冻干后立即用高速粉碎机将其粉碎，混合均匀后取样品 100 g 用于检测。

6.1.3　半流体（苹果果泥、苹果果酱、带果粒果汁等）

样品在组织捣碎机中捣碎混匀后，取 100 g 用于检测。

6.2　试样提取及净化

6.2.1　混合型阴离子交换柱法

6.2.1.1　试样提取

6.2.1.1.1　澄清果汁

称取 2 g 试样（准确至 0.01 g），加入 50 μL 同位素内标工作液混匀待净化。

6.2.1.1.2 苹果酒

称取 1 g 试样（准确至 0.01 g），加入 50 μL 同位素内标工作液，加水至 10 mL 混匀后待净化。

6.2.1.1.3 固体、半流体试样

称取 1 g 试样（准确至 0.01 g）于 50 mL 离心管中，加入 50 μL 同位素内标工作液，静置片刻后，再加入 10 mL 水与 75 μL 果胶酶混匀，室温下避光放置过夜后，加入 10.0 mL 乙酸乙酯，涡旋混合 5 min，在 6000 r/min 下离心 5 min，移取乙酸乙酯层至 100 mL 梨形烧瓶。再用 10.0 mL 乙酸乙酯提取一次，合并两次乙酸乙酯提取液，在 40℃水浴中用旋转蒸发仪浓缩至干，以 5.0 mL 乙酸溶液溶解残留物，待净化处理。

6.2.1.2 净化

将待净化液转移至预先活化好的混合型阴离子交换柱中，控制样液以约 3 mL/min 的速度稳定过柱。上样完毕后，依次加入 3 mL 的乙酸铵溶液、3 mL 水淋洗。抽干混合型阴离子交换柱，加入 4 mL 甲醇洗脱，控制流速约 3 mL/min，收集洗脱液。在洗脱液中加入 20 μL 乙酸，置 40℃下用氮气缓缓吹至近干，用乙酸溶液定容至 1.0 mL，涡旋 30 s 溶解残留物，0.22 μm 滤膜过滤，收集滤液于进样瓶中以备进样。按同一操作方法做空白试验。

6.2.2 净化柱法

6.2.2.1 试样提取

6.2.2.1.1 液体试样

称取 4 g 试样（准确至 0.01 g）于 50 mL 离心管中，加入 250 μL 同位素内标工作液，加入 21 mL 乙腈，混合均匀，在 6000 r/min 下离心 5 min，待净化。

6.2.2.1.2 固体、半流体试样

称取 1 g 试样（准确至 0.01 g）于 50 mL 离心管中，加入 100 μL 同位素内标工作液，混匀后静置片刻，再加入 10 mL 水与 150 μL 果胶酶溶液混匀，室温下避光放置过夜后，加入 10.0 mL 乙酸乙酯，涡旋混合 5 min，在 6000 r/min 下离心 5 min，移取乙酸乙酯层至梨形烧瓶。再用 10.0 mL 乙酸乙酯提取一次，合并两次乙酸乙酯提取液，在 40℃水浴中用旋转蒸发仪浓缩至干，以 2.0 mL 乙酸溶液溶解残留物，再加入 8 mL 乙腈，混匀后待净化。

6.2.2.2 净化

按照所使用净化柱的说明书操作，将提取液通过净化柱净化，弃去初始的 1 mL 净化液，收集后续部分。

用吸量管准确吸取 5.0 mL 净化液，加入 20 μL 乙酸，在 40℃下用氮气缓缓地吹至近干，加入乙酸溶液定容至 1.0 mL，涡旋 30 s 溶解残渣，过 0.22 μm 滤膜，收集滤液于进样瓶中以备进样。按同一操作方法做空白试验。

注：上述方法的样品提取和净化部分，包括混合型阴离子交换柱净化和净化柱净化方法，可根据实际情况，选择其中一种方法即可。

6.3 仪器参考条件

6.3.1 色谱参考条件

a) 色谱柱：T_3色谱柱，柱长 100 mm，内径 2.1 mm，粒径 1.8 μm，或相当者；

b) 流动相：A 相：水，B 相：乙腈；

c) 梯度洗脱条件：5%B（0～7 min），100%B（7.2～9 min），5%B（9.2～13 min）；

d) 流速：0.3 mL/min；

e) 色谱柱柱温：30℃；

f) 进样量：10 μL。

6.3.2 质谱参考条件

a) 检测方式：多离子反应监测（MRM）；

b) 质谱参数及离子选择参数参见表 8-6；

c) 子离子扫描图参见图 8-1 和图 8-2；

d) 液相色谱-质谱图见图 8-3。

6.4 标准曲线的制作

将标准系列工作溶液由低到高浓度进样检测，以标准系列工作溶液中展青霉素的浓度为横坐标，以展青霉素色谱峰与内标色谱峰的峰面积比值为纵坐标，绘制得到标准曲线。

6.5 测定

将试样溶液注入液相色谱-质谱仪中，测得相应的峰面积，由标准曲线得到试样溶液中展青霉素的浓度。

6.6 定性

试样中目标化合物色谱峰的保留时间与相应标准色谱峰的保留时间相比较，变化范围在±2.5%之内。

每种化合物的质谱定性离子必须出现，至少应包括一个母离子和两个子离子，而且同一检测批次，对同一化合物，样品中目标化合物的两个子离子的相对丰度比与浓度相当的标准溶液相比，其允许偏差不超过表 8-4 规定的范围。

表 8-4　定性时相对离子丰度的最大允许偏差

相对离子丰度	>50%	>20%～50%	>10%～20%	≤10%
允许相对偏差	±20%	±25%	±30%	±50%

7. 分析结果的表述

试样中展青霉素的含量按式（8-4）计算：

$$X = \frac{\rho \times V}{m} \times f \tag{8-4}$$

式中　X——试样中展青霉素的含量，$\mu g/kg$ 或 $\mu g/L$；

　　　ρ——由标准曲线计算所得的试样溶液中展青霉素的浓度，ng/mL；

　　　V——最终定容体积，mL；

　　　m——试样的称样量，g；

　　　f——稀释倍数。

计算结果保留三位有效数字。

8. 精密度

在重复性条件下获得的两次独立测定结果的绝对差值不得超过算术平均值的 15%。

9. 其他

本方法的检出限和定量限见表 8-5。

表 8-5　不同试样采用不同前处理方法的检出限和定量限

净化方式	澄清果汁		苹果酒		固体、半流体	
	检出限/ （$\mu g/kg$）	定量限/ （$\mu g/kg$）	检出限/ （$\mu g/kg$）	定量限/ （$\mu g/kg$）	检出限/ （$\mu g/kg$）	定量限/ （$\mu g/kg$）
混合型阴离子交换柱	1.5	5	1.5	5	3	10
净化柱法	3	10	3	10	6	20

第二法　高效液相色谱法

10. 原理

样品（浊汁、半流体及固体样品用果胶酶酶解处理）中的展青霉素经提取，展青霉素固相净化柱净化、浓缩后，液相色谱分离，紫外检测器检测。外标法定量。

11. 试剂和材料

除非另有说明，本方法使用的试剂均为分析纯，水为 GB/T 6682 规定的一级水。

11.1　试剂

11.1.1　乙腈（CH_3CN）：色谱纯。

11.1.2 甲醇（CH₃OH）：色谱纯。

11.1.2 甲醇（CH_3OH）：色谱纯。

11.1.3 乙酸（CH_3COOH）：色谱纯。

11.1.4 乙酸乙酯（$CH_3COOCH_2CH_3$）。

11.1.5 乙酸铵（CH_3COONH_4）。

11.1.6 果胶酶（液体）：活性≥1500 U/g，2～8℃避光保存。

11.2 试剂配制

乙酸溶液：取 10 mL 乙酸加入 250 mL 水，混匀。

11.3 标准品

展青霉素标准品（$C_7H_6O_4$，CAS 号：149-29-1）：纯度≥99%，或经国家认证并授予标准物质证书的标准物质。

11.4 标准溶液配制

11.4.1 标准储备溶液（100 μg/mL）：用 2 mL 乙腈溶解展青霉素标准品 1.0 mg 后，移入 10 mL 的容量瓶，乙腈定容至刻度。溶液转移至试剂瓶中后，在-20℃下冷冻保存，备用，有效期 6 个月。展青霉素标准溶液浓度的标定参见附录 13。

11.4.2 标准工作液（1 μg/mL）：移取 100 μL 经标定过的展青霉素标准储备溶液，用乙酸溶液溶解并转移至 10 mL 容量瓶中，定容至刻度。溶液转移至试剂瓶中后，在 4℃下避光保存，3 个月内有效。

11.4.3 标准系列工作溶液：分别准确移取标准工作液适量至 5 mL 容量瓶中，用乙酸溶液定容至刻度，配制展青霉素浓度为 5 ng/mL、10 ng/mL、25 ng/mL、50 ng/mL、100 ng/mL、150 ng/mL、200 ng/mL、250 ng/mL 系列标准溶液。

12. 仪器和设备

12.1 液相色谱仪：配紫外检测器。

12.2 匀浆机。

12.3 高速粉碎机。

12.4 组织捣碎机。

12.5 涡旋振荡器。

12.6 pH 计：测量精度±0.02。

12.7 天平：感量为 0.01 g 和 0.00001 g。

12.8 50 mL 具塞 PVC 离心管。

12.9 离心机：转速≥6000 r/min。

12.10 展青霉素固相净化柱（以下简称净化柱）：混合填料净化柱 Mycosep^{TM}228 或相

当者。

12.11 100 mL 梨形烧瓶。

12.12 固相萃取装置。

12.13 旋转蒸发仪。

12.14 氮吹仪。

12.15 一次性水相微孔滤头：带 0.22 μm 微孔滤膜。

13. 分析步骤

13.1 试样制备

同 6.1。

13.2 试样提取及净化

除不加同位素内标外，试样提取及净化柱净化操作同 6.2.2。

13.3 仪器参考条件

a）液相色谱柱：T₃柱，柱长 150 mm，内径 4.6 mm，粒径 3.0 μm，或相当者；

b）流动相：A 相：水，B 相：乙腈；

c）梯度洗脱条件：5%B（0～13 min），100%B（13～15 min），5%B（15～20 min）；

d）流速：0.8 mL/min；

e）色谱柱柱温：40℃；

f）进样量：100 μL；

g）紫外检测器条件：检测波长为 276 nm。

13.4 标准曲线的制作

将标准系列溶液由低到高浓度依次进样检测，以标准溶液的浓度为横坐标，以峰面积为纵坐标，绘制标准曲线。

13.5 测定

将试样溶液注入液相色谱-质谱仪中，测得相应的峰面积，由标准曲线得到试样溶液中展青霉素的浓度。

14. 分析结果的表述

试样中展青霉素的含量按式（8-5）计算：

$$X = \frac{\rho \times V}{m} \times f \tag{8-5}$$

式中　X——试样中展青霉素的含量，μg/kg 或 μg/L；

ρ——由标准曲线得到的试样溶液中展青霉素的浓度，ng/mL；

V——最终定容体积，mL；

m——试样的称样量，g；

f——稀释倍数。

计算结果保留三位有效数字。

15. 精密度

在重复性条件下获得的两次独立测定结果的绝对差值不得超过算术平均值的 15%。

16. 其他

液体试样的检出限为 6 μg/kg，定量限为 20 μg/kg；固体、半流体试样的检出限为 12 μg/kg，定量限为 40 μg/kg。

附录 B 展青霉素标准溶液浓度的标定

B.1 仪器校正

测定重铬酸钾溶液的摩尔消光系数，以求出使用仪器的校正因子。准确称取 74 mg 经干燥的重铬酸钾，用 0.009 mol/L 硫酸溶解后并准确稀释至 1000 mL，相当于[c（$K_2Cr_2O_7$）= 0.25 mmol/L]。再吸取 25 mL 此稀释液于 50 mL 容量瓶中，加 0.009 mol/L 硫酸稀释至刻度，相当于 0.125 mmol/L 溶液。再吸取 25 mL 此稀释液于 50 mL 容量瓶中，加 0.009 mol/L 硫酸稀释至刻度，相当于 0.0625 mmol/L 溶液。用 1 cm 石英杯，在最大吸收峰的波长（350 nm 处）处用 0.009 mol/L 硫酸作空白，测得以上三种不同浓度的溶液的吸光度。以上三种浓度的摩尔消光系数按式（8-6）计算。

$$E = \frac{A}{c} \tag{8-6}$$

式中 E——重铬酸钾溶液的摩尔消光系数；

A——测得重铬酸钾溶液的吸光度；

c——重铬酸钾溶液的摩尔浓度。

取三种浓度的摩尔消光系数的平均值 E' 并与重铬酸钾的摩尔消光系数值 3160 比较，即求出使用仪器的校正因子，按式（8-7）进行计算：

$$f = \frac{3160}{E'} \tag{8-7}$$

式中 f——使用仪器的校正因子；

E'——测得的重铬酸钾摩尔消光系数平均值。

若 *f* 大于 0.95 或小于 1.05，则使用仪器的校正因子可忽略而不计。

B.2 展青霉素标准溶液的制备

取 1000 μL 储备液用氮气吹干后，立即用 20 mL 乙醇溶液溶解残渣，置于 4℃冰箱保存。该标准溶液约为 5 μg/mL。用紫外分光光度计以 1 cm 石英比色皿测此标准溶液在 250～350 nm 处的最大吸收峰的波长及该波长的吸光度值，以乙醇为参比溶液。

展青霉素标准溶液的浓度按式（8-8）进行计算：

$$\rho = \frac{A \times M \times 1000 \times f}{E_2} \tag{8-8}$$

式中 ρ——展青霉素标准溶液的浓度，μg/mL；

A——在波长 276 nm 处测得的吸光度值；

M——展青霉素的分子量等于 154；

1000——换算系数；

f——使用仪器的校正因子；

E_2——展青霉素乙醇溶液在最大吸收波长 276 nm 处的摩尔消光系数 14600。

附录C 展青霉素的色谱和质谱

C.1 质谱条件及离子源控制条件

a）离子源：电喷雾电离源（ESI），负离子监测；

b）毛细管电压：-3.5 kV；

c）锥孔电压：-58 V；

d）干燥气温度：325℃；

e）干燥气流速：480 L/h；

f）雾化气压力：172 kPa；

g）鞘气温度：350℃；

h）鞘气流速：600 L/h；

i）喷嘴电压：-1500 V；

j）电子倍增管电压：-300 V。

离子选择参数见表 8-6。

表 8-6 离子选择参数表

展青霉素	母离子	定量离子	碰撞能量	定性离子	碰撞能量	离子化方式
展青霉素	153	109	-7	81	-12	ESI⁻
¹³C₇-展青霉素	160	115	-7	86	-12	ESI⁻

C.2 色谱图和质谱图

C.2.1 展青霉素的质谱图见图 8-1。

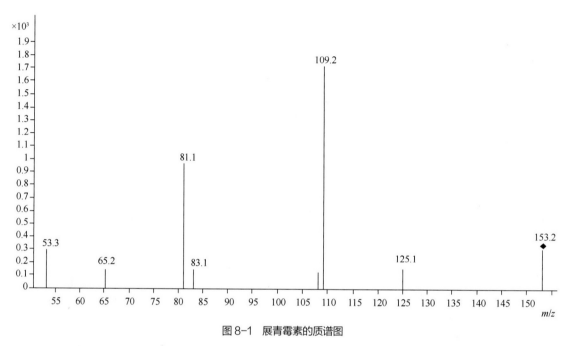

图 8-1 展青霉素的质谱图

C.2.2 $^{13}C_7$-展青霉素的质谱图见图 8-2。

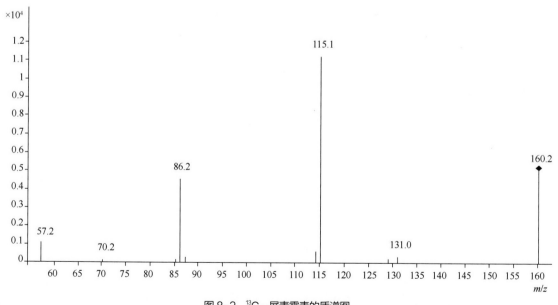

图 8-2 $^{13}C_7$-展青霉素的质谱图

C.2.3 展青霉素的多反应监测色谱图见图 8-3。

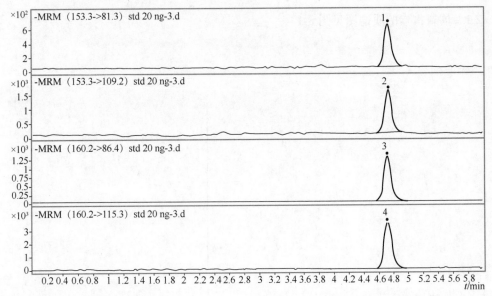

说明：
1——展青霉素定性离子色谱峰；
2——展青霉素定量离子色谱峰；
3——展青霉素同位素定性离子色谱峰；
4——展青霉素同位素定量离子色谱峰。

图 8-3 展青霉素及其同位素标准溶液的多反应监测色谱图

附录 D 展青霉素标准溶液的液相色谱图

展青霉素标准溶液的液相色谱图见图 8-4。

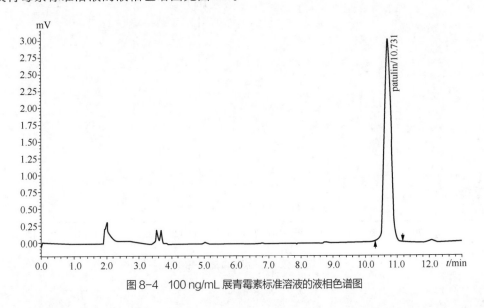

图 8-4 100 ng/mL 展青霉素标准溶液的液相色谱图

四、GB/T 40643—2021 山楂叶提取物中金丝桃苷的检测 高效液相色谱法

1. 标准前言

本标准是国家推荐标准。由国家市场监督管理总局、国家标准化管理委员会于 2021 年 10 月 11 日发布，2022 年 05 月 01 日实施，截至本书出版前标准已实施。

本文件按照 GB/T 1.1—2020《标准化工作导则 第 1 部分：标准化文件的结构和起草规则》的规定起草。

本文件由国家林业和草原局提出。

本文件由全国林化产品标准化技术委员会（SAC/TC 558）归口。

本文件起草单位：北京林业大学、中国标准化研究院、中国林业科学研究院林产化学工业研究所、北京电子科技职业学院、浙江圣氏生物科技有限公司、浙江科技学院、深圳市品牌建设促进中心、中山洪力健康食品产业研究院、河北冠卓检测科技股份有限公司、中国科学院兰州化学物理研究所、无限极（中国）有限公司共同。

本文件主要起草人：雷建都、席兴军、刘静、王璐莹、王晓晓、杨志花、龚启宙、张敬轩、刘铁兵、辛秀兰、赵新颖、邸多隆、裴栋、李文君、兰韬、陈亮、刘凤松、孙红梅。

2. 范围

本文件描述了利用高效液相色谱法测定山楂叶提取物中金丝桃苷的原理、仪器与设备、试剂与材料、检测方法、结果计算与表示、重复性、精密度和加标回收率。

本文件适用于山楂叶提取物中金丝桃苷含量的测定。

3. 规范性引用文件

下列文件中的内容通过文中的规范性引用而构成本文件必不可少的条款。其中，注日期的引用文件，仅该日期对应的版本适用于本文件；不注日期的引用文件，其最新版本（包括所有的修改单）适用于本文件。

GB/T 6682　分析实验室用水规格和试验方法。

4. 术语和定义

本文件没有需要界定的术语和定义。

5. 原理

在同一分析周期内，按一定时间程序调节流动相配比，使山楂叶提取物的关键组分按各自适宜的容量因子达到良好的分离目的。

采用金丝桃苷对应的标准物质外标法直接定量，采用的色谱柱为反相 C_{18} 柱。金丝桃苷的紫外光谱测定表明其最大吸收波长为 360 nm，因此选定 360 nm 作为金丝桃苷的高效液相色谱检测波长。

6. 试剂与材料

除非另有说明，在分析中仅使用确认为分析纯的试剂和符合 GB/T 6682 一级的水。

6.1 试剂

6.1.1 甲醇（CH_3OH），色谱纯。

6.1.2 冰乙酸（CH_3COOH）。

6.2 标准品

金丝桃苷标准品：纯度≥98%。

6.3 金丝桃苷标准储备溶液

称取 200 mg（精确至 0.001 g）金丝桃苷标准品于 100 mL 棕色容量瓶中，加甲醇使其溶解并定容至刻度线，混匀。

6.4 金丝桃苷标准工作溶液

将金丝桃苷标准储备溶液用甲醇稀释制备一系列标准溶液，标准液浓度分别为 0.02 mg/mL、0.04 mg/mL、0.10 mg/mL、0.20 mg/mL、0.40 mg/mL、0.60 mg/mL、1.0 mg/mL，临用时配制。

6.5 材料

滤膜，孔径 0.45 μm 有机相滤膜。

7. 仪器与设备

7.1 分析天平：灵敏度为万分之一克。

7.2 超声波清洗器：超声频率 40 kHz，功率 300 W。

7.3 高效液相色谱仪：包含梯度洗脱、紫外检测器及色谱工作站。

8. 检测方法

8.1 样品处理

称取干燥的山楂叶提取物样品 0.100 g（精确至 0.001 g），加甲醇适量，超声辅助溶解 10～30 min，转移至 50 mL 容量瓶中，待恢复至室温后定容至刻度，摇匀，用 0.45 μm 有机相滤膜微滤，然后进行 HPLC 分析。

8.2 测定条件

按照制造商操作手册运行高效液相色谱仪。以下分析条件可供参考，采用其他条件应验证其适用性。

色谱条件如下：

——色谱柱：RP-C$_{18}$[250 mm×4.6 mm（内径），5 μm]；

——流速：1.0 mL/min；

——柱温：30℃；

——进样量：10 μL；

——检测波长：360 nm；

——流动相：A 为 0.5%冰乙酸水溶液，B 为甲醇。

梯度洗脱条件见表 8-7。

表 8-7　金丝桃苷的梯度洗脱条件

时间/min	0.5%冰乙酸水溶液（A）/%	甲醇（B）/%
0	80	20
15	57	43
25	55	45
35	25	75
45	0	100
55	0	100

8.3　标准曲线制作

按 8.2 色谱条件检测，分别吸取 10 μL 标准工作溶液注入高效液相色谱仪，以色谱峰的峰面积为纵坐标、对应的溶液浓度为横坐标，进行线性回归分析，得到标准曲线方程。

金丝桃苷标准品的 HPLC 色谱图参见附录 E。

8.4　试样测定

按 8.2 的色谱条件，取 8.1 步骤中的样品进样，得到试样溶液的峰面积，根据保留时间和金丝桃苷标准品色谱图定性。从标准曲线上查得试样溶液中金丝桃苷的含量。

试样溶液中金丝桃苷的响应值应在标准曲线的线性范围内，超过线性范围则应将提取液稀释后测定或增加提取物的质量重新检测。

9.　结果计算与表示

9.1　结果计算

山楂叶提取物中金丝桃苷含量按式（8-9）进行计算：

$$X=c×V/m \tag{8-9}$$

式中　X——样品中金丝桃苷的含量，mg/g；

c——样品中金丝桃苷的浓度，mg/mL；

V——最终定容后样品的体积，mL；

m——试样的质量，g。

9.2 结果表示

计算结果以重复条件下获得的两次独立测定结果的算术平均值表示，保留至小数点后两位有效数字。

10. 重复性

在重复条件下获得的 5 次独立测定结果的相对标准偏差小于 5%。

11. 精密度

取同一试样，连续进样 5 次，按 8.2 的色谱条件检测其 HPLC 图谱；比较金丝桃苷对应色谱峰的峰面积，5 次进样的峰面积的相对标准偏差（RSD）不超过 5%。

12. 加标回收率

标准品添加量在待测样品浓度 0.5～1.5 倍范围内，加标回收率应在 90%～110% 之间，相对标准偏差应小于 10%。

附录 E　金丝桃苷标准样品及提取液的色谱图示例

金丝桃苷标准样品及提取液色谱图示例见图 8-5 和图 8-6。其中，峰 1 为金丝桃苷。

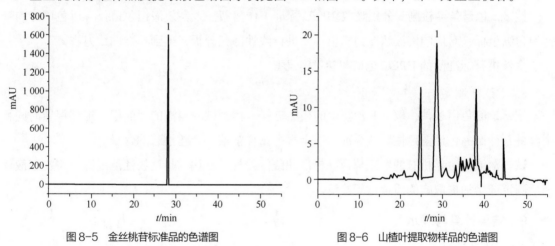

图 8-5　金丝桃苷标准品的色谱图　　　　图 8-6　山楂叶提取物样品的色谱图

五、GH/T 1159—2017 山楂

1. 标准前言

本标准是行业标准。原标准号 SB/T 10092—1992《山楂》，本标准原由中华人民共和国商业部提出并归口，现标准号 GH/T 1159—2017，现归口部门中华全国供销合作总社，现技术归口单位中

华全国供销总社济南果品研究院，新标准于 2017 年 12 月 31 日实施，截至本书出版前标准有效。

本标准由辽宁省农科院园艺所等六单位负责起草。

本标准主要起草人：曹震、张育明、丰宝田、冯力、侯凤云、于耀。

2. 范围

本标准规定了山楂的等级规格、检验方法、检验规则、包装、运输与保管。

本标准适用于山楂鲜果的收购、销售。

3. 规范性引用文件

下列文件对于本文件的应用是必不可少的。凡是注日期的引用文件，仅注日期的版本适用于本文件，凡是不注日期的引用文件，其最新版本（包括所有的修改单）适用于本文件。

GB 2762　食品安全国家标准　食品中污染物限量

GB 2763　食品安全国家标准　食品中农药最大残留限量

GB/T 10651 鲜苹果

4. 术语

按产品生产工艺分为以下四类。

4.1　红果类型山楂

果皮为红色（含浅红或橙红）的山楂。

4.2　黄果类型山楂

果皮为黄色（含浅黄至橙黄）的山楂。

4.3　果实均匀度指数

果皮大小均匀程度的数量指标。随机取样 60 个果，以其中 20 个小果重量除以 20 个大果重量所得的商数。

4.4　洁净

果实表面无土、药物残留和污物。

4.5　碰压伤

果实受碰撞或外界压力，对果实造成损伤。果皮未破，伤面凹陷。

4.6　刺伤

果实采收或采后果皮被刺或划破，伤及果肉而造成的损伤。

4.7　锈斑

果面上的铁锈色或煤灰状斑。

4.8　虫果

昆虫为害的果实。主要指桃小、白小、梨小及桃蠹螟等食心虫为害的果实。

4.9　病果

由致病性微生物或外界环境造成的病块、病斑、畸形等的果实。主要指轮纹病、炭疽病、褐腐病、锈病及日灼病果。

4.10　大型果

每千克果实个数等于或少于 130 个的果实。

4.11　中型果

每千克果实个数在 130～180 个的果实。

4.10　小型果

每千克果实个数在 181～300 个的果实。

5.　技术要求

5.1　规格等级指标

规格等级指标见表 8-8。

表 8-8　山楂质量规格等级指标

项目	大型果			中型果			小型果		
	优等品	一等品	合格品	优等品	一等品	合格品	优等品	一等品	合格品
每千克果个数	≤110	≤120	≤130	≤150	≤160	≤180	≤220	≤260	≤300
果实均匀度指数	>0.65	>0.65	>0.60	>0.65	>0.65	>0.60	>0.65	>0.65	>0.60
果皮色泽	达本品种成熟时固有色泽	同优等品	同优等品	同大型果优等品	同大型果一等品	同大型果合格品	同大型果优等品	同大型果一等品	同大型果合格品
果肉颜色	红色类型：红、粉红或橙红；黄果类型：浅黄至橙黄	同优等品	红色类型：粉白或绿白；黄果类型：黄白至绿白	同大型果优等品	同大型果一等品	同大型果合格品	同大型果优等品	同大型果一等品	同大型果合格品
风味	无苦味、异味	红色类型：无苦味或异味；黄果类型：可微苦	同一等品	无苦味、异味	红色类型：无苦味或异味；黄果类型：可微苦	同一等品	无苦味、异味	红色类型：无苦味或异味；黄果类型：可微苦	同一等品
碰压刺伤果率/%	<5	<8	<10	<5	<8	<10	<5	<8	<10
锈斑超过果面1/4果率/%	<3	<5	<5	<3	<5	<5	<3	<5	<5
虫果率/%	<3	<5	<8	<3	<5	<8	<3	<5	<8
病果率/%	0	<3	<5	0	<3	<5	0	<3	<5
腐烂、冻伤果率/%	0	0	0	0	0	0	0	0	0
碰压刺伤、锈斑、病虫果率合计/%	<6	<10	<15	<6	<10	<15	<6	<10	<15

5.2 理化指标

5.2.1 山楂果实的总糖、总酸和维生素 C 含量指标见附录 G。

5.2.2 理化指标不作为检验项目，在对规格等级有争议时可作为参考。

5.3 卫生指标

按 GB 2762 和 GB 2763 的规定执行。对果品的检疫按国家植物检疫有关规定执行。

6. 检验方法

6.1 规格等级检验

6.1.1 检验用具

a) 检验台；

b) 低倍（5～10 倍）放大镜；

c) 不锈钢水果刀；

d) 台秤、盘秤、粗天平（感量 0.1 g）。

6.1.2 检验程序

将扦取的样品称重后，逐件铺放在检验台上，按标准规定项目检出不合格果，以件为单位分项记录，每批样果检验完毕后，计算检验结果，判定该批山楂的规格等级。

6.1.3 操作和评定

6.1.3.1 果实大小，随机取样三次称重，每次 1000 g，计算平均每 1000 g 果实个数。

6.1.3.2 果实均匀度指数，称重计算。

6.1.3.3 果实外观及果肉颜色、风味等项以感官检验为准。

6.1.3.4 果实的碰压刺伤、病虫果，由目测或测量确定。

6.1.3.5 每批检验后，检出的不合格果，按记录单记载的各项，分别计算其百分比[式 (8-10)]，精确到小数点后一位。

$$M = \frac{P_1}{P} \times 100 \qquad (8\text{-}10)$$

式中 M——单项不合格果率，%；

P_1——单项不合格果重，g 或 kg；

P——检验批总果重，g 或 kg。

6.2 理化检验

理化指标测定方法见附录 G。

7. 检验规则

7.1 同品种、同等级、同时出售的山楂作为一个检验批次。

7.2　出售山楂时必须分品种、规格等级，按规定定量包装，写明件数和重量。报验单填写的项目应和实物完全相符。凡货单不符、品种等级混淆不清、包装不合格或残损者，应由售方整理后再行报验。

7.3　扦取样品必须有代表性，应随机取样，在全批货物的不同部位按规定数量扦样，样品检验结果适用于所报验的整批货物。

7.4　每批山楂扦样数量 50 件以内的扦取 2 件；51 件至 100 件的扦取 4 件；100 件以上的，以 100 件为基数，超出部分增扦 1%。

7.5　重验规定：经检验不符合本等级质量标准的山楂，应按其实际品质等级验收。如出售一方不同意变更等级时，货主可整理后申请扦样重验，确定等级。重验以一次为限。

7.6　容许度

7.6.1　各等级果内，容许不合格果只限邻级果，不容许隔级。

7.6.2　容许度规定的百分率以重量计算。

7.6.3　优等品容许 3%、一等品容许 5%的果实符合邻级质量标准。

8.　包装及标志

8.1　山楂采取果筐、果箱包装，每件净重不超过 30 kg。

8.2　果筐和果箱同苹果包装筐和箱的规格，按 GB/T 10651 规定的包装容器规格及技术要求执行。

8.3　衬垫物：筐内衬蒲包或稻草帘，箱内四周衬包装纸，衬垫物应清洁、干燥、无异味、无霉烂变质。

8.4　包装容器应坚固耐压、捆扎牢固。

8.5　每果筐或果箱内只能装同品种、同等级的果实。

8.6　每果筐或果箱内外都应放置或挂商品卡片，表明品种、等级、净重、产地、包装日期、挑选人员或代号，填写卡片必须内容齐全，字迹清晰。

9.　运输与保管

9.1　在存放和运输过程中必须轻拿轻放，并要快装、快运。严禁烈日曝晒、雨淋，必须注意防冻、防热。

9.2　严禁与有毒、有异味、发霉、散热及易于传播病虫的物品混合存放和装载。

9.3　在空气畅通阴凉地方存放，码垛不宜过高，要分品种、等级保管，注意质量变化情况，发现问题及时处理。

附录F 山楂主要品种果实大小分类

F.1 大型果

大金星、大绵球、白瓤绵、敞口、大货、豫北红、滦红、雾灵红、泽洲红、艳果红、面楂、金星、磨盘、集安紫肉、宿迁铁球、大白果、鸡油、大湾山楂等。

F.2 中型果

辽红、西丰红、紫玉、寒丰、寒露红、大旺、叶赫、通辽红、太平、早熟黄等。

F.3 小型果

秋金星、秋里红、伏里红、灯笼红、秋红等。

注：未列出的其他品种可比照上面品种果实大小分类。

附录G 山楂果实主要理化指标及其测定方法（参考）

G.1 山楂果实主要理化指标

山楂果实的主要理化指标见表8-9。

表8-9 山楂果实主要理化指标

项目		大型果			中型果			小型果		
		优等品	一等品	合格品	优等品	一等品	合格品	优等品	一等品	合格品
总糖/%	红果类型	>7.0	>7.0	>7.0	>7.0	>7.0	>7.0	>7.0	>7.0	>7.0
	黄果类型	>6.0	>6.0	>6.0	>6.0	>6.0	>6.0	>6.0	>6.0	>6.0
总酸/%	红果类型	>2.0	>2.0	>2.0	>2.0	>2.0	>2.0	>2.0	>2.0	>2.0
	黄果类型	>1.5	>1.5	>1.5	>1.5	>1.5	>1.5	>1.5	>1.5	>1.5
维生素C/（mg/100 g）	红果类型	>50	>40	>40	>50	>40	>40	>50	>40	>40
	黄果类型	>25	>20	>20	>25	>20	>20	>25	>20	>20

G.2 果实主要理化指标的测定

G.2.1 总糖含量的测定

G.2.1.1 仪器

a）高速捣碎机或研钵；

b）电炉；

c）石棉铁丝网；

d）电热恒温水浴锅；

e）锥形瓶、容量瓶、滴定管、移液管、量筒、漏斗等。

G.2.1.2　试剂

G.2.1.2.1　0.1%标准葡萄糖液：精确称取分析纯葡萄糖 1 g 于 100 mL 容量瓶中，加水至刻度，吸取 1%标准葡萄糖溶液 25 mL 于 250 mL 容量瓶中，加水稀释至刻度，摇匀待用（此溶液 1 mL 相当葡萄糖 1 mg）。

G.2.1.2.2　斐林试剂 A：称取化学纯硫酸铜 15 g、次甲基蓝 0.05 g 溶于少量蒸馏水中，再移入 1000 mL 容量瓶中，加水至刻度，摇匀后备用。

G.2.1.2.3　斐林试剂 B：称取化学纯酒石酸钾钠 50 g、氢氧化钠 54 g、亚铁氰化钾 4 g，分别溶于少量蒸馏水中，待充分溶解后，再将三种溶液混合移入 1000 mL 容量瓶中，加水至刻度，摇匀后备用。

G.2.1.2.4　10%乙酸铅溶液：称取乙酸铅 20 g，加水至 200 mL，待溶液澄清，过滤后，保存于密封试剂瓶中。

G.2.1.2.5　饱和硫酸钠溶液：称取硫酸钠 16.5 g，溶解于 100 mL 蒸馏水中。

G.2.1.2.6　0.1%酚酞指示剂：称取酚酞 50 mL，先溶于 30 mL 95%的乙醇中，然后加水至 50 mL。

G.2.1.2.7　6 mol/L 氢氧化钠溶液：称取氢氧化钠 48 g，加水至 200 mL。

G.2.1.2.8　6 mol/L 盐酸溶液：量取浓盐酸（相对密度 1.19）99 mL，加水至 200 mL。

G.2.1.3　测定方法

G.2.1.3.1　样品的制备

取扦取的果实样品 1 kg，将果实洗净，选取中等大小具有代表性果实 50 个，除去果梗，用不锈钢水果刀剜去萼洼处不可食部分，将果实横切一刀，挤除种子，将可食部分用不锈钢水果刀切成小块或片，以对角线取样法取 100 g，加蒸馏水 100 mL，置于高速组织捣碎机中捣成匀浆，或用研钵迅速研磨成 1∶1 匀浆，装入洁净瓶内备用。

G.2.1.3.2　样品提取液的配制

精确称取试样浆状物 50 g（相当于试样 25 g），通过漏斗移入 250 mL 容量瓶中，用蒸馏水冲洗烧杯、漏斗，一起并入容量瓶中，待瓶内物体积约 150 mL，用 6 mol/L 氢氧化钠中和有机酸，每加 1～2 滴摇匀溶液，直至将瓶中溶液调至中性为止，将容量瓶置于 80℃±2℃水浴中，使瓶内外液面高度相同，每隔 5 min 摇动一次，加热半小时，取下冷却至室温，然后用点滴管加入 10%醋酸铅溶液沉淀蛋白质和色素，边加边摇，至溶液清亮，停止加入，静置 3～5 min，再加饱和硫酸钠溶液沉淀过量的铅离子，至不出现白色沉淀为止，加水至刻度，摇匀后过滤至锥形瓶中备用。

G.2.1.3.3　非还原糖的转化

吸取上述提取液 50 mL 于 100 mL 容量瓶中，加 6 mol/L 盐酸 5 mL 摇匀，将瓶置于 80℃水浴中加热 10 min，取出容量瓶迅速冷却至室温，加入 0.1%酚酞指示剂 2 滴，以 6 mol/L 氢氧化钠溶液中和，加水至刻度，摇匀待用。

G.2.1.3.4　斐林试剂滴定度（T）的校正，分二次滴定

预备滴定：吸取斐林试剂 A、B 各 5 mL 于 100 mL 锥形瓶中，在电炉石棉网上加热至沸，开始滴定时以每秒 4 滴速度，将 0.1×标准糖液滴入斐林试剂液中，滴定时应使斐林试剂保持沸腾，直至瓶内溶液由紫红色变为白色或淡黄色为止。记录消耗糖液的体积（mL）。

正式滴定：吸取斐林试剂 A、B 各 5 mL 于 100 mL 锥形瓶中，用滴定管先放入较预备滴定消耗量少 1 mL 的 0.1%标准糖液，置电炉上加热沸腾 1 min，待瓶内溶液由蓝色变紫红色，然后趁沸腾继续滴入标准溶液，直至恰现白色或淡黄色为止，记录消耗糖液体积（mL）。两次滴定所消耗的标准糖液的差数应在 1 mL 以下。

$$T = a \times b \qquad\qquad (8\text{-}11)$$

式中　T——斐林试剂滴定度，g；

　　　a——滴定斐林试剂所消耗的标准糖液数，mL；

　　　b——1 mL 标准糖液中含有葡萄糖的量，g。

G.2.1.2.5　总糖的测定

用制备的试样溶液，注入滴定管，吸取斐林试液 A、B 各 5 mL 于 100 mL 锥形瓶中，按上述斐林试液滴定度校正的同样方法进行滴定，至瓶中溶液恰现淡黄色为止，记录所消耗试样溶液的体积（mL）。

$$总糖量 \ (\%) = \frac{T \times 250 \times 100}{W \times V \times 50} \qquad\qquad (8\text{-}12)$$

式中　T——斐林试剂的滴定度，g；

　　　W——试样重量，g；

　　　V——滴定所消耗试样溶液体积，mL。

G.2.2　总酸含量的测定

G.2.2.1　仪器

a）天平，感量 0.1 mg；

b）电烘箱；

c）滴定管（刻度 0.05 mL 或半微量滴定管）；

d）容量瓶（250 mL、1000 mL）；

e）锥形瓶（250 mL）、移液管（50 mL）、漏斗等。

G.2.2.2 试剂

G.2.2.2.1 0.1 mol/L 氢氧化钠标准溶液：溶解化学纯氢氧化钠 4 g 于 1000 mL 容量瓶中，加蒸馏水至刻度，摇匀，按下法标定规定浓度。

将分析纯邻苯二甲酸氢钾放入 120℃烘箱中烘约 1 h 至恒重，冷却 25 min，称取 0.3～0.4 g（精确至 0.0001 g，准确记录用量），置于 250 mL 锥形瓶中，加入 100 mL 蒸馏水溶解后，摇匀，加酚酞指示剂 3 滴，用以上配制好的氢氧化钠溶液滴定至微红色。

$$M = \frac{W}{V \times 0.2042} \tag{8-13}$$

式中　M——氢氧化钠标准溶液的浓度，mol/L；

　　　W——邻苯二甲酸氢钾的质量，g；

　　　V——滴定所消耗氢氧化钠标准溶液的体积，mL；

　0.2042——与 1 mL 0.1 mol/L 氢氧化钠标准溶液相当的邻苯二甲酸氢钾的质量，g。

G.2.2.2.2 酚酞指示剂：称取酚酞 1 g，用乙醇溶解后加水定容至 100 mL。

G.2.2.3 测定方法

样品的制备同总糖含量的测定。

称取试样液 20 g（相当于实际样品 10 g）于小烧杯中，用无 CO_2 水 100 mL 洗入 250 mL 容量瓶中，置 80℃水浴中加热提取 30 min，并摇动数次使其溶解。取出，冷却。用无 CO_2 水定容至刻度，摇匀，用脱脂棉过滤，吸取滤液 10～50 mL（如果滤液中有颜色可加 100 mL 蒸馏水稀释）于 250 mL 锥形瓶中，加入 1% 酚酞指示剂 3～5 滴，用 0.1 mol/L 氢氧化钠标准溶液滴至微红色，30 s 不褪为终点。

$$总酸量\ （\%）= \frac{V \times M \times K}{W} \times 100 \tag{8-14}$$

式中　V——滴定时消耗氢氧化钠标准溶液的体积，mL；

　　　M——氢氧化钠标准溶液的浓度，mol/L；

　　　K——换算为适当酸的系数（以柠檬酸计，$K = 0.064$）；

　　　W——滴定所取滤液含样品重，g。

平行试验结果，容许差为 0.05%，取其平均值。

G.2.3 维生素 C 含量的测定

采用 2,6-二氯靛酚滴定法（测定还原型维生素 C），或 2,4-二硝基苯肼比色法测定。从略。目前参考 GB 5009.86《食品安全国家标准 食品中抗坏血酸的测定》。

六、SB/T 10202—1993 山楂浓缩汁

1. 标准前言

本标准是商务部行业标准。由中华人民共和国国内贸易部提出。本标准于 1993 年 7 月 24 日发布，1994 年 6 月 1 日实施，截至本书出版前标准有效。

本标准起草单位：江苏省徐州市果脯蜜饯厂。

本标准主要起草人：董月侠。

2. 范围

本标准规定了山楂浓缩汁的技术要求、试验方法、检验规则、标志、包装、运输、贮存。

本标准适用于以新鲜山楂为原料，经浸提或压榨、杀菌、浓缩等工艺加工制成的山楂浓缩汁。

本标准不适用于加糖类山楂浓缩汁。

3. 引用标准

GB 2760　　　食品添加剂使用卫生标准

GB 4789　　　食品卫生检验方法　微生物学部分

GB 5009　　　食品卫生检验方法　理化部分

GB 7718　　　食品标签通用标准

GB/T 10790　软饮料的检验规则、标志、包装、运输、贮存

GB/T 10791　软饮料原辅材料的要求

SB/T 10203　果汁通用试验方法

4. 技术要求

4.1　原辅材料

应符合 GB/T 10791 的规定。

4.2　感官要求

应符合表 8-10 的规定。

表 8-10　感官要求

项目	要求
色泽	红色或红褐色
形态	透明或半透明，无明显沉淀
滋味及气味	稀释到 6% 的可溶性固形物时，具有原果风味、无异味
杂质	不允许存在

4.3 理化指标

应符合表 8-11 的规定。

表 8-11 理化指标

项目		指标
可溶性固形物（按折光计 20℃）/%	≥	30
以下指标均稀释到 6% 可溶性固形物时测定		
总酸（以柠檬酸计）/%	≥	0.4
砷（以 As 计）/（mg/kg）	≤	0.5
铅（以 Pb 计）/（mg/kg）	≤	1.0
铜（以 Cu 计）/（mg/kg）	≤	10.0
食品添加剂		应符合 GB 2760 的规定

4.4 微生物指标

应符合表 8-12 的规定。

表 8-12 微生物指标

项目		指标
细菌总数/（个/mL）	≤	100
大肠菌群/（个/100 mL）	≤	6
致病菌（指肠道致病菌和致病性球菌）		不得检出

5. 试验方法

5.1 感官检验

取 50 g 混合均匀的山楂浓缩汁于 100 mL 烧杯中，用肉眼观察其色泽、组织形态，检查其有无杂质。另取 20 g 混合均匀的山楂浓缩汁，用蒸馏水稀释成 6% 的可溶性固形物时，品尝其滋味，嗅其气味。

5.2 理化检验

5.2.1 可溶性固形物的测定

按 SB/T 10203 规定的方法测定。

5.2.2 总酸的测定

按 SB/T 10203 规定的方法测定。

5.2.3 砷的测定

按 GB 5009.11 规定的方法测定。

5.2.4 铅的测定

按 GB 5009.12 规定的方法测定。

5.2.5 铜的测定

按 GB 5009.13 规定的方法测定。

5.2.6 苯甲酸或山梨酸的测定

按 GB 5009.29 规定的方法测定。

5.3 微生物检验

5.3.1 细菌总数的测定

按 GB 4789.2 规定的方法测定。

5.3.2 大肠菌群的测定

按 GB 4789.3 规定的方法测定。

5.3.3 致病菌的检验

按 GB 4789.4 和 GB 4789.10 规定的方法检验。

6. 检验规则

6.1 由同一批原料，同一班次，同一条生产线，包装完好的同一品种的产品为一检验批次。

6.2 产品由质检部门厂从每批产品中随机抽取 2% 的塑料桶件。每桶取样 500 g，按本标准规定的检验方法进行检验。经检验合格，签发产品合格证，方准出厂。

6.3 在原辅材料生产工艺稳定后，感官要求、可溶性固形物、总酸、微生物指标为必检项目，其他项目为不定期抽检。

6.4 对检验结果中，理化指标不合格的项目，可从该批次中抽取两倍样品进行复验，若复验结果仍有一项指标不合要求，则判定该批产品为不合格品。

6.5 在保质期内，产品质量如供需双方有异议时，可共同协商解决或选定仲裁单位进行仲裁检验。

7. 标志、包装、运输、贮存

7.1 产品标志

标签应符合 GB 7718 的规定。

7.2 包装材料和容器

按照 GB/T 10790 中第 5 章规定执行。

7.3 运输、贮存

7.3.1 运输工具必须清洁、卫生、干燥，搬运中必须轻拿轻放，严禁摔撞。

7.3.2 在贮运过程中，必须防止曝晒、雨淋，严禁与有毒或有异味的物品混贮、混运。

7.3.3 本产品应在 5℃ 以下的条件下贮存，不得露天堆放。

7.3.4 产品保质期

在本标准规定的贮存条件下，为 12 个月。

七、QB/T 5476.2—2021 果酒 第 2 部分：山楂酒

1. 范围

本文件规定了山楂酒的产品分类、要求、检验规则和标志、包装、运输、贮存，描述了相应的试验方法，界定了相关的术语和定义。

本文件适用于山楂酒的生产、检验和销售。

2. 规范性引用文件

下列文件中的内容通过文中的规范性引用而构成本文件必不可少的条款。其中，注日期的引用文件，仅该日期对应的版本适用于本文件；不注日期的引用文件，其最新版本（包括所有的修改单）适用于本文件。

GB/T 191　包装储运图示标志

GB/T 601　化学试剂　标准滴定溶液的制备

GB/T 603　化学试剂　试验方法中所有制剂及制品的制备

GB 2758　食品安全国家标准　发酵酒及其配制酒

GB 5009.225　食品安全国家标准　酒中乙醇浓度的测定

GB 7718　食品安全国家标准　预包装食品标签通则

GB/T 15038　葡萄酒、果酒通用分析方法

QB/T 5476　果酒通用技术要求

JJF 1070　定量包装商品净含量计量检验规则

《定量包装商品计量监督管理办法》（国家质量监督检验检疫总局[2005]第 75 号令）

3. 术语和定义

下列术语和定义适用于本文件。

3.1

山楂酒　hawthorn wine

山楂酒（发酵型）　hawthorn wine（fermented type）

以山楂或山楂汁（浆）为原料，添加糖源，经全部或部分酒精发酵酿制而成的发酵酒。

3.2

山楂果酒 hawthorn fruit wine

以山楂或山楂汁（浆）为主要原料，加入其他水果或果汁（浆）、糖源共同发酵或以山楂酒为主，加入其他发酵型果酒调配而成的发酵酒。

3.3

山楂果蔬酒 wine made from hawthorn and vegetable

以山楂或山楂汁（浆）为主要原料，加入蔬菜或蔬菜汁（浆）、糖源共同发酵而成的发酵酒。

3.4

山楂花果酒 wine made from hawthorn and flower

以山楂或山楂汁（浆）为主要原料，加入可食用花卉、糖源共同发酵而成的发酵酒。

3.5

山楂冰酒 ice hawthorn wine

在山楂酒生产过程中，采用了冷冻浓缩工艺生产的产品。

3.6

山楂酒（浸泡型）hawthorn wine（steeped type）

以山楂酒为酒基，加入经食用酒精浸提山楂得到的提取物，或直接以食用酒精为酒基浸提山楂，加工而成的配制酒。

4. 产品分类[1]

4.1 按含糖量分类

4.1.1 干型。

4.1.2 半干型。

4.1.3 半甜型。

4.1.4 甜型。

4.2 按生产工艺分类

4.2.1 山楂酒（发酵型）。

4.2.2 山楂果酒。

4.2.3 山楂果蔬酒。

4.2.4 山楂花果酒。

4.2.5 山楂冰酒。

---

[1] 所有产品不添加合成着色剂、香精和增稠剂。

4.2.6 山楂酒（浸泡型）。

5. 要求

5.1 感官要求

5.1.1 山楂酒（发酵型）、山楂果酒、山楂果蔬酒、山楂花果酒

感官要求应符合表8-13的规定。

表8-13 感官要求

项目			要求
外观	色泽		应有本品特有的色泽
	澄清程度		澄清透明，无明显悬浮物（可有少量沉淀）
香气与滋味	香气		具有山楂特有的果香与酒香，诸香协调
	滋味	干型、半干型	纯正、优雅、爽净，酒体完整
		半甜型、甜型	纯正、优雅、醇厚，酸甜适口，酒体完整
	典型性		具有山楂品种和产品类型的应有特征和风格

5.1.2 山楂酒（浸泡型）、山楂冰酒

感官要求应符合相应的产品标准。

5.2 理化要求

5.2.1 山楂酒（发酵型）、山楂果酒、山楂果蔬酒、山楂花果酒

理化指标应符合表8-14的规定。

表8-14 理化指标

项目		指标
酒精度 [a]（20℃）（体积分数）/（% vol）	≤	13.0
总糖（以葡萄糖计）/（g/L）	干型 ≤	10.0
	半干型	>10.0～20.0
	半甜型	>20.0～50.0
	甜型 >	50.0
干浸出物/（g/L）	≥	15.0
总酸（以柠檬酸计）/（g/L）	≥	4.0
挥发酸（以乙酸计）/（g/L）	≤	1.2
[a] 酒精度标签标示值与实测值不应超过±1.0% vol。		
总黄酮（以芦丁计）不作要求		

5.2.2 山楂酒（浸泡型）、山楂冰酒

理化要求应符合相应的产品标准。

5.3 食品安全要求

应符合GB 2758等食品安全国家标准的规定。

5.4 净含量

应符合《定量包装商品计量监督管理办法》的规定。

6. 试验方法

6.1 感官要求

按 GB/T 15038 执行。

6.2 酒精度

按 GB 5009.225 执行。

6.3 总糖、干浸出物、挥发酸

按 GB/T 15038 执行。

6.4 总酸

按 GB/T 12456 执行。

6.5 净含量

按 JJF 1070 执行。

7. 检验规则

7.1 组批

同一生产日期生产的、质量相同的、同一类别的、具有同样质量合格证的产品为一批。

7.2 抽样

7.2.1 按表 8-15 抽取样本，单件包装净含量小于 500 mL，总取样量不足 1 500 mL 时，可按比例增加抽样量。

表 8-15 抽样表

批量范围（箱）	样本数（箱）	单位样本数（瓶）
≤50	3	3
51～1 200	5	2
1 201～3 500	8	1
≥3 501	13	1

7.2.2 采样后应立即贴上标签，注明：样品名称、品种规格、数量、制造者名称、采样时间与地点、采样人。将两瓶样品封存，保留两个月备查。其他样品立即送化验室，进行感官、理化和食品安全等指标的检验。

7.3 检验分类

7.3.1 出厂检验

7.3.1.1 产品出厂前，应由生产厂的检验部门按本文件规定逐批进行检验，检验合格，并附上质量合格证明的，方可出厂。产品质量检验合格证明（合格证）可放在包装箱内，或放在独立的包装盒内，也可在标签上或包装箱外打印"合格"或"检验合格"字样。

7.3.1.2 检验项目包括感官要求、酒精度、总糖、干浸出物、挥发酸、净含量。

7.3.2 型式检验

7.3.2.1 检验项目包括本文件中全部要求项目。

7.3.2.2 一般情况下，同一类产品的型式检验每年进行 1 次，有下列情况之一者，亦应进行：

——原辅材料有较大变化时；

——更改关键工艺或设备时；

——新试制的产品或正常生产的产品停产 3 个月后，重新恢复生产时；

——出厂检验与上次型式检验结果有较大差异时；

——国家质量监督检验机构按有关规定需要抽检时。

7.4 判定规则

7.4.1 不合格分类：

——A 类不合格：感官要求、酒精度、干浸出物、挥发酸、净含量；

——B 类不合格：总糖、总酸。

7.4.2 检验结果有 2 项以下（含 2 项）不合格项目时，应重新自同批产品中抽取两倍量样品对不合格项目进行复检，以复检结果为准。

7.4.3 复检结果中如有以下 3 种情况之一时，则判该批产品不合格。

——1 项以上（含 1 项）A 类不合格；

——1 项 B 类超过规定值的 50%以上；

——2 项 B 类不合格。

7.4.4 当供需双方对检验结果有异议时，可由相关各方协商解决，或委托有关单位进行仲裁检验，以仲裁检验结果为准。

8. 标志

8.1 预包装产品标签按 GB 7718 和 GB 2758 执行。

8.2 山楂酒应标示含糖量，也可按产品分类标示含糖量。

8.3 包装储运图示标志应符合 GB/T 191 的要求。

9. 包装、运输、贮存

应符合 QB/T 5476 的规定。

八、QB/T 1381—2014 山楂罐头

1. 标准前言

本标准是轻工行业标准。由中华人民共和国轻工业联合会提出。

本标准由全国食品发酵标准化中心归口。

本标准起草单位：中国食品发酵工业研究院、中国罐头工业协会、大连真心罐头食品有限公司。

本标准主要起草人：仇凯、邵云龙、谢德海。

本标准于 1991 年首次发布，本次为第一次修订，本次修订于 2014 年 05 月 06 日发布，2014 年 10 月 01 日实施，截至本书出版前标准有效。

本标准代替 QB/T 1381—1991《糖水山楂罐头》，与 QB/T 1381—1991 相比，除编辑性修改外主要技术变化如下：

——标准名称修改为"山楂罐头"；

——扩大标准适用范围并调整相应分类和要求；

——将产品质量等级修改为"优级品和合格品"；

——在原料要求中增加食品添加剂和营养强化剂要求；

——修改产品固形物含量、可溶性固形物含量要求；

——删除"缺陷"要求，在感官要求中增加"杂质"要求。

本标准参考国际食品法典委员会（CAC）CAC/GL 51—2003《水果罐头装罐介质导则》（英文版）编制，与 CAC/GL 51—2003 的一致性程度为非等效。

2. 范围

本标准规定了山楂罐头的术语和定义、产品分类及代号、要求、试验方法、检验规则和标志、包装、运输、贮存。

本标准适用于以山楂为原料，经预处理、加汤汁、密封、杀菌、冷却而制成的山楂罐藏食品。

3. 规范性引用文件

下列文件对于本文件的应用是必不可少的。凡是注日期的引用文件，仅注日期的版本适用于本文件。凡是不注日期的引用文件，其最新版本（包括所有的修改单）适用于本文件。

GB/T 317　　　白砂糖

GB 2760　　　食品安全国家标准　食品添加剂使用标准

GB 2762　　　食品安全国家标准　食品中污染物限量

GB 4789.26　　食品安全国家标准　食品微生物学检验　商业无菌检验

GB 5749　　　生活饮用水卫生标准

GB/T 10786　　罐头食品的检验方法

GB 14880　　　食品安全国家标准　食品营养强化剂使用标准

GB/T 20882　果葡糖浆

QB/T 1006　　罐头食品检验规则

QB/T 4631　　罐头食品包装、标志、运输和贮存

4. 术语和定义

4.1　裂果 splitting haws

果实裂开，其裂缝长度超过果径 1/2 的山楂果。

4.2　干疤果 haws with scar

果实表面有黑色凹陷或褐色鳞状、面积达 4 mm² 以上的疤痕的山楂果。

4.3　机械伤 mechanical damage

果实受外界机械作用，局部组织受到破坏、与空气接触或受热后明显变色的部位。

4.4　处理不良果 haws with unfit processing

山楂因去核处理不当，造成缺肉或带有残留花萼、果核、果梗而影响外观的山楂果。

5. 产品分类及代号

5.1　产品分类

根据汤汁不同分为：

——糖水型：汤汁为白砂糖或糖浆的水溶液；

——混合型：汤汁为果汁、白砂糖、果葡糖浆、甜味剂 4 种中不少于两种的水溶液。

5.2　产品代号

产品代号见表 8-16。

表 8-16　产品代号

项目	产品代号	
	糖水型	混合型
山楂罐头	616	616 1

6. 要求

6.1　原辅材料

6.1.1　山楂

应新鲜、冷藏或速冻良好、大小适中、成熟适度，呈红色或紫红色，风味正常，无严重畸形、干瘪，无病虫害及机械伤所引起的腐烂现象。

可采用适合罐藏果，罐藏果应符合本标准质量要求。

6.1.2　白砂糖

应符合 GB/T 317 的要求。

6.1.3 果葡糖浆

应符合 GB/T 20882 的要求。

6.1.4 水

应符合 GB 5749 的要求。

6.1.5 果汁

应符合相应标准的要求。

6.1.6 食品添加剂和营养强化剂

应符合相应标准的要求。

6.2 感官要求

应符合表 8-17 的规定。

表 8-17 感官要求

项目	优级品	合格品
色泽	果实呈红黄色，色泽均匀一致；汤汁透明，呈红色	果实呈红黄色，色泽较一致；汤汁较透明，呈浅红色，可有少量果肉碎屑
滋味、气味	具有山楂罐头应有的滋味和风味，无异味	
组织形态	果形完整，果径 20 mm 以上，大小较均匀，软硬适度，无病虫害果；处理不良果、裂果、干疤果及机械伤果不超过总果数的 10%	果形较完整，果径 18 mm 以上，大小较均匀，软硬较适度，无病虫害果；裂果、干疤果及机械伤果不超过总果数的 10%；处理不良果不超过总果数的 25%
杂质	无外来杂质	

6.3 理化指标

6.3.1 净含量

应符合相关标准和规定。每批产品平均净含量不低于标示值。

6.3.2 固形物含量

6.3.2.1 产品的固形物含量不应低于 40%。

6.3.2.2 每批产品的平均固形物含量不应低于标示值。

6.3.3 可溶性固形物含量（20℃，按折光计法）

7%～22%。

6.4 污染物限量

应符合 GB 2762 对应条款的规定。

6.5 微生物指标

应符合罐头食品商业无菌的要求。

6.6 食品添加剂和营养强化剂的使用

6.6.1 食品添加剂的使用应符合 GB 2760 的规定。

6.6.2 食品营养强化剂的使用应符合 GB 14880 的规定。

7. 试验方法

7.1 感官要求

按 GB/T 10786 规定的方法进行检验。

7.2 理化指标

7.2.1 净含量

按 GB/T 10786 规定的方法进行测定。

7.2.2 固形物含量

按 GB/T 10786 规定的方法进行测定。

7.2.3 可溶性固形物含量

按 GB/T 10786 规定的方法进行测定。

7.3 污染物限量

按 GB 2762 规定的方法进行测定。

7.4 微生物指标

按 GB 4789.26 规定的方法进行检验。

8. 检验规则

应符合 QB/T 1006 的规定。其中，感官要求、净含量、固形物含量、可溶性固形物含量、微生物指标为出厂检验项目。

9. 标志、包装、运输和贮存

应符合 QB/T 4631 的有关规定。

九、NY/T 2928—2016 山楂种质资源描述规范

1. 标准前言

本标准是农业行业标准。由农业部种植业管理司提出。

本标准由全国果品标准化技术委员会（SAC/TC 510）归口。

本标准起草单位：沈阳农业大学、中国农业科学院茶叶研究所。

本标准主要起草人：董文轩、吕德国、熊兴平、赵玉辉、江用文、高秀岩、马怀宇、秦嗣军、杜国栋。

本标准由中华人民共和国农业部于 2016 年 10 月 26 日发布，2017 年 04 月 01 日实施，截至本书出版前标准有效。

本标准按照 GB/T 1.1—2009 给出的规则起草。

2. 范围

本标准规定了山楂属（*Crataegus* L.）植物种质资源描述的内容和方法。

本标准适用于山楂属种质资源收集、保存、鉴定和评价过程的描述。

3. 规范性引用文件

下列文件对于本文件的应用是必不可少的。凡是注日期的引用文件，仅注日期的版本适用于本文件。凡是不注日期的引用文件，其最新版本（包括所有的修改单）适用于本文件。

GB/T 2260 中华人民共和国行政区划代码

GB/T 2659 世界各国和地区名称代码

4. 描述内容

描述内容见表 8-18。

表 8-18 山楂种质资源描述内容

描述内容的类别	描述内容
基本信息	全国统一编号、引种号、采集号、种质名称、种质外文名、科名、属名、学名、原产国、原产省、原产地、海拔、经度、纬度、来源地、系谱、选育单位、育成年份、选育方法、种质类型、观测地点、图像
植物学特征	树性、树形、主干树皮特征、树姿、干性、一年生枝长度、一年生枝粗度、一年生枝节间长度、一年生枝颜色、二年生枝颜色、枝刺有无、幼叶颜色、叶片颜色、托叶形状、叶片形状、叶片长度、叶片宽度、叶柄长度、叶缘锯齿类型、叶基形状、叶背茸毛、叶片裂刻类型、花梗茸毛、副花序有无、花序花朵数、花冠直径、花瓣形状、花瓣颜色、重瓣性、雌蕊数量、雄蕊数量、花药颜色、花粉有无、染色体倍数性
生物学特性	萌芽期、展叶期、始花期、盛花期、落花期、果实成熟期、落叶期、果实发育期、营养生长期、萌芽率、成枝力
产量性状	花朵坐果率、自花结实力、单性结实力、花序坐果数、采前落果程度、始果期、产量
果实及其品质性状	单果重、果实纵径、果实横径、果皮颜色、果点多少、果点颜色、果点大小、果面光泽、梗洼形态、梗基特征、萼片着生状态、萼片形状、萼片姿态、萼筒形状、果实形状、果肉颜色、果肉质地、果实风味、果实香气、心室数、种核数、种核特征、百核重、种仁率、可食率、可溶性糖含量、可滴定酸含量、维生素 C 含量、果肉硬度、鲜食品质、储藏性、总黄酮含量
抗性性状	耐旱性、食心虫抗性、叶螨抗性、花腐病抗性、锈病抗性

5. 描述方法

5.1 基本信息

5.1.1 全国统一编号

种质资源的唯一标识号。山楂种质资源的全国统一编号为 6 位字符串，由农作物种质资源管理机构命名。如"SZP001"："SZ"代表山楂，取"山楂"二字汉语拼音首写字母；P 为山楂圃在全国农作物种质资源保存圃库序列中的顺序编号；"001"代表资源的顺序号，即 001 号种质资源。

5.1.2 引种号

从国外引入山楂种质资源时赋予的编号。引种号为 8 位字符串，由"年份"和"4 位顺序号"顺次连续组合而成。如"20010001"，其中"2001"表示引种年份，"0001"表示顺序号。每份引进种质具有唯一的引种号且每年由 0001 起顺序编号。

5.1.3 采集号

在野外采集种质资源时的临时编号。采集号为 10 位字符串，如"CJ20010001"，其中"CJ"表示采集，"2001"表示采集年份，"0001"表示顺序号。

5.1.4 种质中文名称

种质资源的中文名称。如果国内种质资源的原始名称有多个，可以放在括号内，用逗号分隔，如"种质名称 1（名称 2，名称 3）"。对国外引进种质，如果没有中文译名，可以直接用种质的外文名。

5.1.5 种质外文名称

国外引进种质资源的外文名或国内种质资源的汉语拼音名。国内种质资源中文名称为 3 字（含 3 字）以下的，所有汉字拼音连续组合在一起，首字母大写；中文名称为 4 字（含 4 字）以上的，以词组为单位，首字母均大写。国外引进种质资源的外文名应注意大小写和空格。

5.1.6 科名

采用植物分类学的科名。山楂为蔷薇科（Rosaceae）植物。

5.1.7 属名

采用植物分类学的属名。山楂为山楂属（*Crataegus* L.）植物。

5.1.8 学名

采用植物分类学的名称。如湖北山楂学名为 *Crataegus hupehensis* Sarg.。

5.1.9 原产国

种质资源的原产国家、地区或国际组织的名称。国家和地区名称按照 GB/T 2659 的规定执行。如该国家已不存在，应在原国家名称前加"原"，如"原苏联"。国际组织名称用该组织的正式英文缩写，如"IPGRI"。

5.1.10 原产省

种质资源原产省份的名称。国内省份名称按照 GB/T 2260 的规定执行；国外引进种质资源的原产省采用原产国家一级行政区的名称。

5.1.11 原产地

国内山楂种质资源的原产地，具体到县、乡、村，不能确定的注明"不详"。县名按照 GB/T 2260 的规定执行。

5.1.12　海拔

种质资源原产地的海拔高度，单位为米（m）。

5.1.13　经度

种质资源原产地的经度，单位为度（°）和分（'）。格式为"DDDFF"，其中"DDD"为度，"FF"为分。东经为正值，西经为负值。

5.1.14　纬度

种质资源原产地的纬度，单位为度（°）和分（'）。格式为"DDFF"，其中"DD"为度，"FF"为分。北纬为正值，南纬为负值。

5.1.15　来源地

种质资源的来源国家、省、县或国内外机构的全称。

5.1.16　系谱

山楂选育品种（系）的亲缘关系。

5.1.17　选育单位

品种（系）选育的单位或个人名称。单位名称应写全称；个人应注明详细通信地址。

5.1.18　育成年份

品种（系）培育成功的年份；一般为通过新品种审定、认定、备案或正式发表的年份。

5.1.19　选育方法

品种（系）的育成方法，如实生选种、杂交育种、芽变选种等。

5.1.20　种质类型

保存山楂种质资源的类型，分为：1. 野生资源；2. 地方品种；3. 育成品种；4. 品系；5. 遗传材料；6. 其他。

5.1.21　观测地点

鉴定评价山楂种质资源植物学特征、生物学特性、产量性状、果实及其品质性状、抗性性状等的观测地点。记录到省和市或县（区）名称，如辽宁省沈阳市。

5.1.22　图像

山楂种质的图像文件名。文件名由该种质全国统一编号、连字符"-"和图像序号组成。图像格式为.jpg。

5.2　植物学特征

5.2.1　树性

自然状态下，山楂植株的生长习性，分为：1. 灌木；2. 乔木。

5.2.2　树形

未整形树体的树冠形状，分为：1. 圆头形；2. 自然半圆形；3. 扁圆形；4. 圆锥形；5. 自然开心形；6. 披散形；7. 丛状形。

5.2.3　主干树皮特征

乔木类资源中植株距离地面 20 cm 至第一主枝之间的树皮特征，分为：1. 光滑；2. 纵裂；3. 块状剥落。

5.2.4　树姿

乔木类资源未整形树体的自然分枝习性。以植株最下部 3 个主枝轴线与主干延长线夹角的平均值表示，单位为度（°）。分为：1. 直立（角度＜40°）；2. 半直立（40°≤角度＜60°）；3. 开张（60°≤角度＜90°）；4. 半下垂（90°≤角度＜120°）；5. 下垂（角度≥120°）。

5.2.5　干性

乔木类资源中，植株中心干的生长势，分为：3. 弱；5. 中；7. 强。

5.2.6　一年生枝长度

树冠外围一年生枝从基部到顶端的长度，单位为厘米（cm）。

5.2.7　一年生枝粗度

树冠外围一年生枝基部以上 3 cm 处的粗度，单位为厘米（cm）。

5.2.8　一年生枝节间长度

树冠外围一年生枝中段的节间长度，单位为厘米（cm）。

5.2.9　一年生枝颜色

树冠外围一年生枝的颜色，分为：1. 灰白；2. 黄褐；3. 红褐；4. 紫褐。

5.2.10　二年生枝颜色

树冠外围二年生枝的颜色，分为：1. 灰白；2. 黄褐；3. 紫褐；4. 其他。

5.2.11　枝刺有无

一年生、二年生枝上有无枝刺，分为：0. 无；1. 有。

5.2.12　幼叶颜色

树冠外围新梢上幼叶的颜色，分为：1. 淡绿；2. 淡红；3. 橙红。

5.2.13　叶片颜色

树冠外围成熟叶片的颜色，分为：1. 淡绿；2. 绿；3. 浓绿；4. 紫红。

5.2.14　托叶形状

树冠外围成熟叶片的托叶形状，分为：1. 窄镰刀形；2. 阔镰刀形；3. 耳形。

5.2.15　叶片形状

树冠外围营养枝中部叶位向上第 2 片至第 5 片或结果枝顶端向下第 2 片至第 4 片发育完全、无破损的成熟叶片的形状（见图 8-7），分为：1. 卵形；2. 广卵圆形；3. 楔状卵形；4. 三角状卵形；5. 卵状披针形；6. 倒卵圆形；7. 菱状卵形；8. 长椭圆形。

5.2.16 叶片长度

树冠外围营养枝中部成熟叶片的长度，单位为厘米（cm）。

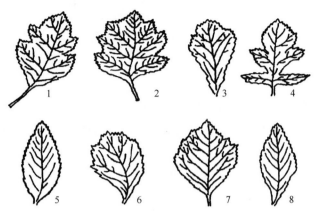

图8-7 山楂叶片形状模式图

1—卵形；2—广卵圆形；3—楔状卵形；4—三角状卵形；5—卵状披针形；6—倒卵圆形；7—菱状卵形；8—长椭圆形

5.2.17 叶片宽度

树冠外围营养枝中部成熟叶片最宽处的宽度，单位为厘米（cm）。

5.2.18 叶柄长度

树冠外围营养枝中部成熟叶片的叶柄长度，单位为厘米（cm）。

5.2.19 叶缘锯齿类型

树冠外围营养枝中部成熟叶片的叶缘锯齿类型（见图8-8），分为：1. 细锐；2. 粗锐；3. 钝圆；4. 重锯齿。

图8-8 山楂叶缘锯齿类型模式图

1—细锐；2—粗锐；3—钝圆；4—重锯齿

5.2.20 叶基形状

树冠外围营养枝中部成熟叶片基部的形状（见图8-9），分为：1. 截形；2. 近圆形；3. 宽楔形；4. 楔形；5. 下延楔形；6. 心形。

5.2.21 叶背茸毛

树冠外围营养枝中部成熟叶片背面的茸毛着生状况，分为：0. 无；1. 少；2. 中；3. 多。

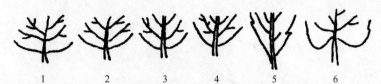

图8-9 山楂叶基形状模式图

1—截形；2—近圆形；3—宽楔形；4—楔形；5—下延楔形；6—心形

5.2.22 叶片裂刻类型

树冠外围营养枝中部成熟叶片的裂刻类型，分为：1．无裂刻；2．浅裂（叶基部裂片不到半个叶片宽度的1/3）；3．中裂（叶基部裂片达半个叶片宽度的1/3～1/2）；4．深裂（叶基部裂片达半个叶片宽度的1/2～3/4）；5．全裂（叶基部裂片达半个叶片宽度的3/4以上）。

5.2.23 副花序有无

树冠外围结果枝开花时除顶端着生的主花序外，在其他节位着生花序的有无，分为：0．无；1．有。

5.2.24 花梗茸毛

树冠外围花序上花梗茸毛的着生状况，分为：0．无；1．少；2．中；3．多。

5.2.25 花序花朵数

树冠外围主花序的平均花朵数，单位为朵。

5.2.26 花冠直径

盛花期树冠外围花朵的直径，单位为厘米（cm）。

5.2.27 花瓣形状

盛花期树冠外围花朵的花瓣在完全展开时的形状，分为：1．圆形；2．卵圆形；3．椭圆形。

5.2.28 花瓣颜色

盛花期树冠外围花朵的花瓣颜色，分为：1．绿白；2．白；3．粉红；4．红。

5.2.29 重瓣性

盛花期树冠外围花朵的花瓣是否存在重叠的特性，分为：1．单瓣（花瓣数量为5个）；2．复瓣（花瓣数量6～10个）；3．重瓣（花瓣数量＞10个）。

5.2.30 雌蕊数量

盛花期树冠外围花朵的雌蕊数量，单位为个。

5.2.31 雄蕊数量

盛花期树冠外围花朵的雄蕊数量，单位为个。

5.2.32 花药颜色

盛花期树冠外围花序上初开花朵未开裂花药的颜色，分为：1．白；2．黄；3．红；4．紫。

5.2.33 花粉有无

盛花期树冠外围花序上盛开花朵已开裂花药的花粉有无，分为：0．无；1．有。

5.2.34 染色体倍数性

体细胞的染色体倍数。

5.3 生物学特性

5.3.1 萌芽期

植株上 5%顶芽明显膨大、芽鳞松动至开绽（或露白）的时间。以"年月日"表示，格式为"YYYYM-MDD"。

5.3.2 展叶期

萌芽后植株上 5%顶芽叶片展开的时间。以"年月日"表示，格式"YYYYMMDD"。

5.3.3 始花期

花序分离后植株上第一朵花开放的时间。以"年月日"表示，格式"YYYYMMDD"。

5.3.4 盛花期

始花后植株上 50%花朵开放的时间。以"年月日"表示，格式"YYYYMMDD"。

5.3.5 末花期

盛花后植株上 75%的花朵开始落瓣的时间。以"年月日"表示，格式"YYYYMMDD"。

5.3.6 果实成熟期

全树 75%的果实表现出该品种的固有特性、达到成熟的时间。以"年月日"表示，格式"YYYYMMDD"。

5.3.7 落叶期

植株上 75%的叶片脱落的时间。以"年月日"表示，格式"YYYYMMDD"。

5.3.8 果实发育期

计算从盛花期到果实成熟期的天数，单位为天（d）。

5.3.9 营养生长期

计算从萌芽期到落叶期的天数，单位为天（d）。

5.3.10 萌芽率

萌芽后至新梢生长停止前，树冠外围延长枝萌发芽数占总芽数的比例，以百分率（%）表示。

5.3.11 成枝力

萌芽后至新梢生长停止前，树冠外围延长枝萌发长枝（≥15 cm）的能力。用平均长枝条数表示。分为：3．弱（平均条数＜3）；5．中（3≤平均条数＜5）；7．强（平均条数≥5）。

5.4 产量性状

5.4.1 花朵坐果率

树冠外围花朵在落花后4周坐果数占总花朵数的百分率，以百分率（%）表示。

5.4.2 自花结实力

树冠外围的花朵在自花授粉后的结实能力。用开花前套袋、落花后4周除袋调查的坐果率表示。分为：0．无；3．弱（坐果率<15.0%）；5．中（15.0%≤坐果率＜30.0%）；7．强（坐果率≥30.0%）。

5.4.3 单性结实力

树冠外围的花朵在没有授粉受精情况下的结实能力。用开花前去雄套袋，落花后4周除袋调查的坐果率表示。分为：0．无；3．弱（坐果率<15.0%）；5．中（15.0%≤坐果率＜30.0%）；7．强（坐果率≥30.0%）。

5.4.4 花序坐果数

树冠外围花序在采收前着生果实的数量，单位为个。

5.4.5 采前落果程度

果实在成熟前脱落的程度。以正常采收时的落果量占总产量的百分率即落果百分率表示。分为：3．轻（落果百分率＜10%）；5．中（10%≤落果百分率＜25%）；7．重（落果百分率≥25%）。

5.4.6 始果期

生长发育正常植株第一次结果的时间。用嫁接苗定植到首次结果所经历的年数表示，单位为年。分为：3．早（年数≤3）；5．中（3＜年数≤5）；7．晚（年数＞5）。

5.4.7 产量

生长发育正常的成年植株收获全部果实的重量。用每平方米树冠垂直投影面积生产的果实重量表示，单位为千克每平方米（kg/m^2）。分为：3．低（＜0.75 kg/m^2 树冠垂直投影面积）；5．中（0.75 kg≤每平方米树冠垂直投影面积≤1.50 kg）；7．高（＞1.50 kg/m^2 树冠垂直投影面积）。

5.5 果实及其品质性状

5.5.1 单果重

果实成熟时，树冠外围生长发育正常并有代表性果实的重量，单位为克（g）。

5.5.2 果实纵径

果实成熟时，树冠外围生长发育正常并有代表性果实的纵径，单位为毫米（mm）。

5.5.3 果实横径

果实成熟时，树冠外围生长发育正常并有代表性果实的横径，单位为毫米（mm）。

5.5.4 果皮颜色

果实成熟时，树冠外围生长发育正常并有代表性果实的果皮颜色，分为：1．黄白；2．黄；

3．橙红；4．红；5．紫；6．黑。

5.5.5 果点多少

果实成熟时，树冠外围生长发育正常并有代表性的果实胴部的果点数量，分为：1．极少；2．少；3．中；4．多；5．极多。

5.5.6 果点颜色

果实成熟时，树冠外围生长发育正常并有代表性果实的果点颜色，分为：1．灰白；2．金黄；3．黄褐。

5.5.7 果点大小

果实成熟时，树冠外围生长发育正常并有代表性果实的果点大小，分为：1．小；2．中；3．大。

5.5.8 果面光泽

果实成熟时，树冠外围生长发育正常并有代表性的果实表面的光泽，分为：1．粗糙；2．光滑无光泽；3．光滑有光泽。

5.5.9 梗洼形态

果实成熟时，树冠外围生长发育正常并有代表性果实的梗洼形态，分为：1．广浅；2．平展；3．隆起。

5.5.10 梗基特征

果实成熟时，树冠外围生长发育正常并有代表性果实的果梗与梗洼连接处的特征，分为：1．膨大状；2．一侧瘤起。

5.5.11 萼片着生状态

果实成熟时，树冠外围生长发育正常并有代表性果实的萼片脱落情况，分为：1．脱落（萼片无存）；2．残存（部分萼片残留）；3．宿存（萼片基本完整）。

5.5.12 萼片形状

萼片宿存果实成熟时，树冠外围生长发育正常并有代表性果实的萼片形状，分为：1．三角形；2．披针形；3．舌形。

5.5.13 萼片姿态

萼片宿存果实成熟时，树冠外围生长发育正常并有代表性果实的萼片着生姿态（见图8-10），分为：1．开张直立；2．半开张直立；3．半开张反卷；4．开张平展；5．开张反卷；6．聚合；7．聚合萼尖反卷。

5.5.14 萼筒形状

果实成熟时，树冠外围生长发育正常并有代表性果实纵切后萼筒纵切面的形态（见图8-11），分为：1．漏斗形；2．近圆形；3．圆锥形；4．U形。

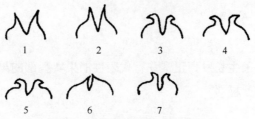

图8-10 山楂果实萼片姿态模式图

1—开张直立；2—半开张直立；3—半开张反卷；4—开张平展；5—开张反卷；6—聚合；7—聚合萼尖反卷

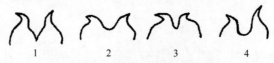

图8-11 山楂果实萼筒形状模式图

1—漏斗形；2—近圆形；3—圆锥形；4—U形

5.5.15 果实形状

果实成熟时，树冠外围生长发育正常并有代表性果实纵切面的轮廓形状（见图 8-12），分为：1. 近圆形；2. 扁圆形；3. 卵圆形；4；倒卵圆形；5. 长椭圆形；6. 椭圆形；7. 阔卵圆形；8. 近方形。

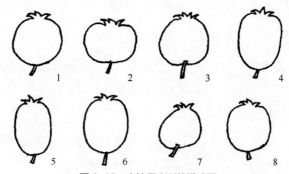

图8-12 山楂果实形状模式图

1—近圆形；2—扁圆形；3—卵圆形；4—倒卵圆形；5—长椭圆形；6—椭圆形；7—阔卵圆形；8—近方形

5.5.16 果肉颜色

果实成熟时，树冠外围生长发育正常并有代表性果实纵切面显现的果肉颜色，分为：1. 绿；2. 白；3. 黄；4. 粉；5. 红；6. 紫。

5.5.17 果肉质地

果实成熟时，树冠外围生长发育正常并有代表性果实的果肉质地，分为：1. 硬；2. 致密；3. 松软；4. 软；5. 粉面。

5.5.18 果实风味

果实成熟时，树冠外围生长发育正常并有代表性果实的风味，分为：1. 甜；2. 酸甜；3. 甜酸；4. 酸；5. 极酸；6. 淡；7. 苦。

5.5.19 果实香气

果实成熟时，树冠外围生长发育正常并有代表性果实的香气，分为：0. 无；1. 淡；2. 中；3. 浓。

5.5.20 心室数

果实成熟时，树冠外围生长发育正常并有代表性果实的心室数量，单位为个。

5.5.21 种核数

果实成熟时，树冠外围生长发育正常并有代表性果实中的种核数量，单位为个。

5.5.22 种核特征

果实成熟时，树冠外围生长发育正常并有代表性果实中的种核特征，分为：1. 软核；2. 硬核无凹痕；3. 硬核有凹痕。

5.5.23 百核重

果实成熟时，100 个洗去果肉并吸干水分后新鲜种核的重量，单位为克（g）。

5.5.24 种仁率

种核中具有饱满种仁的种核所占的百分率，以百分率（%）表示。

5.5.25 可食率

果实成熟时，树冠外围生长发育正常并有代表性的果实在去除果梗、萼片、果核后可食部分重量占果实总重量的百分率，以百分率（%）表示。

5.5.26 可溶性糖含量

果实成熟时，树冠外围生长发育正常并有代表性果实的果肉中可溶性糖的含量，以百分率（%）表示。

5.5.27 可滴定酸含量

果实成熟时，树冠外围生长发育正常并有代表性果实的果肉中可滴定酸的含量，以百分率（%）表示。

5.5.28 维生素 C 含量

果实成熟时，树冠外围生长发育正常并有代表性果实的果肉中维生素 C 的含量，单位为毫克每百克（mg/100 g）。

5.5.29 果实硬度

果实成熟时，树冠外围生长发育正常并有代表性果实的带皮硬度，单位为千克每平方厘米（kg/ cm^2）。

5.5.30 鲜食品质

果实成熟时，树冠外围生长发育正常并有代表性果实的鲜食品质，分为：3. 下；5. 中；

7. 上。

5.5.31　储藏性

5.5.31.1　常温储藏性

树冠外围生长发育正常的成熟果实在室温条件下的放置时间。用好果率大于 90% 的存放天数表示，单位为天（d）。

5.5.31.2　低温储藏性

树冠外围生长发育正常的成熟果实在密闭塑料袋（自封袋）中，放置在（3±1.5）℃条件下的存放时间。用好果率大于 90% 的储藏天数表示，单位为天（d）。分为：1. 极弱（好果率大于 90% 的存放天数<60）；3. 弱（60≤好果率大于 90% 的存放天数 < 120）；5. 中（120≤好果率大于 90% 的存放天数 < 180）；7. 强（180≤好果率大于 90% 的存放天数<240）；9. 极强（好果率大于 90% 的存放天数≥240）。

5.5.32　总黄酮含量

5.5.32.1　果实总黄酮含量

果实成熟时，树冠外围生长发育正常并有代表性果实的果肉中黄酮类物质的含量，以百分率（%）表示。

5.5.32.2　叶片总黄酮含量

树冠外围营养枝中部成熟叶片在烘干并制备粗粉后黄酮类物质的含量，以百分率（%）表示。

5.6　抗性性状

5.6.1　耐旱性

山楂植株忍耐或抵抗干旱胁迫特别是土壤干旱的能力。避雨条件下，用 1～3 年生植株在旺盛生长期人为断水后植株的生长发育状况来表示。分为：1. 极强（植株叶片轻度萎蔫）；3. 强（植株叶片中度萎蔫）；5. 中（植株叶片严重萎蔫）；7. 弱（植株叶片部分脱落）；9. 极弱（植株叶片全部脱落，或植株枯死）。

5.6.2　食心虫抗性

山楂果实抵抗桃小食心虫（*Carposina sasakii* Matsumura）和白小食心虫（*Spilonota albicana* Mutsumura）为害的能力。用虫果数占调查样品果实总数的百分率表示。分为：1. 全抗（虫果率 0%）；3. 高抗（0%<虫果率<5%）；5. 中抗（5%≤虫果率<20%）；7. 低抗（20%≤虫果率 < 40%）；9. 不抗（虫果率≥40%）。

5.6.3　叶螨抗性

山楂植株抵抗山楂叶螨（*Tetranychus viennensis* Zacher）为害的能力。用为害盛期叶片上的平均叶螨数量表示，单位为头。分为：1. 全抗（每片叶叶螨数量为0）；3. 高抗（0<每片叶叶

螨数量<2）；5. 中抗（2≤每片叶叶螨数量<5）；7. 低抗（5≤每片叶叶螨数量<20）；9. 不抗（每片叶叶螨数量≥20）。

5.6.4 花腐病抗性

山楂花序抵抗山楂花腐病[*Monilinia johnsonii*（Ell. et Ev.）Honey 和 *Monilia crataegi* Died.]为害的能力。用开花后期山楂花序上受害花朵所占的百分率表示。分为：1.免疫（受害花朵所占比例 0%）；3.高抗（0%＜受害花朵所占比例＜5%）；5.中抗（5%≤受害花朵所占比例<15%）；7.低抗（15%≤受害花朵所占比例<30%）；9.不抗（受害花朵所占比例≥30%）。

5.6.5 锈病抗性

山楂植株抵抗山楂锈病（*Gymnosporangium asiaticum* Miyabe et Yamada 或 *Gymnosporangium haraeanum* Syd.）为害的能力。用树冠中部叶片的平均病斑数表示，单位为个。分为：1. 免疫（叶片上平均病斑数为0）；3. 高抗（0<叶片上平均病斑数<2）；5. 中抗（2≤叶片上平均病斑数<4）；7. 低抗（4≤叶片上平均病斑数<6）；9. 不抗（叶片上平均病斑数≥6）。

十、NY/T 2325—2013 农作物种质资源鉴定评价技术规范 山楂

1. 标准前言

本标准是农业行业标准。由农业部种植业管理司提出。

本标准由全国果品标准化技术委员会（SAC/TC 501）归口。

本标准起草单位：沈阳农业大学、中国农业科学院茶叶研究所。

本标准主要起草人：董文轩、吕德国、赵玉辉、江用文、鲁巍巍、马怀宇、秦嗣军、熊兴平、周传生、朱建淼、李作轩。

本标准由中华人民共和国农业部于2013年05月20日发布，2013年08月01日实施，截至本书出版前标准有效。

本标准按照GB/T 1.1—2009给出的规则起草。

2. 范围

本标准规定了山楂属（*Crataegus* L.）种质资源鉴定评价的术语和定义、技术要求、鉴定方法和判定。

本标准适用于山楂属种质资源的鉴定和优异种质资源评价。

3. 规范性引用文件

下列文件对于本文件的应用是必不可少的。凡是注日期的引用文件，仅注日期的版本适用

于本文件，凡是不注日期的引用文件，其最新版本（包括所有的修改单）适用于本文件。

GB/T 5009.86—2016　　食品安全国家标准　食品中抗坏血酸的测定

GB/T 6682　　　　　　分析实验室用水规格和试验方法

GB/T 12456　　　　　食品中总酸的测定

NY/T 1278　　　　　　蔬菜及其制品中可溶性糖的测定　铜还原碘量法

NY/T 2030　　　　　　农作物优异种质资源评价规范　柑橘

4. 术语和定义

下列术语和定义适用于本文件。

4.1　优良种质资源　elite germplasm resources
主要经济性状表现好且具有重要价值的种质资源。

4.2　特异种质资源　rare germplasm resources
性状表现特殊、稀有的种质资源。

4.3　优异种质资源　elite and rare germplasm resources
优良种质资源和特异种质资源的总称。

5. 技术要求

5.1　样本采集
除特殊说明外，选择不少于 3 株稳定结实的成年植株并在其正常生长发育情况下进行观察和采集样本。

5.2　数据采集
在同一地点至少采集到 3 年有效的鉴定数据。

5.3　鉴定内容
鉴定内容见表 8-19。

表 8-19　山楂种质资源鉴定内容

性状	鉴定项目
植物学特征	树性、干性、树姿、一年生枝长度、一年生枝节间长度、一年生枝颜色、二年生枝颜色、枝刺、幼叶颜色、叶片颜色、托叶形状、叶片形状、叶片长度、叶片宽度、叶柄长度、叶缘锯齿、叶基形状、叶背茸毛、叶片裂刻、花梗茸毛、副花序、花序花朵数、花冠直径、花瓣形状、花瓣颜色、重瓣性、雌蕊数量、雄蕊数量、花药颜色、花粉有无
生物学特性	萌芽期、展叶期、始花期、盛花期、落花期、果实成熟期、落叶期、果实发育期、花朵坐果率、自花结实力、单性结实力、花序坐果数、始果期、丰产性、染色体数目
果实特性	单果重、果实纵径、果实横径、果皮颜色、果点多少、果点颜色、果点大小、果面光泽、梗洼形态、梗基特征、萼片着生状态、萼片形状、萼片姿态、萼筒形状、果实形状、果肉颜色、果肉质地、果实风味、果实香气、果肉硬度、心室数、种核数、种核特征、百核重、种仁率、可食率、可溶性糖含量、可滴定酸含量、维生素 C 含量、总黄酮含量、贮藏性
抗逆性	食心虫抗性

5.4 优异种质资源指标

5.4.1 优良种质资源指标

优良种质资源指标见表8-20。

表 8-20 山楂优良种质资源指标

序号	性状	指标
1	丰产性	>1.5 kg/m² 树冠垂直投影面积
2	单果重（鲜果实）	≥8.5 g
3	果肉质地	硬或致密
4	果实风味	酸甜或甜酸
5	可食率（鲜果实）	≥86.5%
6	可溶性糖含量（鲜果实）	≥9.5%
7	维生素C含量（鲜果实）	≥0.79 mg/g
8	总黄酮含量（干果实）	≥4.0%
9	贮藏性	好果率大于90%的贮藏天数≥180天
10	食心虫抗性	虫果率<20.0%

5.4.2 特异种质资源指标

特异种质资源指标见表8-21。

表 8-21 山楂特异种质资源指标

序号	性状	指标
1	一年生枝节间长度	短枝型：≤2.0 cm
2	花瓣颜色	绿白、粉红或红
3	重瓣性	重瓣
4	花粉有无	无
5	单果重（鲜果实）	≥15.0 g
6	果肉颜色	紫红
7	果实香气	浓
8	果实硬度（鲜果实）	≥9.6 kg/cm²
9	可溶性糖含量（鲜果实）	≥12.0%
10	维生素C含量（鲜果实）	≥0.95 mg/g
11	可滴定酸含量（鲜果实）	≤1.5% 或≥4.0%
12	总黄酮含量	干果实≥5.1%；干叶片≥11.5%
13	种核特征	软核
14	种仁率	≥80.0%
15	贮藏性	极强
16	食心虫抗性	高抗

6. 鉴定方法

6.1 植物学特征

6.1.1 树性

休眠后至萌芽前，观察树体，确定树性，分为：灌木、乔木。

6.1.2 干性

休眠后至萌芽前，观察乔木类资源植株中心干生长势，确定干性，分为：弱（中心干高度与分枝生长高度差＜中心干高度的 10%）、中（中心干高度与分枝生长高度差为中心干高度的10%～30%）、强（中心干高度与分枝生长高度差≥中心干高度的 30%）。

6.1.3 树姿

休眠后至萌芽前，测量乔木类资源植株最下部 3 个主枝轴线与竖直线的夹角。结果以平均值表示，单位为度（°），精确至整数位。按测量结果确定树姿，分为：直立（角度＜40°）、半直立（40°≤角度＜60°）、开张（60°≤角度＜90°）、半下垂（90°≤角度＜120°）、下垂（角度≥120°）。

6.1.4 一年生枝长度

休眠后至萌芽前，测量 15 个树冠外围一年生枝的长度，结果以平均值表示，单位为厘米（cm），精确到 0.1 cm。

6.1.5 一年生枝节间长度

休眠后至萌芽前，测量 15 个树冠外围一年生枝中段的节间长度，结果以平均值表示，单位为厘米（cm），精确到 0.1 cm。

6.1.6 一年生枝颜色

休眠后至萌芽前，观察并确定一年生枝的颜色。分为：灰白、黄褐、红褐、紫褐。

6.1.7 二年生枝颜色

休眠后至萌芽前，观察树冠外围二年生枝。确定二年生枝颜色，分为：灰白、黄褐。

6.1.8 枝刺

休眠后至萌芽前，观察一年、二年生枝的枝刺。分为：无、有。

6.1.9 幼叶颜色

新梢旺盛生长期，观察树冠外围新叶，确定其幼叶颜色。分为：淡绿、淡红、橙红。

6.1.10 叶片颜色

新梢停长后，观察树冠外围成熟叶片，确定叶片颜色，分为：淡绿、绿、浓绿、紫红。

6.1.11 托叶形状

新梢停长后，观察树冠外围成熟叶片的托叶形状。分为：耳形、阔镰刀形、窄镰刀形。

6.1.12 叶片形状

新梢停长后，采集树冠外围 15 片营养枝中部叶位向上第 2 片～第 5 片或结果枝顶端向下第 2 片～第 4 片发育完全、无破损的成熟叶片。按图 8-13 确定叶片形状，分为：卵形、广卵圆形、楔状卵形、三角状卵形、卵状披针形、倒卵圆形、菱状卵形、长椭圆形。

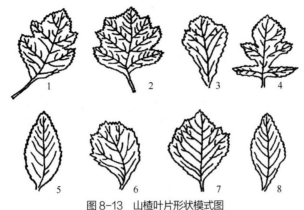

图 8-13　山楂叶片形状模式图

1—卵形；2—广卵圆形；3—楔状卵形；4—三角状卵形；5—卵状披针形；6—倒卵圆形；7—菱状卵形；8—长椭圆形

6.1.13 叶片长度

用 6.1.12 样本，测量叶片长度。结果以平均值表示，单位为厘米（cm），精确到 0.1 cm。

6.1.14 叶片宽度

用 6.1.12 样本，测量叶片最宽处的宽度。结果以平均值表示，单位为厘米 (cm)，精确到 0.1 cm。

6.1.15 叶柄长度

用 6.1.12 样本，测量叶片的叶柄长度。结果以平均值表示，单位为厘米（cm），精确到 0.1 cm。

6.1.16 叶缘锯齿

用 6.1.12 样本，观察成熟叶片的叶缘锯齿形状，按图 8-14 确定叶缘锯齿类型，分为：细锐、粗锐、钝圆、重锯齿。

图 8-14　山楂叶缘锯齿类型模式图

1—细锐；2—粗锐；3—钝圆；4—重锯齿

6.1.17 叶基形状

用 6.1.12 样本，观察成熟叶片。按图 8-15 确定叶基形状，分为：截形、近圆形、宽楔形、楔形、下延楔形、心形。

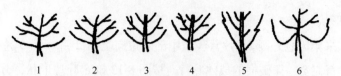

图 8-15　山楂叶基形状模式图

1—截形；2—近圆形；3—宽楔形；4—楔形；5—下延楔形；6—心形

6.1.18　叶背茸毛

用 6.1.12 样本，观察叶片背面的茸毛着生状况，分为：无、少、中、多。

6.1.19　叶片裂刻

用 6.1.12 样本，依据裂刻深度确定叶片裂刻的类型，分为：不分裂、浅裂（叶基部裂片不到半个叶片宽度的 1/3）、中裂（叶基部裂片达半个叶片宽度的 1/3～1/2）、深裂（叶基部裂片达半个叶片宽度的 1/2～3/4）、全裂（叶基部裂片达半个叶片宽度的 3/4 以上）。

6.1.20　花梗茸毛

花蕾分离后，观察树冠外围花序的花序梗茸毛着生状况，分为：无、少、中、多。

6.1.21　副花序

花蕾分离后，观察树冠外围花序的分枝，确定花序分枝特征，分为：无、有。

6.1.22　花序花朵数

花蕾分离后，调查树冠外围 15 个花序的花朵数，结果以平均值表示，单位为朵，精确到 0.1 朵。

6.1.23　花冠直径

盛花期，测量树冠外围 15 个花朵的花冠直径，结果以平均值表示，单位为厘米（cm），精确到 0.1 cm。

6.1.24　花瓣形状

盛花期，观察树冠外围花朵的花瓣形状，分为：圆形、卵圆形、椭圆形。

6.1.25　花瓣颜色

盛花期，观察树冠外围花朵的花瓣，确定花瓣颜色，分为：绿白、白、粉红、红。

6.1.26　重瓣性

盛花期，观察树冠外围花朵的形态，计数花瓣数量。确定重瓣性，分为：单瓣（花瓣数量为 5 个）、复瓣（花瓣数量 6～10 个）、重瓣（花瓣数量＞10 个）。

6.1.27　雌蕊数量

盛花期，调查树冠外围 15 个花朵的雌蕊数量，结果以平均值表示，单位为个，精确到 0.1 个。

6.1.28　雄蕊数量

盛花期，调查树冠外围 15 个花朵的雄蕊数量，结果以平均值表示，单位为个，精确到

0.1 个。

6.1.29 花药颜色

盛花期，观察树冠外围花序上初开花朵未开裂的花药，确定花药颜色，分为：白、黄、红、紫。

6.1.30 花粉有无

盛花期，观察树冠外围花序上盛开花朵的开裂花药，确定花粉状况，分为：无、有。

6.2 生物学特性

6.2.1 萌芽期

观察并确定植株上25%顶芽明显膨大、芽鳞松动开绽（或露白）的时间。以"年月日"表示。

6.2.2 展叶期

萌芽后，观察并确定植株上25%顶芽叶片展开的时间。以"年月日"表示。

6.2.3 始花期

花序分离后，观察并确定植株上第一朵花开放的时间。以"年月日"表示。

6.2.4 盛花期

始花后，观察并确定植株上50%的花朵开放的时间。以"年月日"表示。

6.2.5 落花期

盛花期后，观察并确定植株上75%的花朵开始落瓣的时间。以"年月日"表示。

6.2.6 果实成熟期

果实着色后，观察并确定植株上75%的果实达到成熟的时间。以"年月日"表示。

6.2.7 落叶期

观察并确定植株上75%的叶片脱落的时间。以"年月日"表示。

6.2.8 果实发育期

计算落花期至果实成熟期的天数。单位为天（d），精确到1d。

6.2.9 花朵坐果率

始花前，选择树冠外围花序15个，计数花朵数量，落花后4周调查坐果数占总花朵数的百分比。以百分数表示，精确到0.1%。

6.2.10 自花结实力

始花前，选择树冠外围花序15个，计数花朵数量后套袋，使其自花授粉；落花后4周计数坐果数量，计算坐果百分率，精确到0.1%；确定自花结实能力。分为：无（自花授粉坐果率＜5.0%）、弱（5.0%≤自花授粉坐果率＜15.0%）、中（15.0%≤自花授粉坐果率＜30.0%）、强（自花授粉坐果率≥30.0%）。

6.2.11　单性结实力

始花前，选择树冠外围花序 15 个，计数花朵数量后去雄套袋；落花后 4 周计数坐果数量，计算坐果百分率，精确到 0.1%；确定单性结实能力。分为：无（单性结实率＜5.0%），弱（5.0%≤单性结实率＜15.0%）、中（15.0%≤单性结实率＜30.0%）、强（单性结实率≥30.0%）。

6.2.12　花序坐果数

采收前，选择树冠外围花序 15 个，计数每花序果实数量，结果以平均值表示，单位为个，精确到 0.1 个。

6.2.13　始果期

选择不少于 3 株生长发育正常的植株，观察自嫁接至结果的年数，确定始果期，分为：早（自嫁接至结果的年限≤3 年）、中（3 年＜自嫁接至结果的年限≤5 年）、晚（自嫁接至结果的年限＞5 年）。

6.2.14　丰产性

选择 3 株生长发育正常的成年植株，收获全部果实后称重，再折算为单位面积产量；确定丰产性。分为：弱（树冠垂直投影面积＜0.75 kg/m^2）、中（0.75 kg/m^2≤树冠垂直投影面积＜1.50 kg/m^2）、强（树冠垂直投影面积≥1.50 kg/m^2）。

6.2.15　染色体数目

按 NY/T 2030 测定。

6.3　果实特性

6.3.1　单果重

果实成熟时，从树冠外围选取生长发育正常并有代表性的果实 100 个，称鲜果质量，结果以平均值表示。单位为克（g），精确到 0.1 g。

6.3.2　果实纵径

从 6.3.1 样本中选取果实 30 个，测量果实纵径，结果以平均值表示，单位为毫米（mm），精确到 0.1 mm。

6.3.3　果实横径

用 6.3.2 样本，测量果实的横径，结果以平均值表示，单位为毫米（mm），精确到 0.1 mm。

6.3.4　果皮颜色

用 6.3.2 样本，观察并确定果实的果皮颜色，分为：黄色、橙红色、红色、紫色、黑色。

6.3.5　果点多少

用 6.3.2 样本，观察并确定果实胴部的果点数量，分为：极少（参照种质：毛山楂）、少（参照种质：双红）、中（参照种质：辽红）、多（参照种质：蒙阴大金星）、极多（参照种质：冯水山楂）。

注：提供的参照种质信息，是为了方便本标准的使用，不代表对该种质的认可和推荐，任何可以得到与这些参照种质结果相同的种质均可作为参照样品。

6.3.6 果点颜色

用6.3.2样本，观察并确定果实果点的颜色，分为：灰白、金黄、黄褐。

6.3.7 果点大小

用6.3.2样本，观察并确定果实果点的大小，分为：小（参照种质：吉伏2号）、中（参照种质：燕瓢青）、大（参照种质：秋金星）。

注：提供的参照种质信息，是为了方便本标准的使用，不代表对该种质的认可和推荐，任何可以得到与这些参照种质结果相同的种质均可作为参照样品。

6.3.8 果面光泽

用6.3.2样本，观察果实表面，确定果面光泽，分为：粗糙、光滑无光泽、光滑有光泽。

6.3.9 梗洼形态

用6.3.2样本，观察并确定果实梗洼的形态，分为：广浅、平展、稍隆起、隆起。

6.3.10 梗基特征

用6.3.2样本，观察并确定果梗与梗洼连接处的特征，分为：膨大状、一侧瘤起。

6.3.11 萼片着生状态

用6.3.2样本，观察果实萼片脱落情况，确定萼片状态，分为：脱落（萼片无存）、残存（部分萼片残留）、宿存（萼片基本完整）。

6.3.12 萼片形状

用6.3.2样本，观察并确定果实的萼片形状，分为：三角形、披针形、舌形。

6.3.13 萼片姿态

用6.3.2样本，观察果实萼片的状态。按图8-16确定萼片姿态，分为：开张直立、半开张直立、半开张反卷、开张平展、开张反卷、聚合、聚合萼尖反卷。

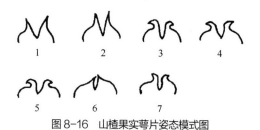

图8-16 山楂果实萼片姿态模式图

1—开张直立；2—半开张直立；3—半开张反卷；4—开张平展；5—开张反卷；6—聚合；7—聚合萼尖反卷

6.3.14 萼筒形状

用6.3.2样本，纵切果实，观察果实萼筒纵切面的形态，按图8-17确定萼筒形状。分为：

漏斗形、近圆形、圆锥形、U形。

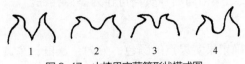

图 8-17　山楂果实萼筒形状模式图

1—漏斗形；2—近圆形；3—圆锥形；4—U形

6.3.15　果实形状

用 6.3.2 样本，观察纵切面的轮廓形状，按图 8-18 确定果实形状，分为：近圆形、扁圆形、卵圆形、倒卵圆形、长椭圆形、椭圆形、阔卵圆形、近方形。

图 8-18　山楂果实形状模式图

1—近圆形；2—扁圆形；3—卵圆形；4—倒卵圆形；5—长椭圆形；6—椭圆形；7—阔卵圆形；8—近方形

6.3.16　果肉颜色

用 6.3.2 样本，观察果实纵切面颜色。确定果肉颜色，分为：绿、白、黄、粉、红、紫。

6.3.17　果肉质地

从 6.3.1 样本中选取 30 个果实，品尝并确定果肉质地，分为：硬、致密、松软、绵软、面。

6.3.18　果实风味

用 6.3.17 样本，品尝并确定果实风味，分为：甜、酸甜、甜酸、酸、极酸、淡、苦。

6.3.19　果实香气

用 6.3.17 样本，品尝并确定果实香气，分为：无、淡、浓。

6.3.20　果实硬度

从 6.3.1 样本中选取 30 个果实，用硬度计测定去皮果肉的硬度，结果以平均值表示，单位为千克每平方厘米（kg/cm^2），精确到 0.1 kg/cm^2。

6.3.21　心室数

用 6.3.20 样本，横切 30 个果实并观察心室数量。结果以平均值表示，单位为个，精确到 0.1 个。

6.3.22 种核数

用 6.3.21 样本，计数每果中种核数量。结果以平均值表示，单位为个，精确到整数位。

6.3.23 种核特征

用 6.3.21 样本，观察种核软硬和两个侧面有无凹痕，分为：软核、硬核无凹痕、硬核有凹痕。

6.3.24 百核重

用 6.3.21 样本，随机抽取 100 个种核，洗去果肉、吸干水分后称鲜核质量。结果以平均值表示，单位为克（g），精确到 0.1 g。

6.3.25 种仁率

用 6.3.24 样本，横切 100 个种核，调查具有饱满种仁的种核所占的比例。以百分数表示，精确到 0.1%。

6.3.26 可食率

果实成熟时，采收树冠外围发育正常的果实 30 个，称其总质量，去除果梗、萼片、果核后再称其可食部分的质量，计算可食部分质量占果实总质量的百分比，以百分数表示，精确到 0.1%。

6.3.27 可溶性糖含量

用 30 个树冠外围正常成熟果实的果肉部分或 6.3.26 样本的可食部分，按 NY/T 1278 测定。

6.3.28 可滴定酸含量

用 6.3.27 样本，按 GB/T 12456 测定。

6.3.29 维生素 C 含量

用 6.3.27 样本，按 GB 5009.86—2016 测定。

6.3.30 总黄酮含量

对 6.3.27 样本的可食部分和 6.1.12 样本的成熟叶片烘干并制备粗粉；然后按附录 H 测定。

6.3.31 贮藏性

果实采收后鉴定。在果实成熟时采树冠外围生长发育正常的果实 1000 个，装入有标记的长 23.0 cm、宽 17.0 cm 的密闭塑料袋（自封袋）中，放置在温度（3±1.5）℃的条件下贮藏，调查第 60 天、第 120 天、第 180 天、第 240 天、第 300 天的好果率。根据调查结果，确定贮藏果实的贮藏性。分为：极弱（好果率大于 90% 的贮藏天数 < 60 d）、弱（好果率大于 90% 的贮藏天数≥60 d）、中（好果率大于 90% 的贮藏天数≥120 d）、强（好果率大于 90% 的贮藏天数≥180 d）、极强（好果率大于 90% 的贮藏天数≥240 d）。

6.4 食心虫抗性

按附录 I 执行。

7. 判定

7.1 优良种质资源

除应符合表 8-20 中丰产性指标外，还应符合表 8-20 中其他至少 4 项指标。

7.2 特异种质资源

应符合表 8-21 中任何一项指标。

7.3 其他

具有除表 8-20、表 8-21 规定以外的其他优良性状和特异性状指标的种质资源。

附录 H 山楂果实和叶片总黄酮含量测定——比色法（规范性附录）

H.1 适用范围

本附录适用于山楂种质资源果实和叶片总黄酮含量的测定。

H.2 原理

黄酮类化合物与铝离子能形成有色络合物，该络合物的吸光度值与总黄酮的浓度成正比。黄酮类成分与 $NaNO_2$（亚硝酸钠）、$Al(NO_3)_3$（硝酸铝）和 $NaOH$（氢氧化钠）试剂发生显色反应的条件是在黄酮醇类成分中邻位无取代的邻二酚羟基。

H.3 试剂和溶液

除非另有规定，仅使用分析纯试剂。分析用水符合 GB/T 6682 三级。

H.3.1 硝酸铝溶液[$c(Al(NO_3)_3) = 10.0\%$]

称取无水硝酸铝 10.0 g 置于烧杯中，加水溶解后移入 100 mL 容量瓶中，用水稀释至刻度，混匀。

H.3.2 亚硝酸钠溶液：[$c(NaNO_2) = 5.0\%$]

称取 5.0 g 亚硝酸钠置于烧杯中，加水溶解后移入 100 mL 容量瓶中，用水稀释至刻度，混匀。

H.3.3 氢氧化钠溶液 [$c(NaOH) = 1.0\ mol/L$]

称取 40.0 g 氢氧化钠置于烧杯中，加水溶解后移入 1000 mL 容量瓶中，用水稀释至刻度，混匀。

H.3.4 70.0%乙醇

量取 95%的乙醇 73.7 mL，加入 26.3 mL 的水，混匀。

H.3.5 芦丁标准溶液

准确称取芦丁标准品 20.0 mg，用 70%乙醇溶解，定容至 100 mL 容量瓶中，得到浓度为 0.2 mg/mL 的芦丁标准液。

H.4 仪器和设备

H.4.1 实验室常用设备。

H.4.2 可见分光光度计。

H.4.3 天平：精度值为 0.1 mg。

H.5 步骤

H.5.1 试样的预处理

将山楂叶片、果实洗净，50℃干燥至恒重，粉碎，过 20 目筛，山楂粗粉备用。

H.5.2 试料溶液的制备

准确称取山楂果肉粗粉 0.5 g、山楂叶片粗粉 0.2～0.3 g 分别置于离心管中，加入 70%乙醇 15 mL，加盖密封；在 40℃下超声提取 30 min；减压抽滤后，转移至 25 mL 容量瓶中，用 70%乙醇定容至刻度，摇匀，制备成供试品溶液。

H.5.3 标准曲线的建立

准确量取芦丁标准液 0 mL、1.0 mL、2.0 mL、3.0 mL、4.0 mL、5.0 mL，分别置于 10.0 mL 试管中，各加 70%乙醇（H.3.4）至 5.0 mL，然后加入 5% $NaNO_2$（H.3.2）溶液 0.3 mL，摇匀，放置 6 min 后加入 10% $Al(NO_3)_3$（H.3.1）溶液 0.3 mL，摇匀，放置 6 min，再加入 1 mol/L NaOH（H.3.3）溶液 4.0 mL，摇匀，15 min 后于可见分光光度计 500 nm 处比色。以芦丁的量（c）为横坐标、吸光度值（OD）为纵坐标，得标准曲线方程。

H.5.4 总黄酮含量测定

移取 1.0 mL 样品提取液放置于 10.0 mL 试管中，加入 4.0 mL 70%乙醇（H.3.4），然后按照标准曲线项下的方法，分别加入 $NaNO_2$（H.3.2）、$Al(NO_3)_3$（H.3.1）、NaOH（H.3.3），15 min 后于 500 nm 处测定吸光度值。由标准曲线方程计算出总黄酮的浓度。

H.6 结果计算

总黄酮含量以 ω 计，数值以百分数表示，按式（8-15）计算。

$$\omega = \frac{c \times \dfrac{V}{a}}{m \times 10^3} \times 100 \tag{8-15}$$

式中　c——通过标准曲线方程求得的总黄酮量，mg；

　　　V——样品溶液总体积，mL；

　　　a——吸取样品溶液体积，mL；

　　　m——干样品质量，g。

计算结果表示到小数点后一位。

I.1 范围

本附录适用于山楂种质资源食心虫抗性的鉴定。

I.2 鉴定方法

田间调查方法。

I.3 鉴定步骤

果实成熟时，在田间自然条件下，随机摘取果实 100 个，调查果肉中桃小食心虫和白小食心虫的总虫果数，以虫果总数占样品果实数的百分比作为虫果率，用百分数表示。

I.4 抗虫性评价

依据虫果率，按表 8-22 确定其抗性级别。

表 8-22 山楂种质资源食心虫抗性评价标准

抗性级别	虫果率/%
高抗（HR）	<5
中抗（MR）	5≤虫果率<20
低抗（LR）	20≤虫果率<40
不抗（S）	≥40

十一、SN/T 3729.8—2013 出口食品及饮料中常见水果品种的鉴定方法 第 8 部分：山楂成分检测 实时荧光 PCR 法

1. 标准前言

本标准是中华人民共和国出入境检验检疫行业标准。

本标准由国家认证认可监督管理委员会提出并归口。

本标准由中华人民共和国国家质量监督检验检疫总局于 2013 年 11 月 06 日发布，2014 年 06 月 01 日实施，截至本书出版前标准有效。

本标准起草单位：中国检验检疫科学研究院、中华人民共和国辽宁出入境检验检疫局。

本标准主要起草人：王秋艳、郑秋月、赵昕、徐杨、曹际娟、陈颖、韩建勋、邓婷婷。

本标准按照 GB/T 1.1—2009 给出的规则起草。

2. 范围

SN/T 3729 的本部分规定了出口食品和饮料中山楂成分的实时荧光 PCR 检测方法。

本部分适用于果汁、果酱及其他以水果为原辅料的食品中山楂成分的定性检测。本部分所规定方法的最低检出限（LOD）为 1%（质量分数）。

3. 规范性引用文件

下列文件对于本文件的应用是必不可少的。凡是注日期的引用文件，仅注日期的版本适用于本文件。凡是不注日期的引用文件，其最新版本（包括所有的修改单）适用于本文件。

GB/T 6682　分析实验室用水规格和试验方法

GB/T 27403　实验室质量控制规范 食品分子生物学检测

4. 术语和定义

下列术语和定义适用于本文件。

4.1　山楂 *Crataegus* spp.

蔷薇目、蔷薇科、苹果亚科、山楂属植物。广泛分布于亚洲、欧洲、北美洲及南美洲的北部。本部分中山楂成分即指山楂特异性 DNA 片段。

4.2　清汁　clarified juice

经过澄清工艺加工，没有浑浊和沉淀的果汁。

4.3　浊汁　cloudy juice

未经过澄清工艺加工，浑浊但未分层和沉淀的果汁。

5. 缩略语

下列缩略语适用于本文件。

DNA：脱氧核糖核酸（deoxyribonuleic acid）

dNTP：脱氧核苷酸三磷酸（deoxyribonuleoside triphosphate）

CTAB：十六烷基三甲基溴化铵（cetyltrithylammonium bromide）

Tris：三羟甲基氨基甲烷[tris（hydroxymethyl）aminomethane]

EDTA：乙二胺四乙酸（ethylene diaminetetraacetic acid）

Taq：水生栖热菌（*Thermus aquaticus*）

OD：光密度（optical density）

6. 方法提要

提取 DNA，以 DNA 为模板，分别采用山楂的特异性检测引物和探针进行实时荧光 PCR 扩增，观察实时荧光 PCR 的增幅现象，进行食品及饮料中山楂成分的检测鉴定，其中以山楂果肉 DNA 为阳性对照，以非山楂来源的 DNA 为阴性对照，无菌水作为空白对照。

7. 试剂和材料

除另有规定外，所有试剂均为分析纯或生化试剂。实验用水符合 GB/T 6682 的要求。所有试剂均用无 DNA 酶污染的容器分装。

7.1 检测用引物和探针

检测用引物和探针见表 8-23。

表 8-23　引物探针序列

名称	序列（5'→3'）	目的基因
内参照 5'端引物 内参照 3'端引物 内参照探针	TCTGCCCTATCAACTTTCGATGGTA AATTTGCGCGCCTGCTGCCTTCCTT FAM-CCGTTTCTCAGGCTCCCTCTCCGGAATCGAACC-TAMRA	真核生物 18S rRNA 基因
山楂 5'端引物 山楂 3'端引物 山楂探针	GGCTTGAAGACTTGTTC GCTCATCATGTCATCAAG FAM-TACTACACGACGGCGAAGATAGC-TAMRA	山楂 LEAFY 基因

7.2　CTAB 提取缓冲液：20 g/L CTAB，1.4 mol/L NaCl，0.1 mol/L Tris-HCl，0.02 mol/L Na_2EDTA，pH8.0。

7.3　CTAB 沉淀液：5 g/L CTAB，40 mmol /L NaCl。

7.4　三氯甲烷（氯仿）。

7.5　异丙醇。

7.6　70% 乙醇（体积分数）。

7.7　NaCl 溶液（1.2 mol/L）。

7.8　10×PCR 缓冲液 氯化钾 100 mmol/L，硫酸铵 160 mmol/L，硫酸镁 20 mmol/L，Tris-HCl（pH 8.8）200 mmol/L，Triton X-100 1 %，BSA 1 mg/mL。

7.9　氯化镁溶液：2.5 mmol/L。

7.10　dNTP 溶液（dGTP、dCTP、dATP、dTTP 或 dUTP）：各 2.5 mmol/L。

7.11　*Taq* 酶（5 U/μL）。

8. 仪器设备

8.1　实时荧光 PCR 仪。

8.2　核酸蛋白分析仪或紫外分光光度计。

8.3　恒温水浴锅。

8.4　离心机：离心力≥12 000 *g*。

8.5　微量移液器：0.5～10 μL，10～100 μL，20～200 μL，200～1000 μL。

8.6 研钵及粉碎装置。

8.7 涡旋振荡器。

8.8 pH 计。

8.9 量筒：感量 50 mL。

8.10 真空冷冻干燥机。

9. 检测步骤

9.1 DNA 提取

9.1.1 清汁

将果汁样品上下颠倒均匀。取约 30 mL 果汁至一洁净培养皿中，抽真空冻干；称取 0.2 g 冷冻干物质至一洁净 50 mL 离心管中，然后加入 5 mL CTAB 裂解液，65℃孵育 1 h，间期不断混匀几次：8 000 g 离心 15 min，取 1 mL 上清液至 1 只洁净 2.0 mL 离心管中。然后加入 700 μL 三氯甲烷，剧烈混匀 30 s，14 500 g 离心 10 min，取 650 μL 上清液至洁净 2.0 mL 离心管中，加入 1300 μL CTAB 沉淀液，剧烈混匀 30 s，室温静置 1 h；14 500 g 离心 20 min，弃上清液，加入 350 μL 1.2 mol/L NaCl，剧烈振荡 30 s，再加入 350 μL 三氯甲烷，剧烈混匀 30 s，14 500 g 离心 10 min；分别取上清液 320 μL，加入 0.8 倍体积异丙醇，混匀后，−20℃、1 h，14 500 g 离心 20 min，弃上清液，加入 500 μL 70%乙醇，混匀后，14 500 g 离心 20 min，弃上清液，晾至风干，加入 30 μL 双蒸水溶解，−20℃贮存备用。

9.1.2 浊汁

将果汁样品上下颠倒均匀。取约 30 mL 果汁至一洁净离心管中，8 000 g 离心 10 min，去上清，加入 5 mL CTAB 裂解液，65℃孵育 1 h，其余步骤同 9.1.1。

9.1.3 固体样品

称取样品 500 mg 于 50 mL 离心管中，加入 5 mL CTAB 裂解液，65 ℃孵育 1 h，其余步骤同 9.1.1。

9.2 DNA 浓度和纯度的测定

使用核酸蛋白分析仪或紫外分光光度计分别检测 260 nm 和 280 nm 处的吸光值 A_{260} 和 A_{280}。DNA 的浓度按照式（8-16）计算。当 A_{260}/A_{280} 比值在 1.7～1.9 之间时，适宜于 PCR 扩增。

$$c=A \times N \times 50/1000 \tag{8-16}$$

式中　c——浓度，μg/μL；

　　　A——260 nm 处的吸光值；

　　　N——核酸稀释倍数。

9.3 实时荧光 PCR 扩增

9.3.1 实时荧光 PCR 反应体系

反应体系总体积为 25 μL，其中含：样品 DNA（10～100 μg/mL）2 μL，山楂引物（10 μmol/L）各 1 μL，山楂探针（5 μmol/L）1 μL，Taq DNA 聚合酶（5 U/μL）0.5 μL，dNTP（10 μmol/L）1 μL。10×PCR 缓冲液 2.5 μL，水 16 μL。真核生物内参照的反应体系同上，仅以真核生物引物对和探针替换山楂引物对和探针。

9.3.2 实时荧光 PCR 反应程序

95℃/10 s，1 个循环：95℃/5 s，52℃/10 s，72℃/34 s，40 个循环。

10. 质量控制

10.1 空白对照：无荧光对数增长，相应的 Ct 值 > 40.0。

10.2 阴性对照：无荧光对数增长，相应的 Ct 值 > 40.0。

10.3 阳性对照：有荧光对数增长，且荧光通道出现典型的扩增曲线，相应的 Ct 值 < 30.0。

10.4 内参照，有荧光对数增长，且荧光通道出现典型的扩增曲线，相应的 Ct 值 < 30.0。

11. 结果判定与表述

11.1 结果判定

11.1.1 如 Ct 值≤35，则判定被检样品阳性。

11.1.2 如 Ct 值≥40，则判定被检样品阴性。

11.1.3 如 35 < Ct 值 < 40，则重复一次。如再次扩增后 Ct 值仍为 < 40，则判定被检样品阳性；如再次扩增后 Ct 值≥40，则判定被检样品阴性。

11.2 结果表述

11.2.1 样品阳性，表述为"检出山楂成分"。

11.2.2 样品阴性，表述为"未检出山楂成分"。

12. 检测过程中防止交叉污染的措施

检测过程中防止交叉污染的措施按照 GB/T 27403 的规定执行。

十二、DB13/T 2694—2018 地理标志产品　兴隆山楂

1. 标准前言

本标准是河北省地方标准，由河北省质量技术监督局于 2018 年 03 月 13 日发布，2018 年

04 月 13 日实施，截至本书出版前标准有效。

本标准按照 GB/T 1.1—2009 给出的规则起草。

本标准根据国家质量监督检验检疫总局颁布的 2005 年第 78 号令《地理标志产品保护规定》及 GB/T 17924《地理标志产品标准通用要求》制定。

本标准由承德市质量技术监督局提出。

本标准起草单位：兴隆县市场监督管理局、河北旅游职业学院、兴隆县林业局。

本标准主要起草人：张义勇、李艳萍、毕振良、陆凤勤、赵玉亮、马玉海、吴小仿、刘洋、魏立群、王小松、高殊萍、张玉凤、张晓静、王朝臣、艾江峰、张浩然、贾杰、郑威、武岳、马桂梅、刘学生、王浩、陈宏兴、王强、李舰航、张朋飞、夏文作、刘建军、白献武、张红艳、王凤珍、靳东岳、齐建成、何生龙、谢云峰、李绍民、李少杰、姜文彬、郭越、郝桂敏、杨秀会、刘雨婷、郝又敬、崔红莉、孙晓慧、王安冬、张凤艳。

2. 范围

本标准规定了兴隆山楂的术语和定义、地理标志产品保护范围、自然环境、生产技术、果实质量要求、检验方法、检验规则、标志、包装、运输和贮存。

本标准适用于国家质量监督检验检疫行政主管部门根据《地理标志产品保护规定》批准保护的兴隆山楂。

3. 规范性引用文件

下列文件对于本文件的应用是必不可少的。凡是注日期的引用文件，仅注日期的版本适用于本文件。凡是不注日期的引用文件，其最新版本（包括所有的修改单）适用于本文件。

GB/T 191　　　　包装储运图示标志

GB 3095　　　　环境空气质量标准

GB 5009.7　　　食品安全国家标准 食品中还原糖的测定

GB 5084　　　　农田灌溉水质标准

GB/T 12456　　　食品中总酸的测定

GB 15618　　　　土壤环境质量标准

DB1308/T 230　　雾灵紫肉山楂生产技术规程

4. 术语和定义

下列术语和定义适用于本文件。

4.1　兴隆山楂

在兴隆县行政区域范围内二十个乡镇中，符合地理环境，采用科学栽植方法，选用适合本地栽培的优良品种：燕瓤红、燕瓤青、雾灵红、雾灵紫肉、秋金星、大旺（参见附录 J），按照本标准生产出的具有兴隆山楂特点的山楂。

5. 地理标志产品保护范围

兴隆县行政区域内二十个乡镇，包括兴隆镇、南天门乡、半壁山镇、孤山子镇、八卦岭乡、挂兰峪镇、青松岭镇、陡子峪乡、六道河镇、上石洞乡、雾灵山镇、平安堡镇、北营房镇、李家营镇、大杖子镇、蘑菇峪乡、三道河镇、蓝旗营镇、安子岭乡、大水泉乡。

6. 自然环境

6.1 地理环境

兴隆县地处东经 117°12′～118°15′、北纬 40°12′～40°43′之间，属暖温带，半湿润向半干旱过渡的大陆性季风型山地气候。产地范围内海拔高度 150～1000 m。石质山区，地下蕴藏矿产资源丰富，适宜兴隆山楂的生长。

6.2 土壤

土壤类型主要为花岗岩、片麻岩风化而成的砾质棕壤和褐土，土壤 pH 值 5.5～7.5，土层厚度≥40 cm，有机质平均 1.5 %，并符合 GB 15618 的要求。

6.3 灌溉用水

水源无污染，水质符合 GB 5084 的要求。

6.4 空气

符合 GB 3095 的要求。

6.5 气候

年平均气温 6.5～10.3℃，极端最高气温 36.6℃，极端最低气温-29.1℃，≥10℃的年有效积温 3117.5℃，年平均降雨量 450～750 mm，无霜期 140～175 d，夏、秋季昼夜温差大于 12℃，年日照时数 2841.8 h，≥10℃年日照时数 1393.2 h，太阳辐射总量 133.373 kcal/ cm^2。七、八、九三个月光照充足。

7. 生产技术

参照 DB 1308/T 230 执行。

8. 果实质量要求

8.1 感官要求

果面深红色，鲜艳洁净，果肉粉红、粉白至青白色，酸甜适口。

8.2 理化指标

应符合表 8-24 的要求。

表 8-24　理化指标

品种	每千克果个数/个	总还原糖（以葡萄糖计）/（g/100 g）	总酸（以苹果酸计）/（g/100 g）
燕瓤红	≤100	≥4.8	≤2.3
燕瓤青	≤100	≥4.5	≤3.0
雾灵红	≤100	≥5.0	≤2.5
雾灵紫肉	≤145	≥2.5	≤2.5
秋金星	≤143	≥11.0	≤2.3
大旺	≤100	≥8.5	≤2.3

8.3　安全及其他质量技术要求

产品安全及其他质量技术要求应符合国家相关规定。

9.　检验方法

9.1　感官检验

目测、口尝。

9.2　每千克果个数的检验

随机取样三次，用感量 0.1 g 的天平称重，每次 1000.0 g，数出果实个数，计算三次个数平均值。

9.3　总还原糖的检验

按 GB 5009.7 执行。

9.4　总酸的检验

按 GB/T 12456 执行。

10.　检验规则

10.1　组批

同品种一次调运或出售的山楂为一批。

10.2　抽样

50 件以内的按实际重量的 3 %～5 %随机抽样；50～100 件的抽样 4 件；100 件以上的，以 100 件为基数，超出部分增抽 1 %。

10.3　判定规则

质量指标中有一项不合格，则判该批产品不合格。

11.　标志、包装、运输和贮存

11.1　标志

包装标志符合 GB/T 191 的规定。

11.2　包装

用坚固耐压的纸质或塑料果箱包装，内设洁净、干燥、柔软的衬垫物。果箱每件 5～10 kg。

不同品种的山楂要分别包装，不得混装。每个包装标明品名、净重、产地、包装日期等。

11.3 运输

在运输过程中不得与有害物质混放，并防止烈日曝晒、雨淋。长途运输应采取防冻保湿措施。

11.4 贮存

贮存山楂的场所应阴凉通风，注意防冻防晒，不得与有害物质混放。

附录 J　兴隆山楂主要品种（资料性附录）

J.1　燕瓢红

兴隆县主栽品种，广泛分布于县内各山楂产区。果实经济性状：果实大，倒卵圆形，平均单果重 8.8 g，最大单果重 11.8 g，平均纵径 2.57 cm、横径 2.64 cm，果梗长 1.28 cm，果皮深红色，果点中大，多而突出果面，果面手感粗糙，有光泽，有残毛，有少量果锈，果整齐，果形指数 0.567，果肉粉白色至粉红色，质细硬，致密，甜酸略淡，可食率 82.5%，种核 5 个，中大，果实极耐贮藏，可贮藏 200 天，果肉含糖 8.23 %，总酸 4.25 %，维生素 C 含量 91.52 mg/100 g，果胶 3.1%，品质上等。10 月上旬成熟。

J.2　燕瓢青

本品种树势强健，抗寒，产量高。果实经济性状：果实倒卵圆形、较大，平均单果重 8.3 g以上，果皮深红色，果点黄褐色，较大而密，显著突出，手感粗糙。果肉较粗糙，绿白色，味酸稍甜，品质中等，耐贮藏，果实 10 月上旬成熟。果实硬度大，适合做糖水罐头和串糖葫芦。

J.3　雾灵红

兴隆县于 1988 年选出，1990 年通过省级鉴定，被专家认定为国内山楂中综合性状最优的品种，2013 年审定命名"雾灵红"。果实经济性状：果实大、扁圆形，平均单果重 11.7 g，最大单果重 13.4 g，平均纵径 2.68 cm、横径 3.15 cm，果梗长 1.76 cm，果皮深橙红色，果点中大、黄褐色、少而散生突出果面，果面有蜡质和茸毛。果大小整齐，果形指数 0.823，果肉橙红色，质红、硬、致密，酸甜适口，可食率 82.6 %，种核 5 个，大、短卵圆形，果肉含糖 10.18 %，总酸 3.72 %，果酸 2.56 %，品质上等，9 月中旬成熟。

J.4　雾灵紫肉

兴隆县于 1990 年选出，2015 年完成审定，果实经济性状：果实扁圆形，平均单果重 7.41 g，果皮红紫色，有光泽，果肉紫红色，肉质细硬，风味甜酸。可食率 81.2 %，贮藏期可达 240 天。每百克鲜果可食部分含可溶性糖 9.04 g、维生素 C 91.5 mg。果实成熟期 10 月中旬。果实含红色素量极高，是珍贵的加工原料和宝贵的育种资源。

J.5 秋金星

原产辽宁，1986 年引入兴隆县。果实经济性状：果实小、近方近圆，百果重 720 g，最大单果重 9.7 g，平均纵径 2.13 cm、横径 2.32 cm，果梗长 1.4 cm，果皮鲜红色，果点大，分布均匀，中等显著，稍突出果面，灰黄色，果面平滑有光泽，有一层薄果粉，果整齐，果形指数 0.81，果肉粉白红，质细硬，酸甜适口，生食最佳，可食率 80 %，种核 4~5 个，小、卵圆形，维生素 C 含量 60.93 mg/100 g，总黄酮 0.64 %，是鲜食、加工兼用型品种，9 月中下旬成熟。

J.6 大旺

原产地吉林，该品种树势强，树姿半开张。萌芽率高，可抽生长枝 3~4 个。果枝长势较强，中、长枝结果为主，占总枝量的 70 %；果枝连续结果能力强。定植后 3 年开始结果，丰产性好，适应性强。果实经济性状：长卵圆形，平均单果重 11 g，果皮深红色，平滑光洁，果肉粉白至粉红，肉质细，较松软，甜酸适口，可食率 80.1 %；贮藏期 90 天。每百克鲜果可食部分含可溶性糖 9.4 g、维生素 C 66.69 mg、氨基酸 11.25 mg、矿质元素 90.61 mg。9 月上旬成熟。

十三、DB12/T 758.8—2020 低温物流保鲜技术规程 第 8 部分：鲜山楂

1. 标准前言

本标准是天津市地方标准，由天津市质量技术监督委员会于 2020 年 12 月 17 日发布，2021 年 01 月 16 日实施，截至本书出版前标准有效。

本标准由天津市农业农村委员会提出并归口。

本标准起草单位：天津市林业果树研究所、国家农产品保鲜工程技术研究中心（天津）、天津科技大学、天津商业大学、浙江大学、浙江科技学院。

本标准主要起草人：纪海鹏、朱志强、董成虎、于晋泽、张娜、阎瑞香、陈存坤、关文强、刘斌、班兆军、李莉、集贤、高元惠、贾凝。

本部分为 DB12/T 758 的第 8 部分。

本部分按照 GB/T 1.1—2009《标准化工作导则 第 1 部分：标准的结构和编写》给出的规则起草。

2. 范围

本标准规定了在低温物流保鲜条件下，鲜山楂的质量、采收、分级、包装、预冷、保鲜处理、贮藏、运输等技术要求。

本标准适用于鲜山楂的低温物流保鲜。

3. 规范性引用文件

下列文件对于本文件的应用是必不可少的。凡是注日期的引用文件，仅注日期的版本适用于本文件。凡是不注日期的引用文件，其最新版本（包括所有的修改单）适用于本文件。

GB 2762   食品安全国家标准 食品中污染物限量

GB 2763   食品安全国家标准 食品中农药最大残留限量

GB 4285   农药安全使用标准

GB/T 8321.9 农药合理使用准则

GB/T 8855   新鲜水果和蔬菜 取样方法

GB/T 24616 冷藏食品物流包装、标志、运输和储存

NY/T 496   肥料合理使用准则通则

DB12/T 561 果蔬冷链物流操作规程

4. 质量要求

4.1 基本要求

贮藏鲜山楂具有该品种固有的色泽和形状，果实质量等级指标见表 8-25。

表 8-25 果实质量等级指标

项目	特级	Ⅰ级	Ⅱ级
基本要求	同一等级果实大小均匀，新鲜洁净，色泽全红，无褐变、异味、苦味、机械伤、冻伤		
单果重/g	≥10	≥8，<10	≥6，<8
碰压伤果率/%	<3	<5	<8
病虫果率/%	<1	<3	<5
锈斑超过果面 1/4 果率	无	<3%	

4.2 种植要求

低温物流保鲜用山楂果实的种植要符合 GB/T 8321.9 和 NY/T 496 的要求。

4.3 污染物及农药残留限量

贮藏用鲜山楂果实应符合 GB 2762 的规定，农药最高残留限量应符合 GB 2763 的规定。

5. 采收要求

5.1 采收时间

采收时间一般在 9 月中旬，八至九成熟时采收，果面出现果粉和蜡质、果点明显、果实种子基本变褐、果柄处离层。采收时，选择晴朗天采收。

5.2 采收方式

人工采收，保留果柄，避免造成机械伤。采摘后装入带有内衬缓冲材料的周转筐或柳条筐。

6. 分级

根据表 8-25 要求等级进行分级,并去除病、伤、残等果实。

7. 包装

包装箱一般分为周转筐和柳条筐,其中周转筐规格可参考普遍果品包装规格,装量 5～10 kg 左右为宜。包装用保鲜膜、周转筐等材料要符合 DB12/T 561 要求,保鲜膜推荐使用 0.015～0.02 mm PE 保鲜膜。柳条筐装量在 40～50 kg,内衬缓冲物。

8. 预冷

8.1 库房准备

冷库使用前,采用符合质量安全标准的消毒剂进行消毒处理,推荐使用的消毒剂见表 8-26。果实入库前 1～2 d 开启冷库制冷机降温,使库温稳定在 0℃±0.5℃。

表 8-26 推荐使用的库房消毒剂

名称	剂量
固体含氯杀菌剂	按说明书操作
过氧乙酸	0.2%～0.5%
臭氧	6～10 μL/L,60 min

8.2 入库预冷

周转筐包装的山楂应进行冷库预冷,打开保鲜袋口,当果实品温达到-1～0℃时,预冷结束,预冷时间应小于 12 h。

9. 保鲜处理

预冷后,可采用符合国家相关安全要求的果蔬防腐保鲜烟熏剂熏蒸处理,或在包装袋内放入 1-甲基环丙烯保鲜剂,或放入乙烯脱除剂。

10. 贮藏

10.1 贮藏温度

10.1.1 山楂贮藏期间,冷库温度控制在 0℃±0.5℃范围内。

10.1.2 库内温度计用分度值为 0.1℃的水银温度计。

10.2 贮藏湿度

山楂适宜贮藏相对湿度为 85%～95%。

10.3 贮藏气体浓度

贮藏期间,采用周转筐内衬 PE 保鲜膜的需要注意包装袋内气体浓度,一般贮藏前期(10～11 月)O_2 5%～10%、CO_2 7%～10%,贮藏后期(翌年 2～3 月)O_2 10%～15%、CO_2

1%～3%。

10.4 贮藏期限

在确保上述各项技术条件的情况下，山楂一般贮藏期为4～6个月。

10.5 贮藏管理

定期检查，发现有腐烂、果实软化情况之一者应及时剔除。若不符合上述技术条件，应根据贮藏质量，及时处理或销售。

11. 运输

11.1 运输方式

山楂运输工具及作业规范应符合GB/T 24616；短途运输（500 km以内）可采用保温运输，温度控制在5～8℃；长途运输（500 km以上），应采用冷藏车，以0～1℃为宜。

11.2 运输注意事项

11.2.1 装运工具应清洁、干燥，不能与有毒、有害物品混装混运。

11.2.2 运输过程中应监测温度变化。

11.2.3 运输应适量装载，轻装轻卸，快装快运。

十四、LY/T 3208—2020 植物新品种特异性、一致性、稳定性测试指南　山楂属

1. 标准前言

本标准是中华人民共和国林业行业标准。本标准由国家林业和草原局于2020年03月30日发布，2020年10月01日实施，截至本书出版前标准有效。

本标准由国家林业和草原局归口。

本标准负责起草单位：北京林业大学

本标准主要起草人：吕英民　马苏力娅　董文轩　赵玉辉　张锐　黄闪闪

本标准对应于UPOV指南TG/239/1，与TG/239/1的一致性程度为非等效。

本标准与UPOV指南TG/239/1相比存在技术性差异，主要差异如下：

——增加了"一年生枝：节间长度""一年生枝：颜色""叶片：形状""叶片：上表面主色""花：每花序小花数""花：花瓣轮数（重瓣花）""花：花瓣复色""花：花瓣褶皱""花：花药颜色""果实：每花序坐果数""果实：果肉质地""果实：果肉风味""果实：果点颜色""果实：萼片姿态""果实：萼片形状"和"种核：硬度"等16个性状。

——调整了"植株：主干数""植株：主枝伸展姿态""植株：冠形""叶片：叶缘锯齿""叶片：复色""果实：果皮颜色""果实：形状""果实：梗基形状"和"果实：果肉主色"等 9 个性状。

——删除了"叶片：叶密度""枝条：枝刺数量""枝条：枝刺的长度""枝条：长度""花：花萼长度""花：花药形状""花：花丝基部颜色""花：花瓣姿态""果实：表面纹理""果实：香味"和"果实：萼洼深度"等 11 个性状。

本标准按照 GB/T 1.1—2009 给出的规则起草。

请注意本标准的某些内容可能涉及专利。本文件的发布机构不承担识别这些专利的责任。

2. 范围

本标准规定了蔷薇科山楂属（*Crataegus* L.）植物新品种特异性、一致性、稳定性测试技术要求。

本标准适用于所有山楂属植物新品种的测试。

3. 规范性引用文件

下列文件对于本文件的应用是必不可少的。凡是注日期的引用文件，仅所注日期的版本适用于本文件。凡是不注日期的引用文件，其最新版本（包括所有的修改单）适用于本文件。

GB/T 19557.1—2004 植物新品种特异性、一致性和稳定性测试指南　总则

4. 术语和定义

GB/T 19557.1—2004 中确立的术语和定义适用于本文件。

5. DUS 测试技术要求

5.1　测试材料

5.1.1　申请人按规定时间、地点提交符合数量和质量要求的测试品种植物材料。从非测试地国家或地区提交的材料，申请人应按照进出境和运输的相关规定提供海关、植物检疫等相关文件。

5.1.2　测试材料应是通过无性繁殖 2 年以上的植株，嫁接苗需注明砧木。

5.1.3　提交的测试材料数量不应少于 10 株。

5.1.4　提交的测试材料应健壮，无病虫害感染，无病毒感染。

5.1.5　除审批机构允许或者要求对测试材料进行处理外，提交的测试材料不应进行任何影响品种性状正常表达的处理。如果已处理，应提供处理的详细信息。

5.1.6　申请人应在申请时提交技术问卷。

5.2 测试方法

5.2.1 测试周期

在符合测试条件的情况下，至少测试两个生长周期。

5.2.2 测试地点

测试应在指定的测试机构进行。

5.2.3 测试条件

测试应在测试材料相关性状能够完整表达的条件下进行，所选取的测试材料至少应在测试地点定植一年。

5.2.4 测试设计

5.2.4.1 测试材料与标准品种和相似品种应种植在相同地点和环境条件下。

5.2.4.2 如果测试需要提取植株某些部位作为样品时，样品采集不得影响测试植株整个生长周期的观测。

5.2.4.3 申请品种与标准品种和相似品种应用的繁育方式与管理方式应一致；嫁接繁殖时，砧木及管理方式应一致。

5.2.4.4 除特别声明，所有的观测应针对至少9株植株或取自至少9株植株的相同部位上的材料进行。

5.2.4.5 除非另有说明，个体观测性状（VS、MS）植株取样数量不少于9株。在观测植株的器官或部位时，每个植株的取样数量不少于2个。群体观测性状（VG、MG）应观测整个小区或规定大小的混合样本。

5.2.5 同类性状的测试方法

5.2.5.1 植株：除特殊说明外，应在春季展叶后进行测试。

5.2.5.2 一年生枝条：除特殊说明外，应在落叶后至萌芽前选取测试植株中部树冠外围向阳面的一年生枝条进行测试。

5.2.5.3 叶：除特殊说明外，应在夏季选择树体外围当年生营养枝中段的成熟叶进行测试。

5.2.5.4 花：除特殊说明外，应在进入盛花期后，选取测试植株中部树冠外围向阳面的中部枝条的花序（花序中小花形态健全，当日开放）进行测试。

5.2.5.5 果实：除特殊说明外，应在果实完全成熟时，选取测试植株中部树冠外围向阳面中部结果枝的果实进行测试。

5.2.5.6 种核：除特殊说明外，应在果实完全成熟时，选取测试植株中部树冠外围向阳面中部结果枝的果实种核进行测试。

5.2.6 色彩性状特征的观测评价

色彩特征的观测以英国皇家园艺协会（RHS）出版的比色卡（RHS colour Chart）为标准。

5.2.7 个别性状的测试方法

5.2.7.1 植株株高（表8-27中序号3）：矮（<2 m）、中（2～5 m）、高（>5 m）。

5.2.7.2 每花序小花数（表8-27中序号23）：极少（花序小花数<5 朵）、少（花序小花数5～15 朵）、中（花序小花数16～25 朵）、多（花序小花数26～35 朵）、极多（花序小花数>35 朵）。

5.2.7.3 花径（表8-27中序号27）：小（花径<1.5 cm）、中（花径1.5～3.0 cm）、大（花径>3.0 cm）。

5.2.7.4 花序坐果数（表8-27中序号33）：少（每花序坐果数<5 个）、中（每花序坐果数5～10 个）、多（每花序坐果数>10 个）。

5.2.8 附加测试

通过自然授粉或人工授粉获得的杂交新品种，如果稳定性测试存在疑问，应附加对其亲本的特异性、一致性和稳定性测试。

6. 特异性、一致性和稳定性评价

6.1 特异性

如果性状的差异满足差异恒定和差异显著，视为具有特异性。

6.1.1 差异恒定

如果待测品种与相似品种间差异非常显著，只需要一个生长周期的测试。在某些情况下因环境因素的影响，使待测品种与相似品种间差异不显著时，则至少需要两个生长周期的测试。

6.1.2 差异显著

6.1.2.1 质量性状的特异性评价

测试品种与相似品种只要有一个性状有差异，则可判定该品种具备特异性。

6.1.2.2 数量性状的特异性评价

测试品种与相似品种至少有一个性状的两个不连续代码的差异，则可判定该品种具备特异性。

6.1.2.3 假质量性状的特异性评价

测试品种与相似品种至少有一个性状有差异，或者一个性状的两个不连续代码的差异，则可判定该品种具备特异性。

6.2 一致性

一致性判断采用异型株法，根据1%群体标准和95%可靠性概率，10株观测植株中异型株的最大允许值为1。

6.3 稳定性

如果待测品种符合特异性和一致性要求，则可认为该品种具备稳定性。

特殊情况或存在疑问时，需要通过再次测试一个生长周期，或者由申请人提供新的测试材料，测试其是否与先前提供的测试材料表达出相同的特征。

7. 品种分组

7.1 品种分组说明

依据分组性状确定待测品种的分组情况，并选择相似品种，使其包含在特异性的生长测试中。

7.2 分组性状

7.2.1 植株：主干数（表 8-27 中性状 1）。

7.2.2 植株：主枝伸展姿态（表 8-27 中性状 2）。

7.2.3 叶片：叶裂（表 8-27 中性状 13）。

7.2.4 花：类型（表 8-27 中性状 24）。

7.2.5 花：花瓣主色（表 8-27 中性状 29）。

7.2.6 果实：果皮颜色（表 8-27 中性状 38）。

8. 性状类型和相关符号说明

8.1 性状类型

8.1.1 星号性状（见表 8-27 中标注为 "*" 的性状）：是指新品种审查时为协调统一特征描述而采用的重要性状，进行 DUS 测试时应对所有 '星号性状' 进行测试。

8.1.2 加号性状（见表 8-27 中标注为 "+" 的性状）：是指对表 8-27 中附加了图解说明的性状（K.2）。

8.2 性状表达状态及代码

表 8-27 中性状及特征描述明确给出了每个性状表达状态的标准定义，为便于对性状表达状态进行描述并分析比较，每个表达状态都赋予一个对应的数字代码。

8.3 表达类型

GB/T 19557.1—2004 提供的性状表达类型：质量性状（QL）、数量性状（QN）和假质量性状（PQ）。

8.4 标准品种

用于准确、形象地演示某一性状（特别是数量性状）表达状态的品种。

8.5 符号说明

附录 K 表 8-27 中出现的符号说明如下：

(*)：星号特征，见 8.1.1;

(+)：加号特征，见 8.1.2;

QL：质量特征，见 8.3；

QN：数量特征，见 8.3；

PQ：假性质量特征，见 8.3；

MG：针对一组植株或植株部位进行单次测量得到单个记录；

MS：针对一定数量的植株或植株部位分别进行测量得到多个记录；

VG：针对一组植株或植株部位进行单次目测得到单个记录；

VS：针对一定数量的植株或植株部位分别进行目测得到多个记录；

(a) 测试方法见 5.2.5.1；

(b) 测试方法见 5.2.5.2；

(c) 测试方法见 5.2.5.3；

(d) 测试方法见 5.2.5.4；

(e) 测试方法见 5.2.5.5；

(f) 测试方法见 5.2.5.6；

(g) 测试方法见 5.2.7.1；

(h) 测试方法见 5.2.7.2；

(i) 测试方法见 5.2.7.3；

(j) 测试方法见 5.2.7.4。

附录 K 品种性状特征（规范性附录）

K.1 品种性状特征见表 8-27。

表 8-27 性状特征表

序号及性质	测试方法	性状特征	性状特征描述	标准品种		代码
				中文名	学名	
1 (*) (+) QL	(a) VG 图 8-19	植株：主干数	一个 多个	辽红 ——	*C. pinnatifida* var. *major* 'Liaohong' *C. monogyana* 'Compacta'	1 9
2 (*) (+) PQ	(a) VG 图 8-20	植株：主枝伸展姿态	近直立 斜上伸展 开展 下垂	伏里红 辽红 费县大绵球 ——	*C. brettschnederi* 'Fuliong' *C. pinnatifida* var. *major* 'Liaohong' *C. pinnatifida* var. *major* 'Feixiandamianqiu' *C. monogyana* 'Pendula'	1 2 3 4
3 QN	(g) VG/MS	植株：高度	矮 中 高	开原软籽 辽红 鸡油云楂	*C. pinnatifida* 'Kaiyuanruanzi' *C. pinnatifida* var. *major* 'Liaohong' *C. scabrifolia* 'Jiyouyunzha'	3 5 7
4 (+) PQ	(a) VG 图 8-21	植株：冠形	卵形 圆形 椭圆形 扁圆形 倒卵形	绛县山楂 —— 左伏 1 号 费县大绵球 磨盘山楂	*C. pinnatifida* var. *major* 'Jiangxianshanzha' —— *C. brettschnederi* 'Zuofu-1' *C. pinnatifida* var. *major* 'Feixiandamianqiu' *C. pinnatifida* var. *major* 'Mopanshanzha'	1 2 3 4 5

| 序号及性质 | 测试方法 | 性状特征 | 性状特征描述 | 标准品种 | | 代码 |
				中文名	学名	
5 (*) QL	(a) VG	植株：枝刺	无 有	辽红 益都小黄	*C. pinnatifida* var. *major* 'Liaohong' *C. pinnatifida* var. *major* 'Yiduxiaohuang'	1 9
6 QN	(b) VG	一年生枝：节间长度	短 中 长	粉里 辽红 磨盘山楂	*C. pinnatifida* var. *major* 'Fenli' *C. pinnatifida* var. *major* 'Liaohong' *C. pinnatifida* var. *major* 'Mopanshanzha'	1 3 5
7 PQ	(b) VG	一年生枝：颜色	灰白 黄褐 紫褐	寒丰 费县大绵球 磨盘山楂	*C. pinnatifida* var. *major* 'Hanfeng' *C. pinnatifida* var. *major* 'Feixiandamianqiu' *C. pinnatifida* var. *major* 'Mopanshanzha'	1 2 3
8 QL	(b) VG	一年生枝：之字形	否 是	辽红 彰武山里红	*C. pinnatifida* var. *major* 'Liaohong' *C. pinnatifida* 'Zhangwushanlihong'	1 9
9 QN	(c) VG/MS	叶片：长度	短 中 长	红保罗 辽红 蒙阴大金星	*C. laevigata* 'Paul's Scarlet' *C. pinnatifida* var. *major* 'Liaohong' *C. pinnatifida* var. *major* 'Mengyindajinxing'	3 5 7
10 QN	(c) VG/MS	叶片：宽度	窄 中 宽	红保罗 辽红 蒙阴大金星	*C. laevigata* 'Paul's Scarlet' *C. pinnatifida* var. *major* 'Liaohong' *C. pinnatifida* var. *major* 'Mengyindajinxing'	3 5 7
11 (*) QN	(c) VG/MS	叶片：长宽比	小 中 大	红保罗 辽红 鸡油云楂	*C. laevigata* 'Paul's Scarlet' *C. pinnatifida* var. *major* 'Liaohong' *C. scabrifolia* 'Jiyouyunzha'	3 5 7
12 (*)(+) PQ	(c) VG 图8-22	叶片：形状	三角状卵形 卵形 广卵形 菱状卵形 长椭圆形 倒卵形 楔状卵形	灯笼红 辽红 大旺 雾灵红 鸡油云楂 — —	*C. pinnatifida* var. *major* 'Denglonghong' *C. pinnatifida* var. *major* 'Liaohong' *C. pinnatifida* var. *major* 'Dawang' *C. pinnatifida* var. *major* 'Wulinghong' *C. scabrifolia* 'Jiyouyunzha' — —	1 2 3 4 5 6 7
13 (*) QL	(c) VG	叶片：叶裂	无 有	鸡油云楂 辽红	*C. scabrifolia* 'Jiyouyunzha' *C. pinnatifida* var. *major* 'Liaohong'	1 9
14 (*) QN	(c) VG	叶片：叶裂深度	浅裂 中裂 深裂	费县大绵球 辽红 秋金星	*C. pinnatifida* var. *major* 'Feixiandamianqiu' *C. pinnatifida* var. *major* 'Liaohong' *C. pinnatifida* var. *major* 'Qiujinxing'	3 5 7
15 QN	(c) VG	叶片：光泽	无或弱 中 强	伏里红 辽红 费县大绵球	*C. brettschnederi* 'Fuliong' *C. pinnatifida* var. *major* 'Liaohong' *C. pinnatifida* var. *major* 'Feixiandamianqiu'	1 3 5
16 QL	(c) VG	叶片：复色	无 有	辽红 ——	*C. pinnatifida* var. *major* 'Liaohong' —	1 9
17 PQ	(c) VG	叶片：上表面主色	浅绿 中绿 深绿 黄绿 黄 紫红	费县大绵球 辽红 伏里红 — — —	*C. pinnatifida* var. *major* 'Feixiandamianqiu' *C. pinnatifida* var. *major* 'Liaohong' *C. brettschnederi* 'Fuliong' — — —	1 2 3 4 5 6

序号及性质	测试方法	性状特征	性状特征描述	标准品种		代码
				中文名	学名	
18 QL	(c) VG	叶片：上表面光滑程度	光滑 褶皱	辽红 —	*C. pinnatifida* var. *major* 'Liaohong' —	1 9
19 QL	(c) VG	叶片：上表面绒毛	无或近无 有	辽红 —	*C. pinnatifida* var. *major* 'Liaohong' —	1 9
20 (+) QL	(c) VG 图8-23	叶片：叶缘锯齿	钝齿 粗锯齿 细锯齿 重锯齿	红保罗 辽红 安泽大果 湖北1号	*C. laevigata* 'Paul's Scarlet' *C. pinnatifida* var. *major* 'Liaohong' *C. pinnatifida* var. *major* 'Anzedaguo' *C. hupehensis* 'Hubei-1'	1 2 3 4
21 QN	(c) VG	叶片：幼叶花青苷着色	无或弱 中 强	辽红 — 费县大绵球	*C. pinnatifida* var. *major* 'Liaohong' — *C. pinnatifida* var. *major* 'Feixiandamianqiu'	1 2 3
22 (*) QN	(c) VG/MS	叶片：叶柄长度	短 中 长	吉伏2号 秋金星 蒙阴大金星	*C. brettschnederi* 'Jifu-2' *C. pinnatifida* var. *major* 'Qiujinxing' *C. pinnatifida* var. *major* 'Mengyindajinxing'	1 3 5
23 QN	(h) VG	花：每花序小花数	极少 少 中 多 极多	— 山西田生 辽红 开原软籽 —	— *C. pinnatifida* var. *major* 'Shanxitiansheng' *C. pinnatifida* var. *major* 'Liaohong' *C. pinnatifida* 'Kaiyuanruanzi' —	1 3 5 7 9
24 (*)(+) QL	(d) VG 图8-24	花：类型	单瓣 重瓣	辽红 红保罗	*C. pinnatifida* var. *major* 'Liaohong' *C. laevigata* 'Paul's Scarlet'	1 9
25 (+) QN	(d) VG 图8-25	花：花瓣相对位置（单瓣花）	相离 相切 相交	辽红 伏里红 —	*C. pinnatifida* var. *major* 'Liaohong' *C. brettschnederi* 'Fuliong' —	1 2 3
26 QN	(d) VG	花：花瓣轮数（重瓣花）	少 中 多	— 红保罗 —	— *C. laevigata* 'Paul's Scarlet' —	1 2 3
27 QN	(i) VG/MS	花：小花花径	小 中 大	开原软籽 辽红 磨盘山楂	*C. pinnatifida* 'Kaiyuanruanzi' *C. pinnatifida* var. *major* 'Liaohong' *C. pinnatifida* var. *major* 'Mopanshanzha'	1 3 5
28 QL	(d) VG	花：花瓣复色	否 是	辽红 —	*C. pinnatifida* var. *major* 'Liaohong' —	1 9
29 (*) PQ	(d) VG	花：花瓣主色	白 浅粉 中粉 深粉 红	辽红 托巴 — — 红保罗	*C. pinnatifida* var. *major* 'Liaohong' *Crataegus* × *mordenensis* 'Toba' *C. laevigata* 'Rosea Flore Pleno' — *C. laevigata* 'Paul's Scarlet'	1 2 3 4 5
30 QL	(d) VG	花：花瓣褶皱	否 是	辽红 —	*C. pinnatifida* var. *major* 'Liaohong' —	1 2
31 PQ	(d) VG	花：花药颜色	白 黄 粉红 紫红	彰武山里红 灯笼红 辽红 秋金星	*C. pinnatifida* 'Zhangwushanlihong' *C. pinnatifida* var. *major* 'Denglonghong' *C. pinnatifida* var. *major* 'Liaohong' *C. pinnatifida* var. *major* 'Qiujinxing'	1 2 3 4

序号及性质	测试方法	性状特征	性状特征描述	标准品种		代码
				中文名	学名	
32 (*) PQ	(d) VG	花: 小花梗长度	短 中 长	蒙阴大金星 辽红 秋金星	*C. pinnatifida* var. *major* 'Mengyindajinxing' *C. pinnatifida* var. *major* 'Liaohong' *C. pinnatifida* var. *major* 'Qiujinxing'	1 3 5
33 QN	(j) VG/MS	果实: 每花序坐果数	少 中 多	— 辽红 湖北 2 号	— *C. pinnatifida* var. *major* 'Liaohong' *C. hupehensis* 'Hubei-2'	1 3 5
34 QN	(e) VG/MS	果实: 横径	短 中 长	开原软籽 辽红 益都敞口	*C. pinnatifida* 'Kaiyuanruanzi' *C. pinnatifida* var. *major* 'Liaohong' *C. pinnatifida* var. *major* 'Yiduchangkou'	1 3 5
35 QN	(e) VG/MS	果实: 纵径	短 中 长	湖北 2 号 辽红 蒙阴大金星	*C. hupehensis* 'Hubei-2' *C. pinnatifida* var. *major* 'Liaohong' *C. pinnatifida* var. *major* 'Mengyindajinxing'	1 3 5
36 (*) QN	(e) VG/MS	果实: 纵横比	小 中 大	费县大绵球 辽红 法库实生	*C. pinnatifida* var. *major* 'Feixiandamianqiu' *C. pinnatifida* var. *major* 'Liaohong' *C. pinnatifida* 'Fakushisheng'	3 5 7
37 (+) PQ	(e) MS/VG 图 8-26	果实: 形状	卵形 近圆形 椭圆形 扁圆形 倒卵形	大旺 金星 法库实生 益都敞口 寒露红	*C. pinnatifida* var. *major* 'Dawang' *C. pinnatifida* var. *major* 'Jinxing' *C. pinnatifida* 'Fakushisheng' *C. pinnatifida* var. *major* 'Yiduchangkou' *C. pinnatifida* var. *major* 'Hanluhong'	1 2 3 4 5
38 (*) PQ	(e) VG	果实: 果皮颜色	绿 黄 橙 红 深红 紫 黑	— 黄果 费县大绵球 辽红 — — 黑果绿肉	— *C. pinnatifida* var. *major* 'Huangguo' *C. pinnatifida* var. *major* 'Feixiandamianqiu' *C. pinnatifida* var. *major* 'Liaohong' *C. chlorosarca* 'Heiguolvrou'	1 2 3 4 5 6 7
39 PQ	(e) VG	果实: 果肉主色	绿 白 黄 橙 粉 红 紫	黑果绿肉 大白果 小黄面楂 — 辽红 秋金星 兴隆紫肉	*C. chlorosarca* 'Heiguolvrou' *C. scabrifolia* 'Dabaiguo' *C. pinnatifida* var. *major* 'Xiaohuangmianzha' — *C. pinnatifida* var. *major* 'Liaohong' *C. pinnatifida* var. *major* 'Qiujinxing' *C. pinnatifida* var. *major* 'Xinglongzirou'	1 2 3 4 5 6 7
40 PQ	(e) VG	果实: 果肉质地	面 软 半硬 硬	小黄面楂 湖北 1 号 辽红 甜香玉	*C. pinnatifida* var. *major* 'Xiaohuangmianzha' *C. hupehensis* 'Hubei-1' *C. pinnatifida* var. *major* 'Liaohong' *C. pinnatifida* var. *major* 'Tianxiangyu'	1 2 3 4
41 PQ	(e) VG	果实: 果肉风味	甜 酸甜 酸 苦	湖北 1 号 秋金星 磨盘山楂 丰收红	*C. hupehensis* 'Hubei-1' *C. pinnatifida* var. *major* 'Qiujinxing' *C. pinnatifida* var. *major* 'Mopanshanzha' *C. pinnatifida* var. *major* 'Fengshouhong'	1 2 3 4
42 (*) QL	(e) VG	果实: 果面光泽	无或近无 有	— 秋金星	— *C. pinnatifida* var. *major* 'Qiujinxing'	1 9

序号及性质	测试方法	性状特征	性状特征描述	标准品种 中文名	标准品种 学名	代码
43 (*) QN	(e) VG	果实: 果点密度	无或近无 疏 中 密	红保罗 辽红 蒙阴大金星 冯水山楂	*C. laevigata* 'Paul's Scarlet' *C. pinnatifida* var. *major* 'Liaohong' *C. pinnatifida* var. *major* 'Mengyindajinxing' *C. pinnatifida* var. *major* 'Fengshuishanzha'	1 3 5 7
44 PQ	(e) VG	果实: 果点颜色	灰白 金黄 黄褐	伏里红 辽红 蒙阴大金星	*C. brettschnederi* 'Fuliong' *C. pinnatifida* var. *major* 'Liaohong' *C. pinnatifida* var. *major* 'Mengyindajinxing'	1 2 3
45 (+) QN	(e) VG 图 8-27	果实: 梗基形状	平滑 一侧瘤起 肉质膨大	湖北 1 号 歪把红 平邑伏红子	*C. hupehensis* 'Hubei-1' *C. pinnatifida* var. *major* 'Waibahong' *C. pinnatifida* var. *major* 'Pingyifuhongzi'	1 2 3
46 (+) QL	(e) VG 图 8-28	果实: 萼洼	闭 开	秋金星 益都敞口	*C. pinnatifida* var. *major* 'Qiujinxing' *C. pinnatifida* var. *major* 'Yiduchangkou'	1 9
47 (+) QN	(e) VG 图 8-29	果实: 萼片姿态	开张直立 开张平展 开张反卷 聚合 聚合萼尖反卷	粉色 湖北 1 号 辽红 秋金星 徐州大货	*C. pinnatifida* var. *major* 'Fense' *C. hupehensis* 'Hubei-1' *C. pinnatifida* var. *major* 'Liaohong' *C. pinnatifida* var. *major* 'Qiujinxing' *C. pinnatifida* var. *major* 'Xuzhoudahuo'	1 2 3 4 5
48 (+) PQ	(e) VG 图 8-30	果实: 萼片形状	三角形 披针形 舌形	湖北 1 号 开原软籽 大白果	*C. hupehensis* 'Hubei-1' *C. pinnatifida* 'Kaiyuanruanzi' *C. scabrifolia* 'Dabaiguo'	1 2 3
49 QN	(f) MS/MG	种核: 长度	短 中 长	开原软籽 辽红 蒙阴大金星	*C. pinnatifida* 'Kaiyuanruanzi' *C. pinnatifida* var. *major* 'Liaohong' *C. pinnatifida* var. *major* 'Mengyindajinxing'	1 3 5
50 QN	(f) MS/MG	种核: 宽度	窄 中 宽	开原软籽 辽红 费县大绵球	*C. pinnatifida* 'Kaiyuanruanzi' *C. pinnatifida* var. *major* 'Liaohong' *C. pinnatifida* var. *major* 'Feixiandamianqiu'	1 3 5
51 (*) QN	(f) MS/MG	种核: 长宽比	小 中 大	徐州大货 辽红 湖北 1 号	*C. pinnatifida* var. *major* 'Xuzhoudahuo' *C. pinnatifida* var. *major* 'Liaohong' *C. hupehensis* 'Hubei-1'	3 5 7
52 QN	(f) MS/MG	种核: 数量	少 中 多	— 红保罗 辽红	*C. monogyna* 'Compacta' *C. laevigata* 'Paul's Scarlet' *C. pinnatifida* var. *major* 'Liaohong'	1 2 3
53 QN	(f) VG	种核: 硬度	软 中 硬	开原软籽 — 辽红	*C. pinnatifida* 'Kaiyuanruanzi' — *C. pinnatifida* var. *major* 'Liaohong'	1 2 3
54 QN	VG/MG	花期	极早 早 中 晚 极晚	— 伏里红 辽红 东陵青口 —	— *C. brettschnederi* 'Fuliong' *C. pinnatifida* var. *major* 'Liaohong' *C. pinnatifida* var. *major* 'Donglingqingkou' —	1 3 5 7 9

序号及性质	测试方法	性状特征	性状特征描述	标准品种		代码
				中文名	学名	
55 QN	VG/MG	果实成熟期	极早	—	—	1
			早	伏里红	*C. brettschnederi* 'Fuliong'	3
			中	秋金星	*C. pinnatifida* var. *major* 'Qiujinxing'	5
			晚	辽红	*C. pinnatifida* var. *major* 'Liaohong'	7
			极晚	蒙阴大金星	*C. pinnatifida* var. *major* 'Mengyindajinxing'	9

K.2 性状特征表图解

K.2.1 表 8-27 中序号 1 性状（植株：主干数）图解见图 8-19。

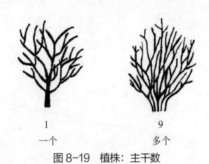

图 8-19 植株：主干数

K.2.2 表 8-27 中序号 2 性状（植株：主枝伸展姿态）图解见图 8-20。

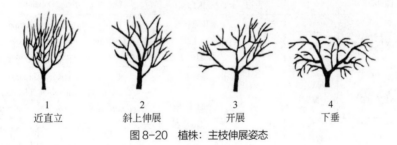

图 8-20 植株：主枝伸展姿态

K.2.3 表 8-27 中序号 4 性状（植株：冠形）图解见图 8-21。

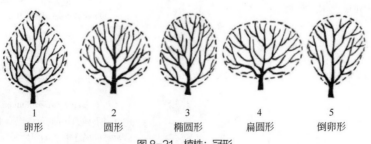

图 8-21 植株：冠形

K.2.4 表 8-27 中序号 12 性状（叶片：形状）图解见图 8-22。

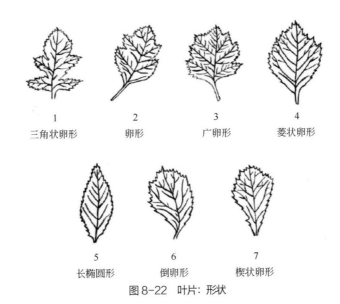

图 8-22　叶片：形状

1	2	3	4
三角状卵形	卵形	广卵形	菱状卵形
5	6	7	
长椭圆形	倒卵形	楔状卵形	

K.2.5 表 8-27 中序号 20 性状（叶片：叶缘锯齿）图解见图 8-23。

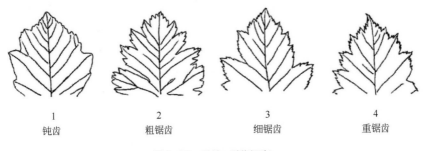

图 8-23　叶片：叶缘锯齿

1	2	3	4
钝齿	粗锯齿	细锯齿	重锯齿

K.2.6 表 8-27 中序号 24 性状（花：类型）图解见图 8-24。

K.2.7 表 8-27 中序号 25 性状[花：花瓣相对位置（单瓣花）]图解见图 8-25。

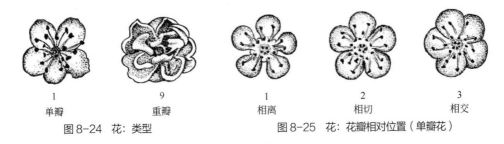

图 8-24　花：类型　　　　　图 8-25　花：花瓣相对位置（单瓣花）

1	9	1	2	3
单瓣	重瓣	相离	相切	相交

K.2.8 表 8-27 中序号 37 性状（果实：形状）图解见图 8-26。

1	2	3	4	5
卵形	近圆形	椭圆形	扁圆形	倒卵形

图 8-26　果实：形状

K.2.9　表 8-27 中序号 45 性状（果实：梗基形状）图解见图 8-27。

K.2.10　表 8-27 中序号 46 性状（果实：萼洼）图解见图 8-28。

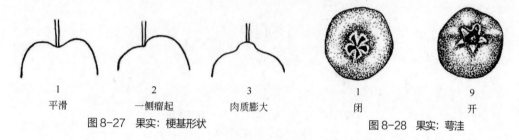

1	2	3
平滑	一侧瘤起	肉质膨大

图 8-27　果实：梗基形状

1	9
闭	开

图 8-28　果实：萼洼

K.2.11　表 8-27 中序号 47 性状（果实：萼片姿态）图解见图 8-29。

1	2	3	4	5
开张直立	开张平展	开张反卷	聚合	聚合萼尖反卷

图 8-29　果实：萼片姿态

K.2.12　表 8-27 中序号 48 性状（果实：萼片形状）图解见图 8-30。

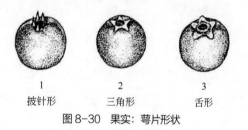

1	2	3
披针形	三角形	舌形

图 8-30　果实：萼片形状

参考文献

[1] 国家质量监督检验检疫总局.蜜饯 山楂制品：GB/T 31318[S]. 北京：中国标准出版社，2014.

[2] 国家质量监督检验检疫总局. 山楂汁及其饮料中果汁含量的测定：GB/T 19416[S]. 北京：中国标准出版社，2003.

[3] 国家卫生和计划生育委员会，国家食品药品监督管理总局.食品安全国家标准　食品中展青霉素的测定：GB 5009.185[S]. 北京：中国标准出版社，2016.

[4] 国家市场监督管理总局，国家标准化管理委员会.山楂叶提取物中金丝桃苷的检测-高效液相色谱仪：GB/T 40643[S]. 北京：中国标准出版社，2021.

[5] 中华全国供销合作总社.山楂: GH/T 1159[S]. 北京: 中国标准出版社, 2017.

[6] 中华人民共和国商业部.山楂糕、条、片: SB/T 10057[S]. 北京: 中国标准出版社, 1992.

[7] 中华人民共和国商业部.山楂酱: SB/T 10059[S]. 北京: 中国标准出版社, 1992.

[8] 中华人民共和国国内贸易部.山楂浓缩汁: SB/T 10202[S]. 北京: 中国标准出版社, 1993.

[9] 中华人民共和国轻工业部.山楂酒: QB/T 1983 [S]. 北京: 中国标准出版社, 1994.

[10] 中华人民共和国工业和信息化部. 山楂罐头: QB/T 1381[S]. 北京: 中国标准出版社, 2014.

[11] 中华人民共和国农业部. 山楂种质资源描述规范: NY/T 2928 [S]. 北京: 中国标准出版社, 2016.

[12] 中华人民共和国农业部.农作物种质资源鉴定评价技术规范 山楂: NY/T 2325 [S]. 北京: 中国标准出版社, 2013.

[13] 国家质量监督检验检疫总局. 出口食品及饮料中常见水果品种的鉴定方法 第8部分: 山楂成分检测实时荧光PCR法: SN/T 3729.8 [S]. 北京: 中国标准出版社, 2013.

[14] 河北省质量技术监督局. 地理标志产品 兴隆山楂: DB13/T 2694 [S]. 北京: 中国标准出版社, 2018.

[15] 天津市市场监督管理委员会. 低温物流保鲜技术规程 第8部分: 山楂: DB12/T 758.8 [S]. 北京: 中国标准出版社, 2020.

[16] 国家林业和草原局. 植物新品种特异性、一致性、稳定性测试指南 山楂属: LY/T 3208 [S]. 北京: 中国标准出版社, 2020.